KB032178

달로 가는 길

CARRYING THE FIRE: An Astronaut's Journeys

by Michael Collins

This Korean edition was published by April Books Publishing Co. in 2019 by arrangement with
Farrar, Straus and Giroux, New York through KCC(Korea Copyright Center Inc.), Seoul.

이 책은 (주)한국저작권센터(KCC)를 통한 저작권자와의 독점계약으로 사월의책에서 출간되었습니다.
저작권법에 의해 한국 내에서 보호를 받는 저작물이므로 무단전재와 복제를 금합니다.

달로 가는 길

한 우주비행사의 이야기

MICHAEL COLLINS

마이클 콜린스 지음 | 조영학 옮김 | 이소연 감수

사월의책

달로 가는 길

1판 1쇄 발행 2019년 7월 20일

지은이 마이클 콜린스
옮긴이 조영학
펴낸이 안희곤
펴낸곳 사월의책

편집 박동수
디자인 김현진

등록번호 2009년 8월 20일 제396-2009-126호
주소 경기도 고양시 일산동구 무궁화로 7-45 451호
전화 031)912-9491 | 팩스 031)913-9491
이메일 aprilbooks@aprilbooks.net
홈페이지 www.aprilbooks.net
블로그 blog.naver.com/aprilbooks

ISBN 978-89-97186-88-4 (03440)

* 책값은 뒤표지에 있습니다.
* 이 도서의 국립중앙도서관 출판예정도서목록(CIP)은 서지정보유통지원시스템 홈페이지
  (http://seoji.nl.go.kr)와 국가자료종합목록 구축시스템(http://kolis-net.nl.go.kr)에서
  이용하실 수 있습니다. (CIP제어번호: CIP2019025585)
* All photographs courtesy of NASA.

차 례

퍼트리샤에게
존경과 사랑을 담아

추천사

찰스 A. 린드버그

이 책은 최초의 달 탐사 과정을 통찰력 있고 명료하게 포괄적으로 담았으며, 실제 탐사에 참여한 우주비행사의 경험을 관조적이고 시적으로 그려냈다. 문명세계의 가장 위대한 업적이자 인류 역사상 가장 위대한 모험을 놀랍도록 자전적으로 설명해놓은 책이다. 기록이 존재하는 한 이 책은 읽히고 또 읽히게 되리라.

책의 각 장에서는 인간과 기술이 상호 보완하여 나사와 나사의 우주인, 우주산업 전반에 대해 아주 특별한 의미를 제공한다. 우주선을 조종하는 데 따른 온갖 문제들, 문제 해결에 필요한 복잡한 조직과 훈련, 야망과 좌절, 위험과 의무, 그리고 성공적인 우주비행사로서 쌓아나가야 할 관계들이 끝없이 이어진다. 아마도 이야기를 읽다 보면 여러분 스스로 우주비행사가 된 기분이 들 것이다.

마이클 콜린스의 원고를 읽다가 문득 '우주비행의 아버지' 로버트 고다드와 처음 만나던 때를 떠올렸다. 1929년 매사추세츠의 우스터에 위치한 그의 집이었다. 그는 액체로켓과 우주탐사의 꿈을 한참동안 이야기하였다. 신념이 대단했다. 언젠가는 과학 장비를 가득 싣고 160킬로미터 상공에 오르겠다고 했다. 기후 간섭이 없으므로 귀중한 관측이 가능하다는 말도 했고, 심지어 다단 로켓을 만들어 달에 갈 수도 있다는 주장까지 덧붙였다. "다만 돈은 무지 많이 들겠지?" 그 말에는 우주비행은 꿈이라는 체념이 배어 있었다.

당시 고다드의 로켓은 160킬로미터는커녕 1킬로미터 상공에도 오르지 못했다. 그가 1년간의 실험에 어림잡은 예산은 기껏해야 2만 5,000달러였는데, 실험실, 발사대, 장비, 봉급, 운송비까지도 포함해서다. 그런데 미국은 지금 로켓 개발을 위해 매일 수백 만 달러를 쓰고 있고, 나는 달 탐사 성공담을 읽고 있다.

이 책은 고다드의 개척정신에 뿌리를 두고 현대 테크놀로지의 위업까지 영역을 확대한다. 제목이 얼마나 적절한지 이해가 가는지? 직접 아폴로 발사 장면을 지켜본 사람이라면, 케이프커내버럴의 카운트다운이 제로가 되었을 때 필경 저 거대한 로켓이 엄청난 화염과 굉음에 전소해버리지 않을까 불안했으리라. 그때 나는 아폴로 11호 발사장으로부터 5킬로미터 떨어진 곳에서 우주비행사들과 서있었는데도 마치 인근에서 원자폭탄이라도 떨어진 듯 심장이 철렁 내려앉고 땅도 심하게 흔들렸다. 이윽고 화염이 치솟더니 더 높이, 더 빠르게 로켓이 지상을 떠나 유성처럼 꼬리를 만들며 하늘을 관통했다. 저 불공 속에 생명체가 존재할 수 있을까? 그런 의심도 했지만 잠시 후 TV 화면에는 무중력 공간의 인간들과 엄청난 장비들, 그리고 창밖으로는 지구행성의 모습까지 나오기 시작했다.

이런 텔레비전의 기적 덕분에 나는 계속 아폴로 11호의 탐사 과정을 따라잡을 수 있었다. 마침내 40만 킬로미터 밖 우주에서 촬영한 영상들에는 이전에는 생명이라고는 볼 수 없었던 달 표면 위에서 생명체가 걷는 모습이 비춰졌다. 우주복과 탱크를 짊어지고 미끄럼방지 신발 자국을 내며 배경에는 기괴한 예술가의 기괴한 비행접시 같은 착륙선도 함께.

저 두 명의 우주슈퍼맨이 얼마나 고립되고 외로워 보이던지! 하지만 두 사람은 서로의 동료였다. 또한 수백만의 인류가 지켜보고 있다는 사실도 알고 있었다. 정말로 고립되고 완전한 고독을 겪고 싶다면 오롯이 당신 혼자여야 한다. 암스트롱과 올드린의 장엄한 행보를 뒤로 하고 내 마음은 콜린스의 궤도비행으로 옮아갔다. 상대적으로 한갓지고 지켜보는 시선도 없는 덕에 그에게는 관조의 여유가 있었다. 가까운 달 표면과, 멀리 달처럼 보이는 인간 세상을 동시에 살펴볼 시간도 충분했다. 여기 인간의 의식이 우주공간을 떠돌고 있었다. 우리들의 지구와는 전파, 별자리 같은 빈약한 끈으로만 이어져 있었다. 아주 사소한 오작동만으로도 의식이 비롯한 이곳을 떠나 우주의 어딘가를 영원히 떠돌아다니게 될 것이다.

나는 과거에도 한 번 우주비행사 콜린스를 생각하던 때와 같은 의식의 확장을 경험한 적이 있었다. '스피릿 오브 세인트루이스'를 타고 대서양을 논스톱 비행할 때였다. 이틀 밤낮을 잠을 이루지 못한 탓에 내 의식 상태는 육신을 떠나 우주로 뻗어나가는 기분이었다. 세상과 비행기, 의식과 심장박동으로부터 내가 떨어져 나오는데, 그 순간만큼은 삼라만상이 내 새로운 존재와 완전히 무관해 보였다.

그런 식의 비행 경험은 이후에 얻은 삶의 경험과 결합하여, 나로 하여금 소위 '각성'이라는 이름의 무형적 자질에 얼마나 영향을 미치느냐에 따라 인간 업적을 평가하는 계기가 되어주었다. 과학 발전과 기술 발전은 확실히 우리 각성에 지대한 영향을 끼친다. 이는 천문학자, 핵물리학자, 조종사들이 설명하고 우주비행사들이 목격하고 또 이 책이 증명해주는 바 그대로다.

진화의 각 단계를 거친 이후 인간 종은 스스로 각성하는 단계에까지 이르렀다. 상대적으로 짧은 기간이었지만, 인간은 렌즈와 우주선을 보조도구로 활용, 밖으로는 우주, 안으로는 원자에까지 자신의 의식을 확대했다. 하지만 과학기술은 역설적으로 인류의 한계를 강요하며, 우주선을 가능케 한 과학지식에도 도저히 극복할 수 없는 물리적 제약이 있음을 깨닫게 해주었다. 빛의 속도와 광대한 우주는 생물학적 시간과는 양립이 불가능하다. 기술 산업이 초래한 혼란과 파괴가 인간의 인지능력을 방해할 시점에 이르렀음을 깨닫고, 20세기가 지향하는 방향을 두려워하기 시작한 것이다. 미래는 풍요롭고 신성한 유토피아를 향하는가? 아니면 막다른 종말이자 파멸인가? 어쩌면 우리의 기술로써 침투해 들어간 외부세계, 바로 그곳으로부터 최선의 판단이 가능할 수도 있겠다.

그러므로 콜린스는 우리를 우주 밖으로 데려감으로써 동시에 우리를 인간 진화의 근원으로 이끈 셈이다. 우주 한계를 접한 순간 우리는 새로운 관점으로 우리 자신을 돌아보게 된다. 우리 인식이 놀랍도록 위대한 차원으로 뻗어나가는 반면, 우리 삶은 왜소한 구체에 갇혀있음을 보게 된 것이다.

다시 반세기 이전으로 되돌아가자. 로켓에 관심을 두기 시작했을 때 나 또한 비슷한 의문에 직면했다. 1928년 단독 탐사비행으로 뉴욕-로스앤젤레스 간 대륙횡단 항로를 날아가며 몇 시간 명상의 기회가 있었다. 비행 성공은 따 놓은 당상이었다. 더 빠르고 더 크고 보다 효율적인 비행기였으니 당연한 노릇이다. 하지만 하늘을 정복한 다음엔 또 뭐가 있지? 미래는 어떤 모습일까? 이제 남은 건 우주뿐이다. 인간은 배를 타고 물 위를 여행하고 바퀴를 발명해 대지를 휘젓고 날개를 달고 하늘을 날아다녔다. 로켓을 만들어 좀 더 먼 우주여행을 하는 것도 이제 가능해졌을까?

알다시피 가능해졌다. 그것도 나의 짧은 생애 안에 이루어졌다. 하지만 내게 그것은 여전히 초월적 위업으로만 보인다. 고다드 이전 시대에 태어나 고다드 이전의 한계 내에서 교육을 받았으니 왜 아니겠는가. 이 책을 통해 콜린스와 암스트롱, 올드린과 함께 달 탐사를 떠나며 나는 초인간superhuman의 존재를 느꼈다. 하지만 나 역시 인간이기에 이들 인간 우주비행사와 함께 지구로 돌아와 이렇게 질문을 던지고 있다. 태양계 여행 너머엔 또 뭐가 남았을까? 로켓을 초월해 또 어떤 비행선을 만들어낼 수 있을까?

물론 하늘 여행이 그랬듯이 우주에도 우리의 미래가 있다. 원한다면 달에 유인정거장을 세울 수도 있고 화성에 발을 디딜 수도 있다. 그런 식의 모험은 계속해서 우리를 자극할 것이다. 하지만 제트비행기로 여행하든, 우주선으로 여행하든, 우리는 여전히 이 복잡한 지구 표면의 삶을 내려다보거나 돌아봐야 한다. 이곳이 바로 우리 원천이자 목표이기 때문이다. 언젠가 우리 자신을 완전히 지구의 삶과 떼어낼 방법을 찾아낼까? 육신의 굴레를 벗고 내적으로나 외적으로나 인식의 무한한 차원까지 뻗어나갈 수 있을까? 미래에는 탈것이나 장비없이 우주탐사를 할 수 있을까? 태양계 탐사에 성공한 후엔 그런 식의 모험도 인류에게 열려있는 것일까?

고다드 시대에도 그랬지만 지금도 우리 미래는 잠재적이다. 과거의 업적은 더욱 위대한 정복의 단초들을 제공한다. 고다드의 꿈이 우주선을 만들고, 오늘날 우주인들이 탐사 여행에 올랐듯이, 미래의 인류는 에너지와 물질을 다루듯 사고와 현실의 위치마저 바꿀 수 있으리라.

우리는 이제 신체와 마음, 정신과 환경의 진화를 얼마든지 결정할 수 있다. 가능성은 얼마든지 열려있다. 우리가 어느 곳으로 갈지 아직 알 수 없지만, 마이클 콜린스의 이 책이 영혼을 자극하고 의식을 단련해 우리가 길을 떠나도록 도와줄 것이다.

2019년판 머리말

10년이 지나면 열 살이 더 많아지겠지만 마음만은 그렇지 않다. 몇 가지 슬픈 일이 있기는 했다. 옛 친구 존 영과 닐 암스트롱이 하늘나라로 떠났다. 그리고 아내 퍼트리샤 메리 피네건 콜린스의 죽음과 함께 내 삶도 변했다. 57년간의 결혼생활이 막을 내렸다. 예쁘고 유능한 두 딸 케이트와 앤이 그나마 빈 공간을 채워주고 있기는 해도 매일매일 진심으로 그녀가 보고 싶다. 나는 지금도 플로리다 에버글레이즈 인근에서 살며 낚시를 한다. '팔순노인'이라는 단어가 마땅찮지만 2020년에 아흔 살이 된다고 생각하니 이젠 그마저 그러려니 하고 만다.

우주비행 세계에도 그다지 특별한 일이 없는 모양이다. 왕복선 시대는 막을 내리고 국제우주정거장도 지금껏 별다른 얘깃거리가 없다. 2015년 스코트 켈리가 1년 가까이 그곳에 머무는 동안 쌍둥이 형제 마크가 지상에서 관제요원으로 근무했다는 얘기가 조금 흥미롭기는 했다. 그나마 새로운 낙관론이 고개를 들고 있다. 화성 탐사를 위해 달 기지를 건설하는 계획도 떠오르는 듯하다. 내 책 『화성탐사』*Mission to Mars*를 집필할 때는 물론이고 다른 때도 내 관심은 언제나 달이 아니라 화성에 있었다. 그런 식의 농담도 했다. 아무래도 달이 아니라 화성에 갔어야 했나 보다고. 나사NASA도 이름을 나마NAMA, 즉 항공우주국이 아니라 항공화성국으로 바꿔야 한다는 헛소리도 종종 한다.

물론 나사는 나사다. 오늘날 우주 분야에서는 베르너 폰 브라운 이후 두 명의 이름이 가장 핫하다. 일론 머스크와 제프 베조스. 두 사람은 정부보다 일을 더 빠르고 값싸게 해결하는 것 같다. 아폴로를 모르는 세대도 향후 우주탐험 가능성에 눈을 뜨고 있다. 머스크는 거부다. 베조스도 지구상에서 제일 돈이 많은 인물이다. 머스크는 재사용 로켓에 관심이 많지만 궁극적으로는 화성에 식민지를 만들고 싶어 한다. 2020년 무인우주선 '블루드래곤'으로 시작해, 100명의 탐사 승무원을 훈련하겠다는 포부도 밝혔다. (나는 『화성탐사』에서 승무원 여섯 정도가 좀 더 실용적이라고 적었다.) 어쨌든 든든한 재원이 탐사를 지원한다는 사실은 기분 좋은 일이다. 민간 자금이 나사 예산이자 국민 세금인 200억 달러와 어깨를 나란히 하고 있는 것이다. 하지만 나사 예측에 따르면 인간이 화성에 가는 것은 2030년대에나 가능하다고 한다.

화성. 그곳에 가는데 왜 이리 오래 걸릴까? 그곳이 논리적으로 다음 목표인 것이 분명하지만 사실 생각보다 꽤나 복잡한 일이다. 화성은 거의 모든 점에서 지구와 다르지만 행성 중에서는 그래도 제일 비슷하고, 거리상으로도 가깝다. 하지만 이 경우 '가깝다'는 상대적 개념에 불과하다. 화성은 우리처럼 태양 주변을 돈다. 우리 타원궤도는 화성으로부터 가깝게는 5,500만 킬로미터, 멀게는 3억 5,000만 킬로미터 정도 떨어져 있다. 지구에서 화성까지 로켓의 항로는 무궁무진하다. 그 중 연료 관점에서 가장 경제적인 항로가 이른바 '호만 천이궤도'Hohmann transfer orbit이며 편도로는 6개월에서 9개월이 걸린다. 다만 지구와 화성, 이 두 개의 궤도가 상이한 터라 호만 궤도로 화성에 도착한다 해도 귀환에 유리한 궤도를 맞추려면 1년 이상 기다려야 한다. 요컨대, 왕복여행에 2년 이상이 걸린다는 뜻이다. 아폴로의 8일도 길었는데 이 정도면 새롭게 해결해야 할 문제가 산더미다. 기간이 길면 사소한 불편도 엄청난 문제로 변질하기 때문이다. 우주비행사가 무엇보다 고민해야 할 문제도 거기에 있다. "만약 뭔가가 잘못 된다면?" 그렇다, 꽤나 힘든 상황이다. 안전한 지구에서 1년 떨어진 거리에 있으려면 장비도 신체도 거기에 맞아야 한다.

환경도 문제다. 최악은 방사능이겠다. 태양은 물론 우주 저 먼 곳에서도 고속의 입자들이 날아든다. 히로시마 생존자들이 입증했듯이 방사능은 인체에 심각한 손상을 입힐 수 있다. 설사 방사능을 피한다 해도, 우주선이 자체로 중력을 만들지 못할 경우(우주선을 회전시켜도 중력은 지구 중력가속도인 1G에 미치지 못한다) 승무원들은 무중력에 적응해야 한다. 우주정거장 경험에 비추어보면 심장혈관 문제가 발생할 수도 있고, 중력 부족으로 안내압眼內壓이 증가하여 시력을 손상시킬 수도 있다.

화성에 착륙한 다음에는? 화성의 중력은 지구의 3분의 1에 불과하다. 승무원은 편안하겠지만(심지어 붕붕 뜰 수도 있지만) 그래도 산소를 충분히 공급받고 방사능도 막아야 한다. 대기가 희박한 탓에 차단도 잘 되지 않을 것이고 극히 유독할 것이다. 이 모든 점에서 아폴로는 화성 착륙에 비하면 애들 장난인 셈이다.

앞서 말한 대로 화성으로 직접 갈 수도 있고, 달 기지를 연료와 물 보급소로 활용할 수도 있다. 트럼프 대통령은 후자를 선호해 나사에도 그렇게 지시했다. 나는 늘 직행노선이 낫다고 보는 터인데, 기술적 요소보다는 정치와 경제를 고려해서다. 존 F. 케네디 대통령 덕분에 아폴로는 단순함의 걸작이었다. "60년대가 넘어가기 전에 인류를 달에 보내고 안전하게 지구로 귀환시키는 목표를 이루기 위해 우리는 온 힘을 쏟아야 합니다." 목표와 시간을 결정했기에 나사는 방법만 고민하면 됐다. 행군대형이 확실한 덕에 임무를 완수하는 것도 크게 수월했다. 화성에 가려면 달에 먼저 들러야 한다고? 모르긴 몰라도 그 자체가 장애가 되어 계획은 연기되고 비용은 천정부지로 치솟을 것이다. 계획이 흐지부지될 가능성도 있다. "예, 당연히 화성에 가야죠. 그런데 이놈의 달 기지가 말썽을…." 직행이 아니면 상황이 복잡해진다. 우주계획 문제라면, 처음부터 총력을 기울이는 게 결국 싸게 먹힌다. 반면에 닐 암스트롱 생각은 달랐다. 사전지식을 이용하는 쪽이 현명하므로 달 기지에서 가는 것이 제격이라고 생각했다. 닐은 나보다 훌륭한 엔지니어다. 어쩌면 그가 옳을 수도 있으리라.

달이 그다지 안락하지 않다고 생각하는 것도 내가 착륙하지 못해서일지 모르겠다. 들쑥날쑥한 달 지형에 대한 기억도 별로 선명하지가 않다. 반대로 창밖으로 내다본 자그마한 구체라면 지금껏 기억으로 소환하고 또 소환한 터라 훨씬 선명하다. 다름 아닌 지구 얘기다. 작게 반짝이는, 푸른 하늘과 물, 흰 구름, 갈색으로 이어진 대지의 자국은 여전히 내 머릿속을 들락거린다. 엄지로 가려봐도 그때마다 또 돌아오곤 한다. 32만 킬로미터 밖의 고요하면서도 평화로운 세상(물론 실상은 그렇지 않다고 하더라도)이라니, 놀랍지 아니한가! 예전에는 지구를 한 마디로 표현하라면, 늘 '가냘프다'fragile라고 표현했다. 지금 표현을 하나 추가해도 된다면 '사람이 사는 곳'inhabited이라고 하겠다. 이제 지구는 내 한계다. 내 시선으로도 마저 볼 수 없는 곳이기 때문이다. 상관은 없다. 적어도 느낄 수는 있지 않은가. 지구 표면을 개미처럼 기어 다니는 작은 피조물들. 난 이렇게 묻고 싶다. 저들은 누구지? 왜 저렇게 뛰어다니지? 얼마나 많을까? 어디로 갈까? 다들 무사하기는 한 걸까?

지구로 귀환하는 동안은 꽤나 한가했다. 그저 허드렛일이나 하는 정도? 지구가 대단한 광경이었기에 난 상상력을 마구 발동할 수 있었다. 조종사 시절 난 언제나 새들에게 감탄했다. 그렇다. 저기 기러기들이 있다. 기러기 떼가 비행기 곁을 스쳐지나가곤 했다. 수목한계선에는 늑대들이 질주하고 돌고래들도 떼를 지어 물 위로 뛰어오르곤 했다. 심지어 생쥐들도 후다닥 달려가다 숨지 않았는가! 하지만 인간은 모습도 목소리도 없었다. 창밖으로는 하나도 보이지 않았다. 아마도 내 귓속에 잔뜩 들어와 있었기 때문이리라(지상관제로 말이다). 드물게나마 입을 다문다 해도 닐과 버즈가 곁에 있었다. 그렇다, 내가 본 것은 야생이다. 어쩌면 저 피조물들을 모두 끌어 모을 수 있으리라. 야생의 수호신 가이아가 말을 걸어올지도 모른다. "어이, 가이아 씨, 어떻게 지내요? 뭔 일 생겼수?" 대답이 없다. 그러니 내가 대신 얘기할 수밖에.

가이아는 어디에나 존재한다. 생물학자 르네 뒤보(1901~82)는 그런 개념을 "지구의 신학"이라고 불렀다. 인류학자 로렌 아이슬리(1907~77)는 지구는 살아있으며 스스로를 치유한다고 썼다. 그래도 지구 생명체를 통틀어 '가이아'라는 이름으로 부른 사람은 생물학자 제임스 러브록이었다. 짐작컨대 대장균과 코끼리에서 우리 인간들까지 통틀어 부르는 뜻이었다. 가이아는 존재하지 않을 수도 있지만, 그래도 나는 이 자리를 빌려 여신께 말하고자 하노라.

우리 달 승무원들이 돌아보았을 때 지구에는 30억의 지구인이 살고 있었다. 50년 후 그 숫자는 80억으로 늘었다. 지금도 증가추세이니 금세기 중반이면 100억에 이를 것이다. 이런 식의 인구증가에 불안해하는 사람도 있으나 내가 보기에 걱정할 수준은 아니다. 인간에게는 그보다 더 큰 걱정이 있다. 이 책 2009년판 머리말 끝에서도 그 상황을 요약한 바 있다. "신경제 패러다임을 고안해 성장 없는 번영을 이루어야 한다." 오늘날 그 생각은 더 굳어졌다. 가이아도 "아악!" 하고 비명을 지를 것이다. 자원에 지운 부담이 둔화되고 있다고는 하나 역시 대가를 치를 수밖에 없다. 대기에 이산화탄소 농도가 증가하고 기온은 높아지고 해수면은 올라가고 있다. 바다는 수온 상승에다 산성화까지 이중의 고통을 겪고 있다. 이산화탄소가 숲에는 좋을지 몰라도 내가 좋아하는 플로리다 앞바다의 산호초들은 바로 그 이유 때문에 백화현상에서 고사까지 광범위한 질병에 시달리고 있다. 세계 최대 산호초인 오스트레일리아의 그레이트배리어리프 역시 비슷한 질병으로 몸살을 앓고 있다.

날이 갈수록 나는 가이아에게 버림받은 채 혼자 구차한 삶을 꾸려나간다. 혼자 산다는 의미는 쇼핑, 요리 등 온갖 허드렛일에 시달린다는 뜻이다. 게다가 한 때 우주비행사였다는, 조금은 특별한 덧칠도 아직 남아있다. 아주 오래 전, 그것도 6년간의 에피소드에 불과했지만 지지자들은 절대 포기하지 않는다. "저 위에 있을 때 기분이 어땠어요?" 맙소사, 그 복잡한 심경을 어떻게 한 마디로 설명한단 말인가?

그것도 질문자의 나이에 따라 대답도 다 달라야 할 텐데? 대개는 대충 얼버무리고 만다. "담담했어." 아니면 "끝내줬어" 정도?

부모들은 종종 아이들에게 조언을 해달라고 주문한다. 아이들이 직접 묻는 경우도 있다. "우주비행사가 되려면 어떻게 해야 해요?" 세월이 너무 많이 흘렀다. 나는 점점 늙어 합리적인 대답을 내놓기도 어렵다. 처음 우주탐험에 관심을 가졌을 때만 해도(고마워요, 버크 로저스) 우주비행사는 한 명도 없었다. 나사도 없었다. 이 낯설고 새로운 환경에서 일하려면 어떤 기술이 필요할까? 다양한 분야의 전문가들이 마법의 입김을 불어 기막힌 상상의 문을 열어주었다. 어떤 잠수사들은 '심해의 황홀경'을 경험하면 수면 위로 돌아오고 싶어 하지 않는다. 그러니 스쿠버 베테랑 한 명을 선발해 꼭 지구로 돌아오겠다고 약속하게 할까? 저 위는 숨 쉬기가 어려우니 산악인이 좋을까, 아니면 위험하기 짝이 없으니 투우사로 할까… 이런 식으로?

당시 의견서 한 장이 아이젠하워 대통령 책상 위에 놓여있었다. 내용은 "공인된 테스트파일럿 학교 졸업생 중에서 후보자들을 선발한다." 그리고 그가 도장을 찍었다. 덕분에 선발위원회의 업무도 훨씬 쉬웠다. 예를 들어, 가장 최근의 우주비행사 선발에서는 1만 8,000여 명의 지원자 가운데 '초짜' 열두 명을 뽑았다고 한다. 기억으로는 미국 최초의 우주비행사 머큐리 7인방은 경쟁자가 100명 정도였다. 테스트파일럿 우선선발 원칙은 1963년 내가 속한 14인방까지 이어졌다.

어떻게 우주비행사가 되느냐고? 솔직히 이렇게 말하고 싶다. "이봐, 그쪽은 수천 명의 천재들과 경쟁해야 하는데, 다른 직업을 알아보지 그래?" 물론 그렇게 말할 수는 없다. 이런 말도 하고 싶다. "책을 많이 읽거라. 설령 우주비행사가 못 된다 해도 그래야 더 나은 삶을 찾을 수 있단다." 아, 덧붙이고 싶은 말이 하나 더 있다. "전화기를 버리고 영화관 따윈 잊어버리고 TV를 멀리 해야 한다. 대신 신문, 잡지, 책을 읽으려마." 나는 그렇게 한다. 그렇다고 젊은이들한테 꼰대짓한다는 비난은 사양하련다.

사실 아이들과 토론하는 것도 좋아한다. 단 저 위에서 프로펠러가 붕붕거리지 않아야 한다. 헬리콥터 엄마들이 끼어들면 화가 난다. 그 소란 속에서 사진에 사인을 하고 "헤리, 꿈을 크게 가져라"라고 적어 달라고? 맙소사, 헤리가 누구야? 그냥 적당히 꿈꾸면서 살면 어디가 덧나나? 아무튼 대개는 노력이 어쩌고저쩌고, 뻔한 소리를 긁적이고 "행운을 빈다"며 마무리한다. 아무튼 아이젠하워 대통령은 고마운 분이다. 경쟁자가 1만 8,000명이었다면 내가 과연 열두 명에 들어갈 수 있었을까? 어림 반 푼어치도 없다.

어떻게 아느냐고? 내 자격증들이 이렇게 증명하고 있지 않은가. 뭐, 일부는 쓸모 있겠지만 대개는 쓰레기통에 들어가도 할 말이 없다. 아버지 직업상 여기저기 돌아다닌 탓에 나는 초등 8학년 동안 무려 여섯 학교를 전전했다. 당연한 얘기지만 일부 과목은 두 번씩 배우고 음악 같은 과목은 듣도 보도 못했다. 그래도 상관은 없었다. 돌이켜 보면 친구가 그렇게 많은 것도 놀랍고 소중한 기회일 것이다. 게다가 배경도 지역도 문화도 제각각이다. 다양성이야말로 오늘날 대학들이 외는 주문 아니던가. 난 고등학교에 입학하기 전부터 이미 다양성의 화신이었다.

그때도 난 운이 좋았다. 우정이 깊어지고 또래의 영향이 커질 때쯤, 고등학교 4년 과정을 워싱턴시의 명문 대학예비학교인 세인트올

번스에 다닐 수 있었다. 그곳 수업은 소수 정예로 진행되었다. 교사들도 노련하고 헌신적이어서 내 둔한 머리에 영어, 라틴어, 과학, 수학을 어떻게든 욱여넣었다. 나는 누구보다 게을렀지만, 오늘날에는 문학에 탐닉하며 주의력결핍 장애를 호소한다. 어쨌든 그때 기억은 지금도 또렷하다. 교실 문이 닫히고 선생들이 얘기를 시작하면 눈부신 햇살이 창으로 들어온다. 내 몸이 천천히 떠오르더니 문밖으로 나가 가까운 나무 위 높이 걸터앉는다. 그리고 느긋하게 저 아래 광경과 그곳에 사로잡힌 불쌍한 영혼들을 굽어본다.

평계를 대자면 난 평범한 학생이었다. 관심도 학문보다 체육에 가 있었다. 레슬링 팀 주장에 살짝 불량기까지 있었으며, 심지어 몰래 담배도 피웠다. 어리석은 짓이었지.

그 다음이 웨스트포인트. 우리 기수 전체 3등으로 졸업했지만 사실 성과는 유감스러운 수준이었다. 보먼, 올드린, 스코트 등 웨스트포인트 출신 우주비행사 동료들에 비하면 바닥이나 다름없었다. 이번에도 변명을 해보자면 과목 대부분에 별로 관심이 없었다. 과학 중에서는 열역학을 좋아했지만 그것도 간신히 이해만 가능한 수준이었다. 엔트로피와 엔탈피는 아주 재미있었다. 인문학에서는 중국사가 좋았다. 야만적이고 다채롭고 이국적인 왕조 얘기는 워싱턴, 제퍼슨에 비할 바가 아니었다. 두 양반은 너무 점잖고 체제 순응적이다. 웨스트포인트에도 교훈이 있었다. "상황이 호락호락하지 않으면 호락호락하지 않은 자가 상황을 이긴다." 리터러리 길드에 가입해 매달 책을 구입한 것도 삶이 호락호락하지 않을 때였다. 구입한 책은 주로 소설이었다. 한창 미분방정식과 씨름하던 급우들은 나를 미친놈이라고 했다. 하지만 당시 일탈은 사실 극도로 온건한 수준이었다.

웨스트포인트를 나온 후 공군비행학교에 들어갔다. 그곳의 학문은 그나마 부드러웠다. 교육에서 차지하는 비중도 부차적이었다. 제일 중요한 것이 비행인지라 훈련에서 낙오할 경우 어딘가에서 보병 근무라도 해야 했다. 다행히 구형 T-6 프로펠러 훈련기가 나를 마음에 들어 한데다 나도 비행을 좋아한 덕에 만사가 잘 풀렸다. 제트기와 계기비행은 좀 더 복잡했다.

그 다음이 F-86 세이버 편대, 그 라인에서는 최고 기종이었다. 그리고 72 전투기 중대에 들어가 4년간 캘리포니아와 프랑스를 오가며 근무했다. 그곳에서 위험이 뭔지 뼈저리게 실감했다. 저고도에서 불타는 F-86으로부터 탈출한 것이다. 좋은 일이라면, 항공폭탄투하 대회에 두 번 참가해 한 차례 우승을 한 것이다. 그것도 유럽에 주둔한 미국 최고의 전투기 파일럿들을 상대로 거둔 수확이었다.

그 후로는 줄곧 내리막길이었다. 관리관 학교에서 무의미한 시간을 때우고, 마지막으로 발할라Valhalla 즉 에드워즈 공군기지의 테스트 파일럿 학교를 다니고, 그곳에서 박사후 과정도 밟았다. 나는 그렇게 실험적 테스트파일럿으로 공인되어 '에드워즈 테스트오퍼레이션 전투기 분과'라는 특수보직을 명받았다. 비행 대가들의 소규모 엘리트 그룹에도 가입했다. 바로 나사의 상사이자 머큐리 우주비행사인 데케 슬레이턴과, (내 판단에) 원조 7인방 중 최고 정예를 배출한 그룹이었다. 짐 맥디비트(제미니 4호, 아폴로 9호), 조 잉글(X-15, 왕복선)과도 사이좋게 지냈다. 여기까지가 내 개인사다. 보시다시피 오늘날 나사 지원자들의 자격과는 완전히 거리가 멀다. 아이젠하워 대통령한테 고마워하는 이유다.

신임 우주비행사를 선발해 화성에 보내려면 말 그대로 첩첩산중이다. 하지만 어차피 천릿길은 한걸음부터다. 우주비행사 경력도 20년까지 가능하기에 최근에 선발한 열두 명이라면 희박하나마 첫 여행의 기회가 있다. 승무원은 젊은 남녀가 될 것이고 내가 가르친 MIT 학생들도 일부 포함되리라. 매사추세츠 공대는 내가 좋아하는 공과대학교다. 아마도 1960년대 그곳에 가서 대학이 설계한 아폴로 유도장치의 신비를 공부했기 때문이겠다. 지금은 대학에서 이 늙은이를 불러 가르치라고 한다. 우스운 노릇이다. 그야말로 노래방가수에게 오페라하우스 디바들 앞에서 세레나데를 부르라는 격이 아닌가.

학생들과 대화할 때는 살짝 기부터 죽여 놓는다. 대개는 오늘날의 주문으로 포문을 연다. 스템STEM에 집중하라. 스템은 과학, 기술, 공학, 수학science, technology, engineering, math을 뜻한다. 학생들은 스템을 배우고 또 믿도록 훈련받지만, 난 단연코 아니라고 말한다. 스템은 시작일지 몰라도 전인교육과는 거리가 멀다. 어쩌면 지금껏 엉터리 공학자들과 너무 오래 일한 탓인지도 모르겠다. 나는 영문학을 넣어 스템을 스팀STEEM으로 만들고 싶다. 버즈 올드린 같은 이들은 예술을 밀 것이다. 그래서 스팀STEAM을 주장하겠지만 난 그것도 반대다. 나도 수채화 화가이지만 솔직히 허세에 불과하다. 내가 그림을 망치면 개인적인 실패일 뿐이다. 하지만 영어를 망가뜨린다면 그건 완전히 다른 문제가 된다. 엔지니어들이 제일 큰 문제다. 구두로든 메모로든 핵심을 정확히 전달해야 하건만, 특수용어를 남발하니 도무지 알아먹을 수가 없다.

영어공부가 따분할지는 모르겠다. 나는 시를 해결책으로 쓰고 있다. 규칙에 얽매이지 말고 시인들이 언어를 얼마나 아름답게 사용했는지 보라. 시가 좋으면 따분하지 않으며, 최고의 시는 암기할 가치도

있다. 수업은 대개 내가 큰 목소리로 시 낭송을 하는 것으로 끝이 난
다. 나는 존 밀턴의 『실락원』의 시를 길게 인용한다. 어쩌면 "누가 이
노친네를 부른 거야?" 할 수도 있겠으나, 착한 학생들이라 심지어 나
를 다시 부르기도 한다. 아, 그것도 내게는 행운이다. 아주 지적이고
근면하고 젊은 학생들과 어울릴 수 있으니 왜 아니겠는가.

전직 우주비행사로서의 삶이 다음 로켓 탑승을 준비하는 것만큼
짜릿하지는 않다. 하지만 나사를 떠난 후 노고는 보답을 받았다. 20여
년의 은퇴생활은 여러 면에서 재미있고 보람도 있었다. 가족들의 성
장을 지켜보는 것이 그 무엇보다 중요했고(다들 잘해준 덕분이다), 그
외에도 낚시, 독서, 주식투자, 그림, 운동, 운동, 또 운동이 이어졌다.
내가 부자는 아니지만 이 모든 일을 안락하고 어쩌면 사치스럽기까지
한 환경에서 즐길 정도는 되니… 운이 참 어지간히 좋았다.

마이클 콜린스
2018년 8월

2009년판 머리말

세월은 로켓처럼 날아간다. 아니 로켓에 타는 것보다 더 두렵다. 어느 노인이나 마찬가지겠지만 나 역시 성질이 고약하다. 일흔여덟 나이가 되고 보니 젊은이들의 습관과 사고방식도 맘에 들지 않는다. 유명인을 떠받드는 것도, 아무나 영웅연하는 것도 영 꼴불견이다.

영웅은 많다. 그것만은 분명하다. 다만 우주비행사는 영웅이 아니다. 생면부지의 사람이 의식을 잃었을 때 인공호흡을 해주는 행인, 출혈이 난무하는 응급실에서도 묵묵히 할 일을 하는 간호사, 동지들을 구하기 위해 수류탄 위로 몸을 던지는 군인… 이런 분들이 영웅이며 따라서 영웅으로 대해야 한다. 우리 우주비행사들도 훌륭하기는 하다. 고된 일을 수행했고 완벽에 가깝게 임무를 완수했다. 하지만 그거야 그 일을 하기로 계약을 맺었기 때문이다. 명예훈장에 적시한 대로 "주어진 의무 이상을 넘어서" 행한 일이 아니니 우리는 영웅이 될 수 없다.

유명인도 마찬가지다. 유명인이 된들 무슨 의미가 있는가. 부질없고 공허한 이름들. 내 친구인 위대한 역사학자 대니얼 부어스틴의 말마따나 그들은 "유명하니까 유명할 뿐"이다. 유명인과 동거를 해도 유명하고 재활병원을 다녀도 유명하다. 어쩌면, 와우, 경찰에 잡혀가도 유명해질 것이다! 매력적인 젊은이를 매체 전면에 내세워, 사막 주변 녹지대의 한발이나 오메가3 지방산의 효능 따위에 대해 썰을 풀게 할 수도 있다. (그런데 국가채무를 얘기하는 사람은 아무도 없다. 유명인도 그런 얘기는 하지 않는다.) 그러니 부디, 당신들의 알량한 명사초빙 골프대회에 초대하지는 말아주시라.

오케이, 오케이, 가봅시다(우주비행사의 말버릇). 지난 40년은 그럭저럭 좋은 세월이었다. 묘비명에도 '행운아'라고 적을 판이다. 요즘 내 기분이 그렇다. 닐 암스트롱은 1930년에 태어나고 버즈 올드린도 1930년에 태어났다. 나 마이클 콜린스? 역시 1930년생이다. 우리는 태어난 시기마저 운이 좋았다. 종종 하늘의 거대한 벽시계를 상상해 본다. 그런데 시계추가 왼쪽 '아직 어림'에 걸려 움직이지 않는다. 덕분에 술도 못 마시고 운전을 하거나 돈을 벌 수도 없다. 진짜 신나는 일은 하나도 못한다는 얘기다. 그런데 어느 날 잠이 들었는데, 짜잔! 다음날 아침 시계추가 오른쪽 '너무 늙음'에 가있는 것이 아닌가! 좋은 날은 어느새 지나고, 이젠 뜀박질할 기운도 없이 머리만 벗겨졌다. 중간단계는 도무지 어디 갔단 말인가? 내게 그 중간은 1960년대였다. 화목한 가족, 테스트파일럿, 우주비행사… 더 무엇을 바라겠는가. 적시적소… 그저 운이 좋다고 할 밖에.

나사 초창기에도 휴스턴은 훌륭한 직장이었다. 우주비행사실에는 모두 서른 명이 있었으며 일은 흥미롭고 작업환경도 매우 자유로웠다. 우리는 만물박사여야 했다. 달에 갈 수 있도록 온갖 기계, 장비 작동법은 물론 비행계획까지 배워야 했다. 그뿐 아니라 우주비행사실의 전문가가 되기 위해 특별한 전공까지 할당받았다. 내 임무는 가압복加壓服과 선외활동EVA이었다. 유도誘導와 항해처럼 거창한 임무는 아니었지만 나름대로 특이해서 난 좋았다. 예를 들어, 우주유영을 할 때 델라웨어 주 도버의 숙녀들께서 얼마나 곰곰하게 일했느냐에 우리 목숨이 달려있었다. 이 작고 연약한 살색 육신을 복잡한 패턴의 고무의복 하나로 지키고 있는 셈이니 왜 아니겠는가. 작은 틈 하나에 우리는 그대로 죽은 목숨이 된다. 숙녀분들, 무지무지 고맙소이다.

요즘 은퇴생활은 단순하면서도 재미있다. 대개는 플로리다와 보스턴을 오가며 수채화를 그리지만 그보다 훨씬 많이 하는 것이 낚시이다. 나한테 소형 외륜보트가 하나 있다. 그 배를 타고 남쪽에서는 스누크(눈볼개)를, 북쪽에서는 줄농어를 잡는데, 그 일도 꽤 운동이 된다. 이따금 달을 올려다보기는 하지만 그렇게 자주는 아니다. 난 그곳에 있었고 임무를 완수했다. 바라건대, 이 책이 당시 경험을 제대로 설명할 수 있기를.

하지만 보트에 탈 때마다 화성을 볼 수 있으면 얼마나 좋을까 싶다. 정말로 워싱턴에서 화성을 봤으면 하는데, 안타깝게도 우주 프로그램은 내내 오락가락한다. 우주왕복선 시대는 끝났다. 나사의 다음 계획은 새로운 로켓을 만들어 달에 돌아가는 데 쏠려있다. 화성은 그 다음이다. 이렇게 질질 끌다가 계획마저 엎어지고 취소될까 그것도 걱정이다. 달 탐사에 시간과 돈을 너무 많이 투자한 탓에 화성 여행은 수십 년씩 미뤄지는 걸까? 사실 화성이 훨씬 더 흥미로운 곳이건만. 내 생각에 달은 목표라기보다 저 바깥, 외계, 즉 인류 이주가 나아가야 할 방향이다. 화성은 어릴 적부터 동경의 대상이며 지금도 마찬가지다.

이 책이 나오고 15년 후 『화성 탐사』*Mission to Mars*를 발표하였다. 그 책에서 이런 질문을 한 바 있다. 유전자, 성격, 문화, 정신, 에토스 등등 도대체 우리 안에 뭐가 있기에 밤하늘을 올려다보며 호기심을 키우고 안절부절못하는 걸까? 우리한테는 가고 보고 만지고 냄새 맡고 배우고 이해하고자 하는 본능이 있다. 내가 보기에 인류는 방랑자다. 바로 이런 식의 이주 본능과 외계지향 충동 때문에라도 우리는 분명 이웃 화성으로 가게 될 것이다. 화성은 태양계에서 가장 가까운 이웃이자 자매행성이다. 인간에게 적대적이기는 하지만 그럼에도 불구하고 매혹적인 신개척지가 될 것이다. 상상해보라. 지구 중력의 3분의 1밖에 되지 않는 곳에 항균 돔을 건설하고 그 안에서 생활하는 기적을. 무기도 국경도 없으며 모든 것을 재활용하므로 낭비도 존재하지 않는다. 새로운 고향에 대해 새로운 지식을 쌓는 동시에, 옛 고향도 다른 관점에서 보는 방법을 배울 수 있다. 두 행성은 서로 다른 방식으로 진화해왔으나 그 역시 서로의 이해에 매우 중요하다.

화성을 매력적인 대상으로 그리다 보니, 문득 T. S. 엘리엇이 나보다 정확히 이해했다는 생각도 든다.

> 우리는 탐험을 멈추지 않으리라.
> 그리하여 탐험이 끝날 때면
> 언제나 우리가 출발했던 곳에 이르고,
> 처음으로 그곳이 어디인지 깨닫게 되리라.

달에서 지구를 돌아볼 때 저 작은 구체를 한 마디로 묘사하라고 했다면, 그 단어는 "가냘프다"였으리라. 완전히 뜻밖의 인상이었으나 불행하게도 그 표현은 수천 가지 면에서 정확해졌다. 1969년 세계 인구는 30억이었으나 지금은 60억이다. 차세대 달 영웅이나 명사가 돌아볼 때면 80억이 될 것이다(2018년 기준으로 약 80억이 되었다—옮긴이). 이런 식의 인구증가가 건강하지도 않고 지구가 버텨낼 수준도 아니건만, 우리 경제 모델은 이미 막다른 골목이다. 인류는 경제성장을 먹고 산다. 자라거나 죽거나, 아니면 둘 다이거나. 멕시코 만의 데드존은 뉴저지보다 넓고 지금도 팽창하고 있다. 죽음의 팽창. 우리가 이 행성을 함부로 다룬 탓이다. 이 사례 하나만으로도 울고 싶은 심정이건만 이미 다른 재앙들이 만연하고 있다. 일부는 미래의 문제라 치부한다 해도 이미 수많은 재앙이 우리와 함께 하고 있다는 뜻이다. 우리는 신경제 패러다임을 고안해 성장 없는 번영을 이루어야 한다.

여러분 중 누군가 이 책을 읽고 오늘날 이 끔찍한 추이를 되돌리기를 바라마지 않는다. 지금의 난 비록 낚시밖에 해줄 일이 없지만…

마이클 콜린스
2008년 10월

초판 머리말

특히 아폴로 11호 이후 최근 몇 년간 신문매체에서도 수없이 다루고 이런저런 책도 많이 나왔지만, 사람들은 아직도 '저 위'가 어떤 곳인지, 탐사 이전과 이후 어떤 조치가 필요한지, 그 조치가 관계사들의 삶에 어떤 영향을 미쳤는지 전혀 짐작도 못하는 것 같다. 이 책을 쓴 이유도 바로 그 때문이다. 우주비행사 선발과정에 자원하고 그 후 훈련에 참여하고, 그 먼 곳에 그렇게 가까이 가는 데 따른 불안감에 시달렸다. 그러다 마침내 제미니 10호에 승선했다. 최초의 달 궤도 선회비행에 선발되었으나 척추부상으로 보류되고, 마침내 암스트롱과 올드린이 달 위를 걷는 동안 나는 달 궤도를 돌았다. 이런 얘기를 쓰려니 당연히 자전적으로 보일 수밖에 없겠지만, 나는 이 글을 내가, 내가, 하는 식이 아니라, 어떻게 우주선이 작동하고, 누가 조종하며, 인공의 고압 환경에서 사는 기분이 어떤지 등을 내부자의 입장에서 사실적이고 담담한 어조로 기술하고자 했다.

우주비행사는 너무도 꿈같은 직업이다. 당연히 그 흥분을 제대로 전달하고 싶었다. 나 자신이 금세 싫증을 내는 사람이라 이 글도 쉽게 따분해 하는 사람들을 목표로 했다. 내가 제대로 해냈다면 어느 시대 어느 독자들이 책을 집어 들어도 흥미롭게 읽을 것이다. 1960년대 휴스턴을 비롯해 여타의 우주센터들이 그렇게 존재했기 때문이다. 지루한 날이 하루도 없었으니 당연히 지루한 페이지도 없어야 한다. 이 책을 좀 더 일찍 쓸 걸 하는 아쉬움도 있다. 세월이 흐르면서 내가 보기에 일부 내용이 그다지 새롭지 않기 때문이다. 다른 한 편 기다림도 나름의 역할이 있었다는 생각이 든다. 그 사이에 우주비행사가 아닌 일반 시민들이 어떤 점에 매력을 느끼는지 깨달을 수 있었다. 그런 이야기들을 발굴하는 데 좀 더 시간을 투자하고, 비행사들이나 이해할 (반면, 변호사, 가정주부들은 관심도 없을) 내용들은 가급적 줄여나갔다. 우주비행이 내 삶을 어떻게 바꾸었는지에 대해서도 어떤 관점이 생긴 듯하다. 하지만 무엇보다 내가 직접 이 책을 썼다는 사실을 즐기고 싶다. 아무리 열과 성을 다한다 해도 이야기꾼과 청중 사이에 해설자가 개입하면 책은 리얼리즘을 잃을 수밖에 없다. 반대로 해설자가 없으면 역사적 사실의 정확성이 떨어질 경우 책임을 떠넘길 대상이 마땅치 않다는 우려도 있으나, 지금으로서는 그마저 개의치 않을 참이다. 무엇보다 힘든 대가는 지금까지 들인 시간일 것이다. 지난 18개월간 매주 주말을 투자했다. 그동안 아내와 아이들의 희생이 많았다. 가족의 지원이 없었다면 도중에 포기했을 것이다. 참아줘서 고마워요, 다들.

마지막으로 제목 이야기를 하고 싶다. 어쩌면 제목에 익숙해질 시간이 될 수도 있겠다. 원래는 '창밖의 세계'World in My Window로 제목을 정했다. 아폴로 11호 비행 중에 내가 그런 표현을 쓰기는 했으나 생각하면 할수록 진부하게만 들렸다. '캐링 더 파이어'Carrying the Fire는 편집자, 로저스 스트라우스 3세와 전화로 수다를 떠는 중에 튀어나왔다. 특별한 의미는 없다. 그저 그 묘사가 우주비행과 비슷하다고 느꼈을 뿐이다. 단어가 세 개인 것도 마음에 들었다. 물론 아폴로는 불타는 태양을 화차에 싣고 하늘을 가로지른 신이다. 하지만… 여러분이라면 어떻게 불을 운반하겠는가? 답은 '조심스럽게'이다. 계획도 많고 위험도 많다. 불은 위험천만한 화물이며 월석月石만큼이나 소중하다. 따라서 불의 운반자는 떨어뜨리지 않기 위해 항상 신중에 신중을 기해야 한다. 나는 6년간 그 불을 운반했다. 이제 여러분에게 그 얘기를 하고 싶다. 테스트파일럿처럼 간결하고 진솔하게. 여행은 늘 좋은 얘깃거리니까.

마이클 콜린스
워싱턴 DC
1972년 11월 25일

등장인물

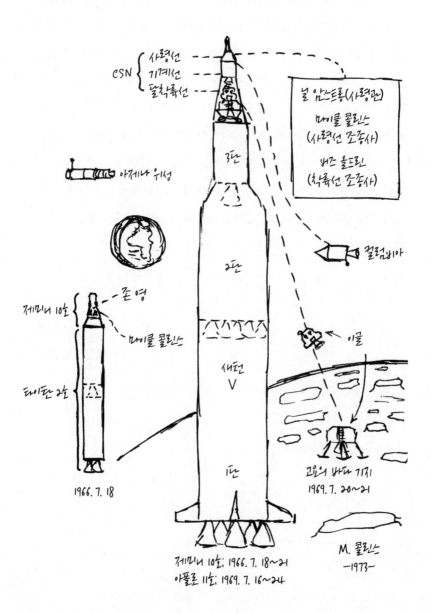

CSN { 사령선
　　　 기계선
　　　 달착륙선

널 암스트롱(사령관)

마이클 콜린스
(사령선 조종사)

버즈 올드린
(착륙선 조종사)

아제나 위성

콜럼비아

3단

2단

존 영

제미니 10호 {

마이클 콜린스

새턴
V

이글

타이탄 2호

1단

1966. 7. 18

고요의 바다 기지
1969. 7. 20~21

M. 콜린스
-1973-

제미니 10호: 1966. 7. 18~21
아폴로 11호: 1969. 7. 16~24

약어 정리

AMU(astronaut maneuvering unit) 유인기동장치

ARPS(Aerospace Research Pilot's School) 미 공군 우주탐사파일럿 학교

BEF(Blunt End Forward) 엉덩이 먼저

BIG(A biological isolation garment) 생물학적 격리복

CMP(command module pilot) 사령선파일럿

CSD(crew systems division) 승무원 운용부서

CSM(command and service module) 사령기계선

DOI(Descent orbit insertion) 하강궤도진입

EMU(Extravehicular Mobility Unit) 선외활동복

ESC(environmental control system) 환경통제 시스템

EVA(extravehicular activity) 선외활동, 우주유영

FTD(field training detachment) 야전교육팀

G&N(Guidance and Navigation) 유도 & 항법

GET(ground elapsed time) 지상 경과시간

IMU(inertial measuring unit) 관성측정장치

LM(Lunar Module) 달착륙선

LOL(Lunar orbit insertion) 달 궤도 진입

LRL(Lunar Receiving Laboratory) 달 시료(試料) 실험실

MCC(Mission Control Center) 우주비행관제센터

MQF(mobile quarantine facility) 이동격리실

MSC(Manned Spacecraft Center) 유인우주선센터

MTD(mobile training detachment) 기동교육팀

PDI(powered descent initiation) 동력하강 시동

PPS(primary propulsion system) 기본주진시스템

SPS(Service Propulsion System) 기계선의 주로켓 시스템

TEI(Transearth injection) 지구방향분사

Tig(Time of Ignition) 점화시간

TLI(translunar injection) 달천이

10·······9·······8·······

7 · · · · · · 6 · · · · · · 5 · · · · · · 4 · · ·

···3······2······

1

이륙—시험조종사 되기

야생마 타는 방법을 배우려면 방법은 두 가지다. 우선 일단 말 등에 오른 다음 실전에서 어떤 방법이 좋은지 깨닫는 것이고, 다른 하나는 집에 돌아와 저 발광하는 말을 어떻게 이겨낼지 연구하는 것이다. 당연히 후자가 안전하지만 훌륭한 기수는 대체로 전자를 택한다. 비행물체를 타는 것도 다르지 않다. 안전하고 싶으면 울타리에 앉아 새들이나 관찰하면 된다. 하지만 정말 배우고 싶다면 직접 올라타라. 그래야 돌발적인 변수들에 익숙해질 수 있다. **월버 라이트, 1901**

러시아라면 새 비행기를 실험할 때 프리피야트 습지대나 시베리아 등 아주 한갓진 곳을 택할 것이다. 이 나라의 경우에는 캘리포니아, 에드워즈 비행기지가 있는 모하비 사막지대다. 로스앤젤레스에서 150킬로미터 북쪽, 앤틸로프 계곡 풍동風洞의 중심부다. 과거 이 지역을 여러 차례 비행했건만 처음 육로로 접근했을 때는 완전히 처음 와본 곳이 되고 말았다. 불과 몇 시간 전, 과열 직전의 1958년형 쉐보레 스테이션왜건을 몰고 네온장식 삐까뻔쩍한 라스베이거스 도박장을 떠나 고속도로를 달렸다. 신들의 궁전 발할라 또는 메카를 찾기 위해서였다. 적어도 고속 시험비행 세계에 지원이라도 하게 해달라고 애원이라도 해볼 참이었다. 에드워즈는 원래 그런 곳이었다. 난 미 공군 실험비행 테스트파일럿 학교USAF Experimental Flight Test Pilot School, 클래스 60-C 멤버로 입학허가를 받아둔 터였다. 동료 입학생이 열셋에 대부분 미국인이었고(이탈리아 1, 덴마크 1, 일본 1), 대부분 흥분상태였으며, 대부분 크게 성공한 가문의 성공지향형 장남들이었다. 지금도 그 그룹에는 인상이 깊다. 난 그들을 사랑한다. 지금도 서재 벽에 걸린 채 내게 추파를 던지고 있지 않은가. 그 중 한 명은 달 위를 걸었다. 둘은 달 궤도를 돌았으며, 둘은… 최고 중의 최고 둘은 세상을 떠났다.

하지만 1960년 봄 내가 아는 사실이라고는 아내와 어린 딸을 위해 보금자리를 마련하고, 이것저것 할 일이 많다는 정도였다. 무엇보다 살 곳을 마련하고 서류에 사인해야 한다. 우선 이런 저런 장애들을 제거해야 진짜로 해야 할 일을 할 수 있으리라.

긍지와 영예의 에드워즈 공군 비행테스트센터! 마침내 쇼 타임이 시작되었다! 아무튼 대단히 스펙터클하기는 했다. 최장 40킬로미터의 건호乾湖가 슈퍼활주로로 쓰이고 있었으니, 곤경에 처한 파일럿 곧 비행기를 즉시 착륙시켜야 하는 사람들의 어머니 대지로서는 자격이 충분했다.

에드워즈는 건조하고 덥고 바람이 많이 불었다. 지역적으로도 외진 곳이다. 전형적인 보스턴 출신인 아내가 신생아를 키울 곳으로는 적합하지 않다는 뜻이다. 처음 그 얘기를 듣고 조금 움찔했으나 결국 아내가 극복하리라는 것도 알았다. 조슈아나무나 방울뱀, 모래폭풍 따위가 아내의 뉴잉글랜드 기질을 꺾을 수는 없었다. 삶을 만들어내고 또 손바닥 뒤집듯 바꾸는 그녀가 아닌가! 역사적 의미에서라도 그곳은 야망 있는 사람들의 고장이었다. 그 지역의 역사라고 해봐야 비행기 등장보다 몇 년 더 되었을 뿐이지만.

아무리 기술이 발전하고 비행기술이 정교해졌다 해도 호수는 여전히 위력이 있었다. 겨울이 되면 마음 조급한 비행사들에게 자연이 얼마나 위대한지 원시적인 힘을 과시한다. 봄과 여름이면 호수가 마르고 비행기 타이어에 시달려 호수바닥이 온통 갈라지고 깨진다. 그러다가 겨울비가 내리면 몇 센티미터쯤 빗물이 고여서는 끝없이 부는 바람에 이리저리 휩쓸린다. 초봄쯤 다시 마른 호수바닥이 드러나는데, 그때쯤 바닥은 아기엉덩이처럼 매끄러워져서 새해의 안전한 비행을 기약해준다. 최근에는 호수 인근에 콘크리트 활주로가 생겨 계절주기에 영향을 덜 받게 되었지만, 흥미로운 사실은 X-15 우주선은 물론 더 최근에 개발된 나사의 항공 겸용 우주선 같은 최첨단 기계들도 여전히 호수바닥을 이용한다는 것이다. 따라서 인간이 아니라 자연의 스케줄에 크게 의존할 수밖에 없다.

몇 년 전 인근 빅터빌의 조지 공군기지에서 F-86 세이버전투기를 몰았다. 덕분에 1960년 봄에도 그 지역이 낯설지만은 않았다. 한국전쟁 당시 최고의 비행사였던 조지프 매코널 대위가 조지 공군기지의 임무수행 중 호수에서 사망했다는 것도 알고 있었다. 1954년 초음속 F-100 전투기가 추락한 것을 조종석에서 목격하고, 운명을 달리한 테스트파일럿 조지 웰치의 시신을 쫓아간 적도 있다. 그때 그의 멀쩡한 낙하산은 천천히 하강하고 있었다. 그런저런 경험으로 에드워즈가 어떤 곳인지는 잘 알고 있었다.

그밖에도 아는 것이 있었다. 섭씨 40도가 넘고 강풍이 휘몰아치는 황무지임에도 불구하고 이곳이야말로 최적의 기지였다. 최초의 미국산 제트기를 시험비행한 곳이지만 당시 비행하지 않는 경우엔 의심을 피한답시고 기수에 임시로 목제 프로펠러를 끼우기도 했다. 1947년 10월 14일, 바로 이곳에서 척 이거 대위는 음속장벽을 깼으며, 마이클 콜린스 대위는 성실하게 의무를 수행하고 있었다. '미지의 세계를 향해서'*Ad Inexplorata* 말이다. 비행테스트센터의 모토가 그러했다. 항공구조대의 모토 '생명을 구할 수 있다면'*That Others May Live* 다음으로 내가 좋아하는 표현이다. 부대에 들어가고 보니, 그 모토는 건물은 물론 비행복까지 눈에 잘 띄는 곳마다 붙어있었다. 선인장이 가득한 사막이기 때문일까? 흑청색의 하늘을 향해 비상하는 현대적이고 역동적인 문양이 인상적이었다. 다른 한 편 테스트파일럿 학교의 표장에는 멈칫해야 했다. 맙소사, 멀쩡하게 파란 하늘에 계산자[計算尺]를 그려 넣다니!

난 다소 불안해하며 사인한 뒤 인근 시멘트 건물에 배속되었다. 흰 장갑이 깨끗하다는 생각은 들었으나 그밖에는 특별할 것도 없었다. 나는 다시 고속도로로 라스베이거스에 돌아가 아내 팻(퍼트리샤)에게 희소식을 전했다. "깨끗한 곳이야. 자기 마음에도 들 거예요!" 적어도 희망사항은 그랬다. 공군 입대 후 처음으로 하는 장기 고정근무였기 때문이다. 모르긴 몰라도 아내한테도 정착이 필요했다. 결혼 후 4년, 우리는 단독주택 네 곳, 아파트 네 곳, 그리고 모텔 마흔네 곳을 전전하며 살았다.

나 역시 평생 빈번한 주기로 이사를 다녔기에 한 곳에서 4년 이상을 버틴 적이 한 번도 없었다. 아버지는 38년간 육군 장교였다. 17년간 함께 사는 동안 주변 환경도 툭하면 전혀 딴판으로 바뀌곤 했다. 아버지는 로마의 어느 옥탑방 아파트에서 나를 낳고 1945년 버지니아 알렉산드리아의 옛 식민지 건물에서 은퇴했다. 그 사이에 가족은 뱀이 우글거리는 오클라호마 촌 생활도 하고, 맨해튼의 불야성을 인근 거버너스 아일랜드에서 지켜보았고, 심지어는 카사블랑카에서 두어 해를 지내기도 했다. 이 위압적인 옛 요새 카사블랑카는 1530년 경폰세 데 리온이 건설했는데, 일반적으로 서반구에서 가장 오래된 거주지로 알려졌다. 우리 집에서는 푸에르토리코의 산후안 항구까지 내려다보였다. 1941년 푸에르토리코 군관구가 새로 생기면서 사령관 거처로 제공된 집인데, 내 생전 그렇게 매혹적인 곳도 처음이었다. 2미터 두께의 외벽, 엄청난 넓이의 무도장, 비밀입구가 달린 비밀 터널을 비롯해, 오늘날 보잘것없는 목조건물이나 회벽, 드라이보드 건축에서는 절대 불가능한 볼거리가 가득했다. 당시 열 살의 내게 무엇보다 인상적인 장면은 주변의 정원들이었다. 열대식물과 동물들이 가득했기에 몇 시간씩 도마뱀, 소라게, 거북이, 작은 열대어를 구경하며 놀았다. 설익은 망고나 푹 익은 코코넛 때문에 배앓이를 한 적도 있다.

생전 처음 비행기에 탄 것도 푸에르토리코였다. 소형 수륙양용 복엽기 그루먼 위전Grumman Widgeon이었는데, 파일럿은 심지어 잠시 내게 조종간을 맡기기도 했다. "비행기를 수평으로 유지하라"는 파일럿의 지시에 따라 기수를 위아래로 씰룩거려야 했건만 낡은 위전은 그 굴욕을 묵묵히 견뎌주었다. 아버지는 비행기 뒤에 앉아 흡족한 미소를 지으며 그 과정을 모두 지켜보았다. 아버지는 비행사가 아니라 기병 출신의 늙은 폴로 선수였다. 비행기보다 말을 좋아했지만 그래도 쾌속 비행기의 짜릿함을 즐기고 공군 사병들의 유치한 주장도 잘 받아주었다. 1911년 필리핀에서 처음 비행기를 탔다는 사실도 자랑했는데, 바로 라이트 형제의 비행기였던 것이다. 옆자리에는 프랭크 람, 즉 역사상 두 번째 육군 조종사가 타고 있었다. 람은 라이트 형제를 사사한 조종사다. 아버지 주장에 따르면 프랭크는 빈약한 비행기를 타고 산불 위를 날기도 했단다. 그런데 뜨거운 열기에 상승기류가 발생해 갑자기 비행기가 덜컥거리는 통에 자칫 비행기 밖으로 튕겨나갈 뻔했다고 한다. 난 아버지의 얘기를 좋아했다. 몇 년 후 웨스트포인트에서 람을 직접 만나기도 했다. 매력적인 인물이었다. 과묵하고 당당했으며 가식 따위는 전혀 없었다. 노신사는 당시 새로운 항공기술 태동기에, 우리 사회를 관통한 최첨단의 산증인이기도 했다. 실제로도 평생 엄청난 격변기들을 겪었는데, 그것도 안락의자가 아니라 일련의 훨씬 복잡하고 매혹적인 기계 조종석에 앉아 몸소 겪은 변화가 아닌가. 이 늙고 고독한 독수리와, 웨스트포인트의 "나를 따르라, 고지가 바로 저기다"를 외쳐대는 쥐떼 같은 육군 장교들을 비교하니 그 차이는 더욱 명확해졌다.

웨스트포인트 졸업이 가까워지면서 육군에 남을 것인지, 최근에 독립한 공군(아버지에게 공군은 언제나 육군 항공대였다)에서 새 출발을 할지 결정해야 했다. 동료들과 달리 내게는 솔직히 비행기를 향한 사랑이 지고지순하지도 지속적이지도 못했다. 위전을 타고 프랭크 람을 만나기까지 모형비행기 조립에 깊이 빠지기도 했지만 그래도 젊은 시절에는 비행기보다 체스, 축구, 여자의 몫이 더 컸다. 미래를 걱정하더라도 비행기에는 현실적인 문제가 있었다. 비행 훈련에서 낙오할 수도 있고(25퍼센트가 떨어져나간다) 전시는 물론 평시에도 사망률이 높다. 진급에서도 위로 올라갈수록 육군보다 느리다는 얘기도 있었다. 과거에 공군 진급이 과도한 측면이 있었고, 그 바람에 젊은 고급장교군에 병목현상이 생긴 것이다. 당연히 후발 주자의 진급이 막히고 말았다. 이런 문제들에다 웨스트포인트 육군 훈련과정이 전반적으로 훌륭하다는 평가까지 더해져서 육군이야말로 더 합리적인 대안으로 보였다. 그와 반대로 향후 50년 이후의 가능성도 고려해야 했다. 라이트 형제가 첫 비행을 한 후 50년도 채 되지 않았건만 벌써 제트기 시대에 진입하지 않았던가.

개인적인 문제도 있었다. 작은 삼촌 J. 로턴 콜린스는 당시 육군 참모총장이었고 아버지는 2성 장군으로 퇴역했다. 다른 삼촌도 육군 준장, 형은 대령, 사촌은 소령… 모두가 육군 가족이다. 공군에는 연고가 전혀 없는 터라 오히려 자신의 길을 개척하기에 더 좋은 기회라는 생각도 들었다. 사실이든 아니든 가족 덕에 진급했다는 오해는 피할 수 있지 않겠는가.

결국 선택은 공군이었다. 졸업 후 한 달간 유럽에서 즐거운 휴가를 보낸 후, 나는 T-6 단발 텍산^{Texan}의 앞 조종석에 앉아 미시시피 북동쪽의 너른 농지 위를 날고 있었다. 특히 몇 년간 지긋지긋할 정도로 웨스트포인트에 갇혀있던 터라 더욱 더 기분이 좋았다. 미시시피의 콜럼버스는 여자대학이 있는 작고 친근한 마을이었다. 사실 독신소위라면 그 마을에 하나밖에 없는 술집 즉 장교클럽에 들어갈 수도 있었지만, 그래도 핵심은 비행이었다! 너무나 신이 나서, 비행을 하고 돈까지 받는 게 무지 송구할 정도였다. 다행히 체질에도 맞아 느긋하게 비행을 즐길 수 있었다. 친구들은 행여 탈락할까봐 끊임없이 불안에 떨고 있었지만.

콜럼버스에서 6개월 기본훈련을 마친 뒤 잠시 텍사스의 샌 마르코스로 건너가 계기비행과 편대비행을 배우고 다시 웨이코에서 제트기 교육을 이수했다. 웨이코에서는 1953년 늦여름 반짝이는 '실버윙스' 배지를 달고 졸업했다. 나는 소수정예에 선발되어 네바다 주 라스베이거스의 넬리스 공군기지에서 주간전투기 고급과정 훈련을 받았다. 그간의 근무를 통틀어 가장 맘에 드는 임무였다. 한국의 2개 전투비행단에 들어갈 유일한 통로였기 때문이다. 당시 미 본토의 F-86 세이

버전투기 편대와 더불어 소련 미그기들에 가장 성공적으로 맞붙고 있는 비행단이었다. 넬리스에서는 진짜로 비행하는 법을 배웠다. 집중적이고 진취적인 과정이었기에 한국에서 능력을 발휘하지 못할 듯하면 누구든 떨어져 나갈 수밖에 없었다. 야만적인 과정이기도 했다. 그곳에서 11주를 지내는 동안 스물두 명이 전사했다. 돌이켜보면 전투도 없이 그런 식의 사망률이 어떻게 가능한가 하겠지만 당시만 해도 지극히 합당해 보였다. 과정을 완수하리라는 확신은 누구에게도 없었다. 다만 교관의 지도에 사기가 오른 터라 우리는 최선을 다할 수 있었다. 한국이 휴전협정을 맺은 것도 그 즈음이었다. 미그기를 만날 가능성이 멀어졌다는 뜻이지만 그래도 기는 죽지 않았다. 비행기술을 배우면서 하루에 서너 번은 실제로 하늘을 날았다. 50분 주기로 네바다 하늘 높이 날아올라가 사격도 하고, 어떻게 팀워크를 이뤄야 미그기를 떼어내는지도 배웠다. 밤이면 우르르 라스베이거스에 몰려갔다. 자동차들로 세이버 편대를 짜고는 주민들을 위협하고 박봉을 탕진했다. 잠 따위는 동이 틀 때까지 두어 시간 쪽잠이면 충분했다. 새벽이면 다시 비행대기선으로 돌아가 이 나약한 살색의 육신을 다시 창공으로 날려 보냈다. 그야말로 열병 같은 나날이었건만 놀랍게도 난 살아남았다. 그 이후로 그렇게 위험을 느껴본 적은 없었다.

휴전 덕분에 내 희망 근무지는 한국에서 캘리포니아로 바뀌었다. 나는 넬리스 공군기지를 졸업하자마자 빅터빌의 제21 전투폭격단에 배속되었다. 그곳에서도 1년은 행복했다. 여전히 세이버 제트기를 몰았으나 이제는 지상공격과 핵 이송기술에 집중했다. 1954년 12월 중순, 소속 폭격단이 프랑스로 옮겨가게 되었다. 당연히 우리 정예대원들이 선발되어 동쪽으로 날아갔다. 크리스마스에 래브라도의 구스베이로 옮겼다가 새해가 올 때쯤 그린란드의 나르사르수아크 공군기지로 올라갔다. 다만 터무니없이 심한 악천후와 여기저기 널린 술집 때문에 행로가 험난하기만 했다. 그러다 마침내 프랑스 쇼몽에 도착했다. 초음속 제트기를 타고 떠난 지 30일, 평균시속 6킬로미터의 기록이었다.

비행은 기가 막혔다. (하늘에 올라가 보라. 그린란드의 저 삐뚤빼뚤한 빙하와 수면만큼 아름다운 풍경은 어디에도 없다.) 프랑스도 새로운 비행경험이었다. 캘리포니아 사막의 순수하고 맑은 공기는 더 이상 없었다. 휘트니 산에서 데스밸리까지, 즉 미 대륙의 제일 높은 곳에서 제일 낮은 곳까지 한눈에 볼 수 있었건만. 그 대신 프랑스에는 자르 계곡이 있었다. 연기와 구름과 기름오염으로 찐득한 곳이라 아무리 쾌청한 날에도 해를 보기가 어려웠다. 우리도 더 이상 자랑스러운 독수리는 되지 못했다. 하늘 높이 대류권을 가로지르던 시절은 지나고, 기껏해야 계곡에 숨어 짙은 안개에 매달리는 신세가 아닌가. 이게 다 신기술 때문이다. 저공비행으로 땅바닥을 훑고 철의 장막을 가로지른 뒤 가상의 목표물을 공격하는 훈련에 돌입한 것이다. 이따금 청명한 지중해 해변으로 탈출할 수는 있었다. 그곳에서 다시 한 번 특유의 폭격과 총격을 연습하고 수정같이 맑은 하늘을 날아다녔다. 리비아, 트리폴리 인근에 미 공군이 대규모의 휠러스 공군기지를 설치했다. 영국과 프랑스의 다양한 전투기들이 날아와 다양한 기술들을 익혔다. 유럽대륙은 복잡하고 구름이 많아 비행훈련이 만만치 않기 때문이다. 매년 한 차례 전투비행단 간 사격시합이 열렸는데 1956년에는 내가 용케 대형 은컵을 수상했다. 그 뒤로 오늘날까지 이런저런 수상을 했으나 이 컵보다 소중히 여기는 영예는 없다.

트로피까지 받은 터라 현재 신분에서 어떻게 진급할지를 고민하기 시작했다. 공군 중령으로 진급한 후 보호하고 훈련해야 할 부하들도 몇 명 생겼으니 성적이 나쁜 것은 아니었다. 하지만 이제 나이도 들었으니 조금 더 현명해져야 했다. 주변에 나보다 젊은 조종사들이 많아지는 것도 신경 쓰였다.

몇 년 동안 해군조종사 매형의 행적을 관심 있게 지켜보고 있었다. 누이 버지니아와 결혼한 코디 워트는 2차 대전 이후로 대형 초계기를 몰았고, 최근에는 메릴랜드의 파투센^{Patuxent} 해군 항공기지에서 해군 테스트파일럿 과정을 이수했다. 난 편지 속에서 언뜻언뜻 그의 비행을 엿보고는 매료되었다. 예를 들어 매형은 해군비행사 소형제트기(한 번도 시도한 적 없는 획기적 디자인) 시다트 기종을 몰았다. 그가 처음 다루었다는 최신 비행기 종류는 한도 끝도 없었다. 반면에 내 마구간에는 말이 딱 한 마리뿐이었다. 낡디 낡은 F-86. 1957년 유럽을 떠날 때 매형 뒤를 쫓고 싶었으나 난 비행기록 1,500시간도 채우지 못했다. 에드워즈의 공군 테스트파일럿 학교에 들어가려면 적어도 그 정도 기록이 필요했다. 난 그 사이에 비행 팀 소속으로 있게 해줄 것과, 1,500시간의 조건을 충족하면 에드워즈로 보내줄 것을 요청했다. 답신은 신속하고 또 참혹했다. 나는 일리노이의 채누트 공군기지로 건너가 19개월간 항공기 정비장교 과정을 이수해야 했다. 그 후에 어찌 될지 어떻게 알겠느냐만 당시로서는 참담했다. 채누트 훈련은 에드워즈에서 더욱 더 멀어지는 셈이었다.

학교는 끔찍했다. 수업은 무의미하고 장비는 개판이고 비행시간은 거의 없었다. 수업을 새벽 6시에 시작했으니 더 말해 무엇하리. 어쨌거나 불행을 줄여야겠다는 생각에 난 수업을 두 배로 듣기 시작했고,

그래서 9개월 코스를 6개월 만에 끝마쳤다. 그런데… 하느님 맙소사! 새로운 임무가 떨어진 것이 아닌가! 맙소사, 나보고 강사가 되라니! 나는 부리나케 비행기를 타고 워싱턴으로 돌아와 펜타곤 복도를 오르내리다, 기어이 투정을 들어줄 인사부 인물과 마주쳤다.

"알았네… 학교가 마음에 들지 않는다면 그건 좋아. 하지만 자넨 채누트 소속이고 아직 다른 곳에 보낼 생각은 없네. 채누트에서 어떤 일을 할지는 자네한테 달렸어." 그나마 기동교육팀장 보직을 제안 받고 재빨리 수락했다. 본부는 여전히 채누트였다.

기동교육팀MTD: mobile training detachment은 채누트 기지에서 전 세계 공군기지로 파견했다. 이른바 구형과 신형비행기를 거래하는 보따리 상인이다. 이를테면, 신형비행기가 도착하기 두어 달 전 미리 우리 기동교육팀이 등장해 정비공과 비행사들에게 신형비행기와 관련해 모든 정보를 교육했다. 교육팀 구성은 비행기가 얼마나 정교하고 어떤 변수가 있느냐에 따라 달랐지만, 난 적게는 열 명, 많게는 칠십 명까지 끌고 다녔다. 실로 대단한 경험이었다. 한 가지 예를 들면 우리는 늘 이동 상태였다. 아내와 애인, 월급명세서도 우리를 따라잡지 못할 정도였다. 교육장비는 비싸고 무겁고 복잡하고 또 예민했다. 당연히 고장도 빈번했다. 공장에서 비행기를 어떻게 개조하느냐에 따라 장비 자체가 무용지물이 되기도 했다. 고객들에게 늘 천덕꾸러기 대접을 받았으나, 그래도 우리는 그들에게 의존하여 갖가지 도움과 지원을 받을 수밖에 없었다. 수천 킬로미터 떨어진 곳에서 열 개가 넘는 팀들을 운영하는 자리라 우리 대장도 정신이 하나도 없었다. 내 보직 설명서에는 정비장교라고 적혀 있었지만, 실제로는 군목이나 변호사, 외교관 역에 가까웠다. 움직일 때마다 사소한 문제들이 융단폭격처럼 터지니 왜 아니겠는가.

얼마 후에는 야전교육팀FTD: field training detachment 으로 보직이동했다. 기동교육팀의 반영구적 변형인 셈인데, 이번에는 학생들이 우리를 찾아왔기에 다소 여유가 있었다. 지금도 사람들이 이렇게 말해주면 기분이 좋다. "오, 평생 비행사로 사셨으니 이런 얘기는 잘 이해하지 못하실 겁니다만…" 부인, 혹시 장남한테 작위와 토지를 물려준 다음 차남에게 뭔가 조언할 생각이라면 이렇게 하세요. 당장 옥스퍼드를 때려치우고 곧바로 일리노이 랜툴의 채누트 공군기지에 들어가라고 말이죠. 직접 기동훈련팀을 꾸려 그들과 함께 명예와 미래를 꿈꾸라고.

그렇게 돌고 돌아 1960년대 초 라스베이거스의 넬리스 공군기지에 돌아왔다. 이제는 젊은 호랑이도 아니고 상상의 미그기와 싸울 일도 없었다. 사실 지상에서 야전교육팀을 꾸려 조종사와 정비공들에게 최첨단 전천후 레이더 장착 전투기 F-105기*를 설명하는 것만으로도 정신이 하나도 없었다. 보직에 문제가 있다면 내 마음이 떠나있다는 것뿐이었다. 당시에도 나는 테스트파일럿 훈련자격을 획득하겠다는

---

* 잠시 삼천포로 빠져 '리퍼블릭' F-105기와 그 선조들 얘기를 해보자. F-84는 리퍼블릭의 원조 제트기였다. 흔히 '돼지'(Hog)라는 애칭으로 불렀는데, 그 이유는 동시대 제트기들보다 통통하고 둔해 보였기 때문이다. '돼지'의 후퇴각(後退角) 버전이 곧바로 '슈퍼돼지'(Super-Hog)라는 작위를 얻었으니, F-105기야 '울트라돼지'(Ultra-Hog) 말고 달리 어떤 애칭이 가능했겠는가. 그런데 그 이름 대신 더 짧고 묘사적인 애칭 '써드'(Thud)가 당첨되었고, F-105기는 오늘날까지 이 이름으로 불린다. F-84는 가볍게 이륙한 적이 한 번도 없기에 "세상에서 제일 빠른 세발자전거"라는 설명이 따라붙었다. 조종사들도 조금이라도 안전하게 이륙하려고 온갖 편법을 썼다. 내가 가장 선호한 방식은 모래통 전술이었다. 쾌속으로 활주로 끝에 다다르면 조종사가 손잡이를 당겨 앞바퀴 앞에 모래를 조금 분사하는 것이다. 그러면 F-84는 모래투성이 보조활주로에 진입했다고 판단하고는 곧바로 이륙하는 것이다! F-105기는 정비전대(整備戰隊)에서 불안하게 시작했지만 이내 놀라운 비행기로 변신했다. 다재다능하고 튼튼한 비행기로.

생각에 집착했다. 어떻게든 비행경력의 다음 고지에 오르고 말리라.

기동교육팀으로 떠돌 당시에도 기종을 막론하고 비행 기회는 확실하게 챙겼다. 말만 번지르르한 작전장교들을 구슬려서 밤낮을 막론하고 대기명단에 이름을 올렸으며, 다들 꺼려하는 비행을 떠맡았다. 그리고 이런 식으로 마침내 1,500시간 비행점수를 맞추는 데 성공했다. 나는 곧바로 테스트파일럿 학교에 지원서를 보내놓고는 넬리스에 머물며 퇴짜 통지를 기다렸다. 비행을 할 때면 대개 남서쪽으로 우회해 에드워즈의 거대한 호수바닥을 훔쳐보았다. 너무나 가깝고도 먼 곳. 쓸 만한 추천서가 몇 개 있었으나 뒷배가 보잘 것 없었기에 입학이 허가되리라는 보장은 어디에도 없었다. 나 같은 신청자가 1,000명도 넘을 것이다. 때문에 마침내 운명의 편지가 도착했을 때, 아마도 달나라 비행 제안을 받았다 해도 그보다 더 기쁘지는 않았을 것이다. "클래스 60-C, 미 공군 실험비행 테스트파일럿 학교, 1960년 8월 29일 시작, 32주 과정." 우리 식구 세 명(팻과 한 살배기 케이트)은 넬리스에서 에드워즈까지 300킬로미터를 이사했다.

"이 문으로 세계 최고의 조종사가 배출된다." 지극히 상투적인 자랑이다. 이 문구는 공군 팀 작전실 입구 어느 곳이나 걸려있다. 하지만 이곳은 테스트파일럿 학교가 아닌가. 난 정말로 그 말을 믿었다. 이들 건물을 보는 것만으로도 충분했다. 전 공군에서 선발된 인물들, 앞으로 9개월 동안 이들은 내 친구이자 아름다운 경쟁자가 될 것이다.

첫 번째는 동기 프랭크 보먼, 그는 마치 선거를 앞둔 정치가처럼 문에서 우리 모두를 맞이하였다. 캘리포니아 공과대학 석사 출신으로 얼마 전까지 교관으로 근무한(사관학교에서 열역학을 강의) 말 그대로 버거운 경쟁자였다. 비행술도 뛰어나고 이론 수업 정도는 말 그대로 누워서 떡 먹듯이 해치웠다.

그 다음이 그레그 노이벡, T-33 제트연습기만으로 3,000시간을 완주한 인물이었다. 내 비행시간을 다 합한 것보다 두 배가 넘는 기록이지만 심지어 나이도 나보다 몇 살 어렸다. 도대체 나란 놈은 이 나이까지 뭘 해먹다가 여태 빈털터리란 말인가? 학위도 신통찮고 나이 서른 살에 비행시간도 고작 2,000시간 정도였다. 더욱이 이런 결점을 날릴 만한 대단한 기록도 없지 않은가?

그렇다고 신세한탄만 하고 있을 처지도 못 되었다. 직무반장 톰 스태퍼드가 처음부터 제대로 해보겠다고 각오를 다졌기 때문이다. 잔소리 영감이 혼자 세 몫을 해내는 터라, 우리는 곧바로 과제에 매달려 신형 비행기의 다양한 성능변수를 측정하기 시작했다. 과정은 대개 이런 식이다. 우선 강의실 수업. 특정 유형의 실험을 위해 관련 이론들을 공부한다. 그리고 한두 차례 비행을 통해 신기술을 시험하며, 그렇게 확보한 다량의 실험 데이터를 분석한다. 마지막으로 수천 비트의 정보('측정포인트')를 이해 가능한 보고서로 정리하고 차트와 그래프로 마무리하는데, 그 과정이 지루한데다 시간도 엄청 잡아먹었다. 시작은 비행이었다. 니보드*에 정보를 기록하고 특수카메라로 도구를 촬영하고 모눈종이에 오실로그래프로 30개 이상의 측정치를 기록했다. 비행할 때마다 현상필름과 오실로그래프 용지가 우리한테 떨어지고 그러면 주말은 물론 밤마다 탁상계산기를 두드려대거나 영사기를 노려보며, 저 엄청난 양의 정보를 간결한 보고서로 응축해야 했다.

---

* kneeboard: 조종사가 비행 시 지도나 주요사항을 참조하고, 비행 또는 전투 임무 중에 필요한 주의사항이나 관제사의 지시사항 등을 편리하게 메모하기 위해 지참하는 항공용품.—옮긴이

그렇게 스태퍼드의 인정을 받으면, 다음 단계로 올라가 처음부터 다시 이 끔찍한 과정을 되풀이하는 것이다. 아, 테스트파일럿의 찬란한 인생이여!

몇 달간 학업이 이어지면서 근시안에 불평분자가 되었지만 그나마 믿는 구석이 있었다. 후일 비행대기선에서 '진짜' 테스트파일럿을 시행할 때 충분히 보상받을 수 있다는 사실이다. 어쨌든 시험조종에 선발된 정예요원들이 저 화려한 F-104 스타파이터를 몰고 창공을 가르는 동안, 이 모자란 학생은 세탁기 엔진이 장착된 T-28을 타고 씩씩대야 했다. 그 친구들이 은색 가압복을 입을 때 나는 누더기 비행복을 입었다. 그것도 걸상에 앉은 채로. 조금만 더 끈기를 발휘하여 좋은 점수를 받고 상상불가의 비기 항공술로 보고서를 빽빽하게 채울 걸 그랬나 보다. 그러면 나도 졸업해서 시험조종 팀에 합류하여(물론 전투기 분과 얘기다) 깨끗한 비행복도 지급받았으리라.

그러는 동안에도 삶이 100퍼센트 따분한 것만은 아니었다. 우리는 애송이 비행 시절 얘기를 주고받으며 마음을 달랬다. 우리 반 괴짜 할리 존슨은 틈만 나면 과거 오토바이 경주 시절 얘기를 했는데, 다들 좋아했으나 잭 타이슨만은 예외였다. 잭한테는 1918년형 벤틀리가 있었기에 이 벤틀리 차주에게는 그 어떤 얘기도 관심을 끌지 못했다. 이따금 기억할 만한 파티도 열었다. 대개는 금요일 밤, 일주일간의 지루한 수업과 퀴즈, 약간의 비행, 엄청난 양의 데이터 처리를 끝낸 후였다. 우리는 아내까지 버리고 모여 술을 퍼마시며 (졸업 후의) 미래를 논하고 쓸 만한 일자리가 없다며 투덜댔다. 이따금 노래도 불렀다. 가사를 적을 가치도 없는 군가 나부랭이였으나, 대체로 이 가혹한 세상에서 비행사들이 얼마나 고통 받는가 운운하는 내용들이다.

우리는 또 우리 능력에 자신감이 생기기 시작했다. 테스트파일럿 학교의 교육방식에도 장점이 많았다. 비록 오랜 시간을 들여야 했지만 분명 결실이 있었다. 보통 때라면 필요하지도 사용할 수도 없는 비행기들로 임무를 처리하는 법도 배웠다. 예를 들어 비행속도를 노트 단위까지 조절했고, 비행기가 저항하고 흔들리고 회전하는 동안에도 마지막 동작까지 관찰 기억하여 하나하나 기록도 했다. 임무를 조직해 테스트 비행시간을 1초도 낭비하지 않게 되었다. 기준을 높이 설정한 다음에 그 기준을 달성하며 자랑스러워도 했다. 우리 사는 세상이 느슨하다 해도 우리만큼은 정교했다. 정말로 정교했다. 그렇기에 이 정교함을 활용하지 못할까 두려웠다. 어딘가 마이너리그로 쫓겨나면 어쩌지? 행여 보직이라도 잘못 받으면 뒷좌석의 정비공이 최신형 전자상자 다이얼로 조종하는 대로 하늘에서 끝없이 선회비행을 할 수도 있지 않는가. 공군의 실제 테스트파일럿 보직은 어디나 그 이름 아래 열 명의 인원이 포진하고 있다. 우리 반 대다수가 이 준* 테스트파일럿 보직을 채울 것이며 그 사실을 모르는 사람은 아무도 없었다. 그리고 우리는 기다렸다. 기다리며 불안해했다. 공군의 인사시스템은 정교하지도 영리하지도 않았다. 마침내 통지서가 당도했다. 짐 어윈은 떨어졌다. 바야흐로 10년 후 아폴로 15호 승무원으로 달 위를 걷고 운전도 할 인물임에도 이런 일에서 고배를 마신 것이다. 할리 존슨도 마찬가지였다. 사실 그 반 대부분이 같은 신세였다. 보먼과 노이벡은 학교 강사로 남았으니 그나마 영예일까? 어떤 연금술이 통했는지 모르겠지만 전투기 조종의 유일한 보직은 마이크 콜린스에게 돌아갔다.

이후로는 내내 편한 하산길이었다. 난 졸업연사가 누구인지, 그가 무슨 말을 했는지 전혀 기억이 없다. 가운을 빌려 입고 땀을 삘삘 흘리며 연단에 나가 나 자신도 장광설을 늘어놓기는 했으나 아무리 생각해도 내용이 생각나지 않는다. 유일하게 졸업연설이 인상적인 인물은 단연 로스코 터너였다. 터너는 1953년 미시시피 콜럼버스의 우리 기초 비행학교 졸업식을 위해 방문했다. 양차 대전 사이 비행 전성시대에 가장 찬란했던 경주비행사. 그는 거친 비행 세계를 담담하게 묘사해 우리 눈을 동그랗게 만들었다. 아쉽지만 그 시대는 영원히 사라졌다.

로스코는 번쩍이는 콧수염을 날리며 '길모어'라는 이름의 애완사자를 타고 날아갔다. 우리는 규정집, 계산자, 컴퓨터를 들고 비행기에 올랐다. 달에 가려면 아주 아주 커다란 컴퓨터가 필요할 것이다. 어쩌면 컴퓨터로 가득한 건물이 필요할 수도 있다. 하지만 1961년 에드워즈에서 나는 길모어와 달 사이 어딘가에 있었다. 스타파이터, 슈퍼세이버, 델타다트 같은 정교한 기계들이 내가 놓쳤을 다채로운 과거와 오는지도 몰랐던 복잡한 미래의 간극을 이어주는 세계. 나는 흡족해하며 전투기 운용팀을 향해 떠났다. 심지어 포드 모델 A도 사러 갔다.

2

테스트파일럿에서 우주비행사로

비행테스트 프로그램을 기획하고 조정하고 시행하며, 실험 목적의 비행기의 군사무기시스템으로서의 비행특성, 성능, 안정성, 기능적 유틸리티를 평가하고 보고한다. 설치된 부품과 장비의 적합성, 효용성, 기능을 평가하고 보고한다. 군수사업자의 요구에 따라 비행테스트 프로그램의 완수에 필요한 테스트 지원 비행을 수행한다. 지시에 따라 비행테스트 임무와 관련, 학술대회와 회합에 공군비행테스트 센터를 대표해 참석한다.　'테스트파일럿의 의무', 「공군 규정집」, 1962

위에 덧붙여 테스트파일럿은 어느 정도는 정신분열적이어야 한다. 신형비행기에 대한 고민이 끝도 없이 이어지기 때문이다. 조종법을 숙지하기까지 얼마나 어려울지도 고민해야 하지만, 특별 훈련과 경험을 갖추지 못한 보통 비행사의 입장에서도 생각해야 할 일이 많다. 뭔가 문제가 있다면 어떻게 할 것인가? 다시 공장으로 돌아가 돈과 시간을 들여 개조를 해야 할 수도 있다. 물론 고객들에게 가볍게 경고하는 것으로 충분할 때도 있다.

비행기가 새로 나올 때마다 두툼한 책이 한 권 탄생한다. 파일럿 지침서, 이른바 파일럿의 성서다. 책은 간결한 경고 형식으로 임무와 태만과 관련, 다양한 위반사항을 빽빽이 기록해놓고 있다. 경고는 중요도에 따라 분류되어 있으며 시선을 끌기 위해 작은 박스를 이용하기도 했다.

WARNING　경고 : 조종 절차, 실습 등, 정확히 따르지 않을 경우 부상을 당하거나 심지어 사망할 수도 있다.

CAUTION　주의 : 조종 절차, 실습 등, 엄격하게 따르지 않을 경우 장비 고장이나 파괴로 이어질 수 있다.

Note　강조 : 조종 절차, 상황 등, 반드시 강조하고 넘어갈 사항.

　언제 무시하고 언제 경고할 것인가? 언제 수리할 것인가? 테스트 파일럿에게는 너무도 중요한 판단들이다. 어쨌든 그는 대체로 프로젝트 매니저의 스케줄은 외면하고 자기 입장만 고집한다. "해리, 지금까지 무사고였든 아니든 그게 문제가 아니잖아요. 캐노피 사출 손잡이가 너무 튀어나와 있어요. 급하게 단거리항법 채널을 만지다가 비행복 소매에라도 걸리면 어떻게 하죠? 조심하라고요? 이런 맙소사, 당연히 조심하죠. 조심했으니까 아직 사고가 없는 거고요. 그러다가 어리버리한 소위가 악천후 야간비행을 처음 나온 날이라면요? '주의'라고요? 지침서에 뭐라고 적혀 있죠? 손잡이 조심? 아니면 악천후 야간비행 때는 정신 똑바로 차려라? 이봐요, 해리. 그놈의 '주의' 때문에 지침서가 브롱크스 전화번호부만큼이나 두꺼워졌단 말입니다. 손잡이는 고쳐야 해요."

　상황이 매번 이런 식이다. 달 궤도에서 부주의로 캐노피나 해치를 사출할 우려라도 있다면 그다지 나쁜 훈련이 아닐 것이다. 하지만 기가 막히고 코가 막히게도(이런 식의 우주인 말투를 용서 바란다) 제미니와 아폴로 호 비행 내내 승무원의 실수나 부주의는 거의 없었다. 물론 실수 가능성은 거의 무제한이다. 최상의 디자인이 아니라면 아폴로 사령선command module, CM만큼 복잡한 기계를 실수 없이 조종하기란 불가능에 가깝다. 나중에 더 이야기하겠지만, 우주비행사들이 꽤 일찍이 과정에 합류한 덕분에 제미니와 아폴로의 디자인 단계부터 함께할 수 있었고, 개인적으로 볼 때도 이것만큼은 나사의 현명한 결정이었다고 생각한다.

테스트파일럿은 다른 조종사보다 객관적이어야 한다. 편대 파일럿이라면 자기 비행기와 사랑에 빠져도 문제없다. 당연히 그 비행기만 몰아야 하고, 또 이미 디자인이 끝난 비행기라 충분히 즐길 수 있기 때문이다. 비행기는 지금 모습 그대로 존재할 것이며 아무도 개조하지 않는다. 제 눈에 안경이라니, 비행기에 온갖 찬사를 늘어놓을 수도 있고 신을 대하듯 경배해도 상관없다. 이웃 편대의 비행기를 비웃거나 동정해도 누가 뭐라고 하지 않는다.

테스트파일럿은 이런 함정에 빠질 수 없다. 가령 단지 몇 년간 컨베어 사 제품을 몰았다고 해서 록히드 시스템이 컨베어에 미치지 못한다고 해서는 안 된다. 먼저 알아야 할 것은, 컨베어의 섬세한 느낌이 고고도에서 전천후 요격기에 제격이며, 록히드 조종간의 육중한 힘은 지상에 가까울수록 실용적이라는 사실이다. 새로운 비행기를 어떻게 활용할지 신중하게 분석하고 그에 따라 성능을 평가해야 한다는 뜻이다. 예를 들어 린드버그의 '스피릿 오브 세인트루이스' 호는 종방향 불안정성longitudinal instability 때문에 일반적으로 미흡하다고 볼 수 있으나 린드버그는 전혀 개의치 않았다. 기체의 피치 변화elevator control에 신경을 곤두세우느라 길고도 고독한 대서양 비행에 졸지 않을 수 있었던 것이다.

모든 직업이 다 그러하듯 테스트파일럿 역시 단숨에 정상에 오르지는 못한다. 이곳에도 도제 – 장인 시스템이 존재하므로(적어도 에드워즈에는 있었다), 고참은 신참을 가르치고 이끌어야 한다. 예를 들어 전투기 테스트의 '신참'은 자기가 최악의 허드렛일들을 물려받았다는 것을 알게 된다. 그 중 최고봉은 '방벽'barrier이라는 것이다. 방벽은 비행기가 망가지지 않도록 급격하게 속도를 줄이는 방식으로 최후의 저지선과 같은 개념이다. 활주로 끝에서 제트기를 막아 숲이나 건물 등에 충돌하지 않도록 유도하는 것이다. 대개 두꺼운 케이블로 활주로를 가로지르고 있다가, 주 착륙장치 앞에서 튀어 오르거나 꼬리 고리 tail hook를 잡아채는 식으로 비행기를 세운다. 비행기가 활주로를 지나칠 경우 조종사는 꼬리고리를 내려야 한다. 속도가 높은 제트기가 케이블에 걸리면 괴물 제트기를 순식간에 멈추기 위해 그 엄청난 운동에너지가 몇 초 내에 완전히 흡수되어야 한다. 그래서 에너지 흡수를 위한 온갖 방법이 동원되는데, 활주로를 가로지르는 대형 사슬로 끌거나, 수압을 이용한 대형 삽으로 끌어당기기도 하고, 수압식 비행기 브레이크를 사용하기도 한다. 모두 에드워즈에서 있던 일이다. 전투기 운용팀의 전화벨이 울리면 고참들은 그 전화가 방벽테스트 엔지니어들이 조종사를 부르는 건지 아닌지 귀신같이 눈치 챘다. 그러면 갑자기 나무세공을 하거나 작문시험 보고서 운운하며 사라지고, 어리버리 신참만 남아 방벽신의 게걸스러운 아가리 속에 희생양으로 던져지고 만다.

지정 장소, 즉 호수바닥 가장자리의 황량한 활주로 끝에 도착하면 신임은 지금껏 본 가장 낡고 남루한 제트기에 신속히 탑승한다. 남미 공군들도 내버린 지 오래인 모델이니 오죽하겠는가. 거미줄과 새둥지

사이로 내려다보면 조종석에서도 유일한 신형계기가 보인다. 대기對氣
속도계. 엔지니어가 시험비행을 할 때 운동에너지가 얼마나 필요한지
(질량×속도^2×1/2) 정확히 읽어주어야 하기에 무척이나 중요하다. 엔
지니어는 계산자, 차트, 컴퓨터, 점성술까지 참고한 뒤 조종석을 향해
고함을 지른다. 엔진소리가 그만큼 큰 탓이다. 그것도 엔지니어의 짜
증 섞인 조언을 들어가며 간신히 작동한 엔진이건만. 엔지니어도 이
런 일에 멍청이를 보냈다는 이유로 잔뜩 신경질이 나있는 터다. "이봐
요, 그…, 그… 콜린스라고 했죠? 오케이, 콜린스. 이번에는 82노트로
해요. 더 빠르면 안 되고. 알았죠?" 이름이 필요한 이유는 사고경위서
에 올리기 위해서다.

콜린스는 방벽과 어느 정도 거리를 두고 서서, 멍청이가 스페인 팜
플로나 축제의 거대한 소몰이 황소를 살피듯 검사를 시작한다. 다만
이 경우에는 콜린스 자신도 황소인지라 직접 돌진까지 해야 한다. 활
주로 끝 인공방벽까지 괴물을 몰고 가야 하는 것이다. 지켜보는 눈은
있건만 고물 엔진을 살려놓아도 관중들의 박수갈채는 들리지 않는다.
콜린스는 브레이크를 풀고 방책 가운데를 향해 조종한다. 음, 82노트
라고 했던가? 그래, 보기 좋게 성공해주마… 70, 75, 이런…, 85…앗,
이런… 90… 천천히, 천천히, 82까지…, 이런 망할… 87! 쿵! 쿵 소리
는 방벽케이블이 비행기 바퀴 아래를 통과하며 낸 소리였다. 콜린스
는 공회전으로 돌린 다음 단단히 각오를 한다. 감속 때문에 크게 덜컹
거릴 줄 알았는데 아무 일도 일어나지 않는다. 이때쯤 활주로는 사라
지고 거대한 먼지구름을 꼬리에 매달게 된다. 호수바닥을 질주하고
있는 것이다. 마침내 속도를 줄이고 비행기 기수를 돌려 되돌아간다.
누군가 먼지를 연기로 오해하고 소방서에 신고했는지, 빨간 트럭 부

대가 빨간 불빛을 반짝이며 뒤를 쫓아온다. 비행기를 멈추니 그곳에
도 환영인파가 모여 있다. 테스트 엔지니어가 너덜거리는 기계를 살
펴보는데 이런 고물을 생전 처음이라는 투다. 지금은 계산에 푹 빠져
있다. "82노트, 콜린스, 케이블을 지날 때 82노트를 유지했나요?" 콜린
스는 더하기 5까지 인정하고 엔지니어는 훗날을 위해 그 가증스러운
수치를 기록한다. 그러고도 한참 투덜대고 혀를 차다가 픽업트럭을
타고 떠나버린다. 소방요원들도 떼거리로 떠난다. 파일럿도 풀이 죽
은 채 본부로 돌아오지만 대장은 주사위놀이를 할 뿐 고개도 들지 않
는다. "그래, 꼬리 고리 내리는 것을 잊어버렸단 말이지…. 다음 테스
트는 아침에 있다." 콜린스는 그 후 절대로 꼬리 고리를 잊지 않는다.

성서에 나오는 7년의 흉년, 7년의 풍년처럼 에드워즈의 시계추도
앞뒤로 흔들리나 보다. 테스트파일럿이나 테스트 프로그램은 절대로
적당한 적이 없이 늘 너무 많거나 너무 적었다. 공군은 시험 비행기
의 비행을 안정적으로 유지할 수 있어야 한다. 칠 건 치고 버릴 건 버
려서 궁극적으로 최고의 생산성을 유지해야 하건만, 매번 국방장관들
을 보면 시스템은 그런 식으로 돌아가지 않는 듯했다. 국방장관 맥나
마라는 테스트 프로그램을 실시하기도 전에 F-III의 대성공을 확신했
다. 사실 그는 F-III이 만인을 위한 만인의 비행기가 된다고 선언했다.
흡사 차를 한 대 만든 뒤 아버지를 일터에, 어머니를 시장에 태워주
고 주말이면 그 차로 콘크리트를 섞겠다는 식이다. 아니, 그것도 5월
은 예외겠다. 인디애나폴리스 500 경주대회를 위해 연습하느라 정신
이 없을 테니 말이다. 다행히 해군만큼은 지혜와 배짱이 있어 상관인
맥나마라의 친절한 제안을 거절했다. 그러나 1961년 공군 비행테스트
센터는 위대한 F-III을 위해 기지개를 켜고 있었다. 초기 프로그램들

은 마무리되거나 문을 닫기 시작했고 일을 구하기는 어려웠다. 7년의 흉년이 도래하고 있었다.

에드워즈에 처음으로 경쟁자가 생겼다. 바로 나사였다. 우주 예산이 생기고 1960년대가 끝나기 전에 달에 인간을 상륙시킨다는 비현실적인 계획도 쏟아졌다. 다시 우주인을 모집한다는 소문도 떠돌았다. 1959년 이미 7명을 선발한 바 있는데, 이른바 '오리지널 7인방'은 모두 군인이자 테스트파일럿들이었다. 이들은 역사상 어느 파일럿, 엔지니어, 과학자, 괴짜들보다도 대중의 검증을 혹독하게 치른 사람들이었다. 반응도 하나같이 좋아서 통칭 '고든의 멋진 친구들'로 통했다. 강철 같은 의지에 강건한 근육, 멋들어진 유머를 곁들였으며, '저 위에서' 벌어질 어떤 끔찍한 위험에도 당당히 맞설 인물들이었다. 당연한 얘기겠지만 심리 불안정 환자는 없었다. 장기간 정신과의사의 검증을 거쳐 보고서도 작성하고, 춥고 어두운 황무지나 오븐의 이글거리는 열기에 맞서는 능력도 널리 알려졌다. 신분확인과 품행조사도 광범위하게 이루어졌다. 소위 '뒷조사'라는 얘긴데 아무튼 그로써 그들의 벽장에서 해골유령을 모두 몰아낸 셈이었다. 사실 몇 년 후 알 셰퍼드가 비릿하고 사악한 미소를 지으며 "나한테는 아직 몇 가지 비밀이 있지"라고 말했지만, 어쨌든 저들은 보석 중의 보석이었으며 국가는 그들을 사랑했다.

다만 에드워즈의 노땅들 생각은 달랐다. 일부는 자기들이 선발되지 않았다며(나이가 많거나 키가 너무 크거나 학위가 없거나, 그도 아니면 그냥 떨어졌다) 투덜댔지만, 다른 일부는 오히려 뽑힐까봐 질색을 하며 피해 다녔다. 돌이켜보면 그 사람들이 멍청한 건지 통찰력이 있는 건지 모르겠지만 내게는 시간과 장소가 가장 큰 이유로 보였다. 사나

이인 우리는 날기 위해 이곳에 왔다. 깡통에 갇힌 채 다람쥐처럼 지구 주변을 돌기 위해서가 아니라는 말씀이다. 우리는 장인이자 예술가이며 자유를 꿈꾸는 갈매기 조나단이다. 우리는 하늘을 날았다. 가벼운 관제와 지시 속에서도 날았다. 하늘을 날며 온갖 비행기로 온갖 것들을 증명해야 했지만 적어도 우리는 하늘을 날았다. 그와 달리 그와 달리 머큐리 계획은 날지 않고 타기만 했다. 당연히 탈것도 머큐리 호 하나뿐이었다. 알 셰퍼드의 15분짜리 자이로드롭 비행이 있었지만, 그래봐야 알은 그저 승객, 이를테면 말하는 원숭이 신세였다.

에드워즈의 노땅들은 못마땅해 하며 끌끌 혀부터 찼다. 웬 호들갑들이람? X-15기의 기술력, 만듦새, 비행기술, 그 어느 것도 필요가 없었음에도 대중들은 난리가 났다. 잡지 『라이프』는 돈까지 퍼부어 가며 안달 난 국민들에게 그들의 '개인사'를 까발렸다. 하지만 X-15 조종사 밥 화이트에게 비슷한 제안을 했다면 공군은 단칼에 거절했을 것이다. 그를 뺀다 해도… 도대체 이 사람들 정체는 뭐지? 슬레이턴만 전투기 부대에 참여한 적이 있는데(맙소사, 쿠퍼는 또 엔지니어였고!) 데케 어르신은 분명 정신까지 혼미하다. 기껏 깡통에 태워 어디론가 쏴주겠다는 말에 전투기 테스트 임무까지 저버렸으니 하는 말이다.

사실 신뢰를 쌓은 것도 없으니 오만할 이유도 없건만 신참들은 늘 감시와 경외의 대상이었다. 달나라든 어디든 우주여행을 꿈꾼 적도 없었지만 그래도 그 아이디어만은 내 혼을 쏙 빼놓기에 충분했다. 게다가 대통령이 보장한 프로젝트가 아닌가!* 그 얘기는 일요일까지 사방에서 '방벽'을 두드릴 정도였다. 결정적인 계기는 1962년 2월 20일이었다. 존 글렌이 프렌드십 7호를 타고 장엄하게 3궤도 비행을 한 것이다. 상상해보라. 90분마다 한 번씩 지구를 돌 수 있다니! 그것도 구름과 난류 저 위에서! 케네디가 목표로 삼은 달도 비로소 더 가까이 보이는 것 같았다. 더 이상은 에드워즈의 노땅들도 구시렁거리지 않는 듯했다. 어쨌든 나 역시 근래 묘한 임무에 시달리고, F-100, F-102, F-104 제트기의 허드레 비행에 고전하던 터였다. 1962년 4월, 나사에서 우주비행사들을 새로 선발해 불후의 7인을 보완하겠다고 발표했을 때 난 이미 각오를 다지고 있었다.

나사의 발표는 간단했지만 기운이 났다. 에이전시가 테스트파일럿들로 한정을 지었기에 응모자 풀은 적을 수밖에 없었다. 군인들 외에 민간비행사에게도 문을 열어두었지만 실제로 공인된 테스트파일럿들은 그렇게 많지 않았다. 생물학이든 공학이든 학위가 하나 있어야 했고, 키는 180, 나이는 35세를 넘지 않아야 했다. 6월 1일 마감까지 다섯에서 열 명까지 선발 예정이었다. 모집 공고 포스터의 잉크가 마르기도 전에 나는 지원서를 제출했다.

공군은 지원자 모두를 나사에 넘겨주기 전에, 어느 정도 사전 자체 심사를 하기로 했다. 5월 말 나는 워싱턴으로 불려가 공군 인사전문가들과 면담을 했다. 그리고 나를 포함해 시험에 통과한 우리들은 6월 후반에 다시 워싱턴에 가서 며칠 동안 교육을 받아야 했다. 주로 나사에서 시행하는 시험과 면담에 임할 때 어떻게 나사에게 호감을 줄까에 대한 교육이었다. 우리는 곧바로 이를 "신부수업"이라 명명하였다. 솔직히 그런 교육에 자존심 상해야 할지, 타당성을 비웃어야 할지, 아

---

* 1961년 5월 25일 케네디 대통령은 의회에 보내는 특별메시지에서 "긴급 국가현안"을 거론하며, 언제나처럼 이 감동적인 문구를 포함했다. "60년대가 넘어가기 전에 인류를 달에 보내고 안전하게 지구로 귀환시키는 목표를 이루기 위해 우리는 온 힘을 쏟아야 합니다. 그때까지는 그 어떤 프로젝트도 인류에게 감동을 주지 못할 것이며, 장구한 우주탐험을 위해 더 중요한 일은 없을 겁니다. 물론 목표를 이루기까지는 난관도 많고 자금도 엄청나게 필요할 것입니다."

니면 진지하게 강의에 임해야 할지 마음도 정하지 못했다. 공군도 그다지 기분 좋지는 않았으리라. 오리지널 7인방 중 셋만 공군장교였으니 왜 아니겠는가.

아무튼 우리가 라디오 아나운서처럼 큰소리로 인용문을 읽으면 교육학 박사라는 친구가 장광설로 지적질을 해댔다. 즉흥연설, 옷 입는 법, 서고 앉는 법도 바꾸고(교육학 박사라는 분이 어떤 생각을 했는지는 몰라도, 무릎높이 양말을 신은 덕에 다리털이 많이 드러나거나 하지는 않았다), 질문에 답하는 법은 물론(너무 길지도 짧지도 않게) 파티에서 술을 어떻게 마시는지도 배웠다(천천히 오래 마실 것). 심지어 공군참모총장 커티스 르메이 장군과 연구개발 사령관 버나드 슈리버 장군의 격려연설까지 들었다. 두 분 다 전설의 파일럿 로스코 터너만큼 훌륭했지만, 내가 보기에 교육의 정점은 두 손을 엉덩이에 어떻게 고정할지 배운 바로 그날이었다(요즘은 가정교육 같은 것 하지 않나?). 엄지를 앞으로 내미는 건 아가씨들이고, 신사들은 뒤로 돌린다! 그 반대로 하면 촌놈 소리를 들을 뿐 아니라, 늙은 꼰대들의 집합소인 나사에 걸리는 날엔 곧바로 퇴학당할 수도 있다고 했다. 후일 몇 년간 이 문제를 심도 깊게 연구해 봤으나, 떡대 같은 건설노무자들이 엄지를 앞으로 하고, 오히려 새침떼기 아가씨들이 뒤로 한 경우도 여러 차례 목격했다. 분명 신부수업 수강생들도 아니련만.

나는 교육에서 비롯한 자신감을 장착한 채 다음 장애물에 대비했다. 이번에는 진짜였다. 텍사스 브룩스 공군기지 공군항공 의과대학에서 받는 5일간 신체검사! 그곳은 지난해 테스트파일럿 학교 졸업반 학생들이 떠밀리다시피 '자원봉사자'가 되어 가본 곳이었다. 건강한 환자에 대한 기초 데이터를 모은다고 해서 우리는 끝도 없이 이 실험실, 저 실험실로 끌려 다녀야 했다. 1962년 7월 초 다시 브룩스를 찾았을 때 난 이미 운명을 짐작했다. 월요일 아침 금식 상태로 도착하면 실험실 전공의로 변신한 드라큘라와 거머리들이 반가이 맞아준 뒤 피를 한 바가지씩 뽑아낸다. 그리고 아침 대신 진저리나게 단 포도당을 한 컵 가득 들이키고, 남은 오전 내내 온몸에 바늘을 찔러대는 중간 중간 다른 검사들이 끼어들었다. 정오쯤 군의관들이 나타나 혈당은 어떤지 당뇨가능성이 있는지 검사하고, 우리도 의사들을 검사했다. 그때부터는 시시각각이 고난이다. 찌르고 꽂고 때리고 뚫을 때마다 모욕 위에 불안감이 쌓이고 그 위에 짜증이 덧씌워졌다. 바늘 한 번 찌를 때마다 프라이버시는 무참히 짓밟혔다. 대륙횡단에 앞서 검사받는 중고차 신세가 된 것이다. 한쪽 귀에 물을 부으면 두 눈동자가 저절로 요동친다. 따뜻한 반고리관과 차가운 반고리관이 서로 상반된 메시지를 뇌에 보내기 때문이다. 심전도 센서를 온몸에 덕지덕지 붙이고 트레드밀에 올라서서 상상의 산길을 무자비한 속도로 달려 올라간다. 경사가 가파를수록 심장박동이 치솟지만 분당 180회에 이르러야 잠시 휴식시간이 주어진다. 물론 그 동안에도 심장이 정상으로 돌아가는 시간을 측정한다. 평면테이블에 눕힌 다음 가죽 끈으로 묶는가 하면 불쑥 수직으로 세우기도 한다. 급격한 중력 이동시 심장혈관계의 반응을 측정하는 거란다. 최고로 빠르고 길게 풍선을 분 다음엔 폐 기능을 기록하고 정교한 금속 컵으로 눈을 누른 다음 눈동자 내부의 압력을 확인한다. 압력이 증가하면 녹내장 위험이 있다고 판단한단다. '쇠뱀장어'라고 하는 고통스럽고 치욕적인 절차가 엉덩이를 유린했는데, 그런 식으로 장내의 암이나 여타 질병 가능성을 검사했다. 눈과 귀는 상상을 초월할 정도로 꼼꼼하게 검사했는데 그것도 세계 최고의 전문가들이 담당했다.

그 다음 정신과의사들이 치고 들어왔다. 지금까지의 의사들이 양반이었다니! 제대로 찌르고 막는 말들의 연속이었다. 이 얼룩이 무엇으로 보이나요? 그럼 열 개에 사타구니 하나면 너무 많은가요? 올해는 이 백지를 뭐라고 표현하시겠어요? 지난해에는 북극곰 19마리가 눈 더미에서 농탕질을 친다고 했더니 의사 얼굴이 일그러졌다. 진료카드를 아무리 뒤져도 참고 데이터가 없기 때문이다. 비협조적이로군요. 그들은 그렇게 말했다. 하지만 이번에는 그럴 수 없다. 달에 가고 싶기 때문이다. 미치도록 가고 싶다. 백지를 내밀면 뭐든 저들이 원하는 답을 할 것이다. 그 속에서 희고 커다란 달을 볼 수도 있고, 엄마와 그보다 조금 큰 아버지 두 분이 함께 계시는 게 보인다고 해야 할지도 모르겠다. 정신과의사들의 의도를 알기가 만만치는 않지만.

주말쯤에는 나도 지쳤다. 그래도 자격을 박탈당할 정도로 큰 결함은 나오지 않았다고 확신할 수 있었다. 사소한 질병이나 징후 목록은 받았으나 몇 년 후 다시 확인했을 때 비정상 수치 열 개 중 절반은 정상이었다. 당시에는 나 말고 다른 사람 문제는 전혀 알지 못했다. 그저 나 말고는 모두 울퉁불퉁 뽀빠이라고 여겼다. 동시에 낳은 자식 중에도 발육부진은 있는 법인데, 그게 나일 수도 있다는 생각도 들었다. 그래도 통과만 할 수 있다면 상관없었다.

브룩스에서 처음으로 공군 외 경쟁자들을 만날 수 있었다. 민간인, 해군, 해병 파일럿들, 모두 나만큼이나 나사의 달에 가고 싶어 했으며 스펙도 화려하기 짝이 없었다. 다들 싹싹하고 개방적이라, 팔에 바늘을 잔뜩 꽂고 입에 체온계를 물고도 미소를 잃지 않았다. 당연히 지금 시련은 아무것도 아니라고 여겼지만 아무리 고통스럽다 해도 헤쳐 나갈 것이다. 문득 경쟁심도 들끓기 시작했다. 저들처럼 사근사근하지는 못해도 비행기라면 어느 누구보다도 잘 다룰 자신이 있다. 난 그저 기본에 충실하다는 평가를 받고 싶었다. 신부수업 강사나 점쟁이 정신과의사가 꿈꾸는 부차적인 요인들이 아니라.

무사히 에드워즈에 복귀했으나 아내한테 자기 남편이 신체부적응자, 정신질환자라는 사실을 알려줄 시간도 없이 휴스턴으로 달려가 또다시 테스트와 면담을 거쳐야 했다. 그때쯤 우리 그룹은 걸러질 대로 걸러져, 최초 나사의 기준을 통과한 후보자 300명 중 서른두 명만 남았다(해군 13, 민간인 6, 해병 4, 공군은 단 9명이었는데, 모두 매력적이었다). 그중 3분의 1 정도만 선발하기에 당연히 심층에 심층을 거듭했다. 에드워즈를 떠날 때도 자신은 없었다. 테스트비행 1년 경력으로는 이런 선발에 턱걸이도 어려웠기 때문이다.

아아, 휴스턴! 지금도 누구에게나 신비롭고 매혹적인 외침이다. 달에서 통신이 연결되어 "미니애폴리스 나와라. 여기 달에 문제가 있다, 오버" 또는 "솔트레이크시티, 여기는 애스터니셔 19호, 내 말이 들리는가?"라고 한다면 이상하지 않은가. 휴스턴이라고 부를 때에야 비로소 느낌이 살아난다. 적어도 나한테 휴스턴은 결함 없이 완전한 곳이었다. 라이스 호텔에 입실할 때도 마치 천국의 문을 들어서는 기분이었다. 나사는 내게 가명 사용을 권했다. 가명은 맡은 바 임무에 살짝 신비감도 더해주었다.

다음날 아침은 현실로 복귀했다. 다시 오만 가지 테스트를 시작한 것이다. 나사는 우리 관찰력을 측정한다는 빌미로 생전 처음 보는 접근을 시도했다. 우리는 영화 두 개를 보았다. 하나는 태양계를 일주하는 영화였는데, 우리는 그 속에서 각각의 행성 옆을 날아갔다. 두 번째는 일련의 수중 장면이었는데, 식물과 동물로 가득 찬 암초 가운데였다. 우리는 종이와 연필을 받고 얼핏 본 행성과 어족을 최대한 정확하게 묘사해야 했다. 당연하다는 듯 심리 테스트도 등장했다("당신은 속물입니까? 아니면 괴물입니까?"). 나사 소속 의사들과도 면담했는데, 의사들은 이미 브룩스의 신체검사 결과를 들고 있었다. 하나같이 말도 많아 덕분에 내 질병(하나같이 사소했다)에 대해 더 자세히 알 수 있었다. 동료들 얘기도 조금 엿들었다. 그러고 보니 브룩스의 정신과의사들은 북극곰 같은 나를 좋게 봐주고 심지어 시험결과도 맘에 들어한 모양이다.*

메인코스는 기술 면담이었다. 우리한테서 산해진미를 원하는 사람들은 우리가 지금까지 뭘 하고, 무엇을 배웠는지 알고자 했지만, 우리가 대답할 때 엉덩이에 두 손을 대든 말든 개의치 않았다. 데케 슬레이턴도 그 자리에 있었다. 알 셰퍼드와 워런 노스는 역시 테스트파일럿 출신으로 우주인 훈련을 담당했다. 존 글렌은 면담실을 드나들며 간간히 가벼운 질문을 던지고 대답을 들으며 미소를 짓기도 했다. 다른 3명의 면접관은 무뚝뚝하거나 친절했는데 역시 그냥 와있는 사람들은 아니었다. 그들의 기술적 질문에는 실질적이고도 정확하게 대답

---

* 비틀 베일리의 만화에 우주인들 문제로 정신과의사들이 어떤 고민을 했는지 잘 나와 있다. 우리는 본커스 박사와 아무개 일병의 지휘관 스캐바드 대위의 대화도 엿들었다.

본커스: 그 친구가 걱정됩니다.
스캐바드: 아무개 일병? 왜요?
본커스: 정신장애, 고민, 두려움, 일상적 문제, 신경증, 불안감… 그런 게 하나도 없어요.
스캐바드: 그럼 뭐가 있죠?
본커스: 글쎄요. 그래서 걱정하는 겁니다.

해야 했다. 나로 말하자면 몇몇 대답은 만족스러웠으나 나머지는 자신이 없었다. 예를 들어 최근 아틀라스 로켓의 데이터신뢰도가 어느 수준인지 알지 못했으며, 아무리 낙관적으로 생각하려 해도 내 대답은 핵심을 한참 벗어난 듯했다. 요즘이야 이들 로켓들이 실패할 리 없겠으나 1962년만 해도 아틀라스 발사 성공률은 90퍼센트에 미치지 못했다. 30분의 인터뷰 시간이 끝나자 면접관 3인방은 서류에 뭔가를 기록하며 다음 희생자를 기다렸다.

그날 밤 우리 지원자들은 조마조마한 마음으로 면접관들과 칵테일을 곁들인 식사를 했다. 나사의 새 기구 유인우주선센터MSC의 핵심인물도 몇 명 참가하고 스코트 카펜터와 거스 그리섬도 참석했기에, 오리지널 7인방 중 고든(고도) 쿠퍼와 월리 시라를 빼고는 모두 만난 셈이었다. 그들 모두 인상적이었을 뿐만 아니라, 인물도 훤하고 사근사근했으며 차분하면서도 강단이 있었다. 무리 중에서도 어느 정도 두드러져 보였다. 여론으로 우주비행사를 뽑는다면야 단연코 탑을 차지했겠지만 이 경우는 여론과 완전히 무관했다. 매체에서 우주인 선정의 이유를 읽었는데, 폭넓은 테스트파일럿 경험과 우수한 신체조건이 핵심이었다. 하지만 나사 내에 경험이 쌓이면서 이 두 요건은 상대적으로 중요성이 떨어지고, 대신 젊음, 교육정도, 과학적 전문성이 중요시되었다. 우주환경은 늘 생사의 변수가 무궁무진하기에, 초기만 해도 돌발상황에 대응하려면 한두 번 우주경험이 있는 베테랑이 필요했을 것이다. 내가 보기에도 그럴 듯한 설명이었다.

MSC의 센터장 밥 길루스도 디너에 참석했다. 유쾌한 대머리 테디베어 같은 인물로 목소리는 날카롭고 눈은 반짝였다. 인상적인 외모는 아니었으나 인상적인 팀을 만들 능력은 있어보였다. 사람을 많이 만날수록 과정이 전반적으로 마음에 들었다. 디너파티가 끝나고 누군가 그 지역 스트립클럽으로 자리를 옮기자고 제안했다. "아마추어 나이트로 유명한 곳이야!" 아하! 드디어 오늘의 마지막 시험인가? 나는 탁월한 증권브로커처럼 긍정적 가능성과 부정적 위험을 저울질해보고는 빠지기로 마음을 정했다. 솔직히 불안하기는 했다. 나는 에드워즈로 돌아왔고, 그 덕분에 아마추어 미인들이 어떻게 흥을 돋우는지는 영원히 알지 못했다. 물론 다른 그룹의 아마추어 32인에 대해서도 별다른 정보를 듣지 못했다.

에드워즈에 돌아오자 정말 힘든 시간, '기다림'이 기다리고 있었다. 공군 최종후보 아홉 명 중에서 여섯이 에드워즈에 기거했다. 때문에 서로를 감시하며 행여 이상행동을 보일까 신경을 곤두세웠다. 조금이라도 표정이 이상하면 나사로부터 희소식을 들었나보다며 마음을 졸였던 것이다.

1962년 8월 19일, 아버지에게 편지를 보냈다.

> 제가 보기엔 열 명 정도가 선발될 것 같은데, 공군이나 해군을 편애할 것 같지는 않아요. (소속과 무관하게 능력으로 선발하겠다고 하더라고요.) 홍보 목적을 생각한다면 민간인이 한 명 정도는 포함되겠죠? 신체적으로 큰 결함이 발견되지 않는다면 닐 암스트롱은 최종명단에 오를 듯해요. 신체결함만 문제되지 않는다면 6인의 민간인 중 지금까지 배경이 제일 좋거든요. 이미 나사 사람이기도 하고요.

오늘 다시 읽어보니 글에서 엿보이는 노골적인 군사적 쇼비니즘이 놀랍기만 하다. 그것만 빼면 예상은 거의 적중했다. 9월 중순 발표가 났을 때 닐의 이름도 명단에 있었다. 그밖에는 민간인 한 명 더(엘리엇 시), 공군 넷, 해군 셋이 있었고, 해병은 없었다. 공군선발자 중 셋은 프랭크 보먼과 짐 맥디비트, 톰 스태퍼드로 모두 에드워즈 출신이었다. 네 번째는 에드 화이트, 웨스트포인트 시절 내 급우였는데 오하이오 데이턴의 라이트-패터슨 공군기지에서 쌓은 전천후 테스팅 경력이 한몫했던 것 같다. 해군 셋은 피트 콘래드와 짐 러벨, 그리고 존 영이었다. 내 생각에 이들 아홉은 나사 역사상 최고의 정예로 선임 7인방보다 우수했다. 아니, 그 이후의 14인방, 4인방, 19인방, 11인방, 7인방보다도 나았다.

크게 기대는 하지 않았다 하지만 내 탈락은 적잖은 충격이었다. 아버지한테 편지를 보냈을 때 아홉 중 넷(암스트롱, 보먼, 러벨, 맥디비트)은 정확히 예측했으나 어떻게 그런 조합을 선발했는지는 솔직히 감도 오지 않았다. 에드 화이트는 건장하고 사교적이라 오리지널 7인방에 가깝지만, 그런 논리라면 교사 출신의 스태퍼드 등은 떨어져야 마땅했다. 길루스의 편지도 인사치레에 불과했다.

> 우리 선발위원회는 귀군에게서 매우 긍정적인 인상을 받았습니다. 다만 전반적으로 귀군의 경력이 문제가 되었습니다. 우주비행 프로그램을 위한 특별요건도 부족하고 다른 우수지원자들과 비교해서도 아쉬운 점이 있었습니다.

'특별요건'이라고? 이런, 나한테 없는 걸 무슨 수로 얻는단 말인가? 결국 문은 영원히 닫히고 만 걸까? 천성이 낙천적인 터라 난 두 가지 문제에 집중했다. 첫째, 우주 프로그램은 겨우 걸음마 단계라 나사가 세 번째 우주인들을 선발하리라는 소문이 돌았다. 그리고 두 번째 콘래드와 러벨은 오리지널 7인방의 선발과정에서 탈락했다. 따라서 내 문제가 경험 부족이라면 다음 기회가 올 때까지 경험을 더 쌓을 수도 있을 것 같았다.

나사가 빠른 속도로 성장함에 따라 공군은 반대로 이 장엄한 이름의 우주탐험 및 탐사와 관련해 생각이 복잡한 듯 보였다. 우주는 미래를 향한 거대한 파도로 보였다. 당연히 군사적으로도 활용도가 클 것이다. 러시아는 우주탐험의 선두답게 어쩌면 이미 저 위에 폭탄을 심었을 수도 있다. 그렇다고 우리가 빼앗아올 수는 없다. 가능하다면 폭탄을 무력화하거나 조사하는 정도일 것이다. 무엇보다 (폭탄은 아니더라도) 저 위에 우리 사람을 올려 보낼 필요는 있었다. 그래서 고전적 차원에서 최초의 군사적 조치, 즉 정찰을 시작해야 한다. 그건 분명하다. 우주는 새로운 고지이며 공군은 고지를 점령하는데 누구보다 경험이 많다.

다만 그 일을 하려면 많은 것이 필요하다. 돈, 정치적 지원, 기술, 사람. 특히 유능한 승무원들을 필두로 다양한 인력이 있어야 한다. 나사는 테스트파일럿들을 훈련해 우주인으로 만드는 데 성공한 듯 보였다. (사실 별 차이가 있던가?) 결국 공군도 따라 하기로 했다. 미 공군 실험비행 테스트파일럿 학교는 곧바로 미 공군 우주탐사파일럿 학교 ARPS로 개명했다. 그런 식으로 장교단을 훈련해 향후 어떤 형식이든 새로운 유형의 탈것을 조종할 수 있기를 바랐다. 테스트파일럿 과정에서 우주탐사 파일럿 과정으로 손쉽게 탈바꿈하기 위해 대학원 과정두어 개도 신설했다. 테스트파일럿 과정 졸업생들을 선발해 6개월간의 추가교육을 실시한 것이다. 한편 간부단에서는 새로운 우주시대에 걸맞게 기본기술을 제공하느라 교과과정을 개발해야 하는 막중한 임무에 시달렸다.

나는 세 번째 대학원과정 진학 제안을 받고 열심히 신청서를 작성했다. 비록 탈락은 했지만 나사와 우주비행 프로그램은 여전히 뇌리에 박혀 있었다. 나사 재도전에 도움이 된다면 뭐든 시도해볼 가치가 있었다. 그래서 전투기부대에 6개월 휴가를 얻고, 1962년 10월 비행대기선 반대편에 위치한 우주탐사 파일럿 학교에 신고했다.

불과 2년 전 이 과정을 모두 겪은 바 있었다. 책, 수업, 비행시험 데이터, 주말, 그리고 고역의 나날들까지… 물론 재미도 있고 첫 경험이라 신도 났으나 솔직히 다시 할 생각은 없었다. 그저 나사가 아쉽다던 그놈의 '경험' 한 스푼이 필요했을 따름이다. 사실 그마저 인사치례였을 수도 있다. 그러면 우주비행사 자격 따위는 영원히 공염불이 되겠지만 그래도 죽어라 덤벼들 가치는 있었다. 그래서 다시 이곳에 왔다. 동기생들도 참 다양한 조합이었다. 노소가 섞여있긴 해도 대부분이 나이가 많았다. 찰리 바셋 같은 이는 최근 테스트파일럿 과정 수료생이라 공부의 연장선상이었으나, 대부분은 에드 기븐스와 경우가 비슷했다. 기븐스는 4년 전 기초과정을 수료하고 그 이후 폭넓게 임무를 소화해냈다. 우연인지는 몰라도 그 둘은 제각기 수업 성적도 뛰어나서 우수상을 받을 정도였다. 역시 우습게 생각할 친구들이 아니었다. 급우 중 짐 로먼의 경우엔, 학부는 기계공학을 전공한 뒤 의대에 들어갔다가 공군 파일럿 훈련과정에 지원한 인물이었다. 세상에 엔지니어 겸 의사 겸 파일럿이라니! 그레그 노이벡도 다시 등장했다. 예전 테스트파일럿 교실에서와 마찬가지로 의지가 강철 같았다. 조 엥글은 몇 년 후 나사에 뽑히기 전까지 계속 X-15를 몰았다. 더그 베네필드는 다발엔진 유형에 속하며, 시험비행 세계에서 경험이 많고 전투기 조종사답게 손재주가 섬세했다. 비록 열 명밖에 되지 않는 반이었으나 비행경험은 그 어느 곳보다 폭이 넓고 다양했다.

사실 경험으로 따지자면 학생들도 교수진 못지않았다. 때문에 교수들도 새로운 '우주' 강좌를 위해 고역을 치렀다. 그들이 새로 쓰고 있는 책에서 겨우 한두 챕터를 앞질러 끌어다 쓰는 식이었다. 결국 과정은 상대적으로 쉬웠고 교수들도 우리를 동료로 대접했다. 그 덕분에 테스트파일럿 강좌의 살 떨리는 경쟁이 잠정적으로 점수 걱정 없는 신사들의 여흥으로 바뀐 듯했다.

F-104를 중심으로 흥미로운 비행도 종종 있었다. 스타파이터는 1950년대 중반 록히드가 제조한 기종으로, 우리가 보유한 최초의 마하 2* 전투기였다. 동체는 길고 기수는 뾰족했으며 커다란 단발엔진에 작고 짧은 날개가 특징이었다. 날개는 뿌리에서 끝까지 기껏 2미터가 조금 넘을 정도였다. 날개 앞부분이 칼날처럼 예리하기에 비행기가 착륙할 때마다 특수 보호장치를 설치해야 했다. F-104의 외모는 최고속력에 최적화되어 설계되었다. 특히 직선으로 비행할 때는 속도가 기가 막혔다. 다만 속도를 늦추면 날개면적에 비해 비행기가 너무 무거워('익면 하중'이 지나치게 무거웠다) 엔진을 끌 때면 에드워즈의 건호 밖으로 도망가는 게 상책이었다. 비행기 착륙이 마치 하늘에서 바위가 떨어지는 것 같았기 때문이다.

F-104는 우리 장난감이었다. 조종도 식은 죽 먹기라 늘 높고 빨리, 낮고 느리게 몰았다. 우주선처럼 다루기도 했다. 가압복을 챙겨 입

---

* 마하 수(독일 과학자 에른스트 마흐의 이름을 땄다)는 비행기가 통과하는 창공에서 음속으로 측정한 비행속도다. 마하 2는 해당 지역 음속의 두 배와 동일하다. 시속 대신 사용하는 이유는 파일럿에게 공기역학의 특이성을 보다 정확히 지적해주기 때문이다.

고 10,000미터까지 올라간 뒤 법적 한도(마하 2)까지 속도를 끌어올렸다가 조종간을 잡아당겨 최대한 위쪽으로 치고 올라가는 것이다. 운동에너지를 위치에너지로 치환한다면 기록적으로 느리게 올라가 포물선의 정점에 떠있게 되는데, 그 순간만큼은 우주의 무중력과 비슷한 환경이 된다. 우리는 이 기술을 이용해 27,000미터까지 올라갔다. (내 생각에는 짐 로먼이 우리 반 기록보유자다. 우리 늙은이 테스트파일럿들로서는 분한 일이 아닐 수 없다.) 27,000미터에 올라가면 머리 위 하늘은 군청색으로 변한다. 새까만 우주에 그만큼 가깝다는 얘기다. 날씨, 구름, 대기는 이제 모두 아래쪽에 있다. 지평선은 보다 선명해지고 지구의 곡선도 감지할 수 있다. 이다지도 가깝건만 여전히 멀기만 하다니! 그렇게 얼핏 훔쳐본 뒤에는 곧바로 조종석의 일상으로 돌아온다. 이렇게 공기가 각박한 곳에 오르다가 종종 사고가 나기 때문이다. 우선 20,000미터 높이에서는 엔진의 재연소 장치가 간간히 나가기도 한다. 그러면 주 엔진 온도가 위험수위까지 오르기 시작한다. 자체 연소하지 않을 경우 강제로 꺼야 하는데, 대개 23,000미터가 고비다. 그 다음, 엔진이 꺼지고 객실 여압을 잃는 순간 가압복이 아니라면 파일럿은 피를 토하고 황천길로 가고 만다. 그나마 가압복의 압력이 좀 낮게 유지되면 안전은 보장된다. 가압장갑은 픽 하고 빠지는 경우도 있어 이런 식으로 고공비행을 할 때면 미리 손목잠금장치를 점검하고, 접착테이프로 꽁꽁 동여매기까지 한다. 이 우주시대에 접착테이프라니! 지성과 창의성의 결합일까? 아니면 미숙함과 어리석음이 협잡을 한 걸까? 그 후 이 문제를 포함해 그런 장비 결함까지 생각해볼 시간이야 얼마든지 있겠지만, 그 동안은 장엄한 광경을 한 번 더 일견하고 "추락하는 모든 것은 날개가 있다"는 현실세계로 돌아와야 했다. 엔진이 꺼지지 않은 채 에드워즈에 귀환하면 좋고 점심시간에 늦지 않으면 말 그대로 금상첨화겠다. 그 시절 내 식욕은 말 그대로 식귀가 따로 없었다.

실내에서 시간을 보내기도 했다. 때로는 죽고 싶도록 따분하고 때로는 무척 재미있었다. 우리는 꽉 막힌 인간을 상대로 우주선이 지구궤도를 돌 수 있다는 사실을 증명하려고 온갖 방정식을 끌어들였다. 높을수록 느리고 낮을수록 빨라. 맞지? 100마일 속도로 궤도를 도는 데 1시간 30분이 걸리고, 22,300마일에 올라가면 궤도비행은 24시간이 걸려. 그러면 어떻게 되지? 음… 지구를 한 바퀴 도는데 24시간이 걸리니까 22,300마일의 위성은 늘 한 지점 위에 머물겠지? 지구자전 속도와 같으니까? 그러면 그 위성을 통신위성으로 활용하는 게 현명하지 않을까? 따분한 방정식을 재미있게 적용한 예이리라.

더 높고 빠른 영역에 우리 지식을 무리하게 대입한 데 불과하지만, 다른 한편 우주법칙에는 비행규칙과 정반대인 경우도 있다. 랑데부 문제를 예로 들어보자, 궤도에서 뒤쪽의 우주선이 앞쪽의 우주선을 따라잡고자 한다. 비행기라면 대답은 "빨리, 간결하게"다. 엔진추력engine thrust을 높여 접근하다가 상대속도를 0까지 낮추어 표적기와 편대를 이루며 비행하는 것이다. 그런데 이 공식을 우주선에 적용하면 전혀 먹히지 않는다. 추력을 더하면 고도가 높아지고, 고도가 높으면 속도는 낮아진다. 명심하라. 따라잡는 게 아니라 반대로 뒤로 처져야 한다. 그렇다. 본능을 거부하고 목표 방향에서 떨어져 나와 더 낮고 더 빠른 궤도로 내려온 다음, 원래의 궤도에서 추적궤적catch-up trajectory 내 정확한 지점으로 다시 올라가야 한다. 문제를 까다롭게 만들어 궤도상황에 속도와 거리를 포함하면 파일럿의 눈동자는 대부분 쓸모가 없게 되고, 레이더와 컴퓨터 같은 장비들을 싣고 와서 지상의 천재군 단과 연합하여 조종해야 한다. 당연한 얘기지만 천재군단은 더 강력 한 레이더 장비와 컴퓨터를 보유하고 있다.

우리가 방정식과 소위 '궤도역학'orbital mechanics 문제를 들먹이며 수 학적 헛소리에 빠져있을 때 ARPS 교수진은 오히려 우리를 내쫓아 휴 식을 취하게 하려 했다. 항공우주 공장에 한두 번 견학하기도 했다. 우주선은 아직 시작단계였지만 첨단설계그룹은 우리를 붙들고 신이 나서 미래 계획을 떠벌렸다. 예를 들어 원자력을 이용해 슝 하고 화성 으로 날아간다든가, 거대한 기계를 타고 대기를 날아다니며 우주여행 에 필요한 추진제를 채굴하고 액화한다는 얘기들이었다.

샌안토니오의 공군 우주의사들과 두어 주를 함께 보내기도 했다. 그중 일부는 몇 개월 전 나사의 신체검사를 담당했던 인물이다. 샌안 토니오에는 몇 년 전부터 대규모 유능한 의사진이 모여, 제트기가 급 강하할 때 나타나는 항공성 중이염부터 무중력에서의 심장혈관 이상 까지 전반적인 문제를 연구 중이었다. 항공우주 의학은 겨우 초보단 계였지만 이들은 예리하고 탐구적이며 기술 수준도 최고급이었다. 의 료진은 우리를 반갑게 맞이하며 자신들의 내실에까지 초대하였다. 은 밀하긴 했지만 딱딱한 의사-환자 관계 같은 느낌은 전혀 없었다. 감 추는 것이 전혀 없이 다 털어놓고 이야기했는데, 어떻게 그럴 수 있을 까 의아하기도 했다.

첫째, 의사들은 생리학 기본강의를 했다. 인간의 신체와 장기들을 재빨리 훑어준 것이다. (비장은 무슨 역할을 하는 곳이더라?) 교실강의 부 족분은 자신들의 실험실 견학으로 메워주었는데, 그곳에서는 다양한 실험이 진행 중이었고 대개 마취된 개들이 실험대상이 되고 있었다.

일부는 순종 셰퍼드와 세터였는데, 길을 잃거나 버려졌거나 도난당한 개들이었다. 고백하자면 난 복잡한 의료규칙들을 배우기보다 저 불쌍한 개들을 동정하는데 더 많은 시간을 할애했다. 나 자신이 앞으로 저 개들 신세가 될 것이 뻔했기 때문이리라. 생체해부 옹호자가 될 생각도 없지만 어쩐지 자원견이 된 기분이 아닌가. 내 목숨을 의학지식 창고에 바쳐 무중력 비행을 위해 언제든 도움이 될 각오를 한 것이다. 테스트파일럿 학교에서 그렇게나 호들갑을 떨던 '측정점'data point이 된 기분이기도 했다. 다만 그곳에서는 내가 측정점들을 만들어 냈다면 이곳에서는 내가 측정점 신세였다. 의사들이 갑자기 싹싹하게 구는 이유가 이 때문인가? 의심 많고 적대적인 측정점이 아니라 유용하고 순하고 협조적인 측정점을 얻고 싶어서? 아니면 자신들이 우주탐사에 동행은 못해도, 유인 우주탐사를 향한 지난한 여정의 동지로서 환영했을까? 의학적 문제가 공학적 문제와 함께 나란히 목록에 올라있지 않는가? 어쨌든 그 시점에서의 억측은 무의미했다. 우리는 하나같이 이 기이한 태도 변화를 느긋하게 만끽하였다.

실제로도 기이한 일들이 있었다. 의사들한테 끌려 시내의 시신공시소를 방문했을 때가 그랬다. 때마침 어느 노파의 부검이 진행 중이었다. 천공창자에 기인한 복막염으로 사망했단다. 기다란 탁자에는 유아의 시체 몇 구가 차례를 기다리고 있었다. 공시소가 꽃가게일 리는 없지만 복막염의 악취는 특히 지독했다. 우리 반은 곧바로 분열했다. 즉시 달아난 사람, 간신히 버틴 사람, 부검 절차에 크게 관심을 보인 사람. 중간자의 입장에서 나는 도대체 여긴 왜 데려왔는지 궁리부터 했다. 달아나면 실격이 되는 건가? 이것도 우리를 무한 신뢰한다는 징표란 말인가? 지상의 죽음에 익숙해져야 한다는 뜻일까? 혹시 이곳에서도 뭔가 배워야 하는 건가? 노파의 장기 조각들이 널브러진 이 끔찍하고 음산한 광경에서? 맙소사, 복막염은 절대 걸리지 말아야지… 내가 배운 건 그뿐이었다.

낯익은 에드워즈 환경으로 돌아오자 우리 반은 숙소에 돌아와 학군學軍 특유의 근심에 몰두하기 시작했다. 이제 어떻게 되는 거지? 펜타곤의 무자비한 인사 로봇들이 이번에는 어떤 임무를 토해낼까? 처음 테스트파일럿 학교를 수료할 때는 교관자리를 제안 받고 거절했다. 그래도 하늘이 도운 탓에 전투기부대에 안착할 수 있었다. 지금도 그곳으로 돌아갈 생각이고 다른 제안은 받은 바 없다. 펜타곤의 서류를 기다려야 하는 것이다. 맙소사, 팀북투 같은 원격지면 어떻게 하지? 도대체 무슨 생각으로 이 도깨비 학교에 자원해 방정식을 따지고 노파를 난도질했단 말인가? 팀북투라도 할 말은 없겠다. 오하이오의 라이트-패터슨 기지로 쫓겨나 신형 블랙박스나 지겹도록 싣고 날아다녀야 하는 걸까?

다행히 근심은 곧 끝나고 전투기 운용팀으로 복귀하라는 명령서를 받았다. 거의 동시에(1963년 5월) 끊임없이 떠돌던 나사 재선발 소문도 사실로 확인되었다. 공고는 1963년 6월 5일 공식적으로 발표되고 난 조건을 꼼꼼히 챙겨보았다. "미국 시민이며… 1929년 6월 30일 이후 출생… 신장 180센티미터 이하… 공학이나 물리학학위 소지… 제트 비행 1,000시간 이상, 또는 육해공, 나사, 비행기 제작사 등에서 실험비행 테스트 인정 획득… 현 소속장 추천서." 1962년 기준에 비하면 연령 한계가 1년 줄고 테스트파일럿 증명서가 필수에서 선호로 바뀌었다. 나사는 인력풀을 넓히고, 나중에는 "군대, 여타의 예비조직, 항공우주기업, 기타 시험비행조종사협회SETP: Society of Experimental Test Pilot, 항공조종사협회Air Line Pilots Association, 연방항공국Federal Aviation Agency 같은 조직들"로부터 추천서를 요구하는 식으로 인재발굴을 시도했다고 강조했다. 나로서는 공고에 유불리가 다 있었다. 다행히 아직 연령제한 내였고(겨우 16개월) 다른 조건들은 모두 충족했다. 다른 한편 비-테스트파일럿까지 범위를 넓힌 조치는 분명 판도라의 상자였다. 도대체 그 안에서 어떤 부류의 초인들이 뛰쳐나올 것인가?

선발과정은 전해에 세운 패턴을 그대로 따랐다. 7월 중순 마감까지 나사 선발위원회는 271명의 자격자 중 34명을 우선 선발했다. 우리 34인은 브룩스에 가서 신체검사를 받았는데 대부분이 처음이고, 일부는 두 번째, 세 번 온 멍청이는 나 혼자였다. 브룩스에서도 나를 오랜 친구처럼 맞아주었다. 심지어 '쇠뱀장어'까지 친근해 보였는데 이른바 다시 근심걱정의 시기가 도래했다는 뜻이리라. 이 바닥 원로가 된 덕에 나는 복도 의자에 앉아 교통정리까지 했다. 동료들을 요령껏 여기저기 의료실로 보냈는데, 동료 희생자들이 보기엔 얄밉기 짝이 없었을 법했다. 나는 심지어 정신과 검사도 건너뛰었다. 그 짧은 시간에 머리가 돌지는 않았으리라는 게 이유였다. 고마운 일이지만 백지카드 이야기를 다시 못한다고 생각하니 조금 아쉽기도 했다. "그게, 옛날옛날에 개가, 아니 애가 하나 살았드랬죠. 근데 달나라 여행이 어릴 적부터 소원이었대요. 그 애가 처음 도움을 청한 사람이 정신과의사라는데 그 의사라는 양반이…."

또 하나 알게 된 사실이 있다. 지난해 32명의 최종지원자와 그들의 질병을 범주화해 자그마치 276쪽의 기록으로 남겨놓은 것이다. 당연히 내게는 기막힌 읽을거리였다. 다음을 보자.

불법을 저지른 적이 없다고 밝힌 지원자는 7명뿐이었다. 사소한 위법 정도는 습관처럼 보였으며 대부분이 속도위반이었다. 위법사항은 대체로 경미한 종류였고 중죄에 해당하는 경우는 별로 없었다. 위법의 예는 다음과 같다.

우선통과 기준 위반	1
신호 무시	2
과속	16
불법주차	6
2회 교통위반	7
3회 이상 교통위반	5
무면허운전	1
운행 중 교통위반	3
기타 경미한 교통위반	1
치안 방해	1
난폭운전	1
음주운전 중 교통사고	1
불법 조류사냥	1

난 정말로 그놈의 '난폭' 운전에는 탄복하지 않을 수 없었다. 동정과 마찬가지로 잃고 나면 돌이킬 수 없는 게 목숨 아니던가? 들판에서 불법으로 새를 사냥하는 행위도 역겹기는 마찬가지였다. 새를 죽이는데 뭔들 죽이지 못하겠는가?

1962년 그룹의 평균 IQ도 알 수 있었다. 웩슬러 성인지능 검사로 132.1. 언어능력을 측정하는 밀러 유추시험Miller Analogies Test에서 내 점수는 그룹에서 제일 높았다. 반면 수학적 추론과 공학적 유추 점수는 훨씬 낮았다. 문득 피트 콘래드의 슬로건도 떠올랐다. "능력이 못 따르면 말이라도 잘 하라!" 다만 피트는 머리도 좋았을 뿐 아니라 말재간도 탁월했다.

러닝머신 또한 세 번째였다. 어느 모로 보나 심장혈관 상태는 매년 좋아졌다. 데이터를 곡선도표에 그려 늘린다면, 서른한 살 나이에는 휠체어에 앉을 수준이었지만 62세쯤이면 올림픽에라도 나갈 판이었다. 운동과 흡연 관련 비화도 있지만 그 얘기는 나중에 장을 따로 마련해 얘기하고 싶다. 그때가 되면 우주비행에 시시콜콜 대응시키는 신체조건의 신화를 모두 까발리고 합리적인 성인운동 프로그램에 대해서도 얘기할 것이다.* '지방을 제외한 체중'도 다시 측정했다. 일련의 복잡한 과정에는 방사성 동위원소를 혈류에 주사하고 확산 정도를 확인하는 것까지 포함했다. 지난해 이 검사를 받을 때는 75킬로그램이 정상이었는데 올해는 다이어트를 해야겠다는 얘기를 들었다. 체중이 무려 74킬로그램이나 나간다는 이유였다! 따질 생각은 없었다. 이런 식의 측정이야 지금까지 수억 번은 받지 않았던가! 난 그저 불어터진 내 몸통과 훨씬 두꺼워진 진료철을 공손히 받아들고 에드워즈로 귀환했다.

1962년만 해도 내가 왜 에드워즈에서 휴스턴으로 이사해야 하고, 고위험군의 테스트비행을 우주비행이라는 별천지와 왜 맞바꾸려 하는지, 회의론자 아내에게 설명할 길이 없었다. 하지만 선발과정에 임하는 열정을 지켜보고 휴스턴에서의 삶에도 익숙해지더니(에드워즈의 거센 바람을 피해) 지금은 어느 정도 받아들이는 분위기였다. 이 살떨리는 테스트의 일상도 꾸준히 따라와 주었다. 가족 모두에게 끔찍

---

* '무명의 육상팀'(Athletics Anonymous)이라는 단체의 터줏대감한테 들은 얘기다. 나름 유명한 조직으로, 회원이 운동 충동을 느끼면 곧바로 누군가를 보내 그가 정신 차릴 때까지 함께 술을 마셔준다.

한 시기였다. 아내는 두 아이를 연이어 출산했다. 앤 스튜어트가 1961년 느지막이 태어났고 뒤에 나온 마이클 로튼은 당시 겨우 다섯 달이었다.* 아버지는 점점 귀가 들리지 않았다. 그래도 건강만은 남부럽지 않았고 골프 점수도 좋았는데, 6월 30일 갑자기 심장마비로 세상을 떠나셨다. 나이가 팔순이기는 했어도 예순 나이까지 멋들어지게 물구나무를 서던 분이다. 우리로서는 너무 빨리, 급작스럽게 아버지를 빼앗긴 기분이었다. 내가 우주 프로그램에 참여한다면 크게 대리만족을 하셨을 분이었는데. 늘 새로운 장소를 탐험하고 새로운 관념을 즐기시던 분이셨으니. 당신이 직접 참여하지 못하니 조금 아쉬워하셨겠지만, 달 탐사 역시 당신의 목록에 올렸으리라. 아버지는 이제 아들한테 그런 기회가 주어진다 해도 영원히 모를 것이다. 무엇보다 그 점이 슬펐다. 그나마 손자의 존재는 알았다. 이름이 마이클 로튼이라고 하자 꽤나 기뻐하는 눈치셨다. 아버지 친구인 육군 조종사 프랭크 람도 같은 주에 세상을 떠났다. 그때는 정말 내 일부가 함께 죽은 것 같은 심정이었다.

1963년 9월 2일 면접을 보기 위해 휴스턴으로 돌아갈 때 나름대로 마지막 기회라는 생각을 했다. 요컨대 숙명론자의 예감 같은 것이겠다. 실패하면 에드워즈에 남아 상대적으로 안온한 삶을 보낼 테고 통과하면 새로운 차원의 의식과 성취를 얻게 될 것이다. 돌이켜보면 이런 분석도 다소 허황된 듯하지만 당시만 해도 정확한 내 심정이었다.

---

* 앤은 엄마의 처녀적 성을 따랐다. 가족계획이 혼란스러운 가운데 할로윈에 태어났지만 할로윈은 내 생일이기도 하다. 마이클은 친할머니 가문의 성을 따랐고 1963년 2월 23일 태어났다. 이 두 명의 에드워즈 태생이 이미 태어난 보스턴 출신 케이트와 만났는데, 케이트는 이때 겨우 네 살이었다.

난 운명의 인터뷰를 위해 '전의'를 다졌다. 이렇게 의미를 잔뜩 부여하기는 했어도 면담 자체는 기이하게도 훨씬 쉬운 듯했다. 더 이상 초짜도 아니고, 또 ARPS 훈련 덕분에 그 전해와 달리 정보를 상당히 확보한 덕도 있었다. 면접관들이 어떤 질문을 할지도 대충 감을 잡아 예습도 충분히 했다. 데케 슬레이턴과 워런 노스도 원숙해진 느낌이었다. 다른 한 편 휴스턴은 전혀 변하지 않았다. 여전히 마법의 장소였던 것이다. 휴스턴 운하는 "마시기엔 앙금이 너무 많고 농사를 짓기엔 너무 묽은" 곳으로 유명하지만, 나는 둑을 거닐고 미래의 거주지를 내려다보면서 그곳이 처녀림의 매혹이 있다고 느꼈다. 이번에는 '아마추어 나이트'도 없었다. 모든 것이 진지하기만 했다. 나 없이 달나라로 날아가는 건 꿈도 꾸지 말라고 나사를 설득해야 하니 왜 아니겠는가.

솔직히 자신은 없었다. 덕분에 편안한 마음으로 에드워즈에 돌아와 아무 일도 없었다는 듯 전투기 운용팀의 삶을 재개했다. 막사생활을 하며 기회가 닿으면 제트기에 올랐다. 나는 지금 부상자였다. 나사로부터 마지막 기회의 한 마디를 기다리는 동안 그 어느 때보다도 허약했다. 길루스든 누구든 통지를 보내는 사람들한테야 아무것도 아니겠지만, 나의 자기만족적 평정심은 그 서류 한 장으로 망가지고 난 영원히 마이너리그에 갇히고 말리라. 몇 주가 한 달이 되고 두 달이 되었다. 10월 14일 에드워즈를 떠나 잠깐 조지아의 애틀랜타에 다녀올 일이 있었다. 도중에 텍사스 랜돌프 공군기지에 들러 T-38 제트훈련기를 접수해 애틀랜타까지 몰고 갈 예정이었다. 애틀랜타에서는 소형 훈련기 교관으로 일하며 록히드의 파일럿을 가르치기로 했다. 랜돌프에서 이륙하기 위해 서류작성을 하는데 전화가 왔다.

휴스턴입니다. 교환수는 그렇게 말했다. 그리고 몇 차례 딸깍, 끽끽

소리가 이어지더니 데케 슬레이턴의 거친 목소리가 들렸다. 미리 밝히지만 한 마디면 충분한 이야기로 절대 장광설을 늘어놓지는 말자. 데케는 어떤 과정을 거쳐 선발했는지 한참 설명한 다음에야 아직 나사에서 일할 생각이 있는지 물었다. 생각이 있느냐고? 이곳에서 2년간 숨을 죽이고 살았다. 그런데 이 양반, 다방마담이 설탕 추가해도 좋은지 묻듯이 내 마음이 변하지 않았느냐고 묻고 있다! 어떻게 대답했는지 모르겠으나 슬레이턴이 이해한 것만은 분명했다. 그가 끌끌 혀를 차고는 10월 18일에 휴스턴에 보고하라고 지시한 다음 전화를 끊었다. 어쨌거나 나는 T-38을 몰고 애틀랜타로 넘어가 록히드 파일럿을 검증했다. 그리고 에드워즈로 돌아오는 대신 휴스턴으로 우회했다. 이번에는 신임 클럽멤버로서의 자부심도 가득했다. 선발대원들을 공표하는 기자회견 때문이었으나 주로 사진촬영과 상견례 자리였다. 요컨대 오랜만에 매우 즐거운 날이었다는 뜻이다.

우리는 세 번째 그룹인 14인방이었고, 우주비행사 총 30명에 속하게 되었다. 원조 7인방('머큐리 우주인'), 9인방('제미니 우주인')과 구분하겠다고 종종 '아폴로 우주인'으로 잘못 부르기도 한다. 인력 구성은 공군 7, 해군 4, 민간인 2, 해병이 하나였다. 과거 그룹보다 나이는 더 젊고(평균연령 31세) 더 많이 배웠으나(대학 학력 5.6년) 그만큼 경험은 부족했다. "대학 전공이 선발의 핵심 요건이었다." 워싱턴 『이브닝스타』는 그렇게 평했다. 열네 명 중 테스트파일럿 자격증을 소지한 이는 불과 여덟뿐이고 버즈 올드린의 경우 유인궤도 랑데부 관련 박사학위까지 받았다는 사실을 강조했다. 매체에서야 그처럼 차이를 강조하려고 했지만 돌이켜 보면 우리도 두 선배 그룹과 전통이 다르지는 않았다. 진정 새로운 종족이 등장한 것은 1965년 나사가 과학자우주인 다섯을 선발하면서였다. 하지만 14인방 중에서도 우리가 다소 다르다고 생각하는 이가 있었다. 특히 예전 선발과정을 겪지 않은 이들이었는데, 한 번은 러스티 슈바이카르트의 얘기를 듣고 기겁을 하기도 했다. 우리 그룹이 첫 번째 달 착륙자가 될 거라는 주장이었다. 오히려 내 예상은 7인방과 9인방에서 착륙자가 나올 것이고 우리 어정뱅이들한테는 기회도 없다는 쪽이었다. 나중에 보면 우리 둘 다 옳았다. 닐 암스트롱은 9인방, 그리고 버즈 올드린은 14인방이었다.

에드워즈로 복귀하고 일주일 후쯤 밥 길루스는 편지를 보내 선발을 공식화했다. 올해 선발위원회에 내가 어떤 인상을 주었는지 중언부언하는 대신, 새로운 방식으로 겁을 주었다. "귀군의 경력과 능력을 통해, 귀군이 이번 임무를 수용함으로써 그에 따른 책임감 역시 충분히 깨닫고 있다고 확신했습니다. 향후 귀군과 유인우주선센터의 인연이 후일 조국의 우주 프로그램에 크게 기여하게 될 것입니다." 나는 잘 모르겠지만 길루스가 확신한다니 기분은 좋았다. 아무튼 확인할 기회는 얼마든지 있을 것이다. 카사블랑카에서 먼 길을 떠나오긴했으나 그렇다고 특별한 예지안이 있어서는 아니었다. 종합계획 따위도 내게는 없었다. 삶의 갈림길이 등장하면 그저 한쪽 길을 선택했을뿐이다. 한 번에 한 방향. 웨스트포인트의 무료 교육이냐, 값비싼 민간교육이냐? 육군이냐 공군이냐? 파일럿이냐 지상임무냐? 전투기냐 수송기냐? 테스트파일럿 훈련이냐, 계속 테스트파일럿을 할 것이냐? 전투기부대냐 라이트-패터슨이냐? 에드워즈냐 휴스턴이냐? 어쩌다 논리가 맞아 떨어질 수는 있어도 십중팔구는 그저 운이 좋았을 뿐이다. 그 운으로 휴스턴행 자격을 얻고 새로운 차원의 삶을 향해 떠나야 했다. 이러다 정말 달까지 가는 것은 아니겠지?

전투기 운용팀에서 찰리 바셋과 나를 위해 송별회를 마련해주었다. 당시 2인승 제미니가 유행이라, 동료들은 우리에게 제미니를 선물로 주었다. 쓰레기통을 새까맣게 칠하고 창문까지 만들었는데 실제로 감쪽같이 제미니를 닮았다. 그 후 남은 일은 모델 A와 58년형 쉐보레를 팔고 팻, 케이트, 앤, 마이크를 항공편에 싣고서 휴스턴의 새로운 삶을 향해 날아가는 것뿐이었다.

3

원스어폰어타임 인 휴스턴

32세의 신사가 일식을 계산하고 부동산을 관리하고 동맥을 묶고 건물을 설계하고 대의명분을 시도하고 말을 길들이고 미뉴에트 춤을 추고 바이올린을 연주한다.
제임스 파튼, 『제퍼슨의 생애』

혼잡한 거리에서 언뜻 본 예쁜 소녀처럼 휴스턴은 흠이나 오점 하나 없이 정교하고 완벽했다. 특히 밤하늘 위에서 내려다볼 때는 더욱 환상적이었다. 얇은 구름 아래로 도시 불빛이 경쾌하고 그 옆으로 검은 해안선이 극적인 대비를 이룬다. 하지만 지금은 흠을 찾아내고 세밀한 부위의 잡티들을 검사하고 나사가 전체적으로 어떤 곳인지 확인할 때다. 제일 처음 알아낸 사실은 휴스턴의 나사가 다행히 에드워즈와 어느 정도 닮았다는 사실이다. 적어도 어떤 형식으로든 비행이 있었다. '유인우주선센터'라는 이름의 이 정교한 건물 단지는 아직 미완성 상태라 나사는 닥치는 대로 임시사무실을 임대해 쓰고 있었다. 나는 엘링턴 공군기지의 2차 대전 당시의 막사를 개조한 곳에 새 사무실을 얻었는데, MSC 본진에서는 3킬로미터 정도 거리였다. 그곳은 또한 나사의 우주비행사 훈련 비행편대가 있는 곳이기도 했다.

당시 우리한테는 낡은 T-33 제트훈련기 대여섯 대가 있었는데, 본질적으로는 2차 대전이 끝날 무렵 출시한 록히드의 슈팅스타와 기종이 비슷했다. 그밖에 F-102 제트전투기 몇 기는 상대적으로 최신이었다. 이들 비행기들은 우리 '기술'을 유지하는 데 이용했다. 기술의 양과 질을 따지자면, 일단 하늘에서 (적어도 익숙한 비행기를 타고서라도) 편안해야 하고, 멀미를 하지 않아야 하며, 새롭고 낯선 환경에 당황해서도 안 된다. 물론 비상사태가 발생해도 당황하지 않아야 한다. 이 '기술'이라는 놈이 얼마나 현실적이고 가치가 있는지는 모르겠지만, 적어도 시뮬레이터 비행과 실제 비행은 엄청난 차이가 있다. 시뮬레이션이라 해봐야 당신 생명과 팔다리가 위태롭다고 흉내 내는 것 말고 더 무슨 일을 하겠는가. 아무리 정교한 시뮬레이션이라도 중간에 차 한 잔을 마시거나 전화를 받을 수도 있으나, 짙은 안개가 멕시코 만에 깔리고 엘링턴 기지가 착륙기상 제한선 이하로 내려간다면, 착륙을 시도할 때 아드레날린이 치솟고 배 근육이 뭉치고 맥박이 빨라진다. 궁극적으로는 생사의 결정도 내려야 한다. 잘 하든 못 하든 생사를 결정하는 문제다. 낡디 낡은 고물 T-33을 조종한다 해도 그 사실은 변하지 않는다.

비행대는 운송수단으로도 쓰였다. 우리도 곧 이해했듯이, 제미니와 아폴로 계약업체의 지리 분포는 지극히 균형적이었다. 로스앤젤레스 지역의 노스아메리칸 로크웰은 아폴로 사령선과 새턴 V의 부품을 만들고, 캘리포니아 북부의 록히드는 아제나, 제미니의 도킹 로켓과 보조 추진엔진을 제조했다. 세인트루이스는 맥도널 더글라스의 고향으로 제미니 우주선을 만들었으나, 타이탄 II의 보조추진장치는 볼티모어에서 조립했다. 앨라배마 헌츠빌에 있는 나사 센터는 아폴로 보조

추진장치, 새턴 IB와 새턴 V를 만들었다. 달착륙선은 롱아일랜드 그루먼의 베스페이지, 아폴로 유도체계는 보스턴 MIT에서 설계했다. 우리는 휴스턴에 살며 케이프(플로리다 주 케이프커내버럴―옮긴이)에서 발진하였다. 위에 언급한 곳들은 원청업자들뿐이다. 그밖에도 하도급 업자들이 미시건의 그랜드래피즈 같은 곳에 여기저기 박혀 있었다. 어느 순간이든 적어도 대여섯 곳에서 동시에 우주비행사들의 참여를 원하거나 요구했다. 설계 검토, 회의, 시뮬레이션, 홍보 문제 등 부차적인 일이 늘 붙어 다녔기 때문이다. 우리 소규모 비행 편대는 비행 일정과 무관하게, 여기저기 끌려 다닐 때도 크게 도움이 되었다.

후일 T-33과 F-102를 공군의 최첨단 제트훈련기 노스럽 T-38 기종으로 바꾸면서 비행기는 더 늘어나고 더 좋아졌다. T-38은 2인승의 날렵한 소형 초음속비행기종(수평 직진으로는 마하 1.2, 급강하 시 마하 1.5)으로 높고 빠르게 비행하며 1,500킬로미터 이상 체공이 가능하다. 기껏 두 시간 연료 공급치고는 나쁘지 않은 성능이다. 다만 F-104처럼 저속에서 다소 문제가 있기는 했다. 착륙 패턴에 들어서면 가볍게 흔들렸는데 실속失速을 인지하지는 못했다. 비행기 진동 시의 전통적인 실속 경고를 사용할 수 없었기 때문이다. 해군은 이 저속 진동 현상 때문에 T-38을 기본훈련기로 구매하지 않았으나 공군은 파일럿 훈련 프로그램에서 그 기종을 성공적으로 활용했으며 사고율도 크게 줄여나갔다. T-38에는 또다른 결함이 있었다. 소형 제트엔진이 약해 쉽게 고장이 난다. 예를 들어 엔진 흡기구 위쪽에 결빙이 생길 경우, 얼음이 깨져 엔진 속으로 빨려 들어갈 수 있었다. 고장이 난다고 해서 비행기가 추락하는 일은 거의 없었지만 거금을 주고 대수술을 해야 하기에 결빙이 우려되는 지역은 비행을 금지했다. 휴스턴 입장에서 볼 때 이런 식의 제약은 성가실 수밖에 없었다. 우리가 종종 지각하는 일이 발생했기 때문이다. 우리가 늦으면 시험비행을 연기하고 정부가 거액을 지불해야 하지만, 겨울이면 미국 일부지역은 종종 얼음구름으로 덮이고 만다.

단점이 있기는 해도 T-38은 고물 T-33에 비하면 그야말로 하느님 감사합니다, 였다. 게다가 T-38을 몬다고 하면, "헤이, 형씨들 휴스턴에 가서 무슨 일 하는교?" 하며 비아냥대던 친구들도 그만 입을 다물고 부러워했다. 날렵한 신형 제트기를 마음대로 모는 것도 일종의 상징적 특권이지만, 비행 자체가 재미있고 어려운 데다 이따금 짜릿하기까지 했다. 책상에 답답하게 갇힌 자들에게는 기막힌 해방구라고나 할까? 아무튼 우리 2차원 세계에서는 귀하디귀한 3차원적 축복이었다. T-38의 횡전橫轉, roll control을 잠시 생각해보자. 파일럿이 손을 2~3센티미터 옆으로 움직이면 곧바로 수압水壓 1제곱인치(약 6.5제곱센티미터) 당 1,500킬로그램 가까운 압력이 가해져 실린더를 가동하고, 대형 보조익을 비틀어 반류를 만들어낸다. 이때 한쪽 날개의 보조익을 올리고 다른 날개를 내리면, 비행기는 엄청난 추진력을 받고는 눈과 손이 제대로 따르지 못할 정도로 빠르게 회전하며 대기를 관통한다. 눈 깜빡할 찰나에 똑바로 섰다가 뒤집혔다가 다시 서기를 반복하고 구름과 하늘도 위, 아래, 위로 올라오며 지구는 아래, 위, 아래로 돌아간다! 지구의 위치를 조정하니 그 얼마나 대단한 권력이며, 자연스럽고도 정교하게 그 일을 해치우니 그 찬란한 환희를 어디에 비교한단 말인가! 손이 움직이는 그 짧은 동안 비행기는 정확한 동작을 유지하고 롤 이전과 이후의 지평선도 완전히 일치한다.

T-38의 만족도는 최고였다. 천박한 칵테일 서프라이즈 파티는 아

무엇도 아니다. "예, 퇴근 후 휴스턴을 떠나 엘파소에서 연료를 채우고 엘에이에 도착했더니 아직 해가 지지 않았더군요. 피닉스 지날 때 한 쪽 엔진을 셧다운 하지 않았다면 더 빨리 올 수 있었을 겁니다." 보라, 여인의 눈이 왕방울 만해졌노라! 다만 만족이 크면 슬픔도 큰 법. 드물기는 해도 T-38은 친구 한둘을 태운 채 지구를 들이받기도 한다. 그러면 알링턴 공동묘지 가는 길은 죽음만큼 고요하고 보조익 회전의 즐거움도 오랫동안 사라지고 만다.

처음엔 테드 프리먼이었다. 엘링턴 기지에 접근할 때 불행하게도 커다란 흰기러기와 충돌했다. 양쪽 엔진이 정지하고, 낙하산이 온전히 펴지기도 전에 테드는 지상으로 곤두박질쳤다. 충돌의 충격 때문에 제때 탈출하지 못한 탓이리라. 그 다음은 두 명이나 죽었다. 찰리 바셋와 엘리엇 시. 세인트루이스의 낮은 구름층 아래를 선회하며 맥도널에 착륙을 시도하다가 자신들이 찾던 건물과 충돌하고 주차장에 추락했다. 다행이라면 다른 사람의 목숨을 앗아가지 않았다는 정도겠다. 마지막으로는 C. C. 윌리엄스의 차례였다. 케이프케네디(케이프커내버럴의 옛 이름)에서 휴스턴으로 귀환 중 탤러해시 상공에서 서쪽으로 돌다가 T-38이 갑자기 통제 불능 상태가 되면서 계속 공중곡예를 돌았다. 결국 깊은 모래무덤에 초음속으로 처박히고 말았다.

베테랑 우주인이 넷이나 비행기 충돌로 죽다니! 엄청난 거액을 들여 훈련한 이들이 아닌가! 정말 목숨을 걸 가치가 있을까? 이 글을 쓸 때는 테드 프리먼이 죽은 지 거의 8년이 지났다. 지금은 통계에 의지해 얘기할 수밖에 없다. T-38이 훌륭한 사람을 2년에 하나씩 빼앗아 갔다지만 덕분에 얻은 바가 훨씬 컸다. 파일럿이 300킬로미터 또는 30만 킬로미터 상공에 오를 경우 난해한 3차원과 싸워나가야 하는데,

비록 모호한 개념이긴 하지만 그 순간 확신과 '숙달'의 느낌이 너무도 중요하다. 단언하건대, 이들 넷이 희생되지 않았다면 우주여행 때는 넷 이상이 목숨을 잃었을 것이다. 에드 기븐스는 폭스바겐을 몰다 세상을 떠났지만, 그래도 이들 넷은 하늘을 날다가 희생되었다. 이렇게 말하면서도 나 역시 어떤 죽음이 낫다고 할 수는 없다. 다만 연어가 헤엄을 치듯 T-38도 계속 날아야 한다는 것만은 분명하다. 연어든 인간이든 여행을 완성할 때까지 더 이상 희생하지 않기를 빌 뿐이다.

하지만 1964년 봄, 엘링턴의 새 사무실에서는 T-38이나 죽음은 물론 불행한 생각 따위는 할 여유도 없었다. 나로 말하자면 지금까지 본 가장 커다란 연못 속의 가장 작은 피라미에 불과했으니까. 그럼에도 이 지옥에 들어온 것이 너무도 기뻤다. 그렇다, 내게는 분명 황금기였다. 7년의 흉작기가 끝이 나고 바야흐로 풍년의 세월이 도래한 것이다. 그렇다고 마냥 횡재수만 있었던 것도 아니다. 시작은 데케 슬레이턴의 '제안'(이 양반은 절대 약속하는 법이 없다)이었다. 우리가 각각 두어 번 비행을 하면 그 동안 지상에서 좋은 일이 일어날 수도 있다는 얘기였다. 『라이프』 잡지와 필드엔터프라이즈가 신고자 한 "나의 이야기" 계약 문제였다. 그 계약으로 우리는 첫 2년간 매년 16,000달러를 벌었다. 그러나 그 다음부터는 수익이 급격히 줄어든 데 더해 구설수의 빌미가 되었다. 신문매체는 물론 집에서도 시끄러웠다. 아내의 주장에 따르면, 우주 프로그램에 참여한다는 이유로 돈을 버는 것은 잘못이다. 우리가 벤처기업을 세워서 번 돈이 아니라 납세자들의 세금이라는 요지였다. 내 생각은 달랐다. 계약은 합법적이고 우리는 그럴 자격이 있었다. 그런 식의 논쟁에 골치가 아프지만, 일부 매체와 우주비행사 세계에서는 오늘날까지도 이어지는 논쟁이다.

제임스 웨브가 단호히 반대했다는 건 비밀도 아니다. 나사의 호전적이고 유능한 달변가 겸 행정가인 웨브 국장은 끝내 고집을 꺾지 않았다. 문제는 그렇게 묻히는 듯했으나, 존 글렌이 케네디 대통령을 구워삶아 허락을 따내면서 상황이 바뀌었다. 존이 뭐라고 했는지는 정확히 모르겠지만 통상적으로 도는 얘기는 이런 식이다. 우주비행사들이 갑자기 전국적 스포트라이트를 받으면서 몇 년간 그 광휘에 갇히고 말았다. 국가 지도자들도 이제 책임지고 우주인들이 임무에 합당하게 대중의 관심을 받도록 조치를 취해야 한다. 국가의 프로그램을 대표하는 이들이 아닌가! 물론 그 일에는 무엇보다 돈이 필요하다. 옷을 사 입을 돈, 보모를 구할 돈, 아내와 아이들을 버젓한 곳으로 데려갈 돈, 그럴 듯한 집을 구할 돈, 어느 모로 보나 하급 장교의 봉급으로는 상상도 못할 액수였다. 계약은 우주비행사 간의 불화도 금지했다. 금액은 임무와 관계없이 균등하게 배분하므로, 이 우애 돈독한 팀에 탐욕이 끼어들 여지는 절대 허용하지 않겠다는 뜻이다. 게다가 『라이프』 잡지를 포로로 만들 수 있는 기회라는 것도 염두에 두자. 우주비행사의 집에 초대해 아내의 알랑방귀와 아이들의 재잘거림을 들려주면 아무리 맹견이라도 주인에게(주인이 돈을 받았다 해도) 대들거나 불쾌한 기사를 쓰지는 않을 것이다. 그렇다, 맛깔난 총천연색 특집기사로 달콤한 헛소리만 쓰겠다가 계약조건이었다. 물론 그 반대로 여타 매체의 혹독한 비난도 의식해야 한다. 대체로 냉담한 논조였으나* 내

---

* 당연한 얘기겠지만 활자 매체는 다른 매체보다 불평등 경쟁을 물고 늘어졌고, 역시 당연하게도 『뉴욕타임스』는 어느 매체보다 더 오래 더 크게 울부짖었다. 때문에 몇 년 후 계약이 끝나고도 한참 있다가 『뉴욕타임스』가 아폴로 15호 승무원들과 특별 계약을 하고 시리즈까지 내며 하나

부에서 흘러나오는 이야기들은 비교적 우호적이었다. 요컨대 계약은 실질적이고 맛깔난 해결책으로 보였으며, 글렌도 어렵지 않게 대통령을 설득한 듯 보였다. 적어도 그 해만큼은 '우주비행사의 시대'였다.

계약서에는 뭐라고 적었을까? 장황한 법률용어를 빼면 요점은 단 하나였다. 『라이프』와 필드가 각 우주인과 가족의 '개인사'를 독점한다. 그러면 개인사는 또 뭐지? 왜 사회의 공유재산이 아닐까? 우주비행사들의 경우 '개인적인 것'을 정의하기가 쉽지만은 않다. 테스트파일럿은 비행 중의 느낌 모두를 인식하고 기억하고 기록하도록 배운다. 그래야 지상에 착륙했을 때 가능한 정확하고 정교하게 상황을 보고할 수 있다. 이 점이라면 논란의 여지가 없다. 우주비행 중에 일어난 일은 비행 후에 기자회견에서 공개적으로, 매체가 이해하도록 구체적으로 보고해야 한다. 물론 그것만으로도 충분하지 않다. 사람들이 정말 원하는 이야기는 다른 데 있기 때문이다. 기술적인 헛소리 다 집어치우고, 승무원들의 기분은? 로켓을 탔을 때 기분이 어땠는가? 낙하산도 펴지 않은 채 바다를 향해 곤두박질 칠 때 무슨 생각을 했는가? 이것이야말로 『라이프』가 돈까지 내면서 알고 싶은 이야기들이었고, 다른 매체들이 돈 안 내고 어떻게든 캐내려는 얘기들이었다. 사실 어느 쪽이든 알아낸 바는 그리 많지 않았다. 내가 보기에 우리 같은 공학자들과 테스트파일럿들의 소득원 자체가 복잡한 사실들을 냉정하고 냉담하게 분석하는 데서 나온다. 솔직히 그들의 낯선 관점에

하나 물고 늘어졌을 때에도 충격은 그다지 크지 않았다. 물론 『더 타임스』도 상처를 입었으나 내게도 사설의 투덜거림 정도는 자장가 정도에 불과했다. 아마도 사람들이 그때쯤 얘기 자체에 물렸을 수도 있고, 아니면 당시의 이야기들을 처음으로 '책으로 펴내게' 되었기 때문일 수도 있다.

는 우리도 당혹스러울 수밖에 없었다. 왜 신문매체는 이런 식의 병적이고 불온하고 완고하고 자극적인 신변잡기만 집요하게 물고 늘어지는 걸까? 우주탐사 기계들이 어떻게 작동하고, 어떤 성과를 이루었는지 전혀 이해하지 못하면서? 크리스티안 버나드가 최초의 심장이식을 할 때 어떤 옷을 입었을까 궁금해 하는 것과 뭐가 다르다는 말인가? 게다가 우리는 감정을 통제하도록 훈련을 받았다. 과장 연기에 소질이 있을 리 없다. 이 복잡하고 정교한 임무이자 단 한 번의 기회에 감정이 끼어들면 상황이 더럽게 꼬일 수도 있다. 맙소사, 정말 감상적인 기자회견을 원한다면 3인의 테스트파일럿이 아니라 철학자, 사제, 시인으로 아폴로 승무원을 꾸렸어야 할 일이다. 물론 그렇게 될 경우 기자회견은커녕 돌아오지도 못하리라. 모르긴 몰라도 주변경관에 홀딱 빠져 회로차단기를 누르지도 못하고 낙하산을 펼 기회도 놓칠 것이다.

어쨌든 이 멋대가리 없는 사내들의 눈에서 눈물을 흘리게 하는 숙제는 『라이프』뿐 아니라 어느 누구에게도 어려운 일일 수밖에 없었다. 하지만 집이라면? 아, 그건 완전히 다른 문제였다. 갑옷으로 무장한 딱정벌레를 뒤집어 부드러운 복부를 드러내보라. 짧게든 길게든 아빠가 곧 떠난다고 하면, 사라 진은 과연 어떤 생각을 하겠는가? 아빠가 우주로 떠난다면 엄마 기분은 어떨까? (여성기자가 우주인 아내에게 질문을 한 적이 있다. 그녀는 한두 번 눈을 깜빡거리다가 이렇게 대답했다. "이봐요, 댁의 남편이 저 위에 있다면 당신은 기분이 어떨 것 같아요?" 인터뷰 끝.) 그것만큼은 의심의 여지가 없다. 가정은 "나의 이야기"가 있는 곳이며, 따라서 계약이 노린 것도 가정이었다. 프라이버시를 침해하는 것이므로 그에 대해 보상하겠다는 명분은 적절했다고 본다. 정치학에서 가족은 어느 정도까지는 소위 '봉'일 수밖에 없다. 후일 워싱턴에서 공보차관보로 일할 때 '워싱턴의 마녀' 몇 명이 크게 난감해한 적이 있다. 가족사항을 정확하게 파악해야 하는데 내가 협조를 하지 않았기 때문이다. 하지만 난 한 번도 정치가가 되고자 한 적이 없었고, 우주비행사라는 독특한 직업 때문에 가족이 겪은 스트레스만으로도 충분했다. 아무리 선의라 할지라도 저 무신경한 기자들한테 가족들까지 시달리게 할 수는 없었다. 아내와 아이들이 정상적이고 평온하게 살려 해도 의심과 두려움이 따르기 마련인데, 기자들까지 찾아가면 상황은 악화할 수밖에 없다.

그보다 훨씬 더 근본적인 문제가 있었다. 내가 돈을 받는 이유는 능력을 최대한 발휘하라는 요구 때문이다. 나도 그 목적을 위해 오랜 시간을 투자했다. 하지만 집으로 돌아와 문을 닫으면 그걸로 끝이어야 한다. 가족의 삶은 내 일이고, 나만의 일이다. 따라서 그 문을 열기로 한다면 당연히 여분의 보상을 기대해야 마땅하지 않겠는가.

계약에 대해 한 마디만 더. 덕분에 여분의 돈이 들어오고, 서른, 서른다섯, 쉰넷, 예순다섯 가족이 공평하게 나눴다. 계약 없는 인터뷰는 계약을 빌미로 공손히 거절할 수도 있었다. 사실 그 말이 주변에 퍼지자마자 아내와 아이들도 귀찮은 손님으로부터 자유로울 수 있었다. 이미 대답을 알기 때문이다. "미안하지만 사적 인터뷰는 곤란합니다. 계약조건 때문에요." 남편이 하늘에 올라갔을 때는 그마저도 뒤죽박죽이겠지만 그건 또 나중 얘기다. 물론 우주비행사들은 여전히 전문적이든 공적이든 인터뷰를 해야 했다. 다만 일정은 금요일로 고정했다. 우리도 가급적 금요일엔 휴스턴을 떠나도록 일정을 정했다. 그렇지 못하면 우리는 TV 조명 아래 씩씩거리며, 눈을 동그랗게 뜬 채 앉아 늘 그렇듯 다 식은 감자요리나 요리조리 건네야 했다. "두렵냐고요? 물론 두렵죠. 어느 정도는. 하지만 이 다음 비행에는 그럴 여유도 없습니다. 병원실험이 열한 개나 더 있다니까요. 어떤 실험이냐면…" 미디어여, 덧없고 덧없도다.

기자들의 호기심 어린 눈빛을 피해 휴스턴의 삶으로 돌아가서 달을 향해 뚜벅뚜벅 할 바를 다 해봐도 유희라기보다는 노고에 가까웠다. 적어도 콜린스 가족한테는 그랬다. 아내도 나도 마을의 사교모임엔 그다지 관심이 없었다. 무엇보다 '마을'은 50킬로미터 밖이었다. 우리는 휴스턴도 갤버스턴도 아닌 둘 사이 어딘가에 살았다. 충적토의 소택지 인근에는 클레어 호수라는 얼토당토 않는 이름의 호수도 있었는데, 이 진창 지역은 에드워즈의 건호만큼 평평했으나 에드워즈처럼 자연의 변덕이 만들어낸 곳은 아니다. 적절하고 정당한 결과라는 뜻이다. 걸프 거리의 전봇대보다 높은 지대가 없기는 해도 이곳 사람들은 그마저 당연하게 받아들이고 편안하게 살아가고 있다. 이 당구대 같은 풍경에 익숙해지면 사실 50킬로미터 정도는 원 쿠션 거리에 불과했다. 물론 엄청난 갑부 여주인의 소파 쿠션이 더 좋겠지만.

테니스선수나 투우사와 마찬가지로 우주비행사도 여주인들이 흠모하는 변종에 속한다. 대개 그들의 겉치레 매너는 생각보다 두꺼우터라 하루 저녁 정도는 충분히 버틸 수 있다. 물론 진상 손님들이 본모습을 드러내기 전, 여주인이 노련하게 모임을 파해준다면 더할 나위가 없다. 불행히도 어느 파티에나 중년남자가 하나 정도는 들어있다. 술이 들어가면 테니스선수한테 한 판 붙자고 도발하거나, 투우사의 피를 빼내려 들거나, 우주비행사들을 돌대가리 슈퍼원숭이로 깔아

뭉개야 직성이 풀리는 족속들이다. 다행히 유인우주선센터는 뉴욕이 아니라 텍사스에 위치해 있었다. 그나마 텍사스 사람들의 격의 없고 따뜻한 환대 덕분에 이 정도 충돌은 감내할 수 있었다.

휴스턴은 거대한 스포츠타운이다. 아메리칸 풋볼리그의 프리미어 팀 오일러스the Oilers가 있고, 애스트로스the Astros도 야구팀이 하는 건 뭐든 다 했다. 훗날 지방 구장으로서는 최초인 돔 구장이 생기면서 오일러스의 시합도 진가를 발휘하게 되었다. 어느 순간 그저 스포츠경기만이 아니라 소위 스카이박스(특별관람석)라는 이름의 사교센터를 중심으로 전천후 행사를 벌일 수 있게 되었기 때문이다.

이들 스카이박스는 지붕 아래 높은 곳에 자리 잡고 있다. 경기장에서 제일 멀리 떨어졌다는 얘기이지만 그래도 여전히 구장 내부에 속해 있다. 전형적인 개방형 구장이라면 최악의 관중석일지 몰라도 이곳 스카이박스는 인기가 최고였다. 돈 많은 텍사스인들이 줄지어 기회를 구걸할 정도였다. 스카이박스는 박스라고 부르기엔 꽤나 넓었는데, 거의 스위트룸에 가까웠다. 앞쪽으로 20명 정도가 앉을 수 있는 연회석에, 뒤쪽으로는 방이 하나 있는데 그 방에는 넉넉하고 심지어 호화롭기까지 한 바와 뷔페가 마련되어 있었다. 행운의 점유자는 자기 스카이박스를 다른 사용자들과 차별화하려고 궁리하였고, 덕분에 휴식 시간에는 한 순배씩 돌리며 코너마다 산해진미를 즐겼다. 바에서야 경기를 구경할 수 없지만 무슨 상관인가? 게임 상황은 CCTV로 보면 그만인 것을. 이제 그림이 이해되는가? 비척비척 자리로 돌아올 때는 대부분 6회가 시작할 무렵이었다. 그때쯤 위스키, 팝콘, 랍스터 요리, 수제맥주가 뱃속에서 부글부글 끓기 시작하지만, 오후 관중들의 열성적인 함성 때문인지 속이 불편해서인지는 나도 모르겠다.

하지만 지구는 돌아가고 일요일이 지나 월요일이 오면 다른 경기가 시작된다. 월요일 아침에는 늘 그룹 총회가 있었다. 회의에서는 다음 주 비행계획을 논의하고 일반적 관심사항들을 의제에 올렸다. 난 이 모임을 좋아했다. 특히 알 셰퍼드가 주관할 때가 그랬다. 그의 회의는 시끄럽거나 웃기거나 논쟁적이거나 유용했지만, 적어도 지루한 적은 없었다. "독수리는 떼 지어 날지 않는다." 요즘 광고 문구다. 독수리 서른 마리를 한 방에 집어넣으면 깡충거리거나 어찌 할 바를 모를 것이다. 큰 소리로 꽥꽥거리고 때때로 날개를 펄럭이고 서로 쪼아댈 수도 있다. 그래도 떠날 때가 되면 모두가 하나가 된다. 찌르레기와 칠면조들을 놀라게 하려고 일부러 밀집대형으로 날아가는 것이다.

이들 서른 명은 누구인가? 정체가 무엇이며 어떤 공통분모가 있는가? 서류에 기록한 대로 정말 다들 그렇게 똑같았을까? 아무래도 사실을 바탕으로 나 자신의 의견과 편견을 덧붙일 수밖에 없겠다. 예를 들어 그 사람들의 체격을 얘기해도 반박할 사람은 없을 것이다. 내 책상의 차트에는 16인(7인방 더하기 9인방)과 관련한 차트가 있으며, 그 차트에는 한 사람 한 사람의 신체특성이 서른두 가지나 기록되어 있다. 이 인구동태 통계의 보고는, 피트 콘래드 62킬로그램, 윌리 쉬라 86킬로그램에서부터 내측전골 크기, 양어깨봉우리거리는 물론, 정수리에서 둔부까지의 길이도 적혀 있다. 이 정도면 말 그대로 거의 모든 것이 아닐까? 사실 차트를 훑어봐도 무덤덤하기는 하다. 말 그대로 잡동사니이기 때문이다. 종아리 굵기는 평균 35센티미터이고, 글렌, 슬레이턴, 러벨, 맥디비트. 스태퍼드, 화이트에 이르면 신장이 모두 180센티미터라 아예 변별력도 없다. 거스 그리섬이 제일 작았고(168센티미터) 존 영이 제일 건장했으며(어깨넓이 50), 에드 화이트는 팔길이가 제일 길었다(87센티미터). 남성우월주의가 뭔지는 모르지만 가슴, 허리, 엉덩이의 미인 콘테스트 기준과는 거리가 멀었다. 대충 100-90-100이니, 이 정도면 그냥 징그럽기만 하다.

이 그룹의 지력은 측정하기가 더 어렵다. 내 생각에는, 선발에서 대부분이 탈락한 3차 그룹 최종후보 32명의 평균 IQ 132.1보다는 조금 더 높았을 것이다. 내가 기억하는 이유는 1966년 선발위원이 되어 열아홉 명을 뽑았기 때문이다. 평균은 140 정도였고 그 중 둘은 150을 넘어 천재 수준이었다. 이 그룹에 진짜 천재가 있지는 않겠지만 그렇다고 완전 얼치기도 없었다. 특히 공학적, 수학적 논리 측면에서 그렇다. 정신능력을 비판하려면 다른 측면을 찾아봐야 할 것이다. 예를 들어 미술에 소질이 없고 표현이 어눌할 수도 있다. 더 뒤져보면 그들에게도 어느 특정 부분에서 결함이 전혀 없다고 할 수는 없지만, 오늘날 같은 분업화 사회에서는 당연한 일이 아니겠는가. 성격이 편협해도 자기가 맡은 책임 영역에서는 탁월했다. 진정한 전문가라 옆에 두면 마음도 든든했다. 모두 우주를 날고 달에 가고 다음 비행에 합류하고 싶어 했다. 그 강박적인 갈망, 치열한 경쟁은 휴스턴에 있든, 외부로 출장을 가든 큰 부담으로 따라다녔다. 슬레이턴과 셰퍼드에게 자기 가치를 알리기 위해 미친 듯이 뛰어다녔지만, 그건 우리 모두의 공통된 특성이었다. 그래도 개인적 차이 덕분에 맹목적 획일성에 갇히지 않고 아주 다양한 그룹으로 발전할 수 있었다.

친구들이 다 떨어져나갈 위험성을 감수하고라도, 그리고 한 인간의 특성을 한두 문장으로 나타낸다는 게 (불가능하지는 않아도) 부당하다는 정도는 알면서도, 내가 본 친구들의 특징을 한번 묘사할 때가 되었다. 순서는 마음에 떠오르는 대로 따랐다.

스코트 카펜터 Scott Carpenter   좋은 친구이나 다소 산만하다. 단 한 번의 머큐리 비행이 그에게 마지막 기회였음을 알고 일찌감치 프로그램을 탈퇴했다. 그 후 수중탐사에 끼어들었다가 다시 양봉사업(하, 양봉이라니!)에 뛰어들었다.

월리 쉬라 Wally Schirra   오 호 호! 백화점에서 산타클로스 역할을 했다면 잘 살았으리라. 타고난 붙임성에 활력까지 더한 친구다. 머큐리, 제미니, 아폴로를 연이어 탑승한 유일한 인물이라는 사실도 인정해야 한다. 치명적인 화재를 겪은 후라 아폴로 탑승은 더욱 감동적이었다. 우주선이 터지지 않은 것도 월리가 탑승했기 때문일 것이다.

데케 슬레이턴 Deke Slayton   초특급 FM맨. 농담 한 마디 하지 않는 정직남. 지금쯤 여러 차례 달을 왕복해야 했건만 실제로는 휴스턴 책상을 넘어본 적이 없었다. 종교재판소의 돌팔이의사들에게 심장박동 불균형 판결을 받고 발이 땅에 묶인 탓이다. 그래서 책상에 앉아 우주인 모두와 엔지니어 대다수를 주관했지만 프로그램은 그의 덕을 많이 보았다. 윌리엄 P. 로저스를 제외하면 내게는 최고의 상사였다.

존 글렌 John Glenn   유일하게 내가 잘 모르는 인물. 내가 들어갈 때 떠난 탓이다. 확실한 사실 하나는 그룹 내 최고의 홍보맨이었다.

고도 쿠퍼 Gordo Cooper   영락의 희생자. 머큐리에서는 최고, 제미니 5호에서는 그럭저럭. 아폴로는 힘에 부친 듯했다.

알 셰퍼드 Al Shepard   '거인 알'은 여러 면에서 거인이었다. 가장 영리했다. 프로그램으로 빛을 발한 유일한 인물로서, 우주비행사 사무실도 그의 광대한 제국의 일부에 불과했다. 센터장인 '테디 베어' 밥 길루스와 달리, 알은 불타는 눈빛과 신랄한 비평으로 친구와 적 모두를 무릎 꿇게 했다.

프랭크 보먼 Frank Borman 호전적이고 유능하다. 내가 만난 누구보다 결단력이 있으며 대개의 경우 올바른 선택을 했다. 다만 조금 신중하지 못한 게 흠이었다. 돈과 권력에 맛을 들였기에 모르긴 몰라도 그룹 내에서 가장 성공한 사람이 될 수 있었으나, 아쉽게도 역사적 인물이라는 특별한 영예는 닐에게 돌아갔다.

짐 맥디비트 Jim McDivitt 역시 최고의 인물. 똑똑하고 유쾌하고 사교적이고 근면하고 종교적이다. 다소 겁이 많다는 평도 있으나 철저하다는 점에서는 전설적이었다.

피트 콘래드 Pete Conrad 재미있고 시끄럽고 발랄하고 화통하고 유능하다. 멋쟁이에 경주용 차를 몰았다. 이미지대로 사는 드문 경우이므로, 피트 콘래드 자전영화가 나온다면 피트 콘래드 역을 맡아야 마땅하다.

존 영 John Young 신비의 인물. 촌놈 냄새 풀풀 풍기는 전형적인 안티히어로이나, 그 속에 상큼한 위트와 엔지니어의 예리한 통찰력을 감추고 있다.

닐 암스트롱 Neil Armstrong 판단은 느리지만 정확하다. 보먼이 결정을 꿀꺽 삼킨다면 암스트롱은 음미한다. 고급와인처럼 혀로 굴리고 굴린 다음 마지막 순간 삼키는 것이다. (달에 착륙했을 때 남은 연료는 20초 분량뿐이었다.) 멋진 사내이므로 달에 착륙할 최초의 인간으로 그보다 나은 선택은 없었다고 생각한다.

짐 러벨 Jim Lovell 친구 피트 콘래드(러벨에게 '우왕좌왕맨'이라는 험악한 별명을 지어준)처럼 그룹에서 단연 두드러졌다. 매끄러운 조정자로서 공학이나 기술보다 홍보 일을 맡긴다면 더 훌륭히 해낼 것이다.

톰 스태퍼드 Tom Stafford 기막힌 기억력과 기술적 심미안의 소유자이나, 사람 상대는 그에 못 미친다. 오클라호마 출신으로 정치적 야심이 있으며, 전문 파일럿보다 학교선생 이미지가 강하다. 아니면 그가 원하는 대로 낭만적 기업인 비슷할 수도.

돈 아이즐리 Donn Eisele　누구냐고? 아폴로 7호에서 윌리 쉬라의 그림자에 묻힌 인물. 1972년 태국으로 건너가 평화봉사단 단장으로 변신한다.

마이크 콜린스 Mike Collins　오케이, 핸드볼 게임이라면 모를까 특별한 인물은 아니다. 게으른 데다(적어도 이 과잉성취자 그룹 내에서는) 대부분 비효율적이고 방관적이다. 일을 벌이기보다 떨어지기를 기다리지만 대체로 정확한 판단과 넓은 시각으로 그룹의 균형을 이룬다.

버즈 올드린 Buzz Aldrin　덩치가 크다. 정말 크다. 체스 챔피언처럼 늘 몇 수 앞을 내다본다. 그 자리에서 버즈 얘기를 이해 못했다면, 내일이나 모레쯤엔 가능할지도 모르겠다. 버즈는 유명세와는 거리가 멀었다. 하지만 내가 보기에 달에 두 번째로 발을 내딛은 사람으로 감사하기보다는, 본인이 첫 번째가 되지 못한 것에 분해했다.

러스티 슈바이카르트 Rusty Schweickart　유쾌하고 부지런하며 호기심이 많다. 반격이 신속하고 통렬하지만 그 점 때문에 '노땅'들의 눈총을 받았다. 온건한 반골 기질로 관심 영역이 폭넓다. 우주인이 대부분 집요하게 물고 늘어진다는 점에서 크게 대비가 된다.

데이브 스코트 Dave Scott　몽상가 스코트. 우표 암거래에 절대 연루되지 않을 것 같은 인물이며, 그보다 제미니 8, 아폴로 9, 아폴로 15호에서의 빛나는 활약으로 기억되어야 한다. 역시 최고의 인물.

진 서넌 Gene Cernan　느긋하고 명랑하고 기분 좋은 동료. 우리 14인방에서 스코트 다음으로 3차 비행그룹에 합류했는데 그중 두 번은 달

여행이었다.

딕 고든 Dick Gordon　균형과 상식의 사나이. 제일 편하게 어울릴 수 있는 성격이다. 파티를 즐기지만 다음날 업무에 절대 지장을 주지 않는다. 그러니 뉴올리언스 세인츠 성적이 좋지 않을 리가 없다. 현재 부구단장이 아닌가!

알 빈 Al Bean　유쾌하면서도 집요하다. 필요한 정보가 있으면 어떻게든 찾아낸다. 작은 책상을 하나 내주면 1주일 내에 회사 대표가 어떤 일을 하는지 알아낼 인물이다. 함께 있는 것만으로도 즐겁지만 상대가 스파게티를 좋아하면 금상첨화다. 여행 내내 스파게티만 먹기 때문이다.

빌 앤더스 Bill Anders　진지하고 열정적이고 헌신적이다. 술도 안 마시고 담배도 피우지 않고 농담도 않는다. 예전에는 완고하고 다소 설불렀으나 워싱턴의 국립우주항공국 사무총장이 된 이후로는 아니다. 누구에게나 겸손과 융통성을 가르치는 자리가 아닌가? 현재 원자력에너지 위원으로 일하고 있다.

월트 커닝햄 Walt Cunningham　솔직하고 무뚝뚝하며 살짝 불만이 많다. 해군 전투기 파일럿과 랜드 사 연구과학자 사이를 오락가락하며, 따뜻한 성정과 노골적인 적대감이 묘하게 섞인 복잡한 사내.

묘사는 생존자들만으로 한정했다. 그리섬, 화이트, 채피(아폴로 발사대 화재, 1967년 1월 27일, 케이프케네디), 프리먼, 엘리엇 시, 바셋, 윌리엄스(T-38 사고)는 서른 명의 목록에서 제외했다. 당연히 고인들도 나름의 장단점이 있었으나 내가 뭐라고 해도 반박을 할 수 없지 않는가. 이렇게 편협한 시선으로 묘사하는 것보다 그냥 두는 쪽이 낫다고 생각했다. 그 후의 우주인들이라면 개인별로 묘사하기엔 너무 많다. 게다가 에드 기븐스처럼 아주 가까운 친구들도 있으나 나머지는 거의 알지도 못한다.

1964년 30인의 우주비행사가 근면하고 효율적인 그룹이었듯, 나사의 휴스턴 기지, 유인우주선센터의 부모 조직도 그랬다. 에드워즈에서는 4시 30분에 절대 사무실 건물과 주차장 사이에 있지 말라고 배웠다. 공무원들이 정신없이 퇴근하는 시간이기에 자칫 밟혀죽을 수도 있었다. MSC의 직원들은 직무 중심이라 시간이 그렇게 중요하지는 않았다. 그보다는 중요한 일을 한다는 자긍심, 즐거움이 가득했다. 식탁의 음식도 얼음처럼 식기가 일쑤였다. 그 후에도 그런 헌신을 얼마든지 보았는데, 특히 국무성 고위직이 그랬고 워싱턴의 다른 사무실이 그랬다. 하지만 1964년 휴스턴의 경험은 더욱 새로웠다. 다른 이들도 마찬가지였으리라. 고위직이야 당연하겠지만 실제로는 그런 분위기가 모든 분야에 스미어 있었다. 부분적으로 일 자체가 특별했고 어느 정도는 일정표 때문이었다. 케네디 대통령이 "1960년대가 끝나기 전"이라고 하지 않았던가?

1964년이면 시간이 꽤 남아있긴 했지만, 훨씬 더 중요한 것은 목표가 너무도 분명하고 구체적이긴 해도 사실 정부 목표는 목표일 따름이라는 점이었다. 하루하루 지날수록 인간이 달에 올라갈 날이 가깝다는 정도는 다들 알고 있었다. 지나간 시간과 남은 시간이 반비례한다는 것도 충분히 이해하고 있었다. 문제는 여전히 해야 할 일이 엄청나게 남아있다는 점이었다. 60년대가 끝나기 전에 임무를 완수하려면 의문의 저수지의 모든 문제들을 다 퍼내어 해결해야 했다. 요즘에야 달의 언덕과 계곡을 일상적으로 중계하지만, 1965년만 해도 한 친구

녀석은 1972년까지 아무도 달에 이르지 못한다는 데 100달러를 걸었다. 그 친구는 보통사람이 아니라 노련한 테스트파일럿이자 엔지니어였다. 유인우주선센터에서 일하다 후에는 우주인으로 선발되기까지 했다. 물론 난 부인하지 못했다.

1964년의 휴스턴은 아직 대답해야 할 질문이 많았다. 그래야 성공의 기회든 뭐든 노릴 수 있었다. 코넬대의 토미 골드 같은 저명한 과학자조차 달 표면의 먼지층 두께가 착륙선보다 깊을지 모른다며 안달복달했다. 다른 사람들은 착륙선의 정전기를 계산했다. 잘못하다가는 먼지가 달라붙어 창밖을 보지 못할 수도 있었기 때문이다. 달의 토양이 일종의 순수금속성을 띠어서 부츠에 달라붙는다면, 착륙선의 순산소^{pure oxygen}와 결합할 경우 곧바로 폭발해 불꽃을 일으킨다고 생각하는 이들도 있었다. 대기가 없으므로 달은 우주 공간의 운석들을 막기는커녕 오히려 끌어당길 것이다. 운석이 얼마나 떨어지고 얼마나 자주 달 표면을 때릴지 누가 알겠는가? 그냥 맨눈으로 달 분화구를 봐도 유성이 이론적 위험 이상임을 알 수 있지만, 그 위험이 얼마나 현실적인지는 그 누구도 알지 못했다. 달은 지구의 밴앨런대*를 크게 벗어나 있지만, 그래도 밴앨런대의 방사선을 무사통과하지 못하고 그 안에 머무를 경우 치명적이 된다. 태양 표면의 폭발 문제도 있다. 예고 없이 태양에서 뿜어대는 에너지는 또 어떻게 대응할 것인가?

환경문제만 해도 이 정도인데, 훨씬 더 걱정되는 문제도 있었다. 사람과 기계를 50만 킬로미터 멀리 저 험악한 무중력 공간으로 쏘아 보

---

* Van Allen belt: 지구 자기축에 고리 모양으로 지구를 둘러싸고 있는 방사능대를 가리킨다. 고도 1,500~5,000킬로미터의 내대와 20,000킬로미터 상공의 외대로 이루어져 있다. —옮긴이

내는 일이다. 그 과정에 어떤 문제가 일어날지 어떻게 알겠는가. 왕복 비행은 8일이 소요되기에 문제 해결에 4일 이상이 소요되면 끝장이다. 인간에 대해서는 물론, 어떤 문제가 터질지 아무도 모른다. 1964년 즈음 미국은 머큐리 프로그램을 마무리하고 러시아는 보스토크 발사를 완료했다. 고든 쿠퍼는 1963년 페이스 7호를 타고 지구 궤도를 34시간 돌았으며, 한 달 후에는 발레리 비코프스키가 보스토크 5호로 81시간 궤도비행을 했다. 그러니까 5일을 조금 넘어선 것이었다. 고든의 신체에는 아무 문제도 없었으나, 러시아 쪽에서는 몇몇 우주비행사들이 막연한 불안감과 메스꺼움을 느꼈다고 보고하는 통에 다소 뒤숭숭했다. 결국 무중력상태에서 비롯한 자연스런 결과로 보였다. 우리는 제미니를 이용해 그 문제를 자세히 들여다보기로 했다. 처음에는 8일, 그 다음은 14일. 하지만 그때까지는 러시아 보고서를 어떻게 받아들여야 할지 판단이 서지 않았다. 의료진도 그다지 도움이 되지 못했다. 대개 멸망의 전도사라 애초부터 시큰둥했던 것이다. 인류가 연이어 무중력 상태에 들어가 무사히 탈출했다는 사실조차 의사들은 도저히 인정하지 못했다. 무중력 속에 몇 초만 있어도 신체기능이 망가진다고 처음부터 우겼던 것이다. 예를 들어, 제대로 물을 마시지 못한다. 영양소도 위에 도달하지 못하겠지만, 도달한다 해도 제대로 흡수할 수 없다. 심장과 폐가 혼란 상태에 빠지거나 심한 경우 기능을 못할 수도 있다. 얼마나 걸릴지는 두고 봐야겠지만 아무리 성능이 좋다 해도 결국 사망에 이르게 된다, 등등이었다. 그러다가 데이터가 쏟아져 들어오면서 이 문제는 뒷전으로 밀려나고 말았다. 다만 의학적으로 해결된 것이 아니었기에 앞으로도 기자회견마다 그 문제로 시끌벅적할 것이 분명했다.

물론 비행기를 통해서도 자료를 얻을 수 있었으나 한계가 많았다. 가장 첨단의 비행기로도 무중력 상태(제로G)를 유지할 수 있었으나, 단지 크게 포물선을 그리며 질주하는 25초 동안이 고작이었다. 피험자들은 물을 많이 마시고 삼키고 비우기도 하면서 운명의 25초 동안 모든 가능한 시험을 수행했다. 하지만 아쉽게도 우주비행의 금기사항은 나타나지 않았으며 결국 의료진도 어쩔 수 없이 '건강 장벽'health barrier 실험을 다음 단계로 미루어야 했다. 알 셰퍼드가 프리덤 7호를 타고 15분 동안 무중력을 비행했는데 돌아온 후에도 밉상스러울 정도로 건강했다. 의사들은 소수점을 한 단계 위로 올리며 이렇게 말했다. "좋아, 인간도 몇 분은 견딜 수 있어. 어쩌면 몇 시간도 괜찮을지 모르지. 아무튼 며칠은 안 돼! 말도 안 돼!"

그 후 머큐리와 보스토크의 결과가 보태지면서 의료팀의 주장은 또 깨지고 말았다. 그래도 한두 걸음 물러났을 뿐 고집을 꺾는 대신 계획 입안팀, 장비 설계팀과 사사건건 부딪쳤다. 예를 들어 제미니의 경우 의료팀의 주장은 이런 식이었다. 우주비행사가 우주에서 며칠을 지낸 후 지구대기 내로 급격히 재진입할 경우, 자율신경계의 주요 기능이 작동을 정지하고 대혼란에 빠지며 하지下肢에 피가 모이게 되는데, 그러면 뇌에 피가 부족해져 정신을 잃을 수 있다. 정신을 잃으면 비행사는 의자에 벨트로 묶인 채 머리가 위에 있고 다리가 아래를 향하므로 피가 상체로 돌아가지 못해 결국 목숨을 잃게 된다!

이런 사람들과 일하다 보면 마치 미신을 철석같이 믿는 이모와 귀신 나오는 집에서 사는 기분이 든다. 끊임없이 점술 얘기를 늘어놓는가 하면 재수 없는 날의 별점을 침까지 튀겨가며 읽어주는 것이다. 믿지 않으면 그만이겠지만 그렇다고 무시까지 할 수는 없지 않은가! 설상가상으로 의료진의 점술이 맞아떨어질 가능성은 갈수록 커지게 되어 있었다. 결국 우주 밖 누군가에게 사고가 생기면 그들의 비관론이 증명되고 예언이 맞아 떨어지는 셈이 된다. 다음의 사고 가능성은 스카이랩 프로그램이었지만 우주인들은 그곳에서 거의 석 달이나 무사히 지냈다. 그렇다면 18개월짜리 화성 궤도비행은 어떨까? 찰스 베리 박사는 우주 프로그램에서도 제일 말이 많은 인물로 이 임무를 남자 승무원이 맡기엔 하나같이 성격이 거칠다고 주장했다. 그래서 의료진은 우주여행의 심리(신체가 아니라) 장애에 대한 연구로 다시 떠들썩해졌다. 솔직히 우주 프로그램에 의료진이 합류하지 않았다고 해도, 약간의 진전이 이뤄졌거나 최소한 오늘날 수준은 되었을 것 같다. 혈압측정띠, 운동측력기, 소변배출 측정기 같은 장애와 의학적 헛소리 없이 해냈을 터이니 왜 아니겠는가? 그쪽에서 한 일이라곤 무게만 늘리고, 일을 복잡하게 만들고, 시간과 에너지를 빼앗은 것뿐이다. 그렇지 않았던들 우리는 더 위대한 업적을 달성했으리라.[*]

하지만 의학 문제가 대체로 의사들 머릿속에만 존재했다면, 기술적 문제는 모두를 괴롭혔다. 당연히 우주인도 예외가 아니었다. 달 궤도에서 랑데부와 도킹에 성공하려면 연료가 얼마나 필요할까? 지구 궤도에서도 시도해본 적이 없는 문제였다. 연료 절반을 지구에서 운반해가야 하나? 아니면 두 배? 달에 가는 길에 계속 햇볕이 비추면 우주선 내부 기온은 어떻게 될까? 햇볕이 비추는 쪽은 뜨겁게 타고 어두운 쪽은 꽁꽁 얼 텐데? 연약한 인간이 생활하도록 내부 균형 상태

---

[*] 하지만 지상의 환자들에게 기대 밖의 도움도 많았다. 우주 의료장비와 탐지기술이 발전한 덕이다. 때문에 시간과 돈이 완전히 날아갔다고는 볼 수 없다.

를 어떻게 유지할 것인가? 전자장치들은 영상, 영하 100도까지 견딘다지만 인간의 신체는 기온과 압력에 지극히 약할 수밖에 없다. 한계를 극복할 수 있을까? 그렇다면 습도는? 아주 차가운 장비라면 습한 여름날 냉차 주전자처럼 이슬방울이 맺힐 것이다. 그 습기 때문에 전자장비들이 가벼운 장애를 일으킨다면?

　그리고 우주선 항해시 유도체계는 어떻게 되지? 사흘을 날아서 달이 있는 바로 그 자리까지 정확히 길을 찾아갈 수 있을까? 지구로 돌아오는 길은? 허용오차는 극단적으로 작다. 지구귀환 시 대기의 '재진입통로'라든가 '생존가능 존'이나 너비가 기껏 60킬로미터에 불과하다. 37만 킬로미터 거리에서 60킬로미터를 맞추기란 6미터 거리에서 면도날을 던져 머리카락을 가르는 것과 같다. 면도날로 머리카락 정중앙을 겨냥하려면 무엇보다 강력한 지상추적 레이더와 대형 컴퓨터의 협조가 선행되어야 한다. 가령 우주선과 지구의 연락이 끊긴다고 가정해보자. 그래서 관제센터의 조종 지시를 받을 수 없다면? 우주인들이 이 미묘하고 치명적인 임무를 온전히 떠맡을 수 있을까? 그렇게 하려면 일정한 별과 달, 지구의 지평선 각도를 측정해야 하는데 그걸 어떻게 정확히 해내지? 가설을 만들고 장비도 설계 중이지만… 시스템 자체에 오류가 들어있다면? 육분의 설계가 너무 조야해서 정확성을 책임질 수 없다면? 기계는 지상(1G)에서 만들지만 활동은 우주(0G)에서 한다. 그 차이 때문에 미미하게나마 계산이 왜곡된다면? 대기권 위에서 볼 때 지구 지평선이 선명하게 윤곽이 나타날까? 그러면 무엇을 봐야 하지? 지구 영역? 대기권 영역? 아니면 그 사이 어떤 선? 태양 빛의 각도에 따라 흔들리거나 움직이거나 변할 가능성도 있다. 예상도 못하는 수백 가지 변수가 방정식에 슬며시 끼어들 수도 있다.

계산이 완벽하다 해도 마찬가지다. 케이프케네디의 기술자 하나가 넋 놓고 있다가 지구 직경을 우주선 컴퓨터에 잘못 입력한다면? 아니, 그런 수치와 절차가 너무 까다롭고 복잡해, 우주비행사들이 실수를 저지를 가능성이 더 크겠다. 우주선 내의 개별 시스템은 그 자체로 걸작이다. 하지만 시스템 모두를 연결하기 위해 승무원들이 하루 스물여섯 시간을 감시해야 한다면? 만약에… 만약에… 만약에.

의문만 너무 많고 해답은 하나도 안 내놓고 있는 것 같겠지만, 난 그저 1964년 MSC의 분위기를 전하고 싶을 뿐이다. 달에 날아가라는 지령만 있고 뚜렷한 해결책은 눈을 씻고 봐도 없던 시절이었다. 기본적으로 질문을 제시하고, 대답이 필요하면 질문을 다듬고, 그 대답을 지상의 실험실에서 답할지, 아니면 우주인들의 비행 시뮬레이션에서 답할지를 결정해야 하는 단계였다. 비행시험 데이터로 답할 수도 있으나, 그러려면 제미니 시리즈나 초기 아폴로 비행테스트까지 포함해야 할 것이다.

얼마나 비행을 해야 해답이 나올지는 몰라도, 우리 테스트파일럿들이 어느 정도 사고방식을 바꿔야 한다는 것만은 분명했다. 실험이라면 우리는 보수적이고 단계적인 접근방식에 익숙했다. 어떤 시험비행에서도 미지수를 최소화하기 위해 최선을 다했다. 예를 들어 '속도'를 보자. 현대 비행기를 달래가며 최대속도까지 끌어올리려면 수십 번의 시험비행이 필요하다. 매 비행마다 지상에서 광범위하게 비행데이터를 분석하여 그 속도로 진행해도 괜찮은지 확인도 해야 한다. 단계에 오를 때마다 꼼꼼하게 각각의 데이터를 조사한다는 뜻이다. 그런 식의 사치는 비행기에서 로켓으로 바뀌는 순간 곧바로 박탈당했다. 예를 들어 테스트파일럿이 제정신이라면, 새 비행기로 첫 비행에 나서면서 음속보다 빠르게 날지 않을 것이다. 공기역학은 음속장벽 안팎에서 완전히 다르게 작동하기 때문이다. 마하 1 안팎의 고도로 민감한 영역이라면 비행기의 비행 특성도 호되게 시험해야 한다. 하지만 타이탄 2호 로켓에 탑재한 우주선 제미니를 보자. 타이탄이 떠야 제미니도 뜬다! 궤도까지 내내 음속을 관통하며 A단계에서 Z단계까지! 중간에 정거장도 없고 가는 동안 재설계는커녕 재고해볼 기회도 없다. 제미니-타이탄의 경우, 거스 그리섬과 존 영을 태우기 전에 두 차례 무인 시험비행을 거쳤다. 새턴 V호가 겨우 두 차례 무인비행을 한 다음에 보먼-러벨-앤더스가 아폴로 8호에 올랐다. 물론 제미니와 타이탄을 짝짓기 전 공군에서도 무수히 시험비행을 했고, 나사는 초기 새턴들, I와 IB로 무인 시험비행을 수차례 거친 후에야 V호를 내보냈다. 새턴 V호는 완전히 새로운 괴물이었다. 세계 어느 비행물체보다 무겁고 강력했으며 불과 세 번의 비행 만에 인간을 달로 보낼 정도로 믿음직스럽기는 했다.

1968년 12월 21일, 나는 휴스턴 우주비행관제센터^{Mission Control Center}에 앉아 거대한 벽걸이 스크린을 뚫어져라 노려보았다. 점 하나(아폴로 8호)가 화면을 가로지르며 선을 그려내고 있었다. 아폴로 8호가 달까지 안전하게 가기 위한 이상적인 하늘길이라는 뜻이다. 내 임무는 간단했다. 점이 정해진 코스를 벗어날 경우 보먼에게 무선을 보내, 3단 로켓을 끄고 지구로 돌아오라고 지시하면 그만이다(물론, 그것도 가능할 때 얘기다). 안타깝게도 난 도박사는 아니었다. 1964년이라면 새턴 V의 세 번째 비행을 위해 그런 무모한 계획을 내놓지 않았으리라는 데에 보먼도 1년 치 봉급을 걸었을 것이다. 그 계획이 아폴로 사령선과 보조선의 두 번째 유인 비행에 불과하다는 사실을 덧붙인다면,

적어도 승률은 3 대 1은 되었을 것이다. 하지만 1964년이 우주인에게 기술적 불신의 해이자 과학자, 엔지니어, 비행설계자들에게 질문의 해였다면, 동시에 위대한 정신적 충일의 해이기도 했다. 우주 프로그램과 만난 지 오래 되지 못한 탓에, 그 기적과도 지속적, 직접적으로 접해보지 못했다. 1964년은 부르고뉴 와인의 최고 빈티지로 기록된 해이기도 했다. 와인이 어느 정도까지는 병속에 오래 있어야 더 고급이 되기에, 우리는 얼마든지 행복하게 기다릴 수 있었다. 몇 년 후 마실 때가 되면 정작 맛이 거칠거나 씁쓰레할 수도 있지만, 대개 풍미가 절정이라 기대 이상의 보상을 받는다. 1964년은 가능성만의 해이자 유인 우주비행이 없는 해이기는 했어도 그 동안에도 지식은 쌓이고 병입되어 미래를 기다리고 있었다.

현명하든 하지 않든 우리는 갈 길을 갔다. 나는 1964년을 포도 경작자의 마음으로 기억한다. "초기에는 타닌 맛이 나고 끝 맛이 거칠지만, 맛이 진하고 풍미가 강하며 농밀하므로 5년 정도면 위대한 와인으로 재탄생할 것이다."

4

황야의 14인

우리는 모두 무지하다. 다른 것들에 대해 정말로 무지하다.
윌 로저스

그런데 그렇게 다른 수많은 것들에 대해 쭉 무지하기만 할 것인가?
전대미문의 여행을 준비하려면 어디서 시작하고 무엇을 알고 어떻게
첫 발을 떼야 하지? 나사는 고맙게도 우리 14인방을 위해 애기 젖꼭
지를 마련해 주었다. 작은 강좌를 열어 항공학과 우주학의 간극을 메
우고, 후일의 기술적 충격에 대비하게 해준 것이다. 학교는 기본적으
로 거부감이 있지만 이번만큼은 오히려 신이 났다. 몇 가지 이유도 있
었다. 우선, 나사가 (잡다한 규정집 외에) 정말로 뭘 중시하는지 알고 싶
었다. 두 번째, 학교를 제안한 대행사는 얼마 전 머큐리 시리즈로 크
게 성공한 곳이었다. 당연히 유용한 과정이 될 것이며 난해한 이론가
보다 실용주의적 활동가들이 담당할 것이다. 끝으로 이번에야말로 마
지막 학교가 될 것이다. 당연히 그래야 한다. 나사 다음엔 도대체 또
뭐가 있겠는가? 이곳은 대법원이며 나는 젊은 변호사로서 당당히 변

121

론을 펼칠 기회를 얻었다. 사건이 달나라 여행과 관계가 있다면 더할 나위 없겠지.

240시간 강의는 대체로 주제가 뚜렷해보였다.

> 천문학 15시간
> 기체역학 8시간
> 로켓추진 12시간
> 통신 8시간
> 의학 12시간
> 기상학 5시간
> 초고층 대기물리학 12시간
> 유도와 조종 34시간
> 비행역학* 40시간
> 디지털컴퓨터 36시간
> 지질학 58시간

컴퓨터 강조는 다소 지나치다는 생각을 했지만 그때만 해도 제미니와 아폴로 우주선을 전적으로 컴퓨터를 쓰는 우주인이 조종하게 되리라는 사실을 깨닫지 못했다. 어쨌든 교과과목은 적절해 보였다. 아니, 마지막 과목이 조금 뜬금없기는 했다. 지질학 58시간? 물론 적어도 두어 명은 달에 날아가고 그곳에 도착하면 탐광자 노릇도 해야 한다. 게다가 지질학 58시간은 훈련시리즈 I로 기획되었다. 그렇다면 훈련시리즈 II, III, IV, V도 있다는 얘기가 아닌가! 지질학은 또한 우리

---

* 황급히 덧붙이자면 비행역학은 오기다. 그 수업은 비행 장비나 장비 수리가 아니라 위성 궤도를 포함해 여타 궤적의 수학과 물리학을 다룬다.

14인뿐 아니라 우주인 모두가 들어야 한다는 점에서 다른 과목과 달랐다. 덕분에 처음으로 선배 파트너들을 알현할 기회도 얻었다. 엘링턴 공군기지 비행선에 세운 제2차 세계대전 '임시' 프레임 건물, 우리는 일주일에 두어 번 그곳에 모여 나사와 지질조사 과학자 연합팀 회원들한테 전문교육을 받고 실험실 작업을 했다.

실로 기이한 광경이었다. 암석 견본상자가 책상마다 있고 견본마다 깔끔하게 숫자를 기입했다. 우주인들한테는 상자를 뒤져 숫자로 (무기물 함량이 아니라) 제일 좋아하는 암석을 고르고 인사하는 기회가 주어졌다. 예전에도 그런 얘기가 있었다. 각 농담마다 번호를 붙여놓고는 농담이 아니라 번호를 부르면서 깔깔대고 웃어대는 죄수들 얘기. 몇 년 후 데이비드가 아폴로 15호에서 그 유명한 '창세기 암석'을 발견하고서는 기껏 한 얘기가 "넘버 408"이었다. 그래도 우린 모두 이해했다.

하지만 1964년엔 숫자와 묘사가 쉽지 않았다. 어휘를 모두 새로 배워야 했고 암석을 보는 방식도 완전히 달랐다. "회색, 울퉁불퉁"이 아니라 이제는 반자형半自形, 입상粒狀, 반암斑岩으로 통했다. "부드럽고 잘 부서진다고?" 미안하지만, 땡이올시다. 모스경도계*로 측정해서 얼마나 부드러운지 파악한 후 외워야 한다. 심지어 현미경까지 꺼내 수정의 구조를 연구하고 낡은 화학책을 펼쳐 원소와 원자가도 확인했다. H_2O가 물이고 달에 없다는 사실은 다들 알지만, 동네 과학기구상을 찾아가면 터키석은 실제로 $CuAL_6(OH)8(PO_4)4·4H_2O$라고 알려

---

* 잊을까봐 덧붙이자면, 모스경도계 1에서 10은 가장 부드러운 광물에서 가장 단단한 광물까지 이어진다. 1. 활석, 2. 석고, 3. 방해석, 4. 형석, 5. 인회석, 6. 정장석, 7. 석영, 8. 황옥, 9. 강옥, 10. 금강석.

줄 것이다. $(Fe^{2+}, Mg)Ti_2O_5$를 1969년 '고요의 바다' 기지에서 만나게 될지 누가 알았겠는가. 이 신 광물은 후에 '아말콜라이트'armalcolite라고 불리는데, 바로 암스트롱, 올드린, 콜린스의 첫 글자를 따다 붙인 이름 이다. 1964년 엘링턴의 강의실에서는 이 이상한 지질학 수업이 정확 히 어떻게 쓰일지 아무도 알지 못했다. 가장 위대한 모험, 세기의 여 행의 열쇠가 이 번호의 암석더미 어딘가에 놓여 있을까? 최초의 달 탐사 우주인이 지구 암석견본들을 가장 잘 알아맞혀야 하는 걸까? 어 쩌면 철자 대회처럼 우리 모두 일어났다가 오답을 하는 순서대로 자 리에 앉아야 할지도 모르겠다. 그리하여 마지막 남은 사람 즉 암석 챔 피언이 달에 최초로 상륙하는 인간이 되리라. 개소리!

불평은 머큐리 베테랑들한테서 시작해 곧바로 9인방이 이어받았 다. 저 지질학자들은 달에 갈 때 정말로 현미경을 지참해야 한다고 생 각하는 걸까? 현장에서 바위를 긁어 경도를 확인하라고? 어차피 지 구에 돌아와 분석할 텐데 암석 화학구조가 무슨 상관이람? 사실 진짜 걱정은 거기에 있었다. 달나라 보석을 훔쳐 귀환하는 일! 이따위 이론 적 재즈는 개나 주라지. 어차피 착륙선 주변에서 보이는 대로 쓸어 담 아야 한다. 서로 달라 보이기만 하면 뭐든 주워서 착륙선에 넣고 바이 바이 하면 그뿐 아닌가. 우주비행사가 달착륙선을 내버려둔 채 지프 비슷한 차를 타고 3~4킬로미터 정도 드라이브하면 어떻겠느냐고 제 안했다면 슬레이턴은 그 자를 위아래로 훑으며 "이런 미친 놈" 하며 면박을 주었을 것이다.

우리 14인방 햇병아리들은 말하기보다 듣기를 잘했으나 서로에게 익숙해지자 다양한 관점이 드러나기 시작했다. 나 자신이야말로 특 히 근시안인지라 생각도 최초의 달 착륙에서 멈춰 섰다. 아무래도 수십 차례의 예비 비행이 필요한 문제였다. 최초의 달 착륙은 성공의 신호탄이이자 프로그램의 종결이 될 거라 생각했다. 월면 작업차에 과학 장비를 잔뜩 때려 싣고 장기간 횡단하는 식이 될 이후의 달 탐사는 떠오르지도 않았다. 한편으로는, 지금도 생각이 다르지 않지만, 언젠가 달에 기지를 세우고 인류가 화성으로 날아갈 거라는 생각만 들었다. 하지만 그 과정이 아폴로 프로젝트에 포함되지는 않을 것이다. 케네디 대통령의 말대로, 아폴로는 "인간을 달에 착륙시키고 다시 안전하게 지구로 귀환시키면" 그만이다. 우리는 케네디 부탁대로 두 번을 계획하기보다는 한 번에 두 사람을 달에 착륙시키면 되는 것 아닌가? 아폴로는 내게 그런 의미였고 그것만으로도 어려운 사명이 되리라. 이런 생각도 했다. 우리 14인방이 기회가 좋아 한두 번 비행이야 해보겠지만 실제 달 착륙 승무원은 가장 영리하고 노련한 세 명으로 이루어질 것이며 당연히 7인방과 9인방에서 선발될 것이다. 월트 커닝햄이 과학자인 자신이 최초의 인류가 되어야 한다고 주장할 때도 개의치 않았다. 의외의 발견을 하는 능력이 있으니 달 표면에 오르면 우리 비과학적 인간들이 놓칠 것도 충분히 잡아낼 수도 있으리라. 나로 말하자면 어떤 우주선을 착륙시킬지 결정하기 훨씬 전에 승무원을 선발하는지도 모르고 있었다. 암스트롱, 콜린스, 올드린이 뽑힌 게 최고의 3인이어서가 아니라, 제미니인지 아폴로인지를 결정하는 문제와 심지어 건강 문제까지 걸린 복잡한 우연 때문이라는 사실도 전혀 알지 못했다.

그 사이 14인방은 효용성을 의심하면서도 열심히 지질학 수업을 마쳤다. 어찌 됐든 우리는 정식 학생이며 지질학은 여러 과목 중 하나일 뿐이다. 우리는 과목 모두를 잘해내야 했다. 결산일이 오면 훌륭한 학생이 그렇지 못한 학생보다 먼저 비행하게 될 것이기 때문이었다. 게임의 이름은 하늘에 올라 경험을 좀 더 쌓는 것이다. 그래야 달 착륙 기회가 더 많지 않겠는가. 다만 대다수 과목이 지질학만큼이나 뜬금없는 것 같기는 했다. 진부한 수업에 대한 내 감상을 이렇게 써놓았다.

> 이 수업은 (a) 더 좋은 컴퓨터를 제조하거나, (b) 현재 컴퓨터를 수리하거나 부품을 교체하고 싶은 이를 위해서 고안된 것이다. 컴퓨터를 활용하고 고장을 감지하는 방법이 필요한 파일럿을 위한 수업이 아닌 것같다. 이 의견은 우주비행사 아카데미 전반에 대한 것이기도 하다. 수선공이나 배선공이 아닌 파일럿의 관점으로 우리를 봐주기 바란다.
>
> 1964년 7월 17일

좋은 점을 말하자면, 수업이 점수제가 아닌 가벼운 토론 과정으로 진행된 터라 학생들이 서로 잘 아는 계기가 되었다. 덕분에 엘링턴, 여기저기 흩어진 나사 건물과 새 유인우주선센터를 돌아볼 기회도 얻었다. 센터는 엘링턴 남부 몇 킬로미터 거리에서 공사를 마무리 중이었다. 사람들, 장비와 친해지면서 마음도 좀 더 편해졌다. 심지어 노땅들처럼 나사 직원들의 전문 용어까지 자유자재로 구사할 수 있었다.

나사에서 쓰이는 전문용어도 공군이나 미 국무부 사람들이 쓰는 그것과 크게 다르지 않았다. 나름대로 쓸모가 있긴 하나 그 어느 것도 영어를 대체하기에는 바람직하지 않아 보였다. 예를 들어 "존스와 스미스는 사이가 나쁘다"를 번역해보자. (1) 공군어: "존스와 스미스 간, 잠재적 신의의 효율적 활용이 조화롭게 운용되지 않는 것으로 사료된다." (2) 나사어: "존스와 스미스 간의 상호작용이 기준을 이탈했다."

(3) 국무부어: "무슈 존스와 스미스의 상호 접촉상태가 쌍방 관계 설정에 역효과를 초래한다. 쌍방은 상대를 '혐오인물'로 여기고 있다." 장광설을 늘어놓지 않는다는 점에서 나사어는 확실히 다르다. 게다가 금기어도 몇 개 있어서 그 말을 사용하면 눈치 없는 아웃사이더로 찍히고 만다. 예를 들어 전문 파일럿은 '조이스틱'(조종간), '테일스핀'(나선식 급강하) 같은 용어에 학을 떼고 '캡슐'에는 움찔하고 만다. 캡슐은 삼키는 것이니까! 나사 책임자 짐 플레처 같은 인물이 그 단어를 사용한다면 정말 견디기 힘들 거다. 그밖에 알아야 할 사항이 있다면 단위를 제대로 사용해야 한다. 우주선 속도는 시속이 아니라 초속으로 측정한다. 2주속*도 있는데, 이 속도 역시 초속만큼이나 합리적 기준으로 보인다. 외국문화를 공부하려면 언어를 알아야 한다. 우주비행의 언어는 그 언어가 지향하는 대상만큼이나 복잡하고 정교하다. 그 바람에 비행시간만 되면 나사 공보담당관들은 겁을 집어먹는다. '캡슐'에서 쏟아져 들어오는 "델타 브이, 고우 투 푸" 같은 말들을 대중이 이해하도록 번역해야 하기 때문이다. 우주비행사들의 대화를 이해한다면 대중들의 지지도 높아졌을지 모르겠다. 아니면 그 반대로 어느 정도 신비감이 바람직할 수도 있겠다.

우리는 전문어와 우주비행 기본 원리를 배우고 마침내 둥지를 벗어나 나사의 대표이자 진짜 우주비행사로 현실세계로 진출했다. 총천연색 나사 문양 옆에 이름과 직위(소령, 미 공군, 나사 우주비행사)를 나란히 새긴 명함도 주문할 수 있었지만 난 이 영예를 거절했다. 나사

---

* furlongs per fortnight(FPF): 2주간 이동거리를 펄롱 곧 1/8마일 단위로 잰 속도.―옮긴이

우주인이 되었다는 사실을 감추고 싶어서가 아니라, 이 작은 상징물을 책상이나 편지함에 떨어뜨리면 사람들이 웃을까봐 겁이 났기 때문이다. 아니, 명함을 받고 내 면전에서 웃을지도 몰랐다. 제미니 쓰레기통을 선물한 옛 친구들은 분명 박장대소를 했을 텐데, 사실 그런 사람들이 내 명함에 깊은 인상을 받을 사람보다 내게는 더 소중했다. 휴스턴의 공식강의는 거의 끝이 났다(간간이 지질학 수업은 있었다). 알 셰퍼드는 우리에게 1부터 13까지 동료들의 성적을 매겨 제출하게 했다. 당연히 우주비행에 동승하고 싶은 동료가 최고 점수를 받을 것이다. 나는 고민 끝에 데이브 스코트를 1등으로 고른 뒤 나머지 순위와 수업평가서를 알에게 제출했다. 그리고 "기본 얼치기 훈련"을 훌륭히 이수했다는 모형 졸업장과 함께 "보모 없이 마을을 떠나도 좋다"는 부상도 받았다.

우리는 마을을 떠났다. 혼자 떠나기도 했고, 떼 지어 떠나기도 했다. 소득세 기록을 보면 1964년 휴스턴을 스물일곱 번이나 떠났는데 대부분 2~3일씩 일정이 이어졌다. 그중 여섯 번은 지질학 현장답사였고 나머지도 이런저런 임무 때문이었는데, 임무 얘기는 나중에 다시 할 생각이다. 첫 지질학 답사는 그랜드캐니언으로 아주 흥미로운 곳이었다. 첫 답사이기도 했지만 자연의 아름다움과 웅장함에 혀를 내두를 정도였다. 물론 현장답사로 강의실 지식을 강화하자는 취지였다. 책상에서 300그램짜리 801번 돌조각만 보다가 수 킬로미터씩 뻗어나간 암반을 보는 것은 차원이 달랐다. 801번은 캄브리아기 바위에 데본기 암석층이 쌓이고 훨씬 후(불과 2억 년 전) 페름기 석회암으로 덮인 암석층이다. 콜로라도 강이 애리조나 사막을 깊이 파 들어가면서 10여 개의 서로 다른 암석층이 드러났다. 수면 아래 2킬로미터 깊이에서 하루 100만 톤의 퇴적물을 실어간 것이다. 그 유명한 카이밥 트레일을 따라 남쪽 수면으로 내려가면서, 우리는 최근의 석회암과 사암에서 그보다 오랜 혈암을 거쳐 마침내 가장 바닥의 최고령 암석인 비슈누편암까지 각 암석층을 실험하고 기록했다(이를테면 '반자형 입상' 식으로). 비슈누편암은 무려 20억년을 그 아래 깔려 고문을 받고 구워졌다. 답사에 문제가 있다면 우리가 살펴본 바위 모두가 편암(변성암)과 외로운 화강암 노두(화성암) 몇몇을 제외하고는 전부 퇴적암이라는 데 있었다. 그로 인해 대부분이 식물화석은 물론 상어 이빨 같은 동물 흔적이 들어있었다. 1964년이니 달에 어떤 암석이 있는지 알지 못했지만, 그래도 그곳에서 퇴적암, 그것도 동식물군의 흔적이 있는 월석을 만날 가능성은 없었다. 화석 몇 개를 달에 가져가 월석 견본과 섞어 놓자는 농담도 있었으나, 사실 달에서 화석 한두 종을 발견했다고 연락해온 우주비행사는 하나도 없었다. 관제센터의 지질학자들을 놀려먹으면 재미있겠건만.

그랜드캐니언 탐사는 즐거웠다. 앞으로도 화산, 충돌화구, 화산회류 등 달 비슷한 장소들을 답사한다는 얘기도 들었다. 우리는 느긋하게 망치로 바위를 쪼고, 장엄한 풍경을 즐겼으며, 전혀 다른 세상의 모습에 탄성을 질렀다. 예를 들어 수면 위는 나무들이 거의 모두 짜리몽땅한 소나무였지만 암벽 아래로는 남부 캐나다 특유의 장엄한 미송이 자랐다. 높은 고도와 시원한 그늘이 어울려 이 기이한 식물이 좁은 계곡에서 성장하도록 환경이 제공해준 것이다. 아래로 더 내려가면 식물은 캐나다에서 멕시코로 바뀐다. 가장 아래는 진짜 소노라 사막지대라 도마뱀과 유카나무들까지 등장한다. 그 사이에 우리는 놀랍게 온대지역을 만났으며 산양 무리까지 목격했다. 고백하건대 지질학 답사를 거치는 동안 내가 바위보다 동식물군에 관심이 있음을 알게 되었다. 로저 채피 같은 인물은 훌륭한 지질학자로 변신 중이었는데, 답사를 정말로 좋아하거나 아니면 그냥 머리가 좋기 때문이리라. 나는 답사의 핵심을 파악조차 하지 못했다. 그래서 암석의 노출부 따위의 지도를 그리는 일보다 유진 서넌과 돌팔매 시합에 더 열중했다.

협곡 답사가 하루 종일 걸린 탓에 우리는 계곡 바닥의 어느 매혹적인 여인숙에서 밤을 지새웠다. 다음날 아침에는 시간을 줄이기 위해 당나귀를 빌려 희망자들만 올라가기로 했다. 나도 당나귀를 타기로 했으나 어떻게 된 놈이 박차를 가하지 않으면 걷지를 않아 걸어서 올라가는 것만큼 고된 여행이 되고 말았다. 덕분에 내가 달을 향해 얼마만큼 와있는지 생각할 시간은 넉넉했다. 에드워즈의 음속제트기부터 시작해 당나귀에 박차를 가하며 그랜드캐니언을 벗어나는 데까지는 왔다. 제트기에 나름의 요령이 필요하다면 이 짐승도 마찬가지다. 아무래도 나는 운송체계를 어떻게 활용할지보다는 운송체계 자체에 빠져 있다는 생각이 들었다. 과학자 특히 지질학자가 될 생각은 없지만 그래도 운송수단 전문가는 가능하지 않을까? 과학자 한둘과 당나귀를 함께 탈 의향은 있다. 단, 과학자들이 박차를 가하고 조종은 내가 해야 한다.

그랜드캐니언 답사가 끝나고도 지질학적 관심이 가는 장소들을 마구 쳐들어갔다. 애리조나의 운석충돌구, 네바다, 머큐리의 핵폭발로 사막에 만들어진 구멍 같은 곳은 정말 특별했다. 다른 곳은 그저 지질학수업 같거나(뉴멕시코 발레스 크레이터의 칼데라, 애리조나 선셋 크레이터의 분석구), 또는 물질유형 공부에 가까웠다(오리건 벤드 인근의 용암, 텍사스 마라톤 분지의 화산회류). 뉴멕시코, 필몬트 랜치 같은 곳에서는 지질학 구조를 도해화하는 데 더 관심이 많았다. 미 서부를 강조하는 데는 이유가 있었다. 초목이 적어 탐사가 용이한데다 달과 여러모로 닮았기 때문이다. 충돌인지 화산 폭발인지는 몰라도, 달 표면의 벌거벗은 마리아가 그러했고 수많은 분화구가 그랬다. 실용적인 이유라면 휴스턴과 가깝고 강사들한테도 익숙한 곳이라는 점을 들 수 있겠다. 그 후에도 우리는 멕시코, 알래스카, 아이슬란드 등 더 은밀한 곳들을 답사했지만 난 모두 따라가지 못했다. 제미니 승무원의 의무조항 때문인데 그 얘기는 나중에 다시 다루기로 하자.

지질학 답사는 그나마 느긋했다. 하지만 지질학에서 기술적 문제 해결, 홍보 활동 등으로 바뀌면서 답사 일정은 늘 부담스러웠다. 덕분에 밀린 일들도 허겁지겁 처리해야 했다. 만나는 지역민들마다 우리를 최대한 활용하려고 했는데, '우주비행사'라는 직함 때문인지 우리를 만물박사로 아는 사람도 적지 않았다. 우주인이 그렇다고 하면 정말로 그런 줄 아는 순박한 사람들. 반면에 교활한 인간들은 자신의 편협한 견해를 강화하는 데 우리를 이용하려 들었다.

하지만 '현실세계', 즉 장비설계와 임무기획 세계에 끌려 들어가기 전에 기초교육의 일환으로 몇 가지 훈련과정이 다시 끼어들었다. 이른바 생존훈련, 곧 우주선이 갑자기 무인도에 떨어질 경우 어떻게 할지 가르치겠다는 얘기다. 가상 지형을 보니(케이프케네디에서 동쪽으로 북위 28도로 이륙하면) 제미니의 경우는 다행히 적도를 가로지르며 앞뒤로 사인곡선을 그릴 것 같았다. 아폴로는 달의 궤도가 지구의 적도면 밖으로 5도 밖에 안 되기 때문에 회수 지역도 적도 근처여야 했다. (이 사실을 아는 이유는 비행역학 시간에 졸지 않았기 때문이다.) 요컨대 혹한지역은 걱정할 필요 없다는 얘기다. 우리가 대비해야 할 지역은 정글, 사막, 바다뿐이었다. 해상 불시착의 경우에는 가만히 있는 수밖에 없다. 물을 최대한 아껴 마시고 날씨가 좋기만 기다리는 것이다. 해가 뜨면 태양증류기를 사용할 수 있다. 태양증류기는 간단한 비닐가방 같은 장비로서 태양에너지를 이용해 바닷물을 증발해 식수를 만든다. 하지만 정글과 사막의 경우 상황은 훨씬 복잡해진다. 위험요인도 크겠지만 정보만 있다면 탈출기회도 또한 많아진다.

그래서 우리 14인방과 '보모' 피트 콘래드는 파나마에 있는 공군 적도생존학교에 가서 며칠 강의실 수업을 받고 또 며칠은 생존 실습을 했다. 강의실 수업은 매우 구체적이었다. 우리가 할 일과 하지 말아야 할 일을 토론하는 동안 도회지 분위기의 강사는 꼼짝도 하지 않고 경청했다. 교재는 공군 교본 64-5 '생존' 장으로 잠자기 전에 읽기에 딱 맞았다. 나는 오늘날까지 이 작은 금광을 두 권이나 가지고 있다. 언제 어떤 일이 일어날지 누가 알겠는가?

교본을 열면 먼저 웃기는 메모부터 나온다. "걷거나 기거나 헤엄치거나 날아다니면, 그게 뭐든 먹거리가 될 수 있다." 그 다음은 다소 구체적이라 조금 비위가 상한다. "메뚜기, 유충, 나무 구멍의 딱정벌레 애벌레와 번데기, 개미 알, 흰개미는 식용이다." 우웩! 나는 사양하련다. 계속 읽어보자. "사람이 먹는 밀가루, 오트밀, 밥, 콩, 열매 속에도 벌레가 들어있다. 채소가게의 매일 먹는 채소에도 들어있다." 최근에 슈퍼마켓이 많이 한가하겠군.

입맛이 평범한 사람은 뭘 먹지? "주변 땅을 살피면 고슴도치, 산미치광이(호저), 천산갑, 들쥐, 멧돼지, 사슴, 들소가 있고, 나무에는 박쥐, 다람쥐, 쥐, 원숭이가 있다. 호랑이, 코뿔소, 코끼리 같이 위험한 짐승은 보이지도 않지만 보여도 건드리지 말자." 당근! 아무튼 난 싫다.

차라리 채식주의자가 되고 말지. 말 나온 김에 식물 쪽을 한 번 볼까? "타로토란은 50~100미터 정도 자라며, 황록색의 천남성류 꽃을 피운다. 심장형의 커다란 잎에 라임주스를 넣고 요리하면 먹을 수 있다. 날로 식용하면 입과 목이 붓기도 한다." 이런, 그러면 버섯을 먹어야 하나? "독버섯을 맛이나 악취로 구분할 수는 없다." 언젠가 일본식당에서 해초요리를 먹었는데, 그건 어떨까? "탄산칼륨 과다 함량이거나, 단단해서 식용이 불가능하다. 그밖에는 점액으로 뒤덮였다." 평소에 먹던 것들과 가까운 애들이 있지 않을까? "고구마 줄기는 식별이 용이하다. 나팔꽃 덩굴처럼 생겼다." 빌어먹을, 나팔꽃 덩굴은 또 어떻게 생겨먹은 거야? 그리하여 막 항복을 선언하려는데, 순간 한 줄기 희망의 빛이 보였다. "독초는 주로 적도 근처에 많지만 미국 내 비독초 대 독초 비율보다 많지는 않다." 죽이는군! 적어도 쓸 만한 정보가 여기 저기 흩어져 있기는 했다. "두꺼비는 식용금지." 그 정도면 얼마든지 동의할 수 있다.

아예 굶으면 어떨까? 한 번 가정해보자. 그냥 죽치고 앉아 구조대만 기다린다. 그런데… 어디 앉아 기다리지? "…건드리면 쏜다. 말벌한테 물려 본 적이 있는가? 다리가 많은 곤충은 무조건 피하는 게 상책이다." 나야 당연히 피하지만 그 놈들도 나를 피할까? "전갈은 진짜 무섭다. 무엇보다 옷, 침대, 신발 등에 숨기 때문이다." 전갈이 동료 전갈이나 뱀도 물까? 아니, 그 문제라면 걱정할 필요 없다. "독사는 의외로 많지 않다." 맙소사, 의외로라니! 도대체 이게 말이야 당나귀야? 뱀이 많지 않으면 뭐가 많다는 얘기지? "악어는… 아주 아주 위험하다. 그 수 또한 엄청나게 많다."

그러면 그렇지. 역시 도움이 필요하겠어. 그것도 최대한 빨리. "소리치거나 손뼉을 쳐서 주의를 끌어라. 원주민들에게 놀림감이 될까 두려워할 필요는 없다. 원주민을 즐겁게 해주려면 노래, 게임, 카드마술, 돈을 준비하도록 한다." 설마, 농담이겠지! "암염, 담배, 은화(지폐 아님)를 거래할 때는 신중해야 한다… 영어를 이해하지 못할 경우 손짓발짓을 동원하라. 원주민들은 평소에 수화로 대화를 하므로 익숙할 가능성이 크다. 용무를 간단하고 진술하게 설명하라." 당근, 그래야지. 망할, 당장 이 지옥에서 나가게 해줘! 수송기를 기다리는 동안 "원주민 여인들은 절대 건드리지 말고… 친절하게 대하라. 불안해하지 말고 끈기 있고 정직하게 대하라. 관대하되 방종하지 말고 겸손하라." 적당히 버티라는 소리로군. 만병통치약 적당적당. "배변이 어렵다고 걱정할 필요 없다. 며칠이면 저절로 치유될 일이다." 내 식단을 보면 도무지 가능할 것 같지는 않다.

하지만 상관없다. 두려움을 뒤로 하고 문명도 등지고 무조건 공군 교본 64-5를 믿으라. 말인즉슨 "대도시보다 정글에서 급사할 가능성이 낮을 수도 있다." 애매한 확신과 무딘 정글도로 무장한 채 씩씩하게 헬리콥터에서 저 신록의 밀림으로 뛰어내리면 그만이다. 다만 하나만 더 보자. 그저 확인하고 싶어서 그러는데, "해삼을 건드리면 내장을 토해낸다." 정말인가?

사흘간 여행을 위해 우리는 2인조씩 팀을 나누었다. 내 파트너는 빌 앤더스, 나중에 보니 정말 인물이었다. 두 가지 중요한 점에서 그랬다. 첫째, 야생인이다. 지독한 낚시광이라 죽이는 포인트를 찾아낼 때까지 걷고 또 걷는다. 노련한 캠퍼이기도 해서 도시인처럼 안락하게 지내려면 뭐가 필요한지 귀신처럼 알고 찾아냈다. 두 번째, 입맛이 엄청 까다롭다. 첫째 못지않게 중요한 얘기지만 이 얘기는 나중에 다시 하겠다.

　첫 번째 임무는 3~4킬로미터 정도 정글을 관통해 배정된 캠핑지에 도착하는 것이었다. 그날 처음으로 깨달은 사실이 있었다. 공군 교본 64-5의 가르침에 따라 아무리 땅을 살폈지만, "고슴도치, 산미치광이, 천산갑, 들쥐, 멧돼지…"는 고사하고, 움직이는 생물은 한 마리도 보지 못했다. 나무를 올려다봐도 "박쥐, 다람쥐, 쥐, 원숭이"는 없었다. 정글을 지나며 떠들고 손뼉을 쳐야 한다고 생각은 했으나 기껏 늙고 힘없는 짐승들만 몇 킬로미터 밖에서 어정댈 뿐이었다. 어쩌면 이 지역만 텅 비어 있을 수도 있지만… 그게 가능한가? 모르겠다. 아무튼 너무 조용했다. 뱃속이 비어갈수록 작고 통통한 동물을 현장에서 잡아 구워먹는 상상은 매혹적인 동시에 비현실적으로 되어 갔다. "앤더스, 도대체 뭘 먹으란 얘기야?" "설마, 벌써 배고파? 이제 막 들어왔는데."

　캠프에 도착해 소지품을 정리할 때쯤 밤이 떨어졌다. 새벽이 올 때까지 정글의 볼모가 된 것이다. 임시 해먹에 앉는데 실망감에 속이 부글부글 끓었다. 다시 달 문제를 생각해 보았다. 그랜드캐니언보다 파나마에서 달이 더 가깝게 보일까? 우리가 정말로 임무에 다가가고 있기는 한 걸까? 아니면 경험을 할 때마다 또 다른 문제가 나타나 배우고 훈련만 하다 마는 걸까? 달은 영원히 우리보다 한 발 앞서 있고? 제논의 유명한 역설에서도 그렇게 말했다. 저기 멀리서 거북이가 천천히 움직인다. 토끼가 달려가 따라잡는다. 하지만 처음 거북이가 있던 A 지점에 도달했을 때 거북이는 B 지점으로 이동하고, 토끼가 B에 도달하면 거북이는 이미 C에 가 있으리라. 따라서 그 과정을 아무리 반복한다 해도 거북이는 늘 토끼보다 앞서 있고 영원히 따라잡지 못한다. 거북이, 달, 심지어 저녁식사도 먼 나라 얘기 같기만 했다. 설상

가상으로 앤더스는 엄청난 떼의 모기를 끌어들여 내게도 넉넉하게 나눠주었다. 찰싹 때리고 긁고 싸우는데, 끔찍한 두통까지 겹쳐 끙끙거리다 어느새 발작적으로 잠에 빠져들었다. 배고프고 비참하고 모기에도 시달리는 짝퉁 철학자, 미래도 암울하기만 했다.

그나마 다음날은 맑고 밝았다. 우리는 서둘러 먹거리를 찾아 나섰다. 오전에는 작은 개울에서 피라미를 잡으려다 허탕치고 식용 식물도 찾아내지 못했다. 마침내 담당교수와 조교가 찾아오더니, 이 근방에서 먹을 만한 것은 야자나무, 그것도 특정한 야자나무밖에 없다며 낄낄거렸다. 알고 보니 야자순 샐러드에 들어가는 작고 하얀 원반은, 특정한 야자나무 줄기에 박힌 큼직한 원통형 화경의 일부였다. 우리 같은 초짜가 그걸 어떻게 알겠는가? 작은 정글도로 야자나무를 쓰러뜨리고 거친 섬유질을 벗겨내 부드럽고 만난 속을 찾아내야 하는데, 실제로는 식용 불가의 목질 펄프만 더 많았다. 솔직히 아무리 봐도 그 나무가 그 나무였다. 빌과 나는 부푼 가슴으로 후보를 선택했다. 물론 감이었다. 우리는 아마추어답게 미친 듯이 정글도를 휘둘러 나무를 쓰러뜨렸다. 하지만 몸통에는 개미떼가 바글대고 있었고 우리는 화경 부분이 색이 바래고 썩었다는 사실만 확인했다. 우리는 곧바로 두 번째 희생양을 선택했다. 이번에는 제대로 맞아서 두어 시간 후에는 전리품도 챙겼다. 길이 60센티 직경 15센티미터 정도의 속살, 이 정도면 둘이 이틀 동안 샐러드에 빠져 지낼 수 있으리라.

단백질 분야에선 운이 좋지 못했다. 그리고 이번에도 천사 강사들이 구조에 나서서 마침내 이구아나를 찾아낼 수 있었다! 우리는 2인조 팀을 모조리 소집해 기쁜 소식을 나누었다. 대원들도 신이 나서 불행한 사냥감 몇 놈한테 달려들었다. 이구아나들은 그 자리에서 멀뚱 멀뚱 우리를 바라볼 뿐이었다. 앞다리와 뒷다리를 묶은 탓에 달아날 수도 없었던 것이다. 우리도 곧 깨달았지만 이번 속박은 참으로 끔찍한 장난이었다. 대형 도마뱀들이 자신의 힘줄로 묶여 있었던 것이다. 수족에서 뽑아낸 힘줄은 끊어지지 않은 채라 짐승들이 펄쩍거릴 때마다 팽팽하게 늘어졌다. 심지어 노출된 힘줄을 노끈처럼 깔끔하게 매듭까지 만들었다. 동물보호협회 기준에 따르면 상상 이상으로 잔인했으나 적도 국가 대부분에서 용인된 수준이라고 했다. 말 못하는 짐승들은 이런 식으로 며칠간 고생하다가 도회지 시장에 팔려나가 도살될 것이다. 이구아나의 치킨맛 살은 별미에 속한다. 외모는 선사시대 공룡처럼 험악하게 생겼지만 실제로 느긋하고 무해한 친구들이다. 당연히 그에 맞게 대접해야 한다. 우리는 자비를 베풀기로 하고 그 자리에서 최대한 빨리 도살한 다음 고기는 팀들끼리 공평하게 분배했다.

빌과 나는 우리 몫을 들고 캠프에 돌아왔다. 몇 분 후 불이 피어올랐다. 우리는 깡통에 물을 끓여 맛난 이구아나 고기를 빠뜨렸다. 기억으로는 마지막으로 넣은 앞다리가 살려달라고 애원하듯 자꾸만 떠올랐다. 아무리 찔러 넣어도 소용이 없었다. 빌이 인상을 찡그리며 지켜보더니 배가 고프지 않으니 자기 몫까지 먹으라며 빠져나갔다. 대단한 파트너이자 대단한 친구가 아닌가! 배가 고프지 않다니! 나는 고맙다고 인사를 챙긴 뒤 불 옆에 안짱다리를 하고 앉아(모기는 계속 쫓아야 했다), 야자 속살을 우두둑 우두둑 씹고, 커다란 이구아나 고기를 아귀아귀 뜯어먹었다. 정글도 꽤나 괜찮은 곳이로군.

그 다음날 아침은 비가 내렸다. 그나마 정글의 마지막 날이라 다행이었다. 나뭇잎과 가지가 무성한 터라 옷이 젖어도 말리기가 어렵기 때문이다. 파나마 인디언들인 초코 인디언도 몇 명 만났다. 미리 조율

된 일이기는 했어도 추장 안토니오는 아주 인상적이었다. 마흔쯤 되는 제 나이보다 아주 어려 보였는데 체격이 놀랍도록 좋은데다 주름살도 하나 없었다. 기품이 있고 당당했으며 도무지 표정의 변화가 없었다. 심지어 우리가 달에 가려고 정글에서 훈련하고 있다고 해도 무덤덤하기만 했다. 거짓말이라고 생각했을 것이다. 몇 년 후 워싱턴 스미소니언에서 안토니오를 다시 만났다. 전시 홀에는 최초의 라이트 형제 비행기 바로 아래 아폴로 11호의 사령선이 있었다. 끈기 있게 아폴로 11호와 달 탐사에 대해 설명했지만 통역관한테 전해들은 얘기로는, 안토니오가 아폴로 11호에 별 관심이 없었단다. 내 얘기를 믿지 않아서가 아니라, 저 열 차폐물질로 덮인 흉측한 기계덩어리와 비행을 연관시켜 생각할 수가 없었기 때문이다. 달에 날아간다는 생각은 마음에 들어 했고 달에 대해서도 어느 정도는 알고 있었다. 지구의 위성이라는 등등. 정작 그가 관심을 보인 대상은 라이트 비행기였다. 그 기계는 그도 이해했다. 아래날개에 비스듬히 누운 마네킹, 한 쌍의 나무프로펠러를 돌리는 조잡한 엔진… 그에게 필요한 기술은 딱 그 정도였다.

안토니오를 다시 만나리라고는 꿈에도 생각 못한 채 나는 정글을 떠나 제미니 구명뗏목을 타고 느긋하게 강을 내려갔다. 잠시 후 보트가 등장하더니 우리를 쏜살같이 문명세계로 데려다주었다. 오는 도중 어딘가에서 수백 마리 양충^{恙蟲}에 감염되었는데 주로 허리 아래쪽이었다. 사정을 모르는 사람한테 놈들이 어떤지 설명하기가 난감하다. 사전에는 그저 "특정 진드기의 기생유충"이라고 적혀 있지만, 놈들이 작고 붉고 끔찍한 괴물이라는 사실은 말해주지 않았다. 놈들은 살갗을 파고 들어가 죽는데, 죽음의 터널이 불편한지 마구 뛰어다니거나 더 깊이 파고든다. 아니면 이상한 자극제를 분비하기도 한다. 요컨대 미친 듯이 가렵다는 얘기다. 친구들이야 언제든 치료법을 내놓는다. "스카치에 모래를 섞어서 문질러 봐. 그럼 놈들이 술에 취해 죽을 거야." 양충이든 나든 술에 취하면 더 간지러울 뿐이다. "얼음찜질을 해 보는 것은 어때?" 가장 흔한 조언(고문?)은 놈들을 질식사시킨다는 얘기였다. 심지어 투명한 매니큐어로 구멍을 모조리 발라 덮으라는 의사도 있었다. 왜 복숭아 색(내 피부색)이 아닌 투명한 색을 써야 하는지는 모르겠으나 효과가 없다는 것만은 장담할 수 있다. 약국에서 파는 이오딘 류의 양충 살충제도 마찬가지였다. 유일한 방법이라면, 이 작은 악동들이 죽거나 떠나기를 기다리며 열흘을 고생하는 것뿐이었다. 놈들이 떠난 후에도 분화구 같은 전쟁터는 남아 두고두고 주인을 괴롭혔다.

우리는 다시 문명세계로 돌아와 C. C. 윌리엄스의 총각파티로 파나마에서 마지막 밤을 보냈다. 최후의 멸종 흰두루미, 그 당시 최초이자 유일한 독신 우주인. 술집에 돌아올 수 있어 신이 났을 것이고, C. C.가 죽도록 좋아서 그랬을 수도 있다. 아니면 양충과 두뇌 사이의 신경도관을 죽이고 싶었는지도 모르겠다. 이유는 모르겠으나, 어쨌든 파티는 정말 죽여주었다. 찰리 바셋은 사회의 귀재이자 민주당 최고의 연설가 윌리엄 제닝스 브라이언의 현신이었다. 현란한 말솜씨로 예비신부의 미모, C. C.의 매력, 파나마 정글의 위용, 나사의 달 탐사 방식, 미국의 경제상황, 미래 세대의 도덕성 등을 늘어놓았다. 기억이 흐릿하기는 하지만, 여전히 목소리가 생생할 때 그를 끌어내 골방에 가둬놓아야 했다. 다음날 아침, 눈은 퀭하고 옷은 누더기가 된 채 나사의 소형 터보프롭 수송기에 타고 '본토'로 돌아왔다. 우리는 내내 포커를 치거나 꾸벅꾸벅 졸았다. 허벅지만 박박 긁어대는 놈도 있었다.

정글에 비하면 사막생존 훈련은 확실히 대실망이었다. 사막이 매력이 없어서가 아니다. 분명 매력은 있었다. 아마추어 구경꾼들한테는 황폐한 얼굴만 보여주었으나 그곳엔 생명이 가득하다. 문제는 생존자의 선택이 지극히 단순하다는 데 있었다. 물을 확보하라. 물이 생사를 결정한다. 어떤 계획을 세우고 어떤 결정을 내려도 그 단순한 현실을 이겨내지 못한다. 인간의 몸은 매일 최소한의 물을 마셔야 하고, 그렇지 않을 경우 기능을 상실한다. 심지어 아래와 같이 도표화할 수도 있다.

상황에 따른 사막에서의 예상 생존일

그늘에서의 최고기온 ℉(℃)	1인당 이용가능한 수분(단위 U.S. quart = 0.94ℓ)					
	0	1	2	4	10	20
걷지 않을 경우 120 (49)	2	2	2	2.5	3	4.5
110 (43)	3	3	3.5	4	5	7
100 (38)	5	5.5	6	7	9.5	13.5
90 (32)	7	8	9	10.5	15	23
80 (27)	9	10	11	13	19	29
70 (21)	10	11	12	14	20.5	32
60 (15)	10	11	12	14	21	32
50 (10)	10	11	12	14.5	21	32
야간행군 후 휴식할 경우 120 (49)	1	2	2	2.5	3	
110 (43)	2	2	2.5	3	3.5	
100 (38)	3	3.5	3.5	4.5	5.5	
90 (32)	5	5.5	5.5	6.5	8	
80 (27)	7	7.5	8	9.5	11.5	
70 (21)	7.5	8	9	10.5	13.5	
60 (15)	8	8.5	9	11	14	
50 (10)	8	8.5	9	11	14	

섭씨 38도 사막에서 물 없이 가만히 있으면 5일, 움직이기 시작하면 3일을 버틴다. 수치를 개선할 방법은 없다. 밤이 아니라 낮에 걸으면 상황은 더 악화된다. 도표에서 보듯 물은 많을수록 좋으나 그렇다 해도 생리학을 벗어나지는 못한다. 통념과 달리 물의 배급량이나 훈련은 아무 도움이 되지 않는다. 실제로 수통에 물이 가득한데 사막에서 죽은 사람들도 적지 않다.

그리하여 타는 듯 더운 8월의 어느 아침에 리노 인근 네바다 사막에 던져졌을 때, 우리 임무는 기껏 체액을 유지하고 도움이 필요할 경우 어떻게 신호를 보낼 것이냐를 배우는 정도였다. 강의실 수업이 끝난 후 바셋과 함께 며칠간의 실습에 들어갔다. 우선, 옷부터 만들어야 했다. 땀 발산을 억제하는 데 중요했기 때문이다. 버뮤다 반바지와 티셔츠 차림의 아랍인을 본 적이 있는가? 두건 달린 외투와 너풀거리는 겉옷은 수수한 동시에 기능적이다. 공군이 추락하면 당연히 낙하산이 있고 나일론으로 기막힌 텐트, 침낭, 옷 등을 만들 수 있다. 찰리와 나는 낙하산 천을 찢어 그럴싸한 옷을 만든 다음 은신처를 찾거나 만들기로 했으나 쓸 만한 곳이 보이지 않았다. 결국 언덕 기슭에 최대한 햇볕을 피할 수 있는 곳을 골라 굴을 파기로 했다. 요령이라면, 가급적 땅 위에 떠 있어야 한다. 지표보다 30센티미터 높으면 기온은 지표보다 15도 정도 내려간다. 은신처나 텐트의 양 옆을 개방해 공기가 잘 통하게 할 필요도 있다. 그 일이 끝나면 긴장을 풀고 에너지와 체액을 유지하며, 생존용 무전기와 신호용 거울을 만지작거리며 시간을 때우면 된다. 동작은 느릴수록 좋기에 찰리와 나는 꼼짝없이 누워 잡담을 하거나 책을 읽으며 '구조'를 기다렸다. 그날 양지의 기온은 65도였으나 은신처는 아주 편안했다. 그 다음엔 차를 타고 리노에 달려가, 엄청난 돈을 주고 갖가지 종류의 술을 사서 기록적인 갈증을 달랬다. 술집주인은 무뚝뚝한 촌놈이었는데, 탈수 증상의 사막쥐 두 마리보다 다트나 주사위놀이에 관심이 많아 보였다.

다행히도 정글이든 사막이든 생존훈련이 필요한 곳에 우주선이 추락한 적은 없다. 닐 암스트롱과 데이브 스코트의 제미니 8호가 대서양이 아니라 태평양에 비상착륙했으나 구축함이 구해주었다. 그것도 우발적 사고에 대비해 정박 중이던 배였다. 스코트 카펜터의 오로라 7호는 착륙지를 400킬로미터나 벗어났으나 헬리콥터가 재빨리 구조했다. 승무원들이 물에 떠있던 시간은 3시간이 채 되지 않았다. 그 많고 많은 훈련과 정보를 실제로 써먹은 경우는 없었으나 그렇다 해도 다양한 변수를 가정하고 충실하게 대비할 필요는 있었다. 내가 보기에, 나사가 제미니와 아폴로 시리즈를 운용하는 힘이 바로 여기에 있다. 무수한 능력자 그룹이 기계 도해를 들고 회의실에 모여 몇 년 동안 이렇게 자문한다. "그럼 어떻게 하지?" 물론 해답이 그저 '막막한' 경우도 있었다. 해결책이나 대안이 없을 수도 있으나 그런 경우는 극히 드물었다. 시스템은 겹겹이 안전망을 갖추고, 검토 결과 취약점이 드러나면 지체 없이 재설계에 돌입했다. 그러나 이렇게 신중에 신중을 기해도 관리자(또는 승무원)는 걱정을 멈추지 않고 여전히 "그럼 어떻게 하지?" 하고 자문하며, 가능한 조치를 끌어내고 최선을 선택한다. 바로 이 조용하고 여유로운 회의실에서의 일이다. 그렇게 하지 않으면, 나중에 "에, 휴스턴, 문제가 생겼습니다!"라고 잔뜩 겁먹은 무선 보고를 듣게 될 것이다. 보고가 들어오면 관제센터는 참고기록물들을 뒤져볼 수 있다. 훈련 기록, 모의조종 기록, 예전 비행데이터의 개요 등 두꺼운 서적들을 쌓아놓은 것으로, 발생 가능성이 있다고 생각되는 오류와 고장 하나하나에 대해 대응 방안을 자세히 기록해두었다.

유인 우주비행 중 가장 유명한 고장은 아폴로 13호의 산소탱크 파열이다. 이 고장도 최선과 최악의 시스템 모두의 실례가 되었다. 기계선service module, SM의 산소공급탱크 누출 가능성은 몇 년 전부터 거론되었으나 치명적이지 않다고 여겼다. 똑같은 탱크가 하나 더 있고 둘은 동량으로 비워지기에 언제나 약간의 산소는 남아있다. 서두를 경우 얼마든지 지구와 달을 왕복할 정도다. 그저 밸브를 확인해 정상 탱크의 산소가 우주선 밖으로 새어나가지 않도록 하면 된다. 오케이, 여기까지는 좋다. 다만 아폴로 13호 탱크가 날아갔을 때 엄청난 파괴력에 다른 탱크 호스까지 찢긴 것이다. 설계자들이 미처 상상 못한 사고였지만, 애초에 탱크 두 개를 완전히 분리하지 못한 탓이었다. 즉 설계 잘못이었다. 러벨, 스위거트, 헤이스의 사령선에서 급격히 산소가 고갈되기 시작했다. 말인즉슨 발전을 하거나 마실 물을 만들지 못하고 숨도 쉴 수 없다는 뜻이었다. 그러면 세 사람의 운명은? 배관 설계 문제로 죽어야 한다고? 다행히 아폴로 13호는 달에 가던 중이었다. 아직 착륙선이 부착되어 있었고, 그곳의 산소, 물, 전기는 그대로였다. 그걸 사용할 수 있을까? 착륙선에게 이 전대미문의 역할을 맡길 수 있나? 그렇다. 이론적으로 가능할 뿐 아니라 이미 그 가능성을 타진해 기록해놓기도 했다. 책장에서 후다닥 해당 자료를 뽑아오고, 관제센터와 우주비행사들은 구명 절차에 돌입, 지구에 귀환했다. 산소공급 시스템은 다음 비행 이전에 재설계되었다. 참고기록물 거의 대부분을 수년간 손도 안 댔다는 이유로 낭비라고 비난할 수는 없다. 내가 보기엔 나사에서 가장 현명한 투자였다.

정글과 사막 훈련이 가치가 있었는지 여부도 논쟁의 여지가 있다. 그곳에서 배운 내용 덕분에 어떤 상황에서 생사가 갈렸다고 생각하기는 어렵기 때문이다. 하지만 개인적으로는 이 '안 하느니만 못한' 상황에서 상당한 만족감을 얻어낼 수 있었다. 양충에 시달리지 않으면 양충에서의 해방감을 즐길 수 없다. 온도를 제어하고 방수도 확실한 폐소공간에서 물과 식량 걱정 없이 살다보면 그저 몸 따습고 배부른 행복을 잊거나, 아니면 아예 모를 경우가 많다. 이 두 번의 야생에서 겪은 고생을 과장할 생각은 없으나, 이런 고생이 평생의 기억을 불쾌하게 만들 정도로 길게 가지 않는다는 정도는 이미 과거 공군생존훈련에서 배운 바 있었다. 예를 들어, 1955년 바이에른 알프스에서 5일 밤낮을 보낸 적이 있다. 낮에는 자고 매일 밤 울퉁불퉁한 길을 따라 15킬로미터 정도를 행군했다. 그 동안 남자 둘이 먹은 식량 목록은 다음과 같았다.

1. 주먹 크기의 쇠고기 한 덩어리. 육포용.
2. 작은 송어 두 마리. 훈제용.
3. 살아있는 토끼 한 마리. 줄에 묶어 놓았다. 분홍색 눈과 기다란 두 귀. 원하는 대로 요리할 수 있지만 결과는 묻지 말 것.
4. 커다란 양배추 한 통.
5. 커다란 비트 네댓 개.
6. 중간 크기의 감자 대여섯 개.

여행 후 오랫동안 식사할 때마다 고마운 행운을 감사하며 살았다. 사실 이런 식의 얘기도 사치다. 몇 년간 전쟁포로로 지내거나 평생 배불리 먹어본 적이 없는 사람들도 있지 않은가. 그저 어떤 교육프로그램이든 장점이 있다고 얘기하고 마무리하련다. 예를 들어 '아웃워드 바운드'Outward Bound 같은 프로그램은 삶이 따분한 아이와 덜 따분한 어른을 야생에 내보내, 제한된 자원과 혼자 힘으로 사는 새로운 차원의 생활을 소개한다. 도시에 돌아왔을 때 사회의 풍요에 고마워하게 만들기 위해서다.

우리 14인방은 휴스턴에 돌아와 황급히 '최신정보'를 챙겨야 했다. 그 때문에 공식적인 강의식 교육 외에도 비공식적으로 노땅들과 어울려야 했는데, 노땅 우주인뿐 아니라 엔지니어, 관리자, 비행 관제관들까지 망라했다. 그랜드캐니언, 정글, 사막에서 신나게 놀다오기는 했지만, 그런 놀이 없어도 달까지 얼마든지 날아갈 수 있다. 하지만 휴스턴의 기술력이 없다면 성공은 요원하다는 사실도 여전히 그대로다. 그걸 모를 만큼 바보가 아니기에 우리는 오랫동안(아내들이 짜증낼 정도로 오래) 정보를 흡수하려고 애를 썼다. 그래야 혼자 남았을 때 써먹을 수 있기 때문이다.

나사는 우주비행사들이 대중 앞에 서야 한다는 요구로 넘쳐났다. (지금은 어떨까?) 그래서 어떤 요구를 받아들이고 어떤 요구를 공손히 거절할지, 일종의 체계를 세워 결정해야 했다. 데케 슬레이턴이 그 문제를 이렇게 메모했다.

"…우주비행사가 상공회의소나 로터리 클럽 디너에 참석해달라는 지방의회 의원의 요청을 공식적으로 거절하고 제멋대로 포덩크센터 엘크스클럽에 나타난다면 난리가 날 수밖에 없다. 메시지는 분명하다. 우주비행사는 누구든 상사 허락 없이 연설 요청을 받아들이거나 대중 앞에 나설 수 없다. 의문이 있을 경우 아래로 연락 바람…" 요청이 들어오면, 워싱턴의 나사 본부로 넘어가고 그곳에서 공보관들이 정치적 영향, 사안의 무게, 관중의 위상 등에 따라 경중을 헤아린다. 이런 식의 요청들은 장소와 시간을 최대한 고려해, 우주비행사 한 명이 일주일 이내에 수행할 수 있도록 했다. 이 의무에는 "고난주간"이라는 애정 어린 제목도 붙었다. 이 천재적인 용어는 알 셰퍼드의 음담패설에서 나왔지만, 사람들이 물으면, 우리는 그저 고난도 물고기 사냥과 관계가 있다고만 대답했다. 어쨌거나 뜻은 비슷하다.

당연한 얘기지만, 사람들은 하나 같이 존 글렌 등 우주 경험이 있는 우주비행사를 원했다. 하지만 내가 들어갔을 때 미경험자는 스물넷이고 경험자는 여섯에 불과했기에, 기회는 한 번도 들어보지 못한 인물(마이크 누구라고?)에 돌아갈 공산이 컸다. 덕분에 마이크인지 누구인지는 한 번도 들어보지 못한 지역을 정신없이 돌아다녀야 했다. 아무리 봐도 러시아 시스템이 더 나았다. 그곳에서는 우주비행을 한 이후에야 우주비행사 취급을 하고, 풋내기들은 철저하게 베일에 가린 채 이름도 공개하지 않는다고 들었다. 나한테 훨씬 좋은 생각이 있다. 각 우주비행사의 대역을 뽑아놓고, 본인들은 열심히 비행훈련에 임할 수 있도록 내버려두는 것이다. 진짜 승무원이 원심회전기 안에서 빙글빙글 도는 동안, 홍보 대역은 사람들과 악수를 한다. 빠르고 또렷하고 화려하게 자필사인도 하고 크림치킨과 완두콩 요리를 하루 세 번 먹을 수도 있다. 무엇보다 저 위의 상황이 어떤지에 관한 연설을 암기하고 기자회견 내용도 완벽하게 숙지한다. 동부 대도시에 가면 "오늘 이곳에 불러주셔서 더할 나위 없이 영광입니다"라고 하고 중서부 촌동네에 가서는 "헤이, 여러분, 그 얘기가 뭔 얘기인고 하면 말입니다요…" 정도가 좋겠다. 비행기가 바다에 착륙하면 진짜 승무원은 휴가를 떠나고 대역이 즉시 행동에 돌입하는 것이다. 아니, 힘이 남아돈다면야 고난주간뿐 아니라 고난월간, 아니 고난십년도 좋겠지만 말이다.

아쉽게도 기발한 제안은 휴지통에 들어갔다. 그리하여 휴스턴에서 지낸 지 1년쯤, 우리 14인방은 나사 대표 자격이 될 정도로 충분히 길이 들어 고난주간 순례자 목록에 이름이 올라갔다. 특정 비행훈련에 참여하고 있는 승무원들만이 피할 수 있었다. 우리 신참자들 입장에서 보면 엄청난 특혜가 아닐 수 없었다. 달에는 왜 가려 하나, 콜린스? 달나라에 가지 않으면 고난주간밖에 더 있나요?

고난주간에 들어가면 많지는 않아도 몇 가지 유용한 규칙이 주어진다. 규칙 1은 시간 안배다. 가급적 늦게 도착하고 최대한 빨리 빠져나올 것. 일정표와 상관없이 붙들려 있는 동안은 내내 괴롭힘을 당할 게 뻔해서다. "리셉션에 가기 전에 병원에 잠깐 들러야 합니다. 얼마 걸리지 않아요." 그 핑계를 누가 부정하겠는가. 나는 한밤중이나 되어서야 터덜터덜 객실로 돌아왔다. 열다섯 시간 꼬박 서있었건만, 거기서도 친절한 지역 유지와 친구 서른 명이 맞아주었다. 그 양반들은 이제 막 흥이 오른 터였다. "서프라이즈 파티! 어차피 내일부터 느긋하게 사람들을 만날 거잖아요?" 다음날은 이웃의 작은 마을이었다. 사람들은 왜 우리가 힘들어 하는지 이해하지 못했다. 우주비행사잖아요. 당연히 즐거워야죠. 기꺼이 나사 복음을 전파해야 하지 않나요? 규칙 2는 무슨 말을 할지 걱정하지 말 것. 실제로도 아무 말을 하건 상관이 없었다. 이 규칙은 특히 연단에 서서 매체에 설명할 때 유용하다. 입밖에 내지는 않았지만 초기에만 해도 연단 공포증이 조금 있었다. 허접한 기술 지식이 드러날까 불안했던 것이다. "우주인 콜린스 씨, 해당 궤도의 이심 근점이각離心近点離角이 어떻게 되죠? 소수점 세 자리까지요." 이렇게 큰소리로 물어오면 기어들어가는 목소리로 "죄송합니다 기자님, 잘 모르겠습니다"라고 대답할 수밖에 없지 않은가! 이런 식의 역방향 과대망상은 우습기 짝이 없었다. 그 친구가 원하는 대답은 사실 사소하기 짝이 없는 것이었다. 다만 둘 다 그럴 듯하게 보이면 그만이다. 설령 수치를 잘못 따왔다고 치자. 도대체 웨스트위셔밍의 『데일리 애스토니셔』 같은 신문을 누가 읽는다는 말인가? 규칙 3은 흥분하지 말 것. 예전에는 누가 나를 밀치면 화가 났다. 사람들은 끈기 있게 줄을 서서 기다리는데 불쑥 새치기를 하면서 무려 열네 명의 사인을 요구하거나, 그래서 일정이 자꾸자꾸 밀리면 나는 화를 참지 못했다. 개의치 말고 초연하라. 우마르 하이얌의 4행시, "손이 움직이며 기록한다…"*를 계속 되뇌어라. 무도회에서 사람들한테 포위당한 것이 아니라 샹들리에에 올라 탄 채 가볍게 흔들며 저 아래 기이한 구경거리를 내려다본다 생각하며 초연히 즐길지어다. 사실 이 세 번째 규칙을 제대로 써먹은 적은 거의 없었지만, 그럴 수만 있었다면 분명 시간은 더 빨리 지나갔을 것이다. 실제로 무수한 시련 속에서 에너지와 제정신을 보존하는 데 도움이 되기도 했다.

내가 보기에 본질은 하나다. 그냥 홍보일이 싫었다. 맘에 드는 척해봐야 소용도 없었다. 사람들에게 설명하기도 쉽지 않다. 특히 연설이 그렇다. 나사를 떠났지만 나는 정기적으로 그 일을 한다. 오늘도 한다. 전체가 부분의 총합과 같지 않을 수 있다지만 연설도 마찬가지다. 개인의 요구는 대부분 합리적이지만 개인을 모두 더하면 도무지 적응불

---

* 전문을 소개하면 이렇다. "손이 움직이며 기록한다/ 기록이 끝나도 손은 움직인다/ 너의 신앙심과 지혜를 부추긴들 반행도 지우지 못하리라/ 아무리 눈물을 흘린들 단어 하나 씻어내지 못하리라."—옮긴이

가의 라이프 스타일을 만들어낸다. 적어도 내 스타일은 아니다. 그렇다고 거절도 기분 좋은 일은 못된다. 몇 가지 이유로 죄의식이 겹치기 때문이다. 첫째, 세금을 우주에 쏟아 붓는 계획을 만인이 동의하는 것은 아니다. 나사가 야비하게 "프로그램을 팔고 있다"는 비난은 늘 있어왔다. 지금이야 그런 의견에 동의하지 않지만 누가 알겠는가, 그 말이 사실일지? 솔직히 대중에게 무엇을 팔 수 있고 팔아야 하는지 판단할 능력도 없었다. 어쩌면 개인 홍보도 하고 우주탐사 유지를 옹호도 해야 한다. 적어도 그 신념만큼은 확고하다. 죄의식의 두 번째 이유는, 너무 오랫동안 너무 부정적으로 살았기 때문이리라. 하지만 최초의 고난주간 이후 세월이 너무 흘렀고 난 이제 그만두고 싶다. 그 끔찍했던 한 주에 있었던 사건 하나를 털어버리면 어느 정도 객관적으로 볼 수 있지 않을까?

어떤 양반이 보이스카우트 1만 명을 소집했다. (1만 명은 장난이 아니다!) 3개 주의 보이스카우트가 중서부 교외로 몰려오는 행사였기에 당연히 우주인 한 명쯤은 있어야 집회의 체면이 설 것이다. 물론 당연히 우주비행 경험자여야 했다. 나사 본부도 그 위세에 감동을 받았다. 보이스카우트는 주변 비유권자 그룹 중 제일 영향력이 컸기 때문이다. 그래서 오하이오 셰이커하이츠 방문이 공식 승인을 받아 고난주간에 추가되었다. 하필 내 주간이었지만 누가 신경 쓰겠는가. 난 우주비행 전인 데다 보이스카우트 배지도 없었다. 어쩌면 보이스카우트를 한 번도 보지 못한 유일한 우주인일 수도 있었다. 며칠 후면 내 서른네 번째 생일이건만 하필 가는 날이 장날이었다. 이런저런 이유로 약속 시간에 갈 때는 다소 짜증이 난 터였다. 장소는 쇼핑센터, 그것도 대형이었다. 센터 안에는 높은 곳에 귀빈용 원형 무대가 있고 나는

어렵사리 그 위에 내 몫의 자리를 얻어냈다. 그리고 주변으로 10,000
도 1,000도 아닌 10인의 보이스카우트 대원이 포진했다. 자리가 금세
채워지기는 했어도 대개 호기심 많은 구경꾼, 아니면 토요일 아침 쇼
핑하러 나왔다가 이게 웬 난린가 하고 호기심에 들어온 사람들이었
다. 간판도 한몫을 했다. 우주인이 등장하고 연설도 한다는 등등. 가
뜩이나 불편한 외중이었는데 문득 그 우주인이 나라는 사실도 깨달
았다. 연설을 하기 전 "우주비행사 소개"가 있었는데 그게 연설보다도
훨씬 길었을 것이다. 상황을 보면서 난 윌리엄 제닝스 브라이언 이야
기를 떠올려야 했다. 이 저명한 웅변가가 어느 작은 농촌을 방문했다.
그런데 한 지역 정치가가 엄청난 수의 군중을 보고 감명을 받은 나머
지, 브라이언의 소개는 나 몰라라 하고 자기 모든 것을 연설에 쏟아보
았다. 결국 융단폭격이 끝난 다음 브라이언의 차례가 되었다. 연설이
끝난 후 늙은 농부 둘이 상황을 평가했다. "정말 대단한 양반 아이가?"
"하모, 근디 그 다음 양반도 만만치 않던디?" 소개자가 질질 끄는 동
안 장내 앰프 시스템에서 연신 삑삑 소리가 터져 나왔다. 그때 누군가
바짓단을 잡아 당겼다. 보이스카우트 소년의 머리를 걷어차고 싶지는
않았다. 게다가 한참 흥분한 정치인에게서 등을 돌리면 모욕으로 여
길 것이다. 그래서 끈기 있게 아이를 무시했는데 결국 소용은 없었다.
놈이 나를 가만 두지 않았다. "저기요, 아저씨!" "저기요!" 아이답지 않
게 굵은 목소리. 결국 나도 고개를 돌리고 말았다. "저기요, 아저씨, 우
주비행사는 안 와요?"

5

임무하달! 우주복과 우주유영

달에 로켓을 쏘아 올리겠다는 아이디어야말로 어리석은 생각의 정수일 겁니다. 그러려면 과학자들은 엄청나게 지엽적인 분업에 매달리고 자기 임무가 아니면 눈도 돌리지 못하게 될 겁니다. **비커튼 교수, 1926년 영국과학진흥협회 연설**

우리 14인방은 조금씩 '진짜' 우주비행사로 인정받기 시작했다. 이제는 강의실이나 현장에서 배우는 데 그치지 않고 팀 구성원으로서 직접 참여하는 것이 다음 단계였다. 제미니와 아폴로는 둘 다 초기 단계였으므로, 미래의 승무원들의 요구에 따라 얼마든지 설계를 바꿀 수 있었다. 우리들 대부분도 테스트파일럿으로 일한 적이 있기에, 새 기계가 제도판의 설계도에서 비행대기선으로 나오기까지 우리의 지식을 디할 수 있으리라 믿었다. 이론가들이 얼기설기 짜 맞춘 얘기들을 감시의 눈으로 노려보다가 비슷한 프로그램의 장점을 끌어들이고 약점을 피하면 그만 아닌가. 적어도 우리 전략은 그랬다. 내가 보기엔 그럭저럭 먹혀들기도 했다.

그중 첫 걸음이 소위 '사악한 전문화'였다. 책임분야를 세분하고 기술적 파이를 잘라 몫을 나눈 다음 우주비행사 각자에게 꿀꺽 삼키게

151

한 것이다. 알 셰퍼드는 우리가 각각 어떤 임무에 가장 잘 맞을지 개별적으로 조사했다. 나는 가압복$^{pressure\ suit}$ 즉 우주복 개발에 참여하고 싶다는 포부를 내비쳤다.

그것을 마음먹기까지는 사실 꽤나 망설였다. 당연한 얘기지만 그다지 대단한 파이조각이 아니었다. 조종석 계기판 설계, 유도, 항법처럼 폼 나는 분야도 아니었다. 요컨대 초기 비행후보자로서 눈에 띄지 않을 수 있다는 얘기다. 그러나 다른 한편으로 우주복을 가볍고 탄력적이고 실용적으로 만드는 일은 매혹적인 도전임에 분명했다. 엄격한 공학의 산물이자, 해부학과 생물인류학을 결합하고 약간의 흑마술도 곁들여야 하는 분야다. 딱히 이유는 모르겠지만, 높은 수준의 수학 분야에서는 아무래도 내가 14인방 중 교육과 재능이 제일 부족한 것 같았다. 예를 들어 유도와 항법을 이해하려면 필히 수학의 기초를 파고들어야 하는데, 이놈의 정글은 벡터, 텐서 같은 섬뜩한 괴수들로 득시글거렸다.*

알이 메모에 우리 임무를 적어서 발표했을 때 기뻐한 것도 그래서였다.

버즈 올드린	임무 설계
빌 앤더스	ECS, 복사와 열 관리
찰리 바셋	훈련과 시뮬레이터, 작동 편람
알 빈	회수 시스템

---

* 요약판 사전을 보면, 텐서는 "벡터의 포괄적인 개념이며, 일반적으로 행렬을 표기하는 일련의 성분으로 이루어진다. 여기서 행렬은 좌표계의 함수이며 좌표계의 변환하에서도 불변의 특성을 지닌다."라고 적혀있다. 내 말이 무슨 뜻인지 알겠는가?

진 서넌	우주선 추진장치와 아제나 로켓
로저 채피	통신, DSIF
마이크 콜린스	가압복과 EVA
월트 커닝햄	전기, 시퀀스 등 비행 이외의 실험
돈 아이즐리	자세와 이동 제어
테드 프리먼	부스터
딕 고든	조종석 집적
러스티 슈바이카르트	향후 프로그램과 비행중 실험
데이브 스코트	유도와 항법
C. C. 윌리엄스	사거리 운용 및 승무원 안전

하나의 달이 열네 조각으로 산뜻하게 잘린 것이다. 왜 분야가 열네 개이고, 저 단어들은 또 무슨 뜻일까? 그리고 노땅들은 다 어디로 간 거지? 우선 마지막 의문부터 답하자. 존 글렌은 나사를 이미 떠났다. 카펜터는 남았으나 해군과 수중 프로젝트를 수행하는 중이었다. 제미니 3호와 4호 승무원들은 이미 차출되어 각자 비행임무에 전념하고 있었다. 그리섬과 영이 3호를 담당하고 시라와 스태퍼드는 예비승무원, 그리고 맥디비트와 화이트는 4호, 보먼과 러벨이 4호의 예비인력이었다. 쿠퍼와 콘래드는 제미니 5호 주승무원으로 임무대기 중에도 우리 신입 8인을 돌봐주었고, 아폴로 사령선과 달착륙선 진행도 맡아야 했다. 암스트롱과 시는 쿠퍼와 콘래드가 타는 제미니 5호의 예비인력임에도, 다른 6인을 관리하는 동시에 우주인 운용과 훈련 전반을 책임져야 했다. 알 셰퍼드는 우리의 두목이자 우주비행사실 수장 자격으로 데케 슬레이턴에게 보고했으며, 데케 슬레이턴은 유인우주선 센터 승무원 운용부서 부국장으로 있었다. 그래서 총 서른 명이다.

메모는 간단했지만 정작 임무를 들여다보면 장난이 아니었다.

버즈 올드린 – 임무 설계   끝도 없이 계속되는 유인우주선센터의 회의에도 참석해야 한다. 달에 착륙하기까지 얼마나 많은 비행이 필요하며, 그 비행을 어떻게 효율적으로 이끌어갈지 정하는 회의였다. 랑데부 문제는 아마도 승무원의 관점에서 이해 불가능한 가장 큰 문제일 것이다. 지구나 달 궤도 상에서 두 우주선을 결합하는 기술에는 변수가 거의 무궁무진했다. 인터셉트 접근을 위쪽에서 해야 하나, 아래쪽에서 하나? 이글거리는 대낮에, 아니면 칠흑 같은 어둠 속에서? 초고속으로, 아니면 충분히 속도를 낮춰서? 이런 의문은 철학이 아니라 실질적인 문제였다. 따라서 정확한 분석을 통해 잔여연료량을 계산하고, 또 성공가능성을 수학적으로 예측해야 했다. 제미니의 주요 임무하나가 후일 아폴로에 응용할 랑데부를 확실히 하는 것이었기에 버즈의 일은 두 프로그램에 대해 샅샅이 꿰어야 하는, 범위가 대단히 넓은 일일 수밖에 없었다. 임무설계자들은 랑데부뿐 아니라 우주비행 거의 전반에 관심을 두어야 했다. 과학과 의학 실험을 이끌고 각각의 비행에 어떻게 나눠야 할지도 고민해야 했다. 대개의 경우 실험자들은 실험실에서처럼 예측이 맞아 떨어지기를 바랄 뿐 그것을 위해 승무원에게 요구되는 시간은 거의 개의치 않는다. 승무원들이 임무를 수행할 환경이 얼마나 열악한지에 대한 이해도 부족했다. 실험 과정을 다듬고 다듬은 뒤 어떻게든 욱여넣고 타당한 비행을 이끌어 내는 일, 바로 임무설계자들의 몫이다. 버즈의 이력과도 어울렸다. 궤도 랑데부를 주제로 박사논문까지 쓰지 않았던가.

빌 앤더스 – ECS, 그리고 복사와 열 관리　ECS는 환경통제시스템 environmental control system의 약자로, 속칭 배관공의 즐거움이라고도 한다. 배관, 수조, 밸브, 연결관, 스위치, 필터, 히터, 환풍기, 센서 등등. 하나하나 따지다 보면 원래 목적까지 헷갈리고 만다. 2.5제곱센티미터 당 2.5킬로그램의 기압으로 100퍼센트 산소를 제공하는 것. 우주 진공 상태에서 체액이 끓지 않게 하기 위한 조치다. 온도와 습도도 조절해야 하는 과제가 있다. 그래야 승무원들이 14일 이상 우주 상공에서 편안하게 숨 쉬며 살 수 있다. 시스템은 또한 인간이 내뿜는 이산화탄소를 처리하고 음용수를 저장하거나 생산하는 일도 처리해야 한다. ECS가 선내 환경을 결정하므로 하드웨어 설계 문제에 가까우나, 복사와 열은 외부 환경을 다루는 일이므로 효과 차단 외에는 하드웨어와 그다지 상관이 없다. 예를 들어 아폴로 사령기계선command and service module, CSM은 열 규제가 엄격하다. 무슨 뜻이냐 하면, 우주상에서 장기간 CSM이 체류할 경우 태양이 닿는 쪽은 너무 뜨겁고 그늘 쪽은 또 너무 차갑다. 우주선 내부의 액체가 끓거나 얼기 시작하면 온갖 문제가 나타날 수밖에 없다. 비합리적이기는 해도 이런 제어는 하드웨어 재설계로 해결해야 한다. 하지만 어느 정도 수준에서 가능하다면, 상황을 정확하게 정의해 임무설계자들에게 보고해야 한다. 그래야 비행 때마다 문제를 피할 방법 같은 타개책을 세울 수 있다. 유사한 방식으로 지구 주변의 밴앨런복사대도 성격을 파악한 뒤 승무원들이 방사능에 과다 노출되지 않도록 미리 대비해야 한다. 맙소사, '과다한 방사선 노출'은 뭐고 '설계상 선량'은 또 무슨 소리인가? 빌 앤더스는 어쨌든 이 영역의 다른 관심사들까지 챙겼다. 핵공학 석사학위 소지자이므로 그의 임무 역시 적절했다.

찰리 바셋 - 훈련과 시뮬레이터, 작동 편람 찰리는 그룹 내에서 최고 주목을 받는 인물이었기에 그의 임무는 나사가 시뮬레이터를 얼마나 중시하는지 보여주었다. 수백만 달러짜리 기계는 실제 우주선을 그대로 빼다 박았다. 대개의 경우 모의로 비슷하게 하는 것이 실제보다 어렵다. 어쩌면 시뮬레이터를 '날게' 하기가 몇 년 후에 만들어질 실물보다 어려울 수 있다. 이런 상황에서 균형 있는 판단력을 갖춘 인력은 필수적이다. 이런 저런 신기술을 사용한 뒤, "예, 이 기계는 꼭 필요합니다" 아니면 "아뇨, 없더라도 해나갈 수 있습니다"라고 말할 수 있어야 하기 때문이다. 예를 들어 CSM 시뮬레이터 창밖으로 달착륙선이 접근한다고 할 때 어느 쪽이 적절하겠는가? 실제 3차원의 모형? 모니터 화면 그림? 달착륙선과 도킹을 시도할 때 시뮬레이터가 조종하는 대로 작동하고 심지어 접촉 순간에 덜컹 하는 충격까지 만들어야 할까? 아니면 그런 것들은 그저 불필요하고 부적절하고 복잡하기만 한 겉치레에 불과할까? 시뮬레이터 설계가 진행될수록 비행 전 공부해야 할 훈련 목록도 늘어나게 된다. 때에 따라서는 비행 중에 찾아보도록 우주선에 싣기도 한다. 이 엄청난 자료들을 어떻게 최대한 확보하고 바로 찾아볼 수 있게 할 수 있을까? 또 그렇게만 하면 저 수십 킬로미터에 달하는 전기배선을 조금이나마 이해할까? 영리한 전기공학자 친구 찰리는 이런 문제들과 싸워나갔다.

알 빈 - 회수 시스템 낙하산이 펼쳐지고 승무원이 격리실을 '탈출할 때까지 아주 복잡한 상황들이 발생한다. 여기에는 나사 외에 해군과 공군까지 얽힌다. 알 빈은 수송기 파일럿 출신으로 장비 설계와 제반 절차를 승무원이 이해하도록 확인했다. 고리가 약하면 사슬도 약할 수밖에 없다. 아폴로라는 사슬이 한 순간 끊어지고 난 다음, 낡고 녹슨 크레인이 대양의 보석 컬럼비아*를 구해 배 위에 올려놓는 일이 전적으로 가능했던 것도 그 덕분일 것이다.

진 서넌 - 우주선 추진장치와 아제나 로켓 아제나는 무인 우주선의 보조 로켓이며, 후일에는 제미니에도 장착한 바 있다. 두 개의 로켓이 도킹해 더 상위의 궤도로 끌고 가야 하는데 제미니 엔진만으로 불가능했기 때문이다. 더욱 중요한 사실, 우주에서 랑데부와 도킹에 더 효율적임을 증명한 것은 제미니의 아제나 로켓이었다. 제미니 우주비행사들은 아제나에 지시를 보내 도킹을 하거나 풀 수 있었고, 훈련견 다루듯 다양한 작업과 임무를 수행하게 할 수도 있었다. 우주선 추진장치는 제미니, 사령기계선, 달착륙선에 장착한 로켓 엔진 모두를 뜻했다. 우주인들은 이런 추진장치 덕분에 이 궤도 저 궤도로 이동하고, 달에 착륙하거나 이륙할 수 있다. 엔진 중에는 초대형도 있고 아주 작은 것도 있었지만 담당자들한테는 모두가 중요했다. 진의 석사학위는 항공공학, 특히 로켓엔진 기술이었으므로 누구보다 그 일에 적합했다.

로저 채피 - 통신, DSIF 심(深)우주 계측설비deep space instrumentation facility 는 전 세계의 추적소들tracking stations로 이루어져 있다. 그 중 세 개의 가장 강력한 시설이 각각 마드리드 인근, 호주, 모하비 사막**에 위치해

---

* 1969년 아폴로 11호가 태평양에 착수하여 항공모함 호넷이 우주인들을 구해냈을 때 모함에서 해군 악단이 실제로 "Columbia, the gem of the ocean"을 연주했다. 그때 우주인들이 타고 있던 사령선 이름이 '컬럼비아'였다.—옮긴이

** 캘리포니아 바스토우 인근 골드스톤 건사막에 위치해 있다. 이 추적소 위치는 우리에게 매우 낯이 익은데, 과거 공군 폭격장이었기 때문이다. 1954년 인근 조지 공군기지에 주둔했을 때 골드

있다. 1963년에 이미 DSIF는 1억 킬로미터 떨어진 수성까지 레이더 신호를 쏘고 받은 터라 그 힘에 대해서는 누구나 수긍했다. 다만 정확성이 떨어지면 운항에 큰 지장을 줄 것이므로 여전히 근심거리가 아닐 수 없었다. 우주선 통신장비는 광대역의 송신장치와 수신장치로 이루어져 있는데, 저주파에서 S-대역이라는 이름의 초고주파대*까지 다양한 대역을 포괄했다. 언젠가는 메시지를 손으로 적기가 귀찮다며 인쇄전산기까지 설치하려고 했으나 포기했다. 로저는 특유의 에너지와 열정으로 대역폭과 도플러 변위Doppler shift의 난해한 바다에 뛰어들어, 장비 목적대로 역할을 수행하게 하였고, 작동자 눈높이에 맞춰 설계가 단순하고 합리적이 되도록 혼신을 다했다.

월트 커닝햄 – 전기, 시퀀스 등 비행 이외의 실험 운이 없는 사람이 있다면 바로 월트였다. 그의 업무가 그다지 흥미로운 분야가 아니기도 하지만, 시퀀스 시스템은 이름에서 드러나듯 차례차례 불변의 순서로 발생하는 일련의 상황을 제어하도록 기획되었다. 예를 들어 제미니의 경우에 역추진로켓을 작동해서 궤도에서 빠져나온다면, 순차적으로 볼 때 이 과정은 1) 역추진 비행자세를 취하고 2) 네 개의 주배터리에 전력을 넣고 3) 재진입 조종시스템을 켜고 4) 후미의 어댑터섹션으로 이어지는 연료선들을 절단하고 5) 이어서 후미로 이어지는 전선을 절단하고 6) 우주선을 비롯해 불필요한 어댑터섹션을 분리하

스톤에서 몇 시간을 보냈다. 10년 후에는 골드스톤 상공 비행이 금지되었다. DSIF 레이더송신기가 너무 강력한 터라 그 위를 비행기가 지날 경우 그 에너지 때문에 정밀장치들이 폭발할 수도 있었기 때문이다. 미국, 호주, 스페인에 세 개의 초대형 안테나를 세운 까닭은 셋 중 하나는 항상 달을 겨누어 통신이 끊어지지 않도록 하기 위해서다.
* 초당 3억 사이클 즉 3,000메가헤르츠 대역이다.

고 7) 역추진로켓을 발사하고 8) 역추진로켓 패키지를 버린다. 이 순차 시스템은 차례로 버튼에 호박색 조명을 밝히는 식으로 절차를 돕고 또 관리한다. (1) IND RETRO ATT, (2) BTRY PWR, (3) RCS, (4) SEP OAMS LINE, (5) SEP ELECT, (6) SEP ADAPT, (7) ARM AUTO RETRO, (8) JETT RETRO.

이 경우 핵심은 신뢰도를 높이는 데 있기에 당연히 여분의 회로 설계가 필요했다. 오작동의 경우에도 재빨리 대안을 생각해낼 수 있어야 한다. 전지시스템도 그다지 흥미로운 분야는 아니나, 그래도 그곳에는 연료전지가 있다. 산소와 수소를 결합하는 식으로 신기하게 전기를 만들어내고 부산물로 물까지 내놓지 않는가. 적어도 케케묵은 고등학교 과학실험과는 차원이 다르다. 고등학교에서야 기껏 물(H₂O) 속으로 전류를 통하게 해서 진공용기 수소와 진공용기 산소로 분리하지 않던가. 연료전지가 만들어내는 물은 순수해야 하지만 제미니에서는 '털북숭이'furries라는 별명의 유기체에 오염된 일이 있었다. 털북숭이들은 물을 짙은 커피색으로 물들이고 사람들의 뱃속을 뒤집어놓았다. 아폴로에서는 다른 유형의 연료전지로 식수를 만들었는데 덕분에 달 탐사 시 크게 무게를 줄일 수 있었다. 여분의 식수 공급이 필요치 않았기 때문이다.

돈 아이즐리 – 자세와 이동 제어   이걸 뭐라고 설명해야 할까? 웹스터 사전에 보면 '자세'attitude는 "한 대상의 기준점으로부터의 위치"를 뜻하는데, 항공학이나 우주학 교재를 보면 아직도 '자세'를 '고도'altitude로 잘못 쓰거나 그 반대로 적은 게 그대로 인쇄되어 있다. 자세는 실제로 대상이 어느 방향을 가리키느냐를 뜻한다. 위, 아래, 태양쪽, 아니면 어느 쪽? 앞 3장에서 T-38의 '횡전'橫轉, Aileron Roll 얘기를 했는데 잊지 말자. 제대로 해낸다면 '피치'나 '요' 같은 자세 변화는 일어나지 않지만(기수는 한 점에 고정한다), 비행체의 롤 자세는 360도 바뀌게 된다.* 다른 한편으로 '이동'translation은 상하 좌우 상관없이 우주 상에서의 움직임을 뜻한다. 당신이 이 책을 벽에 집어 던진다면(솔직히 책이 이 모양이라 나도 할 말은 없다), 책은 그 거리를 횡으로 종으로 이동하다가 바닥을 향해 수직 이동할 것이다. 우주선 내부에서는 이런 움직임을 두 손으로 조작하는데, 왼손은 이동 수동 컨트롤러를, 오른손은 자세 수동 컨트롤러를 쥔다. 이것들을 잘 이용하면 어떤 움직임이든 가능하다. 왼손 컨트롤러는 계기판에서 T-손잡이처럼 돌출해 있어 'in/out', 'up/down', 'left/right' 방향으로 움직일 수 있으며, 우주선도 지시에 따라 그 방향대로 움직인다. 이 동작이 가능한 것은 우주선 각 방향에 설치된 반동추진엔진(소형로켓엔진) 덕분이다. 왼쪽 스틱이 중립에 있지 않는 한 해당 엔진이 점화하도록 되어 있다. 우측 컨트롤러는 좀 더 복잡하다. 자세, 즉 어느 방향을 향할지 결정하는데, 정교한 스위치 패널로 각 엔진에 연결되어 있어서 해당 스위치로 다양한 옵션의 작동을 선택할 수 있다. 오른손 컨트롤러는 왼손의 T-손잡이가 아니라 비행기의 조종간에 가깝다. 당기면 올라가고 밀면 기수가 아래쪽으로 향한다. 왼쪽으로 돌리면 왼쪽, 오른쪽은 그 반대. 요컨대 비행기와 완전히 똑같다는 뜻이다.

게다가 우주선은 혼잡해서 방향키 페달을 또 다는 것은 사치일 수

---

* pitch, yaw, roll은 기체의 동작 각도를 말하는 항공용어. 피치는 기체의 상하방향 기울어짐, 요는 좌우방향, 롤은 좌우로 선회하는 것을 말한다.—옮긴이

밖에 없다. 따라서 세 번째 축 또는 요 축 역시 오른손 컨트롤러에 장착하여, 왼손이나 오른손을 돌리면 비행기에서 왼발이나 오른발을 차는 것과 유사한 동작을 이끌어낸다. 지금까지는 그럭저럭 문제가 없었다. 이제 '정교한 스위치패널' 얘기를 해야겠다. 그곳은 파일럿이 아니라 전기기술자가 담당하거나, 아니면 정말로 테스트파일럿 겸 엔지니어가 필요하다. 여기에서는 가속 자이로rate gyros, 불감대不感帶, dead bands 등을 조종간에 부착하면서 파일럿이 어느 정도 자동조종장치에 개입할지 선택할 수 있다. 예를 들어 스위치를 배열해 오른손 제어기에서 손을 떼고 제로 속도를 지시하면, 우주선은 자이로 안정상태의 관성 공간에서 그대로 멈추게 된다. 선택된 불감대의 한계치 내에서 정확히 동일 방향을 유지하도록 추진기체를 분사하는 것이다. 스위치들을 그렇게 선택하지 않고 우주선을 내버려 둔다면 물리학 법칙이 이끄는 대로 표류하고 말 것이다. 첫 번째의 경우에는 조종이 용이하지만 연료 절감을 포기해야 한다. 자세 컨트롤은 필수적이나 이따금 불필요할 경우도 있다. 이런 이율배반의 상황을 어떻게 조합할지, 어떻게 추진장치 사용을 최소화하면서(랑데부를 위한 연료 절약) 달까지 날아갈지를 결정하는 것은 파일럿의 몫이다. 하지만 도킹의 경우처럼 주요한 임무를 수행할 시 컨트롤시스템을 엄격하고 정교하게 조종해야 하는 상황은 남아있다. 돈 아이즐리가 그 문제를 해결해주었다.

테드 프리먼 – 부스터 부스터는 발사체, 로켓, 미사일 등 몇 가지 별명이 있다. 물론 로켓엔진을 사용해 로켓을 추진하기는 하지만, 그렇다 해도 TV 스크린에서 웅장하게 솟아오르던 이 거대하고 날렵한 실린더들에 가장 정확한 이름표를 붙이라면 발사체가 좋을 것 같다.

연료를 소진하고 나면 빈 깡통과 다름없지만 부스터는 역사적으로 더 없이 중요하다. 부스터 없이는 우주시대도 없었을 것이기 때문이다. 치올코프스키, 고다드, 폰 브라운… 이 양반들은 시뮬레이터나 회수 시스템, 임무설계에 대해서는 상상도 하지 못했다. 그저 사람을 궤도에 진입시키거나, 달에 착륙시키거나, 목성이든 우주 어디든 넘어가게 하려는 로켓 동력만 꿈꾸었을 뿐이다. 내가 보기에 이미 중요성은 옮아가 있었다. 로켓은 총알을 토해내는 화약에 불과했다. 로켓이 중요하다면, 미디어(특히 TV)가 곧 메시지라는 마셜 매클루언의 주장부터 증명하는 것이 좋을 듯하다. 아니 어쩌면 프로이트 식으로 해석해야 할지도 모르겠다. 승무원 입장에서 볼 때 로켓은 날아가는 것이기보다는 타는 것에 가깝다. 핵심은 문제가 생겼을 때 언제 탈출하고 또 언제 멈추느냐에 있다. 탈출할 것인가 남을 것인가의 경계는 일반적으로 두 가지 제약에 따라 결정된다. 만일 일정한 각도를 벗어나 표류할 경우 방향이 완전히 틀어질 수 있고, 한계치 이상의 속도로 방향을 바꾸어도 로켓이 뒤집힐 가능성이 크다. 따라서 승무원들은 최대 허용각과 속도를 분석하고 기억해두어야만 오작동에 대응할 시간을 얻을 수 있다. 다른 한편, 무언가 폭발한다면 대개는 그것으로 끝장이 나며 승무원들의 노력도 무의미하다. 테드 프리먼은 이 지난한 분야에서 일을 한 지 넉 달째 되던 어느 날 비행기 추락으로 목숨을 잃었다.

딕 고든 – 조종석 집적　파일럿은 모든 일을 조종석에서 한다. 그곳에 스위치와 제어장치들이 있기 때문이며, 정보도 대부분 조종석 표시판을 통해 받는다. 아폴로처럼 복잡한 기계라면 장치 선택과 배치가 엄청나게 중요할 수밖에 없다. 우선 파일럿이 이용할 수 있는 모든 정보가 표시판에 다 나열되어 있는 것이 아니기 때문에 특정 순간 파일럿은 각 구성요소들을 분석해 필수적인 수치가 무엇인지를 판단해야 한다. 연료전지의 상태를 확인하려면 전압을 확인해야 하나? 전지가 만들어내는 전류량을 볼까? 아니면 수소와 산소 소모량? 그 과정에 만들어지는 물의 순도? 아니면 그 모두가 필요하거나 필요 없는 걸까? 전지 상태를 얼마나 자주 점검해야 하지? 궤도진입 도중에는 조종석이 달라붙어 있는 거대한 로켓을 검사하느라 바쁘다. 코스에서 벗어나지 않아야 하니까. 하지만 발사체는 이내 빈 깡통이 되어 폐기되고 계기도 쓸모를 다하는데, 그래도 여전히 남은 임무기간 동안 패널의 일부를 차지한다. 아마도 연료전지 지표들이 제일 잘 보이는 공간을 차지하게 될 것이다.

언제 어떤 순서로 어떤 정보를 필요로 하는지 결정하는 것 외에도 조종석 설계자가 해결해야 할 문제는 넘친다. 스위치와 제어장치는 모두 접근이 용이해야 한다. 일부는 더더욱 접근성이 중요하다. 기내 압력에 이상이 생겨 산소혼합 공기가 새어나가면 우주인들은 뻣뻣하고 답답한 가압복을 입고 일해야 하는데, 그 경우 상황이 너무나 어렵게 된다. 셔츠 차림이라면 수산화리튬 통 교환 같은 단순 업무는(호흡할 산소에 위험한 이산화탄소가 섞여 들어가는 것을 막기 위해 필요하다) 한 손으로도 2분이면 충분하지만 가압복을 입으면 15분간 레슬링을 해도 애를 먹을 수 있다. 다른 스위치와 제어장비들도 다르지 않다. 진공상태에 처했을 때만이 아니라 임무수행 중 'high G'(기준 이상의 중력가속도)에 들어가거나 착륙과 재진입 시에도 작동이 가능해야 하는데, 그 경우 가속의 영향을 받아 팔을 뻗으면 평소보다 6~8배 무게가 더 나간다. 시계視界 문제도 매우 중요하다. 조종석 내의 조명도 늘 문제다. 가속도가 붙으면 파일럿의 시야가 좁아지고 주변시력을 어느 정도 잃게 된다. 때문에 스위치 표시들도 논리적이고 명료해야 한다.

조종석 설계자는 이들 변수는 물론 그 외의 것까지 따져 완전무결한 설계를 내놓아야 한다. 작은 예 하나. T-핸들 즉 왼손의 자세컨트롤러는 비행을 포기하는 제어기로서도 기능한다. 예를 들어 로켓발사대에 불이 붙으면 선임 파일럿은 손목을 시계 반대방향으로 30도 돌린다. 그러면 비상탈출 로켓이 점화되고, 사령선을 본체에서 떼어내 위험지역 밖으로 끌어내고 낙하산을 펼치는 등 일련의 절차를 발동하게 된다. 그게 전부다. 약간의 손목을 돌리는 것만으로! 모든 절차가 그렇게 빠르고 간단해야 한다. 복잡하게 스위치를 눌러댈 여유가 어디 있겠는가! 설계가 어설프면 결과는 더 참혹하다. "어이구!" 닐 암스트롱이 탄성을 지른다. 발사 전, 점검목록을 떨어뜨리고 다시 집으려다가 이동 수동 컨트롤러를 건드린 것이다. 그 바람에 제1차 달 착륙 기회를 놓치고 닐은 30억 인구의 웃음거리가 되고 말 것이다. 고전적인 설계 실패로는 어느 공군 훈련기에 적용되었던 탈출절차가 있다. 조종석 덮개 부분에 6단계 목록이 크게 인쇄되어 있는 터라 파일럿이 보지 못할 리는 없었다. 그런데 유일한 결함이 바로 그 1단계였다. "덮개를 버릴 것." 14인방에서도 딕 고든은 가장 노련한 테스트파일럿이었다. 그런 실수를 할 리 없었다.

러스티 슈바이카르트 - 향후 프로그램과 비행중 실험 러스티가 향후 프로그램으로 뭘 하려는지는 잘 몰랐지만 실험 분야라면 늘 할 일이 태산이었다. 제미니 계획이 특히 그랬다. 달에 가는 것은 그 자체가 실험이지만, 제미니 문제라면 워싱턴에 위원회가 있기에 그들 모두에게 왜 무중력 상태에서 성게 알을 부화하는 일이 과학의 위대한 약진이 될지 따위를 설명해야 했다. 실험이 승인되면 어느 비행에서 이 실험을 수행할지 정해야 하는데, 그것조차 길고도 고통스러운 절차였다. 서류상 그럴 듯해 보이는 이론들을 비행을 통해 현실로 만들어야 하는 일이다. 각 실험은 카테고리를 정하고 암호를 붙여놓았다. D는 국방부 실험, M은 의학, S는 과학, MSC는 유인우주선센터의 아이디어들이다. 제미니 7호 같은 장기 비행의 경우 의학 비중이 높았고(8개 실험), 다른 실험들은 실험 목표, 중량 제한, 승무원들 업무에 따라 간간히 섞여있는 식이었다. 어떤 실험은 굴욕적인 운명을 맞았다. 예를 들어 거스 그리섬의 무지막지한 손힘에 핸들이 부러지고 성게는 부화를 하지 못했다. 종관綜觀 지역 촬영과 미소운석微小隕石 측정 같은 실험들은 양질의 유익한 데이터를 다량으로 확보한 것 같았다. 어떤 실험이 대성공을 거두었는지는 나도 잘 모른다. 실험을 각각의 비행에 나눠서 진행하는 패턴은 아폴로에서도 이어졌는데, 케이프케네디의 우주선 화재로 그리섬, 화이트, 채피가 목숨을 잃을 때까지였다. 까다로운 조건을 상정해서 새로운 기계를 만들려면 복잡한 실험을 수도 없이 거쳐야 한다. 그리고 그에 따라 사령선 내부에 전선, 케이블, 블랙박스 등 복잡한 장비들이 덧붙었다. 결국 초기 아폴로의 운항 중 실험은 유예되었으며, 우주비행사 대다수는 유예 결정에 쌍수를 들어 환영했다.

데이브 스코트 – 유도와 항법 Guidance & Navigation 중요한 업무다. 실상 우주선의 두뇌가 아닌가. 데이브는 MIT에서 행성 간 운항에 대한 논문으로 석사학위를 받았는데, 거기서 아폴로 G&N 장비를 설계했던 것을 생각하면 딱 맞았다. 아폴로 시스템의 심장은 야구공보다 조금 더 큰 쇳덩어리인데, 이를 관성측정장치^{IMU}라고 불렀다. IMU는 서로 직각으로 설치된 3개의 자이로스코프로 이루어져 있는데 우주선에는 짐벌^{gimbal}을 이용해 연결했다. 자이로스코프가 전속력으로 회전할 때 IMU는 한 방향을 유지한다(관성공간에 고정). 우주비행사는 IMU를 '안정 평면'$^{stabel\ table}$으로 여기고 우주선은 그 둘레를 회전한다. 이제 예시된 항성들을 비교해 IMU가 어느 방향을 가리키는지 알면 (역시 동일 항성들을 참고해) 우주선 방향도 계산할 수 있다. 우주선 축과 IMU 축의 각도를 측정하면 되는 것이다. 이 세 개의 각도(피치, 요, 롤의 짐벌 각도)를 보면, 관성공간에 고정된 항성들과 비교해서 우주선이 어느 방향을 가리키는지 알 수 있다. 자이로스코프가 전진하거나 빗나가면, 우주비행사는 IMU를 항성 배열에 정확히 일치하도록 복구해야 한다. 몇 개의 항성을 선택해 망원경이나 육분의로 확인하고 그 별에 십자선을 겹친 다음(물론 한 번에 하나씩이다) 완벽하게 일치하는 순간에 버튼을 누른다. 그 다음 컴퓨터에 (이미 저장된 번호나 천구좌표를 이용해서) 어느 두 별을 선택했는지 알려주면 IMU가 회전하며 새로운 자리로 돌아간다.

이렇게 함으로써 자세 정보는 늘 업데이트되지만, 위치를 얘기해봐야 아무 의미가 없다. 중요한 것은 방향이다. 위치 정보는 수학적 상태벡터$^{state\ vector}$로부터 나오며 컴퓨터 내에 저장된다. 상태벡터는 7부분으로 나뉘는데 셋은 위치, 셋은 속도, 하나는 시각을 나타낸다. 위치는 기준점에서의 거리를 나타내는 3요소(x, y, z)로 나타내고 속도($\dot{x}, \dot{y}, \dot{z}$)는 이 세 방향의 변화속도를 나타낸다. 물론 시각(t)은 우주선이 어느 한 장소(x, y, z)에서 어느 방향($\dot{x}, \dot{y}, \dot{z}$)으로 이동할 때의 시각을 정확히 기록한다. 컴퓨터는 로켓이 언제 어디에서(케이프케네디 39번 발사대) 출발했는지 알고 있고, 향후의 비행도 모두 기록한다. 엔진 점화를 할 때마다 가속계를 켜고 속도변화를 기록하고, 관성비행 중에는 태양, 달, 지구가 우주선에 미치는 중력까지 포함해 컴퓨터가 계속 계산하고 기록해나간다. 시간이 흐르면 상태벡터가 정확성을 잃는다. 이 경우 당연히 업데이트가 필요하며, 그러면 지상 컴퓨터들이 새로운 상태벡터를 우주선에 보내주거나, 아니면 우주비행사가 항성을 선택한 뒤 지구 또는 달 영역 사이의 각도를 측정한다. 코스를 바꾸는 일은 식은 죽 먹기다. 로저 채피의 종합 추적망을 이용해 상태벡터와 다른 정보들을 데이브 스코트의 컴퓨터에 보내고, 데이브의 컴퓨터는 지시사항을 딕 고든의 계기판을 통해 돈 아이즐리의 관제센터에 알린다. 그런 다음 월트 커닝햄의 전기로 진 서넌의 엔진을 점화하면, 우리는 빌 앤더스의 방사선층에서 빠져나와 소위 버즈 올드린의 비행계획이라는 영역에 진입할 수 있다. 여러분들은 그저 빈둥거리며 놀기만 하면 된다!

C. C. 윌리엄스 - 사거리 운용 및 승무원 안전 케이프커내버럴은 인간이 올라타기 오래 전부터 로켓을 쏘아 올렸다. 그런데 윌리엄스가 근무할 때 약간의 문제가 발생했다. 로켓은 동쪽으로 발사한다. 동쪽을 향하는 한 솔직히 식은 죽 먹기다. 그런데 유도 시스템이 오작동을 일으키고 폭발성 액체추진체가 하늘에서 제멋대로 돌아다니면 사거리 안전 장교의 손가락은 '폭파' 버튼을 누르고 싶어 안달이 나고 만다. 무인이라면 큰 문제가 없겠지만, 제미니나 아폴로라면? 폭파하기 전에 어떤 경고를 보내야 하지? 승무원들이 경고를 무시하거나 수신

하지 못하면? 얼마나 시간을 허용하고 얼마나 여러 번 시도해야 하늘을 나는 두세 명의 안전과 그 아래 도시 전체의 안전 사이에서 제대로 균형을 잡을 수 있을까? C. C.는 케이프커내버럴에서 이런 상황들과 싸우고 승무원들의 복잡한 문제들을 처리했다. 정상 상황에서 사람을 우주선에 태우는 문제라도 그럴 텐데, 비상시에 황급히 사람을 탈출시켜야 하는 경우라면 당연히 더 복잡할 수밖에 없다. 누군가 황급하게 발사탑을 벗어나야 한다면 슬라이드 와이어를 타야 한다. 말인즉슨 철사 줄에 낙하산 멜빵을 걸고 그냥 뛰어내린다는 얘기다. 그러면 처음에는 거의 직각으로, 그 다음엔 비스듬하게 미끄러져 내린다. 그러다가 끄트머리에 이르면 고리가 풀리고 승무원은 바닥에 발을 디딘 후 달리면서 뛰어내려야 한다. 아폴로는 좀 더 복잡했다. 아니, 아폴로에서는 거의 모든 상황이 복잡했다. 슬라이드 와이어에는 소형 케이블카를 매달았다. 우리가 들어가 풀어주면 한참을 미끄러지다가 바닥에 닿고, 우리는 케이블카 밖으로 나와 어둡고 미끄러운 터널 안으로 뛰어내린다. 그러면 다시 흙과 콘크리트 아래를 따라 미끄러지다가 마침내 '고무' 방으로 튕겨 나오는데, 방은 새턴 V 로켓이 폭발할 때의 지진을 이겨내도록 충격방지 장치로 무장했다. 내부는 말 그대로 온통 고무였다. 바닥과 의자들도 고무로 되어 있어 승객을 진동에서 철저히 보호할 수 있었다. 이 모든 게 C. C.의 분야였다.

마이크 콜린스 – 가압복과 EVA　　마지막으로(바라건대 일의 값어치까지 마지막은 아니기를!) 마이크 콜린스의 가압복과 선외활동EVA이 있다. EVA는 두 가지 버전이 있다. 제미니 우주 유영과 아폴로 월면 보행. 장비도 각기 달랐다. 제미니 장비는 매사추세츠 우스터(고다드의 고향

마을)의 데이비드클라크 사에서 제작했다. 우주선에서 배꼽줄을 통해 우주인에게 산소를 보내면, 다음에는 로스앤젤레스 개럿 사의 어느 생산부서에서 만든 체스트팩chest pack으로 전달되었다. 아폴로 장비는 델라웨어 주 도버의 인터내셔널 라텍스 사 제품이며 산소 공급은 백팩back pack을 통해 이루어진다. 백팩의 제조사는 코네티컷 주 윈저락스의 해밀턴스탠더드 사였다. EVA 활동을 위해서라면 그밖에도 장비는 많았다. 가장 주목해야 할 장비는 우주인 이동장치였으며, 그 자체로 우주선에 가까웠다. 제미니 우주인은 장치를 등에 맨 다음 벅 로저스*처럼 하늘을 날아다닐 수 있었다. 제작사는 댈러스의 LTV, 즉 링-템코-보트 사였다. 내 임무는 장비 모두의 개발을 관리하고 아무 문제없이 작동하도록 확인하는 일이었다. 물론 안전하고 사용이 편리해야 하며, 무엇보다 우주인실 동료들이 좋아해야 했다.

어려운 일이었다. 무엇보다 거리가 문제였다. 나사의 승무원 운용부서CSD 엔지니어들과 휴스턴에서 할 수 있는 일도 많았지만, 주요 설계를 검토하고 장비를 조사하는 일은 대부분 제작사 공장에 가야 했다. 요컨대 낡은 T-33으로 코네티컷에서 캘리포니아, 델라웨어, 텍사스, 매사추세츠를 분주히 날아다니며 개발 과정을 꼼꼼히 챙겨야 했다는 뜻이다. 게다가 개발이 늘 장밋빛은 아니었다. 특히 아폴로 우주복 부서가 골치였다. 우주비행사와 가압복 사이에 일종의 애증관계가 있었다. 애정이라 함은 하루 스물네 시간 우주인을 보호하는 장구이기 때문이지만, 지긋지긋할 정도로 불편하고 거추장스럽다는 점에서는 증오의 대상이었다. 시간이 흐르면 저울추는 대개 증에서 애로 기

---

* 1929년 작 동명 SF만화 주인공.—옮긴이

울고, 비행할 때쯤 되면 우주비행사는 우주복을 옛 친구로 여기게 된다. 인체공학적으로 정확하게 신체에 맞춰 제작한 장구이자 편안하게 느낄 만큼 오래 입어서인데, 물론 손상되거나 닳을 만큼 오래 입지는 않는다.

승무원들은 몸에 맞는 우주복을 세 벌씩 보유했다. 우선 훈련복은 비행업무에 배정되는 즉시 만든다. 대개 공식발표가 나기 두어 달 전이다. 그 때문에 MSC에서는 누가 어느 로켓에 타는지 소문이 돌곤 했다. "이거 봐, 찰리가 다음 주에 데이비드클라크에 간다는데, 무슨 일 있나?" 소문이 퍼지는 걸 막기 위해 승무원 운용부서에서는 제미니 우주복을 맞출 때 보고서에 실명이 아니라 '캐스터' '폴룩스' 같은 별명으로 기록했다.

훈련복 이름은 정말 잘 지었다. 시뮬레이터, 원심회전기, 무중력비행기 등 훈련복 착용 상황이 발생할 때면 예외 없이 훈련복을 입어야 했다. 수백 시간을 거칠게 사용한 터라 터지고 깨진 탓에 절대 비행용으로는 사용할 수 없었다. 두 번째는 비행용, 세 번째가 예비용이었다. 이 두 우주복은 똑같이 만들었다. 그 중 하나를 우선 선택하는데(조금이라도 잘 맞는 옷을 고르면 된다), 그러면 나머지는 자연스럽게 예비용이 된다. 비행복과 예비복은 대개 입을 만큼 입기 때문에(한 번에 20시간이 보통이다) 신뢰성 공학 특유의 영아사망 이론에 맞추어 '자연 마모'되었다. 영아사망 이론에 따르면 부품은 초기고장 가능성이 상당히 높으며 이 최초 위험시기 이후의 신뢰도가 가장 확실하다. 그러다보니 우주복은 엄청나게 비쌌다. 제미니의 경우 한 벌에 33,000달러 정도였고 아폴로는 더 고가였다.[*] 당연히 세 벌의 가격은 엄청날 수밖에 없었다. 그렇다고 해서 발사 당일 날 지퍼가 망가지는 따위로(실제로 일어난다!) 수백만 달러 비행을 연기하거나 취소할 수는 없지 않는가.

우주비행사가 결국 가압복을 사랑하게 된다 해도, 이 맞춤용 가스가방을 입었을 때 첫 반응이 충격(노골적인 증오까지는 아니더라도)이라는 사실을 염두에 두어야 한다. 1965년 1월 28일, 피트 콘래드가 초기 아폴로 우주복에 대해 이렇게 메모했다. "지난주 무중력 작업과 이번주 작업을 겪고 나니, ILC 우주복은 완전히 쓰레기이므로 폐기처분해야 한다는 결론을 내렸다. 밥 스미스는 맞춤 제작한 정장(65,000달러)을 입고도 시멘트에 새긴 프로축구선수처럼 보이는데, 내 옷은… 그보다도 못했다. 무엇보다 그곳에 가서** 제미니 선외활동복을 입고 직접 비교해보고 싶다."

이 모든 것을 이해하려면 가압복을 어떤 목적으로 설계했는지, 왜 그게 그렇게 어려운지 설명할 필요가 있겠다. 무엇보다 완전히 밀폐되어야 했다. 그래야 가압加壓을 하여 우주비행사를 진공상태의 우주에서 보호할 수 있기 때문이다. 가압되어 있지 않으면 호흡할 공기도 넣을 수 없는데, 호흡이야 산소마스크로 해결한다 해도 진공에서는 체액이 증발하고 피가 보글보글 끓기 때문에 그 자리에서 즉사할 수밖에 없다. 그래서 100퍼센트 산소를 사용하기 위해서는 1제곱센티미터 당 0.3킬로그램, 곧 3.7 psi(0.244 bar) 정도로 가압되는 가스가방이 필수다.*** 이 가스가방, 소위 '오줌보'는 얇은 네오프렌 고무로 제작해

---

* 우리도 종종 농담을 했다. 우주복이 1킬로그램 당 2,000달러가 넘는다고 했는데 그다지 틀리지 않다. 더 무거운 선외활동복은 우주선 내에서만 입는 가벼운 선내복보다 훨씬 비쌀 수밖에 없다.
** '그곳'이란 롱아일랜드 베스페이지의 그루먼 공장이다. 밥 스미스는 그루먼 테스트파일럿이며 누구보다도 착륙선 조종석 설계에 책임이 있었다. 착륙선 파일럿들에 따르면 최고의 보직이었다. 밥은 착륙선이 날기 오래 전에 아폴로를 떠났는데 그루먼의 제트 수송기, 걸프스트림의 시험비행을 위해서였다.
*** 언뜻 보기에도 이상해 보인다. 우리 인간의 대기 압력은 1제곱센티미터 당 1킬로그램 정도가

신체에 맞도록 했다. 소재는 부드럽고 유연하기에 가압하지 않을 경우엔 비행사의 의도대로 자연스럽게 움직였다. 다만 3.7psi로 압력을 가하면 문제가 달라진다. 혹시 다음에 동네 주유소에 가면 튜브에 공기 주입하는 과정을 자세히 보라. 처음 상자에서 꺼낼 때는 부드럽고 축 늘어지지만 공기압력이 증가하면 아주 팽팽한 도넛 모양으로 변한다. 고압까지는 아니고 겨우 3.7psi까지만 압력을 가하지만 가압복 가스가방도 다르지 않다. 자동차 튜브는 너무 부풀지 않도록 상대적으로 딱딱한 타이어 외피 안에 넣는다. 마찬가지로 가압복 가스가방도 '단단한 외피'restraint layer에 들어있다. 이때 설계라는 합리적 세계에 흑마술이 개입하게 된다. 외피 역시 우주비행사가 굽힐 때 가압복을 굽게 해야 하고, 비틀 때 함께 비틀리도록 해야 한다. 요컨대 조금 거친 외피처럼 움직여야 한다는 뜻이다. 사실 무릎처럼 동일 차원에서 오직 앞뒤로만 움직인다면 설계가 그렇게 어렵지는 않다. 하지만 어깨관절은? 어깨관절은 놀랍도록 복잡한 동작을 수행한다. 우주복도 당연히 동작 모두를 수용해야 한다. 착용자에게 부적절한 동작을 강요해서는 안 되고 산소가 새거나 형태가 바뀌지도 않아야 하며, 우주비

익숙하기 때문이다. 하지만 우리가 호흡하는 공기는 80퍼센트가 질소이고 20퍼센트가 산소다. 따라서 우리 허파의 산소 압력은 15psi의 20퍼센트, 즉 3psi에 불과하다. 이 압력이라면 허파꽈리 세포막을 통해 다량의 산소를 혈관으로 보낼 수 있다. 3.7psi는 또한 체약과 가스를 원래 상태로 유지하는 데도 필요한 압력이다. 그래야 고통스럽거나 치명적인 가스화를 막을 수 있다. 3.7psi는 모든 점에서 좋으나 단 하나 예외가 있다. 과거 체세포로 흡수한 질소만은 3.7솔루션으로 해결이 불가능해, 소위 '굴곡' 현상을 야기하는데, 대개 관절, 특히 무릎과 팔꿈치 통증이 심하다. 제미니와 아폴로는 이 문제를 간단하게 '예비호흡'으로 해결했다. 비행 이전 몇 시간 동안 100퍼센트 산소를 마셔 우리 체내의 질소를 모두 배출하는 것이다. 바로 이 예비호흡 때문에 우주인들이 발사대를 향해 출발할 때부터 헬멧을 단단히 쓰고 100퍼센트 산소로 가득한 우주복을 입는다. 한두 시간 순수 산소를 마셨기 때문에, 실수로라도 질소에 오염된 공기가 우주복 안에 들어올 경우 발사가 연기되고 예비호흡 의식이 되풀이될 수밖에 없다.

행사가 긴장을 푸는 순간 어설픈 동작을 취하게 해서도 안 된다. 제미니 우주복의 경우에도 단단한 외피를 교묘하게 직조해서 한 방향으로 팽창이 가능하도록 만들었다. 오로지 한 방향으로만 말이다. 외피 조직을 팽창 방향으로 짜서 인간의 상체 동작에 잘 맞추기만 하면, 가압복을 입어도 유연성을 상당히 확보할 수 있다. 타이어 튜브가 도넛이 되듯이 제미니 우주복도 3.7psi에서는 어느 정도 중립자세를 확보하도록 만들었다. 다만 단단한 외피 조직이 자세를 아주 확실하게 유지해 주었기에, 우주인들은 합리적인 한계 내에서 우주복을 굽히고 비틀 수 있었다. 물론 약간의 노력은 필요했다. 그리고 긴장을 놓으면 우주복은 그대로 중립자세로 복귀했다.

아폴로 우주복은 더욱 정교했다. 단순히 보호용 외피를 도입하는 대신 주름 스프링, 강직 섬유, 비신축성 튜브, 미끄럼 케이블 등을 복잡하게 연결해 가스가방 모양을 팽팽하게 유지했다. 이론적으로는 제미니 우주복보다 적은 노력으로 유연성을 더 많이 확보하겠다는 의도였는데, 피트 콘래드가 지적했듯 초기 모델은 그렇지 않았다. 제미니 우주복은 망이 부드럽고 유연한 덕에 훨씬 쉽게 감압했다. 반면에 아폴로 우주복은 가압 상태가 아닐 때조차 관절과 케이블이 뻣뻣하고 거치적거렸다.

제미니든 아폴로든 일단 밀폐된 주머니에 들어가면 비행사는 땀으로 익사하고 말 것이다. 따라서 어떤 식으로든 냉각이 필요했기에 복잡한 통풍튜브를 우주복 상체, 헬멧, 팔, 다리에 부착해야 했다. 이 통풍 튜브들을 한데 모아 상체에 부착된 두 개의 커다란 금속 연결관에 연결함으로써 우주복 안팎으로 산소가 통하도록 하였다. 아폴로 달 탐사복의 경우 연결관이 네 개였는데, 한 세트는 우주선, 다른 세트는 백팩에 연결했다. 그밖에도 무선신호가 이어폰으로 흐르도록 전기커넥터가 연결되어 있었다. 생물의학 정보는 (가슴에 부착된) 4개의 센서에서 나와 벨트에 장착한 전기신호장치를 통해 동일한 전기커넥터로 전달되었다. 제미니는 간단한 내복을 착용했으나 아폴로에서는 보다 효과적인 냉각시스템에 수냉식 속옷을 채용했는데, 작은 플라스틱 파이프들을 속옷에 꿰매놓은 것이었다. 파이프는 다시 가슴의 다른 커넥터를 통해 온수가 백팩으로 돌아오도록 되어 있었다. 온수는 그곳에서 냉각되어 다시 속옷으로 보내졌다. 성기를 넣는 삼각형의 플라스틱 용기도 있었다. 비행 중 우주복을 벗지 못할 경우 소변을 보기 위해서인데, 소변은 허벅지에 장착한 또 다른 커넥터를 경유, 우주선 연결관으로 버려졌다.

장갑, 부츠, 헬멧은 상체에 연결해야 했다. 그저 밀폐복 위에 신으면 그만인 부츠의 경우에는 문제가 없었다. 하지만 장갑과 헬멧은 설계 문제가 한 바가지였다. 장갑은 얇고 유연해야 했다. 가압 상태에서도 스위치, 수동 컨트롤러 같은 정교한 장치들을 조작해야 했기 때문이다. 쉽게 벗는 것도 문제이지만, 손목을 굽히거나 돌리고, 손바닥을 펴거나 쥐고, 엄지와 손가락도 자유롭게 움직여 힘껏 잡거나 가볍게 건드릴 수 있어야 했다. 헬멧은 튼튼하고 가볍고 편안해야 했으며, 이어폰, 마이크를 부착하고도 시야를 확실하게 확보해야 했다. 소음은 차단하며 산소를 충분히 순환하고 호흡 후 이산화탄소가 쌓이는 것도 방지해야 했다.

설명이 너무 복잡해 보인다면 이것 하나만 기억하자. 지금까지의 모든 게 인간이 진공상태에서 활동하도록 하기 위한 과정이라는 사실. 이제 그 진공에 또 다른 위험들을 더해야 한다. 저 무자비한 태양

에너지, 햇볕에서 멀어지는 순간 영하로 떨어지는 온도, 살짝 닿기만 해도 우주복을 뚫을 수 있는 아주 작은 미소운석들. 그나마 열, 냉기, 미소운석들은 해결 방식이 동일했다. 두꺼운 외겹이 훌륭한 단열재도 되고 적절한 방패가 되어 고속의 충격들을 막아주었다. 열과 관련된 문제는 확실한 설계정보가 있어서 명확했다. 어둠 속의 온도는 섭씨 영하 160도 정도이고, 태양 직사광은 영상 120도, 그리고 달 분화구 바닥은 영상 160도로 예측되었다. 따라서 제미니 우주복 외피(영하 160에서 영상 120까지)와 아폴로 외피(영하 160에서 영상 160까지)의 온도 한계를 어디까지로 할지는 아주 명확했다. 문제는 가장 효율적인 소재를 찾는 것인데, 결국 다층의 얇은 마일라^{Mylar}로 결정했다.

미소운석들은 또 다른 골칫거리였다. 그것들은 우주의 상어들과도 같아서 대개는 나타나지 않고 나타난다 해도 무해하지만, 잘못 걸리면 치명적이기 때문이다. 바다에서 헤엄치는 사람은 어떻게 상어를 피하며, 우주유영자들은 어떻게 미소운석에 대비해야 하나? 우리는 수학적 접근을 시도했다. 과거 회수한 우주선들에서 미소운석 충돌 횟수를 확인하고 거기에 근거해 이론전산학을 적용한 것이다. 수학적 모델에 따르면, 장시간 우주에 머물 경우 작은 미소운석들에 맞을 확률은 크고 큰 운석에 맞을 확률은 적었다. 이런 상황에서 100퍼센트 보호는 장담하지 못한다. 이럴 경우 상식적으로 접근할 필요가 있다. 마일라의 에너지 흡수력이 좋지 않기에 펠트천 같은 소재를 한 겹 덧붙였다. 이는 나일론제 외피와 더불어 먼지처럼 작은 입자들을 제대로 막아주었다. 실제로 미소운석들 대부분이 이런 입자들이다.

처음에는 우리도 열 차단과 미소운석 차단을 어떻게 하나로 해결할지 난감했다. 외투나 망토 따위도 시도해봤지만 결국 우주복 외피에 직접 보호장치를 붙박이로 넣기로 결정했다. 이런 시도는 우주선 외부에 있을 때만 생각하면 훨씬 단순했다. 우주선 내에서라면 가압복을 입을 때마다 여분의 외피 층에 눌려 몸놀림이 어색하다는 뜻이다. 이 부분은 아폴로에서는 크게 문제되지 않았다. 필요 없을 때마다 가압복을 벗으면 되기 때문이었는데, 제미니에서는 그마저 불가능했다. 우주복을 벗기에는 선실이 너무 비좁았기 때문이다. 그래서 EVA 비행에서(제미니 4, 8, 9, 10, 12호) 왼쪽 좌석의 파일럿은 얇은 외피를 입었고 오른쪽 EVA 맨은 두터운 옷을 입었다. 그 바람에 잠 잘 때가 되면 실내온도가 또 문제가 되었다. 사령관에게는 너무 춥고 선외 유영자한테는 너무 더웠기 때문이다.

　다른 문제들도 있었다. 선외 유영자의 눈을 태양빛, 특히 해로운 자외선으로부터 특별히 보호할 필요가 있었다. 우리는 기본 헬멧 바이저에 특수코팅 처리를 하고, 두 번째 바이저를 선글라스처럼 칠한 후 그 위에 끼워서 필요할 때마다 올리거나 내릴 수 있게 했다. 아폴로의 경우에는 15~20차례 시도를 한 후에야 금박을 입힌, 이중 바이저를 장착한 외부 헬멧으로 결정하여 달 탐사자들에게 착용하게 했다.

　1964년 후반과 1965년 초반은 이런 설계 문제들과 씨름하고, 승무원 운용부서의 엔지니어들을 도와서 새로운 설계를 평가하고, 피트 콘래드처럼 불만이나 제안이 있는 우주비행사들과 토론하고, 비행사 전원에게 새로운 기획이나 완성품에 대해 설명하느라 바빴다. 소식을 알릴 때 가장 일반적인 방법은 메모였다. 우리 14인방이 맡은 바 다양한 전공분야에 깊이 파고들었기 때문에, 메일 수신함에 매일 수십 개씩 메모가 쌓이기 시작했다. 일부는 우주비행사 그룹의 의견을 묻기 위한 것이었고, 다른 메모들은 정보를 알리고 결정사항을 통보하기 위한 것들이었으며, 단순히 분노를 터뜨리는 메모도 있었다. "저 자식들이 지금 뭐라고 하는지 들어봐!"나 "세상에, 나 아니었으면 어떡할 뻔했어!"가 제일 빈번한 내용이었다. 그렇게 보면 우주비행사들과 나머지 우주 프로그램 담당자 사이가 원만하지만은 않은 것 같지만 실제로는 그 반대였다. 개인이든 그룹이든 우리 비행사들은 나사 직원들과 계약사 그룹의 환영을 받았다. 사람들은 우리 아이디어를 경청하고 최고 수준으로 대해주었다. 사실 너무 다양한 기술 분야에서 너무나 많은 사람들이 의견을 달라는 통에 다들 탈진할 지경이었다. 내가 맡은 분야에서도 회의, 설계 검토, 시뮬레이션 등 동시에 둘 이상의 장소에서 업무를 처리해야 했고, 이동하는 데는 그보다 더 많은 시간을 써야 했다. 나는 메모를 남기는 것보다 직접 현장에 가서 승무원들이 비행 중 어떤 일을 하고 하지 말아야 하는지 얘기했는데, 때로는 내 엄청나게 지엽적인 '전문분야'에 그룹의 관심을 이끌어야 할 필요가 있었기 때문이다.

메모

수신: 우주비행사 제위
발신: 마이클 콜린스
일자: 1964. 10. 7.
내용: 선외 기본규칙

최근 제로G의 K-135를 타고 제미니 진입 실험을 한 결과, 선외 우주비행사가 우주선에 복귀해 자리를 잡고 해치를 닫으려면 상당한 힘과 민첩성이 필요하다는 것을 확인했다. 우주비행사가 정상적으로 움직이지 못할 경우(사망, 의식불명, 저산소증, 탈진 등으로) 동료 비행사가 그를 안으로 끌고 들어올 방법이 없다. 지금까지 설계 목표는 우주비행사가 정상적으로 움직이지 못할 경우를 예방하는 데만 초점을 맞추었지, 도르래 등으로 비행사를 끌어들일 시도나 계획은 없었다. 개인적 소견으로, 가압복 상태의 인간처럼 스스로 움직일 수 없는 커다란 물체의 경우, 제미니 조종석같이 협소한 공간에 넣는 것은 불가능하다. 우리는 이것을 현실적으로 인정할 필요가 있다.

냉혹하지만 이것은 기본규칙에 속한다. 재진입에 성공하려면 왼쪽 비행사는 호스와 선을 끊고 해치를 닫아 동료를 궤도상에 남겨놓아야 한다는 뜻이기도 하다. 분명 적잖은 의미가 있을 터이기에 이 주제와 관련한 여러분의 생각을 듣고 싶다.

비슷한 상황은 아폴로에도 존재한다. 달 표면에서 우주인이 정상적으로 움직이지 못할 경우가 그러하다. 예를 들어 CSD의 최근 결정에 따르면, '동료 호스' 커넥터를 모두 제거하기로 했다. 요컨대 LEM* 안의 우주인이 동일 백팩(PLSS)에 고리를 거는 식으로 선외 우주인을 구출하는 시도가 불가능해진 것이다. 이는 개발논리의 일환으로 "인간은 선외 시스템의 일부이므로 오작동은 허용하지 않는다"라는 의미이다. 이것 역시 가능한 판단이긴 하지만 여러분의 반대의견을 듣고 싶다. 지금 이야말로 입장을 정할 때이기 때문이다.

마이클 콜린스

대개 메모에 대한 반응은 묵묵부답이었다. 동료 우주비행사들 역시 자기 임무에 너무 바빴다. 다만 이 메모에는 그나마 응답이 하나 있었다. 에드 화이트가 격렬하게 반대를 한 것이다. 제미니 내부로 복

---

* LEM. 달착륙선(lunar excursion module)의 옛 이름. 후일 LM으로 변경함.

귀하는 데 '힘과 민첩성'이 절대적으로 필요한 것은 아니라는 주장이었다. 에드의 경우에는 그럴 수 있었다. 탁월한 운동선수에 말처럼 튼튼하지 않던가. 하지만 내 경우엔 충격을 받을 정도로 힘들었다. 저 망할 놈의 가압 가스가방을 맨 채 오른쪽 의자로 돌아와 머리 위로 충분한 여유를 두고 해치를 닫는다고? 땅에서야 중력이 도와주니 쉽고도 쉽겠으나 제로G의 비행기에서는 와인병 코르크처럼 자꾸만 튕겨나갔다. 사실 나도 그 점이 걱정이었다. 에드의 걱정은 내 메모 때문에 향후 제미니 4호 비행에서 자신의 EVA가 취소될까 불안했기 때문이었을 것이다. 결과적으로 우리 둘 다 걱정할 필요가 없었다. 에드는 최초의 우주유영자가 되었고 바인딩 해치가 조금 속을 썩이긴 했어도 선내 복귀에 어려움이 전혀 없었기 때문이다. 에드 이후 나 같은 우주유영자들의 경우에는 오른쪽 좌석 받침을 조금 잘라 접근을 쉽게 하고 해치도 느슨하게 만들어 걱정거리를 해소했다. 요컨대 우주비행이 제로G 비행기로 나는 것보다 쉬웠던 것이다.

우주비행은 훨씬 재미있기도 했다. 제로G 비행기는 공군 KC-135(특히 보잉 707)을 개조, 객실 좌석을 모두 제거하고 기내에 패드를 덧댄 것이었다. 딱 봐도 정신병동의 안전병실이었다. 비행기는 대부분 오하이오 데이턴의 라이트-패터슨 공군기지에서 이륙했으나 특별한 경우엔 휴스턴이나 케이프로 소환될 수 있었다. 포물선 비행을 하면 한 번에 20초 정도 무중력을 흉내 낼 수 있었다. 비행기를 가파르게 하강하다가 조종간을 힘껏 당겨서(2G 또는 3G까지) 적절한 속도로 비행기를 포물선 꼭대기에 올려놓으면, 후미 선실의 우리 몸은 천정과 바닥 사이에 떠 있게 된다. 적어도 이론은 그랬다. 실제로는 아무리 비행이 능숙해도 조금씩 씰룩거리기에 몸이 여기저기 부딪히기는 했다. 1963년 에드워즈 기지에서 처음 그 비행기를 탔을 때는 정말 끝내줬다. 단순한 훈련 비행이었지만 우리 ARPS(우주탐사파일럿) 반은 눈을 반짝거리며 비행기에 올라탔다. 옷은 무거운 가압복이 아니라 얇은 면 비행복이었다. 우리는 거기서 종이컵으로 물 마시기를 시도하면서 멍청하게 키득거리고 웃기도 했다. (그러나 제로G에서 그것은 불가능하다. 입에 넣기도 전에 물이 컵에서 나와 커다란 공 모양으로 떠다니기 때문이다.) 지상에서는 불가능한 이런 바보짓을 수도 없이 했다. 비행의 절정은 교관 어니 볼제노를 주연으로 한 정교한 연출무대였다. 대학 레슬링 챔피언 출신인 어니는 실제로 〈슈퍼맨〉의 클라크 켄트와 똑같이 생겼는데, 그의 아내는 이 경우에 특별히 입으라고 그에게 의상까지 만들어주었다. 슈퍼맨 의상은 내복으로 만들어 하늘색 염색을 했으며, 그 위에 붉은 색 반바지를 입었다. 커다란 S자 표시도 가슴에 박고 펄럭이는 망토까지 둘렀다. 제일 크고 뚱뚱한 학생 둘이(사실 무중력이기에 체중은 상관은 없었다) '범인'으로 발탁되었다. 이윽고 다음 포물선 비행에서 어니는 승리의 괴성을 지르며 양손으로 한 놈씩을 붙들었다. 그리고 겁먹은 죄인들을 한심하다는 표정으로 보더니 그대로 박치기를 시키고 동체 끝으로 집어던졌다! 이런 삼류 쇼를 본 적이 있는가? 게다가 그 모든 장면은 카메라로 녹화해 기록으로 남기기까지 했다.

　노는 얘기는 이 정도로 끝내자. 나는 그 뒤로 제로G 비행을 기피했는데, 다른 문제들이 있었기 때문이다. 첫째, 그곳에 간 이유는 일 때문이지 놀기 위해서가 아니었다. 둘째, 우리는 거의 매일 가압복을 입었으나 그 옷은 공기도 잘 통하지 않았다. 말인즉슨 처음부터 덥고, 점점 더 더워졌다는 얘기다. 셋째, 할 일은 많은데 시간은 늘 부족했다. 우리는 포물선 비행 중에도 미친 듯이 일을 했다. 넷째, 포물선 비행이 너무 많았다는 거다! 몇 번은 재미있었으나 그 후로는 점점 고역으로 변했다. 결국 동료들은 늘 속이 뒤집혀 구역질을 했다. 대개 비행을 시작한 직후였다. 다들 노련한 비행사였지만, 포물선 비행을 40~50회 반복하면서 뭔가 잘못됐다는 뜻이다. 연신 제로G에서 2G 사이를 오가는 일이 아닌가! 일반적으로 탑승객은 카메라맨과 엔지니어 몇 명, 지원인력들이었지만 대부분 이런 상황에 익숙하지 않았기에 포물선 비행 초반 5~6회 내에 속이 뒤집혔다. 의미가 없었다. 우주비행사들도 일부는 구토를 했다. 나는 그 정도까지는 아니었으나 이따금 속이 뒤집힐 때면 기분이 더러웠다. 머리 동작을 최소화하면 도움이 된다는 정보도 별 소용이 없었다. 그날의 임무에 따라 가상의 아제나 로켓에서 가상의 유성진 꾸러미를 회수하다 보면 머리가 이리저리 곤두박질치기 일쑤였기 때문이다. 제로G 비행이 이상한 점은, 익숙해지기는커녕 점점 인내심을 잃는다는 데 있었다. 제미니 훈련이 끝날 무렵 누군가 투덜댔다. "KC-135를 타면 이상하게 구역질이 난다니까." 다행히 아폴로 승무원 훈련 때는 KC-135를 별로 활용하지 않았다.

가압복 업무 중 훨씬 더 불안하고도 잠재적인 문제를 알게 되었다. 특정 상황에서 폐소공포증을 느끼는 점이었다. 정확히 말하면 우리는 가압복을 입는다기보다는 가압복 안으로 들어가는 셈이었다. 장갑과 헬멧을 고정하고 우주복에 압력을 가하고 나면 세상을 엿보기는 해도 그 일부가 되지는 못한다. 말 그대로 번데기처럼 딱딱한 고치 속에 갇히는 것이다. 공기나 산소를 충분히 공급해주어야 비로소 숨을 쉬고 체온도 낮출 수 있다. 여기까지는 괜찮다. 아직 불쾌감은 없으니까. 작은 조종석에 묶일 때도 불안하다고 느낀 적은 없었다. 하지만 여기에 고된 작업을 더해보자. 예를 들어, 어두운 터널에서 크고 빽빽한 해치를 제거한다. 호흡이 점점 크고 빨라질수록 생경한 두려움이 의식을 파고든다. 맙소사, 공기가 부족하잖아! 당장 여기서 나가야 해! 물론 이런 기분을 드러낼 수는 없었다. 용케도 늘 버텨내기는 했다. "어이, 거기 바깥 양반들! 산소공급을 늘리고, 혹시 어디가 접혔는지 호스 좀 살펴주시겠소? 그동안 좀 쉴 테니." 아무튼 그럭저럭 헤쳐 나갔으나 몇 차례는 바이저를 올리고 바깥 세계를 훔쳐보아야 했다. 진공공간이라면 절대 해서는 안 될 일이었다(당연히 감압실에서도 안 된다).

나는 이 문제를 꽤 깊이, 심각하게 여겼다. 내가 수행한 수많은 테스트들 자체가 대체로 지극히 혹독했다. 실험용 콘솔에서 시뮬레이터까지 공기를 공급하는 호스도 지나치게 길었다. 진짜 우주선에서도 이만큼 시원하거나 빠르게 흐를까? 흐름이 막히면 날숨이 헬멧 안에 남을 것이고, 결국 이산화탄소에 질식하고 말 것이다. 당연히 생리학적 문제가 발생하고 불쾌감을 야기한다. 그런데 다른 사람은 괜찮은데 유독 나만 어려운 걸까? 나라고 특별히 산소가 더 필요할 리는 없었다. 때문에 공급 산소는 똑같이 덥고 퀴퀴한데 다른 사람들은 편안하고 나만 겁이 난다면 분명 뭔가 잘못되었다는 뜻이다. 노련한 가압복 엔지니어 몇 명과도 조심스레 얘기해보았다. "이봐요, 이런 데 처음 들어가면 폐소공포증을 느끼나요?" "아, 물론입니다. 어떤 친구는 바이저를 내리자마자 미쳐버리던 걸요." "설마!" 이 끔찍한 폐소감이 정확히 언제 치고 들어오는지 분석해보았다. 시원하다고 느끼고 시야가 밝고 움직임이 자유로우면 문제가 없었다. 하지만 작업량이 증가하고 땀을 흘리기 시작하면 무엇보다 자신감부터 떨어졌다. 바이저에

습기가 차서 잘 보이지 않으면 나는 거의 기능 상실이 되었다. 몇 분 정도 지시에 따르지 못하기도 했다. 이따금 가만히 앉아 두려움을 극복하고 간신히 탈출 욕망을 억눌렀지만, 기어이 한 번 정도는 핑계를 대고 실험을 중단해야 했다.

그런 일들이 있고 데케를 찾아갈 생각도 했다. 솔직하게 고백하고 프로그램을 떠나면 그만이지만 물론 그럴 수는 없었다. 어떻게 해서든 남아야 했다. 나 스스로도 이 멍청한 상황을 벗어날 수 있으리라 믿었다. 마침내 에드워즈에서 대여섯 번 가압복을 착용하고 훈련했다. F-104 포물선 비행도 몇 차례 있었으나 그 안에 갇혔다는 느낌은 전혀 없었다. 게다가 폐소공포증이든 뭐든 드문 경우인지라 별 다른 어려움 없이 시험 대부분을 통과할 수 있었다. 비행 중 그런 식의 사건 한 번이면 나와 동료들을 중대 위험에 빠뜨릴 수 있다. 하지만 다른 한 편, 계획된 비행의 절반 정도는 가압복이 전혀 필요 없었다. 기껏해야 조종석 압력 고장처럼 가능성이 희박한 경우뿐이다. 아무튼 나는 이 우스꽝스러운 난관을 헤치고 우주를 날 것이다. 반드시 날아야 한다.

시간이 흐르면서 상황도 좋아졌다. 나는 실험 초반에 냉기를 최대로 해달라고 요구했다. 거의 얼 정도로 추웠지만 상관없었다. 또 하나 호흡에 집중하는 법도 배우고, 아무 문제 없다고, 산소가 충분하다고 자신을 다독일 수도 있었다. 마침내 장비를 더 잘 이해하고 어려운 임무들이 더 단순하게 재설계되면서 호흡곤란 문제도 점점 줄어들었다. 다른 사람과 얘기해본 적이 없기에 나한테만 그런 문제가 있는지는 모르겠으나 폐소공포증 우주비행사 얘기는 듣도 보도 못한 것이 사실이다. 가압복을 향한 애증이 깊어진 것도 전적으로 이 때문이라는 사실도 짚고 넘어가야겠다. 제미니 10호를 타고 우주유영을 성공적으로 마쳤을 때는 G-4C-36 가압복을 입었다. 참 괜찮은 우주복이었다. 특수 개조를 통해 가시성과 유연성이 크게 늘었고, 나한테도 완벽하게 맞아 그 안에 있으면 매우 편안했다. 종이처럼 얇은 공기주머니도 우스터의 훌륭한 숙녀분들이 멋들어지게 달아놓았다. 내가 15미터 길이의 공급선 끝에 매달린 채 진공의 우주에 뛰어들 때에도 3.7psi 산소 환경을 유지해주었다. G-4C-36이라면 금속, 섬유, 고무답지 않게 내 사랑을 흠뻑 받았으나, 다른 가압복에 대해선 조금 생각이 달랐다. 으, 역겨운 관 조각 같으니! 다시는 그 안에 들어가고 싶지 않다.

가압복 설계 진행을 관리하는 것 말고도 우주비행사실 사환 격으로 EVA에 필요한 온갖 잡다한 장구를 책임져야 했다. 제미니 EVA에서는 체스트팩을 장착하고 아폴로에서는 커다란 백팩을 진다. 둘 다 과학의 기적이었다. 산소공급탱크, 무전기, 열교환기, 온수보일러, 펌프, 환풍기 등 우주복의 압력을 유지하고 우주인을 안전하고 편안하게 만들어줄 온갖 장치가 가득했다.

두 번의 제미니 비행에서 수행한 실험이 하나 있었는데 정말 험악했다. 유인기동장치 즉 AMU는 그 자체로 작은 우주선이었다. 제미니 뒤쪽의 이른바 어댑터섹션adapter section에 보관했기에, AMU를 착용하려면 일단 조종석을 감압하고 빠져나가 공급선을 길게 늘어뜨린 채 난간을 더듬으며 돌아가 어댑터섹션에 들어가야 했다. 그곳에서는 AMU에 등을 댄 뒤 양쪽 팔을 끌어내리고 가압복에 전기와 산소 공급장치를 연결한다. 그러면 이론상으로 AMU를 제미니에서 분리할 수 있다. 장치에 장착된 소형 가스제트를 점화해서 어댑터섹션 밖으로 빠져나오는 것이다. 우주유영자는 이제 '날아서' 제미니 앞으로 돌아갈 수 있다. 그러고는 급회전, 경례, 지그재그 등 모선에서 독립하여 예정대로 우주에서 기동할 수 있는 행동을 우주선 내부의 동료에게 시연해 보인다. 아이디어를 더 발전시켰다면, 공군(이 장비를 후원했다)은 인간이 궤도상에서 할 수 있는 꽤 많은 활동을 시도할 수 있었을 것이다. 예를 들어 우방의 위성을 조사하고 수리하거나 적대국의 위성을 무력화하는 것과 같은. 그러나 개념이 아무리 좋다 해도 실제로 할 수는 없었다. 진 서넌은 제미니 9호를 탔을 때 팔을 제대로 내리지 못했다. 그가 진땀을 흘리는 모습을 보고 톰 스태퍼드가 황급히 조종석으로 소환할 정도였으니 오죽했겠는가. 이런 진의 고생과, 딕 고든이 제미니 11호에서 겪은 문제들 때문에라도 제미니 12호에서의 2차 시도는 취소되었다. 버즈 올드린으로서는 아쉬운 일이 아닐 수 없었다. 이 제미니 최종비행에서 그가 재시험하기로 한 일이었기 때문이다.

AMU는 거대하고 성가신 물건이었다. 연결 장치들 때문에라도 그렇다. 중심을 잡기 위해 자이로스코프들을 장착하고 위아래, 전후좌우로 움직이려면 추진기들도 매달아 점화해야 했다. 나사 내에서도 AMU는 복잡함에 더해 다른 결함까지 있었다. NIH, 즉 '이곳에서 만들지 않은'not invented here 장치였던 것이다. 이 공군 발명품의 나사 버전은 수동식 기동장치 곧 '짚건'zip gun이었다. 우주비행사는 두 개의 방아쇠가 달린 두툼한 손잡이를 오른손으로 잡는다. 그곳에 두 개의 암arm이 달려 있고 양끝의 제트분사구가 뒤쪽을 향해 있다. 중앙의 세 번째 분사구는 전방을 향했다. 우주비행사가 어딘가 가려면 그저 목표를 향해 총을 겨누고 '전진' 방아쇠를 당기면 된다. 그러면 두 개의 분사기가 점화해 전진하고, '정지' 방아쇠를 당기면 세 번째 분사기가 점화된다. 장치에 자이로스코프가 없기 때문에 우주비행사가 넘어지거나 뺑뺑 돌지 않으려면, 원치 않는 몸동작과 반대방향으로 총을 겨누고 해당 방아쇠를 당겨야 한다. 분사기 셋의 가스공급은 제한적이긴 했지만 짚건 자체 내에서 이루어졌다. 연료량이 부족하면 우주선 대형 탱크에 공급선을 연결해 공급받을 수도 있었다. 제미니 4호의 에드 화이트는 전자의 방식을 이용했고, 나는 제미니 10호에서 후자의 방식을 이용했다. 후자는 단순하다는 것 말고 장점이 하나 더 있었다. 조종석 내에 보관이 가능하다는 것이었다. 우주유영자는 조종실을 감압하기 전에 조종실 내에서 직접 공급선을 연결하고 그밖에도 필요한 조처를 취할 수 있었다. 즉 어댑터섹션으로 돌아가 가압복을 입은 채 커넥터들과 씨름할 필요가 없었다는 뜻이다. 그만큼 골치 아픈 절차를 하나 덜어냈다. 하지만 일단 착용하든 장착하든, 몸에 걸치고 나면 안정시스템이 있는 AMU가 단순한 짚건보다 제어 면에서 수월한 것이 사실이다. 안타깝게도 두 장치를 직접 비교한 적은 없었다. 가능했다면 롤스로이스와 핫로드의 비행시합이 되었을 터였다.

가압복을 비롯해 선외 하드웨어도 걱정이었지만, 인간이 인간위성이 되어 저 밖을 날아다니며 어떤 일을 해야 합리적일까 고민하는 데에도 많은 시간을 투자했다. 정말로 중대한 수리작업을 하거나 다른 우주선을 사냥하고 패키지를 회수할 수 있을까? 좋아, 할 수 있다고 치자. 정말로 해야 하는 걸까? 임무를 수행할 더 좋은 방법이 있지는 않을까? 테스트파일럿으로서의 이력도 도움이 되지 않았고, 사실상 전례가 없는 고민이라 참조할 대상이 있을 리도 없었다. 그저 합리적인 사람들이 바람직한 추측을 해주기를 바랄 뿐이었다. 증명은 실제 비행실험에서만 가능했다. 돌이켜 보면 우리는 한 가지 근본적인 실수를 했던 것 같다. 중력이 없는 곳에서 한 장소에 머물기 위해서는 자세 유지에 온 관심과 에너지를 집중해야 한다. 달에서는 문제가 아니다. 달 자체 중력이 있는데다 우주선에 안전하게 연결되어 있기 때문이다. 하지만 무중력 우주유영에서는 자세가 끝없이 흐트러진다. 발 디딜 곳이나 짧은 줄조차 없는 이상 자세를 잡느라 계속 애를 먹을 수밖에 없다. 예컨대 편안한 안락의자에 앉았는데 누군가 중력을 꺼버렸다고 생각해보자. 상황을 단순화하기 위해 의자는 바닥에 고정되어 있다고 치자. 내가 움직이지 않는 이상은 아무 일도 일어나지 않을 것이다. 하지만 몸을 조금이라도 까딱하면 상황이 달라진다. 살짝 기지개라도 켠다면? 그러면 허벅지는 의자 좌석에서 튕겨나가고 의자는 뒤로 밀리며 ("모든 움직임에는 반드시 작용과 반작용이 존재한다.") 우리는 천천히 떠오르기 시작한다. 이를 막기 위해 다리 사이로 한 손을 뻗어 의자를 잡으려 한다. 그러면 그 때문에 회전력이 생겨 머리가 아래쪽으로 돌기 시작한다. 그러면 여러분은 다른 손으로 의자를 잡을 것이고, 힘은 또 반대방향으로 작동한다. 이번에는 엉덩이가 의자좌석에 부딪치는데 생각보다 강도가 크다. 처음보다 훨씬 더 빨리 튕겨나간다는 뜻이다. 마침내 당신은 자리에 앉기 위해 의자와 엄청난 사투를 하고 있음을 알게 될 것이다. 약간의 연습을 하면 동작을 억제하고 두 손도 조심스럽게 팔걸이에 내려놓을 수 있겠지만, 다시 작은 충격만 있어도(아무리 동작이 단순해도 피할 수는 없다) 처음부터 이 과정을 되풀이해야 할 것이다.

제로G 비행에서 조금 눈치 채긴 했지만 이런 무중력 문제가 불과 20초 동안 어떤 결과를 낳을지 알기란 절대 불가능하다. 게다가 핵심 문제를 엉뚱한 탓으로 돌리기까지 했다. 그러니까 파일럿이 포물선을 완벽하게 이루지 못해 우리를 인위적으로 내동댕이쳤다는 식이다. 제미니 4호의 에드 화이트는 유영 시간이 짧았기에 뚜렷한 임무도 없었다. 당연히 우리도 문제를 제대로 인식하지 못했다. 이런저런 불평과 해결책을 어느 정도 체계화한 것은 진 서넌의 9호, 내 10호, 딕 고든의 11호를 겪고 난 이후에나 가능했다. 이제 발판, 허리띠 등 유용한 장비들을 확인하는 일은 12호를 타는 버즈 올드린의 임무가 되었다. 더 이상 예전처럼 AMU에 매달린 채 하늘을 빙빙 돌 일은 없어졌다.

EVA 계획이 가장 흥미롭고 혁신적인 임무였다면 가압복 테스트는 가장 피곤하고 따분했다. 피트 콘래드가 넌지시 얘기했듯이, 아폴로 우주복이라고 해서 완벽한 것은 아니었기 때문이다. 따라서 우선 단점을 파악하고 어떻게 극복할지 격론부터 벌여야 했다. 아폴로 우주복 제작사(ILC)는 초기 기동복들을 제작했는데 애초에 나사의 관심을 받은 것도 그래서였다. 하지만 열심히 다듬고 개선할수록 성능은 더 나빠지기만 했다. 가장 열 받는 단점은 어깨관절이었다. 관절부분이 삼각근을 3센티미터 정도 짓눌러야만 움직일 수 있도록 만든 것 같았다. 헬멧도 불편하고 바이저 아래쪽은 아예 잘 보이지도 않았다. 다른 한편 제미니 우주복은(데이비드클라크 제작) 제대로 진행 중이었다. 관절유연성의 경우 한 방향 짜임 때문에 본질적인 한계가 있었지만 적어도 편안하기는 했다. 나사는 백팩, 열과 미소운석 보호장비를 포함해 선외 패키지 전부를 제공하기로 계약한 해밀턴스탠더드를 통해 그 하청업체인 ILC를 압박하기 시작했다. 해밀턴은 ILC 설계의 대안으로 우주복 제작자 몇 명을 자체 고용해 직접 우주복을 제작하겠다고 나섰다. 데이비드클라크도 밀릴 생각은 없었다. 그들도 곧바로 아폴로 우주복 제작에 나서 이번에는 활주식 플라스틱 어깨고리를 외피에 삽입해 단점을 보완했다. 나사는 경쟁을 부추겼다. 결국 어느 회사에 이 소중하고도 소중한 달 탐사복 제작을 맡길지는 3자 경쟁으로 결정하게 될 것이며, 그 사실은 머지않아 기정사실로까지 굳어졌다. 각 회사는 경쟁할 우주복 하나씩을 제작했는데, 치수는 마이클 콜린스가 모델이었다. 공정을 기하기 위해 필요한 정보를 최대한 제공하고, 세세하고 매우 정교한 시험계획까지 마련했다. 우주복을 입고 가능한 작업을 동일 조건 하에서 세 차례씩 검증하고 그 과정도 빠짐없이 기록하여 자료로 남겼다. 누설률 측정 같은 실험은 내가 없어도 가능했다. 하지만 실험을 이끄는 젊은 심리학자 밥 존스한테는 '승무원 참여'가 필요한 목록이 얼마든지 있었다. 우리는 캘리포니아 다우니의 노스아메리칸 사로 날아가 모형 사령선 안에서 각 우주복의 한계, 가시성, 종합적인 유연성 등을 확인하고, 롱아일랜드 베스페이지의 그루먼으로 건너가 달착륙선으로 동일한 시험을 했다.

게다가 나는 원심회전기라는 이름의 저 사악한 훈련 및 연구 장치를 또 소개받았다. 1965년 6월 당시 MSC 원심기는 아직 작동 전이었기 때문에, 우리는 우주복 세 벌을 싸들고 펜실베이니아 존스빌로 떠나 해군의 기계를 빌렸다. 소위 '통돌이'the wheel와는 벌써 세 번째 만남이었다. 에드워즈에서 ARPS 코스의 일환으로 처음 만났고, 두 번째는 그러비의 기본 훈련 때였다. 제로G 비행기가 임무시간이 짧고 정확도도 떨어졌다면, 이 고기압 통돌이는 정확히 그 반대였다. 아주 전문적인 임무를 극도의 정확성으로 처리했으며, 승객이 견딘다면 훈련시간도 무제한이었다. 통돌이의 임무는 로켓이 우주로 발사될 때의 가속과 지구 대기권으로 재진입할 때 느끼게 되는 감속을 재현하는 것이었다. 방법은 소형 곤돌라 즉 모형조종석을 1.3미터 길이의 축 끝에 매달고 회전시키는 것이었다. 축이 빨리 돌수록 원심력은 승객을 점점 의자 깊숙이 밀어 넣는다. 원심력은 G로 표시된다. 1G는 익숙한 지구 중력가속도이고 초속 9.8미터에 해당한다. 제미니에서 최고의 G는 궤도에 도착하기 직전, 그러니까 타이탄 로켓의 2단 엔진이 셧다운되기 직전이었다. 이때의 중력이 7.5G이니까 몸무게도 지구에서보다 7.5배 더 나간다는 얘기다. 제미니의 대기권 재진입 시 중력은 일반적으로 4G 정도이다. 아폴로는 상황이 달랐다. 새턴 V의 비행이 타이탄보다 '부드러웠기' 때문에 1단 로켓의 연료가 완전히 연소되었을 때는 4.5G 정도였다. 하지만 달에서 귀환하는 과정에서 시속 4,000킬로미터로 대기권에 진입할 때 얼마를 기록했는지 아는가? 아폴로 귀환 중에는 보통 7G 정도인데, 각도가 조금 더 가파를 경우 10G나 15G에 이르기까지 한다. 그래서 15G가 통돌이에서 우리 한계가 되었는데, 그것도 정말 장난이 아니었다.

8G가 넘으면 기분이 아주 불쾌하고 호흡이 거칠어지며 흉골 아래 통증이 인다. 10G 정도면 통증이 더 심해지고 호흡은 거의 불가능하다. 그래서 높은 G에서는 전혀 다른 호흡법이 필요하다. 보통처럼 숨 쉴 경우, 날숨은 상관없지만 들숨 때에는 폐를 다시 팽창하지 못해 마치 철판으로 가슴을 꽉 죄는 것만 같다. 따라서 호흡 자체가 완전히 달라야 한다. 허파를 내내 부풀린 채 숨을 바르고 받게 가져가야 하는 것이다. 높은 G에서는 호흡문제 말고도 시계가 좁아지기 시작해, 곁눈에서 중앙을 향해 그림자가 좁혀 들어온다. 이 중간단계를 터널 시야라고 부른다. 조종석 설계자는 그 단계의 비행 중에는 보이지 않는 주변이 아니라 바로 눈앞 정면에서 필요한 지시를 파악할 수 있도록 고려해야 한다. 비행기를 급강하시키면서 갑자기 기수를 바꿀 때 전

투기 파일럿이 일시적으로 블랙아웃 현상을 겪는다는 얘기는 들었으나 우주비행사들이라면 가능성은 현저히 줄어든다. 사람들이 달라서가 아니라 중력의 방향이 다르기 때문이다. 가장 간단하게 방향을 정하려면 두 눈이 움직이는 방향을 참조하면 된다. 전투기가 '플러스 G' 즉 급강하에서 빠져나올 때 우주비행사의 표현으로 '안구하강'eyeballs down이라고 한다. 파일럿의 '마이너스 G'는 '안구상승'eyeballs up이다. 플러스 G가 너무 높아서 피가 두뇌에 닿지 못하면 '블랙아웃'이 된다. 마이너스 G 때문에 피가 뇌에 쏠리는 것은 '레드아웃'이라고 하며, 훨씬 더 위험한 상황이다. 우주비행사는 이 모든 경우에서 90도 방향으로 피 몰림을 경험하게 된다. 파일럿의 의자와 달리 우주비행사의 좌석은 중력 방향이 횡 방향 또는 '안구함몰'eyeballs in이 되도록 설계되어 있기 때문이다. 이 방향의 중력은 가슴 통증과 호흡곤란을 야기하긴 하지만, 시야나 의식을 잃지 않고 훨씬 높은 중력에도 견딜 수 있다.

이 모든 상황에는 일종의 불길한 매력 즉 통과의례가 있다. 통돌이 실습을 마치면 의사가 안출혈眼出血을 검사하는데, 하루 일과가 끝나면 등에 전체적으로 붉은 반점들이 나타난다. 소위 점상출혈petechiae, 즉 엄청난 수의 모세관 출혈증상이 나타나는 것이다. 이는 높은 중력 때문에 혈관 벽이 파열했기 때문이다.* 이 실습은 한 번이면 족하다.

---

* 에드워즈에서의 사건은 절대 잊을 수 없다. 전투기 운용팀의 동료 밥 루니가 존스빌의 통돌이 프로젝트에 얼떨결에 자원자가 되었다. 최신형 억지 시스템을 실험하는 프로젝트였는데 성공하면 매우 높은 중력, '안구팽창'(eyeballs out)에서도 작업이 가능하다고 했다. 루니는 에드워즈에 돌아왔지만 모습이 완전히 꼴불견이었다. 두 눈이 충혈되어 흰자위까지 피칠을 한 것처럼 보였다. 그의 몸이 출혈을 완전히 흡수하고 외모가 정상으로 돌아가는 데는 한 달 정도가 걸렸다. 그 동안은 차마 밥을 바라볼 수가 없었다. 할 수 없이 그도 내내 선글라스를 착용했다. 루니의 불행은 에드워즈에서도 커다란 문제를 뜻했다. 그곳 프로젝트를 위해 테스트파일럿을 실험 쥐처럼 부려먹었다는 불평이 터져 나온 것이다. 다행히 우리 상사들은 미친놈들 대부분을 무

이후 2~3일은 술 취한 듯 알딸딸한 기분으로 지내야 하고, 머리를 갑자기 돌리면 이따금 현기증이 이는 등 불쾌감이 이어지기 때문이다. 그러니 세 번이나 존스빌로 돌아가는 게 그다지 행복할 리 없었다. 더욱이 우주복 세 벌을, 다양한 조건 하에서, 편안함, 작업 범위, 시야각까지, 무려 세 차례나 반복하는 일이 아닌가!

이런 불편함을 감수해야 했지만, 우주복 경쟁은 좋은 생각이었다. ILC를 자극해 더 높은 수준의 작품을 만들어내지 않았던가. 특히 어깨 유연성과 편안함 부분이 그랬다. ILC의 우주복이 다른 둘보다 월등히 좋았다. 특히 1965년 경쟁 이후 최초의 달 탐사까지 4년 동안은 훨씬 더 발전했다. 아폴로가 끝날 때쯤 우주비행사들은 특별한 어려움 없이 몇 시간씩 달 선외유영을 즐겼지만 1965년 처음 EVA 하드웨어를 처음 볼 때만 해도 기대감은 거의 제로에 가까웠다. 예를 들어, 아폴로 17호에서 진 서넌은 7시간 30분간 무려 20킬로미터를 주파했다. 1965년이라면 상상도 못할 기록이었다. 그 당시 일부 우주비행사들은 아예 백팩 개발을 철회하고 차라리 달착륙선의 공급선에 의지해서 작업계획을 수립하는 편이 나을 거라는 제안을 하기도 했다. 하지만 그렇게 되면 우리 활동 범위는 기껏 15미터 내외에 불과했으리라. 사실 백팩이 점점 커지고 무거워지고 복잡해지면서 좁은 조종석을 더 좁게 만든다는 이유도 있었다. 공급선만큼 신뢰도가 확실한 것도 아니었고 무게 때문에 연료를 충분히 운반하지 못하는 것도 한몫했다.

찌를 수 있었다. 내가 보기에도 놈들은 그저 기사에 약간의 조미료를 치고 싶어 했다. 지금도 기억하지만, 통돌이에서 혈압 측정을 할 때가 있었다. 당연히 전통적인 혈압기로는 미진했기에 심장혈관에서 직접 측정할 필요가 있었다. 수술은 아주 간단했다. 겨드랑이 혈관을 조금 자르고 플라스틱 튜브 끝에 압력센서를 부착해 넣은 다음 심장 안에 닿을 때까지 밀어 넣는다. 그다음엔 통돌이에 들어가면 그만이다. 피험자는 노련한 테스트파일럿이어야 했다.

게다가 우리가 달에서 가져올 것도 기껏 돌멩이 몇 개가 아니던가. 그러나 내 경우에는 꾸준히 최첨단장비를 개발하고 어떤 결과가 나오는지 알기까지 결정을 유보하자는 쪽이었다. 비용이 많이 드는 과정이긴 하지만 크게 개의치 않았다. 아폴로에 좋은 점이 있다면, 가격을 아무리 올려도 아무도 뭐라고 하지 않았다는 것이다.

6

제미니에서 오줌누기

잔지바르의 표범 수를 세겠다고 전 세계를 돌아다닐 필요는 없다.
헨리 데이비드 소로, 『월든』

그럴 필요 없다고? 그러면 사람 맥박은 왜 재는데? 그의 죽음을 기록하거나 그가 어리석기 짝이 없다는 사실을 확인하기 위해서? 1965년은 이런 판단을 하던 해였다. 나로서는 덥고 땀범벅인 우주복 안이라 시작부터 초라했지만, 적어도 나사에게는 결과가 좋았다고 해야겠다. 제미니가 기적을 일으킨 해 아닌가. 2년간의 휴지기 끝에 갑자기 비행이 재개되었기 때문이다!* 우리도 이제야 우주비행사가 된 것 같았고 제미니도 괜찮아 보였다. 두 차례 무인 발사 이후 3월 23일 제미니 3호가 드디어 준비를 마쳤고, 거스 그리섬과 존 영이 '몰리 브라운' 호에 승선했다. 거스가 제미니 3호를 그렇게 부른 이유는 브로드웨이 제

---

* 고르도 쿠퍼가 페이스 7호를 타고 22회의 궤도비행을 수행함으로써 수성 프로그램을 마친 것이 1963년 5월 15일이었다.

목처럼 "가라앉지 않기"를 바라는 마음에서였을 것이다.* 머큐리 우주선 '리버티벨 7'이 대서양 바닥에 수장된 탓에, 거스와 존은 다섯 시간 비행 스케줄이 허용하는 한에서 우주선 부품들을 최대한 혹사시켜 본다는 계획으로 바쁘게 세 차례 궤도비행을 수행했다. 거스와 존을 포함해 몇몇 사람들은 더 오래 비행을 해서 문제가 나타날 때까지 지켜봐야 한다고 생각했으나 보수적인 의견이 더 우세했다. 결국 몰리 브라운은 세 번의 부산한 궤도비행 끝에 목표지점에서 100킬로미터 못 미치는 위치의 대서양 물에 풍덩 빠지고 말았다. 거스는 추진체를 점화하기 전 세 번이나 궤도를 바꾸는 데 성공했고(랑데부에 필요한 서곡이다), 존은 시스템 실험을 다양하게 수행했다. 존은 콘비프 샌드위치를 먹기도 했다. 월리 시라가 장난으로 그의 가압복 주머니에 넣어주었던 것인데, 나사는 몰랐던 탓에 후에 다소 신경질적으로 반응하기도 했다. 의사들 주장에 따르면 샌드위치는 비행 중 의료수칙을 위반하는 것이었고, 엔지니어들도 빵 부스러기가 기계 내부에 침투하면 끔찍한 결과로 이어질 수 있다며 호들갑을 떨었다. 몇몇 국회의원도 잔뜩 흥분해서는 나사가 우주비행사 그룹을 전혀 통제하지 못한다며 비난을 퍼부었다. 우리도 월리의 목이라도 조르고 싶었다. 하찮은 샌드위치 때문에 상부의 관심을 끌어들였으니 기분이 어떠했겠는가. 데케는 심지어 모두에게 메모를 보내기까지 했다. "…내가 허락하지 않는 한 어떤 물건이든 몰래 우주선에 들일 경우 합당한 징계조치가 따를 것이다. 아무리 사소한 물건일지라도 귀군들에게 큰 오점이 되는

---

* 몰리 브라운은 타이태닉호의 생존자다. 그의 일대기를 그린 연극 〈가라앉지 않는 몰리 브라운〉이 1964년 뮤지컬로 제작되기도 했다.―옮긴이

것은 물론, 향후 동료 승무원들의 미래에까지 영향을 미칠 수 있음을 명심할 것이다." 우주선의 별명을 짓는 장난이 금지된 것도 이 즈음이었다.* 짐 맥디비트와 에드 화이트는 크게 실망했다. 향후 그들이 타게 될 제미니 4호를 '아메리칸 이글'로 짓고 싶어 했기 때문이다.

이름이야 어떻든 제미니 4호의 개발은 순조로웠다. 제미니 3호의 시작이 원만했기에 더 이상 대규모 재설계도 없었다. 물론 여전히 연료전지와 랑데부 레이더처럼 테스트가 필요한 장치들도 남아있었다. 그밖에도 착륙 지점에 정확히 내리지 못하는 문제가 있었지만, 그것들만 빼면 제미니 3호는 실제로 실험 목적을 모두 완수했다. 꽤나 많은 일들이 일어난 시기이기도 했다. 바로 5일 전에 알렉세이 레오노프가 보스호트 2호에서 나와 10분 간 세계 최초의 우주유영자가 되었고, 바로 전날에는 레인저 IX가 달과 접촉했다. 레인저 IX는 달에 떨어지기 직전 찍은 클로즈업 사진을 포함해 수천 장의 사진을 송신했다. 과학자들은 사진을 분석한 후, "화구륜^{crater rim}은… 평원보다 단단해 보이나 화구원^{crater floor}은 화산 거품이 굳은 것으로 보이므로 착륙선이 지탱하지 못할 것"**이라고 결론지었다. 덕분에 제미니 3호의 성공으

---

* 머큐리 우주선은 모두 별명을 붙였는데 별명 뒤에 자신들이 원조 7인방에 속한다는 뜻으로 숫자 7을 덧붙였다. 프리덤(셰퍼드), 리버티벨(그리섬), 프렌드십(글렌), 오로라(카펜터), 시그마(시라), 그리고 페이스(쿠퍼) 등이다. 러시아 우주인들은 프로그램별로 우주선에 숫자를 붙였다. 대충 그들의 보스토크('농쏙'의 뜻)는 우리 머큐리와 일치했고, 보스호트('일출')는 제미니, 그리고 소유스('연방')는 아폴로에 해당했다. 러시아인들은 우주선에 시리즈로 숫자를 붙이는 것 말고도 개별적인 호출부호도 사용했다. 예를 들어 시걸, 호크, 다이아몬드, 아르곤 등이었다. 아무래도 '몰리 브라운'이 다소 부적절하다고 여겼던지, 우리도 아폴로 9호까지는 숫자로만 비행했다. 아폴로 9호에서는 휴스턴이 유인우주선 두 기에 동시에 무선 지시를 내려야 했다. 둘 다 아폴로 9호로 불릴 수는 없어서 별명 금지는 철회되었다. 사령선은 즉시 '검드롭'(꼬마젤리), 착륙선은 '스파이더'로 명명되었는데, 두 이름 모두 익살스럽고도 적절하게 우주선을 묘사해주었다.

** 나사 SP-4006, 〈우주 항행학과 항공술〉(1965), p. 149. [그러나 이들 크레이터가 화산 분출로 인한 분화구가 아니라 운석 충돌로 인한 운석구라는 것이 나중에 밝혀졌다.─옮긴이]

로 말미암은 낙관론도 풀이 죽을 수밖에 없었다. 러시아인들이 우리를 앞선 데다 달 표면에 여전히 위험 가능성이 놓여 있었기 때문이다.

제미니 4호는 어둠이 드리워질 새도 없이 잘 진행되었다. 정말로 모든 것을 다 갖춘 비행이었다. 첫째, 궤도비행 3회 정도가 아니라 무려 나흘을 지속하는 비행이었다. 둘째, 우주선이 궤도에 진입하자마자 기수를 돌려 타이탄 II 로켓 상부와 편대를 이루어 사진을 촬영하고 비행을 할 터였다. 셋째, 에드 화이트가 선외활동을 하기로 되어 있었다. 심지어 '짚건'을 써서 타이탄 너머까지 날아갈 수도 있었다! 넷째, 승무원들이 하나같이 미남인 데다 유쾌하고 사교적이어서, 우주공간에 나가면 불만을 내뱉기보다 신나서 기분을 드러낼 것 같았다. 에드 화이트의 선외활동은 충격적 사건이 될 것이기에 제미니 4호가 이륙한 다음에야 세상에 공표하기로 했다. 사실 선외활동 자체도 비행 열흘 전에야 결정되었다. 유인우주선센터가 막후에서 미친 듯이 일한 덕이었다. 소수의 과학자 팀이 공급선, 짚건 등을 개발하고 실험한 데다, 특히 소형 체스트팩의 완성이 주효했다. 나 자신이 EVA 전문가였기에 그 팀에 들어가지 못한 것이 무척이나 속상했다. 물론 우주복을 둘러싼 3개 제작사의 경쟁과 같이 아폴로 문제만으로도 바쁘기는 했다. 그래도 제미니 4호의 설계팀이 비밀을 고수하며 차갑게 등을 돌리고 일할 때는 솔직히 '왕따'가 된 기분이었다.

마침내 1965년 6월 3일이 되었다. 에드 화이트가 웨스트포인트를 졸업한 지 13년째 되는 날이기도 했다(나도 똑같이 졸업했건만). 위대한 비행이 시작되자 살짝 얄밉기까지(질투심인가?) 했다. 처음에는 사소한 문제도 있었다. 짐 맥디비트가 타이탄을 너무 멀리 보낸 탓에 따라잡느라 어려움을 겪었다. 우리들의 오랜 친구인 궤도역학의 난해한 성격을 여실히 보여준 사건이었다. 컴퓨터로 정확히 추적 지시를 하지 않으면 깡통 발사체를 잡느라 연료를 낭비할 판이었다. 결국 시도는 철회되고 에드 화이트의 선외활동만 별도로 진행되었다.

아내가 수전 보먼과 함께(프랭크 보먼이 맥디비트의 예비승무원이었다) 처음으로 로켓 발사를 지켜보기 위해 케이프로 떠났다. 아내는 충격적 이벤트가 끝나자마자 비행기를 타고 휴스턴으로 돌아왔다. 비행기는 MSC의 관제센터로 달려가 계속 비행을 지켜보려는 기자들로 북적였다고 한다. 이륙 후 4시간, 선외활동을 막 시작한다는 소식이 비행기에 전해졌다. 팻이 놀라며 고함을 질렀다. "세상에, 사람이 밖으로 나온대!" 이 예기치 못한 반전이 두렵기도 하고 신기하기도 했던 것이다. 그녀로서는 대단한 발전이었다. 폭발 장면을 직접 볼 마음까지는 없다면서 머큐리 발사를 라디오로만 듣지 않았던가. 하기야 아직 놀랄 일이 태산이었다. 아내가 허락하든 하지 않든 에드 화이트는 해치를 열고 밖으로 떠돌았으며, 짐은 우주 프로그램 역사상 가장 장엄한 사진들을 찍었다. 짧은 유영이었지만 짚건도 제대로 작동하는 듯했다. 무엇보다 에드는 무엇이건 거리끼는 것이 없었다. 경치에 도취해 복귀하기를 망설이는 통에 결국 짐과 관제실이 달래기까지 했다. 조종석으로 돌아올 때 해치가 잠시 말썽을 부렸으나 에드가 힘으로 해결했다. 안으로 들어온 후 나흘간의 비행은 순조로웠고, 승무원들은 귀환 후에도 몸 상태가 좋았다. 덕분에 설계자들은 다음 비행 스케줄을 배로 늘려 제미니 5호는 무려 8일간을 비행했는데, 그럼에도 그 인간들은 나보다 멀쩡했다. 정작 나는 점점 몸이 나빠지고 있었다. 기침도 집요하게 계속되었다. 1965년 6월 이 가압복 저 가압복을 갈아입으며 고순도 산소에 고도 비행을 50시간이나 치렀는데도 전혀 나아지지 않았다.

제미니 4호의 예비승무원은 프랭크 보먼과 짐 러벨이었다. 데케 시스템이 어느 정도 윤곽을 드러내고 있었는데, 그 시스템에 따르면 예비승무원은 다음 두 차례 비행을 건너뛰고 세 번째 비행(이 경우는 제미니 7호)에서 주승무원으로 선발되는 식이었다. 이와 별개로 우리 14인방은 누가 예비승무원이 될지 알고자 했다. 노땅들도 떠나서 7인방 중 현직은 오로지 셋뿐(그리섬, 쿠퍼, 시라)이었는데, 셋은 제미니 3, 5, 6호에 각기 이름을 올릴 수 있었다. 7인방 가운데 글렌은 은퇴했고 카펜터는 수중탐험으로 돌았으며, 슬레이턴(부정맥)과 셰퍼드(내이 감염에 따른 현기증)에게는 지상 임무가 배정되었다. 9인방은 모두 제미니의 다음 비행 승무원으로 이름을 올렸다. 영(제미니 3), 맥디비트(제미니 4), 화이트(제미니 4), 콘래드(제미니 5), 스태퍼드(제미니 6), 보먼(제미니 7), 러벨(제미니 7), 암스트롱(제미니 8), 시(제미니 9). 닐 암스트롱이 그룹 내 최후주자인 것이 흥미롭다. (안타깝게도 엘리엇 시는 유명을 달리했다.) 마지막을 위해 최고선수를 아껴둔 것일까? 아니면 다른 행성을 걷는 최초의 인간으로 선발된 것이 그저 행운이었을까? 분명한 점은, 예비승무원을 채우기 위해서는 인력이 필요했으며, 따라서 제미니 7호 승무원을 발표할 시점에 14인방을 투입하기 시작한 것은 적절한 판단이었다는 사실이다. 14인방도 이제 명예롭게 탑승 순서가 정해질 터였다. 그리하여 6월 말경 에드 화이트와 내가 제미니 7호 예비승무원이라는 얘기를 듣자 그간의 불안과 의심을 일거에 해소할 수 있었다. 가압복이 골치를 썩인 데다 제미니 4호의 EVA 계획에도 제외된 터라 스트레스가 이만저만이 아니었다. 이 임명 소식은 신의 소환이자 아주 엄청난 일이었다. 그것이 진급이었건 인정이었건 MSC

에서 보낸 18개월 동안 내가 우주비행사임을 알게 해준 최초의 사건이었다. 데케나 알 셰퍼드에게 내가 좋은 인상을 주었는지 그 반대인지조차 알지 못하던 터였다. 상사들이 내가 무슨 일을 하는지 알지도 못한 채 그저 바쁘게 집무실을 들락거리며, 조언과 판단을 구하는 대원들이나 함께 여행하고 파티를 벌이는 사람들만 좋아한다고 믿고 있었다. 나야 혼자 일하는 데다 가압복 성격상 외부 업무가 많은 터라, 동료 그룹과 아무리 잘 어울리고 존중을 받는다 해도 늘 비주류라는 생각을 떨칠 수가 없었다.

어쨌든 더 따져볼 여유 따위는 없었다. 예비이건 주승무원이건 승무원에 이름이 오르는 순간 정신도 없고 할 일도 많아졌다. 일단 지질학 현장 탐사는 때려치우고 EVA 장비업무도 뜨거운 감자처럼 내던져놓고 나는 제미니 7호에 혼신의 힘을 쏟아 부었다. 데케의 '두 번 건너뛰기' 시스템조차 안중에 없었다. 그렇게 될 경우 나는 제미니 10호의 주승무원이 될 터이지만, 일단 제미니 10호는 1광년은 기다려야 했고 제미니 7호는 당장 12월이었다. 시간은 짧고 배워야 할 것들은 산더미였다. 지금껏 아폴로 문제에 집중한 탓에 한심하게도 제미니에 대해서는 기초적인 사항조차 몰랐다. 함께 일하는 세 명의 신사(보먼, 러벨, 화이트)도 내가 쫓아가는 동안 제자리걸음만 할 사람들이 아니어서 난 정말로 서둘러야 했다. 설상가상으로 이놈의 만성기침은 더 나빠졌다. 아예 밤마다 신열까지 오르는 바람에 결국 바이러스성 폐렴 판정을 받고 말았다. 비행이 금지되었고 굴욕적으로 세 동료의 뒤만 쫓아다녀야 했다. 그들이 T-33이나 T-38을 타고 곧바로 날아갈 때, 난 최대한 비슷한 시간대의 여객기를 잡아타고 뒤따라갔다. 다행히 그 외중에 보먼이 우리 연가를 쓰기로 결정해서 크게 한숨을 돌릴 수 있었다. 나는 아내, 아이들과 함께 아름다운 파드리 섬에서 한 주를 보냈다. 멕시코 국경 북쪽 텍사스 해안에서 조금 떨어져 있는 깨끗한 섬으로, 그곳 적도의 태양 아래서 도마뱀처럼 몸을 익히며 기침을 떠나보냈다. 휴스턴에 돌아왔을 때는 다시 힘도 넘치고 사기도 하늘을 찔렀다.

우주비행 승무원으로 임명된다는 것은 휴스턴 주변에서는 지위의 상징이며, 유무형의 특혜도 뒤따른다. 예를 들어 승무원은 비행기 여행을 계획할 때도 우선권이 있었다. '고난주간' 같은 일상적인 홍보 업무에서도 면제가 되었다. 각 우주인마다 소규모의 엔지니어 지원팀이 따라붙어 필요한 정보를 챙겨주고 회의석상에서 승무원을 대행해 주었으며, 하드웨어 등 향후 비행 계획에 차질이 생길 경우 즉시 보고했다. 이런 식의 지원 덕분에 우주인들은 기계를 배우고 활용하고 계획하는 데 집중할 수 있었다. 훈련은 주로 강의실과 시뮬레이터에서 이루어졌다. 우주인들 사이에도 나름 서열이 있었는데, 최고는 다음 비행에 배정된 우주인들이기에 시뮬레이터 시간 배정에도 우선권이 있었다. 나사는 먼 미래 일까지 걱정하느라 전전긍긍했으나, 인간의 본성 때문에라도 정말 걱정하는 비행은 누구랄 것 없이 바로 임박한 비행이었다. 물론 우주비행 승무원들한테만 민감한 사실이다. 승무원으로 임명되지 않은 우주인이 장기적으로 심각한 결과를 빚어낼 수 있는 문제를 지적해 봐야 아무도 귀를 기울이지 않았다. 그보다는 비행 예정 승무원이 사소한 불평을 늘어놓는 쪽이 훨씬 호소력이 컸다. 다음 비행 승무원들에게는 도움의 홍수는 물론 격려와 응원이 쏟아져서 어디를 가든 크게 대접 받는 기분이었다. 비행이 예정된 승무원들

중에도 우선권은 당연히 주승무원에 있었지만 예비승무원들도 비슷한 대접을 받을 수 있었다. 예비승무원의 훈련도 주승무원들과 이론적으로 동일하거나 비슷했다. 특히 제미니의 경우가 그랬다. 제미니 4인(주승무원 2, 예비승무원 2)은 다루기 쉬운 숫자라 대개 두 대의 비행기로 같은 스케줄을 수행했다. 이에 비해 아폴로는 승무원이 여섯이고 비행기도 다른 기종으로 두 대를 운용했기에 상황이 더 복잡했으며, 승무원들 사이의 상호 협조도 느슨했다. 주승무원과 예비승무원을 같은 비행기에 타지 못하게 한 것은, 행여 추락이라도 하면 동일임무의 인력 전부가 사라지기 때문이었다. 예를 들어 보면은 제미니 7호 승무원 지휘관이고 러벨은 주승무원 파일럿이었다. 화이트는 보면의 예비이고 난 러벨의 예비였다. 나는 누구와도 동승할 수 있지만 러벨과는 할 수 없었다.

이 팀에 낄 수 있어서 너무나 기뻤다. 14인 중에서 제일 먼저 선발되기도 했지만 프랭크 보면, 에드 화이트와는 몇 년 전부터 가까운 사이이기도 했다. 보면과 나는 1960년 여름 함께 에드워즈에 들어갔으며 테스트파일럿 학교에서도 바로 옆자리였다. 화이트와는 17년 지기였다. 그 이후 별로 볼 기회는 없었으나 그래도 웨스트포인트 동기생이었던 것이다. 둘 다 좋은 친구들이고 함께 일하기도 쉬웠다. 다만 보면이 독단적이라 작전을 지독하게 빡빡하게 운용했고 말을 듣지 않으면 무자비하게 괴롭히는 바람에 주변사람들이 힘들어 했다. 러벨은 아주 유쾌하고 상대적으로 편안한 성격이라 팀을 하나로 잘 묶었다. 그들과의 여정은 큰 기쁨이었는데, 그게 아니었다면 자칫 손가락이나 빨고 있었을 테니 왜 안 그렇겠는가.

우주비행사들이 늘 듣는 질문에 대해 마땅한 대답을 찾아냈는데 고난주간이 끝난 것도 꽤 슬픈 일이었다. 그런 질문은 대개 공개적으로 하지 않는데, 강의가 끝난 후 가만히 다가와 속삭이듯 묻는다. "저, 항상 궁금했는데요. 그러니까 여러분은… 아다시피… 그러니까 어떻게… 저 위에서 볼일을 보나요?" 그렇다면 잠시 우주에서 볼일을 보는 것에 대한 제미니 7의 공식 절차를 살펴보기로 하자.

운용절차
화학적 소변량 측정 시스템(CUVMS)
콘돔형 소변받이

1. 선택밸브 주변에 붙은 수집/혼합 주머니를 푼다.
2. 성기를 소변받이 삽입체크 밸브에 대고 라텍스받이를 말아 성기를 감싼다.
3. 선택밸브 꼭지를 (시계방향으로) 돌려 '배뇨' 위치에 놓는다.
4. 배뇨한다.
5. 배뇨가 끝나면 선택밸브 꼭지를 '표본'으로 돌린다.
6. 라텍스받이를 풀어 성기를 꺼낸다.
7. 소변 표본봉투를 가져온다.
8. 신원확인 지시에 따라 표본봉투에 표기한다.
9. 샘플봉투 깃을 선택밸브 시료채취 플랜지 위에 놓고 깃을 정지위치로 1/6 돌린다.
10. 수집/혼합 봉투를 문질러 표본봉투의 추적약품과 완전히 섞는다.
11. 샘플주사기 레버를 90도 회전해 샘플 주사바늘로 표본봉투 고무마개를 찌른다.
12. 수집/혼합 봉투를 눌러, 추적된 소변을 75cc 정도 표본봉투에 옮긴다.
13. 샘플주사기 레버를 90도 회전해 샘플 주사기를 회수한다.
14. 소변이 담긴 표본봉투를 선택밸브에서 제거한다.
15. 소변 표본봉투를 용기에 보관한다.

16. 신속하게 단절하는 방식으로 CUVMS를 선외 배출선에 부착한다.

17. 선택밸브 손잡이를 '감압' 위치에 놓는다.

18. 선외배출 시스템을 작동한다.

19. 신속하게 단절하는 방식으로 CUVMS를 선외 배출선에서 분리한다.

20. 수집/혼합 봉투를 선택밸브에 감고 CUVMS를 용기에 보관한다.

제미니 7호 배지는 승무원들이 디자인했다. 횃불을 움켜쥔 손을 그렸는데(그렇다, 횃불이다. UVMS가 절대 아니다) 마라톤주자를 상징적으로 표현한 것이었다. 내가 보기엔 적절한 디자인이었다. 사람이나 기계가 고장 나지 않는 한 제미니 7호는 2주간의 마라톤 비행이 계획되어 있었다. 제미니 프로그램은 두 개의 주요목표가 있었는데, 하나는 8일로 계획된 달 여행 동안 얼마나 무중력을 견딜 수 있는지, 그리고 우주에서의 랑데부가 현실적인지를 미리 확인하는 일이었다. 제미니 7호는 달 여행보다 훨씬 장시간으로 설계되어 안전율을 충분히 확보하고자 했으며, 사전에 두 차례 준비 비행(제미니 4호의 4일, 제미니 5호의 8일)까지 있었다. 7호에서는 랑데부가 계획에서 빠졌고 대신 의료 실험으로 가득한 비행이 되었다. 소변채취 같은 간단한 일도 스무 단계가 필요한데, 제미니의 의학 실험을 모두 처리하려면 어떤 상황이 될지 상상해보라. 제미니 7호의 임무에는 다음 실험들 모두가 포함되었다.

M-1 심혈관계 훈련
M-3 기내 운동기구
M-4 기내 심음도
M-5 체액의 생물학적 평가
M-6 골격의 미네랄 감소

M-7 칼슘 균형 연구
M-8 비행중 수면 분석
M-9 인간 이석의 기능

전방위적 의학실험 말고도(M-2는 어떻게 됐는지 모르겠다) 과학적, 기술적, 군사적 실험을 열한 가지나 더 수행해야 했다. 의학실험은 주로 비행 전, 비행 중, 비행 후의 데이터를 비교해 무중력 영향을 측정하는 것이었다. 일부 실험은 단순한 측정이 목표였고, 나머지는 우주비행사들의 신체기능이 천천히 저하되는 데 따른 대응책을 마련하기 위한 것이었다. 후자에 속하는 항목이 M-1이었다. 그래서 제미니 5호의 피트 콘래드와 제미니 7호의 짐 러벨이 허벅지에 고무가압대를 차고 다녀야 했다. 가압대는 밤이든 낮이든 정기적으로 부풀어 허벅지를 압박하도록 프로그램되어 있었는데, 그런 식의 자극으로 중력을 흉내 내어 지구로 귀환할 때 보다 빠르게 자율신경계가 적응하도록 하기 위함이었다. 두 사람의 동료, 5호의 고르도 쿠퍼와 7호의 보먼은 장비를 차는 대신 감시 역할을 맡기도 되어 있었다. 운동도 도움이 될 것으로 예측되었다. M-3는 한 끝에 손잡이와 다른 끝에 나일론 고리가 달린 단순한 고무끈이었다. 이 강력한 끈을 30센티미터 당기는 데 30킬로그램 정도의 힘이 필요했다. 고리를 다리에 걸고 두 팔로 당기면 팔다리에 상당한 양의 운동이 되었다. 목표횟수에 맞춰 운동하는 동안과 그 후의 맥박은 물론, 운동 이전 수준으로 복귀하는 시간도 측정하도록 되어 있었다. M-4는 심장소리(그리고 심근피로도) 측정, M-5는 체액의 배출량 측정이 목표였다. 제로G에서는 흉부에 피가 더 많이 모이기 때문에, 신장수용기伸張受容器에 가해진 자극이 뇌로 전달되어서 전체 혈액량이 증가한 것으로 여기고 소변 배출을 늘이는 식으로 반응한다. 이런 식의 변화 메커니즘은 매우 복잡한데, 여기에는 ADH 호르몬과 알도스테론 분비도 포함된다. M-6은 비행 전과 비행 후 손과 발을 엑스레이 촬영함으로써 무중력 상태에서 골밀도 손실을 측정했다.

M-7 칼슘 균형 측정은 정말 대단했다. 비행 전과 도중에 칼슘 섭취와 배출을 아주 정교하게 측정해야 하기에 비행 몇 주일 전부터는 오로지 의사실험가들이 준 것만 먹고 마셨다. 물론 의사들은 그 안에 칼슘이 얼마나 들어있는지 알고 있었다. 심지어 내 마티니까지 확인했다. 음식을 남기면 잔반도 철저히 측정하고 무게를 쟀다. 배출은 더욱 복잡했다. 소변, 대변, 땀으로도 칼슘을 잃을 수 있기 때문이다. 특별한 종류의 내복을 입었는데, 사용 후에는 반드시 돌려주어야 했다. 목욕은 증류수로 하고 목욕물은 분석을 위해 보관했다. 소변과 대변 샘플은 모두 보관했으며 어디를 가든 병과 아이스박스를 가지고 다녔다. 여행할 때는 의사들이 오물까지 넣을 수 있는 특수가방을 만들어 주었다. 맙소사, 비행기 납치 시대 이전이라는 사실이 얼마나 다행인지! 보안검사대에서 가방 내용을 보여주느니 차라리 체포를 당하는 게 나았을 것이다. 우주 비행 중의 M-7은 소변을 볼 때마다(20단계의 확인사항을 상기하라) 샘플을 꼼꼼히 보관하고, 작은 비닐봉지의 대변 샘플도 꽁꽁 싸서 냉동저장고에 보관해야 한다는 뜻이다.

M-8은 뇌파측정이 목적이라 두개골을 면도하고 그 위에 전극을 붙여야 했다. 의사 말마따나 "협조적 연구 프로그램은… 다음과 같은 실용적이며 과학적인 질문에서 시작된 것이다. 두개골 뇌전도에서 밝혀진 대로, 두뇌의 전기적 활동이 수면-각성 주기, 각성 정도, 신속한 반응 등의 요소와 관련해 중요하고도 유용한 정보를 제공할 수 있지

않을까?"* 필시 우주비행사들을 열 받게 만들려고 기획한 실험이었다. 이미 복잡해질 대로 복잡해진 상황이 전극, 전선, 전자증폭기 등이 더해지면서 더 악화되었다. 결국 그것을 가지고 지상에 있는 몇몇 녀석들이 우리가 임무를 수행할 준비가 됐는지 여부를 결정한다는 뜻 아닌가! 그야말로 꼬리가 개를 흔든다는 속담의 고전적 예였다. 엉뚱한 인간들(의료진들)이 엉뚱한 곳(지상)에서 엉뚱한 정보(뇌파)로 결정을 내리겠다는 것이었으니까. 말할 것도 없이 M-8 같은 종류의 결정에 따를 생각은 절대 없었다. M-9는 작고 무해한 실험으로 내이의 능력(우리 몸의 균형 메커니즘)이 무중력 상태에서 제대로 기능하는지 측정하는 것이었다.

1965년 8월 21일 오전 9시, 고르도 쿠퍼와 피트 콘래드는 제미니 5호를 타고 8일간의 비행을 시작했다. 5호는 원래의 의료 목적(대부분 제미니 7호 실험의 예비 성격이었다) 외에 처음으로 연료전지와 랑데부 레이더를 실험했다. 레이더를 실험하기 위해 트랜스폰더(송수신 중계기)와 플래시조명들을 장착한 특수 장비를 어댑터섹션에 싣고 가서 고르도와 피트가 궤도에 도착한 직후 밖으로 내놓았다. 레이더포드를 쫓아 하늘을 가로질러 가면서 정교한 랑데부 절차를 시도하는 것이었는데, 불행하게도 산소탱크 압력이 낮은 탓에 전력을 줄여야 했다. 때문에 연료전지가 전력을 충분히 생산하지 못했고, 결국 랑데부 레이더도 제대로 작동하지 않았다. 하지만 이런 상황에도 짧게나마 레이더가 작동을 하긴 했다. 어쨌거나 연료전지는 다시 제대로 작동했고

---

* 나사 SP-121, 〈제미니 중간점검 회의록〉, 423쪽, 1966년 23~25일.

산소탱크 압력도 곧바로 회복되었다. 비행 8일간을 꽉 채워 임무를 수행할 수 있었다. 나로서는 에드 화이트의 선외활동EVA에 질투가 나서였는지, 곧 있을 제미니 7호에 푹 빠져있어서인지는 모르겠지만, 제미니 5호의 비행이 따분하고 지루하게 느껴졌다. 심지어 피트 콘래드의 상투적인 흥분조차 힘이 없다고 느꼈다. 제미니 5호의 승무원들이 돌아왔을 때는 피곤하고 탈진한 듯 보였고 나약하다는 생각까지 들었다. 제미니 7호의 승무원들은 도대체 8일과 14일의 차이는 어떨지 궁금해지기 시작했다.

제미니를 보지 못한 사람은 2주 동안 로켓에 갇혀 있는 게 어떤 의미인지 제대로 이해할 수 없을 것이다. 제미니는 빌어먹을 정도로 좁았다. 폭스바겐(비틀) 앞자리보다도 좁을 것이다. 파일럿들 사이에 대형콘솔까지 있는 것을 생각하면, 폭스바겐에 어른 둘이 탔는데 그 사이에 칼라TV를 한 대 놓은 것과도 같았다. 키가 175센티라면 제미니에서 똑바로 설 수 있겠지만, 조금이라도 더 크면 머리를 해치에 부딪거나 두 발이 바닥판에 걸리고 만다. (둘 다일 수도 있다.) 방출을 위해 적절한 자세를 잡으려면, 루이스 13세 의자만큼이나 덩치가 크고 불편한 좌석 설계가 필요했다. 단언컨대 지상의 1G였다면 제미니에서는 8일간 절대로 앉아있을 수 없다. 머지않아 쑤시고 결리고 갑갑하고 가련한 신세가 되므로, 아마 의욕이 넘치는 사람이라면 말 그대로 미쳐버리고 말 것이다. 제미니 시뮬레이터에서도 나는 한 번에 3시간 이상은 앉아있지 못했다. 의자가 가장 편안한 각도를 이루도록 시뮬레이터를 수평에서 30도 정도 뒤로 기울여 놓았는데도 말이다. 그런데 쿠퍼와 콘래드는 어떻게 견뎌냈을까? 무슨 근거로 보먼과 러벨이 14일을 버틸 수 있다고 여겼을까? 대답은 무중력이다. 무중력은 우주비행사의 엉덩이를 의자에서 둥둥 떠 있게 해주고 피를 돌게 하고 욕창을 막아준다. 폭스바겐을 타고 두 사내가 아무리 움직여도 어디 부딪칠 염려도 없다. 중력이 없는 덕이다.

이처럼 무중력이 좋은 점도 있었지만 그렇다고 해서 제미니 내부가 장미꽃밭은 아니었다. 조종석은 좁고, 두 개의 창은 너무 작았고, 가압복은 크고 다루기 힘들었다. 이런저런 부속들이 느슨하게 묶인 탓에 계속 자리를 떠다녀서 끊임없이 돌려놓고 또 돌려놓아야 했다. 적재공간들은 길고 깊고 좁아서, 원하는 물건이 공간 제일 아래에 있으면 조종석이 둥둥 떠다니는 물건들로 금방 가득 차버렸다. 그러면 그것들을 다시 모아 상자 안에 넣어야 하는데, 그때쯤이면 자기가 뭘 찾았는지도 까먹고 처음부터 다시 부활절계란 찾기 놀이를 시작해야 했다. 조종석은 집무실이자 서재이자 부엌이자 식당이었고, 침실이자 욕실인 동시에 실험실이었다. 사람은 둘뿐이지만 늘 상대를 의식할 수밖에 없다. 상대가 방귀를 뀌면 냄새를 맡고 소변을 흘리면 방울 몇 개가 늘 얼굴에 닿고 만다. 제대로 씻을 수도 없었고, 면도를 할 수도, 뜨거운 커피를 마실 수도 없었다. 온몸에 잔뜩 부착한 센서들을 제거해서도 안 된다. 보먼과 러벨은 이런 곳에서 14일을 지내야 했다.

두 주일 동안 두 사람의 건강은 서서히 선별적 저하 현상을 보일 것으로 예측되었지만 어느 수준일지는 아무도 알지 못했다. 물론 직접 겪지 않고는 알아낼 방법도 없다. 진실의 순간은 재진입 때 시작될 것이다. 지구가 다시 중력으로 두 사람의 몸뚱이를 지배하려 들 것이기 때문이다. 그때가 되어야 의료진도 신체가 얼마나 많은 것을 잊고 있는지, 얼마나 심각하게 손상되었는지 진단을 시작할 수 있다. 몇 가지는 분명했다. 우선 무중력 상태 자체는 상대적으로 자비로웠다. 무자비한 중력이 없는 덕에 신체 근육은 할 일이 별로 없었다. 심장근육은 펌프질로 피를 위쪽으로 올려 보내는 고된 일에 시달리지 않았다. '위'라는 것 자체가 없기 때문이다. 지상에 서있으면 심장은 끊임없이 피를 펌프질해야 하는데, 발이야 아래쪽이라 쉽지만 머리까지 올려 보내려면 내내 중력과 싸워야 한다. 도시 급수시스템이 모터를 돌려 언덕과 계곡으로 물을 퍼 올리는 것과 같다. 제로G라면 심장은 그저 동맥과 모세혈관의 체내저항(소위 '말초저항')만 이겨내면 되기에 중력과 싸우는 것보다 덜 치열하다. 지상에서 우리 몸은 대개 신체 말단 부위들로 혈액이 역류하지 않는다. 혈관 속 적절한 위치마다 역류 방지 판막이 작동하기 때문이다.[*] '사용한 혈액'을 재순환시키기 위해 피를 다시 심장으로 가져가는데, 의식적으로 통제할 수는 없지만 이때 자율신경계가 자율적으로 정맥판막을 조종하고 조절한다. 무중력 상태에서는 이 판막이 그다지 필요하지 않다. 피가 두 다리로 '역류' 하려는 경향 자체가 없기 때문이다. 이 때문에 이틀 정도가 지나면 자율신경계는 '다 때려치워!'라고 말하고 판막에 대한 통제를 줄이기 시작한다. 무중력상태가 지속되는 한 그래도 아무 상관이 없다. 하지만 재진입시 중력이 앙갚음하듯 복귀하면 판막도 당장 필요하게 된다. 다만 이 임무에 재적응하려면 우리 몸에도 어느 정도 시간은 필요하다. 그때까지 우주비행사는 가벼운 현기증에 시달린다. 특히 자리에서 일어날 경우 피가 하지下肢로 몰리는 경향이 있기에, 판막의 도움이 없이는 머리 위로 피를 펌프질하기가 쉽지 않다.

---

[*] 사람과 기린과의 대조는 매우 흥미롭다. 기린은 목의 경정맥 두 곳에 판막이 있다. 판막은 목을 굽혀 마시거나 먹을 때 닫히는데, 피가 중력으로 인해 쏟아져 내리지 못하게 하기 위해서다. 그렇지 않을 경우 아마도 뇌혈관이 파열하고 말 것이다.

판막이 임무를 망각하는 것 말고도 중력이 없으면 신체가 이완되어 이런저런 퇴화를 피할 수 없다. 무거운 짐을 위층으로 운반할 때처럼 중력은 우리가 맞서야 할 힘이다. 짐이 없다면 단단하고 튼튼한 뼈도 잘 가꾼 근육도 필요 없다. 침대에 누운 사람한테 그런 게 다 무슨 소용이겠는가. 생리학적 관점에서 볼 때 무중력 상태란 누워있는 자세와 제일 가깝다. 침대환자들의 골밀도 저하와 근위축을 측정하고 연구하는 것도 우주여행에 그 정보를 근사해서 사용하기 위해서다. 상황이 그렇다면 우주비행을 위해서는 어떻게 몸을 단련해야 할까? 우주비행사 그룹 내에서도 의견은 분분했다. 낙천가 월리 시라는 느긋한 환경에 대비하려면 느긋하게 쉬는 쪽이 최선이라고 주장했다. 수학자 닐 암스트롱은 인간의 생애에서 심장박동의 수는 유한하다며, 운동하느라 심장박동이 빨라지면 그만큼 수명이 단축된다는 이유로 거부했다. 그 반대편에는 운동광들이 있었는데 에드 화이트가 우두머리였다. 즐겁게 5킬로미터를 달리는 것으로 하루를 시작하고 스쿼시와 핸드볼 시합을 대여섯 번 하는 것으로 마무리하는 정도였다. 그 사이 정규분포곡선의 돔 지붕 아래 다수의 우유부단 그룹이 웅크리고 있었다. 이들도 싫든 좋든 운동이 유용하다고 느끼기는 했지만 그렇다고 죽자고 달려들지는 않았다. 자신들에게 적합하다고 느끼면 어떤 종류든 스포츠와 경기를 적당히 선택하는 편이었다. 놀랍게도 나사는 공식적인 신체적응 프로그램을 내놓지 않았다. 때문에 운동을 하든 않든 자유였다. 유인우주선센터에는 우주비행사 전용의 기막힌 체육관이 있었다. 핸드볼 코트와 스쿠스 코트도 두 개씩이나 되었다. 체육관은 늘 북적거렸다. 특히 정오경이 더했는데 우주비행사들이 점심을 건너뛰고 운동을 하는 식으로 효과를 높이려고 했기 때문이다.

내 견해는 이러했다. 우주 때문에 몸이 약해질 수 있다면, 최소한 심혈관계는 건강한 상태로 시작할 필요가 있다. 그래야 주어진 기간 까지 위험수준에 이르지 않을 수 있다. 다우지수가 100포인트 곤두박 질친다면, 800보다는 1100에서 시작해야 하지 않겠는가. 최고 컨디션 의 심혈관계를 만들어 유지하는 길은 오로지 운동뿐다. 그것도 심근 에 상당한 부하를 가할 정도로 지속적이어야 한다. 운동의 강도는 맥 박으로 측정해야 하는데, (적어도 내 경우엔) 휴식 중에는 초당 60회, 운 동이 절정에 달했을 때는 180회 정도가 나온다. 핸드볼 게임은 재미 도 있고 움직임이 격렬하며 심장혈관에도 아주 좋지만 경기 국면에 따라 맥박이 불규칙하게 요동친다는 단점이 있다. 보다 효율적이라면 심장에 적절하고, 지속적인 부담을 가해야 하는데 내 판단에 최고 방 법은 달리기였다.* 일주일에 한 시간 정도 달리기에 전념한다면 건강 을 유지할 수 있다. 나는 지금도 일주일에 네 번 정도 동네 코스를 달 리는데, 한 번에 3킬로미터를 달리고 기록은 직접 측정한다. 제미니 시절엔 3킬로미터에 10분도 걸리지 않았으나, 나이가 들어 지금은 14 분이 걸리건만 그럼에도 불구하고 기침하다가 폐가 터질 것만 같다. 이 속도는 올림픽 관점에서 보느냐 노인 관점으로 보느냐에 따라 거 북이 같을 수도 있고 엄청나게 빨라 보일 수도 있다. 달리기를 스포츠 로 즐겨보지 못한 사람이나, 고등학교 축구 감독이 연습을 끝내며 "좋 아, 다들 경기장을 두 바퀴 뛰고 오늘은 끝이다"라고 말할 때 어떻 든 핑계를 대고 빠져나오던 친구라면, 상당히 빠르다고 생각할 것이

---

* 조깅이나 산책도 좋다. 하지만 누구든 국토횡단 트래킹이나 종주산행을 하기 전에는 반드시 주 치의의 허락을 받아야 한다. 미국조깅협회에서 낸 책자에는 청춘의 봄을 되찾으려는 중년의 사무직들에게 도움이 될 만한 좋은 정보가 많다.

다. 나는 앞으로도 계속 늙어가겠지만 조금씩 속도를 줄이더라도 3킬로미터에 15분이 걸릴 때까지는 계속 달릴 참이다. 15분만 지킬 수 있다면 달리다가 걷고, 비틀거리고 넘어져서 기어간다 해도 상관없다. 이렇게 일주일에 1시간 정도를 달리면 충분하다.

솔직히 인정하지만 달리기는 따분하고 고통스러운 운동이다. 그런데 왜 달리느냐고? 이유를 하나 들자면, 예전엔 몸이 좋았다. 이제 와서 고깃덩어리가 된 채 젤리처럼 물렁물렁하고 숨을 식식 몰아쉬는 몸은 상상하고 싶지 않다. 이 과정을 늦추기 위해 뭐든 할 생각이다. 그렇다면 매주 1시간 정도는 가벼운 투자다. 더욱이 달리기에서의 인내심이 어느 정도는 책상에서의 끈기로 바뀐다는 사실도 알게 되었다. 규칙적으로 운동할 경우 하루 종일 글을 써도 확실히 피로감이 덜하다. 의사들도 규칙적으로 운동할 때가 심장발작을 피하거나 이겨낼 확률이 높다고 말한다. 심장발작, 심근경색이란 심근 일부에 피가 통하지 않고 세포가 죽었다는 뜻이기 때문이다. 달리기를 하는 사람은 심근이 튼튼하고 혈관망이 잘 발달했으며, 따라서 심근 자체가 끼치는 영향도 좋다. 혈관이 막힐 가능성이 적다는 뜻이다. 함께 조깅을 하는 친구, 투덜이 잭 화이트로는 심장이 튼튼해봐야 말기 암환자의 고통을 늘일 뿐이라고 비아냥거린다. 하지만 코스를 달릴 수 있는 한 그 문제를 생각하고 싶지는 않다. 내가 달리는 기본 이유는 몸도 두뇌처럼 사용해야 한다고 믿기 때문이다. 그래서 스트레칭을 하고 극한까지 밀어붙인다. 금욕이라는 얘기도 지긋지긋하지만, 마찬가지로 분당 180회 맥박의 절박함이나 그로부터 정상으로 회복할 때의 황금빛 쾌감을 모르는 사람들도 불쌍하기 짝이 없다. 몸이라는 기계는 비행기와 마찬가지로, 극한까지 탐구해야 쾌감도 균형도 자신감도 더 커진다.

　이런 말을 하기는 싫지만, 운동광들의 건강, 만족과 깊이 연관된 것이 흡연이다. 담배 얘기라면 내 삶은 세 번의 시기로 균등하게 나눌수 있다. 우선, 첫 번째로 담배를 피기에는 너무 어렸을 때가 있었다. 두 번째는 흡연기다. 난 줄담배를 피웠고 엄청 좋아했다. 하지만 폐암 징후가 명확해짐에 따라 매년 흡연량을 줄이기는 했다. 자청해서 암에 걸리다니 얼마나 멍청한가! 마지막으로 최근의 삶을 본다면, 이젠 너무 늙어서 담배 광고모델의 새빨간 거짓말에 넘어갈 생각은 없다. 난 담배를 끊었다. 금연은 정말로 어려웠으나 나로서는 만족스런 전환점이 되었다. 1962년 봄 어느 일요일 아침, 잠에서 깨었는데 숙취로 머리가 지끈거리고 목은 집 밖 모하비 사막보다 건조하고 칼칼했다. 감기라도 걸린 줄 알았다. 난 아내한테 이렇게 선언했다. "좋아, 빌어먹을, 이 담뱃갑만 떨어지면 금연이야!" 오래 걸리지는 않았다. 저녁쯤 담배는 떨어지고 난 안절부절 못하고 화도 났다. 그래도 결심을 꺾지는 않았다. 다음날은 미친 듯이 초조했다. 전투기 운용팀에 보고했더니, 그날이 바로 B-70의 테스트파일럿 테드 스텀탈과 약속한 날이라고 했다. 그와 함께 B-52의 새 엔진을 테스트하기로 한 것이다. 그저 체온 36.5도의 자격자가 오른쪽 좌석에 앉아 왼쪽 좌석에서 닿지 않는 스위치들 몇 개를 만져주는 일뿐이었다. 문제가 있다면 저 고물기계를 타고 4시간을 버텨야 한다는 것이었다. 폭격기 파일럿한테야 몸 풀 시간도 못되지만, 목숨 아까운 줄 아는 전투기 조종사라면 그 절반도 하늘에 있고 싶지 않을 것이다. 하물며 지독한 금단 증상으로 어느 순간 섬망상태에 빠질지 모르는 인간이니 오죽하겠는가. 어쨌든 약속은 약속이었다. 씰룩씰룩 안절부절못하며 지낼 바에야 비행시간이라도 찍는 게 오히려 나을 것 같기도 했다. 가장 처참한 4시간이었지만… 어쨌든 끝내기는 했다. 모르긴 몰라도 테드는 물론 전투기파일럿들 모두 나를 미친 녀석으로 생각했을 것이다. 갓난아기처럼 침을 흘리고 손톱, 연필, 손수건을 닥치는 대로 물어뜯었기 때문이다. 상상의 담배 고리를 만들어 불기도 했다. 크게 날숨을 쉬었다가 조금씩 스타카토로 끊어 내뱉은 것이다. 테드는 이상하다는 듯 나를 보았는데, 난 그제야 그가 스위치 하나를 가리킨다는 사실을 깨달았다. 나는 스위치를 켜다가 서너 개를 잘못 건드렸다. 손대는 건 뭐든 망쳐버렸다. 지상으로 돌아왔을 때 테드도 나만큼이나 기뻤을 것이다.

몇 주가 지나자 조금씩 참을 만해졌다. 그러다가 담배 생각을 한 번도 하지 않고 하루를 보낼 정도가 되었다. 금연 후 3개월, 두 번째로 브룩스 공군기지를 방문했다. 신체검사에 지난해와 마찬가지로 트레드밀에서 오르막 걷기가 포함되어 있었는데, 놀랍게도 지구력이 20퍼센트 정도 향상되었다. 체중이나 운동 습관도 그대로였고, 하루 두 갑 흡연을 포기한 것 말고 달라진 것은 하나도 없었는데 말이다.

나사와 나사의 우주비행 프로그램을 진지하게 받아들인 것도 그 직후였다. 심지어 달리기까지 시작했는데, 빽빽 소리치는 코치도 없이 자발적으로 달린 것은 그때가 평생 처음이었다. 얼마나 열심이었던지 심지어 산을 달려 올라가기까지 했다. 에드워즈 기지 주거지역 뒤쪽 사막에 있는 산이었다. 오후 기온이 무려 38도였지만 사실 그때가 제일 안전한 시간이다. 방울뱀이 민감한 놈이라 시원한 저녁시간에야 밖으로 기어 나오기 때문이다. 산이 가파를수록 트레드밀 연습으로 적격이라 생각했다. 트레드밀도 1분이 지날 때마다 몇 도씩 더 가팔라지도록 프로그램 되어 있었기 때문이다. 그래서 브룩스에 세 번째로 가서 마지막 시험을 치를 때 난 정말로 트레드밀의 천적이 되어 있었다. 아예 트레드밀을 박살내 쇳덩이로 만들 참이었다. 실제로도 많이 좋아졌다. 몇 년 전에 시작했다면 훨씬 좋아졌으련만. 내 결론은 이렇다. 운동하지 않는 것은 나쁘다. 흡연은 훨씬 더 나쁘다. 우주비행을 하기 원한다면 이 점을 명심하고 그에 따라 대비해야 한다. 우주비행을 하지 않더라도 고민은 하자. 그렇다고 운동 광신자가 될 필요까지는 없지만.

보먼과 러벨은 비흡연자에 달리기까지 즐기다 보니 비행 전 몸상태도 최상이었다. 에드 화이트와 나도 그랬다. 에드는 정말 튼튼했고 나도 그를 따라잡기 위해 최선을 다했다. 하지만 우리 시간은 대부분 신체가 아니라 저 거대하고 복잡한 기계들을 제대로 이해했는지, 궤도상에서의 매시간 일정을 정확히 아는지, 그리고 만약의 변수에 대비할 태세를 갖추고 있는지 확인하는 데 들어갔다. 이전 비행 우주인들은 수면 시기를 조정해 누군가는 항상 깨어있어야 했다. 하지만 아무리 조심한들 무선 통신을 하거나 실험을 수행해야 하기에 약간의 움직임은 있게 마련이다. 결국 파트너의 잠을 방해할 수밖에 없다는 얘기다. 콘래드와 쿠퍼가 비행 이후 피곤해한 이유는 8일간 제대로 잠을 이루지 못했기 때문이기도 했다. 제미니 7호에서는 시스템이 동시 수면*으로 바뀌었다. 그 바탕에는 장비들을 충분히 테스트했기에 굳이 지켜보지 않아도 된다는 자신감이 있었다. 우주인들은 우주선의 전원을 끄고, 창문에 블라인드를 치고 매일 8시간씩 방해 받지 않고

---

* 용어에 주의할 필요는 있다. "오, 승무원들이 같이 잠을 자?"라고 하면 오해하는 사람들이 있기 때문이다. 다시 말하지만 동숙이 아니라 합숙이다.

휴식을 취할 수 있었다.

스물네 시간 중 한 차례 여덟 시간 정도 휴식에 전념하는 게 생리학적 관점에서도 합리적이었다. 적어도 이곳 지구에서 익숙해진 패턴이기 때문이다. 우리 신체 시계는 생물학적 활동, 곧 휴식-수면 주기와 같은 이른바 '생체리듬'을 따른다. 스물네 시간 리듬은 지구의 자전주기와 일치하기에 우리는 어두워지면 자고 다음날 깨도록 되어 있다. 리듬이 변하는 데는 1주일 정도가 걸린다. 따라서 워싱턴에서 도쿄로 날아가면 어쩔 수 없이 밤엔 정신이 말똥말똥하고 대낮에 꾸벅꾸벅 졸 것이다. 하지만 궤도상에서는? 90분마다 지구를 한 바퀴 도는데, 그 시간에 무슨 재주로 '낮'과 '밤'을 챙긴단 말인가? 그런데 신체는 이 사실을 무시하고 원래의 스물네 시간 생체리듬을 고수한다. 즉 자기 있던 곳에 밤이 오면(이 경우는 케이프케네디로, 비행 전에 승무원들이 1주일 이상 거주하던 곳이다) 승무원은 꾸벅꾸벅 존다. 궤도상에서는 그 사이에도 새벽에서 정오, 저녁나절이 휙휙 지나가지만 상관없다. 우리는 케이프 지역에 시간을 맞추고 그에 따라 궤도상 임무를 수행하려 애썼다. 나중에는 휴스턴 지역에 맞추었다. 관제센터와 대화할 때 혼동을 피하기 위해서였으나 사실 휴스턴과 케이프까지는 불과 한 시간 차이이므로 별 의미는 없었다. 손목시계와 계기반의 재래식 시계 두 개 말고도 제미니에는 경과타이머elapsed timer가 있었다. 타이머는 발사 시에 작동을 시작해 비행 내내 시간을 측정한다. 소위 GET 즉 지상의 경과시간을 측정하여 우리 비행 스케줄과 일치시킨다. 다시 말해 이륙 후 시간별로 매시 매분 크고 작은 사건들을 기록한다는 뜻이다.

제미니 7호의 비행 계획은 매우 간단명료했다. 랑데부 계획이 없는

데다 우주선 한 대로만 움직이기 때문에 타이밍도 그다지 중요한 요소가 아니었다. 랑데부 비행에서는 초 단위로 시간을 쪼갰다. 제미니와 표적로켓 아제나를 동일 시간에 동일 속도로 동일 장소에 데려가기 위해 다양한 임무를 수행해야 했기 때문이다. 제미니 7호에서 우리가 주로 하는 일은 발사, 재진입, 다양한 실험을 수행하는 방법, 그리고 비상조치였다. 비상조치 훈련은 어느 파일럿이든 절대 빼놓을 수 없는 훈련이다. 아무리 노련하게 기계를 다룬다고 해도 정기적으로 점검하고 또 마음속 깊이 명심해야 한다. 그래야 어떤 상황이라도 신속하고 정확하게 대처할 수 있다.

나 자신의 경우, 이런 종류의 훈련은 1956년 여름 프랑스에서 여실히 그 가치를 증명했다. 어느 청명한 토요일 오후 프랑스 쇼몽 인근에서였다. 나토 훈련을 하느라 F-86을 몰고 숲 위를 저공비행 중이었고, 농가에서 그 아래 '아군'을 찾고 있던 참이었다. 아군을 발견하면 사전 조율한 신호에 따라 근처에 대기 중인 헬리콥터 부대에게 행적을 알리고, 그러면 헬리콥터가 '적진'에서 아군을 구해 공수하기로 되어 있었다. 그때 갑자기 쿵 소리가 나더니 조종석에 회백색 연기가 차기 시작했다. 나는 호위기 조종사 찰스 E. 섹스턴을 호출해 근거리에서 지켜보게 한 후, 쇼몽 인근의 공군기지를 향해 가볍게 기수를 올리기 시작했다. 섹스턴이 내 쪽을 향할 때쯤 연기가 너무 짙어 장비를 보기조차 어려웠지만 아직 화재경보등이 들어오지 않았다는 정도는 알 수 있었다. F-86은 전방과 후방에 각각 화재경보등이 있었는데 전방이 특히 악명이 높았다. 고공비행 중에는 불이 들어오고 1~2초 후에 터져버리는 것으로 유명했던 것이다. 시험회로로 전구 두 개를 확인해보니 둘 다 문제는 없었다. 다행히 섹스턴이 조종석 바로 뒤에 불이 붙은 것을 목격, 무전으로 고함을 지르기 시작했다. "불이 붙었다. 탈출, 당장 탈출!" 나는 최대한 신속하게 허리를 굽히고 덮개 사출장치를 작동한 다음(허리를 굽히지 않으면 덮개가 떨어지면서 머리에 맞을 것이다), 다시 똑바로 앉아 좌석 아래 기폭에 필요한 단계들을 밟아나갔다. 나는 좌석에 실린 채 레일을 따라 발사되었으나 사실 아무 것도 느끼지 못했다. 조금 전만 해도 조종석이었건만 다음 순간 격렬한 돌풍과 함께 허공에서 공중제비를 돌고 있었던 것이다. 헬멧도 날아갔다. 나는 손을 아래로 뻗어 안전벨트를 풀고 좌석을 걷어찼다. 이내 왼쪽 가슴에 장착한 D자형 고리가 팽팽해졌다. 그러고도 한참동안 조용한 듯싶더니 순간 몸이 위쪽으로 당겨지더니 오렌지색과 흰색의 낙하산 아래 앞뒤로 내 몸이 흔들리고 있었다. 고개를 들어보니 낙하산에 작은 구멍들이 숭숭 뚫려 있는 것이 아닌가! 오 마이 갓! 저 구멍들이 더 커지면 어떻게 하지? 구멍에 집중한 탓일까? 난 D자형 고리에서 손까지 놓고, 심지어 땅이 질주해 들어오는 것도 눈치 채지 못했다. 마지막 순간 중심을 잡으려고 해봤지만 결국 어느 밭의 부드러운 진창에 나뒹굴고 말았다.

나는 비틀비틀 일어나 두 팔로 낙하산을 추스른 뒤 주변을 돌아보았다. 헬멧과 D자형 고리를 찾았으나 소용없었다. 섹스턴이 헬리콥터들을 불러준 덕에, 누군가 근처에 나타나기도 전에 나를 싣고 몇 킬로미터 떨어진 쇼몽 공군기지 병원으로 날아가 마당에 내려주었다. 사출 이후 신체검사를 받는 것이 규정이었다. 헬기 파일럿에게 손을 흔들자 그도 손짓으로 답하고는 훌쩍 날아가 버렸다. 병원에 들어가려 했으나 문이 잠겼다. 작은 미군기지에 작은 의료원, 게다가 주말 아닌가. 그래도 주변에 누군가는 있어야지. 마침내 건물 반대편에서 열린

문을 찾아냈다. 어두운 복도를 한두 곳 지나자 불 켜진 사무실이 보였다. 그곳으로 가서 의사를 만나고 싶다고 했더니 담당 간호병이 크게 난감해 하며 소리를 질렀다. "의사 없어요! 큰 사고, 의사 선생님들 나갔어요!" 언제? "지금 막요! 엄청난 사고래요!" 아니, 그게 난데? "아니에요, 엄청 대충돌이래요!" 간신히 젊은이를 설득했으나 쓸데없는 짓이기는 했다. 서류에 사인할 수 있는 권한은 의사뿐이었지만 지금 엉뚱한 곳에 가있다지 않은가. 결국 간호병이 튀어나가 개조한 4륜구동 구급차를 타고 여기저기 헤매고 다녀야 했다. 몇 시간 후 의사가 돌아올 때쯤 난 어쨌든 서류 작성을 끝낸 터였다. 의사는 나를 진찰하더니 진료보고서에 이렇게 기록했다. "환자는 사고 이틀 전 적절한 수면과 영양을 취했다. 복용 중인 약은 없으며 마약과 지나친 음주상태도 아니다. 최근 건강검진은 1955년 10월이었다."

소속기지에서는 T-33을 보내 나를 송환했다. 몇 시간 후 나는 챔벌리 장교클럽 주점에 느긋하게 앉아 지나친 음주를 즐기며 가까운 사람들에게 사고경험을 늘어놓고 있었다. 그 중에는 멋진 내 연인 퍼트리샤 피네건도 있었다. 다행이라면 F-86이 숲에 추락한 덕에 아무도 다치지 않았다는 점이었다. 나 역시 무릎이 조금 벗겨진 정도였다. 솔직히 말해서 몇 년 후 엄청난 중력가속도를 시험할 때에는('안구하강') 예전의 탈출 때문에 척추디스크에 문제가 있다고 변명하고 싶기는 했다. 나중에 알게 되었지만 낙하산의 작은 구멍도 흔한 일이라고 한다. 낙하산이 펼쳐지는 순간 마찰열이 발생하며 나일론을 녹이기 때문이다. 나중에야 라디오 기어의 스파크가 누출된 연료에 불을 붙여서 생긴 화재라는 것을 알게 되었다. 무엇보다 내가 연습한대로 대처했다는 점이 다행이었다. 내 조치는 대부분 적절했다. 충분히 대기하면서 사출 고도를 확보한 것도, 폭발 위험 직전에 탈출한 것도 좋았다. 비상대응 지침을 철저히 숙지해 위기 순간에 또렷이 기억해낸 것이다. 나는 신속하고 정확하게 지침을 따랐다. 비상대응을 숙지하고 필요시 적절하게 활용한 덕에 나 자신에 대한 신뢰도 굳힐 수 있었다.

F-86 시절에는 시뮬레이터가 없었다. 수업시간에는 스위치 위치나 몸동작을 상상하고, 비행대기선 또는 격납고에 나가면 조종석에 올라타 각 스위치의 위치와 기능을 암기했다. 눈을 감고 위치를 정확히 알아내는 훈련이 가장 중요한 수업인 점도 그래서였다. 제미니 시절이라면 너무 조악하다고 코웃음 쳤을 것이다. 시뮬레이터는 우주선 조종석을 완벽하게 재현했다. 다양한 다이얼, 계기, 스위치들이 컴퓨터에 연결되어 파일럿이 스위치와 조종간을 다루는 데 따라 기계가 적절하게 반응하고 수치로 보여주었다. 제미니 7호는 시뮬레이터에 입문하기에는 최적의 경우였다. 랑데부를 연습하지 않아도 되는 덕에 기본 장치와 정상/비상시 절차에 집중하기도 좋았다.

시간이 흐르고 제미니 메커니즘을 잘 알게 되면서 제미니 7호와 사랑에 빠지고 말았다. 정말로 그 우주선을 타고 싶었다. 발사일 당일까지도 주승무원이 혹시 어디 아파서 에드와 내가 승선할지도 모른다는 믿음을 버리지 못했다. 아, 그렇다고 해서 주승무원인 프랭크나 짐에게 저주를 걸었다는 얘기는 아니다. 다만 가능성이 없지는 않으니 그에 대비했을 따름이다. 돌이켜 보면, 14일간 궤도만 도는 일이었는데 왜 그 좁은 공간에 그토록 갇히고 싶어 했는지 이해가 가지 않는다. 랑데부도 EVA도 없다지 않는가? 그냥 느긋하게 기다리다 보면 더 짧고 더 신나는 제미니 비행이 하나 배정될 텐데 왜 그랬을까?

1956년 8월 16일 나의 F-86F 52-5244호기에 불이 붙었듯이, 1965년 10월 25일도 마찬가지였다. 제미니 6호의 랑데부 표적로켓인 아제나 5002가 그날 고공에서 폭발했다. 제미니 6호 승무원들은 아제나가 아틀라스 로켓을 타고 깔끔하게 발사하는 광경을 지켜본 뒤 부랴부랴 자신들의 발사를 준비했다. 그런데 6분 후 끔찍한 소식이 들려온 것이다. 아제나의 주엔진 PPS(기본추진시스템)가 점화하자마자 원격측정기가 갑자기 멈추고 케이프의 레이더들이 하나가 아닌 대여섯 개의 목표물을 쫓기 시작했다. PPS 발사에 문제가 생겨 로켓 전체가 폭발한 것이다. 제미니 6호의 승무원 월리 시라와 톰 스태퍼드는 최초의 우주 랑데부와 도킹을 위해 열심히 일했건만, 표적로켓은 사라지고 둘은 우주복을 잔뜩 차려입은 채 갈 길을 잃고 말았다. 즉시 긴급계획을 편성해, 제미니 7호를 제미니 6호의 표적기로 선정했다. 실제로 두 우주선은 도킹이나 랑데부가 가능하지 않았다. 하지만 랑데부가 제미니 6호의 핵심 임무였기에, 아제나를 새로 만들기보다 제미니 7호를 표적기로 이용하는 식으로 랑데부 데이터를 확보하려는 것이었다. 이 계획은 제미니 7호의 계획을 크게 바꾸지 않아도 되었다. 단순히 제미니 6호와 순서만 바꾸면 된다. 6호가 우리를 따라와야 하므로, 지상요원들은 발사대 손상을 수리하자마자 같은 위치에 제미니 6호를 세우기로 했다. 그냥 1965년이 끝나기 전에 열흘간의 간격을 두고 두 우주선이 모두 우주 상공에 머물렀던 것으로 보였을 뿐이다.

제미니 7호의 체류시간이 긴 만큼 제미니 6호의 비행은 짧았다. 7호의 보면은 14일을 머물기로 결정했다. 반면 6호의 월리 시라는 랑데부를 마친 후 최대한 빨리 착륙하고 싶어 했다. 톰 스태퍼드는 선외활동을 하고 싶어 했으나 월리는 그 어느 것도 하려 들지 않았다. 과학자들이 실험을 완수해야 한다고 종용해도 그저 코웃음만 쳤을 뿐이다. 그가 원하는 것은 짧은 비행, 간단한 임무, 성공적 귀환이었으며, 당연히 처음 두 가지를 충족해야 마지막도 가능하다고 보았다. 그에게는 세계에서 가장 훌륭한 인간 컴퓨터 톰 스태퍼드가 있으니 랑데부 문제는 알아서 분석할 것이다. 그리고 분석이 끝나면 창문에 특유의 '육군 타도' 사인을 적고, 프랭크와 짐을 위해 하모니카로 〈징글벨〉 몇 소절을 부른 뒤, 곧바로 귀환해 담배를 피울 참이었다. 잔머리 존 영이 그랬다면 산 채로 가죽이 벗겨졌겠지만 월리는 어쨌건 기개 있게 밀고 나갔다.

제미니 7호의 발사 디데이(12월 4일)가 임박하면서, 나는 짐 러벨이 진짜로 탑승을 하게 될 거라고 결론지었다. 그리하여 훌륭한 예비승무원답게 최선을 다해 도와주었다. 발사하기 전 스위치들을 모두 점검하고 조종석도 깔끔하게 정리했다. 심지어 간단한 자수까지 만들어 계기반에 붙여 놓았다. 자수에는 "홈 스위트 홈"이라고 적었다. 앞으로 2주 동안 '스위트'하든 하지 않든 제미니는 실제로 그의 '홈'이 될 것이다. 12월 4일 정오 에드 화이트와 나는 흰색 작업복과 흰색 모자를 착용하고 화이트룸에 섰다. '화이트룸'은 타이탄 II의 상층부에 세운 이동식 플랫폼시스템이자 화물적재 도크 겸 통신센터였으며, 제미니로 들어가는 유일한 통로로도 쓰였다. 짐과 프랭크가 등장했을 때 우리는 한 마디도 건넬 수가 없었다. 이미 우주복의 100퍼센트 산소 속에서 질소를 빼내고 있었기 때문이다. 분위기는 밝았다. 사람들이 분주히 돌아다니며 손짓 발짓으로 사소한 농담을 주고받거나 서로의 등을 두드려주고 격려했다. 마침내 두 우주인을 우주선에 태웠다. 해치를 닫으며 머리를 부딪치지 않도록 의자 깊숙이 밀어주기도 했다. 짐의 어깨띠, 안전벨트, 산소호스, 통신선들을 챙긴 후 마지막으로 악수를 나누고 해치도 닫았다. 다른 사람들과 함께 물러나오자 잠시 후 화이트룸이 분리되었다.

이제 할 일이 없어졌다. 문득 완전히 무용지물이 된 느낌이었다. 에드 화이트와 나는 안전한 관람 위치로 물러나왔다. 3킬로미터 거리의 발사 관제센터 밖에 나무 의자들이 마련되어 있었다. 오후 2시 30분, 발사 시간이 다가오자 점점 초조해졌다. 아틀라스-아제나가 고공에서 폭발했는데 제미니-타이탄이라고 별 수 있겠는가? 무엇이든 처음은 있는 법이다. 제미니 1호에서 5호까지 나빴던 적이 없고 발사도 완벽했다는 사실이 오히려 행운이 아니라 불운을 뜻하지는 않을까? 발사 당일에는 그런 식의 논리, 아니 억측이 횡행한다. 수개월 간의 차분하고 냉정한 분석은 몇 분간의 흥분과 환희, 두려움에 자리를 양보하고, 야수가 동면에서 깨어나 불의 꼬리를 흔들며 천천히 움직이기 시작하는 것이다. 처음 몇 초간은 장관이다. 그저 두 눈으로 보기만 하면 된다. 구경하되 휩쓸리지 말 것. 하지만 마하1의 엄청난 굉음이 들리고 발아래 땅이 흔들리기 시작하면 더 이상 초연할 수가 없다. 여러분들은 그 일부가 되어 웃거나 울거나 고함치거나 수군댈 것이다. 지난 6개월간은 내가 제미니 7호를 소모시켰지만 이제는 놈이 나를 갉아먹고 있었다. 나를 버리고 떠난 것이다. 기껏해야 내 일부만을 싣고… 내가 타지도 않았건만, 맙소사! 잘 가고 있지 않는가. 심지어 지금 도움을 주는 것도 내가 아니라 군중이었다. "가자! …가자! …가자!" 사람들은 박자까지 맞춰가며 외쳤다. "그래, 가자! …가자!" 나도 중얼거려 보았지만 분위기에 어울리지도 않았고 목까지 메었다.

"제발, 부디!" 로켓이 점점 속도를 올리자 마침내 하늘에 점 하나만 남더니 그마저 완전히 사라졌다. 사람들은 서로를 축하하며 "자, 이제 끝났군" 하고 중얼거렸다. 물론 우리 우주비행사들한테는 이제부터가 시작이었다.

에드와 나는 휴스턴으로 돌아가 관제센터를 방문했다. 친구들의 비행이 우주에서 진행되는 동안은 예비승무원도 어느 정도 유명세를 누린다. 예비승무원들만큼 우주선을 잘 아는 이들도 없기에 상황이 틀어질 경우에는 찾아와 조언을 구하기도 한다. 하지만 대개의 경우는 공식적인 보직 없이 관제센터 내에서 캡콤*으로 통했다. 캡콤은 보통 3교대로 24시간 근무하며 우주선과의 통신을 전담한다. 제미니 7호에 문제가 없는 한 할 일도 별로 없기에, 나는 언제나처럼 프랭크의 아내 수전 보먼과 짐의 아내 메릴린 러벨에게 비행과정을 간단히 설명했다. 특히 수전이 비행계획에 관심이 많아서, 나는 매일 소식을 알려주면서 프랭크가 언제 어느 상공에 있는지 지구의를 가리키며 위치를 알려주었다. 무료한 날이 지날수록 이런 식의 잡다한 의식도 점점 신경이 쓰였다. 결국 수전이 원하는 건 프랭크가 다시 집에 돌아올 수 있을지 여부였겠지만 누군들 대답할 수 있으랴. 수전도 그 사실을 알기에 그 질문을 직접 하지는 않았다.

제미니 7호가 떠난 지 8일, 제미니 6호도 합류 준비를 마쳤다. 케이프케네디의 19호 발사대는 다시 제미니-타이탄을 장착했다. 이번에는 월리 시라와 톰 스태퍼드도 아제나 걱정을 할 필요가 없었으므로

---

* CAPCOM: 머큐리 시절의 유산으로, 당시에는 우주선을 '캡슐'로 불렀고, 캡슐과 통신하는 사람들은 캡슐 커뮤니케이터 곧 '캡콤'이라 했다.

카운트다운을 하는 동안 평정을 유지하는 듯했다. 엔진 점화도 했고 발사 표시도 들어왔는데… 갑자기 조용해졌다. 사람들은 찰나 두 가지 시나리오를 떠올렸다. (1) 이유는 모르겠지만 발사 직후 엔진이 셧다운되었다. 우주인들은 위기에 처했다. 로켓이 다시 내려앉거나 뒤집어질 텐데 향후의 대참사를 피하기 위해 즉시 탈출해야 한다. (2) 발사 직전 엔진이 셧다운된 것이다. 이 경우 로켓은 여전히 발사대에 고정되어 있으므로 새로운 위험이 발생하지 않는 한 그 자리에 있을 것이다. 하드웨어 설계 문제라면 (1)번 옵션이 유력했지만(조종석의 발사 신호는 고장률이 거의 제로였으니까), 월리의 바지가 좌석에 붙어있는 것으로 봐서는 (2)번일 것이다. 겁이 많은 사람이라면 곧바로 탈출했을 것이고 월리와 톰도 그것을 선택했을 것이다. 하드웨어를 잘 아는 인물이라면 절대 그 두 사람을 비난하지 못한다. 하지만 얼음남 월리는 차분하게 올바른 선택을 했고, 제미니 6호는 다음을 기약하게 되었다. 후일 조사결과로는 엔진점화 이후 진동으로 전기플러그가 느슨해졌는데, 이륙 직전 분리된 탓에 셧다운 신호가 타이탄 엔진에 잘못 보내진 것이란다. 다음날 공식 발표는 다음과 같았다. "플라스틱 먼지커버가 부주의하게 연료 공급선에 끼인 채 남았다. 전기플러그가 공급선 끝에서 떨어져 나오지는 않았으나, 만약에 대비해 제미니 6호는 발사를 중지하고 타이탄 II의 엔진을 셧다운했다… 장비는 모 공장에서 제작한 것으로 보이나 먼지커버 문제는 '인재'였다…."* 월리와 톰의 선택이 옳았다는 뜻이다.

1965년 12월 15일, 마침내 제3차 발사 시도가 성공했다. 계획에 따

---

* 나사 SP-4006, 〈우주 항행학과 항공술〉(1965), p. 548.

라 지구 궤도를 4번 돌며 추적한 끝에 제미니 6호는 제미니 7호와 평행을 이루고 5시간 동안 편대를 이루며 비행했다. 승무원들은 서로 잡담도 하고 사진도 찍어주었다. 마침내 월리와 톰이 떠날 때가 되었다. 둘은 잠시 잠을 청한 뒤 〈징글벨〉을 연주하고 재진입 절차에 들어갔지만 프랭크와 짐은 이틀을 더 떠다녀야 했다. 마침내 12월 18일이 왔다. 프랭크가 나서서 로켓을 역추진 자세로 만들고 전기회로를 준비해 4개의 역추진 엔진을 점화해야 한다. 그러나 그것도 할 수 있을 때 얘기다. 추위에 심하게 노출되었거나 300시간 우주공간 노출로 해를 입었다면 그것도 쉬운 일은 아니다. 역추진로켓 점화만이 제미니 7호의 산소가 고갈되기 전에 내려올 수 있는 유일한 방법이다. 프랭크가 역추진에 성공했다고 보고했을 때 관제센터가 안도의 한숨을 내쉰 것도 그래서였다. 이제 근심거리가 조금 더 줄었다. 적절한 위치에 착륙할 수 있을까? 낙하산이 펼쳐지지 않으면 어쩌지? 건강에도 아무 문제 없으면 좋으련만. 얼마 후 TV 화면에 두 사람의 모습이 비춰졌다. 걸어서(그렇다, 보행에도 문제가 없었다) 수송선 갑판에 올라서고 있었는데 둘 다 창백하고 피로해보였다. 수염도 덥수룩했으나 표정만은 행복하고 즐거워보였다. 신체적으로 불편한 징후도 보이지 않았다.

비행 후 신체검사 결과로도 두 사람의 건강은 양호했다. 쿠퍼와 콘래드는 8일이었건만 어떤 점에서는 14일을 보냈는데도 훼손이 덜했다. 보먼은 4킬로그램, 러벨은 6킬로그램이 빠졌다. 러벨의 안마식 허벅지 가압대는 별로 효과를 보지 못했으며, 보먼의 뇌파를 확인해보니 첫날밤에는 두어 시간, 두 번째 날은 7시간을 숙면했다. 이는 보먼 자신이 보고한 내용과도 일치했다. 세 번째 밤은 기록이 없었다. 뇌파 전극이 떨어져나간 탓인데, 우연인지 의도적인지는 보먼만이 알 노릇이다. 번지코드(운동기구로 쓰는 고무줄)를 당길 때의 심장 반응을 측정한 결과 승무원들의 운동능력도 14일 동안 크게 변하지 않았다. 골밀도 엑스레이는 의외의 희소식이었다. 손실률이 기껏 3퍼센트 정도, 제미니 5호 승무원에 비하면 3분의 1에 불과했다. 칼슘균형 측정보고서는 보지 못했지만 기록실을 뒤질 정도로 심각하지는 않았다. 자율신경시스템이 다리의 정맥판막 임무를 재개하는 데 시간이 얼마나 걸렸는지도 알 수 없었지만 심각한 문제는 없었던 것으로 보였다. 일단, 보먼과 러벨이 성큼성큼 수송선 갑판으로 건너가는 장면도 TV로 확인하지 않았던가. 제미니 7호 승무원이 5호에 비해 왜 더 건강했는지 두 가지로 설명하자면, 7호는 가압복 덩치가 작고 비행 중 언제든 벗을 수 있었다. 또 7호는 동시 취침이라는 가장 편안한 일상을 선택했다. 내가 보기에 세 번째 이유는 프랭크 보먼의 단련된 투지 덕이었다. 젠장, 판막쯤이야 닫히겠지 뭐! 러벨도 그럴 거야. 안 그러면 군법회의로 가져가지 뭐!

제미니 6호와 7호가 귀환함으로써 제미니의 10차 유인비행 중 5개 차수가 마무리되었다. 제미니가 풀어야 할 문제도 절반 이상 해결되었다. 그 가운데는 중요한 문제도 두 가지 있었는데, 하나는 인간이 무중력 여행을 얼마나 버틸 수 있느냐의 문제였고, 다른 하나는 달 탐사 전략의 성공과 완수를 위해 과연 우주 랑데부가 얼마나 실용성이 있느냐의 문제였다. 사실 실제 도킹은 일어나지 않았다. 에드 화이트가 20분 정도 시도하기는 했으나 우주선 밖에서 인간이 효율적으로 임무를 수행할 수 있다고 확신할 만한 데이터는 없었다. 하지만 그리 큰 문제는 아니었다. 정말 중요한 문제는 랑데부 전체와 관련된 의문이었다. 랑데부 자체가 너무도 복잡한 게임이고 변수도 너무 많은

지라 기록이 불가능할 정도였다. 윌리와 톰이 시도는 했으나, 그건 지극히 통제된 상황 하의 지구 궤도에서였다. 달 궤도에서도 가능하리라는 법은 어디에도 없었다. 조명, 시간, 거리가 어떻게 얽혀 어떤 변이를 일으킬지도 여전히 난제였고, 장비가 파손되지 말라는 법도 없었다(우리는 '성능저하 모드'라고 불렀다). 그렇다고 해서 랑데부가 불가능하지는 않겠지만, 이제까지와는 다른 기술이 필요할 수도 있었다. 따라서 향후 제미니의 다섯 차례 비행은 랑데부, 도킹, EVA에 초점을 두기로 했다. 다섯 차례의 지구 궤도 비행에서 랑데부 문제를 최대한 다각적으로 테스트하게 될 것이다.

다음 비행 제미니 8호는 닐 암스트롱과 데이브 스코트 차례였다. 이렇게 되면, 데이브가 14인방 중에서는 최초로 우주비행을 하게 되는 것이다. 실제로는 내가 배정되었으나 8호의 데이브, 9호의 찰리 바셋이 예비승무원 과정을 건너뛰는 바람에 새치기를 하게 된 것이다. 덕분에 내 처지는 말이 아니게 되었다. 9월에 8호 승무원이, 11월에 9호 승무원이 발표되었을 때만 해도 기분이 좋았다. 나사가 훌륭한 집단이며 일을 제대로 하고 있다는 증거로 보였다. 그러다가 1966년이 시작할 무렵 난 점점 조바심이 났다. 지난 6개월간 제미니 10호가 내 차례라고 믿었건만 에드 화이트 말이, 자신도 10호에서 떨어져 나왔다는 것 아닌가. 아폴로로 옮기게 된다는 말을 데케한테서 들었다는 얘기였다. 에드 자신은 담담했다. 제미니를 또 타고 싶기는 했지만 아폴로 시작 단계에서 합류하는 것도 나쁘지 않아 보였던 것이다. 당시 그로서는 아폴로가 더 어울린다는 생각도 들었을 것이다. 여러 가지 면에서 유리한 입장인지라 최초로 달에 착륙할 자격도 있어 보였다. 세계 최초의 우주유영자로서 이미지도 더할 나위 없이 좋았으니 최초의 달 착륙자가 되지 말라는 법도 없었다. 아무튼 우리 팀의 예비승무원들은 제미니 10호를 타지 못하게 되었다. 그 후 존 영한테서(그와 거스 그리섬은 그때 막 제미니 6호의 예비승무원 임무를 마쳤다) 그와 내가 10호로 비행하게 되었다고 들었을 때 뛸 듯이 기뻤다. 에드가 아닌 것이 아쉽기는 했지만 난 존도 좋아했다. 아니, 솔직히 말하면 나 혼자라도 좋았다. 캥거루를 태우고 가라고 해도 갈 작정이었다. 그만큼 우주비행을 원했다. 우주비행사들 간의 성격 적합성 운운 따위는 다 개소리다. 서로에게 확실한 공동 목표가 있다면 일정 시간 동안은 누구든 상대를 참아낼 수 있다. 그래서 존과 나는 함께 10호를 위해 매진하기 시작했다. 10호는 1966년 6월에 발사될 예정이었다.

7

실험용 쥐가 되다

내게는 충직한 하인이 여섯이나 있지.
(난 모든 걸 그들한테 배웠다네.)
하인들의 이름은 '누가', '언제', '어디서'
'무엇을', '어떻게', '왜'라네
러디어드 키플링, 「코끼리 코는 왜 길어졌을까」

존과 내가 맡은 첫 임무는 제미니 10호 계획을 들여다보는 일이었다. 우리 둘이 아는 내용이라고 해봐야 10호가 남은 제미니 시리즈의 '기본' 비행에 속한다는 사실 정도였다. 남은 다섯 차례의 비행 기간은 전부 사흘이었으며, 랑데부, EVA, 이런저런 과학적·기술적·의학적 실험들이 포함되어 있었다. 각 비행의 랑데부 기술 또한 지구 궤도 상황이 다변적이고 선외활동의 종류가 다양하며 각각의 실험 목적이 다른 만큼, 각각 다를 수밖에 없다. 상황을 모두 확인하고 나니 존과 나는 정신이 바짝 들었다. 우리가 맡은 일의 규모가 엄청났던 것이다. 사흘 내에 두 개의 다른 궤도에서 두 개의 다른 아제나와 두 차례 랑데부를 수행해야 하며, 성격이 완전히 다른 EVA가 두 차례, 과학기술 실험이 모두 15차례나 되었다. 게다가 길 찾는 실험용 쥐가 되어 우주선상에서 모든 이동을 계산해 첫 번째 아제나를 찾고 회수도 해야 했다. 이제까지 지상 컴퓨터로 계산한 지시에 따라 레이더 반경 내에서 움직인 것과는 다른 상황이었다. 기술 자체가 아직 미완성이긴 했지만, 확장형 우주선내 컴퓨터 기억장치인 소위 모듈 VI도 현재 설계 중이었다. 따라서 시뮬레이터로 다양한 방식을 시도해 최상의 활용 방법과 절차를 알아내는 것도 우리 몫이었다.

우리가 알아낸 첫 번째 문제도 다르지 않았다. 사흘 안에 임무를 모두 해결하려면 정말 발바닥에 땀나게 움직여야 한다는 것이었다. 우주선에 나흘 치 보급품을 실었으니(산소가 제일 중요하다) 하루 더 있어도 되지 않나? 하지만 제미니 계획의 지휘자 척 매슈스와 임원진에게는 설득력이 없었는지 연장 제안을 부결했다.[*] 실험 몇 가지를 생략하자고 청할까 생각도 했다. 한두 가지는 우리가 보기에도 그다지 시원찮아 보였다. 하지만 어쨌거나 오랜 검토 끝에 공식적으로 재가한 실험들인데 괜히 건드려봐야 관료주의의 담벼락에 제 머리 찧는 셈이리라. 랑데부는 둘 다 찬성이었고 EVA도 축소하고 싶지 않았다. 생략이 가능하다면 모듈 VI뿐이었다. 아직 초기 단계인지라 존과 내가 나서서 시기상조라고 우기면 당국에서도 다음 비행으로 넘겼을 것이다. 지금 생각해도 그것이 최선이었다. 완전히 포기하는 편이 좋았을 수도 있었다. 모듈 VI의 절차는 성가시기 짝이 없었다. 우선 휴대용 육분의를 이용해 별과 지구 지평선 사이의 각을 측정하고(우리 궤도와의 상대적 위치를 측정하기 위해 별들을 선택하고, 주기적으로 과정을 반복한다), 그 각도와 시각을 컴퓨터의 모듈 VI에 입력한다. 그리고 모듈 VI

---

[*] 나사 운영진도 결국 마음을 열고 4일 간의 체류를 허락했으나, 그건 마지막 비행 즉 12호 때나 되어서였다. 역시 이유는 알려지지 않았다.

의 데이터를 선내의 온갖 차트, 그래프와 결합시켜 현재 궤도상의 위치를 결정하고 그 위치를 사전에 파악해둔 아제나 표적로켓과 비교하면, 향후 정확히 어느 시각에 어디에 도착할지 예견할 수 있다. 이 과정에서 가장 바보 같은 부분은 모듈 VI 방식을 훨씬 더 복잡하고 정교한 방식을 요하는 아폴로에는 적용할 수 없다는 점이었다. 기술적으로 막다른 골목에 이른 기술을 개발하느라 소중한 시뮬레이터 시간을 낭비하는 격이었다. 모듈 VI는 이후 비행에서 성공 확률을 줄이는 역할까지 했다. 지상에서의 소중한 준비 시간을 빼앗고 비행 자체의 처음 몇 시간을 정신없게 만들었기 때문이다. 하지만 다른 한편으로는 유인우주선이 지상의 통제에서 벗어나 자율적 역량을 키우고 자체 계획을 수립한다는 점에서, 대의명분만큼은 높았다고 할 수 있었다. 유인 우주비행에서 파일럿들의 자율 통제를 가능케 하는 게 게임의 핵심 아니었던가? 결국 모듈 VI를 포기할 수 없었다.

15건의 실험, 두 번의 랑데부, 모듈 VI를 모두 우주선에 실었다. 하나같이 MSC 인사들에게는 포기불가 사항인지라, 비행을 단순화하려면 결국 두 건의 EVA가 생략 가능한 최우선 후보가 되었다. 딕 칼리는 모듈 VI의 가장 강력한 지지자였는데, 내가 제미니 승무원으로 선발되고 얼마 후 나를 부르더니 선내 내비게이션의 장점에 대해 장광설을 늘어놓았다. 딕은 아랍 국가들을 예로 들며 인간 여행의 거리 정확도가 어떻게 문명의 진보에 이바지했는지까지 설명하였다. "마침내 땅이 보이지 않는 곳에 이르렀지." 그는 초기 위대한 탐험가들의 용기에 찬사를 보냈다. 나를 근대의 마젤란으로 봉하고, EVA를 모두 생략하는 한이 있더라도 제미니 10호를 항법의 향연으로 만들고 싶어 했다. 그러려면 궤도 결정과 정확성이 완성될 때까지 거듭 거듭 훈련을 해야 하는데, 물론 상대를 잘못 택했다. 나야말로 MSC에서 2년간 가압복과 EVA에 매달린 인물 아닌가? 차라리 엄마 불곰한테서 새끼들을 빼앗는 편이 쉬웠으리라.

EVA는 내게서 빼앗을 수 없는 임무였다. 사실 딕 덕분에(그 이후 존이 나를 마젤란이라고 부르기는 했지만) 우리에게도 생각을 정리할 기회가 생겼다. 우리는 곧바로 두 차례의 EVA를 반드시 포함시켜야 할 나름의 이유를 목록으로 만들었다. 1차 EVA는 해치 내에서 일어서는 정도의 간단한 과정이므로 그 사이에 실속 있는 과학실험을 할 수 있다. 요컨대 특정 항성들의 자외선 신호를 수신할 수 있었다. 그간 지구 대기의 차단 효과 때문에 지상 천문가들에게는 가능하지 않은 일이었다.[*] 그리고 장비만 제때 개발한다면 두 번째 EVA에서 난 정말 흥미로운 우주유영을 할 수 있으리라. 짚건을 조종해 옛 아제나(제미니 8호의 표적로켓)로 건너가 미소운석 측정장비를 빼내올 수도 있었다. 벌써 수개월째 우주의 위협에 노출된 채 방치되어 있었다. 이번 EVA 계획이 합당하다는 기술적 이유야 얼마든지 있었으나 미소운석 장비 회수라면 신속하게 새로운 장비를 개발해야 했다. 문제는 척 매슈스였다. 나도 잘 아는 인물이지만 변화를 싫어했기에 우리 제안이 반가울 리 없었다. 다행히 척은 끈기 있게 귀를 기울였다. 가끔 그 사람을 본 적이 있는데, 회의에 몇 시간씩 앉아 있는 동안 아무리 피곤해도 그저 묵묵히 줄담배를 피우며 이따금 고개를 끄덕여 반응을 보여줄 뿐이었다. 아무리 허튼 얘기라도 묵묵히 들으며 모든 패를 다 털어놓게 한

---

[*] 카메라를 지구 대기 밖으로 가져가는 것만으로는 충분치 않다. 그 이상으로 카메라를 우주선 멀리 두어야 한다. 우주선 창문의 보호유리가 자외선을 대부분 차단하여 측정을 불가능하게 만들기 때문이다. 따라서 카메라 렌즈로 방해 없이 우주공간을 보려면 EVA가 반드시 필요했다.

다음에 자기 결정을 내리는 의사결정의 전문가였다.

이런 경우가 닥치면 척이 냉정한 반면 난 무척이나 초조했다. 그는 내 말을 묵묵히 들어주었으나 아무 대답도 내놓지 않았다. 난 결국 딕 칼리에게 졌다고 인정했다. 펜타곤을 방문할 때마다 완패를 면치 못하는 이 불쌍한 영혼은 이제 꼼짝없이 마젤란 신세가 되고 만 것이다. 그리고 이틀이나 지나서야 척이 하드웨어 개발에 착수하기로 했다는 소식을 들었다. 기초 장비는 이미 완벽했다. 가압복, 체스트팩, 조종용 짚건, 공급선. 내가 원하는 것은 그저 행동반경을 넓히고 짚건에 사용할 연료량을 늘였으면 하는 정도였다. 그렇게 하려면 15미터 길이의 공급선을 새로 만들고, 짚건의 추진가스도 우주선 내 연료통에 저장한 뒤 공급선을 통해 짚건에 공급할 수 있어야 한다. 따라서 공급선도 더 길고 더 두꺼워야 한다. 공급선 내에는 숨을 쉴 산소호스가 하나, 짚건을 조종할 질소 호스도 하나 있어야 한다. 튼튼한 나일론 선을 써서 내가 아무리 발광을 해도 안전하게 모선과 붙어있도록 하고, 존과 통신하고 의료진들이 내 심장박동을 모니터하도록 전선다발도 연결해야 한다. 존이 조종석 마이크버튼을 누르면 지상과도 직접 통신할 수 있도록 말이다. 태양열이나 기동엔진 배출가스에 공급선이 손상되면 곤란하므로, 직경 5센티미터 정도의 두꺼운 나일론 외장으로 감싸야 했다. 우리 딸의 말마따나 "엄청 짱"이었다.

제미니 10호를 위해 뭐든 하자고 의기투합한 이상, 존과 나는 이제 실행 가능한 비행계획을 짜야 했다. 지금 두 사람이 냉장고에 코끼리를 집어넣으려 한다는 사실도 마음속으로 인정했다. 예를 들어 15차례 실험에 대한 부담은 거의 모든 제미니 비행의 사례를 넘는 것이었다. 예외가 있다면 두 차례의 장기비행(8일, 14일)이겠지만, 그때는 랑데부도 없었고 EVA 생략 등 임무도 별로 없었다. 시간으로 따진다면 우리는 비행시간의 37퍼센트를 실험에 투자해야 하는데 프로그램 사상 최고 비율이었다(제미니 12호가 30퍼센트로 2등이다).

최초의 랑데부는 우리보다 1시간 41분 먼저 발사된 아제나를 추적하기 위해 지구 궤도를 4번 돌며(MSC 용어로는 'M=4')* 비행한다는 점에서 비교적 간단했다. 하지만 모듈 VI라는 우주선내 항법계산이 이 최초의 4회 궤도를 도는 동안을 꽉 채울 것이므로 항성지평선^{star-horizon} 측정 때가 아니면 말 그대로 창밖을 내다볼 시간도 없다. 두 번째 랑데부는 완전히 다른 얘기였다. 또 다른 표적기인 제미니 8호 아제나와의 랑데부였는데, 8호 아제나는 닐 암스트롱과 데이브 스코트가 버린 후 4개월 동안 궤도상에서 우리를 기다리고 있었다. 뭐가 다르냐고? 음… 무엇보다 8호 아제나는 오래 전에 "사망했다." 즉 배터리가 방전되어 레이더 응답 장치도 없다는 뜻이다. 8호 아제나가 대답을 못하면 우리 레이더도 무용지물이다. 랑데부를 하려면 완전히 시각적 수단에 의지해야 한다. 게다가 아제나가 죽으면서 안정화시스템도 무력화되었기에 빠른 속도로 회전하고 있거나 어딘가를 중심으로 돌고 있을 가능성도 컸다. 그러면 어떻게 거기서 미소운석 측정기를 꺼내오지? 비관주의자들(현실주의자들인지도 모르겠다)은 총체적 난국

---

* 프로그램 초기 곧 머큐리와 초기 제미니 시절에는 지구를 한 번 도는 과정을 묘사하기 위해 '궤도'(orbit)라는 단어만을 썼다. 후일 '선회'(revolution 또는 rev.)가 그 자리를 대신했다. 기술적으로 궤도는 지구좌표계, 그리고 선회는 관성좌표계의 사건을 뜻한다. 다시 말해서 선회는 자전 중인 지구를 1회 360도 여행한다는 뜻이며 저 아래 지구 상황에는 전혀 관심이 없다. 반면 궤도는 지상의 어느 한 점을 기준으로 한 '상공비행'의 간격을 말한다. 만약 지구가 자전하지 않으면 궤도와 선회는 동일하지만, 지구가 동쪽을 향해 회전하고 우주선은 동쪽을 향해 발사하므로, 선회 거리(또는 시간)은 궤도 거리보다 조금 짧다. M=4는 실제로 아제나를 추적하기 위한 4차례 선회를 뜻한다.

을 예감했다. 제미나, 아제나, 그리고 내가 15미터 길이의 공급선에 완전히 얽히고설키는 파국에 빠진다는 얘기였다.

그래서 우리들은 이 임무 모두를 어떻게든 조직화하려고 애를 썼다. 관료처럼 동맹을 조직하고 회의를 소집하기도 했다. 도움을 줄 곳은 얼마든지 있었다. 에드 호스킨스의 선도 아래 엔지니어 지원팀도 만들었고, 예비승무원 짐 러벨과 버즈 올드린도 있었다. 둘은 임무가 별로 탐탁지 않았겠지만 그래도 열심히 좋은 제안들을 내놓았다. 그들이 탐탁해 하지 않은 이유는, 데케의 승무원 배정 시스템에서라면 다음 두 비행을 건너뛰고(제미니 11, 제미니 12) 세 번째에 탑승해야 할 텐데, 제미니 13호가 애초부터 존재하지 않았기 때문이다. 떨거지 팔자에 아폴로에라도 매진해야 하는데 이렇게 제미니에 시간을 탕진하고 있는 셈이었다.

정월이 2월로 넘어갈 때쯤 비행 계획도 상당한 진전을 보이기 시작했다. 아제나 8호의 궤도면을 고려하면 이륙은 오후 늦은 시각이 필수적이다. 그 다음 모듈 VI가 잘 돌아간다면 아제나를 따라잡아 도킹하는 데 다섯 시간이 걸린다. 그러고는 대형엔진을 점화해(이것도 최초다) 그 힘으로 상위궤도에 진입한 뒤 아제나 8호에 접근을 시작할 것이다. 그리고 취침. 이튿날 일정은 모두 열네 시간, 여기에는 상당 회차의 아제나 엔진점화, 여러 차례의 실험, 해치 내 기립 EVA 등이 포함되어 있었다. 사흘째는 작업시간이 열다섯 시간으로, 아제나 8호와 결합하는 데 필요한 복잡한 기동임무들이 들어있었다. 그러는 동안 몇 가지 실험을 해야 하고, 해치를 열고 불필요한 장비를 배출한 뒤 하위궤도로 내려가야 한다. 나흘째는 여덟 시간뿐이다. 시간 내에 실험을 마무리하고 역추진 점화를 준비해야 한다. 그러면 이륙 후 70시간 27분 만에 대서양으로 착수하게 된다. 그 사이에 물론 식사를 하고, 연료전지를 정화하고, 플랫폼을 조정하고, 무선통신을 하고, 그밖에 사람과 기계들이 작동할 수 있도록 온갖 사소한 일들을 처리해야한다. 이론적으로 70시간 중 46시간을 일하고 24시간 휴식을 취해야하지만, 실제 상황이 그렇게 돌아갈 리가 없었다.

당시 내 삶은 개인적으로도 전에 없이 위급하게 돌아가고 있었다. 이번 임무는 타인을 위한 가압복 설계도 아니고 타인을 위한 지원임무도 아니다. 오로지 제미니 10호를 위한 일이다. 10호는 불과 몇 달후 발사할 것이며 난 그 우주선에 승선하기로 되어 있었다. 어떤 면에서 이번 비행계획은 기이했다. 예를 들어 모임에서 논의할 때 존과 나는 '승무원'으로 통했다. 우리는 이런 식의 3인칭 관행을 의문 없이 받아들였다. 나 자신도 "예, 승무원은 향후…" 이런저런 짓거리들을 합니다, 식으로 얘기하게 되었는데, 어느 날 문득 의미를 깨닫고는 크게 당황했다. 그 승무원이 바로 나 아닌가! 다른 한 편으로는 이런 자아 분리가 좀 더 나을 수도 있었다. 공중제비 하는 아제나와 공급선으로 뒤얽힌 상황에서 짧은 시간 내에 승무원이 어떤 일을 할지 토론하고 분석하는 자리가 아닌가.

나는 죽 기본 크기의 검은색 공책을 여섯 파트로 나누어 쓰고 있었다. (1) 일정, (2) 시스템 브리핑, (3) 실험, (4) 비행계획, (5) 기타 임무, 그리고 (6) 미해결과제였다. (6)번 항목은 일을 진행하면서 깨달은 문제인지라 번호로 목록을 기록했다. 그것들이 해결되지 않는 한 나는 주기적으로 검토하고 적절한 사람을 찾아 해결해달라고 볶아댔다. 해결이 되면 문제는 마감하고 숫자에 선을 그어 지웠다. 발사일 아침, 미해결과제는 모두 138항목이었으나 138개 모두 가로줄로 지워져 있었다. 이 과정이 다소 무섭기도 하고 시간도 많이 들어갔지만 동시에 만족도도 엄청났다. 이 과정은 나만이 해낼 수 있는, 대단한 우주비행을 위한 것이었다. 공책을 빼들고 잊기 전에 기록하라. 비행이 언제나 머릿속을 맴돌았다. 공책이 가까이에 없으면 냅킨이든 지갑 속 종이쪽지든 닥치는 대로 적어댔다. 어느 날 밤 식사 후 세인트루이스의 홀리데이인 바에 앉아 혼자 맥주를 홀짝이는데, 문득 기막힌 생각이 떠올라 곧바로 종이쪽지에 기록했다. 바텐더가 심심했는지 쪼르르 다가와 물었다. "오, 계획을 짜는 건가요?" 나도 흥분한 어조로 대답했다. "아, 그래요. 그러니까 아제나라는 로켓이 지구를 도는데, 내가 그 뒤를 쫓아 궤도에 들어가 만나는 겁니다! 지금 막 생각했는데 성조기를 가져가서 아제나 안테나에 묶을까 봐요. 기막힌 생각 아닙니까?" "오, 그럼요, 당연하죠." 바텐더는 그렇게 중얼거리고는 쪼르르 카운터로 돌아가 꼼짝도 하지 않았다. 맥주 한 잔 더 할지 묻지도 않았다. 사실 필요도 없었다. 바텐더도 이미 눈치 챘겠지만 난 이미 취한 상태가 아니겠는가? 벌써 5개월째 취한 상태였다. 평생 일기를 써본 적이 없지만, 그날 이 기이한 분위기가 자아낸 전반적 상황에 대해 나름대로 느낀 바를 적어보았다. 요지는 이랬다. 내 판단과 달리, 제미니 10호를 향한 열정적 헌신은 실상 헌신과는 거리가 멀었다. 고양된 의식 상태로 사는 것도 결국 나 자신이었다. 인생은 즐겁고 음악도 평소보다 더 감미로웠다. 음식도 와인도 맛이 기가 막혔다. 평범한 와인조차 평소 느끼지 못한 명품의 풍미를 드러냈다. 일하고 또 일했지만 그 때문에 지쳐 쓰러지지도 않았다.

안타깝게도 이 도취감 속으로 T-38이 곤두박질치고 엘리엇 시와 찰리 바셋을 죽음으로 몰아갔다. 사고는 세인트루이스에서 일어났다.

나도 오랜 세월을 보낸 곳이다. 엘리엇과 찰리는 제미니 9호의 주승무원이었는데 어느 월요일 아침 휴스턴에서 비행기를 타고 날아오다가 비행이 끝날 무렵 추락한 것이다. 특히 찰리는 이웃이자 급우이자 스승이며 친구였다. 정말 뭐든 다 해낼 것 같은 놀라운 사람이었다. 머리도 좋고 강철같이 곧으며 유머도 외모도 남달랐다. 그런 그가 주차장에 추락해 운명을 달리하다니. 사실 엘리엇에 대해서는 잘 알지 못했다. 단지 친근하고 친절한 사람이라는 정도였다. 그리고 그 둘은 세상을 떠났다. 친구들에게 크나큰 상실감을 남겼을 뿐 아니라 그들의 부재로 제미니의 일정에도 공백을 남겼다. 물론 예비승무원 제도를 통해 곧바로 채워지기는 했다. 그들의 예비승무원이었던 톰 스태퍼드와 진 서넌이 제미니 9호로 비행하게 되었고, 우리 예비승무원인 러벨과 올드린이 톰과 진의 예비승무원으로 배정되었다. 그리고 우리 팀에는 알 빈과 C. C. 윌리엄스가 대신 배정되었다. 9인방의 생존 멤버들이 최소 한 번 이상 제미니 비행을 하게 되었으니 우리 14인방처럼 이 변화로 운명이 꼬이거나 하지는 않은 셈이다. 반면 우리 그룹의 비행순서는 스코트, 바셋, 콜린스, 고든, 서넌이었으나 이제 스코트, 서넌, 콜린스, 고든, 올드린으로 바뀌게 되었다.

제미니 10호의 새 멤버 영, 콜린스, 빈, 윌리엄스가 모이자 데케가 다소 특이한 임무를 맡겼다. 데케, 워런 노스와 함께 선발위원회에 들어가 새 우주인 그룹을 골라야 한다는 것이다. 도무지 이해할 수가 없었다. 두 가지 점 때문이었다. 첫째, 단 4개월밖에 남지 않은 제미니 10호 훈련만 해도 정신을 차릴 수가 없었다. 둘째로는 아직 서른 명의 우주인이 팔팔하게 살아 언제든 비행에 투입할 수 있었다. 우주인이 왜 더 필요하고, 게다가 왜 우리가 뽑아야 하는 걸까? 존이 따졌으나 데케는 요지부동이었다. 결국 우리는 3월 첫째 주, 업무를 모두 내려놓고 열아홉 명의 우주인을 선발했다. 사실 흥미진진하기는 했다. 비록 그 때문에 훈련일정을 한 주 늦추기는 했지만 절대 잊지는 못할 한 주였다.

나는 우선 서류심사가 한창인 인사과부터 찾았다. 나이, 학위, 비행 경험만으로 수백 명의 지원자를 서른다섯으로 줄여놓은 상태였다. 최종후보자들의 이력은 하나같이 아주 인상적이었다. 누군가 세월을 보내고 내가 그 세월을 확인하는 데 주말 전부를 썼다면, 후보자 각각의 그림을 어느 정도 파악하는 것도 충분히 가능했을 것이다. 이 사람은 동료들의 아내를 유혹할 것 같고 저 사람은 잠재적 동성애자다. 이 친구는 비행실력이 월등하지만 상사 평가가 바닷물보다 짜다. 이 친구는 대학교수들한테 깊은 인상을 주었고, 저 친구는 들키지 않고 수업을 빼먹었다. 이 후보자는 기존 우주인들과 안면이 있으며, 저 후보자는 너무 어려서 아무도 알지 못한다… 연봉 2만 5,000달러를 주장하는 친구도 있었지만 그밖에는 아무도 돈을 따지지 않았다. 나는 지원자로서 어려웠던 시절을 돌이켜보며 최대한 양심적으로 심사했다. 엉터리는 걸러내고 최고를 선발하겠다고 맹세도 했다. 그룹에는 흑인*도 여자도 없었다.

내 생각에는 여성 신청자가 없다는 사실에 위원회도 안도의 한숨을 내쉬었을 것 같다. 여자는 문제가 된다. 그건 분명한 사실이다. 가

---

* 미국에서 최초로 흑인 우주인을 뽑은 것은 1967년 6월 30일 로버트 H. 로렌스 주니어 소령이었다. 공군 유인궤도실험 우주인 그룹 멤버였으며 화학박사에 테스트파일럿 자격도 충분했지만, 1967년 12월 8일 에드워즈 공군기지에서 F-104의 추락으로 사망했다. 1969년 중반 유인궤도실험 프로그램은 중단되었다.

압복을 벗고 엉덩이에 플라스틱가방을 장착하는 것만으로도 큰일이었다. 배변은 또 어떤가. 험악한 존 영이 1.5미터 옆에 앉아있는데? 우리도 힘든데 여성이? 더군다나 돌출성기가 없으면 CUVMS(화학적 소변량 측정계)를 사용할 수도 없어서[*] 시스템을 완전히 재설계해야 한다. 흑인이 없다는 것은 또 다른 문제였다. 나사에도 흑인이 있어야 했고 우리 그룹도 기꺼이 환영했을 것이다. 그런데 왜 아무도 지원하지 않았을까? 사실 아직도 모르겠다. 단순히 비행/교육 조건을 충족한 인물이 없었을 수도 있고, 아니면 다른 경력에 더 관심이 많았기 때문일 수도 있다. 내가 아는 한 피부색 때문에 탈락한 사람은 아무도 없었다. 신청서에 인종이나 종교를 기록하는 난도 없었으니, 나사 관료가 피부색으로 판단하려면 최종후보자들이 신체검사장에 나타났을 때뿐이었다. 아무튼 우주비행사 선발(모병이 아니다)은 우리 위원회의 몫이므로, 공정한 후보자 선발을 위해 시스템을 조직하기 시작했다. 데케는 이전 선발에서 이용했던 시스템을 선호했다. 우리도 약간의 수정을 조건으로 동의했다. 기본적으로는 30점 시스템을 세 분야로 균등하게 나누는 방식이었다. 학력, 파일럿 경력, 성격과 열정. 이 평가 항목들에서도 증명되지만 학력은 명칭부터 문제가 있었다. IQ 점수 1점, 학위, 수상경력 등 여타의 자격증명 4점, 나사 주관의 적성검사 3점, 기술 면접 2점. 파일럿 경력은 다음과 같이 나눠진다. 비행기록(총시간, 탑승기종 등) 3점. 테스트파일럿 학교 등 주관 기관이 매긴 비행 점수 1점, 기술 면접 6점. 성격과 열정은 세부조항이 없고 10점 모두 면접에서 결정했으며, 후보자의 성격이 가장 중요했다. 따라서

---

[*] CUVMS는 철저히 남성용이다.

(후보자의 최대 가능 점수) 30점 중 18점은 인터뷰로 결정되는 셈이었다. 지금 기억으로 후보자별 면접시간은 1시간 정도였는데, 45분은 퀴즈를 내고 15분은 사후 검토였다. 우리는 라이스 호텔의 답답한 방에 하루 종일 앉아서 이른 아침부터 이른 저녁까지 꼬박 1주일을 면접했다.

공군, 해군, 해병, 민간인 가운데 후보자들을 선발하는 터라 위원회에는 각 부문 대표들이 포함되어 있었다. 워런 노스는 민간인, 존 영은 해군, 윌리엄스는 해병이고, 나는 공군이었다. 공군출신 민간인인 데케가 총책임을 맡았다. 나사에서 일하기 전에도 나는 업무 협조를 아주 중요시했었다. 그래서 우주인 선발과 특정 승무원의 배정은 대부분 공군, 해군, 민간인의 균형을 맞추는 데 의거해야 한다고 생각했다. 우리 14인이 선발되었을 때도 처음에는 끼리끼리 모이는 감이 없지 않았으나 오래지 않아 연대의식이 커나갔다. 그리고 연대의식은 군복 색깔보다 강했다. 나도 이내 누가 어느 군에 속했는지 개의치도 않고 생각조차 하지 않게 되었다. 우리는 그 안에서 하나였다. 누가 거짓말하는지 캐낸답시고, 폭격기냐 잠수함이냐 문제로 끊임없이 실랑이하는 국방부 장성과 장군들과는 달랐다. 나사 자체도 그랬지만 특히 우주인들의 경우에도 이 선발위원회만큼 출신을 신경 쓰지 않는 곳도 없었다. 특별히 할당받은 몫이 없었기에 나도 때로는 해군이나 민간인후보자를 옹호하고 공군후보자를 반대했으며, 그 점에서는 다른 심사위원들도 마찬가지였다. 그 바람에 생각보다 논쟁이 훨씬 적기도 했다. 서류심사든 면접이든 승자와 패자는 어렵지 않게 나뉘었으며, 따라서 점수를 부여하고 등급을 나누는 것도 어렵지 않았다.

아무래도 가장 어려운 부분이 열정의 측정*이겠다. 이 친구는 정말 일하고 싶어 왔을까? 몇 년간 도제 신분으로 뼈 빠지게 일해야 할 텐데 그마저 참고 견딜 만큼? 어려운 결정일 수밖에 없었다. 온전히 면접만으로 30점 중 18점을 평가해야 했기에 자칫 달변가에게 넘어갈 위험도 있었다. 하지만 우리를 감동하게 만들려면 우리 대의명분에 동참하겠다고 감언이설을 늘어놓을 것이 아니라, 맡은 바 숙제를 해낼 만큼 관심이 있다는 증거를 보여줘야 했다. 제미니와 아폴로를 연구하고, 우주선의 문제를 어느 정도 알고, 자신의 경험에 입각해 합리적인 해결책을 제시할 수 있어야 한다는 뜻이다. 우리는 그들의 지식을 극한까지 밀어붙였다. 그러면 똑똑한 이들은 "모르겠습니다"라고 대답했다. 다른 치들은 끝까지 아는 척을 했다. 돌이켜보면 위원회는 제대로 일을 해냈고 19명 중에서 요행으로 얻어걸린 사람은 한 명도 없었다. 기억으로는 프레드 헤이스가 최고였다. 물론 줄 맨 끝에 그냥 따라 붙은 사람도 없었다. 선발된 후보들에 대해서 심사위원들은 만장일치였다.

존 영과 C. C. 윌리엄스와 내가 가장 놀랐던 순간은 데케가 이렇게 말했을 때였다. "음… 자격이 있다고 생각되면 다 뽑을 거야." 그래서 자격자가 열아홉 명이나 되었는데도 데케는 모두 선발했다. 우주인을 열아홉이나 더 뽑아 뭘 어쩌겠다는 거지? "나만 들어가면 돼" 경우도 아니었으니 대여섯 이상은 필요 없을 것 같았는데, 데케는 미래의 비행 계획이 장밋빛으로 물들 경우를 걱정하고 있었다. 1966년 3월 당시 나사는 모종의 프로그램 곧 아폴로 응용계획(스카이랩의 전신)**을

---

* 밥 스미스의 명언은 영원히 잊지 못한다. 밥은 공군 동기로, 2년 전 내가 면접 보러 갈 때 배웅해준 친구이기도 했다. "자, 잘 들어. 그 양반들이 분명 왜 우주인이 되려 하는지 물어볼 거야. 그럼 이렇게 대답해. 돈도 벌고 명예도 얻는다고 해서 왔다고."
** Apollo Applications Program: 미국항공우주국의 장기 우주탐사 계획으로 아폴로 프로젝트에 적용된 과학기술을 기반으로 한다.—옮긴이

구상하고 있었는데, 그렇다면 어느 정도는 아폴로 달 탐사의 시작과 지구 궤도 비행이 겹치게 될 수도 있었다. 당시의 낙관주의를 그대로 믿는다면 1960년대 말쯤 케이프의 발사 일정은 정신없이 복잡하게 될 터였다. 거의 매달 아폴로든 아폴로 응용계획이든 발사 준비를 해야 하기 때문이다. 주/예비승무원 배정 시스템대로라면 매 비행을 준비하기 위해 우주비행사는 여섯 명이 1년 이상 묶여야 한다. 그래서 그만큼 요원이 필요하다는 것이 데케의 논리였고, 그 논리에 따라 19명 모두를 선발했던 것이다.* 몇 년 후 최고 능력에 비싼 훈련을 받은 젊은이들이 의욕만 충만한 채 우주비행 한번 못 해보고 해산한 데는 이런 계산착오가 있었다. 데케도 나름대로 는 최선을 다했다고 생각한다. 아량을 가지고 얘기한다면, '이럴 것이다'가 아닌 '이럴 수도 있겠다'의 방향으로 계획했던 게 아닌가 싶다. 하지만 당시에는 내가 보아도 열아홉은 너무 많은 듯했다. 존 영은 곧바로 그들을 원조 19인방으로 명명했는데, 이미 불후가 된 원조 7인방을 패러디한 것이었으나 1년 후 다음 그룹이 선발된 후에야 얼마나 적절한 작명이었는지 알게 되었다. 다음 그룹은 곧바로 상황을 눈치 채고 스스로 자투리 11인방이라 불렀다.

라이스 호텔에서 가볍고 즐겁게 한 주를 보낸 후, 제미니 10호 승무원들은 쉴 틈도 없이 시뮬레이터 안으로 기어들어가 모듈 VI와 씨름을 하고, 바로 나와서는 제미니 8호의 비행을 지켜보았다. 말 그대로 휴스턴 관제센터에서 발사를 '지켜본' 것이다. 점으로 남은 발사용

---

* 1967년 여름이 절정이었는데 당시 우주인은 모두 56명이었다.

로켓 타이탄이 표적을 향해 부드럽게 올라가는 것도 지켜보았고, 닐 암스트롱과 데이브 스코트가 제미니와 타이탄을 분리하고 4회 궤도 추적으로 아제나를 쫓는 것도 지켜보았다. 아제나는 하루 일찍 발사 되었지만 그때까지는 별 문제없어 보였다. M-4 랑데부가 천천히 절 정을 향해 진행되어 저녁 즈음 제미니와 아제나가 도킹했다. 이번 도 킹, 즉 두 개의 우주선이 우주에서 결합하는 과정은 역사상 최초였다. 이 도킹이 중요했던 것은, 이것이 성공해야만 달 표면에서 미국인 두 명이 귀환할 수 있었기 때문이다. 공중에서 비행기에 주유하는 것과 달리 100퍼센트 수동 조작이기도 했다. 아주 쉽고 놀랄 일도 없었다 는 닐의 보고를 들었을 때 우리 파일럿들이 안심한 것도 그래서였다. 나는 마티니와 식사를 위해 집으로 향했다. 제미니 8호의 비행은 신나 게 시작됐다.

현관문에 들어서자 충격적인 일이 벌어지고 있었다. 팻이 알 수 없 는 전화 때문에 당혹스러워하고 있었다. 데이브의 아내 앤 스코트가 건 전화였는데, 아이들을 두어 시간 정도만 봐달라고 했단다. "그들을 데려올 때까지" 아이를 맡아줄 사람이 필요하다는 얘기였다. 황급히 관제센터에 전화를 하는데 데이브의 장인이 두 아이를 데리고 도착했 다. 노인의 말로는 세상에, 제미니 8호가 지구귀환 명령을 받았단다! 제어불능 상태에서 심하게 흔들리며 돈 게 이유였다. 빌어먹을 아제 나! 저주를 퍼부으며 황급히 관제센터로 돌아갔더니 그곳에서는 또 완전히 다른 얘기가 들리고 있었다. 도킹 후 30분 정도는 모두 평화로 웠다. 잠시 후 요^{yaw} 운동과 롤^{roll}의 각도 변화가 발생하기 시작했다. 제미니나 아제나의 자세제어 시스템에 오작동이 있다는 뜻이었다. 어 느 쪽이지? 닐은 수동으로 역추진 엔진을 점화했지만 수동 자세 컨트롤러를 놓는 순간 문제가 다시 발생했다. 결국 아제나가 문제라고 결론지었다. 태평양 상공에서 지상기지 모두와 무선 연락마저 끊기면서 제미니와 아제나가 지상에 송신한 정보와 관련해 어떠한 도움도 받을 수 없었다. 결국 닐은 도킹을 해제하기로 했다. 논리적이고 분석적인 조치였다. 왜냐하면 아제나와 어느 정도 거리를 두어야 각 우주선을 독립적으로 조사할 수 있기 때문이다. 그래서 닐은 아제나의 요와 롤 운동이 가속화되고 제미니는 제자리를 찾을 거라고 예측하며 도킹을 해제했는데, 결과는 정확히 그 반대였다! 제미니가 미친 듯이 공중제비를 돌기 시작한 것이다. 확인 결과 초당 300도, 지극히 비정상적 움직임인데다 시간이 지날수록 점점 더 빨라졌다. 이제는 고민할 시간도 없었고, 조언을 구할 지상본부도 없었다. 믿을 건 역추진 엔진뿐이었지만 거기에도 문제가 있었다. 역추진 엔진이 모두 열여섯 개인데다 우주선의 동작에 요, 피치, 롤 요소들이 모조리 섞인 탓에 도무지 걷잡을 수가 없었다. 두 사람은 차선책을 강구했다. 자세제어 시스템을 모두 셧다운한 것이다. 이제 우주선은 뉴턴 제2법칙의 무자비한 통제 하에 들어갔다. 외부 힘이 작용하지 않는 한, 멈춘 물체는 계속 멈춰있고 움직이는 물체는 계속 움직일 것이다. 다시 말해서 역추진기를 죽인 이상 초당 300도를 넘을 수는 없지만, 다른 힘을 가하지 않는 이상 초당 300두 회전이 무한히 지속된다는 얘기였다. 물론 그 상태를 묵인할 수는 없다. 그런 식으로 표류하다가 자칫 인근의 아제나와 부딪칠 수도 있기 때문이다. 게다가 임무를 완수하기는커녕 현기증과 구역질로 고생할 수도 있다. 닐은 비장의 카드를 선택, 곧바로 자세제어 시스템을 재가동했다. 원래는 재진입용이었지만, 이 제2의 역추진엔진 그룹을 활용하자 공중제비는 곧바로 멈추었다. 그리고 제미니 8호가 지상기지국의 무선 범위에 도달할 때쯤 되자 소동도 일단락되었다. 이 모든 혼란은 10분 정도에 불과했으나 그간의 우주 프로그램 역사상 가장 섬뜩한 순간이었다. 오작동 때문에라도 제미니 8호의 비행은 곧바로 중단할 수밖에 없었다. 엄격한 임무규칙 때문이었다. 재진입자세 제어시스템을 발동하는 순간 곧바로 재진입 절차에 들어갈 것.

관제센터에서 이런저런 상황을 알아보려 했으나 곧바로 상황종료가 된 터라 난 다시 집으로 돌아갔다. 아내 팻과, 스코트의 장인이자 그 자신 노장 파일럿이기도 한 오트 장군에게 보고도 해야 했다. 스코트의 아이들은 너머 어려서(트레이시는 다섯 살이 채 되지 않았고 더그는 두 살이 조금 넘었다) 상황을 이해하지도 못하거니와 이미 잠자리에 들 시간이었다. 우리는 아이들을 한 블록 거리 떨어진 자기들 집에 데려갔으면 했으나, 그때쯤 소문이 돌아 암스트롱의 아내 재닛이 앤의 집으로 건너오는 중이었고, 앞마당은 벌써 텔레비전 조명과 흥분한 기자들로 북적거렸다. 다행히 관심이 스코트의 집에 집중된 터라 우리는 기자들의 관심을 끌지 않은 채 뒤에 물러서서 구경할 수 있었다. 그 정도면 아이들도 무슨 일이 있다는 정도는 눈치 챘을 것이다. 재닛은 도착하자마자 현관문으로 직행했다. 그 뒤로 나사 관료들이 몇 명 따라와서는, 재닛이 앤과 함께 있고 싶어 하며 적절한 시기에 기자회견을 할 거라고 기자들에게 설명했다. TV 기자들도 촬영용 조명을 끄고 대기했다.

나중에 들었지만 재진입은 평소와 다를 바가 없었다. 다만 예정보다 앞당겨지는 바람에 대서양이 아니라 태평양으로 내려왔다. 다행인 점은, 평소 '만약에' 정신으로 무장한 나사 덕분에 해군도 정말로 만약에 대비하여 그곳에도 구축함을 대기시켜 둔 것이었다. 그래서 금방 우주비행사들의 안전을 확보할 수 있었고 상황도 마무리되었다. EVA 등의 비행 임무 준비에 혼신을 다한 닐과 데이브 그리고 관계자들은 실망할 수밖에 없었지만, 당장은 재닛과 앤의 근심이 끝나서 다행이었다. 비행하는 열한 시간 동안 내내 조바심을 태운 터라 다들 피곤했다. 그래서 재닛도 집으로 돌아갈 참이었는데 스코트의 현관문을 닫는 동시에 앞마당이 밝게 되살아났다. 플래시가 터지고 TV 조명등이 다시 켜진 것이다. 마이크가 수도 없이 들이닥치고 20여 명의 기자가 한꺼번에 질문을 쏟아냈다. 어지러운 조명 속에서 재닛의 눈에 보이는 친구라고는 자기 자동차뿐이었다. 재닛은 곧바로 그쪽을 향했다. 그녀가 떠나자 그 자리에는 실망 가득한 기자들의 웅성거림만 남았다. 재닛은 심지어 "오싹했지만 자랑스럽고 기쁘다"는 말조차 내놓지 않았다. 그 정도는 우주인 아내의 기본 대답 아닌가.

닐과 데이브도 당연히 기쁘지 않았다. 특히 미국 최초의 우주유영자가 될 뻔했던 데이브의 심정이 어떨지 이해할 만했다. 신개발품 체스트팩, 백팩을 이용한 우주유영을 위해 몇 달간 격렬하고 복잡한 훈련을 감내한 그였다. 그런데 장비가 어떻게 작동하는지, 우주에서 떠다니는 기분이 어떤지 영원히 경험하지 못하게 된 것이다. 말은 안했지만 데이브의 불운에 안도의 한숨을 내쉰 사람들도 있기는 했다. 그의 EVA가 끔찍할 정도로 복잡하고 위험했기 때문이다. 문제의 핵심은 제미니 조종석이 너무 좁은 탓에 제미니 8, 9, 12호에 예정된 백팩같이 거대한 장비는 싣지 못했다는 데 있었다. 그래서 백팩을 뒤쪽 어댑터섹션에 보관했는데, 또 거기서는 우주 진공상태에 노출될 수밖에 없었다. 결국 우주유영자가 선실을 감압하고 해치를 열어 핸드레일을 잡고 어댑터섹션으로 가면서, 조종석과 연결된 공급선을 통해 호흡하고 통신을 해야 한다는 뜻이었다. 여기까지는 그럭저럭 괜찮다. 문제는 그때부터다. 산소공급과 통신선을 공급선에서 백팩으로 바꾸어야 하기 때문이다. 다시 말해서 가압복으로 이어진 산소 라인과 통신 라인을 분리하고 체스트팩에 재설치해야 한다는 뜻인데, 데이브의 경우에는 선이 하나 더 있었다. 바로 수동조작 짚건의 추진연료를 제공하는 연료선이었다. 가압복을 입으면 움직임에 제한이 가해지고 시야도 좁아지는 탓에 커넥터 조작이 쉽지 않다. 복잡한 선을 정리해줄 도우미도 없고, 어댑터섹션의 진공 공간 어디에 어떤 위험이 숨어있는지 알려줄 사람도 없었다. 내가 제미니 10호에서 수행해야 할 EVA 역시 이미 복잡해진 조종석 안에 모든 것을 욱여넣은 터라 결코 이상적이지는 않았지만, 최소한 내 경우에는 거의 모든 준비를 가압된 고치 안에서 할 수 있었고 필요하면 존에게 도움을 청할 수도 있었다. 하지만 데이브의 복잡다단한 장비들은 또 달랐다. 이 장비들이야말로 어느 EVA를 막론하고 대부분의 절차를 잡아먹는 원흉이었고, 그래서 비행 이전부터 불안했던 것이다. 1년 후 제미니 프로그램이 끝났을 때, 어쩌면 데이브의 EVA를 철회한 것이 다행이었을지 모르겠다고 닐에게 언급한 것도 그래서였다. 하지만 닐은 상황을 그런 식으로 보지 않았다. EVA 계획이 위험했다면 오히려 10호였다고 반박하는 것이었다. 아제나가 불안정한 상태로 떠다녔다는 이유에서였다. 다른 사람에게는 이상하게 보여도 어쨌든 자신의 상황에는 익숙하게 적응하는 법이니까.

제미니 8호의 문제는 추진엔진이 계속 점화되었기 때문인데, 추진엔진에 연결된 전선과 회로의 합선이 이유라는 진단이 떨어졌다. 그에 따라 제미니 9호를 비롯해 모든 우주선을 재점검하고 프로그램 일정은 그대로 진행했다.

존과 나는 4월과 5월을 거의 세인트루이스에서 지내며 제미니 10호의 최종 조립과 조립후 테스트를 확인했다. 감압실에서의 모의 비행은 물론, 실험장비들을 장착한 채 비행 단계를 전반적으로 작동시켜 보고, 가압스위치, 다이오드, 역추진기, 낙하산, 컴퓨터 등을 테스트했다. 설계 사양대로 정확하게 작동하지 않으면 교체시켰다. 우주선은 대부분의 시간을 세심하게 청소하고 여과된 공기만 주입되는 화이트룸에서 보냈다. 거기에서는 누구나 흰색 작업복과 모자, 흰색 신발을 착용해야 했다. 24시간 가동되는 화이트룸 내부에는 대개 우주선 서너 기가 있었으며, 발사대에서와 마찬가지로 기수를 일제히 하늘로 향하게 해놓았다. 매 시간 존과 나는 조종석에 누워 두 다리를 허공에 올리고는, 느긋하게 제미니 10호의 스위치를 눌러가며 테스트를 진행했다. 테스트마다 묵직한 대본이 있었고, 그 안에는 가상비행의 시나리오에 출연하는 지원 기술자들의 역할이 잔뜩 적혀 있었다. 절차가 명확한 것도 있었으나 대부분은 테스트 감독관, 테스트 장비 운영진, 조종석 승무원들 사이에 복잡한 상호관계가 필요했다. 우리는 미리 대본을 정독하고 우리가 참여해야 하는 곳마다 빨간 줄을 그어놓았다. 그러면 테스트가 진행되는 동안 정확한 시간에 (바라건대) 필요할 때마다 제대로 스위치를 켤 수 있을 것이다. 우리든 팀원이든 실수를 하면 테스트를 반복했다. 서너 번씩 되풀이하는 경우도 있었다. 참으로 비효율적인 시간 안배였으나 무의미한 훈련은 아니었다. 우리 자신의 기계를 제대로 알고 친해질 필요가 있었고, 기계마다 조금씩 다르기도 했다. 설계가 미세하게 다를뿐더러 시스템의 반응에도 차이가 있었다. 우주선은 물론 시뮬레이터에서도 반응이 동일해야 했지만 현실은 그럴 수가 없었던 것이다. 이 사소한 차이들은 지상에서 확인해야 한다. 그렇지 않으면 비행 중에 문제가 생길 수 있다.

테스트라는 가벼운 압박 하에서 화이트룸에서 진행되는 일들은 조종석 설계와 스위치 위치를 머리에 각인시키는 데도 효과적이었다. 자세제어 스위치를 '재진입'으로 돌리는 대신 (바로 그 위의) 컴퓨터스위치를 '재진입'으로 돌렸다고 하자. 그렇다 해도 크게 문제될 것은 없지만 사람들의 얼굴이 붉으락푸르락해지고 뚜껑도 열릴 것이다. (심지어 새벽 3시에 그랬다면!) 이제껏 밟아온 지난한 과정은 허탕이 되고 취침시간을 줄여가며 과정 전체를 되풀이해야 한다. 우리는 양쪽 신장의 위치도 확실하게 배웠다. 제미니 좌석에 누운 자세로 앉아있는 건 여간 고역이 아니었다. 처음에는 아래쪽만 아프더니 두어 시간 정도 지나면 도무지 편안한 자세를 찾을 수 없게 된다. 게다가 이렇게 다리를 올리고 누운 자세로 앉으면 이상하게 자극이 생겨 방광을 폭주하게 만들었다. 그러면 졸음방지용으로 잔뜩 들이마신 커피와 작당하여 시간마다 화장실에 가게 만든다. 그것도 대본이 허락할 때뿐이었다. 그렇지 않으면 우리는 고통과 자기 한탄 속에서 발버둥치고, 망할 놈의 대본도 잔뜩 성난 방광 위에서 안절부절못했다. 어찌 하랴. 우주인의 잘난 운명을 비웃으며 하염없이 스위치나 까딱거릴 수밖에.

우주선이 아니면 시뮬레이터가 고문을 했다. 세인트루이스 시뮬레이터는 랑데부 전용이었다. 플랫폼, 레이더, 컴퓨터 등 랑데부에 필요한 계기의 반응은 정확히 모사했지만, 다른 시스템들은 작동해볼 수 없었다는 얘기다. 이것들은 휴스턴과 케이프 시뮬레이터를 가지고 배울 터였다. 모듈 VI의 최초 사용자로서 우리한테는 이 세인트루이스 시뮬레이터가 몹시 긴요했다. 그곳에 매우 노련한 팀이 있었기 때문이다. 모듈 VI를 만들거나 그것에 이바지한 사람들, 바로 맥도널 더글러스의 엔지니어 팀이다. 우리는 매일 이 끔찍한 기계 안에 들어가 플라스틱 컵으로 묽은 커피를 홀짝이며 어두운 스크린의 빛 하나(아제나)와 주변의 다른 빛들(항성)을 보았다. 영사기는 참으로 조악했으나 조종석 내부는 꽤 정교했다. 우리가 아제나를 쫓아 돌고 또 도는 동안 레이더, 플랫폼, 컴퓨터들이 ('오작동'으로 판단하지 않는 한) 실제로 돌아가는 것처럼 윙윙거렸다. 대개는 큰 어려움이나 불필요한 연료 손실 없이 아제나를 따라잡았다. 하지만 레이더나 플랫폼, 컴퓨터를 활용하지 못하는 경우에는 하늘을 헤매다 아제나를 완전히 놓치기도 하고, 찾는다 해도 연료탱크가 바닥났다. 랑데부가 끝나면 우르르 옆방으로 몰려갔다. 그곳에서 가상공간을 얼마나 헤맸는지 거대한 그래프 위에 상상의 경로를 그려가며 오류를 분석하고 의견을 교환했다. 그래프에서 가장 우스꽝스러워 보이는 궤적이 이른바 '위퍼딜'whifferdill이었다. 위퍼딜은 나선형 모양의 접근 경로를 뜻하는데 제미니는 점점 반경을 좁히며 들어가며 아레나를 따라잡았다. 위퍼딜은 모양도 우습지만 연료 소모량도 많았다. 존과 나는 후에 알았지만 세인트루이스 시뮬레이터는 이 사실을 아주 정확히 예측해냈다. 위퍼딜이 일어나는 까닭은 표적이 항성에 상대적으로 움직이는데(전문가들 표현을 빌면, 관성적 시선각 변화율을 제거하는 데 실패), 수정이 신속하거나 충분하지 않은 탓에 이 원치 않는 기동을 완전히 막을 수가 없었기 때문이다.

5월 중순경이 되자 나는 위퍼딜, 화이트룸은 물론 세인트루이스 전부가 지긋지긋해졌다. 5월 17일 짧은 휴가를 얻어 케이프로 제미니 9호의 발사를 보러 갔을 때 그리 신났던 것도 그 때문이었다. 언제나처럼 제미니에 앞서 아제나 위성을 상단부에 얹은 아틀라스 로켓이 발사되었다. 해가 중천에 오를 무렵 아틀라스는 굉음을 터뜨리며 멋지게 솟구쳤다. 하지만 이륙 2분 후 아틀라스의 엔진 하나가 고장 나 기수가 심하게 기울더니 대서양으로 곤두박질쳤다. 아무래도 톰 스태퍼드한테는 아제나 징크스라도 있는 모양이었다. 그에게는 이번이 두 번째 발사였는데, 지난 가을 첫 번째 발사 때는 시라와 함께 제미니 6호에서 이륙을 기다리는 동안 폭파했고, 이번에는 진 서넌과 함께였다. 두 사람은 대체 로켓을 준비하는 동안 2주를 대기해야 했다. 6월 1일에는 송신기가 제미니 컴퓨터에 데이터 전송을 거부한 탓에 두 번째 발사도 실패로 돌아갔다. 1966년 6월 3일 마침내 제미니 9호는 궤도 진입에 성공했다. 짐 맥디비트와 에드 화이트의 제미니 4호 이후 1년 만이었다. 성공적인 랑데부 후 톰과 진은 표적로켓의 노즈콘(미사일 등의 원뿔형 선단)이 떨어져 나가지 않고 반쯤 열린 채로 붙어서 "화난 악어"처럼 입을 벌리고 있는 것을 발견했다. 그 때문에 악어와의 도킹이 불가능해졌지만 두 사람은 EVA만이라도 진행해 남은 실험을 완수했다. 이번 EVA에서는 처음으로 AMU(유인유도장치)를 활용했는데, 진이 초반부터 땀범벅이 될 정도로 일하는 바람에 바이저에 김이 서리고 말았다. 결국 그와 톰은 AMU에 올라타고 독립된 위성처럼 비행하는 게 불가능하다고 현명하게 결론지었다. 앞에서도 말했듯이 문제의 핵심은, 적절한 손잡이, 발판 같은 여타 부속장치 없는 한 생산적 임무 수행은 고사하고 가압복을 입고 우주유영을 위해 자세를 유지하는 것만으로도 엄청난 에너지를 소비한다는 데 있었다. 과도한 작업량은 무중력 자체의 성격이라기보다 무중력의 부산물이거나 필연적 결론이었다. 진이 겪은 어려움 때문에 장비설계자들은 실망할 수밖에 없었고, 다음 비행의 EVA 계획도 쾡한 시선으로 지켜볼 수밖에 없었다.

갑자기 우리가 타는 제미니 10호가 관심의 초점이 되었다. 바로 다음 차례였기 때문이다. 휴스턴과 세인트루이스에서 케이프로 자리를 바꾸면서 훈련도 최고조에 이르렀다. 10호 우주선은 5월 중순경 케이프로 이송되었다. 우리가 도킹할 아제나 5005도 뒤를 이었다. 두 우주선은 거기서 처음 만나 테스트를 거치고 서로 '통신'도 가능하게 되었다. 존과 나는 제미니에 앉아 아제나에 무선으로 지시하고 그 반응을 확인했다. 오른쪽 팔꿈치 옆에 있는 인코더 장치를 조작해 지시사항을 보냈는데, 인코더는 작은 상자 모양이며 동심원 모양의 핸들 두 개와 레버 하나가 붙어 있었다. 나는 세 자리 숫자로 아제나와 대화를 했다. 예를 들어 251의 의미는 '조명을 켜라'였다. 아제나의 대형엔진을 점화하려면 좀 더 복잡했다. 041-571-450-521-501. 숫자식 지령은 끝이 0이거나 1이어야 했다. 바깥 휠에는 첫 번째 숫자, 안쪽 휠에는 두 번째 숫자를 완성한 뒤, 레버를 중심에서 왼쪽(0), 또는 오른쪽(1)으로 돌리는 식으로 숫자 셋을 전송하는 것이다. 마지막 숫자의 선택은 메시지를 즉시 보내기 위한 조작이었는데 실수 가능성이 늘 있었다. 손을 잘못 돌리면 왼쪽이 오른쪽이 되고 그 반대도 가능했기 때문이다. 아무튼 이미 보낸 이상 후회는 늘 너무 늦었다. 사실, 케이프에서 한 이 특별한 테스트는 한 번도 무사히 넘어간 적이 없었다. 수많은 메시지* 중 늘 오류 하나씩은 들어가 있었다. 난 절대 그런 실수

---

* 제미니 10호 비행 중 나는 아제나에 350개의 명령을 보냈는데(아제나는 모두 지시에 따랐다), 이 명령문들 전부를 이틀에 걸쳐 뿌려대야 했다.

를 하지 않겠다고 다짐했다. 내기라도 할 수 있었다. 때마침 존 영이 나한테 마티니 두 잔을 빚진 터라 우리는 복잡한 내기 계획을 짜기 시작했다. 테스트가 진행되면서 숫자가 배로 늘어나고 또 그 배가 되었다. 명령이 계속 성공할수록 마티니 잔 수는 많아지고 집중력도 배가 되었다. 그와 함께 내 오른팔 근육도 단단해졌는데, 나도 모르는 사이에 인코더 레버를 있는 힘껏 잡았던 것이다.[*]

무선 지시를 보내기 시작한 지 마침내 한 시간 정도가 지났다. 나는 레버를 깔끔하게 시계방향으로 돌림으로써 마지막 0 신호를 보냈다. 처음에는 잘 돌아갔다. 그런데 툭 하고 작은 소음이 들리더니 멈출 곳을 지나치는 게 아닌가. 그러고는 아예 아무 저항 없이 양 방향으로 빙빙 돌기까지 했다. "존, 이 망할 레버가 부러진 모양이야." 존은 아주 냉철했다. 마티니 92잔을 빼앗길 상황 따위는 개의치 않는 듯 잠시 뜸을 들이더니 이렇게 대답했다. "음… 레버를 부러뜨리기엔 지금이 좋긴 해." 우리는 황급히 도망쳤다. 엔지니어들한테는 인코더를 재설계하도록 지시했다. 레버 양쪽에 금속 턱을 붙여서 정신 나간 악력 운동가가 다시는 소켓에서 레버를 떼어내지 못하게 한 것이다. 지상에서야 존한테 마티니 몇 잔 빼앗기면 그만이지만, 비행 중에는 큰 문제를 야기할 수 있었다. 나중에 드러났지만 우리한테는 고분고분한 아제나가 정말 필요했다.

비행을 위한 '트레이닝'이라고 하면 사람들은 대개 복싱훈련 정도

---

[*] 내 손힘은 전혀 약해지지 않았다. 어디를 가든 손에는 늘 테니스공을 들고, 상황이 허락할 때마다 무심코 엄지와 검지로 힘껏 누른 덕이다. 이런 식의 엉뚱한 행동은 아제나 때문이 아니라 그저 내 손 힘을 강화하기 위한 노력일 뿐이었다. EVA 시뮬레이터에서 깨달은 바이지만 가압복을 입고 일할 때 손가락들이 제일 먼저 탈진했다. 특히 오른손이 심했는데(난 왼손잡이다) 오른손 엄지와 검지로 조작 건을 어설프게 잡았기 때문이다.

를 떠올리는 듯하다. 틀린 말은 아니다. 물론 우주비행에도 신체적 측면이 있긴 하다. 나도 하루에 3킬로미터 이상을 달리는 식으로 심장 혈관과 시합을 했다. 이따금 핸드볼도 했는데, 그 정도는 긴장을 풀기 위한 레크리에이션이었다. 팔과 손의 근육은 열심히 테니스공을 움켜쥐거나 역기를 드는 식으로 길렀다. 하지만 이런 것들은 지극히 사소한 부분이었다. 진짜 게임은 정신적 게임으로, 시뮬레이터에서 벌어졌다. 이곳에서는 질 수도 이길 수도 있었다. 위험한 비행 상황도 얼마든지 반복할 수 있었다. 실수란 실수는 모조리 저지른 뒤 사과하고 개선하면 그만이니까. 그래야 우주비행 중 예기치 않은 상황에 당황하지 않는다. 시뮬레이터야말로 나사 시스템의 심장이자 영혼이었다. 다른 모든 일들을 접고 시간을 쏟아 부은 곳이었다. 해변을 달리는 일은 멋있다. 지질학 공부도 칭찬받을 일이다. 정글 생활은 신나고 원심 회전기는 괴롭다. 우주선의 지상 테스트도 유용하다. 하지만 시뮬레이터가 준비되었다고 얘기해주기 전에는 누구도 비행할 수 없다. 당연히 쉬운 과정이 아니다. 시뮬레이터 비행은 어느 모로 보나 우주선 자체를 타고 나는 것보다 어렵다. 조종석 장치들을 똑같이 모사하고 있을 뿐만 아니라, 바깥 세계에 대한 지식을 가졌다고 가장하고는 (대형 컴퓨터를 통해) 지구, 제미니, 아제나, 태양의 가상 움직임을 계속 확인해야 한다. 요컨대, 정확히 미래 특정 시점의 환경 전체를 재현하여 적재적소에 우리를 위치시키고 이후 비행을 계속 추적해야 하는 것이다. 실수가 벌어지면 반드시 기록해야 하는데, 이왕이면 그래프 형태가 좋다. "무슨 일이 일어날까?"라는 질문을 수백 가지 방식으로 던지고, 그에 대한 수천 번의 답을 마련해야 한다. 이렇게 수없이 많은 질문을 반복하고 그에 대한 답이 늘 옳게 나올 때 비로소 비행 준비가 된 것이다.

　1966년 6월 말경, 존과 나는 그 경지에 이르고 있었다. 물론 아직도 다듬어야 할 부분이 몇 군데 남아있었다. 그 하나가 저 끔찍한 모듈 VI로, 여전히 나를 시간과 이해의 극한까지 밀어붙이고 있었다. C. C. 윌리엄스의 도움으로 절차를 매끄럽게 만들고 차트와 항성관찰 데이터를 줄일 만큼 줄였지만 여전히 상당한 부담이었다. 차라리 아제나에 지령을 내리는 일이 참을 만했다. 실수를 저질러도 크로스 체크할 방법이 없었으니 왜 아니겠는가. 실수에서 이끌어낸 계산은 모두 오염이 되어 마지막 결과도 당연히 부정확했다. 두 번째 의심스런 분야는 EVA였다. 그나마 모듈 VI보다는 (바보스럽게도) 훨씬 자신이 있었다. 모듈 VI의 선내항법 마술에 큰 문제가 있다면 오히려 피해는 덜할 것이다. 다만 관제센터는 우리 계획을 뭉개고 우리들의 조잡한 계산 대신 지상 전문가 집단의 의견과 컴퓨터의 목소리에 귀를 기울이려 할 것이다. 하지만 EVA의 계산착오는 죽음, 바로 나의 죽음으로 귀결될 수 있었다. 물론 문제의 핵심은 따로 있었다. 여분과 중복 시스템을 사랑하는 나사였지만 예비 가압장치를 제공해줄 현실적 방법을 찾아낼 수 없었던 것이다. 무슨 말이냐면 우주비행사의 말랑말랑한 분홍색 몸뚱이와 무자비한 우주진공 사이에 얇은 알루미늄 껍데기(우주선) 아니면 고무주머니(가압복)가 고작이었다는 것이다. 이 기본적인 사실에 하나 더한다면, 신체에 맞게 따로따로 재단한 조각을 재단하고 조합해 고무주머니를 만드는 과정은 원래 무척이나 복잡했다. 우주유영자를 생각해보라. 이 부유하고 강한 나라가 제공하는 최첨단기술을 느긋하게 이용하는 사내가 떠오르는가? 하지만 친구여, 그는 내가 아닐 것이다. 내 눈에는 매사추세츠 우스터에서 접착제 통 주변에 웅크리고 있는 나이든 숙녀들의 무리가 떠오른다. 바라건대 숙녀들의 수다가 금요일 밤의 빙고게임과 새로 온 신부님을 넘어가는 바람에 집중력까지 잃지는 않기를! 아무래도 따뜻한 집을 떠나 5미터 길이의 노끈에 매달린 채 우주에서 춤추는 것은 정말 정신 나간 짓인 듯했다.

나사 책임자들 중에도 정신 나간 짓이라 여기는 사람들이 있었다. 수중에서 무중력 시뮬레이션을 해보자는 안이 관심을 모은 것도 바로 그 즈음이었다. 내 EVA 임무 전체를 물탱크에서 재현해보고 문제를 분석하자는 제안이었다. 다행인지 불행인지 존과 나는 하던 일을 불과 한 달을 남기고 포기할 수도 없었고, 빨간색의 좁디좁은 물탱크 안에서 허우적댈 시간은 더더욱 없었다. 우리는 제미니 총감독 매슈스와 임원들에게 사정을 하소연했다. 우리 주장의 핵심은, 장비가 단순해야 하고 감압 이전에 조종석 내에서 착용할 수 있어야 한다는 것이다. 조종석을 떠난 뒤 내가 할 일은 우주선 옆에 질소공급선을 부착하는 정도로 끝나야 한다. 연결지점은 조종석 바로 뒤쪽이고 근방에 핸드레일을 설치해 편의성을 높인다. 그러면 덮개판을 열어 질소밸브를 노출하고 공급선을 찔러 넣기만 하면 된다. 제대로만 하면 저절로 공급선이 밸브에 물려 제 위치를 찾을 것이다. 실수할 경우 끄트머리 고리를 다시 뒤로 젖혀야 하는데 그 작업은 두 손으로 해야 했다. 하지만 어려운 부분은 그뿐이고 죽느냐 사느냐의 문제도 아니다. 질소는 짚건을 사용할 때만 필요하며 조종석으로 안전하게 복귀하는 문제와는 아무 상관이 없다. 매슈스도 오케이 했다.

짚건 문제는 간단해서 좋기도 했고 나쁘기도 했다. 짚건은 작고 가벼워 조종석에 보관이 가능했다. 그건 좋았다. 다른 한편 조종 장치로서의 효율성 면에서는 문제가 심각했다. 지상에서 수행 능력을 정확히 확인할 방법도 없는 듯했다. 내 훈련시설은 복싱 링 크기의 부드러운 금속바닥이었다. 그 위에 마루걸레 크기의 원형 패드를 놓고, 패드에 붙은 가스제트엔진 스위치를 켜서 패드를 바닥에서 2~3센티미터 떠오르게 했다. 바닥과 패드 사이에 마찰을 최소화하기 위해서다. 그다음 나는 우주복, 체스트팩, 짚건으로 무장하고 패드 위에 섰다. 이런 식으로 가스엔진 분사 연습을 할 수 있었다. 나는 복싱 링의 한쪽 끝에서 다른 쪽 끝을 향해 날아갔다. 그때마다 몸이 좌나 우로, 곧 '요' 방향으로 기울어지는 경향을 보였기에 나는 동작을 억제하고 목표에 도달하는 방법도 배웠다. 여기까지는 좋았다. 문제는 시뮬레이션이 너무 조잡해 한 번에 한 가지 동체 축만 연습할 수 있다는 데 있었다. 무슨 뜻이냐 하면, 패드 위에서 요축 조종법을 배울 수 있으나 오직 요축뿐이다. 복수의 패드 위에 긴 베드를 깔고 누워야만 비로소 링을 가로지르며 '피치'를 다양하게 바꿔볼 수 있었다. '롤'은 똑바로 눕는 식으로 시늉이 가능했지만, 이 자세로는 링의 한쪽에서 다른 쪽으로 이동할 수가 없었다. 위 또는 아래를 향해 비행하는 것도 불가능했고, 오로지 링을 가로지르며 오가는 것만 할 수 있었다. 결국 모든 조종을 따로따로 점검해야 한다는 얘기인데, 그마저도 조잡했다. 아제나로부터 미소운석 수집물을 회수하려면 롤, 피치, 요를 정교하게 제어해야 하지만 애초에 연습 자체가 불가능했다. 게다가 몸 동작에서 발생한 힘 때문에 원치 않는 방향으로 몸이 이동하기가 일쑤였다.

짚건의 반대파들은 이 점을 지적했지만 옹호자들로부터 감정적인 반격을 당했다. 옹호자들의 주장에 따르면, 이전의 AMU이야말로 흉물이고 짚건처럼 단순해야만 안전하다는 것이었다. 게다가 짚건은 에드 화이트의 경우에 큰 성과를 보지 않았나? 나는 갈등의 중간에서 오도 가도 못했다. 지난해 EVA 연구를 했을 때만 해도 정확한 기동을 위해 AMU 같이 거대한 백팩이 필요하다고 확신했지만 지금 내게 있는 것은 짚건뿐이었다. 요는 짚건을 최대한 활용하는 편이 효율적이라는 뜻이다. 내 경우 EVA 계획이 그렇게 정교할 필요는 없었다. 예를 들어 존이 제미니를 아제나에 충분히 붙일 수 있다면, 짚건으로 둥둥 떠가면 그만이다. 물론 너무 빨리 공중제비를 돌아서는 안 되고, 접근하는 동안 존이 지켜볼 수 있는 각도여야 한다…. 단서, 단서, 단서가 너무 많기는 했다. 비행 날짜가 촉박한 시점에서 그런 식의 단서들이 바람직하지는 않았지만 실제로 할 수 있는 일이 별로 없었다. EVA 계획이 랑데부만큼 정교하지도 않았고 수학적이고 분석적인 일도 아니었기 때문이다. 6월에서 7월로 넘어갈 때쯤 존과 나는 매주 5일을 케이프에서 보냈다. 시뮬레이터로 비행하고, 시스템과 비상절차를 점검하고, 비행계획을 암기하고, 실험자들의 최종 브리핑을 받으며, 제미니 10호가 19호 발사대의 마지막 시험들을 통과하도록 최선을 다했다. 주말이면 비행기를 타고 집에 돌아갔지만, 토요일은 해럴드 윌리엄스의 무마찰 복싱 링, 소위 미끄럼테이블에서 EVA를 연습했다. 짚건을 사용하는 데도 꽤나 익숙해졌다. 진 서넌의 EVA가 피로도를 크게 높였지만, 이제는 MSC 매니저들도 EVA 계획을 용인할 정도로 만족스러워했다.

일요일은 나만의 하루였다. 난 그 하루를 지키기 위해 싸웠다. 1966년 달력을 보면 정신없이 제미니 10호를 준비하면서도 일요일까지 일한 경우는 단 세 번이었다. 월요일 새벽이면 4시 30분에 일어나 세인트루이스나 케이프와 약속을 잡아야 했지만, 일요일만큼은 팻과 아이들과 함께 쉬는 날이었다. 나는 주로 수표장을 계산하고 장미를 전지하고 특별요리를 하고(대개는 참사로 끝났지만) 정원호스로 개에게 물을 뿌리며 놀았다. 7월 18일이 다가오면서 머릿속은 점점 비행 문제로 복잡해졌지만 그래도 끝내 평온과 평정을 놓치고 싶지는 않았다. 모험은 임박했으나 지금 기억으로도 가족과 이렇게 평화롭게, 태연하게, 웃으면서 시간을 공유한 것이 얼마나 멋졌는지 떠오른다. 하지만 팻 얘기는 조금 달랐다. 그때 당시를 이렇게 회고하는 것이 아닌가? 조금만 건드려도 버럭 신경질을 내고는 뭐라고? 내내 조바심만 내고 멍하니 다른 생각만 했단다. 맙소사, 2년씩이나 참았다가 이제 와서 그런 말을 하다니!

하지만 제미니를 타기 위해 7월 10일 집을 나섰을 때 가족들은 무한한 지지와 사랑을 보내주었다. 이제 막 세기의 모험에 나서는 것도 어느 정도 이해해주었다. 솔직히 목록대로 임무를 완수할 것 같지는 않았다. 존도 같은 심정이었겠으나, 그나마 핵심적인 임무라면 조금 자신감이 있기는 했다. 위험은 존재하겠지만 우리 둘보다 그 문제를 더 잘 아는 사람은 아무도 없다. 이 불안정한 기계한테 어떻게 당하게 될지에 대해 온갖 가능성을 연구하며 세월을 보낸 우리가 아닌가! 정신 나간 사흘간의 비행 중 우리가 일을 망치고 오류를 저지를 가능성은 넘치고 또 넘쳤다. 한 시 한 시 지날 때마다 참사의 가능성은 새로 튀어나올 것이다. 우리도 그 정도는 알았다. 알기 때문에 더 두려웠으나 그건 지적인 두려움이지 감정적인 문제는 아니었다. 그 차이를 표현하기는 어렵지만 이렇게 말할 수는 있겠다. 지적 두려움이라는 제목 아래 암을 대하듯(솔직히 암도 두렵지만) 세부사항을 목록으로 만들 수 있다. 그 반대로 감정적 두려움이란 바로 눈앞에서 곡예사들이 안전망 없이 공중그네를 타는 것과 같다(난 그것도 무지무지 무섭다). 지적 두려움은 인간 삶의 약점을 간접적으로 받아들이는 경우이지만, 감정적 두려움은 뇌와 신체가 반응을 일으켜 창자를 쥐어짜고 공포를 자아낸다.

임박한 제미니 10호 비행이 지적 두려움 목록에 더해진 반면(138개의 미해결 과제 목록에?) 비행 전이나 비행 중 감정적 의미로 두려운 적은 전혀 없다고 자신한다. 내가 보기에 그 이유 하나는 미지에의 두려움이라는 과거의 진부한 개념 덕분이다. 그 말은 분명 사실이다. 출처나 결과가 불확실한 소음, 냄새, 상황은 물리적 두려움을 낳는다. 그리고 우리 훈련은 그런 종류의 충격을 예방하기 위한 조처들이었다. 결국 생명과 수족을 위협하는 위험 아래 그와 유사한 감정들이 도사리고 있다고 말할 수 있다. 요컨대 생명을 잃을 만큼은 아닐지라도 크게 놀랄 수는 있으며, 두려움은 아닐지라도 불안감이나 걱정은 있기 마련이다. 최소한 전문 파일럿의 경우라면 "불명예보다는 죽음을!"은 "당혹감보다는 죽음을!"로 대체할 수 있다. 자존심 또는 고집 센 파일럿이 실수를 인정하는 대신 결국 자살을 선택한 이야기들로 사고 파일이 가득해질 수 있다는 얘기다. 나 역시 이런 식의 질병에서 자유롭지는 못했다.

케이프의 훈련 마지막 주는 격렬하게 시작해 차분하게 끝이 났다. 비행 일자가 가까워질수록 승무원들은 남은 시간과 아직 이루지 못한 훈련 목표들을 저울질한다. 승무원이 아무리 성실하다 해도 스스로 정한 목표를 다 이룰 수는 없다는 사실을 인정해야 한다. 적어도 제미니 10호는 그랬다. 다행히 우선순위를 정한 터라 미완성 항목들은 대체로 '알아야 한다'보다 '알면 좋다'의 범주에 속한 것들이었다. 내 경우 훈련 속도는 몇 달 동안 꾸준히 빨라져 비행 사흘 전에는 절정에 다다랐다. 이 정도가 되니 나도 할 말이 있었다. "이제 됐다. 지금까지 모르면 영원히 모를 거야." 게다가 비행 전 마지막 이틀은 마음이 크게 들뜬 터라 시뮬레이터에 숨어 지낼 수도 없었다. 친구들도 전보를 보내고 장거리 전화를 걸어 무사귀환을 빌어주었다. 우주선 부품이야 늘 고장 나기에 발사 일정도 항상 위기일 수밖에 없다. 모두가 안절부절못한 채 황급히 뛰어다니며 문제를 해결한다. 다만 비행사들은 그때쯤 최고의 자각상태에 도달해 있기에 연료전지 누수 같은 불쾌한 일상에도 초연할 수 있었다. 제미니 10호라는 이름의 악마는 그렇게 자기모습을 드러냈다.

발사 시각이 되자 코코아 비치와 주변 마을은 사람들로 북적거렸다. 구경꾼들은 "가자!"를 외치고 해변은 며칠 전부터 관광객들이 점령했다. 싸구려술집은 미어터져 24시간 내내 술 파티가 이어졌다. 잠깐 동안이기는 하겠지만 뭐 경제에도 나쁠 건 없겠다. 비행 승무원들도 분위기는 알지만 동참할 수는 없다. 예기치 않은 위험에 대비해 케이프의 승무원 숙소에 갇혀 지내야 하기 때문이다. 화려하고 청결한 가구와 넉넉하지만 다소 심심한 음식이 넘쳐흐르는, 엄청 사치스러운 감옥인 셈이다. 제미니 10호 비행사의 경우, 막사의 일상은 평소보다 느긋했다. 8호 아제나의 위치가 오후 늦게 되어서야 궤도 아래를 통과할 것이기 때문이다. 우리 발사는 동부표준시간으로 오후 5:20으로 결정되었고, 우리는 생체시계를 맞추기 위해 아침 늦게까지 잠을 잘 필요가 있었다. 마지막 이틀간은 새벽 3~4시까지 깨어 있다가 정오까지 잠을 잤다. 늦게까지 공부도 했지만 가벼운 놀이나 오락도 즐겼는데, 이는 7월 18일이 가까워질수록 특별히 도움이 되었다.

우주인들이 자주 받는 질문 하나가 "비행 훈련하는 데 시간이 얼마나 걸려요?"다. 지금까지 이 책에 묘사한 상황만으로도 충분히 당혹스럽기를 바라마지 않는다. 그 대답을 어찌 알겠는가? 나도 모르는데. 지난 6개월간 오로지 제미니 10호만을 위해 훈련하고 특이한 EVA와 싸우고 랑데부와 씨름했다. 물론 그 이전에 제미니 7호 예비멤버로 차출되면서 6개월간 기본훈련을 받기도 했다. 그렇다면 대답은 1년일까? 하지만 그놈의 지긋지긋한 기본 훈련은 또 어떤가? 궤도역학, 정글 훈련, 원심회전기, 제로G 비행기, 가압복 훈련? 테스트파일럿으로서의 훈련과 경험은? 연구 파일럿 수업들은 또 어떤가? 에드워즈에서 시험비행을 하면서, 아니면 몇 년 전 연기 자욱한 조종석을 탈출하면서 얼마나 많은 것을 배웠을까? 또한 학교에서 배운 수학이 없었다면 그 위에 궤도역학을 쌓아나갈 수 있었을까? 정말 그러하다. 시간이 도대체 얼마나 걸리는 걸까? 플로리다 메리트 섬의 우주비행사 숙소에 당도하기까지 나한테는 35년이 걸렸다고 말할 수는 있겠다. 그리고 1966년 7월 17일, 난 자신이 있었다. 정말로 적절한 양의 시간이 걸렸다고 생각했다. 하루 더 빨라도, 하루 더 늦어도 난 마뜩치 않았으리라. 내일은 또 어떤 일이 있을지 어떻게 안단 말인가? 한두 가지 결함이 있을 수도 있다. 적어도 성공의 가능성은 있다고 믿었다. 분명 기회는 있다. 자, 이제 또 어떤 질문이 가능하지? 팻과는 전화로 오랫동안 얘기했다. 비행계획과 씨름도 하고 새벽 3시에는 존과 노트 비교도 했다. 그리고 잠자리에 들어 정오 무렵까지 송장처럼 잠을 잤다.

인류 최고의 고도에서

오, 나는 지구의 오만한 속박을 벗어나
웃음 장식의 날개를 달고 하늘을 춤추었다네
존 길레스피 매기 주니어, 「고공비행」[*]

그곳에는 낯익은 가압복이 대기 중이었다. 개조 트레일러하우스, 우리 탈의실이다. 제미니-타이탄이 서있는 19호 발사대에서 멀지 않은 곳이다. 의료기사들이 가슴 털 한두 곳에 면도를 하고 원반 모양의 센서를 부착하면서 쓸 데 없이 말을 걸고, 나도 어쩔 수 없이 대꾸를 한다. 그 다음은 면내의. 여기에도 전자신호조절기들이 내장되어 있다. 이 장비들이 심장박동을 증폭해 관제센터로 송신할 것이다. 나는 기계에 접속되어 신호를 보내고 있다. 이런 일이 진행되는 동안 TV에서

---

[*] 존 길레스피 매기 주니어(John Gillespie Maggie, Jr.)는 미국인이며 캐나다 공군에서 복무 중 영국 본토 항공전에서 스핏파이어를 몰다가 열아홉 살의 나이에 사망했다. 중국에서 태어났지만 생활은 워싱턴에서 했는데, 아버지가 백악관 맞은편 세인트존 교회의 교구목사였다. 「고공비행」은 의심할 바 없이 공군비행사 사이에서 가장 유명한 시다. 군용비행장 주변의 자택이나 사무실 벽에는 대부분 이 시를 곱게 액자에 넣어 잘 보이는 곳에 걸어두었다. 이 장 끝부분에 시 전체를 소개했다.

는 '제미니' 장난감 전기기차를 이용해 랑데부를 설명하고 있다. 제미니 장난감이 안쪽 트랙을 돌며 바깥 트랙의 보다 느린 '아제나' 기차를 따라잡는다. 존과 나는 아나운서를 보며 키득거린다. 맙소사, 저런 식으로 단순화하다니! 이제 삼각형의 노란 플라스틱 소변주머니를 장착할 때다. 주머니 한쪽에 고무용기가 있는데 그 안에 성기를 끼우는 식이다. 용기의 크기는 대/중/소 세 가지이지만 우리는 항상 장황한 용어로 지칭한다. 왕대/특대/거대. 어느 것을 선택할지는 지상실험에서의 혹독한 경험에 기초해 이루어진다. 제미니에서는 하늘을 보고 누워 다리를 위쪽에 두어야 하기에 용기가 잘 맞지 않으면 오줌이 척추를 타고 올라가 허리춤에 고인다. 우주복 기사들이 우리 신참 우주비행사들을 '축축한 등짝'Wetback*이라고 부르는 이유다.

이제 우주복에 들어갈 차례다. 우선 두 발이 나일론 안감의 굴곡과 씨름을 한다. 그 다음엔 상체를 잭나이프처럼 접고 두 팔을 힘껏 제자리에 밀어 넣어야 목 부분 고리로 머리를 빼낼 수 있다. 이제 허리를 펴고 등의 지퍼를 올려야 하는데 이때는 도움이 필요하다. 다음이 빡빡하고 빡빡한 장갑이다. 장갑은 살살 달래서 끼운 뒤 손목 고리에 찰칵 물린다. 헬멧은 신주단지 모시듯 살살 목 고리까지 쓴 후, 어느 정도 자리가 맞으면 힘껏 아래로 밀어 넣는다. 그러면 역시 딸깍 소리와 함께 잠기게 된다. 우주로 가는 길은 바이저를 내려서 잠그는 것과 함께 시작된다. 이제부터는 공기가 아니라 순수산소만으로 호흡하게 된다. 인간의 목소리는 전자장치를 연결해야만 들을 수 있다. 우주복을 입고도 세상을 볼 수는 있으나 오직 그뿐이다. 냄새도 소리도 감각

---

* 원래는 밀입국 멕시코인을 뜻하는데, 여기서는 소변에 등이 젖는 상황을 빗대고 있다. ─옮긴이

도 사라지고 맛도 보지 못한다. 오늘 G-4C-36 우주복은 느낌이 좋다. 두려움도 없고, 몸에 익은 압박에서 비롯된 아늑한 만족감뿐이다. 응어리도 돌기도 불편한 구석도 없다. 오늘을 위해 다시 태어난 옛 친구 같은 느낌뿐.

외부세계는 벌써 확연히 달라 보인다. 모두가 자의식에 빠진 듯 행동이 굼떠 보인다. 리허설에서는 줄을 놓치거나 웃을 수도 있지만, 오늘은 작은 웃음소리마저 모두 프로그램된 것이다. 존과 내가 저 갈색의 펑퍼짐한 팔걸이의자에 제왕처럼 앉은 채 탈질소화하는 동안, 메신저들이 드나들며 좋은 소식들을 전해주었다. 우주선 상황도 보고받는다. (물론 최상이다.) 날씨도 협조적이다. 북쪽으로 뇌우가 오락가락하지만, 플로리다의 7월 늦은 오후가 아닌가. 이 지역에 뇌우가 하나뿐이라면 운이 좋다고 해야 한다. 뇌우에게 행운을!

이제 발사대로 출발할 시간. 작은 밴 한 대로 이동한다. 그 다음엔 감옥 같은 소형 엘리베이터로 발사 정비탑을 어렵사리 기어 올라가 화이트룸으로 들어간다. 어머니가 누나, 매형과 함께 근처 어딘가에서 보고 있으리라. 실내로 들어오기 전에 나를 봤을까? 화이트룸에서는 모든 것이 효율적으로 움직인다. 사람들도 저마다 할 일로 바쁘다. 마치 방을 철거하기 위한 준비라도 하는 듯하다. 언제나처럼 농담도 오간다. 발사대 감독 귄터 벤트가 우리에게 거대한 스티로폼 도구를 선사한다. 1.2미터 길이의 스패너와 펜치들인데, 지난 몇 개월간 우주선을 여기저기 망가뜨리고 부러뜨린 데 대한 힐난이다. 억울하지는 않다. 기계를 망가뜨려 놓고 하나도 고치지 못한 고급 장비 운용자가 바로 내가 아닌가. 심지어 나보다 아내가 기계를 잘 다룬다.

마침내 조종석. 도우미들이 우리를 부축하고 밀어 넣는다. 그리고 산소호스와 낙하산 장구, 통신선들을 연결하고 조심스럽게 해치를 내린다. 우리는 우리 자신의 작은 세계에 고립된다. 인터컴과 산소 소음만이 벗이 되어 준다. 우주선 산소는 냄새가 조금 다르다. 깨끗하고 상쾌하고 또 청결하다. 나는 존을 건너다보며 미소 짓는다. 깨끗한 안면유리가 볼록렌즈 역할을 한 탓에 코가 평소보다 더 길고 뾰족해 보인다. 그 바람에 인상이 교활하고 사악해 보이는데 난 그 모습도 마음에 든다. 그와 나는 향후 사흘간에 대해 아무도 모르는 얘기를 알고 있다. 그것도 기분 좋은 일이다. 우리는 대화를 한다. 서로 대화를 하고, 인근 건물, 멀리 관제센터의 사람들과도 대화한다. 대화는 주로 기술적인 사항들이다. 다들 상대의 말을 들을 수 있는지, 기계에 아무 문제가 없는지 확인하기 위한 과정이다. 마지막 준비에는 두 개의 타이탄 엔진의 평행을 유지하는 과정이 포함된다. 우리를 우주로 보내줄 엔진들. 경고가 있기는 했어도 이 실험에는 가볍게 전율이 인다. 지금껏 해온 어떤 실험과도 다르기 때문이다. 기나긴 동면을 지난 후 마침내 야수가 깨어나고 있는 참이다. 30미터 아래 두 개의 엔진이 동요하면서 전율은 더욱 거세진다. 세상에, 움직이고 있어! 그 다음 충격은 별로 즐겁지 않다. 좁은 조종석의 계기들이 분주하게 움직인다. 그 광경을 지켜보다가 난 문득 존 앞의 압축가스 계기에 멈춘다. 제로에 멈춰 있잖아! 어떻게 그럴 수 있지? 그렇게 여러 번 확인 재확인하고, 실험에 검증까지 거쳤건만 누군가 깜빡 잊고 랑데부 연료를 채우지 않았다는 얘기인가? 아니, 그럴 리가 없어. 계기반 어딘가 오작동이 있는 거야. 그러면 어떻게 하지? 나는 손을 내밀어 유리를 두드리며 존을 본다. 존이 짧게 고개를 끄덕이더니 계속 자기 볼일만 본다. 좋아, 겁날 것 없잖아? 존이 그냥 발사를 진행할 생각이라면 나도 꿇릴 것 없다. 계기반은 개나 주라지. 그렇게 마음을 정한 후 5분도 채 되지 않아 다시 당혹감에 빠진다. 갑자기 계기가 되살아나며 연료량을 읽기 시작한 것이다. 시뮬레이터와 달리 이놈의 계기반은 발사 직전에야 작동하는 모양이다. 그것도 모르고 있었다니!

아틀라스-아제나는 조금 전에 떠났다고 들었다. 아제나가 궤도에 이르면서 우리도 안도의 한숨을 내쉰다. 우리에게도 제 궤도가 필요할 것이다. 아제나가 떠난 발사대가 불과 2킬로미터 밖이지만 보이지는 않는다. 아니, 바깥세계 자체를 볼 수 없다. 기껏 머리 위 파란 하늘 한 조각뿐. 기온은 섭씨 27도, 바람이 16노트의 속도로 불지만 우리가 느낄 수는 없다. 우리는 조종석에 누워 하늘만 바라본다. 오른쪽 팔꿈치 바로 아래로 대서양이 있고 우리 발은 북쪽을 향해 있다. 우리 궤적은 한동안 곧바로 올라가다가 천천히 동쪽(우측)으로 아치를 그리며 대서양을 오른쪽에 둔 채 160킬로미터 상공의 궤도에 이를 것이다. 이제 올라갈 시간이다. 5분 41초, 사정거리 850킬로미터, 엔진정지 후 속도는 시속 28,000킬로미터. 어쨌든 그렇다고 믿어야 한다. 이곳에서는 시뮬레이션도 없고 승강기를 타고 돌아갈 수도 없다. 커피를 마시며 브리핑도 못한다. 가장 기본적인 장비는 시계뿐이다. 이윽고 마침내 무전기에서 흥분한 목소리가 마지막 메시지를 전한다. 10, 9, 8… 두 손으로 양 다리 사이의 탈출 D고리를 잡는다. 살짝 잡아당기면 우리 좌석이 이 괴물을 탈출할 것이다. 7, 6, 5… 정말로 탈출해야 할지도… 4, 3, 2, 1… 엔진을 작동시켜야 한다—점화—계기반에 집중할 것—이륙!

미미한 느낌의 충격. 이제 우리는 떠있다. 소음 수준이 꽤나 높지만 우리는 듣지 않고 느끼기만 한다. 저 아래 엔진들이 작고 빠르게 경련을 일으키며 앞뒤로 변속한다. 강한 돌풍과 출렁이는 연료탱크들에 맞서 로켓의 균형을 유지하기 위해서다. 우리는 로켓 상단부에 앉아 있지만 미미한 경련으로 이를 느낄 수 있다. 속도는 전혀 느낌이 없다. 가볍게 좌석 안으로 눌리는 기분이라 중력이 증가한다는 정도는 확인할 수 있다. 막연하나마 머리 위 얇은 구름층이 점점 가까워지는 것 같다. 펑! 이윽고 우리는 성긴 구름층을 관통한다. 정지해 있는 느낌과는 정반대의 기분을 짧지만 확연하게 느끼는 순간이기도 하다. 맙소사, 움직이고 있어! 중력이 증가하면서 진동도 점점 거칠어진다. 로켓은 양옆이 아니라 앞뒤로 흔들린다. 이른바 포고 진동POGO motion 이다. 그 정도는 알고 있기에 놀랄 것도 불편할 것도 없다. 그저 몸과 계기반이 크게 전율하고 다이얼들의 초점이 가볍게 어긋날 뿐이다. 50초 후 탈출한계를 지나면서 D고리를 잡았던 손에서도 힘을 뺀다. 마하 1 부근에서는 소음과 진동도 날카롭게 증가한다.[*] 그러다 옅은 상층부 대기권의 초음속 영역에 이르자 갑자기 상황이 평온해진다. 1단 로켓의 연료탱크가 거의 비어가자 G-포스 수준도 몸으로 느낄 정도가 된다. 1단 로켓에 달린 두 개의 엔진은 여전히 최고 속도로 가동하고 있다. 1단 로켓을 셧다운, 분리하고 2단 로켓을 점화하는 스테이징Staging이 다가온다. 시계가 2분 30초에 접근하고 중력은 슬슬 5G를 넘어선다.

　스테이징은 충격이다. 너무 많은 일이 한꺼번에 일어나는 통에 도무지 판단이 서지 않는다. 맨눈으로는 위기인지 회복인지조차 구분이

---

[*] 전문 독자를 위해 보충하면, 전형적인 제미니-타이탄은 30제곱센티미터 당 340킬로미터의 최대 동압(MAX Q)까지 이를 수 있는데, 이때 고도는 12킬로미터, 속도는 마하 1.5이며, 이륙 후 1분 20초가 지난 시점이다.

어렵다. 갑자기 중력의 부담이 사라지고 몸이 안전벤트를 끊고 나갈 듯 출렁인다. 창문은 적색, 황색, 밝은 색 입자들로 가득하고 파편조각 들이 윙윙거리며 날더니, 어느 순간 모조리 증발해버린다. 이제 2단 로켓이 조용히 웅웅거리는 소리와 함께 검은 하늘과 느긋한 비행만 이 남는다. 지상에서는 팻이 TV 화면을 보며 로켓이 폭발했다고 생각 하겠지? 팻이 옳다. 두 개의 로켓이 분리된 직후 1단 로켓의 산화연소 탱크가 폭발하듯 터지면서 파편이 사방으로 흩어져 극적이고도 화려 한 효과를 연출했기 때문이다. 위험하지는 않았고, 조종석에서도 이 걸 가지고 떠들 여유는 없다. 존이야 타이탄이 두 번째이기에 이번 상 황이 다르다는 사실을 알지만 나는 아니다. 나는 무지를 만끽하며 여 행을 즐기기 시작한다.

이제 우리는 공기역학적 저항에서 한참 벗어난 위쪽 '우주공간'에 나와 있지만, 아직 이곳에 머물 속도를 확보하지는 못한 상태다. 지금 엔진이 정지해버리면 우리는 창피하게 바다로 추락하고 말리라. 그러 나 속도가 붙으면서 중력이 5G를 넘어 6G까지 상승을 예고한다. 7G 가 되자 신체부터 반응한다. 거대한 손이 가슴을 누르는 기분이지만 그것도 몇 초 가지 않는다. 드디어 도착이다. 일정대로 정확히 2단 엔 진을 셧다운한다^{SECO}. 우리는 의무를 다한 타이탄을 분리하고 속력 을 확인한다. 기껏 시속 30킬로미터 정도의 저속, 즉시 추진기들을 이 용해 속도를 조절한다. 지상에서는 우리의 캡콤 고르도 쿠퍼가 스위 치를 잘못 올려 관제센터 내 대화를 우리에게 송출한다. "다들 주목, 이제 상황실에서 브리핑을 시작합니다." 나도 짐짓 빈정대는 어투로 대꾸한다. "우리는 이번엔 브리핑 참석이 어렵네요. 죄송." 고르도가 내 말을 무시해버린다.

존과 나는 재빨리 점검목록을 확인하고, 제미니를 타이탄에 얹힌 삯짐 신세에서 스스로 움직이는 궤도우주선으로 변신시킨다. 이제껏 시뮬레이터에서 싫도록 연습해 온 일상이다. 서둘러야 한다. 7분 후면 칠흑 같은 어둠에 갇힌다. 첫날밤은 우리 궤도 결정(모듈 VI)을 위해 별 구경으로 정신이 없을 것이다. 테스트파일럿으로서의 본능도 이 단계에 들어서면 움찔하고 만다. 이 최신형 기계는 처음 우주나들이를 하는 터라 제대로 작동하는지 확인할 기회가 없었다. 모듈 VI를 준비하려면 만사가 속도전이다. 빨리, 빨리, 빨리. 여행자적 본성도 마찬가지로 고통스럽다. 작은 창밖으로 바다와 하늘이 너무도 낯설고 장엄하게 펼쳐져 있건만 즐길 여력은 없다. 잠깐 유리창에 코를 대보는데 존이 곧바로 농반 진반으로 어서 일이나 하라며 다그친다.

조종석 안에서 처음으로 무중력을 체감한다. 파편 조각, 나사와 워셔, 몰딩조각, 지저분한 가루들이 마치 소형함대처럼 둥둥 떠다닌다. 한 시간 정도면 모두 통풍구로 빨려나갈 것이다. 그때까지는 재미있는 볼거리이겠지만, 동시에 부주의한 사람들이 이 기계를 조립했다는 섬뜩한 현실도 떠올려야 한다. 저런 식으로 물건을 떨어뜨리면 자칫 위험한 틈새로 흘러들어갈 수 있기 때문이다. 무중력이라고는 해도 내 몸은 사실 별 차이를 느끼지 못한다. 머릿속이 가득 찬 느낌, 사마귀처럼 두 팔이 면전에서 떠오르려는 기분. 좁은 조종석에 갇혀 있는 터라 그게 전부다.

우리가 이륙한 곳은 케이프케네디, 이제 대서양을 지나 처음으로 아프리카 남서부의 앙골라 해안이 보인다. 아직은 거리가 있고, 갑자기 어둠이 찾아왔지만 아직 적도를 지나지도 않은 상태다. 궤도상에서는 1분에 500킬로미터를 여행한다. 때문에 새벽과 저녁이 놀랍도록 순식간에 바뀐다. 색들도 1~2분으로 응축해 매우 극적으로 바뀐다. 일출은 정말 환상적이다. 동녘으로 갑자기 빛이 떠오르며 어둠에 익숙해진 눈을 찔러대는데, 처음에는 금빛, 그리고 이글거리는 오렌지빛, 마침내 눈부신 백열광을 토해낸다. 하지만 노파가 뜨개질을 만질 때처럼 어둠이 잔상으로 남아있는 터라 눈으로는 아무것도 보지 못한다. 결국 조명을 켤 수밖에 없다.

어둠이 오면 육분의를 꺼내 모듈 VI와 씨름을 시작해야 한다. 첫번째 별은 쉐다르. 북쪽 하늘의 W자형 별자리 카시오페이아에 속한 별이다. W의 오른쪽 아래 모서리에 있어서 어렵지는 않다. 이제 쉐다르와 지평선 사이의 각을 대여섯 번 측정해야 한다. 측정값을 컴퓨터에 알려주면 컴퓨터는 이 값으로부터 육안으로 보이는 지평선의 정확한 높이를 계산하고, 그 수치를 이용해 보다 정확하게 지구 직경을 가늠할 것이다. 그래야 내 궤도결정 계산을 정확하게 할 수 있다. 하지만 지평선을 찾으면서 나는 처음으로 충격을 먹는다. 온통 하나로 보이는 공허 어딘가에서 검은 하늘이 검은 물로 바뀌는 경계선을 찾아야 하기 때문이다. 별들이 특정 위치에 있는 것을 이용해 지평선을 찾을 수도 있겠지만, 별들마저 뚜렷한 경계선 없이 망각 속으로 사라지는 것처럼 보일 뿐이다. 비록 천성이 낙천주의자인데다 내 생애 가장 위대한 모험에 든 지 불과 23분밖에 지나지 않았으나, 그럼에도 나는 결연히 현실을 인정한다. "존, 우는 소리 하고 싶지는 않지만 아무래도 골치깨나 썩겠어." 존은 뻔한 대답만 내놓는다. "뭐 자네가 알아서 해." 몇 차례 실험을 해보니 별이 지평선에 접근할 때 육분의를 통해 위치를 관측할 수 있었다. 뚜렷하지는 않지만 희미한 선 즉 대기광 속에서 별이 차츰 어두워지다가 사라지고 마는데, 그래도 자세히 관찰하면 대기권으로 소멸하기 전에 아주 좁은 가시권 내에 다시 나타나기는 한다. 바로 이 소멸 순간을 최대한 정확하게 잡아내야 하는 것이다. 그러면 나는 "마크!"라고 소리치고 존은 버튼을 누른다. 그 다음 조명을 켜서 육분의 각도를 읽고 하나하나 수작업으로 컴퓨터에 입력한다. 방법이야 잘 알지만 과정이 너무 느려서 쉐다르를 끝내고 다음 별 하말을 준비할 때쯤에는 거의 뜀박질을 하듯 했다. 게다가 양자리의 하말(양의 뿔에서 제일 밝은 별)은 이름값을 하는 별이다. 아랍어로 어떤 뜻인지는 모르지만 키플링의 시 「동과 서의 발라드」에 나오는 말 도둑 카말과 비슷하다. "카말은 남자 스무 명을 데리고 나가 도랑둑을 세우고, 대령의 애마를 짊어 메고 새벽과 아침 사이 마구간 문을 나섰다. 그리고 두 발에 편자를 끼우고 멀리 훔쳐 달아났다."

하말도 역시 카말만큼이나 신출귀몰하다. 맨눈으로는 보이는데 육분의를 눈에 대고 지평선 쪽으로 이동할라치면 연기처럼 사라지는 것이다. 소중한 순간들이 흘러가고 마지막 순간 단 한 번 측정에 성공한다. 그 다음 베가와 알타이르를 후다닥 측정하니 밤이 끝나고 오스트레일리아 서해안 근처로 찬란한 햇살이 터진다. 존이 탄성을 지른다. "정말 아름답지 않아?" 나는 모듈 VI 계산에 바빠 투덜댄다. "나 건드리지 마. 필요하면 내일 볼 테니까."

지상에서는 모듈 VI에 관심이 없고 존이 무엇을 보고 있는지도 관심이 없다. 진행상황을 내내 지켜보기만 하더니 이번 비행에 차원이 하나 더 있다는 것을 깨우쳐준다. "O2 탱크압력이 떨어지고 있으니 계속 지켜볼 것." 연료전지들의 작동상황에 대해서 알아야겠다는 거다. 산소와 수소를 마술처럼 바꾸어 전기와 물로 만드는 이 변덕스런 쌍둥이들에 대해 솔직히 나는 1분도 쓰고 싶지 않다. 어쨌든 힐긋 훑어보았더니 내가 아니더라도 알아서 잘들 하고 있다. 한 쪽이 농땡이를 부려도 더 강한 놈이 충분히 부하를 감당한다. 다른 시스템도 모두 건강해 보인다. 다행이다. 모듈 VI로 항해를 이어가려면 고장수리 따위에 신경 쓸 여력이 없다. 하와이가 보일 때쯤 예비계산을 마치고 내 결과를 해답지와 비교한다. 지상에서 받은 답안은 일부는 일치하지만 일부는 크게 어긋난다. 아제나에 접근하기 위해 어느 시점에 어느 규모로 어떤 조치를 취해야 할지 예측하려는 것인데, 우리의 위치 계산이 어긋난다. 더 나쁜 것은, 아무리 검산을 해도 왜 다른지 알 수가 없다는 거다.

멕시코 바하칼리포르니아 해안을 지날 때쯤 잡다한 계산을 잠시 멈추고 짐을 풀어 브래킷에 카메라를 설치한다. 미리 계획한 미국 남부 지형과 기상을 몇 장 촬영했지만, 구름이 짙은 터라 가치는 별로 없겠다. 이륙 후 1시간 37분 이제 막 첫 번째 궤도를 완료했다. 역시 바쁜 일과다. 지구는 케이프케네디 쪽으로 도는 대신 옆으로 살짝 비켜 돌아간다. 그래서 어스름 무렵 궤도를 두 번째 돌기 시작할 즈음엔 키웨스트 위를 날고 있다. 다시 육분의로 다른 별들(포말하우트와 아르크투루스라는 꽤나 알쏭달쏭한 이름들)과 씨름하지만 결과는 대동소이하다. 육분의를 다루기도 어렵지만 지평선도 거의 보이지 않으니 왜 아니겠는가. 결국 지상의 계산으로 아제나를 따라잡기로 하고 필요한 조치를 취한다. 하지만 난 패배에도 불구하고 마젤란 활동을 포기하지 않는다. 갈겨쓴 숫자로 차트와 그래프를 채우고, 컴퓨터에도 이런저런 지시사항을 입력한다. 존은 나를 격려하고 싶은지, "내가 보기에 자넨 지금 대단한 일을 하고 있어"라고 말한다. "오, 망할, 뻘짓이 따로 없어." 난 그렇게 대답하지만 진심이다. 존은 우주 책임으로 돌린다.

"무슨 소리! 별이 보이지 않는 건 그냥 안 보이기 때문이야. 6개월 동안 내내 한 말이잖아!"

2시간 10분, 잠깐 추진기를 점화해 아제나 표적기와 보조를 맞춘다. 2시간 30분, 다시 추진기를 이용해 궤도면을 아제나와 맞춘다. 3시간 48분, 25킬로미터 아래 원 궤도에 진입한다. 필요한 조작은 모두 지상의 지시를 받는다. 4시간 34분, 이번에는 직접 작업을 수행한다. 우리 레이더와 컴퓨터를 써서 인터셉트 궤도를 계산한 것이다. 인터셉트 궤도란 이후에 궤도를 3분의 1 돌다가 아제나와 교차하게 될 지점을 뜻한다. 사전 계획한 간격을 유지하면서 경로를 두 차례 수정해 궤도이탈을 막는다. 문제는 없어 보인다. 아제나는 작은 점을 벗어나 지금은 어느 정도 실린더 형상으로 보인다. 존이 조종을 하고 나는 정보들을 전달한다.

내가 전해준 정보 중 그가 두 가지에만 관심을 보인다. 우리와 아제나의 거리(range, 약어로 R)와 우리의 추월속도(range rate, 약어로 Ṙ이고 'R 도트'로 읽는다)다. R과 Ṙ는 도킹 순간 정확히 0에 이르러야 한다. 그 전에는 둘의 관계가 복잡하다. 하나의 극단으로, Ṙ가 허용치 이상의 차이로 R을 넘을 경우 아제나 옆을 휙 지나 제때 멈출 수가 없다. 다른 극단으로는, Ṙ가 너무 작고 너무 이른 경우다. 그렇게 되면 우리는 아제나에 못 미친 채 정지하고 만다. 그러면 그 위치에서 다시 궤도 전문가의 지시를 받아 하늘에서 급회전을 하고 미꾸라지 같은 아제나를 추적해야 한다.

사실 두 상황 모두 맘에 들지 않는다. 존이 지상에 수치를 불러줄 때마다 나도 그 숫자들을 노래한다. "현재 Ṙ는?" "현재 초속 25미터." "어떻게 해야 하지?" "21 정도가 적당해." "오케이, 조금 줄여야겠지?"

"그래." "그럼 브레이크를 건다." "오케이, 브레이크. 레인지는 3킬로미터. 현재 3킬로미터에 $\dot{R}$ 20야." "3킬로, $\dot{R}$은 19. 조종석 조명이 너무 밝으면 얘기해. $\dot{R}$ 15, 존." "오케이." "13.4$\dot{R}$, 레인지는 2.3킬로미터." "12.5$\dot{R}$… 레인지는 1.5를 조금 넘어." "오케이, $\dot{R}$ 9, 레인지 1.3." "$\dot{R}$ 7, 기막힌 마법수 아냐, 응?" "그래… 현재 $\dot{R}$는?" "3.4에 0.5킬로미터" "오케이." "현재 $\dot{R}$는?" "여전히 3.4, 3.4 유지, 좋은 숫자야… $\dot{R}$ 2.7, 2.1." "오케이." "2.7, 2.7. 0.3킬로." "210미터… 200미터… 200미터 유지…, 이제 180… 180 유지." 뭔가 이상하다. 한쪽으로 치우쳐 회전하는데 더 이상 가까워지지 않는다. $\dot{R}$는 초속 1에서 1.5사이를 오락가락한다. 맙소사, 아제나 주변을 위퍼딜하고 있다. 면외 out-of-plane 위퍼딜, 세인트루이스 시뮬레이터에서 종종 겪은 바 있다. 존도 난감해 한다. "와, 와, 와, 망할! 지금 저 놈이 도는 거야, 아니면 우리야?" "우리."

존도 나도 어떻게 할지 정도는 안다. 우리 잘못이다. 어떻게 된 영문인지 예정 경로를 살짝 벗어난 것이다. 근소한 차이지만 그 대가 즉 연료를 지불해야 한다. 이렇게 되면 아제나도 우리 편이 아니라 적이다. 적을 상대로 취하는 일격이기에 존은 눈물을 머금고 연료를 쏟아붓는다. 무한히 나선형으로 항주할 생각이 아니라 어떻게든 아제나에 접근해 그 옆에 정지하려면 그 수밖에 없다. '무작위 대입 방식.' 후일 기자회견에서 존은 이 용어를 쓴다. 적절한 표현이긴 해도 왜 이런 문제가 발생했는지는 설명하지 못할 것이다. 나중에 알게 되지만 그 중 하나는 관성 플랫폼의 정렬이 어긋나 최초부터 경로이탈 오류가 발생한 것이다. 어쨌든 마침내 아제나 옆에 정지한다. 시간은 맞췄지만 연료는 불과 36퍼센트만 남아있다. 이 단계 예상치가 60퍼센트였기에 상황은 당연히 좋지 않다. 어느 임무를 생략하거나 축소할 것인가? 36

퍼센트 연료로 임무를 모두 완수할 수는 없다.

2분이 채 지나지 않아 지구에서 조심스레 관심을 보인다. "잔여 연료량을 읽어줄 수 있나?" "36퍼센트라고 나온다." "36퍼센트?" …… "로저." 솔직히 부연 설명할 기분이 아니다. 위퍼딜에 대해 얘기할 생각도 없다. "알았다, 오버." 지구는 그렇게 대답하나 그 인정머리 없는 수치에 혀를 쯧쯧 차고 만다. "오케이, 연료를 엄청 써버린 것 같다. RKV와 CSQ* 사이 연료는…." 젠장, 그 정도는 우리도 안다. 문제는 여기서 어디로 가느냐다. 실험과 EVA 활동, 그리고 두 번째 아제나와의 랑데부… 어떻게 이 모든 임무를 수행할 것인가? 당연히 관제센터에서는 똥줄이 탈 문제이지만 어떻게든 정리를 해주리라 믿는다. 그때까지는 우리도 할 일이 많다. 역사상 두 번째로 우주선이 우주선과 도킹한다. 존은 부드럽고 노련하게 기수를 아제나 전면의 도킹 접합부 쪽으로 유도한다. 닐 암스트롱이 제미니 8호를 다룰 때만큼이나 그에게도 도킹은 쉬워 보인다. 그가 조심조심 파일럿 놀이를 하는 동안 나는 아제나 인코더 장치를 가지고 컴퓨터 시늉을 한다. 030-021-250-140-211-070, 아제나에 짧은 숫자 메시지를 전달한다. 잠자리에 들기 전까지 144개의 수를 더 보낼 것이다. 지금은 엔진이 문제다. 아제나의 연료를 이용해야 자매 아제나까지 갈 추진력을 얻는다. 저 위 어딘가에 있을 제미니 8호의 아제나. 8호 아제나는 고도 400킬로미터에서 완만한 속도로 궤도를 돌고 있겠지만, 지금은 조명도 없고 우리 레이더에 반응도 하지 않는다. 지상에서는 대충이나마 아제나의

---

* RKV와 CSQ는 전 세계 제미니 망에서 추적기지로 사용하는 두 척의 선박 로즈 노트 빅터(Rose Knot Victor)와 코스탈 센트리 퀘벡(Coastal Sentry Quebec)의 약어다. 이런 식으로 남대서양과 서태평양에 있는 추적상의 빈틈을 메운다.

위치를 알고 있다. 때문에 지상의 계산에 따라 아제나 엔진을 이용, 직접 육안으로 확인할 지점까지 이동할 것이다. 그 다음은 우리 책임이다.

추적 절차의 첫 단계는 조금 특별하다. 존과 나는 인간이 지금껏 기록한 것보다 더 높이 올라가야 한다. 765킬로미터. 하지만 작전 목표는 고도 세계기록을 세우는 게 아니라 8호 아제나의 궤도에 기준해 우리 궤도 비행의 타이밍을 맞추는 데 있다. 잠시라도 속도를 줄이려면 더 높이, 더 바깥 궤도를 타야 한다. 기억하는가? 높으면 속도가 느리다. 아제나 엔진은 7,200킬로그램의 추진력이므로, 765킬로미터에 이르려면 불과 14초 정도의 연소면 된다. 엔진은 아제나의 반대편에 장착되어 있으므로(도킹 부위와 정반대다) 볼 수는 없으나, 그래도 그 존재는 느끼게 될 것이다. 계기반과 무관하게 1G의 중력가속도('안구 팽창')로 우리를 밀어 올릴 것이기 때문이다. 연소는 하와이 상공에서 할 예정이므로, 최고 고도는 180도를 더 돈 후 하와이 정반대편인 남대서양 상공에서 도달할 것이다. 이 지역은 남대서양 이상異常지대로 통한다. 밴앨런대 내층이 있는 곳으로 765킬로미터 상공에서는 그 아랫부분을 스치고 지나갈 것이다. 몇 개월 전부터 알고 있었지만, 이번 침투가 얼마나 위험한지는 정확히 예측하기가 어려웠다.* 따라서 시간당 방사선량과 총선량을 선상에서 측정하는 것도 중요한 과제가 될

---

* 의료진은 피폭량을 19라드(rads)로 예측했는데 그 정도면 매우 안전하다. 예측에 문제가 하나 있다면, 밴앨런대 내층의 밀도가 일정하지 않으며, 1962년 이후로는 정확하지 않은 비율로 계속 낮아지고 있다는 점이었다. 당시 미국의 고도 핵실험 때문에 '포획 전자'(trapped electron)의 양이 치솟은 적도 있었다. 게다가 '안전하다'와 '안전하지 않다' 여부는 통계상의 계산일 뿐 정확한 근거는 어디에도 없다. 방사능의 영향에 대한 이해도가 낮은 데다 개인 편차도 너무 심해서, 해당 피폭량이 얼마나 해가 될지 얘기하려면 아직 연구가 많이 필요한 때였다. 어쨌든 나한테 백내장이 생기면 무조건 제미니 10호 탓을 할 것이다.

것이다. 비행 7시간, 지상의 요구에 따라 총선량을 0으로 보고한다.

7시간 38분에 아제나 엔진을 점화한다. 그 이전에 카메라 등 풀어놓은 물건들을 수습해 엔진이 작동할 때 망가지거나 방해가 되지 않게 해야 한다. 분사 중 내가 할 일은 아제나 선단에 장착한 장비와 조명들을 점검하는 것이다. 아제나 내부에 위험요소가 드러날 경우 스위치를 내려 엔진을 셧다운해야 한다. 시간도 계속 확인해 엔진이 정시에 셧다운하지 않을 경우 즉시 셧다운 명령을 내려야 한다. 자칫 계획보다 더 높은 고도까지 올라갈 수도 있고, 8호 아제나를 따라잡기 위한 타이밍 전략을 망가뜨릴 수도 있다. 밴앨런대 속으로 깊이 들어가도 문제가 심각하다.

시간이 다가오면서 모든 게 괜찮게 흘러갔다. 우리도 그렇고 지상에서 보아도 마찬가지다. 관제센터에서 질문 형태로 마지막 지시를 내린다. "안전벨트는 맸나?" "로저, 확실하게 맸다." 이 상황은 지금까지 겪은 바와는 완전히 반대다. 엔진이 우리 전방에 있으므로 뒤쪽으로 우리를 밀어낼 것이며, 좌석도 아래에서 위로 우리를 밀어내려 할 것이다. 엔진 분사 시퀀스는 자동이다. 나는 마지막이 501인 세 자릿수 지시들을 보내어 사전조치를 완료했다. 지시를 받은 후 아제나가 84초간 일련의 절차를 거치면, 바라건대 마침내 엔진점화를 시작할 것이다. 일정대로 일련의 지시를 마무리했기에 남은 일은 기다리는 것뿐이다. 나는 시간을 확인하거나, 아제나 정면의 조명과 다이얼들이 호명되는 대로 창밖의 상황판을 연신 내다본다. 예정된 순간이 왔지만, 보이는 것이라고는 아제나의 꽁무니뿐이다. 눈뭉치 같은 연기가 원뿔형으로 넓어지며 분사된다. 뜻밖의 하얀 연기는 검은 하늘을 배경으로 무척이나 아름답기는 하지만⋯ 망할, 점화가 실패한 건가?

그런 생각을 하는데, 갑자기 하늘이 오렌지색에 백색으로 변하며 어깨띠가 끊어질 듯 앞으로 튀어나간다. 이놈의 엔진은 도무지 예의가 없다. 발진도 거칠기만 하다. 상황판을 확인해야 하건만 엔진에서 뿜어져 나오는 저 찬란한 불꽃놀이에서 눈을 뗄 수가 없다. 그래도 습관은 습관이다. 장비들을 확인해보니 조종석 내부는 아무 문제가 없어 보인다. 아직 14초가 다 흐르지 않았다는 뜻이다. 가볍게 앞뒤로 흔들리더니(측정은 존의 몫이다) 시계가 마침내 14초를 관통한다. 나는 시끄러운 엔진에게 중지를 명한다. 순간, 엔진은 명령을 따르고 우주선은 덜컹 경련을 일으키며 무중력에 진입한다. 그리고 30초간 조금 전 불꽃놀이보다 훨씬 장엄한 우주쇼와 만난다. 석양 무렵의 태양이 바로 우리 뒤에서 입자, 불꽃, 엔진이 뿜어내는 불공을 비추는데, 그 바람에 하늘은 온통 장관이다. 개똥벌레만 한 것, 농구공만큼이나 큰 것, 어떤 것은 느긋하게 떠돌아다니고 어떤 것은 슝! 엄청난 속도로 날아간다. 황금빛 후광이 아제나를 온통 감쌌다가 아주 천천히 잦아든다. 나는 카메라를 꺼내 사진을 두어 장 찍고* 존과 기분을 맞춰본다. "정말 기가 막혔어!" 존도 동의한다. "저 놈에 불이 들어올 때 단박에 알겠더라고!" 어쩌면 (파일럿의 관점에서 볼 때) 엔진이 점화해 우주선을 뒤쪽으로 밀어내는 기이한 방향배치 때문일 수도 있고, 아니면 내 감각이 온통 그날의 활동 때문에 열려있기 때문일 수도 있다. 일곱 시간의 무중력 이후 갑자기 중력가속도가 작용했기 때문인지도 모르겠다. 이유야

---

* 무슨 이유인지 사진에는 작은 구체와 입자들이 잡히지 않았지만 아제나 엔진이 발산하는 백열은 대체로 잘 잡혔다. 1미터 이상 이어지다가 어둠 속으로 잦아드는, 무척이나 아름다운 모습이었다. 기억으로는 황금보다 백금에 가까웠던 것 같다. 죽어가는 돌고래가 그러하듯 색은 순식간에 바래지고, 눈이라는 초감각적 장치에는 뚜렷하게 나타나는 미미한 물체들마저 필름의 조악한 감광제에는 불행하게도 잡히지 않는다.

어떻든 14초의 시간은 영원처럼 보였고 가속도는 실제보다 더 강했다. 미미한 방향 전환도 더욱 크게 느껴졌다. 이 모든 상황이 더해져 마음은 불편하다. 이제 그 기분을 존에게 전한다. "정말 셧다운할 뻔했어. 정말로." "하지 않았잖아." "할 뻔했다니까. 자네가 이런!이라고 한 마디만 했어도 셧다운했을 거야." 하나도 놓치는 게 없는 존도 결국 항복을 선언한다. "난 벽에 매달려 있느라 너무 바빴어." 어쨌든 일치하는 점도 있다. 이런 식의 순간적 발진은 과거 J-57 제트엔진의 재연소장치와 비슷했다. 그 엔진은, 제대로 정비하지 않으면 유입연료가 재연소장치 위치로 흘러들어가 폭발하듯 점화할 수 있었다. 초기 F-100 슈퍼세이버 일부에서도 두 발이 고무페달에서 떨어질 정도로 점화가 거칠었다.

하지만 지금 우리는 슈퍼세이버보다 훨씬 높이 올라와 300킬로미터 고도에서 735킬로까지 1/2 궤도 상승을 도모하고 있다. 모두가 14초 동안 우리가 궤도에 더해준 에너지 덕분이다. 지구는 방사선량을 보고하라며 안달복달이다. 숫자가 너무 작다며 못 믿겠다는 것이다. 8시간 9분, 피폭량은 0.04라드에 불과하고 8시간 20분엔 0.18이다. 마침내 8시간 37분, 지상에서는 우리가 계기를 꺼놓았다며 비난한다. "선량계를 계속 무시할 참인가?" "아니, 무시한 적 없다. 현재 0.23라드, 오버." "오케이, 선량비율은… 약 10정도 낮아 보인다. 그 정도라면 이곳에서도 걱정할 것 없겠다." 좋아. 지구도 행복하고 우리도 행복하다. 이 기적 같은 하루도 마무리 단계다.

케이프케네디 시각으로 새벽 2시. 요기를 하고 잠자리에 들 시간이지만 둘 다 기분이 침울하다. 아제나 로데오의 흥분이 가라앉으면서 지상에서 상황을 확인하기 시작했기 때문이다. "연료량 확인 바람…"

"로저, 현재 32퍼센트." 연료의 2/3는 이미 소진했건만 남은 일이 태산 같다. 어쩌면 원래 계획보다 아제나에 오래 붙어서 아제나의 연료를 우리 연료 대신 활용할 수도 있으나, 아제나 때문에 하지 못하게 될 실험도 적지 않다. 어차피 제미니 8호 아제나에 이르기 전에 떼어내야 한다. 아제나 엔진으로는 랑데부 최종 단계의 섬세하면서도 끝없이 달라지는 추진력 조정의 요구를 맞출 수 없기 때문이다. 문득 EVA 실험 하나 또는 전부를 취소할지도 모르는 불안감이 엄습한다. 그렇게 되면 정말 가슴이 아플 것이다.

아프다는 얘기가 나와서 하는 말이지만 왼쪽 무릎이 아프다. 두어 시간 전부터 욱신욱신 쑤시기 시작하더니 점점 나빠지는 것이다. 통증은 참을 만하지만 아주 불편한 수준이다. 세포조직에서 질소가 나와 작은 공기방울을 만들어 신경을 압박하는 모양이다. 이유야 어떻든 관절, 특히 팔꿈치와 무릎이 이런 유형의 구부림에 제일 취약하다. 이렇게 진단하는 이유는 지난 번 고도비행실에서 느낀 통증과 정확히 일치해서다. 이륙 전 두 시간 동안 탈질소화했다지만 개인에 따라 소요시간에 차이가 있고, 내가 다른 사람들보다 예민해서인지도 모른다. 휴대용 산소공급기에서 우주선 산소공급기로 호스를 옮길 때 발사대의 공기 일부가 우주복으로 유입되었을 가능성도 있다. 이렇든 저렇든 따져봐야 뭐하겠는가? 지금 어떻게 할 것인가가 문제다. 상의를 할까? 아니면 무시해버려? 한 마디만 불평해도 의료진에서 한 바탕 난리가 날 게 뻔하다. 왕진만 빼고 뭐든 시도하려 들지 않겠는가. 게다가 밤새도록 무전기가 나보다 더 몸살을 앓을 텐데, 나도 원치 않는 바다. 아스피린 한 알 먹으라는 말 말고 또 무슨 일을 할 수 있겠는가? 나는 불평 없이 두 알을 복용한다. 구부리는 부분만 문제이면 시간은 내 편이다. 두어 시간 지나면 질소방울도 흩어질 것이다.

존도 근심이 많은지 평소보다 말수가 훨씬 적다. 얘기를 해도 랑데부와 초과 연료소비가 왜 일어났는지 모르겠다는 얘기뿐이다. 존도 이유를 몰랐지만 나도 두 가지 점에서 별반 도움이 되지 못한다. 첫째, 제미니 6호 톰 스태퍼드의 예비로 일한 경력을 고려한다 해도, 존이 잊은 내용이 내가 아직 배우지 못한 내용보다 더 많다. 둘째, 랑데부에 대한 내 기여는(정교한 차트 제공) 결국 전후와 상하 영역에 국한된 것이다. 좌우는 내 담당이 아닌데 위퍼딜은 바로 그 부분에서 발생한다. 존의 랑데부 걱정과, (빌어먹을 무릎은 차치하고라도) EVA가 축소될까봐 두려워하는 나 때문에 선내 분위기가 엉망이다. 8시간의 취침을 위해 조종석을 정리하는데 문득 이런 생각이 든다. 맙소사, 정말 열악한 환경이로군. 이곳의 법칙은 실수를 용납하지 않는다. 그런데 내일도 모레도 우리가 실수를 저지를 기회는 얼마든지 있다.

아스피린을 복용해도 계속 욱신거리는 무릎 말고도 잠을 방해하는 요인은 두 가지나 더 있다. 손하고 머리. 두 손이 바로 눈앞에서 흐느적거린다. 두 팔도 제 멋대로 놀아나니 아무래도 중력이 있어야 고정이 가능하겠다. 이것이 불안한 이유는 바로 두 손 너머에 계기반이 있어서다. 계기반에는 스위치가 주르르 붙어있는데, 현재 토글의 방향이 중요하므로 행여 밤사이에 바뀌기라도 하면 큰일이다. 손이 제 멋대로 떠다니다가 스위치 한두 개를 건드리면? 어디든 잡아두어야 사고를 피할 텐데 도대체 그곳이 어디란 말인가? 등 뒤로 돌려놓으려 해도 가압복을 입은 터라 너무 불편하다. 차라리 입 안에 욱여넣을까? 머리도 문제다. 베개든 뭐든 머리를 널 곳이 없으니 잠이 올 리도 없다. 이렇게 둥둥 떠다녀야 하니, 이따금 머리를 가볍게 대기만 해도

퍼싱 장군과 아버지. 1916년 멕시코

내가 우주비행사가
되겠다고 알린 날
우리 가족

T-38기. 우리 선생이자 운송수단이자 장난감

음식은 없고 쯔쯔가무시 병균만 우글우글

찰리 바세트와 나. 리노 가는 길

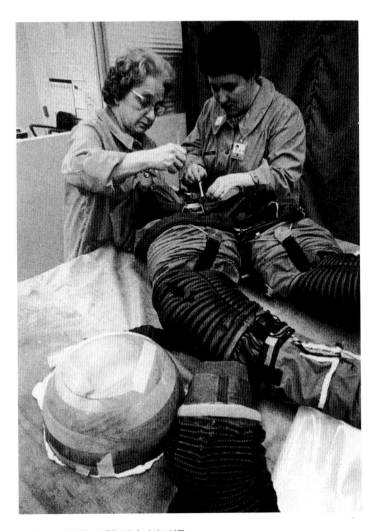

내가 가장 좋아하는 접착부서 숙녀어르신들

미끄럼판에서의 신경전

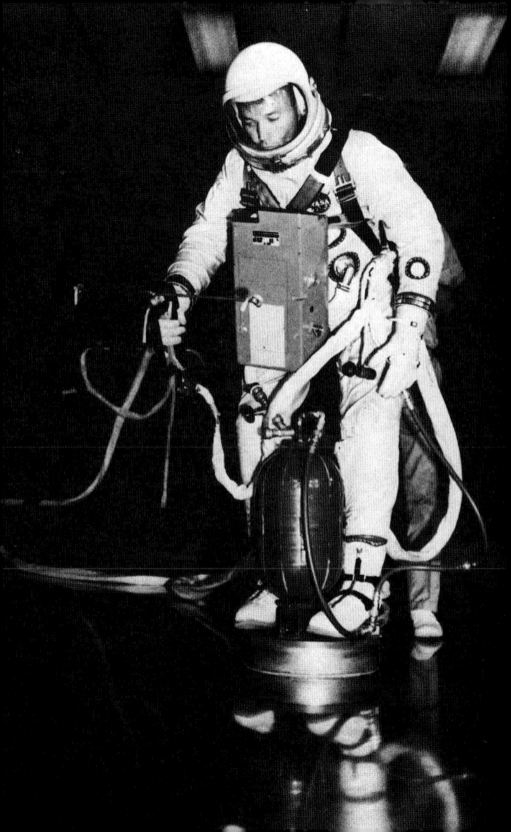

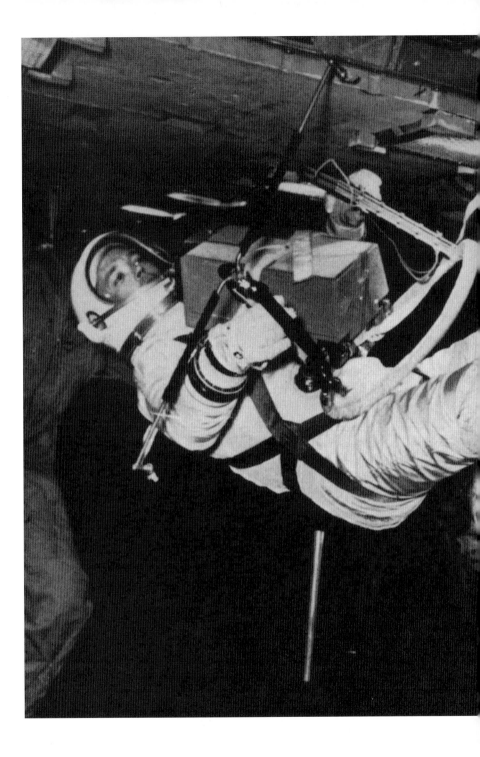

제로G 비행기—토할 것 같아!

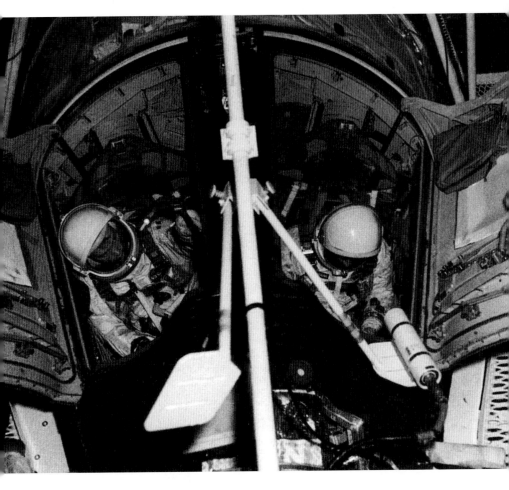

제미니호. 아주 좁지만 들어갈 장비는 다 들어간다.

제미니 10호 (바라건대) 준비 완료

정지 상태로 대기 중인 아제나

선 하나만 달고서 우리가 간다

도킹 직전 위치잡기

노새처럼 발길질하는 대형엔진의 불빛

그리섬, 화이트, 채피의 우주선과 타버린 조종석

알링턴 묘지. 린든 존슨 대통령이 로저 채피의 아들과 악수 중.

곧바로 튕겨 나오고 만다.

존이 소등준비를 한다. 조종석 조명 스위치를 끄는 것 말고도 창 두 곳에 확실하게 금속판을 덧대야 한다. 궤도를 돌 때마다 이글거리는 햇빛 속에서 절반 이상을 지내야 하기 때문이다. 그런데 금속판을 꺼내다가 의외의 선물을 발견한다. 어느 마음 좋은 중생이 금속판마다 사진을 붙여놓은 것이다. 아주 도발적인 킹왕짱 미인이 둘. 기계투성이의 비좁은 남자소굴에 의외의 침입자가 등장한 셈인데 이런 곳에 어울릴 리가 없다. 그럼에도 이 여자들과 어둠을 보내야 한다니, 그래, 이것도 궤도의 삶이겠지. 미인들을 창문 위에 붙이고 나는 이 칠흑 같은 조종석에서 한참을 뒤척이다 간신히 자세를 잡는다. 이 정도면 그나마 꾸벅꾸벅 졸 수는 있겠다. 몸을 돌려 머리를 위쪽 구석에 밀어넣으면 마치 베개를 벤 것처럼 압력을 시뮬레이션할 수 있다. 두 손이 덜렁거려 여전히 불편하지만 무심코 스위치를 건드릴지도 모른다는 걱정은 기우로 돌린다. 두 손과 무릎도 애써 무시한다. 이러기를 두어 시간, 아스피린 두 알을 털어 넣고 다시 잠을 청한다. 이번에는 그렇게 잠이 들어 두 시간쯤 숙면한 모양이다. 깨어보니 고맙게도 무릎 통증은 거의 사라졌다. 다시 잠을 이루지는 못했으나 그래도 존을 깨울 필요는 없다. 난 그 자리에 앉은 채 다음날 할 일들을 머릿속으로 점검해본다.

기본적으로는 실험의 날이다. 실험 일부는 해치를 열고 자리에서 일어나 수행해야 한다. 아제나와의 도킹과 도킹해제도 여러 차례 반복 연습해야 하며, 두 차례 정도 궤도를 수정하면서 8호 아제나의 궤도와 정확하게 맞추어야 한다. 도킹 연습은 의미도 없고 연료까지 낭비하니까 생략할 수도 있다. 어쨌든 하루 종일 아제나에 붙어있게 되면 실험 일부는 수정해야 할 것이다. 지상에서도 그 문제 때문에 밤을 샜겠지만 그렇다고 해치 내에서의 EVA를 생략하는 일은 없기만 바란다. 존이 몸을 뒤척이며 덜커덩거리는 걸 보니 잠에서 깬 모양이다. 우리는 창에서 차양을 제거하고 세상을 내다본다. 그래봐야 눈에 보이는 세상은 좁기만 하다. 아제나가 창을 가린 통에 대부분 막혔기 때문이다. 설상가상으로 아제나를 지평선에 맞춘 터라 머리도 위쪽을 향한다. 결국 보이는 우주라고는 대부분 어둠 뿐이고 지구의 모습은 이따금 스쳐 지나는 정도에 불과하다. 존이 지적하듯, 아제나를 타는 일은 기차 엔진에 매달려 양쪽 선로를 내려다보는 것과 다르지 않다.

장비 몇 개를 넣었다 빼고, 시스템을 점검하고, 아침식사를 하고, 가볍게 세수를 할 때쯤 '취침' 시간 두 시간이 더 지나간다. 이제 휴스턴이 소환하기 시작할 때다. 지상에서 호출하면 존이 대답한다. 일단 시작은 활기차다. "로저, 굿모닝." "로저, 승무원 상태는 좋다. 물총 수치는 335.* 잠은 잘 잤다(거짓말!). 복사계는 0.78라드, 선량률도 지극히 낮다." 0.78! 예상보다 낮아도 너무 낮다. 그 이상 올라가지도 않을 것 같다. 두 시간 후면 아제나 엔진을 재점화해 고궤도를 빠져나가 밴앨런대 아래로 돌아갈 것이기 때문이다. 그 다음에는 아래쪽에서 8호 아제나를 따라잡아야 한다. 순전히 타이밍 때문에 이곳 765킬로미터까지 올라왔다. 덕분에 존과 나는 고도 세계신기록 보유자가 되었다. 웃어야 할지 울어야 할지. 과거 비행선구자들은 누구나 이 기록을 갈망했다. 기록 달성을 위해 명예와 돈, 생명까지 쏟아 붓지 않았던가.

---

* 급수기 얘기다. 물은 물총을 통해 반 온스씩 나온다. 방아쇠를 눌러 마시거나 식량봉지를 채울 때마다 계수기 숫자가 하나씩 올라간다. 지상에서는 우리가 수분을 충분히 섭취하기를 바라지만, 사람이 둘이고 계수기는 하나뿐이니 누가 물을 마시는지 그쪽에서 알 도리는 없다.

그런데 존과 내가 순전히 날로 먹은 것이다.

엔진을 점화하자 아제나가 노새처럼 뒷발질 분사를 한다. 존은 여전히 이것이 신기한 모양이다. "1G 정도일 텐데 이렇게 강한 1G는 평생 처음이야. 속이 다 뻥 뚫리네!" 우리의 새 궤도는 300에서 400킬로미터 사이다. 이날이 끝나기 전 400에서 궤도를 돌고 있을 것이다. 대략 8호 아제나 아래로 13킬로미터, 후방으로 2,000미터 위치에서 천천히 접근 중이다. 도킹 연습은 생략했기에 다음 임무는 해치 내 EVA다. EVA의 주목표는 실험 번호 S-13, 여기에는 젊고 뜨거운 별들을 선정해 자외선 징후ultraviolet signatures를 측정하는 것까지 포함한다. 우주선 유리가 우리 눈의 보호를 위해 자외선을 투과시키지 않으므로 해치를 개방한 채 70mm 카메라를 작동해야 한다. 우선 브래킷에 카메라를 장착하고, 특수 타이머를 활용해 노출을 정확히 20초에 맞춘다. 물론 정교한 사진을 얻기 위해서다. 애초에는 계획을 수립하고 아제나 분사 이전에 카메라, 브래킷, 타이머를 조립한 뒤 발밑 공간에 고정하려 했으나, 아제나 엔진이 점화하면서 카메라를 망가뜨리고 말았다. 격벽에 부딪는 바람에 카메라 내부의 타이머 굴대가 부러진 것이다. 상관은 없다. 존이 타이머 역할을 하고 내가 수동으로 20초 동안 셔터를 개방하면 그뿐이다.

존과 이 문제를 논의한 후, 선실을 감압하고 해치를 개방하기 위해 101가지 허드렛일을 처리하는데 의외의 방문객이 노크를 한다. 무전기로 두목 데케 슬레이턴의 거친 목소리가 흘러나온 것이다. "존, 나 데케일세. 자네들 무전기를 벙어리로 만드는데 일가견이 있군그래…. 지금부터 수다 좀 더 떨지, 응?" 비난은 아니다. 우리 세계에서는 이를 '대박'이라 부른다. 워낙 말이 없는 사람인지라 칼에 목이 들어와야 무전기를 잡으니 말이다. 이 정도면 우리더러 아무거나 좀 떠들라고 관제센터 주변 인사들이 그를 꽤나 닦달했다는 뜻이다. 지상에서는 자기들이 랑데부에 관여했다면 연료 잔량이 36퍼센트가 아니라 60퍼센트가 되었을 거라고 생각하는 모양이다. EVA 실험이라고 해봐야 기껏 자외선 사진을 보내는 것뿐이니까. 휴스턴에 모인 기자들이 미래에 공표될 막연한 과학데이터 따위에 만족할 리가 없다. 그보다 뜨거운 소식을 원하고 인용을 원한다. 그것도 당장! 미국 대중에게 알 권리를 보장하라! 우리가 격투기 대회에 나온 외다리 선수보다 바쁘다는 사실과 사흘 내에 나흘 치 일을 해치워야 한다는 것은 안중에도 없다. 시스템 관리, 아제나 명령, 선상 내비게이션, 수많은 실험, 두 차례의 랑데부 등 모든 일을 압축해서 처리하기 위해 똥오줌 가릴 시간이 없다 해도 도무치 개의치 않는다. 그러고는 뭐? 왜 수다를 떨지 않느냐고? 명령이니까 신나게 떠들라고? 존은 열이 받았다. "오케이, 무슨 얘기를 하면 될까요?" 데케가 한 발 물러선다. "음… 뭐든 일 얘기. EVA도 좋고." 존은 살짝 비꼬듯 응대한다. "좋아요, 그렇잖아도 마이크가 지금 얘기할 참이었어요." 마이클은 얘기는 물론 카나리아처럼 노래도 한다. 귀환 후 브리핑에서 한두 마디면 끝날 일도 끝도 없이 주절댄다. 나는 아제나를 묘사하고 망가진 카메라를 거론하며 수리방법을 묻는다. 휴스턴도 휴스턴 애스트로스와 뉴욕 메츠의 야구경기 얘기를 주저리주저리 늘어놓는다. 맙소사! 이곳에서는 131 단계의 EVA 확인목록으로 똥줄이 타는데 야구 얘기를 하자고! 이 단계에서는 사소한 실수 하나로도 우주복 산소가 새고 나는 황천길로 간다. 그런데도 이 양반들은 내야 잔디색이 어떻다며 떠들어 대겠지? 그러면 난 아무래도 야구 얘기를 끊고 마지막 호흡에 대해 설명해야 하리라.

그래야 시내판 마감에 늦지 않을 테니까!

사실 이번 EVA 자체는 그리 어려울 게 없다. 이런 정도의 멜로드라마로는 대세에 영향이 없다. 사전에 확인해야 할 사항들도, 연장호스를 흡입선과 배출선에 제대로 장착했는지, 해치를 열고 서있을 만큼 호스가 긴지, 우주선 산소공급장치에 안전하게 연결되어 있는지 정도다. 어스름에 해치를 열고 어둠 속에서 작업을 진행해야 하므로 다소 불안하기는 하지만 큰일은 아니다. 존과 내게 제일 큰 문제라면 가압복 차림으로 장비를 다루는 일이 될 것이다. 그 차림으로 카메라 세팅, 촬영 일정까지 하나하나 챙겨야 한다. 해가 지면서 재빨리 소형 밸브를 열어 객실을 감압한다. 욕조에서 물을 빼는 것처럼 시간은 다소 걸린다. 조종실 압력이 0이 될 때까지는 문을 열 수 없다. 자칫 엄청난 압력이 가해져 해치가 들리고 고장이 날 우려도 있다. 그러나 일단 해치가 열리면 쉽게 움직이므로, 가볍게 한 손으로도 밀어 올릴 수 있다. 해치란 것들이 대개 뻑뻑하기 마련이므로 그 점은 좋다. 다만 재진입 시에는 해치를 단단히 잠가야 하므로 늘 조심해서 조작해야 한다.

칠흑 같은 어둠. 조심스레 허리까지 내밀고 조금 왼쪽으로 돌아선다. 제미니 기수는 남쪽을 향하고 있다. 어렵사리 브래킷에 장착한 카메라는 남쪽 센타우루스자리와 맞추었다. 존은 시계를 보며 타이머 역할을 하고 있다. 나는 셔터 메커니즘을 조절해 매번 20초씩 노출을 준다. 촬영을 어느 정도 진행하고 나니 이제 좀 더 여유가 생긴다. "밖에 나와 있다"는 최초의 흥분도 가라앉는다. 주위를 돌아보니 경관이 기가 막히다. 지금은 동남쪽, 대체로 비행방향과 일치한다. 오른쪽에 아제나가 있고 왼쪽에는 제미니의 어댑터섹션이 보인다. 첫 느낌은,

넓은 시야가 주는 감동이다. 제미니 창문의 답답한 구속에서 풀려난 해방감이랄까? 맙소사, 별이 사방은물론 위아래까지 전부 깔려있어! 별은 밝고 하늘에 고정되어 있다. 물론 별이 대기 때문에 반짝인다는 정도는 안다. 과거 천문관에서 반짝이지 않는 별도 보았지만 지금은 상황이 다르다. 시뮬레이션이 아니지 않는가. 인간이 지금껏 본 우주 중에서도 가장 완벽한 광경이다. 저 아래 지구는 거의 구분이 가지 않는다. 달도 그 위에 없고 구분할 수 있는 불빛은 이따금 적란운을 따라 번쩍이는 번개뿐이다. 저 기이한 청회색 기운 덕분에 그나마 구름과 물과 땅을 구분할 수 있고 움직임도 감지가 가능하다. 우리는 완전한 정적 속에서 너무도 부드럽게 세상을 가로질러 미끄러진다. 동작이 어찌나 우아하고 장엄한지, 나는 마치 밤하늘을 질주하는 전차에 우뚝 서있는 신이라도 된 듯한 기분이다. 선바이저의 코팅만 아니면 훨씬 더 장엄한 별들을 볼 수 있을 텐데 조금 아쉽기는 하다. 고개를 좌측의 북쪽 방향으로 돌려 '일곱 자매' 플레이아데스 성운을 찾아낸다. 맑은 밤이면 애리조나 사막에서도 맨눈으로 일곱이 아니라 열하나, 열둘까지 셀 수 있으나 지금은 필터 탓에 일곱 개만 눈에 들어온다. 다른 한편 금성은 어찌나 밝은지 이름 그대로 '비너스'라는 생각이 들 정도다. 외모 뿐 아니라 하늘의 위치 또한 비너스가 있어야 할 그 자리다.

카메라 작업은 순조롭다. 새벽이 다가오면서 우리는 남녘 하늘의 자외선 비밀을 20초 노출 필름에 한 통 가득 채우고 다음 임무로 넘어갈 준비를 한다. 이번에도 사진 촬영이지만 상황은 완전히 다르다. 우주의 위대함을 모두 필름에 기록하기 위해 믿거나 말거나 직접 촬영할 물건을 가져온 것이다. 20제곱센티미터 크기의 티타늄 판으로, 적,

황, 청, 회색의 4색으로 나뉜 것이다. 자체 브래킷과 1미터 길이의 모노포드도 있다. 카메라를 장착하고 직사광선 하에서 다양한 노출로 티타늄 판을 촬영하는 게 임무다. 지구 실험실에서도 같은 촬영을 한 적이 있다. 그 사진과 비교해 감광유제와 현상절차를 결정한 뒤 우주 본연의 색깔을 정확하게 재현해내자는 것이 아이디어의 핵심이다. 달 표면에서 찍은 사진을 지구로 가져와 과학 분석을 해야 하므로 매우 중요한 임무라 하겠지만 존과 내 생각은 다르다. 이 얼빠진 티타늄을 촬영하는 것보다 더 쉽게 정보를 얻을 방법이 있을 것 같기 때문이다. 그래서 실험이 마음에 들지 않는다. 아무튼 새벽은 다가오고 나는 부지런히 카메라, 필름, 티타늄, 모노포드 등을 챙기고 만전에 만전을 기한다.

태양이 폭발하며 격렬하게 백색광을 터뜨린다. 이번에도 두 눈에 눈물이 고인다. 두어 차례 노출촬영을 마칠 때쯤 눈물은 더욱 거세진다. 선바이저를 내리고 거북이처럼 우주복 안으로 고개를 밀어 넣어 눈을 보호해보지만 소용없다. 왜 눈물이 흐르는 걸까? 이전 우주선과 제미니 10호의 바이저에 다른 점이 있기는 하다. 9호에서 진 서넌의 바이저에 김이 서리는 바람에 우리 장비 목록에 김서림 방지제가 추가되었다. 물수건 비슷한 것으로 EVA 임무에 앞서 바이저 안쪽에 패드를 한 번 문질러 주었다. 내 생각은 이렇다. 이유는 모르지만 햇볕에 화학약품이 증발하여 가스를 형성하고, 그 가스가 눈에 자극을 준 것이다. 유입되는 산소가 가스를 분산시켜서 이내 좋아지기는 하지만, 그러기 전까지는 카메라 조리개 수치를 읽을 수가 없다. 나는 존에게 카메라를 넘기고 도움을 요청한다. "문제가 생겼어, 존." "어떤 문제?" "어, 해가 뜨자 눈에 눈물이 나기 시작하네. 화학약품 때문인지 아닌지는 모르겠는데 정말 미친 듯이 눈물이 나. 눈을 뜰 수 있어야 일을 하든 말든 하지. 심각해." 존은 태양빛 때문이라고 생각한다. "해를 보지 마." "그래, 안 봐…. 지금은 눈까지 감았어. 거북이 머리를 하고 우주복 안에 넣었거든…. 그러니까, 그림자 안에 있다는 얘기야." 존도 자기 사정을 고백한다. "내 눈도 그래, 내내 눈물이 나와." "괜찮은 거지?" "그래." 죽이는군! 기가 막히지 않는가. 장님 두 놈이 문을 열어 둔 채 휘파람만 불고 있으니. 점검목록도, 해치 손잡이도, 해치 닫을 때 장애가 될 부유물질들도 보지 못한 채 말이다. 난 고장 난 레코드처럼 투정만 되풀이한다. "눈에서 눈물이 나와." 이렇게 투덜대다 보면 문제가 풀릴 수 있지 않을까? 존도 신이 났다. "내 눈도 그래 마이크. 하나도 안 보여." "오케이, 이놈의 브래킷을 올려야 하는데… 그것도 보이지 않네." 존이 이제야 말귀를 알아먹는다. "좋아, 일단 들어와. 해치부터 닫자." "좋아." 해치는 닫을 수 있을까? 나는 핸들을 잡고 힘을 준다. "오케이, 이제 문 닫는다." "잘 안 닫혀?" "아냐." 해치는 아름답다. 나는 몸을 최대한 낮추며 당긴다. 느낌으로는 해치가 제대로 닫히는 듯하다. 이제 손잡이를 빼내 힘껏 돌려 잠근다. 산소공급 밸브도 제대로 찾아서 조금 후에는 작은 조종실에 다시 산소가 가득 찬다. 존은 계속 낑낑 맨다. "여전히 아무것도 안 보여." "눈을 감고 있어 봐 존. 눈을 감고 있다보니 괜찮아져." 존은 믿지 못하는 눈치다. "자넨 보여?" "그래, 난 잘 보여. 겁먹을 필요 없어, 친구. 조종석 기압도 제대로야. 괜찮아질 거야. 해치는 잠갔어. 잘 잠기더군. 그러니 괜찮아." "갑자기 이렇게 됐어 마이크. 산소 순환에 문제가 있나봐." "아냐, 분명히 바이저 안쪽에 이 놈을 문지른 탓이야. 수산화리튬이 잘못 되었거나…" "모르겠어. 근데 정말 눈이 따가워. 그게 문제인가 봐, 수산화리튬.""오케이, 기압은 2psi고 산소압도 문제없어.""오케이, 미안해 마이크. 그런데 하나도 안 보여.""걱정 말고 그냥 앉아 있어.""자넨 다 보여?""그래, 지금은 잘 보여." 그렇다. 잘 보인다. 시시각각 좋아지고 있다. 난 지상국에 연락해 문제를 설명한다. 관제센터에서 수도 없이 질문을 해대지만 뭐가 문제인지 확실하게 아는 사람은 아무도 없다.

수산화리튬을 쓰는 이유는 숨을 내쉴 때 이산화탄소를 흡수하기 위해서다. 얘기할수록 수산화리튬이 범인이라는 확신이 강해지지만 확실한 증거를 잡을 수는 없다. 통 안에 보관했으니 새어나왔다면 눈치 채고도 남았어야 한다. 그나마 불안할 시간이 없다는 점은 다행이다. 어쨌든 실험은 계속해야 한다. 둘 다 시력을 되찾았으니 일을 하는 게 당연하지만… 기분이 좋지만은 않다. 해치 안에 서있는 정도가 아니라 밖에 나가 15미터 공급선에 매달려 있는데 갑자기 눈이 멀면 어떻게 한단 말인가? 내일까지는 어떻게든 해답을 찾아야 한다.

그러는 사이 나는 다시 별과 씨름을 한다. 이번에는 내비게이션 실험인데, 육안으로 지평선을 확인하기 어렵다는 단점을 보완하기 위한 것이다. 내 손에는 육분의가 아니라 광도계가 들려있다. 별과 지평선의 각을 측정하는 대신 그냥 일정한 별을 겨냥한다. 별이 지평선 부근에서 어둠으로 소멸할 때 광도계로 별빛의 조도가 어떻게 줄어드는지 측정하는 것이다. 작업은 어렵지 않다. 일을 해나가는 동안 조종석 대기도 좋아져서 눈물도 완전히 멈춘다. 눈이 벌겋게 부은 것만 빼면 존과 나는 정상이다. 아제나에 명령을 내리고, 연료전지의 누수를 제거하고, 별을 관측하고, 눈 문제를 상의하는 동안 내일의 할 일도 정리해본다. 아무래도 힘든 날이 되겠다. 아제나 엔진과 우리 엔진을 조작해서 8호 아제나와 랑데부에 성공해야 하고, 그 후에는 EVA 작업으로 아제나의 미소운석 꾸러미를 회수해야 한다. 오늘은 좋기도 하고 나쁘기도 했다. 눈물 문제는 아쉽지만 연료 소비는 크게 성공적이다. 여전히 30퍼센트나 남은 것이다. 지상에서는 아침에 수행할 실험을 테스트 중이라고 한다. 수산화리튬 문제를 해결해야 한다는 뜻이다. 아직 몇 가지 허드렛일이 남았다. 그 일들이 끝나면 식사를 하고 여덟 시간 취침에 들어갈 것이다.

오늘은 잠도 잘 온다. 무엇보다 무릎 통증이 멎었고, 작은 조종석도 그럭저럭 눈을 붙일 만하다. 머리를 어디로 둘지도 안다. 두 손이야 어쩔 수 없으려니 하면 그만이다. 어쨌거나 지칠 대로 지쳤다. 때려죽인다 해도 잠부터 잘 판이다. 오늘 하루는 실제로 만족스럽다. 아직 연료가 부족하고 내일의 랑데부와 EVA가 불안하기는 해도, 그래도 어제 자기 무덤을 팠다고 하면 오늘은 그나마 구멍에서 빠져나온 기분이다. 내일 작업도 무난히 완수할 수 있으리라 믿는다.

7시간이 지나고 목소리가 들린다. 지구 친구들이 3일차 작업을 개시하라며 소환한 것이다. 아침식사를 하는 동안 확인해야 할 테스트를 설명해준다. 계획대로 EVA를 시행할 경우, 수산화리튬이든 뭐든 문제가 재발할 가능성을 점검하는 작업이다. 기본적으로는 객실을 일정 정도 감압한 후 악취나 눈 자극이 있는지 보는 간단한 과정이다. 하나 덧붙이면 시스템의 환풍기 하나만 사용하는 방식이다. 어제 살짝 누출된 수산화리튬이 두 개의 환풍기 사용으로 확 퍼진 것이라는 전제 하에, 하나로는 괜찮을 거라는 이론이었다. 실제로 향후 EVA에서는 다른 산소 시스템을 사용할 것이다. 다시 말해서 고기압 호스를 통해 산소탱크에서 체스트팩으로 직접 공급받는 것이다. 체스트팩은 기압이 낮은 데다 별도의 정화, 냉각 시스템을 채택하고 있다. 그러면 존은? 존은 지금과 같은 산소호스에 물려있게 된다. 시야도 확보해야 한다. EVA 수행 중 그가 할 일은 8호 아제나와 정보를 공유하며 내 보호자이자 눈이 되어주고, 또 내가 볼 수 없는 곳에서 공급선이 엉키지 않도록 감시하는 것이다. 하나 더. 제미니가 아제나 옆에 머물러야 하므로, 16개의 추진 장치를 조종해 요모조모로 점화하는 일도 존 몫이다. 50킬로그램짜리 작은 로켓모터들이 고압과 고속의 가스를 토해내는데, 이 취약한 우주복으로 어느 정도까지 접근해야 위험하지 않은지 정확히 아는 사람은 아무도 없다. 제미니가 아제나 쪽으로 떠오르면 충돌을 피하기 위해 상향 추진기를 점화해 고도를 낮추어야 하는데, 그 추진기들이 있는 곳이 조종석 바로 뒤인 내 핸드레일과 질소밸브 옆이다. 부디 공급선을 질소밸브에 거는 동안은 점화하지 않기를! 아니, EVA는 정말로 주변 상황을 빈틈없이 파악하고 네 개의 눈동자가 연신 부라리며 지켜보아야 한다. 어제 해치 내 EVA는 단순했지만 오늘의 외출은 복잡하고 부담이 큰 데다 실수를 용납지 않는다.

수산화리튬 실험은 끝났다. 결과도 좋아 우리는 다음 임무를 진행한다. 이틀간 추적해온 8호 아제나를 찾아라. 마지막으로 우리의 아제나를 이용해 두 차례 단거리 이동을 한 뒤 분리할 계획이다. 비행 45시간만이다. 원래는 23시간 전에 분리해야 했지만 이렇게 아제나 연료를 이용하기로 한 선택은 신의 한 수였다. 그렇지 않았다면 두 번째 랑데부는 시도조차 못했을 것이다. 어쨌든 연료가 충분하지는 않기에 여러모로 절약 문제를 논의한다. 지상과 합의한 바로는, 연료잔량이 7퍼센트로 내려갈 경우 랑데부 시도는 중도 포기한다는 것이다. 우선은 지상의 계산에 따라 두어 차례 가볍게 궤도 수정을 하고 그 다음엔 육안으로 마무리해야 한다. 우리가 정확히 맞춰야 할 아제나가 비활성이라는 정도는 알고 있다. 현재 13킬로미터 아래에서 따라가므로 조만간 햇빛이 반사되는 것으로 확인할 수 있을 것이다. 마침내 40킬로미터 거리에서 존이 목표를 확인한다. 머리 위 15도 위치에 작은 점이 나타난 것이다. 존은 기수를 그 방향으로 유지하고, 나도 수평 위쪽의 각도가 변하는 비율을 측정해 알려준다. 이 현실적 각도를 이론적 각도로 가득한 차트와 비교함으로써 언제 현재 궤도를 벗어나 아제나 궤도로 진입해야 하는지를 존에게 알려줄 수 있다. 13킬로미터 고도 차이를 천천히, 조심조심 좁혀나가 0으로 만들어야 하는 것이다. 간극을 줄이는 것도 정확히 시간을 맞추어야 한다. 레이더 유도가 없기 때문에, 해가 지기 전까지 도착하지 못하면 아제나는 어둠 속으로 사라지고 만다. 이미 몇 개월 전에 계산을 맞춘 과정이지만 55분간의 대낮시간을 최대한 활용해야 하기에 매우 촉박하다. 새벽에 아제나 위치를 포착하고 태양이 중천일 때 이동해도, 어둡기 전에 접근하려면 기껏 5분의 여유밖에 없다. 아제나에 접근하는 동안 상황은 좋아 보인다. 아제나 궤적을 따라잡기 위해 이동하는 동안 두 곳에서 궤도 수정을 계산한다. 다행히 큰 오차는 보이지 않는다. 첫 번째는 시속 1.2미터로 상향 조정하고 마지막은 초당 30센티미터 하향이다. 이 수치들이 제대로 맞아 떨어진다면, 우리 상태는 꽤 괜찮을 것이다. 3~4킬로 이내로 접어들며 아제나의 크기도 점에서 실린더 모양으로 커진다. 나는 육분의를 꺼내 아제나의 경계각을 측정한다. 목표물이 커지는 속도를 시간과 비교하면서 우리 사거리와 접근 속도를 대충 존에게 알려주지만, 그밖에는 격려를 하거나 위퍼딜을 조심하라는 얘기 정도다. 마침내 존이 브레이크를 잡으며 모든 동작이 정지한다. 우리는 침착하게 제미니를 옆에 갖다 붙인다. 연료잔량은 무려 15퍼센트! 비행 전 예측이 40퍼센트였으니 대단한 수치는 아니나, 7퍼센트라는 중단 한계보다는 훨씬 양호하다. 드디어 랑데부에 성공한 것이다.

보통 때라면 랑데부의 흥분이 끝나는 즉시 조용히 마음을 다스렸다. 이번에는 작업량이 여전히 남아 있다. 해가 져서 우리는 탐조등을 켠다. 존은 어둠 속에서 37분을 일해야 한다. 아제나가 조명 밖으로 벗어나면 곤란하다. 새벽에는 해치를 열어야 하기에 나 역시 EVA 준비로 바쁘다. 최대한 대비를 해두기는 했으나 핵심은 체스트팩이다. 체스트팩을 장착한 채 랑데부 차트와 육분의를 조작할 수는 없다. 그래서 이번에는 최초로 체스트팩을 풀고 대신 15미터 공급선을 걸기로 한다. 이를 위해 70단계의 점검목록이 있지만, 존과 나는 교차확인을 하는 대신 따로 따로 작업하기로 한다. 둘 다 자기 숙제로 머릿속이 복잡한 탓이다. 창밖을 보니 존의 세계는 안전해 보인다. 아제나는 다행히 미동도 없이 암반처럼 굳건하다. 목록을 확인하는 동안 지난 6개월간의 염려는 일단 접어두었다.

새벽 동이 틀 때쯤 계획에 딱 맞춰 떠날 준비를 한다. 지구에서 동의하지 않는다는 생각은 전혀 하지 않는다. "제미니 10호… 위치 교정을 다시 시도할 것." "로저, EVA는 어떤가? 진행할까?" "우리가 말하는 게 그거다." "다행이다. 마이크가 지금 나갈 참이다." 그래서 난 밖으로 나간다. 첫 번째 임무로 조종석 뒤 16번 추진기 옆으로 돌아간다. 그곳에 질소밸브가 있고 미소운석 탐지판도 이틀간 노출되어 있었다. 나는 손쉽게 탐지판을 빼내면서 존이 16번을 분사하지 않도록 다시 주의를 준다. 말 그대로 지금 추진기 노즐 아래 손을 밀어 넣고 있기 때문이다. "그곳 추진기 조심해. 좋아, 고도 낮추지 말고. 바로 옆에 지금 내가 있다." "오케이." 존이 대답한다. 하지만 영원히 오케이일 수는 없다. 몇 초 되지 않아 존이 불쑥 말한다. "이봐, 고도를 낮추지 않으면 저 멍청이하고 충돌할 거야." 난 아제나가 어디에 있는지도 모른다. 제미니 측면을 마주한 채 두 발을 흔들며 한 손에는 미소운석 탐지판을 든 채로 핸드레일을 따라 가는 중이기 때문이다. 이 정도면 16번과 충분히 거리를 벌렸겠지? 그런가? "잠깐! 오케이, 이제 됐어." 나는 조종석으로 손을 내밀어 열린 해치를 통해 탐지판을 존에게 넘기고, 돌아가 짚건을 질소 공급장치에 연결한다. 존에게도 다시 경고한다. "고도 낮추지 마." 대답도 똑같다. "오케이, 하지만 낮추지 않으면 저놈하고 부딪칠 거야." 나는 길을 비켜준다. "오케이, 고도조정 해도 된다. 이 정도면 충분하다." 존의 생각은 다르다. "어이! 조금 더 물러나지 그래?" 이 정도면 거리가 충분하지 않나? "알았어, 계속해. 고도 하강 하는 거지?" "아니, 뒤로 물러나려고." "철수? 오케이, 접수했다. 내가 신호할 때까지 내려가면 안 돼."

문제는 핸드레일이 두 곳이라는 사실이다. 하나는 내가 직접 손으로 들어 올려야 하고, 다른 하나는 자동으로 튀어나오도록 되어 있다. 탐지판을 회수하기에 앞서 수동 핸드레일을 올렸는데, 이상하게 나중에는 한쪽 끝만 올라왔다. 그것도 조종석에서 먼 쪽이다. 가까운 쪽은 제미니 동체와 거의 맞닿아 있다. 원래는 질소선을 핸드레일 아래로 감아 질소밸브에 연결하려고 했는데 아무리 봐도 두툼한 질소 커넥터를 넣을 공간이 없는 것이다. 두어 번 힘껏 당겨 봐도 소용이 없다. 결국 레일 아래 고리를 만들지 않고 연결한다. 질소밸브 덮개를 열고 자세를 최대한 바로 잡는다. 그리고 두 개의 핸드레일을 이용해 상체를 비튼 다음 밸브 바로 위에 위치한다. 오른손으로 레일을, 왼손으로 커넥터를 잡고 구멍에 맞추어야 한다. 실패, 빌어먹을. 커넥터 슬리브가 앞으로 튕겨 나가는 바람에 다시 끼워야 한다(양손 작업이다). 그 바람에 반동이 일어나며 내 몸이 한쪽으로 비틀리고 두 다리가 우주선 동체에 쾅 하고 부딪친다. 존이 소동을 느낄 정도이니 제미니 제어시스템도 충격에 반응한다. 내가 일으킨 움직임이 마음에 안 드는지 추진기들이 분사되어 수평을 유지한다. "이봐, 마이크. 추진기들이 분사되고 있어." 내가 무슨 말을 하겠는가? 존이 덧붙여 말한다. "오케이, 서두르지 말고 침착하게 해, 응?" 망할, 노력하고 있다고. 나는 재시도를 위해 다시 자세를 잡는다. 그리고 조용히 두 손을 들고(잠시 떠돌게 한 다음) 커넥터를 내려 다시 맞춘 다음 핸드레일을 잡고 다시 한 번 힘껏 밀어 넣는다. 성공이야! "오케이, 질소 연결 완료." "오케이." 존이 대답한다.

이제 질소선의 덜렁거리는 고리와 싸워야 한다. 조금 전 공급선을 핸드레일 주위로 두르지 않고 곧바로 걸었기 때문이다. 저 물건을 고정하지 않으면 16번 추진기 위로 늘어진 선이 흘러들어가 내가 필요로 할 때 끊어지고 말 것이다. 해결책은 조종석에 있다. "잠깐만 조종석으로 돌아가야겠어." 아제나에서 멀어지고 있었는지 존이 이렇게 대답한다. "오케이, 고도를 올려야겠다. 괜찮나?" "좋아, 잠깐만… 됐어, 진행해도 돼. 고도 상향조정 오케이. 저기 느슨한 질소선 보이지? 저걸 끌어들여서 어딘가 고정해야겠어. 할 수 있지?" "어디 있는데?" 나는 질소선을 오른쪽 해치 안으로 흔들어 넣어준다. "보여?" "그래." "잡았어?" "오케이." 존이 어떻게 처리할지는 모르겠다. 필요하다면 깔고 앉을지도 모르지만 어쨌든 나보다 다루기 좋은 위치인 것만은 분명하다. "잘했어. 질소선을 챙기는 동안 아제나는 내가 지켜볼게, 오케이?" 나는 우측 해치에 매달린 채 가볍게 고개를 들어 오른쪽 5~6미터 거리에 있는 아제나를 본다. 지구는 보이지 않고 아제나 너머는 새까만 하늘뿐이다. 지구는 내 뒤쪽 어딘가에 있는 모양이지? 그러고 보니 해치를 연 이후 한 순간도 지구를 의식하지 않았다. 신기하군. 지구가 어디에 있는지 전혀 신경 쓰지 않았다니. 이제 저기 아제나로 건너가 미소운석 꾸러미를 회수해야 한다. 지금은 그 고민만으로도 머릿속이 복잡하다. 그런데 지구 위치가 무슨 소용이겠는가. 우리 속도와 마찬가지다. 지구가 시속 300킬로미터로 날고 있다지만 그게 뭐? 중요한 것은 지구가 아니라 아제나와의 상대적 속도다. "오케이, 정리했어." 존이 질소선 문제를 해결하고 우주선을 아제나 가까이 이동한다. "이제 자네를 바로 옆으로 데려다 주겠네." 대단해! 존은 왼쪽 작은 창으로 내다보며 천천히 앞으로, 위로, 아제나 후미 쪽으로 제미니를 움직인다. 후미에 미소운석 장비가 있다. 하지만 존은 이제 더 이상 접근할 수가 없다. "더 가까이 가면 자네도 장비도 보지 못해." 내 눈에는 잘 보인다. 존처럼 손바닥만 한 창으로 엿보는 것도 아니니까 말이다. 그래, 이 정도면 상황은 나쁘지 않아. "오케이, 깡충 뛰면 건널 수도 있겠는데, 그래도 조금 더 접근하면 안 될까? 방향은 내가 알려줄게. 존… 존?" 존이 결정하는 데 2초가 걸린다. "오케이." 난 존을 앞으로 유도한다. 5미터, 4미터, 2미터… 아제나가 바로 머리 위에 있지만 존은 지금 장님이다. "오케이, 여기서 정지." "오케이." 사실 뒤로 조금 빼면 좋겠지만 존이 알아서 할 터이다. "뒤로 이동. 됐어 좋은 위치야. 이제 저쪽으로 건너뛰겠네 존." 그가 부드러운 아빠 목소리로 대답한다. "조심해 마이크." "오케이."

천천히, 조심조심, 제미니를 밀며 떨어져 나온다. 바라건대 해치를 잡은 오른손과 우주선에 의지한 왼손의 압력이 균형을 이루기를. 조종석을 벗어나 위쪽, 조금 앞쪽으로 떠가는데 의외로 마음이 놓인다. 어디에도 걸리지 않고 피치나 요 경향도 없이 곧바로 날아간다. 목표물, 즉 아제나 후미의 도킹 접속부와 부딪치기까지는 불과 3, 4초다. 가장자리가 부드러운 원뿔 모양의 물체, 상륙하기엔 어설픈 지점이다. 손잡이도 없다. 하지만 이곳에 미소운석 꾸러미가 있다. 결국 그 꾸러미를 회수하기 위해 여기까지 오지 않았던가. 나는 도킹 원뿔의 언저리를 두 손으로 잡고 시계반대 방향으로 돌리기 시작한다. 꾸러미에 닿으려면 뻣뻣한 장갑으로 90도 움직여야 한다. 나는 움직이면서 도킹장치의 일부인 방전고리를 제거한다. 자리에서 풀어진 채 덜렁거리기 때문이다. 직경 60센티미터의 가늘고 긴 낫처럼 생겼는데 갈고리가 섬뜩하다. 저기에 걸리면 어떻게 될까? 어쩌면 약해서 쉽게 떨어져나갈 수도 있다. 아니면 단단한 금속으로 만들어졌을까? 아무튼 가까이 가지 않는 쪽이 좋겠다. 그때쯤 꾸러미에 닿는다. 이제 멈춰야 하는데… 빌어먹을, 멀어지고 있잖아! 상체와 다리의 관성에 계속 밀려가고 있다. 반동을 너무 세게 한 탓이다. 아무리 잡으려 해도 소용이 없다. 몸이 옆으로 돌며 아제나에서 조금씩 멀어지느라 몇 초 동안 새까만 하늘만 보인다. 이윽고 제미니가 시야에 들어온다. 존도 그 광경을 보았는지 갈라진 목소리로 투덜댄다. "지금 어디 있나, 마이크?" "이 위에. 신경 안 써도 돼. 가능하면 가까이 오지만 말게, 오케이?" "그래."

제미니가 시야에 들어온다. 현재 위치는 제미니 위쪽으로 5~6미터 거리다. 정면이라 존의 창과 내 조종석의 열린 해치도 내려다보인다. 존은 내가 보이지 않을 것이다. 아제나는 왼쪽 바로 아래, 조금 뒤쪽이다. 공급선 고리가 아제나 기수를 향해 위태롭게 뻗어나가고 있는데 존에게 접근하지 말라고 한 이유도 그래서다. 사실 걱정할 건 아니다. 공급선의 느즈러진 부분을 당겨 위쪽으로 움직이고, 오른쪽 방향의 공급선 끝으로 이동할 것이기 때문이다. 그렇게 하면 아제나에서는 멀어져도 제미니와 상대적으로 가까워진다. 사실 별로 유쾌한 상황은 아니다. 물리학 법칙에 따르면 제미니에 접근할수록(행동반경이 줄수록) 속도는 증가하므로, 결국 제미니 동체와 부딪칠 수도 있다. 이런 각운동량의 상호작용은 스케이트 선수들에게도 적용이 가능하다. 코너를 돌 때 두 팔을 몸에 붙일수록 회전이 빠르지 않은가. 이걸 생각하려던 것은 아닌데… 다행히도 나한테는 짚건, 즉 자가용이 엉덩이에 붙어있다. 적어도 제미니에서 빗겨나가는 접선 속도를 상쇄하거나 축소해 안전하게 복귀할 수 있다.

나는 짚건을 향해 손을 뻗는다. 앗, 없어졌어! 황급히 더듬어보니 짚건과 연결된 호스가 잡힌다. 정말 없어진 것이 아니라 뒤에서 질질 끌려온 것이다. 나는 호스를 감아 들인 다음 가스를 주입한다. 두 개의 작은 노즐을 통해 선택한 방향으로 질소를 분사하면 (1) 접선 속도를 줄이고 (2) 제미니를 향한 속도는 높여서 (3) 내 이동 방향을 제미니에 고정할 수 있다. 절차를 시작할 때쯤 제미니 위쪽, 오른쪽으로 빗겨났기에 지금은 왼쪽으로 내려가 제미니 후미를 향해 움직이게 된다. 짚건으로도 경로를 완전히 바꿀 수는 없으나 어느 정도 수정은 가능하다. 천천히 포물선으로 움직이다가 제미니 후미를 날아갈 때는 직선으로 전환한다. 이런 식으로 후미를 탐사하리라고는 상상도 못했다. "조종석으로 돌아간다, 존. 절대 분사하지 말 것." "오케이, 아제나 곁에 머무르려면 하강해야 해." "아직은 안 돼, 존. 아직 내려가지 마."

그 경우 내 방향으로 분사할 뿐 아니라, 설상가상으로 표적을 아래로 더욱 벌리게 된다. 지금도 접근하는데 곤란을 겪는 중이 아닌가. "오케이." 그가 대답한다. 이제 상황이 나아진다. 나는 뒤쪽에서 조종석에 접근한다. 걱정해야 할 상대는 질소밸브 옆의 분사기 하나뿐이다. "오케이, 존. 저 불량 추진기는 점화하지 말게." "불량이 어느 건데?" 망할, 지금 숫자게임하자는 얘기인가? "알잖아, 위로 쏘는 거." "오, 16번."

제미니로 접근하는 동작은 별로 매끄럽지 못하다. 내 의도에 비해 여전히 빠른 것도 유감이다. 하지만 열린 해치에 접근하면서 한 팔을 해치에 대고 속도를 늦춰 멈춰 선다. 그 다음, 공급선을 거둬들여 내 몸과 함께 해치 안에 욱여넣는 일은 식은 죽 먹기다. 다시 시도할 시간. "오케이, 존. 다시 건너가 볼까?" "좋아." "오케이, 한 번 더 해보자." 이번에는 짚건을 사용하여 아제나로 건널 생각이므로 존이 가까이 접근할 필요가 없다. 즉 시계를 안정적으로 확보할 수 있다는 뜻이다. 5미터 정도 거리면 아제나와 나 모두 확인이 가능하다. 존이 아제나 아래 지정 위치로 비행한 후, 나는 짚건을 쏘며 조종석을 떠나 곧바로 아제나 후미로 향한다. 온전히 혼자 힘으로 하늘을 미끄러져 오르는데 마치 기적을 경험하는 듯하다. 왼쪽 발이 계기반 위에 이르면서는 어딘가 걸리는 바람에 가볍게 공중제비를 돈다. 다이버는 등이 아니라 얼굴이 먼저 물에 닿기를 원한다. 나도 아제나에 등을 부딪고 싶지 않아 황급히 짚건을 쏘아 중심을 잡는다. 제대로 된 방향으로 움직일 수 있게 짚건을 바로 잡는다. 몇 초간 분사하자 원래 자세를 되찾는다. 그런데 그게 다가 아니다. 천천히 떠오르면서 보니 아제나 후미가 아니라 바로 위를 향하고 있다! 다행히 아직 늦지는 않았다. 나는 황급히 경로를 수정하며 왼팔로 가까스로 아제나를 붙잡는다. 그러자 또 회전력으로 몸이 고꾸라져서 나는 황급히 도킹 어댑터와 아제나 동체 사이로 오른손을 뻗는데, 붙잡을 만한 전선이 있다. 이 기회를 놓치면 안 돼! 한참 소동을 벌이고 나니 방향감각을 잃고 만다. 미소운석 꾸러미가 어느 쪽에 있지? 아제나 후미가 둥그니까 찾기야 하겠지만 인도를 발견하겠다고 서쪽으로 돌아갈 생각은 없다. 더욱이 저 덜렁거리는 금속 고리에 엉킬 수도 있지 않은가. 존도 불안한 모양이다. "꼬이지 않도록 조심해." 나도 무슨 뜻인지는 안다. "오케이, 나도 보고 있어." 나는 두 손으로 통로를 확보하며 장애물을 통과하지만 존은 안심하지 못한다. "조심해. 바로 뒤에서 쫓아가고 있잖아."

지금은 멈출 수도, 공급선을 볼 수도 없다. "상황이 안 좋아 보이면 알려줘. 여기에서 올라가려고 하니까." 마침내 우여곡절 끝에 미소운석 꾸러미에 다다른다. 덮개로 보호된 채 난간에 묶여 있는데 덮개는 버튼 두 개를 누른 다음 잡아당기면 그만이다. 덮개는 한쪽 길이가 15센티미터 크기의 정사각형 금속판으로 미소운석 꾸러미에 철사 두 개로 고정되어 있다. 철사 양 끝의 핀을 꾸러미 구멍에 끼운 것이다. 이제 덮개를 뜯어내버리고, 미소운석 실험꾸러미를 뜯어내 죽어라 끌어안고 있어야 한다. 이 단계에서 꾸러미가 아제나 동체에 용접으로 고정되었다 해도 놀라지 않았겠지만, 그냥 버튼 두 개를 누르고 가볍게 당기는 것만으로 덮개가 떨어져 나가서 참 다행이다. 그저 철사 두 개를 잡고 덜렁거리며 가져가면 그만 아닌가! 무슨 이유에서인지 꾸러미를 불안정하게 붙잡고 있다는 사실에는 한심하게도 생각이 못 미친 채, 그저 손쉽게 목표를 달성했다는 사실에만 신을 내고 있다.

존은 내가 막 움직이기 시작한 아제나와 얽혀있는 것 자체가 불안한 모양이다. 두 차례에 걸쳐 잡아채고 당기고 그 끝을 비틀었으니 그 영향을 존까지 인지한 것이다. 움직임을 보지는 못해도 로켓을 밀어 보면 느낌이 다르다. 조금 전과 달리 바위처럼 굳건하다는 느낌이 덜 하다. 존이 경고한다. "돌아와……그 쓰레기통에서 탈출해야겠어. 그 냥 돌아와, 마이크." 내게는 꾸러미가 있다. 3개월 동안이나 아제나에 방치해둔 물건. 이 낡은 실험 장비를 새것으로 바꾸어야 하지만 그렇 게 현명한 생각 같지는 않다. 아제나는 천천히 공중제비를 돌고 존은 걱정이 많고 고리모양의 와이어는 기분 나쁠 정도로 가깝다. 나는 제 미니로 돌아가기로 하고 존에게 알린다. "걱정 마, 걱정 마. 지금 가니 까 진정하라고." "좀 돌려볼까? 자네가 오기 좋게?" 존이 묻는다. 제미 니를 돌려서 나를 향하게 하겠다는 제안이지만 그럴 필요는 없다. "아 니, 그냥 가만히 있어." 이번에는 접선 속도를 걱정할 필요가 없으므 로 손쉽게 귀가한다. 공급선을 잡아당기며 이동하기 때문이다. 그렇 다고 속도를 높이지는 않는다. 제미니와 충돌할 우려도 있기 때문이 다. 내 얼굴에 대고 추진엔진을 분사하는 것도 곤란하다. "웬만하면 추진기 분사도 참아줘. 그쪽으로 가야 하니까." 말인즉슨 제미니 후미 를 향해 우회한다는 뜻이다. 존은 내 위치에 집중하는지 이렇게 묻는 다. "아제나가 어디 있는지 안보이지?" "그래… 아니, 보여. 오케이." 찾 아보니 아제나는 머리 위쪽에 있다. 아제나가 제미니 뒤쪽으로 이동 한 것도 이번이 처음이다. 존이 보지 못하는 이유다. 마침내 위험지역 을 벗어난 것이다.

오른쪽 해치로 돌아가는데 안타까운 일이 일어났다. 카메라가 사 라졌다. 70밀리 스틸카메라. 체스트팩 좌측 슬롯에 끼워놓았건만. 누 가 뭐래도 내 잘못이다. 이 불편한 장치부터가 내 생각이었다. 두어 달 전 특수 브래킷 제작을 요구했다. 체스트팩에 열쇠구멍 모양의 슬롯을 만들어 브래킷의 금속걸이를 끼우는 식으로 카메라를 장착하고 싶었다. 훈련하는 동안에는 정말 효과가 좋았다. 꼴사나운 우주복 차림으로 한 손으로 필름을 감고 셔터를 누르는 것도 능숙해졌다. 안전 장치로 방아끈까지 만들어 체스트팩 고리에 연결했다. 그런데 30분 전 무중력상태에서 아제나와 씨름하는 와중에 카메라가 슬롯에서 빠져나와 방아끈에 매달린 채 제멋대로 대롱거리며 좌우로 부딪치고 꼬이기 시작했다. 그런 일이 대여섯 번이나 반복했다. 그러면 다시 잡고는 재빨리 사진을 찍고 슬롯에 끼워 넣었다. 그 와중에 노출을 바꿔가며 촬영한 터라 우주 프로그램 사상 가장 기막힌 사진들이 필름에 담겨있을 것이다. 제미니, 지구, 아제나의 광각사진까지! 그런데 모두 사라졌다. 카메라는 보이지 않고 방아끈만 쓸쓸히 체스트팩에 매달린 채 의미 없이 대롱거린다. 카메라가 여기저기 부딪치며 나사가 풀린 모양이다. 결국 펑! 아아, 잘 가거라 아름다운 사진이여!

　EVA의 다음 임무는 짚건이 적절하게 기능하는지 평가하는 것이다. 존이 볼 수 있도록 제미니 전방에 나와 내가 연결선 끝에서 수행할 일련의 기동은 이미 상세히 작성해두었다. 존의 무비카메라와 내 느낌으로 측정하면서 정확하게 이 동작을 수행하면, 후일 엔지니어들이 기동장치로서 짚건의 잠재력을 평가할 것이다. 하지만 우선 몇 가지 다른 임무를 수행해야 한다. 카메라 유실을 존에게 보고하자 그도 슬픈 표정을 짓는다. 그래도 관심은 여전히 아제나다. "저 놈이랑 부딪칠 일은 없겠지?" "없어, 여긴 괜찮아. 계속 지켜보지만 위험 가능성은 없어." 잘 가거라, 8호 아제나여. 지난 3개월 동안 너와 사랑을 나눴지만 이제 너는 다시 성가신 존재로 버려지는구나. 다음 일은 지상에서 또 우리를 물어뜯기 전에 소통하는 일이다. 지금까지의 대화는 인터컴 용이라 지상에서는 한 마디도 듣지 못했다. 상황은 이러하다. 내가 얘기하면 존은 얘기를 듣는다. 지상에서 듣게 하려면 내 마이크 버튼을 눌러야 하는데 버튼이 조종석 뒤쪽에 있기에 존만 만질 수 있다. 지상과 얘기하려면 존의 도움이 필요하다는 뜻이지만 지금까지는 둘 다 바쁜 탓에 신경 쓸 틈이 없었다. 아제나는 떠났다. 그러니 지상에서 안달복달하기 전에 보고부터 해야 한다.

"마이크 버튼 좀 눌러줄 수 있어?" "오케이, 이제 말해." "오케이. 휴스턴, 여기는 제미니 10호. 선외작업은 계획대로 완수했다. 시간이 조금 더 걸리기는 했다. 중심잡기는 여전히 문제이지만 질소선을 큰 문제없이 연결했고, 아제나로 건너갈 때는 잡을 곳이 없어 크게 곤란을 겪었다. 결국 붙잡는 것은 간신히 성공했지만, 반대편으로 돌아가는 데는 실패했다. 덮개를 떼어내고 S-10 꾸러미를 분리해 현재 존에게 전달했다. 다만 아제나 선단 부분이 떨어져 너덜거리는 탓에 거기 걸릴까봐 불안했다. 존의 판단도 이와 동일, 즉시 귀환을 요구했다. 결국 아제나에 장착하기로 한 새 S-10은 포기하고 지금 막 던져버렸다는 얘기다. 또 EVA 핫셀블라드 카메라도 실수로 잃고 말았다. 그 점은 크게 유감으로 생각한다. 자, 이제부터는 짚건 시험에 들어가겠다. 오케이, 존 이제 시작하세." 하지만 지상의 생각은 다르다. "더 이상 연료소모는 곤란하다. 연료소모는 그만, 오버." 말인즉 제미니를 조작하지 말라는 뜻이다. 내가 공급선에 매달려 사소한 일들을 처리하는 동안 존은 꼼짝 말고 그 자리에 있어야 한다. 존이 투덜댄다. "어, 그럼 마이크가 들어오는 게 좋겠다." 지상에서도 동의한다. "오케이, 귀환하라." 존이 내게 공식적으로 주문한다. "당장 집으로 돌아올 것." 마음에 들지 않는 주문. 돌아가고 싶지 않다. 하지만 반박할 상황이 아니며 나도 그 정도는 알고 있다. 주요 임무는 미소운석 꾸러미 S-10을 아제나에서 회수하는 것이 아닌가. 게다가… 연료가 떨어지면 목숨도 떨어진다.

　존은 내게 질소공급선을 분리할 것을 지시하고 나는 지상에 우리 계획을 알린다. "오케이 휴스턴, 제미디 10호다. 질소선을 분리하고 현재 해치 안에 서 있다. 더 이상의 추진기 분사를 하지 않을 것이다. 이곳에서 약간의 휴식을 취한 뒤 재진입 이전에 할 일들을 확인하겠다." "로저, 여기는 하와이. 시간 여유를 두고 상황을 살펴라. 그러면 머지 않아 본토 상공에서 여러분을 회수하겠다." 휴스턴 - 하와이, 우리가 어느 땅 위에 있는지가 왜 중요하지? 우리에게는 휴스턴이나 하와이나 그저 '지상'일 뿐이다. 그런데도 본토 위가 아니면 해치를 닫을 수 없는 것처럼 말하는군.게다가 저 양반들은 내 문제에 대해서는 눈곱만큼의 관심도 없네. 망할 놈의 공급선이 두 번이나 내 몸을 감았는데 말이다. 그런데 나로서는 도저히 거기까지 손을 내밀… 망할, 꿈도 꾸지 말자. 존이 내 곤경을 알고는 뻣뻣한 가압복 오른팔을 내밀어 매듭을 풀어준다. 이제 귀환해야 한다. 존이 내 두 발을 잡고 중심을 맞춘 뒤 살짝 잡아당긴다. 나는 비교적 자유롭다. 내 몸에 감긴 공급선도 하나뿐이다. 15미터의 공급선 중 나머지 부분은 모두 조종석으로 회수된 것 같다. 우중충한 똬리 뭉치가 계기반은 물론 존을 비롯해 해치 프레임 아래쪽을 거의 다 가려버린다. 맙소사, 집은 가득 찼는데 나는 아직도 바깥에 있군. 어떻게든 공급선의 똬리를 뚫고 몸을 밀어 넣은 다음 두 다리로 발밑 공간 깊숙이 헤집고 들어간다. 아직 무릎은 펴지 않는다. 상체까지 내려가면 곧바로 자세를 잡아야 하기 때문이다. 무중력 비행기에서도 수백 번은 연습한 동작이 아닌가. 나는 머리 위 해치를 잡고 힘껏 흔들어 닫는다. 해치가 처음 닫는 부분은 해치 프레임이거나 내 헬멧이 될 것이다. 행여 후자라면 처음부터 과정을 반복해야 한다. 딸깍! 성공! 해치 핸들을 잡고 크랭크를 돌리고 다시 돌렸을 뿐인데 와우, 정말로 굳게 닫힌 것이다. 지상에서 추진가스 잔량을 알려달라고 요청한다. "심각한 상태다." 존이 투덜거린다.

그놈의 공급선 뙈리 말고는 거의 아무것도 볼 수가 없다. 밸브를 찾아야 조종석을 산소로 채우고 우주복을 감압하고 이 작은 집도 어느 정도 질서를 회복할 텐데 이조차 만만치가 않다. 사방을 허우적거리는 통에 실수로 무전기를 끄고 만다. 그 덕에 잠시 축복 같은 정적을 누린다. 조금 후 재접속에 성공하자 존이 가볍게 농담을 던진다. "마이크는 의자에서 꼼짝 못한다. 15미터짜리 호스에 묶여 있는데 구원은 어려워 보인다." 나도 농담으로 얼버무린다. "동물원의 뱀 소굴도 여기 비하면 아방궁 같을 거다." 허접한 유머지만 복귀할 수 있어 기쁘다는 소감을 전하고 싶었다. 우주선도 가압을 마무리하자 비로소 편안해진다.

아직 EVA 실험이 한 번 더 남았다. 재빨리 해치를 열어 불필요한 장비를 배출하는 일이다. 거대한 더플백을 준비해 공급선, 체스트팩, 다 먹은 식량봉지 등 용도와 수명을 다한 물건들을 집어넣는다. 그 다음에는 하단 공간 깊숙이 몸을 웅크린 다음 조종실을 감압한다. 그래야 헬멧 15센티미터 위쪽의 해치를 열고 닫을 수 있다. 작업은 계획대로 진행된다. 가방을 내던졌고 조종실 압력도 다시 복구한다. 우리는 매사추세츠 우스터의 마나님들이 했을 가압복 마무리작업을 (바라건대) 믿어 의심치 않는다. 이제 해치를 열 일은 마지막 한 번 남았다. 걱정은 하나뿐이다. 부디 대서양의 푸른 물이 안으로 쏟아져 들지 않기를! 조종석 공간이 다시 넉넉해진다. 특히 존의 자리가 그렇다. 이제야 처음으로 두 다리를 뻗어도 바닥에 묶어둔 장치들과 부딪치지 않는다. 장비를 정리하는 와중에 아까운 실험장비와 비행계획서 하나를 잃고 말았다. 존의 발밑에서 비행계획서는 찾지만(장비를 버리기 전에는 존도 자기 발밑을 보지 못했다) 실험장비는 정말로 사라지고 없다. 아무래도 해치를 열었을 때 흘러나간 모양이다.

하루가 저물기 전 할 일이 두어 가지 있다. 추진연료가 겨우 7퍼센트 남았다고 계기반이 경고하고 나선다. 우선 가장 중요한 일은 궤도를 400킬로미터 아래로 수정하는 것이다. 연료 7퍼센트 대부분을 분사로 소진하면 근지점을 300킬로미터까지 줄일 수 있다. 근지점은 낮을수록 좋다. 내일 아침 역추진 점화가 난관에 부딪칠 수 있기 때문이다. 역추진 에너지는 4개의 독립된 고체 추진제 로켓엔진에서 나오지만, 어느 하나라도 점화되지 않으면 추진기 방향 제어에 문제가 생길 수 있기에 가능한 한 고도를 낮추려 한다. 300킬로미터의 근지점이 최선은 아니나 400킬로미터보다는 낫다. 새 궤도에 안전하게 진입하면 잃어버린 실험시간도 확보할 수 있다. 예를 들어, 양이온이 우주선을 고속으로 지나칠 경우 그 이온들로 우리 진행방향을 결정할 수 있는지 확인할 것이다. 이 실험을 위해 채택한 저 복잡하고 무거운 자이로스코프에 비하면, 계획은 단순하고 실험은 순조로워 보인다. 이온센서에 연결된 바늘도 자이로스코프에서 보낸 정보와 거의 동일하게 움직인다.

일이 다 끝났다. 케이프케네디를 떠난 후 53시간 만에 처음으로 온전히 우리뿐이다. 남은 건 10시간의 취침시간뿐이다. 우리를 괴롭힐 아제나도 없고, 항해, 랑데부를 비롯해 촉각을 다투어야 할 임무들도 없다. 신경 쓸 문제는 단 하나다. 연료를 사용하지 못한다는 사실. 계기반이 0에 가깝기 때문이지만 지구 위를 떠다니는 한 어려운 문제는 아니다. 우리는 서로를 치하하고 지상 친구들한테서 축하도 받는다. "이 아래에서도 엄청 기쁘다. 그 얘기를 꼭 하고 싶다, 오버⋯. 오늘 대단했다. 기가 막혔어." 존도 그 말에 동의한다. "정말 짜릿한 순간이었다. 엄청났지. 아직도 믿기지 않으니까." 아무래도 아제나에 올라간 일 얘기이리라. 정말로 비현실적이었다. 누가 믿겠는가? "그 사진들이 제대로 나왔으면." 난 그 말밖에 하지 못한다.

그 사이 우리는 자세제어 시스템을 끈다. 연료를 아끼기 위해서지만 비행기의 성격과는 완전히 동떨어진 일이다. 전투기로는 호를 그리며 회전하고 심지어 맴을 돌 수도 있다. 하지만 옆이나 뒤로 움직이지는 못한다. 끔찍한 결과를 각오한다면 모를까. 하지만 우리는 지금 추락하고 있다. 천천히, 부드럽게, 아무 목적도 없이. 추락하면서 우주선 선수도 우아하게 호를 그린다. 전후방, 좌우 등 방향은 도통 종잡을 수 없다. 말 그대로 슬로모션으로 움직이는 3차원 롤러코스터인 셈이다. 소음도 없고 부딪칠 곳도 없고 롤러코스터가 곤두박질할 때의 뱃속의 이상한 느낌도 없다. 저 옛날 에드워즈 테스트파일럿들이 우주비행사들을 따분하기 짝이 없는 깡통맨이라고 폄하했던 것이 바로 이 순간을 뜻한다면 나도 찬성이다. EVA를 준비하느라 바빠서 점심을 건너뛰었다. 나는 아사 직전에 치킨수프를 탈수한 크림 튜브에 찬물(여긴 찬물뿐이다)을 가득 채울 기회를 얻는다. 2분가량 열심히 문지른 다음 가위로 튜브 끝을 자르고(작은 외과용 가위이지만 15미터짜리 공급선을 끊을 정도로 강력해서 질소밸브가 분리되지 않는 등의 비상시에도 쓸 수 있다) 처음으로 수프를 마시는데 내 인생 최고의 맛이다! 뉴욕 사르디 레스토랑의 마티니보다 훌륭하고 어떤 고급식당의 북경오리보다 맛나다. 창밖 풍경은 또 왜 저토록 환상적인지!

한번 설명해보련다. 우선 숫자로 풀어보자. 직경 6,500킬로미터 구체의 상공 320킬로미터에서 우리는 직경의 1/20을 미끄러져 내려온다. 대기 자체는 터무니없이 얇다. 오렌지 껍질보다 얇은 그곳 바로 위에 우주선이 위치해 있다. 지구의 굴곡이 뚜렷하게 드러나 보이지만 그렇다고 특별하게 시선을 끌지는 못한다. 휘어진 접시를 훑어보며 디자인한 것보다 더 오목해 보인다고 생각하는 것이나 비슷하다. 속도도 그리 인상적이지 않다. 속도라면 '인디애나폴리스 500' 자동차 경주가 훨씬 더 짜릿하다. 창밖으로 뭔가 스쳐지나가는 속도도 여객기에서 느끼는 수준이다. 그보다야 궤도속도가 훨씬 빠르지만 고도가 높아서 속도감이 상쇄되기 때문이다. 각도 변화가 속도를 육안으로 감지하는 데 핵심요소지만, 그마저 일상의 범주 내에 있다. 사실 이런 모습들이 특별하지는 않다. 여기에 색을 더할 수는 있다. 하늘은 파란색이 아니라 완전히 새까맣고 저 아래의 색도 비행기에서 볼 때와 흡사하다. 여섯 살 아이라면 힐끗 보고 곧바로 색칠 책으로 돌아갈 것이다. 그렇다면 뭐가 그렇게 감동적일까? 뭐가 그렇게 특별할까? 핵심은 어른의 눈이다. 평생 지구표면을 기어 다니며 주변만 보던 눈이 아니던가! 나는 초능력 여행자다! 그 강력한 힘의 느낌을 아는가? 창밖으로 지나는 풍경은 마을이 아니라 국가이거나 대륙이다. 호수가 아니라 대양이다! 블랑쉬, 여섯 시간만 더 달리면 오늘 내로 옐로스톤에 도착할 수 있어. 웃기는 소리 하는군! 여섯 시간이면 지구를 네 번은 돌 수 있어! 저기 봐, 막 하와이를 지났는데 벌써 캘리포니아 해안이야! 알래스카에서 멕시코가 보여! 그런데도 치킨수프 크림을 아직 다

못 먹었어! 샌디에이고에서 마이애미까지 9분. 행여 지나쳐도 걱정할 필요 없다. 90분만 지나면 다시 돌아올 테니까! 더 신기한 게 뭔지 알아? 우리가 그 모든 것 위에 있는데 하나같이 밝다는 사실이야. 안개 낀 날도 거대한 적란운도 없다. 거침없는 햇살 아래 삼라만상이 눈부시게 밝아 온 세상을 갈채와 환희로 물들인다. 죽음도 슬픔도 없다. 오로지 희망뿐. 말 그대로 저 아래보다 더 나은 세상이다. 놀랍지 않은가!

지금껏 우리는 경치가 아니라 시간으로 여정을 기록했다. 연료전지는 51시간 45분에 소진할 것이다. 그때는 저 매혹적인 실론 섬 위에 떠있다 해도 걱정할 필요 없다. 제미니가 천천히 재주를 넘는 동안, 우리는 누른 베이컨 토막을 씹고 비닐봉지의 묽은 자몽주스를 빨아 마신다. 창밖으로 거대한 땅덩어리가 장엄하게 펼쳐진다. 인도양은 에메랄드 비취빛으로 반짝이고 몰디브 제도 주변 바다는 오팔을 보는 듯하다. 이내 미얀마 해안과 정체불명의 녹색 밀림이 나타나고 산맥, 해안선, 하노이가 그 뒤를 잇는다. 남동쪽으로 불이 타오르고 있다. 우리는 하나 남은 스틸카메라를 뒤져 화재를 기록한다. 햇빛은 어느새 대만 인근 바다를 기이하게 비춘다. 섬 남쪽으로 해류가 교차하는데 잔물결을 이루며 패턴을 이룬다. 바닷물 빛이 확연히 차이가 나기에 해류를 알고자 하는 어부들에게도 유용할 것이다. 섬 자체는 푸릇푸릇하다. 잘 자란 치자나무 잎처럼 초록색으로 반짝거리는 섬. 그리고 다시 태평양으로 돌아오더니 하와이와 캘리포니아 해안을 향해 질주한다. 아, 이곳에서 영원히 머물 수 있다면! 어, 그 말은 취소다. 이곳에서 70시간 10분 이상 머물 생각은 없다. 그때가 역추진 시간, 지금이 56시간 14분이니 잠을 조금 자두어야겠다. 미인들 사진으로 창을 가리고 맑고 밝은 세상을 가린다. 존과 나는 어두운 선실에 누워 이런 저런 상념에 잠긴다.

　잠에 빠져들면서도 오늘밤과 지난 이틀 밤을 비교해보지 않을 수가 없다. 자, 솔직히 말하자. 첫날은 참혹했다. 모듈 VI 참사로 두 번을 경악하고 랑데부는 연료를 탕진했다. 무릎도 아프고, 전반적으로 긴장한 탓에 상황이 어긋나 위험천만한 위기를 자아냈다. 두 번째 밤은 달랐다. 조금 나았다는 얘기지만 상황이 여전히 미지수인 데다 피로감도 만만치 않았다. 당연히 분위기는 전날처럼 무거웠다. 오늘밤은 또 다르다. 더 어려운 상황이었으나 우리는 두 번째 랑데부를 해내고 심지어 꾸러미까지 회수했다! 그 순간을 머릿속에서 떨쳐낼 수가 없다. 재빨리 끝내야 해서 안타까웠을 정도다. 황홀한 경험을 만끽하고 장관에 잠길 기회조차 갖지 못했으니! 우스운 것은 전혀 움직이거나 낙하하는 느낌이 없었다는 점이다. 높은 건물 옥상 가장자리에서 아래를 내려다보면 아찔해지는 것과도 확연히 달랐다. 지구는 거의 의식도 하지 않았다. 오로지 아제나와 우주선만, 다음에 어떤 상황이 일어나느냐에 따라 번갈아 신경을 썼을 뿐이다. 일하고 일하고 또 일하라! 누구든 공급선 끝에 매달려 우주선 밖으로 나가 주변을 둘러보라. 각자覺者라면 전체 지구의 가치를 두고 어떤 명상을 할까? 열반의 경지는 저 아래 북적거리는 캘커타 거리가 아니라, 300킬로미터 상공이나 머리 위 단조로운 어둠의 무중력 속에서 달성해야 한다. 난 우주 영역에 존재한다. 천체를 한눈으로 볼 수 있는 곳. 그 광경을 포획하려면 천천히 속도를 줄이기만 하면 된다. 차 한 잔 마실 정도? 그 정도면 충분하다. 그러면 저 아래에 내려가 평생을 기억할 수 있다. "우주에서 진리를 보았다." 아니, 난 보지 못했다. "우주선 밖에서 신의 존재를 느꼈다." 아니다. 신을 찾을 시간조차 없었다. 발에 날개를 단 머큐리 신처럼 신속하게 가치의 메시지를 전할 수 있을까? 찬란함과 아름다움, 희망과 찬양의 메시지를 오늘 목격한 그대로 비춰주는 언어에 담아 전할 수 있을까? 존 매기는 전할 방법을 알고 있었던 것 같다. 내머리 뒤쪽에 놓인, 깃발, 고리 등의 잡동사니가 든 작은 가방 안에는 아내 팻이 존 매기의 시「고공비행」을 타이핑한 카드가 슬쩍 끼어 있다.

> 오, 나는 지구의 오만한 속박을 벗어나
> 웃음 장식의 날개를 달고 하늘을 춤추었다네.
> 태양을 향해 날아올라 햇발에 갈라진 구름과 함께
> 뒹굴고 뒹굴며 신나게 떠들었네.
> 난 수백 가지 일을 했다네. 당신이 꿈도 꾸지 못한 일들.
> 저 높이 햇빛 찬란한 정적 속에서 돌고 솟구치고 흔들렸다네.
> 하늘을 떠다니며 환호하는 바람을 뒤쫓고
> 간절한 이 몸을 던져 미답의 대기를 가로지르네.
> 위로 또 위로, 활활 미칠 듯 타오르는 창공이여,
> 나는 우아한 날갯짓으로 저 휘몰아치는 하늘에 올랐네.
> 종달새도 독수리도 날아보지 못한 곳
> 조용히 들뜬 마음을 안고 저 높이
> 아무도 범접하지 못한 우주의 성지를 걸었네.
> 손을 내밀어 신의 얼굴을 만졌네.

이 모두가 스핏파이어 조종석에서 느낀 것이다. 행여 궤도를 한 바퀴 돌았다면 과연 뭐라고 했을까? 단언컨대 숨도 쉬지 못했으리라.

나흘째는 언제나처럼 지상에서의 기상나팔로 시작한다. "제미니 10

호, 카나리아 캡콤이다." 우리가 대답할 때까지 호출은 계속된다. 기껏 몇 시간 잔 정도이지만 상관없다. 오늘은 짧은 하루다. 몇 가지 실험, 역추진, 그리고… 젠장, 몇 분만이라도 더 자게 해주면 좋으련만 봐주는 법이 없다. "냉각수 스위치를 O2 위치로 바꾸었나?" "로저, 그렇게 하겠다." 이곳에서의 마지막 식사라고 지상에서 일깨워준다. 나는 식사를 충분히 즐기기로 한다. 아니, 너무 즐겼던지 존이 투덜댄다. "쳇, 이 친구 좀 보소. 내 것까지 다 먹겠네." 아침식사 후 소변봉지를 가득 채워 선외 배출밸브에 걸고, 언제나처럼 흰 소변입자 세례를 받는다. 월리 시라가 이름붙인 '유리온자리'*는 배출한 소변이 우주 진공에 닿자마자 얼어서 수천 개의 미립자 모양으로 깨지면서 만들어진다. 폭포처럼 흘러내리며 창문 옆을 스치는데, 햇빛 속에서 순백색의 보석처럼 뱅뱅 돌다가 무한 속으로 사라진다. 여러분이 아는 역겹고 누리끼리한 색과는 완전히 다르다. 이 동화 같은 변화는 이곳 비현실세계에서는 흔한 현상이다.

오늘 오전은 만사가 순조로운 듯하다. 적시 적소에서 적당한 별들을 찾고 가볍게 남은 실험들을 해치운다. 마침내 역추진 이전의 마지막 궤도비행에 오른다. 지금은 약간의 의례가 필요한 시간이다. 나이지리아의 카노와 인도양 한가운데 작은 배 위에서 몇 주일씩 고생하며 우리 비행을 지원한 지상요원들이 있다. 그 사람들에게 감사인사를 전한다. "제미니 10호, 여기는 카나리아 캡콤." "계속하라!" "오케이, 이제 해줄 것은 없다. 기다리고 있을 테니 무사귀환을 빈다." "로저, 정말 정말 고맙다. 대화도 즐거웠고 임무도 무척 흥미로웠다. 모두들 고

---

* Urion: 소변을 뜻하는 'urine'을 따서 만든 이름.—옮긴이

생했다. 그곳 사람들 모두에게 진심으로 감사한다." 존은 진심이다. 관제센터 요원들의 정교하고 신속한 계산이 아니었다면 아제나를 재가동하지도, 연료 부족을 보완하지도 못했을 것이다. 저 아래 카나리아 제도의 지적질꾼이 아니라 휴스턴의 부하들 덕이다. 그들이 우릴 구했다. 나는 카노 상공에서 전 세계에 고한다. "여러분, 돌아가고 싶지 않군요. 이 위는 정말 끝내줍니다." "다음엔 식량을 더 챙겨가요." 지상에서의 훈계다. 똑똑한 인간들 같으니. 우리는 4일을 꼬박 비행해야 했다. 우왕좌왕한 탓도 있어 그 모든 일을 잘할 수는 없었다. 그것도, 어디 보자… 69시간 21분 05초 내에? …역추진은 70시 10분 25초에 시행한다.

착륙 지점의 날씨는 좋은 것으로 예상된다. 600미터 상공에 구름이 산발적으로 떠다니고 시계는 25킬로미터, 남동풍이 8노트 속도로 불며 파도는 0.5~1미터 정도, 국지성 소나기가 내리는 곳도 있다. 헬리콥터 수송기 과달카날은 푸에르토리코 북쪽 600킬로미터, 대서양 기지에서 대기 중이다. 우리는 꼬리 쪽을 바라보는 자세로 로켓 기수를 전방을 향하게 하고 태평양 위에서 역추진기 4기를 점화할 것이다. 그렇게 하면 궤도속력 이하로 속도를 줄이고 대기 진입도 느린 속도로 가능하게 된다. 지금부터 역추진 시간까지 하나하나 절차를 점검하는데 이젠 복습의 여유는 없다. 요컨대 2차 시도란 없으니 처음에 제대로 해야 한다는 뜻이다. 절차를 아주 천천히 수행하는 동안 연필로 하나하나 체크해 나간다. 보다 중요한 항목들은 사전에 미리 상의를 한다. 심지어 내가 특정 버튼을 어떤 식으로 누를 생각인지도 얘기한다. "버튼 가운데를 눌러. 힘껏 누른 채 1분 이상은 유지해야 해." 존의 지시는 그런 식이다. "로저." "다음 버튼을 누를 때에는 약간 뜸을 들이고." 그가 덧붙인다. "오케이, 2초 정도면 되나?" "아니, 1초로 해." "오케이." 시간이 다가오면서 우리는 연료와 전기선들을 후미의 어댑터섹션에 넘긴 다음 어댑터섹션 자체를 버린다. 그러자 튼튼한 추진로켓 모터 4기가 드러난다. 이 모터들이 하나하나 점화하며 에너지를 만들어 주면 우리는 궤도에서 벗어나 마지막 활공에 접어든다. 물론 방향이 올바를 때 얘기다. 뒤쪽으로 향하면 마지막 활공이 아니라 마지막 상승이 될 터인데 어느 쪽이든 '마지막'이다. 더 높은 궤도에서 내려올 방법이 없기 때문이다. 역추진 시간이 다가오면서 우리는 방향에 신경을 곤두세운다. 캔튼 섬이 더 이상 피할 수 없는 카운트다운을 방송하기 시작한다. 10······9······8······7······6······5······4······3······2······1······점화!

무중력 상태로 사흘을 보낸지라 가속 감각을 잃었다. 4기의 역추진로켓이라 해도 0.5G 이상을 가하지 않지만 첫 가속기가 터지자 거의 3G만큼 눌리는 기분이다. 그만큼 몸이 예민해진 탓이다. 난 의자에 파묻히고 만다. 사실 정말 걱정은 중력이 아니라 카운트다. 1······2······3······4! "내 카운터, 아름답지 않아, 존?" "그래." 그러고는 지상을 향해 이렇게 덧붙인다. "멋진 역추진이었다. 후방 92, 우방 1.5, 하방 36." 말인즉슨, 역추진로켓에 뒤쪽으로 초속 92, 오른쪽으로 1.5, 아래쪽 지구 방향으로 36미터 속도변화를 주었다는 뜻이다. 이는 후방 92, 좌방 0, 하방 34의 완벽한 역추진에 필적한다. 거의 완벽해! 이제 역추진 패키지를 버리고 열차폐熱遮蔽 면을 노출할 수 있다. 존이 이 괴물을 조종해 착륙지로 향한다. 늘 그렇듯이 존이 수동으로 조종하면 내가 도와야 한다. 컴퓨터를 취조하고 차트와 그래픽으로 필요한 계산을 제공하는 것이다.

상층부 대기권에 진입하자 이온화 가스층이 우주선을 포위하고 장벽을 만드는 통에 무선신호가 뚫지 못한다. 5분간의 '통신두절' 즉 무선침묵이 발생하는 것이다. 하지만 그 전에 캘리포니아 상공을 지나기에 그 지점에서 우리 궤적을 미리 엿볼 수는 있다. 자, 이제 휴스턴이 나온다. 캘리포니아 기지에서 넘겨준 통신이다. 존이 묻는다. "그 아래 우릴 도와줄 슈퍼레트로가 있는가?" "오케이, 지금 여기 있다." '슈퍼레트로'는 관제팀의 일원으로 재진입을 전문으로 맡은 존 르웰린을 말한다. 실수할 경우 슈퍼레트로는 크게 열을 받겠지만, 그래도 웰시 촌놈의 강한 팔로 우리를 하늘에서 꺼내줄 것이다. 수치를 불러주자 그가 성공을 확신한다. 지금 12만 미터 고도를 지난다. 일반적으로 대기권 지붕에 해당하는 고도이며, 이 시점에서 존은 컴퓨터 지시대로 경사각을 바꾸는 등 조종으로 바쁘게 된다. 비행기로 활공 선회하는 것과 유사하지만, 지금은 고밀도 대기와의 마찰 때문에 후방에 두꺼운 열차폐체를 장착하고서 후방으로 전진한다는 점이 다르다. 열차폐체는 섬유유리 소재의 벌집구조인데 실리콘 물질을 가득 채워 증발 작용으로 열을 분산하도록 설계했다. 즉 열차폐체를 부분적으로 닳게 하여 증발 과정에서 대기 마찰열을 가져가도록 한 것이다. 나는 열차폐체가 제몫을 다하고 있음을 확신한다. 꼬리가 생겼기 때문이다. 처음에는 가늘고 희박하더니 차츰 짙어진다. 잠시 후 놀랍게도 밝게 불타오르기 시작한다. 붉고 노란 색의 가스 꼬리가 굽이치며 밝은 하늘 속으로 명멸해가는 것이다. 기막힌 장관이다. "이봐, 대단한 광경이잖아… 저 놈 불타는 것 좀 봐!" 이따금 작은 열차폐체 조각이 떨어져 나가며 후광에 불꽃을 더한다. 이제 중력이 증가하며 감속이 된다. "G는 어떻게 되나, 존?" 존이 한 개뿐인 중력계를 가지고 있는데, 그것도 한참 옆이다. "0.5." "농담 말고!" 느낌으로는 3G도 넘는데 아직 1G에도 미치지 못한다니! 평생 1G를 정상으로 여기고 지냈는데, 어떻게 불과 3일 만에 잊을 수 있지?

예전에 수업시간에 최대 재진입 G의 이론적 계산을 배웠다. 비행체 양항비lift-to-drag ratio의 역이다. 우리 제미니는 양력(L)이 항력(D)보다 약 1/4 높으므로 최대 G는 4여야 한다. 이런 순간에 왜 이런 산수를 하고 있는지 모르겠으나, 시뮬레이터를 통해서도 4G라는 사실은 너무 잘 알고 있다. 어쨌거나 내가 할 수 있는 일은 아무것도 없다. "잘하고 있어, 존! 정말 잘하고 있어!" 정확히 4G, 그러다가 어느 순간 가벼워진 느낌이다. 통신두절 구간이 끝나면서 지상이 우리를 재장악하기 시작한 것이다. 300킬로미터 상공을 통과할 때는 2G까지 내려가고 상황도 순조로워 보인다. 110킬로미터에 이를 때 감속낙하산을 날린다. 불과 직경 2미터도 채 되지 않지만 이 작은 악당은 우리를 수직위치로 고정해주면서, 30킬로미터 상공에서 주낙하산(직경 18m)을 펼칠 참이다. 요동이 너무 심해! 고정은 말뿐이다. 우리는 앞뒤로 흔들리기 시작한다. 크게 호를 그리는 바람에 수직이어야 할 하강이 양쪽으로 25도씩 기울기가 발생한다. "이런." 존이 투덜거린다. 평생 한 번도 감속낙하산을 써본 적이 없지만, 어쨌든 나는 존의 걱정이 기우라고 생각한다. 물론 존은 제미니 3호의 낙하산을 겪었으니 이번 경우와 비교할 수 있겠다. "진정해, 존, 괜찮을 거야." 아마도 희망사항이리라. 잠시 후 조금 잠잠해진다. 우리는 조금 일찍 주낙하산을 펼치기로 한다. "이제 낙하산을 개산하겠다." 존이 휴스턴에 보고하고 낙하산을 편다. 붉은색과 흰색의 낙하산이 창문들을 완전히 덮는다. 이제 초속 10미터로 등 뒤쪽으로 낙하하고 있다. 지금 할 일은 하나뿐이다. 기수의 낙하산 멜빵을 풀어내는 일. 그래야 우주선이 수평으로 방향을 바꾼다. 그러면 물에 빠질 때에는 머리는 위로 향하고 해치도 수면 위로 뜰 것이다. 이런 식의 조종, 즉 단일중심 수직 활강에서 양극중심의 수평시스템으로 변환하다가 제미니 3호의 거스 그리섬이 계기반에 부딪쳐 헬멧 바이저에 금이 가기도 했다. 존도 그 사실을 기억하고 경고한다. "준비 됐어? 팔 조심해, 친구!" 그래서 우주복 팔을 머리와 계기반 사이에 넣으나 가볍게 앞으로 흔들리기만 하는 바람에 다소 실망스럽다. 이제 1.7킬로미터, 상황 양호. 창밖으로 배가 보이지는 않아도 목표지점과 가까울 것이다. 휴스턴에서도 TV 화면으로 우리가 보인다고 알려온다. 그런데… 이상한데? 창밖의 구름이 옆으로 흐르지 않는가! 하강하는 동안 낙하산 줄 끝에서 빙빙 회전한다는 뜻이다. 회전은 조금씩 속도가 줄다가 마침내 멈춘다. 그리고 이번에는 방향을 바꾸더니 반대 방향으로 속도를 높이기 시작한다. 이런 현상은 듣도 보도 못했지만 아무튼 기분은 좋지 않다. 이런 식이라면 더 빠른 속도로 추락하지 않겠는가. "이봐, 이러다가 수면에 부딪쳐 산산조각 나겠어!" 그런데 놀랍게도 가볍게 대서양에 털썩 주저앉는다. 파도가 솟구쳤다 내려갈 때 운 좋게 그 끄트머리를 잡은 듯하다.

따스하고 온화한 날이다. 8노트라는 바람은 어디론가 사라지고 바다는 잔잔하고 고요하다. 고속 낙하에 귀가 멍하다. 바람에서 묘하게 화학약품이 타는 냄새가 난다. 선수에 달린 추진기 한 쌍이 창밖에서 칙칙 가스를 내뿜는다. 이따금 덩굴손 같은 작은 불꽃도 터진다. 지난 사흘간 정말로 건조하고 추웠다는 생각에 이 순간이 새삼스럽다. 지구에 돌아오고 보니 여과되지 않은 공기는 습하고 역하고 뜨겁다. 대체로 뜨거운 느낌이 강하다. 우주복과 두꺼운 EVA 외겹은 이제 임무를 다했다. 지금은 거추장스러운 짐에 불과하다. 뻣뻣하고 답답한 담요 안이 이내 땀으로 가득 차기 시작한다. 우주선 밖으로 소요가 인다. 헬리콥터 한 대가 뱃머리 위를 번개처럼 지나더니, 목에 튜브를 두른 구조요원들이 우리를 둘러싼다. 더워! 우리는 요원들과 무선연락을 취한다. 제미니 10호는 더 이상 날지 않는다. 우리만 그저 어색한 침입자가 되어 전문가들의 자비에 고마움을 표한다. 지금은 저들이 EVA 중이다. 사람들이 우주선 밖 어딘가에서 허우적댄다. "헤이, 친구들, 서둘지 않아도 됩니다. 바쁜 일 없어요. 그러다가 다치면 어떡하려고?"

다 끝났다.

9

어두워야 별을 본다

밤이 어두워야 별을 본다.
랠프 월도 에머슨

열일곱 번째로 우주비행을 한 미국인이라는 사실은 사소한 명예다. 삶에서 크게 바뀌는 것도 없고, 그렇다고 이름이 크게 알려지는 것도 아니다("잠깐만, 혹시 스코트 쿠퍼 아닌가요?"). 사인을 챙기겠다고 내 수표를 현금화하지 않고 보관하는 사람도 없다(소문을 듣자니 존 글렌의 수표는 그랬다고 한다). 어쨌든 난 '진짜' 우주인이 되었으며 "저 위에 있는 기분이 어떤지" 설명하기 시작했다. 첫 번째 공식 기회는 귀환 후 기자회견이었다. 존은 거의 불가능한 임무를 맡았다. 즉 면외面外 위퍼딜과 그로 인한 과도한 연료 소모의 이유를 보통사람들이 알아듣기 쉽게 설명하는 일. 내 경우는 훨씬 단순했다. 우주에서 떠다니며 잡을 곳도 디딜 곳도 없는 상황에서 어떻게 작업했는지 설명하는 임무였다. 사람들은 우리를 친절하게 대했다. 유인우주선센터장 길루스는 이번 비행이 역사상 가장 복잡한 임무라는 사실을 확인해 주었다. 웨브 국장을 대리하는 부국장 밥 시먼스는 마침내 달 탐사 프로그램을 위한 길이 닦였다며 좋아했다. 매체들은 넌지시 랑데부 연료를 물고 늘어졌다. 잘못을 인정하라는 요구였다. 공급선 더미를 파기할 때 장비를 소실한 점은 다소 문제의 소지가 있는 것 아니냐며 물고 늘어지기도 했다.

우리가 입을 다무는 바람에 이번 비행이 홍보 재앙이 되었다고 주장하는 사람은 없었다. 아니, 차라리 그랬으면 나을 뻔했다. 그랬다면 적어도 우리 패를 꺼내들 수 있었을 테니까. 가뜩이나 바쁜데 작업을 하다 말고 언론용 언어로 한 단계 한 단계 설명하려 들었다가는 어느 것도 제대로 못했을 것이다. 그래도 핵심 내용들은 지시대로 녹음했고, 비행 후에 해당 전문가들에게 제대로 전달도 했다. 테스트파일럿으로서 우리는 그렇게 훈련받았다. 무전기로 조잘대는 식이 아니다. 테스트파일럿의 세계에서 침묵은 금이다. 계획대로 정확하게 했고 기대치도 충족했으니 놀랄 일도 없다는 뜻이다. 그와 반대로 소란은 사고를 의미하는데 대체로 안 좋은 쪽이다.

기자회견장에서는 가까스로 탈출했다. 우주선 창문을 장식한 두 미인을 기억하는가? 나중에 알았지만 맥도널 소속 엔지니어의 친구들로 세인트루이스 플레이보이클럽 여성들이었다. 그런데 그 친구가 두 사람 사진이 우리와 함께 우주에 다녀왔다고 실토한 모양이다. 그래서 여자들이 휴스턴 기자회견장에 오겠다고 떼를 쓰고 있단다. 와우! 존과 나는 그 상황을 상상하고는 몸을 부르르 떨었다. 미인들이 혼잡한 대강당에 나타나자 관중들이 쥐죽은 듯 조용해진다. 그리고 여자가 "우리와 함께 우주여행을 하며 지구 둘레 45바퀴를 돈 기분이 어때요?" 같은 질문을 지껄여댄다면? 우리를 구한 준 사람은 데케 슬레이턴이었다. 데케는 맥도널 고위직에 전화를 걸어 관계자들이 모조리 매장당해야 직성이 풀리겠느냐며 다그쳤다. 여자들은 회견장에 나타나지 않았다.

기자회견과 기술 브리핑이 끝난 후 존과 나는 팀을 해체하고 미래 비행을 위한 비행사 풀에 재합류했다. 나는 제미니 10호 비행 덕분에 여행 할인혜택을 받아 두 주 동안 가족과 함께 해변에서 회포를 풀었다. 데스크로 돌아와 보니 편지가 산더미였다. 비행에서 크게 아쉬운 점이 있다면 아제나 위에서 우주유영하는 사진을 한 장도 못 건졌다는 사실이다. 카메라가 오작동한 데다, 존이 아제나와 충돌하지 않기 위해 신경을 곤두세운 탓이다. 고작해야 무비카메라 필름만 남았는데, 그마저 정면을 겨냥하는 바람에 아제나 아래 시꺼먼 하늘만 줄창 찍었다. 20세기 후반 아닌가? 어떤 일이든 믿으려면 눈으로 봐야 한다. 사진 없는 여행이란 그야말로 시대착오적이다. 나도 솔직히 유감이었다. 인간위성이 되어 지구 밖에까지 다녀왔건만 손자한테 보여줄 수도 없으니 왜 아니겠는가. 편지 가운데서 흥미로운 내용을 하나 찾아냈다. 내 아쉬움을 조금이나마 달래줄 이야기였다. 지형측량대 대장 J. C. 프레몽이 상원에 보낸 편지인데, 1843~44년 오리건과 북부 캘리포니아 탐험을 그리고 있다.

불행하게 수집한 물건 대부분을 잃었다. 우리뿐 아니라 동물과 수집품 모두에게 뼈아픈 실수였다. 시에라네바다, 알타 캘리포니아 협곡과 산마루에서 말과 당나귀 열네 필을 잃은 것이다. 암벽이나 절벽에서 바닥 모를 골짜기, 강 등으로 추락했는데 짐들 중 하나에는 3천 킬로미터 여행길에서 수집한 식물 곤포들이 가득했다. 귀향이 얼마 남지 않았을 때는 캔자스 강둑의 캠프가 대홍수에 침수했다. 홍수는 아래 지방까지 휩쓸며 미주리와 미시시피 변경 마을들에 공포와 폐허를 남겼다. 얼마 남지 않은 표본에도 큰 피해가 있었다. 물에 젖어 모두 망가졌는데, 우리한테는 말릴 시간조차 없었다.

이 편지를 누가 보냈는지는 몰라도 감사를 드린다. 나야 무저갱의 구렁 속에 카메라 한 대를 잃었을 뿐이다. 열네 필의 말과 당나귀, 3천 킬로미터를 걸어 공들여 수집한 귀중품들과 어찌 비교하겠는가.

"친애하는 우주비행사 콜린스, 귀하는 제가 제일 좋아하는 우주인입니다. 그런데 혹시…." 이런 편지도 한 바구니 가득 받았으나 대개의 의도는 뻔했다. 4학년 교사들이 과제를 내주듯 우주인들을 배당한다. 어린 수지는 애리조나 대신 콜린스를 떠올렸고 2주 안에 답신을 받기를 기대한다. 제일 좋아하는 인물이라나 뭐라나? 아무튼 모두에게 우주프로그램 자료를 잔뜩 보내주었다. 애리조나 상공회의소라면 죽었다 깨어나도 이런 자료는 만들지 못한다. 게다가… 일단 4학년 수준의 언어로 쓰인 것 아닌가!

그나마 비행 후 의례 하나는 면제받았다. 로마에서 태어나 계속 옮겨 다닌 덕에 내겐 고향이라 할 만한 곳이 없었다. 고향 퍼레이드나 홈커밍 행사를 하지 않아도 된다는 뜻이다. 존이 올랜도에 강제소환 당하는 동안 나는 2년 만에 처음으로 느긋할 수 있었다. 마침내 내게도 뚜렷한 우주비행 경험이 생겼다. 적절한 시기에 아폴로 프로그램의 임무를 맡을 자격이 충분해진 것이다. 이 올해가 끝나기 전에 아폴로 1호가 이륙한다. 거스 그리섬의 전언이다. 그 말이 사실이라면 제미니 12호와 동반 비행일 것이다. 시먼스의 계산에 따르면 달 착륙은

1968년 초에 가능해진다. 프랭크 보먼이 나와 팀이 되었다고 전했을 때 기뻤던 것도 그 때문이다. 진용은 사령관에 보먼, 사령선 파일럿으로 톰 스태퍼드, 나는 달착륙선 파일럿이었다. 우리 임무는 아폴로 2차 유인비행* 예비승무원이었다. 주승무원은 시라, 아이즐리, 커닝햄인데, 비행 자체가 특별히 좋을 것은 없었다(이들에게는 심지어 달착륙선도 없었다). 어쨌든 중요한 건 우리가 다시 비행 배정을 받았다는 점이고, 심지어 최초의 달착륙 팀이 될지도 모른다는 것이었다. 분명 가능성이 있었다. 지금까지의 팀 중 가장 노련한 3인조인 데다 유일하게 신참이 없는 승무원들이기도 했다. 보먼은 우주에서 누구보다 오래 시간을 보냈으며(제미니 7호의 14일), 스태퍼드는 랑데부 경험이 제일 많았다(제미니 6호와 9호). 나는 달착륙선 파일럿이 될 예정이니 흡족하지 않을 수 없었다. 그루먼 사의 저 벌레 같이 생긴 착륙선에 늘 매료되지 않았던가. 게다가 어쩌면 정말로 달에 착륙해 그간의 선외 경험을 써먹을 수도 있었다.

어쨌든 1966년 8월은 프로그램뿐 아니라 나 개인으로서도 멋진 희망의 시기였다. 제미니를 성공적으로 마무리했을 뿐 아니라 아폴로도 이제 막 날갯짓을 시작했다. 바야흐로 우주시대가 도래한 것이다. 미국은 물론 러시아 입장에서도 달이 점점 가까워지고 있었다. 러시아에는 달 궤도 위성과 무인 달착륙선 루나 XI의 사진과 측량결과들이 쏟아지고 있었다. 물론 달만이 유일한 목표는 아니었다. 공군참모총장 존 매코널 장군 같은 이는 미래에는 공군 파일럿들이 우주선을 몰

---

* '2차'(second)로 표현하는 이유가 있다. 아폴로 1호 훈련 도중 발생한 화재로 승무원 3인이 사망한 후 2, 3호는 명명되지 않았고 4~6호는 무인비행이었다. 따라서 2차(실제로는 1차)로 예정된 유인비행은 아폴로 7호에서 비로소 실현된다.—옮긴이

다가 일반 활주로에 착륙한다는 말도 했다. 나사 지도자들도 아폴로 이후 '아폴로 응용계획'이라는 프로그램을 들여다보고 있었으며, 생각 있는 매체들 역시 달 경쟁을 자제하고 보다 통찰력 있게 미래에 대비하기를 촉구하고 있었다.

이 과정에서 아폴로 사령선 하나를 돌보고 먹이는 일이 나한테 떨어졌다. 캘리포니아 다우니의 노스아메리칸 사 공장에서 최종조립과 테스트를 받고 있는데, 향후 사람을 태우고 날아가는 두 번째 우주선이 될 터였다. 당장은 그저 일련번호 014기로 알려졌다. 다우니의 화이트룸(내가 오랜 시간 머물며 제미니 7호와 10호를 돌보았던 세인트루이스의 맥도널 사 화이트룸보다 훨씬 컸다)에 우주선 테스트승무원들이 그림을 걸었는데 커다란 녹색개구리가 도약하는 그림이었다. 최초의 유인 달 탐사선인 거스 그리섬의 012 우주선이 주어진 것 이상의 어려움을 겪고 있었다는 점을 고려하면 조금 짓궂은 장난 같기는 했다. 만일 거스 팀이 분발하지 않는다면 014가 껑충 뛰어 먼저 비행 준비를 끝낼 수도 있었기 때문이다. 012와 014는 모두 '블록 I' 우주선으로 불렸다. 둘 다 원설계 형태인지라 어떤 부분은 미완성이었고 다른 부분은 쓸모가 없어지기도 했다. 예를 들어 달착륙선^{Lunar Module, LM}과 도킹이 불가능하다는 판단 하에 도킹장비를 생략했다. 유도체계의 핵심인 관성측정장치는 방향설정 자체가 틀어진 탓에 측정값 모두 우주선 동체 좌표계로 변환해야 했다. 블록 I 우주선과 작업하면서 보면, 스태퍼드, 나는 실망할 수밖에 없었다. 유인비행 계획상에는 이 둘밖에 없었기 때문이다. 당연히 블록 II 우주선으로 넘어가야 우리 자신의 달착륙선을 갖게 될 것이다.

다른 한 편으로는 승무원마다 특화된 임무가 있어서 다행이었다.

모든 것을 배울 것 없이 아폴로의 기본 시스템을 배우는 데만 전념하면 된다는 뜻이다. 솔직히 배경지식을 숙지할 여유도 없이 불속에 던져진 기분이기는 했다. 주승무원 시라, 아이즐리, 커닝햄은 몇 개월째 그 일에 전념해왔으며, 보면도 그들 못지않았다. 스태퍼드도 나처럼 최근에 제미니를 떠난 신참 신세이지만 나보다 더 빠르게 배우는 것 같았다. 그는 해군아카데미 당시 전기공학 수업에서 수석을 했고, 복잡한 배선도도 십대 소녀들이 팝송가사 외우듯 빨아들였다. 나한테는 쉽지 않은 일이었다. 그나마 9월이 무르익으면서 화이트룸의 쐐기 모양 쇳덩어리 내부가 조금씩 보이기 시작했다. 제미니도 처음에 복잡한 듯했으나 이 괴물에 비하면 단순하기 그지없었다. 여기는 같은 종류의 스위치만 300개가 넘고, 파이프, 벨브, 레버, 브래킷, 손잡이, 다이얼, 핸들 등이 수십 개다. 기계 자체를 움직이는 조종 장치들 외에 의학, 과학 관련 실험장비들도 많았다. 그런 것들이 우주선 여기저기 모퉁이와 틈을 채웠다. 그밖에도 라커와 상자마다 14일 간 식량과 일용품들이 가득했기에 우주선 내부는 그야말로 난장판이었다. 난장판은 실제 살아서 움직이기까지 했다. 일꾼들이 들락거리며 배선을 정비하고, 상자들의 자리를 바꾸고 장비를 재배치했다. 나로서는 혼란스럽기만 했다. 아무리 얘기해도 우주선에 뭐가 있고 없는지 제대로 아는 사람이 아무도 없었던 것이다. 그러다 문득 어딘가에 매뉴얼이 있으리라는 생각이 들었다. 나는 끝도 없는 테스트 과정에 참석했다. 거의 24시간 내내 지켜보며 014가 어느 정도 준비가 되었는지 측정했다. 머큐리와 제미니 베테랑들인 맥도널의 테스트 팀에 필적하려면 노스아메리칸 팀은 할 일이 산더미였다. 나중에 요구를 맞추기는 했지만 2년이나 지나서였다. 현 개발단계는 새로운 아폴로식 명명법과 시스템을 배우려 허덕이는 이 아마추어로서는 아무런 도움도 되지 못하는 시간에 불과했다.

아폴로에 배정된 나사 엔지니어들도 역시 별반 도움이 되지 못했다. 그래서 제미니가 언제나 아폴로의 테스트 무대로 대신 소환되었다. 달 활동에 적용할 만한 실제 경험을 얻는 도구로 써먹었다는 얘기다. 하지만 제미니 방식을 아폴로 엔지니어들에게 제시할 때마다 심드렁하게 받아들이거나 별로 귀 기울여 듣지 않는 것도 참 이상한 노릇이었다. '제미니'라는 운만 떼어도 얼굴에 베일이 드리우고 두 눈이 흐려졌다. 그러고는 냉정하고도 짐짓 거만한 어조로, 아폴로에서는 "그런 방식으로" 간단히 해결할 수 없다고 알려주는 것이었다. 사실 그들이 동의하지 못한 부분은, 훨씬 복잡한 아폴로 시스템을 아직도 숙지하지 못한 인간이 있다는 것 아니었을까?

테스트 과정에는 부족한 것들이 허다했지만 부수적 준비는 그 반대였다. 하루 24시간 일정의 우주선 테스트승무원에게도 어느 때건 신속하게 조종석에 들어갈 우주비행사가 있어야 했다. 그래서 우리한테도 안락한 라운지에 잠자리와 컬러TV까지 제공되었다. 간부식당에도 가끔 초대를 받아 노스아메리칸 경영진과 인사를 하고 아폴로 프로그램의 공학적 난제들도 이해하기 시작했다. 우리는 특별대우를 받았다. 매주 다우니를 방문할 때도 사람들이 최대한 환대해주었다.

그럼에도 불구하고 불편하고 불쾌한 곳이었다. 남부 캘리포니아의 케케묵은 고고클럽! 어느 초가지붕 마을에 머물렀을 때다. 타히티 섬을 에로틱 버전으로 재현해놓은 것 같은 곳인데, 이곳 사람들은 시끄러운 전기기타와 엇박자로 온몸을 흐느적거리면서 밤늦도록 고고 춤을 추었다. 어느 날 정류장 근처 통유리 창을 한 식당에서 아침식사를 하다가 열두 살짜리 소녀를 보았다. 검은 눈에 꽉 끼는 미니스커트 차림의 아이는 마지막 담배를 빨고는 따분하고 역겹다는 듯 어깻짓을 하더니 버스에 올라탔다. 작업장 기술자들도 주말에 캠핑카를 타고 시에라네바다에 놀러갈 궁리만 했다. 지난번 테스트 과정에 왜 문제가 생겼는지는 아무도 관심이 없었다. 터무니없이 복잡한 기계들이 아닌가. 당연히 조립에 세심한 관심과 엄격한 규율이 필요하건만 이놈의 고고 마을은 전혀 어울리지 않았다. 어쩌면 이 모든 느낌 아래에는 내가 014를 타기를 진정으로 원하고 있지 않다는 사실이 숨어 있었을지도 모른다. 우주비행이 따분하다면 바로 이번이 그랬다. 012를 타는 그리섬, 화이트, 채피의 경우 납땜이 잘 붙어있는 한 2주 동안 저 위에 올라가는 최초의 인류라는 명예가 주어질 것이다. 하지만 014에 타는 시라, 아이즐리, 커닝햄의 경우는 반복 수행에 불과하다. 후속 비행이 더 복잡하다 해도 이미 데이터가 있기에 더 안전한 계획이 가능했다. 게다가 014는 의학실험 장비들이 산더미였다. 예컨대 접이식 자전거장치인 에르고미터^{ergometer}가 있다. 우주비행사들은 (공간이 허락한다면) 정기적으로 페달을 밟아, 심혈관계의 탈조건화를 측정해 의료진에게 보고해야 했다. 개구리도 한 마리 실었다. (아, 물론 도약하는 개구리는 아니다.) 개구리의 내이에 전선을 끼우고 미니 원심회전기에 넣은 뒤 정기적으로 장치를 돌려 이석 기능을 기록하게 된다. 저 불쌍한 생명한테 경고도 없이 스위치를 넣고 돌려야 하는 것이다. 상상이 가는가? 개구리 온/오프 스위치라니! 테스트파일럿들에게는 일도 아니겠지만… 아뇨, 014는 사양하고 싶소이다. 어서 빨리 테스트를 끝내고 고고 마을에서 탈출하자고요. 그래야 보면, 스태퍼드와 함께 달나라로 떠날 수 있습죠!

다우니에 가는 틈틈이 휴스턴에서도 나는 아주 열심히 일했다. 아폴로 임무도 따라잡아야 했고 시간이 나면 달착륙선 관련 문건도 읽었다. 그리고 적어도 두 배는 더 가족과 함께 지내려 노력했지만, 불행하게도 작은 수의 두 배는 역시 작은 수다. 9월에 네 차례, 10월에 네 차례 다우니를 찾는 동안 다른 승무원들과 그들이 붙인 개구리 그림에 꽤나 억울한 마음이 들었다.

흥겨운 막간극도 있기는 했다. 휴스턴의 헬기 이야기다. 1년 전 나사가 나를 헬리콥터 학교에 보냈다. 인근 엘링턴필드 경사로에 작고 빠른 벨 헬기가 두 대 놓여 있었는데 난 이들을 즐겨 몰았다. 헬리콥터 운전이 쉽지는 않았다. 특히 초기모델은 회전익깃^{rotor blade}의 회전속도^{rpm}를 자동제어하는 기능이 없어서 두 손으로 기괴한 조작을 하느라 정신이 없었다. 한 손으로 배를 문지르고 다른 손으로 정수리를 두드리는 것과는 차원이 다르다. 왼손으로는 상하 방향과 속도를 제어한다. 위로 올라가고 싶으면 왼쪽 스틱(일명 '콜렉티브')을 당긴다. 그러면 회전날개가 돌면서 공기를 크게 베어 물고 양력^{揚力}을 만들어낸다. 불행하게도 그 때문에 회전날개의 rpm은 점점 감소하고 따라서 이륙할 때는 동시에 왼쪽 손목을 비틀어 기화기에 연료를 추가해야 한다. 베테랑이라면 소리만으로 rpm을 판단하지만, 난 그 경지가 되지 못해 늘 한 눈을 rpm 계기에 붙박아두었다. 그 동안 오른손은 오른쪽 스틱(일명 '사이클릭')을 꼭 잡아야 한다. 아니면 이 개망나니 꼬마가 제어 불능이 되어 좌우 또는 위아래로 공중제비를 돌 것이다. 아랫도리도 가만히 있지 못한다. 두 발이 고무 페달을 상대하느라 쉴 틈이 없었다. 나사가 헬기훈련을 강조하는 이유는 달착륙선을 하강, 착륙시키는 과정이 여러 면에서 헬기조종과 흡사하기 때문이다. 특히 터치다운 직전 마지막 과정이 그랬다. 게다가 달착륙선 파일럿 훈련에는 달착륙 훈련기라고 부르는 수직이착륙실험비행기 조종 연습이 들어있었다. 훈련기를 다루기 전 헬리콥터 운전을 200시간은 해야 하는 것으로 알려졌다. 나사는 엘링턴 인근에 달 표면 모형을 만들기도 했다. 1~2에이커 정도의 화산암재를 깔고, 그 위에 달궤도선과 레인저호가 촬영한 사진들을 모방해 분화구 패턴을 공들여 모사했다. 우리는 이 바위더미에서 달착륙 시뮬레이션을 했다. 다양한 조명 상황에서 150미터 위로부터 각도와 속도 등을 달리해 가며 헬리콥터를 타고 내려오는 것이다. 고도와 강하율 측정에 익숙하도록 하기 위해서였다. 다우니를 오가는 와중이지만 그나마 재미도 있고 힐링도 되었다.

다우니에서 014는 그럭저럭 괜찮았으나 아폴로 전체로는 그렇지 못했다. 여름 내내 팽배했던 낙관론도 겨울이 다가오면서 무너지는 듯했다. 그리섬의 012는 11월에 제미니와 동행하지 못했는데도 하루하루 밀리더니 결국 1967년으로 넘어갔다. 대단한 이유가 있는 것도 아니었다. 그저 부속을 대체하고 재시험 과정에서 사소한 문제와 준비 부족이 계속 지적되는 정도였다. 환경제어 장치가 특히 문제였다. 기껏해야 배관공의 악몽 수준이지만 012 시스템은 여기저기 문제가 터지고 대체하고 수리하느라 하세월이었다. 아폴로 문제는 012호에만 국한되지 않았다. 10월 25일 다우니 압력실험에서 017의 기계선 SM 탱크 하나가 터져서 우주부문 전체를 경악에 빠뜨렸다. 기계선의 추진제 탱크는 달 탐사에 절대적이다. 행여 달 궤도에서 고장 날 경우 귀환 자체가 불가능하다. 설상가상으로 대형로켓 새턴 V의 제2단 상태가 안 좋다는 루머까지 돌았다. 그나마 1단과 3단은 아무 문제가 없었다. 조사관들이 제2단의 알루미늄 외관과 용접 부위에서 작은 균열

들을 계속 찾아냈고, 노스아메리칸이 알루미늄 합금을 잘못 선정했다고 결론을 내렸다. 특수합금이 가볍고 튼튼하기는 한데 쉽게 깨지는 경향이 있었다. 결국 2단에 아직 문제가 많다는 쪽으로 이야기가 흘렀다. 우주비행사들은 기술적 난점에는 매우 예민하지만, 비용 증가와 관리 문제 등에는 대체로 무관심했다. 비용은 관심사가 아니었고 관리도 문제없어 보였다. 아폴로 인력 일부가 다소 미숙하고 오만해 보였지만(제미니 일을 해보지 않은 탓이다) 사실 우리 제미니 파도 고분고분하지는 않았으니 기껏 우리 자신의 태도를 거울로 확인하는 셈이었다. 적어도 이렇게 말할 수는 있겠다. 비록 작고 보잘 것 없는 2인승 지구궤도선이기는 해도 우리는 지루한 산파과정을 건너온 사람들이다.

제미니 프로그램은 여전히 살아서 노익장을 과시했다. 피트 콘래드와 딕 고든은 9월 중순 제미니 11호를 타고 기막힌 비행을 만끽했다. 존 영과 내가 보스호트 2호의 고도기록 269킬로미터를 765로 손쉽게 깼지만 그 기록 역시 제미니 11호한테 우습게 뒤집혔다. 무려 1,368킬로미터까지 치솟은 것이다. 이 고도에서는 지구의 굴곡이 아주 뚜렷하게 보이기에 제미니 11호는 페르시아만과 주변 지역을 기가 막히게 촬영해서 귀환했다. 비행의 기술적 양상 또한 매우 인상적이었다. 피트 콘래드는 특유의 유쾌하고 넉넉한 성격을 잃지 않고도 냉철하고 유능한 사령관으로서의 명성까지 덤으로 얻었다. 딕 고든의 성과도 완벽에 가까웠다. 유일한 문제는 EVA 활동 중에 있었다. 급격하게 열이 오른 데다 피로까지 겹쳐 콘래드가 급하게 조종석으로 귀환시켰다. 딕의 임무는 제미니와 아제나 사이에 줄을 연결해 도킹을 시도하는 것이었다. 두 우주선이 도킹을 해제한 후 그 줄을 연료 절감 장치로 활용할 수 있는지 실험하는데, 천천히 회전하면서 줄을 팽팽하게 유지하는 식으로 두 우주선을 묶어두면 된다. 훈련 당시에는 손쉽게 연결에 성공했지만 실제 비행은 상황이 완전히 달랐다. 제미니의 선수에 앉아 커넥터를 더듬으며 자세를 유지하려 했으나 몸이 제멋대로 놀아나기 시작했다. "제대로 올라타 봐, 카우보이." 콘래드가 할 수 있는 조언도 그뿐이었다. 고든은 조종석으로 돌아왔으나 나머지 EVA 실험을 모두 포기할 수밖에 없었다.

심박수와 피로도 증가 등 제미니 9호의 진 서넌과 11호의 딕 고든이 EVA 와중에 맞닥뜨린 문제들에다 에드 화이트와 내 제안까지 더해 프로그램 감독관들은 제미니 12호를 활용하기로 했다. 다양한 방법을 실험해서 우주유영자의 활동을 보다 쉽게 만들어보자는 것이다. 버즈 올드린은 실험용 쥐 신세라며 마뜩치 않아 했다. 마뜩치 않은 이유는 버크 로저스처럼 정교한 기동장비 곧 AMU를 등에 메고 여기저기 돌아다니리라 기대했기 때문이다. 버즈는 극적인 면은 덜했지만 그 대신 유용한 임무를 하나 맡았다. 손잡이, 발판 등 일련의 의지장비를 평가하는 일이다. 버즈는 5시간 반 정도 밖에서 임무를 수행하고 규칙적으로 쉬었으며 전혀 어려움을 겪지 않았다.

제미니 12호는 1966년 11월 11일부터 15일까지 비행해 랑데부와 도킹에 성공하고 실험도 잔뜩 수행했다. 성공적인 비행으로 시리즈를 마감한 것이다. 그래도 나사의 이런저런 논설을 읽노라면 솔직히 낯간지럽긴 하다. 우주유영자들의 난제를 해결했다고? 에드 화이트는 아무 문제가 없었다. 나도 마찬가지였다. 문제가 있었다면 처음 아제 나를 설계할 때 우주유영을 감안하지 않은 탓이었다. 버즈는 의지장비들을 잔뜩 장착한 채 선상에서만 놀았다. 비활성화 상태에 준비도 되지 않은 표적위성에 건너가 실험장비들을 빼오는 데 비하면 애들 장난이다. 제미니 10호보다 실험 목록이 많지도 않았는데 제미니 12호가 나흘째까지 임무를 계속 수행했다는 것도 의아했다. 오, 존과 나라면 마지막 날을 어떻게 즐겼겠는지 상상해보라!

제미니 프로그램의 하이라이트를 도표로 정리하면 아래와 같다. 하지만 핵심은 오히려 이런 것들이다. (1) 제미니 7호는 인간이 심각한 통증 없이 무중력 상태에서 14일 동안 지낼 수 있음을 증명했다. 14일은 달착륙 임무의 두 배에 달하는 기간이다. (2) 다양한 기술을 활용한 다양한 형태의 랑데부가 제미니 6, 8, 9, 10, 11, 12호를 통해 유용한 것으로 증명되었다. 지구 궤도에서 가능하다면 달 주변에서도 가능하리라. (3) 유능한 테스트, 설계, 비행 관제팀을 꾸렸다. 덕분에 현실에서의 위험을 크게 줄였다. 인간이 40만 킬로미터 상공에 오르고 또 안전하게 돌아온 것도 그 덕분이다. 다만 인간이 유한한 존재인지라 복잡한 기계의 결함은 어차피 불가피하다. 좀 더 구체적으로 들여다보자.*

---

* 아래 7개의 표는 모두 나사 SP-138, 〈제미니 종합회의〉(1967년 2월 1~2일)에서 인용.

발사 및 재진입시 최대 심박수

회차	승무원	발사시 최대심박수 (심박수/분)	재진입시 최대심박수 (심박수/분)
3	그리섬 영	152 120	160 130
4	맥디비트 화이트	148 128	140 125
5	쿠퍼 콘래드	148 155	170 178
6	시라 스태퍼드	125 150	125 140
7	보먼 러벨	152 125	180 134
8	암스트롱 스코트	138 120	130 90
9	스태퍼드 서넌	142 120	160 126
10	영 콜린스	120 125	110 90
11	콘래드 고든	166 154	120 117
12	러벨 올드린	136 110	142 137

나는 이 데이터가 어떤 의미인지 모른다. "호랑이한테 물려가도 정
신만 차리면…"은 그 상황을 이해하지 못하는 소리다. 나사는 초고속
우주선에 두 사람을 태운 상태에서 흥미로운 실험을 몇 차례 시도했
다. 결과적으로 불안감(또는 심박수 증가)을 보인 사람은 실제로 비행
하는 당사자가 아니라 그 비행을 책임진 담당자였다. 이 논리를 상기
표에 대입해보면, 각 비행사령관들의 심박수를 올리게 될 것이다.

재진입 요약

회차	임무거리 (목표물과의 항해거리, km)
3	96.5
4	70.8
5	146.4
6	11.3
7	10.3
8	2.3
9	0.6
10	5.5
11	4.3
12	4.2

　9호가 우리보다 배에 더 가깝게 상륙했음에도 불구하고 존과 나는 한동안 이 경우 기록보유자였다. 이유는? 국제항공연맹이 9호 비행 이후 기록 원칙을 개정했기 때문이다. 그 바람에 최초의 비행으로서 존과 내가 부전승을 한 셈이다. 나중에 11호에게 기록을 빼앗기기는 했지만, 국제항공연맹이 새 챔피언한테만 증명서를 보내면서 결과를 알리고 이전 우승자를 무시하는 바람은 나는 이 사실도 몰랐다.

제미니 임무의 방사능 조사량(照射量)

회차	기간 (일:시:분)	평균 누적선량 (밀리라드)	
		사령선 파일럿	파일럿
3	00:04:52	20	42
4	04:00:56	42	50
5	07:22:56	182	170
6	01:01:53	25	23
7	13:18:35	155	170
8	00:10:41	10	10
9	03:01:04	17	22
10	02:22:46	670	765
11	02:23:17	29	26
12	03:22:37	20	20

　존과 내 조사량이 많은 이유는 간단하다. 우리 고공 궤도가 밴앨런

복사대 내층을 스쳐지나가는 데다 남대서양의 위험지대이기 때문이다(이곳은 '근점이각'이라 복사대가 저공까지 푹 들어간다). 하지만 765밀리라드라고 해봐야 건강에는 전혀 위협이 되지 않았다.

승무원 체중감소(kg)

회차	사령선 파일럿	파일럿
3	1.35	1.59
4	2.04	3.86
5	3.40	3.86
6	1.13	3.63
7	4.54	2.72
8	미측정	미측정
9	2.49	6.12
10	1.36	1.36
11	1.13	0
12	2.95	3.18

대체적으로 보면 비행시간이 길수록 체중감소도 심해지는 것으로 보인다. 6.12킬로그램은 제미니 9호가 3일 동안 나가 진 서넌이 우주유영을 할 때인데, 아무래도 EVA 동안 덩치 큰 장비랑 씨름하느라 탈수 현상이 일어났을 것이다.

실험 이행도

회차	임무 중 실험시간(%)	실험횟수	완수횟수
3	5%	3	2
4	16%	11	11
5	17%	17	16
6	12%	3	3
7	22%	20	17
8	21%	10	1
9	21%	7	6
10	37%	15	12
11	29%	11	10
12	30%	14	12

퍼센트에서 보듯이 존과 내 부담이 제일 많았다. 우리보다 실험횟

수가 많은 경우는 비행기간이 긴 두 차례 경우(5호와 7호)뿐이었다.

우주유영시 심박수(에드 화이트 제외)

회차	평균 심박수	최고 심박수
9호 서넌	150	180
10호 콜린스	118	165
11호 고든	140	170
12호 올드린	105	155

올드린의 작업량은 비행기간 동안 산발적으로 이루어졌다. 나머지는 작업을 완수하기 위해 미친 듯이 속도를 내야 했다. 그렇다 해도 내 경우 피로감을 느낀 건 손가락뿐이었다. 거북한 장갑 때문이다.

랑데부 임무 중 추진제 사용량(kg)

회차		실제 사용연료	이론상 최소가능량	실제와 최소의 비율
6		59	37	1.60
8		73	36	2.02
9	랑데부 1	51	31	1.66
	랑데부 2	28	9	3.05
	랑데부 3	62	18	3.51
10	랑데부 1	163	38	4.28
	랑데부 2	82	33	2.46
11	랑데부 1	132	87	1.52
	랑데부 2	39	14	2.81
12		51	25	2.04

틀림없는 사실. 우리 10호가 연료 퍼마시기 대회 우승자다.

제미니 프로젝트를 성공적으로 마무리한 후 나사 임원들은 비틀거리고 있는 아폴로 프로그램에 전념하더니, 우리 승무원들의 삶을 크게 바꿔놓을 일대 변경을 가했다. 첫째, 도약하는 개구리가 망각 속으로 사라졌다. 014비행이 취소된 것이다. 굳이 설명하자면 012의 재판이기에 처음부터 불필요하고 비합리적이었다. 그리섬-화이트-채피가 블록 I 사령선을 타고 14일간 지구 궤도를 돌았는데, 시라-아이즐리-커닝햄이 그 일을 왜 또 반복해야 하지? 그렇게 014는 취소되고 시라 팀은 그리섬 팀의 예비인력으로 보직이 바뀌었다. 맥디비트-스코트-슈바이카르트도 곧바로 제2차 유인 우주탐사 주승무원을 떠맡았다. 최초 블록 II 사령선과 최초 유인 달착륙선의 지구 궤도 실험을 맡았는데, 이거야말로 정말 중요한 임무였다! 시라가 맥디비트 대신 이 열매를 받을 수도 있었다. 그런데 유인우주선 2기의 동시비행을 포함해 이 복잡하기 그지없는 임무에 맥디비트 팀이 적합하다고 생각한 이가 있었던 모양이다. 달착륙선은 까다롭다. 맥디비트와 슈바이카르트가 착륙선에 탄 후 사령선의 스코트로부터 분리되어 버리면, 둘은 열차폐도 없이 착륙선을 타고 돌아와야 한다. 따라서 장작불이 되지 않고 분리된 채 지구에 돌아올 방법은 없다. 그와 달리 시라의 임무는 우리 내부자들 눈에는 머큐리와 제미니 베테랑들의 끝물처럼 보였다. 안타깝지만 금방 잘못된 임무로 평가되었다.

014가 취소된 후 보먼-스태퍼드-콜린스는 곧바로 임무를 다시 배정받았지만 팀은 해체되었다. 톰 스태퍼드는 한 단계 올라가 경험 많은 존 영과 진 서넌을 얻어서 맥디비트의 예비팀으로 들어갔다. 톰의 편에서는 횡재였다. 보먼과 콜린스는 제3차 유인 우주탐사 주승무원으로 진급해 세 번째 멤버로 빌 앤더스를 선발했다. 그 과정에 콜린스는 또한 달착륙선 파일럿에서 사령선 파일럿으로 '진급'했다. 달 표면을 걸을 기회를 잃은 것도 바로 그 순간, 그 자리에서였다. 내가 승진한 이유는 당시 데케에게 확실한 규칙이 있었기 때문이다. 달착륙선을 비롯해 모든 우주선의 사령선 파일럿은 우주비행 경험이 있어야 한다. 초짜는 절대 혼자 사령선에 탈 수 없다는 뜻이다. 빌 앤더스가 비행경험이 없어 당연히 내 차지가 된 것이다. 의미는 분명했다. 나는 달착륙선에 탈 수 없다. EVA도 곡예비행도 종치고, 헬리콥터 훈련도 더 이상 할 필요가 없게 되었다. 대신 항공사이자 우주선 유도 통제 전문가, 베이스캠프 담당자, 고장 난 배관의 주인이 된 셈이었다. 어느 하나 원치 않은 일들이다. 몇 년 후 난 수천 번이나 그 질문을 받고 답을 했다. "암스트롱, 올드린, 당신 셋 중에 누가 사령선에 남고 누가 달에 착륙할지 어떻게 결정했습니까?" 수없이 대답했지만 백퍼센트 정직하게 답한 적은 없었다. "솔직하게 말하면, 014가 취소되었을 때 기회를 잃은 겁니다"라고 대답하기가 쉽지 않았다. 아무튼 99퍼센트는 그게 사실이다. 1966년 후반부터 난 사령선 전문가가 되었다. 그 후 승무원이 바뀌어도 내 전공은 바뀌지 않았다.

그렇다고 세상이 마냥 암흑은 아니었다. 커닝햄을 대신할 예비승무원에서 제3차 유인탐사 주승무원으로 보직이동한 것이야말로 가장 만족스런 부분이었다. 새 비행도 멋질 것이다. 거대한 새턴 V 달로켓에 처음으로 탑재될 유인우주선이 아닌가. 지구 궤도를 떠나지는 않겠지만 과거의 고도기록을 다시 갱신할 참이다. 6,500킬로미터 원지점에 오르면 극에서 극까지 지구 전체를 볼 수 있다. 그러면 보먼과 앤더스는 달착륙선을 연습하고 그 동안 나는 사령실에 남는다. 끝내주는 임무다. 특히 시라-아이즐리-커닝햄에 묶이는 대신, 우리 스스로 페이스를 정할 수 있어서 더욱 신이 났다. 그렇지 않았다면 저 세명의 주승무원 때문에 속 깨나 상했을 것이다. 월리는 매일 저녁 지각하고도 사과 한 번 없었다. 일정을 따라잡으려 하지도 않고, 잡담, 커피, 전쟁 이야기 따위로 45분을 더 탕진한 후에야 겨우 일을 시작했다. 커닝햄은 툭하면 월리와 세상 탓을 하며 투덜거렸다. 아이즐리는 그나마 사람 좋은 중재자 역할을 했으나 업무를 제대로 이해하지 못했다. 이제 세 사람한테서 자유가 되었다. 보먼이 움직일 수 있을 만큼 움직이고, 1967년을 위해 설계하고 조직하고 훈련하면 그만이다. 그 전에 먼저(2월쯤?) 그리섬을, 그 다음에는 맥디비트를 쏘아보내고 나면, 바라건대 늦여름쯤에는 우리 차례가 돌아오리라. 가족들과 크리스마스 휴가도 계획했는데, 내가 아는 한 아폴로에서 재앙의 징후를 알아챈 사람은 팀원 중 아무도 없었다. 향후 20개월 동안 승무원 누구도 우주에 나가지 못하고 첫 승무원이 바로 시라-아이즐리-커닝햄이 된다는 사실도 몰랐다.

1967년 1월 27일 금요일, 우주비행사실은 고요했고, 실제로 텅 비었다. 실장 알 셰퍼드는 어디론가 나가고 다른 노땅들도 마찬가지였다. 누구라도 금요일 간부회의에 나가야 하는데요? 알의 비서가 난색을 표했다. 마침 내가 선임 우주인이라 슬레이턴의 집무실로 향했다. 손에는 메모장을 들었다. 다음 주의 잡다한 행정 업무를 받아 적기 위해서였다. 데케도 참석하지 않고 대신 그의 부관 던 그레고리가 회의를 주재했다. 그런데 회의를 시작하자마자 데케의 책상 위 붉은 색 비상전화가 울렸다. 던이 재빨리 받아 열심히 들었다. 표정 변화는 없었다. 다른 사람들은 아무 말 하지 않았다. 붉은 전화는 내 삶의 일부였다. 그게 울리면 대개는 통신 훈련이었지만, 비행기 사고나 공중의 비행기에 문제가 생겼다는 뜻이었다. 한참 시간이 흐른 뒤 던이 전화를 끊고 조용히 말했다. "우주선 화재입니다." 그게 다였다. 사실 어느 우주선인지(012), 누가 타고 있는지(그리섬-화이트-채피), 어디에서인지 (케이프케네디 발사대 34), 왜 사고가 생겼는지(최종 시스템 점검), 그래서 어떻게 되었는지(사망, 사망이라면 순식간일수록 낫다) 궁금할 것도 없었다. 내가 떠올린 것은 하나였다. 맙소사, 이렇게 뻔한 사고를 우리가 여태 주의하지도 않았다니! 엔진이 점화되지 않거나 정지하지 않는다고 걱정했고, 연료가 샌다고 걱정하기는 했다. 심지어 무중력 상황이라면 착화면^{flame front}이 옮겨갈 수 있으며, 우주화재를 막아도 선실압력이 줄어들면 어쩌나 하는 걱정도 했다. 그런데 정작 이곳 지상에서, 무엇보다 조심했어야 하는 곳에서 실험도 끝나지 않은 우주선에 친구 셋을 넣고 의자에 묶은 다음 덮개까지 씌운 것이다. 화재 시 탈출구조차 없는 곳에. 아래쪽 부스터에 불이 붙으면 비실용적이나마 복잡한 계획은 있었다. 와이어를 미끄러뜨리면 대학살을 막을 수는 있다. 하지만 우주선 내부화재는 원칙적으로 일어나지 않아야 한다. 그런데 일어난 것이다. 솔직히 일어나지 않을 이유가 어디 있단 말인가? 우주에서 사용하는 100퍼센트 산소환경이란 결국 0.34기압으로 감압한 상태다. 하지만 발사대의 압력은 대기보다 조금 높아 16psi(1.1기압)에 이른다. 16psi의 산소에서 담뱃불을 붙이면 누구나 경악할 수밖에 없다. 불과 2초 내에 담배가 재로 변하기 때문이다. 그 압력에서 산소분자를 잔뜩 채워 넣는다면 '가연성' 물질 대부분은 '폭발성'이 되고 만다. 그런데 거기에 책, 옷, 일용품 등과 같은 가연성 물질들 곧 불쏘시개가 얼마든지 있지 않은가. 점화물질이 없어야 하지만 솔직히 말해보자. 블록 I 우주선 내부만 해도 전선의 숲이다. 기술자들이 계속 바뀌며 자르고 더하고 용접하지 않았던가. 말 그대로 거대한 누전 지뢰밭일 수밖에 없다.

넋을 잃은 채 앉았는데 다시 전화벨이 울리고 추가 소식을 알려주었다. 구조팀이 현장에 도착했는데 고열 때문에 진입할 수 없다는 것이었다. 현재 피해는 사령선에만 국한된 것이었다. 그런데 내부에는 인기척이 없단다. 망할, 있을 리가 없잖아? 남은 문제는… 오래 걸리지는 않았겠지? 고통이 크지 않았으면 좋으련만. 불에 탔을까? 소각되었을까? 질식사한 걸까? 5초 아니면 5분? 가족들은 어쩌지? 어떻게든 소식을 전해야겠지? 서둘러야 할 텐데? 테드 프리먼의 사건에서 뼈저리게 배우지 않았던가. 새색시 미망인 페이스에게 테드의 사망소식을 알려준 사람은 신문기자였다. 그것도 후속보도를 위해 망자의 집을 찾아가서였다. 우주비행사실에 전화했더니 알 빈이 받았다. 침착한 알 빈, 듬직한 알 빈. 그가 미망인들한테 전할 문구를 고민하는 동안 나는 최고의 정보출처 붉은 전화기 옆에 머물기로 했다. 몇 분 후 알이 우주비행사들과 부인들을 수소문해 부랴부랴 그리섬과 화이트의 집에 가기로 했으나, 마사 채피에게 알려줄 사람을 찾지 못했다. 아무나 보낼 수는 없었다. 반드시 우주비행사여야 하고 또 절친이어야 했다. 그래야 어떻게든 끔찍한 비극을 전하고 이 상상할 수 없는 일을 받아들이게 할 수 있으니까. 이웃인 진 서넌이 적격이었지만 출타 중이었다. 황망한 노릇이지만 결국 내가 차선책이었다. 알 빈은 사무실 전화 옆에 머물러 제반 상황을 조정하는 쪽이 더 나았다. 그래서 내가 마사에게 전하겠다고 말한 뒤 천천히 3킬로미터를 운전했다. 마사의 집은 우리 집에서 불과 세 집 거리였다. 알이 미리 부인 수와 이웃집 부인들을 보내 전화와 방문객을 통제한 터라 마사도 문제가 생겼다는 정도는 알고 있었다. 하지만 이런 참사까지 짐작했을까?

다들 눈을 동그랗게 뜬 채 거실에서 기다리고 있었다. 마사는 여자들 사이에 서 있었으나 온 몸으로 불안, 달관, 체념의 기운을 내뿜었다. 마사는 미모가 뛰어나 어디에서나 눈에 띄었다. 부족한 것이 없던 여인. 대학 치어리더 출신다운 건강미와 활달함, 널따란 광대뼈, 완벽한 턱, 모델의 자세와 운동선수의 날렵한 몸매. 우주비행사의 부인들 중 마사 채피는 늘 두드러졌다. 황동 빛에 가까운 금발머리는 희망봉의 등대처럼 빛을 발했다. 그에 더해 머리도 좋았다. 낙관적이고 총명한 터라 로저가 새 직장에서 허둥지둥할 때에도 늘 도움이 되었다. 맙소사, 남편과 함께 달 지형 연구도 하지 않았던가. 그런데 이제 그녀에게 다가가 이렇게 얘기할 수밖에 없었다. "마사, 둘이서만 얘기하고 싶어요." "예, 그래요." 그녀는 그렇게 말하고 한두 걸음 뒤 좁은 복도로 이끌었다. 아폴로가 이런 결과를 가져오리라고는 상상도 못했다. 위험이야 늘 있지만 아름다운 부인들에게 여러분 남편이 타버렸다고 말하는 악몽은 아니었다.

알링턴 국립묘지도 쓸쓸하기는 마찬가지였다. 3년이 채 되지 않았건만 죽은 동료를 묻는 것도 벌써 세 번째다. 장례절차까지 외울 정도다. 1월 말의 알링턴은 찌무룩하고 안개가 자욱하고 심지어 암울하기까지 하다. 다행이라면 비는 내리지 않는다. 우리 의장병들은 거스와 로저의 관을 실은 말 옆에서 장송곡을 들으며 걷는다. 무의미한 추모사를 읊고 소총을 쏘면 마침내 두 남자가 떠난다. 에드 화이트도 같은 날 웨스트포인트에 묻혔다. 어차피 장례식에 가야 한다면 난 그곳에 있어야 했다. 에드 화이트와 나는 100년 전부터 웨스트포인트 동창이었고 제미니 7호 예비승무원으로 함께 일했다. 하지만 로저는 진짜 동기였다. 동료 열두 명과 함께 같은 날 고용된 뒤 지난 3년간 우리 14인방은 우정과 지지의 강한 연대를 이루었다. 게다가 마사 채피의 슬픔을 달랠 방법이 별로 없다 해도 뭔가 돕고 위로하고 싶었다. 무엇보다 비극이 일어났을 때부터 내가 함께하지 않았던가. 난 팻 화이트에게 이것을 최대한 설명했고 그녀도 이해했다.

마사에게는 접은 국기와 키워야 할 아이 둘이 남았다. 다른 부인들한테는 우주선도 다른 비행기와 마찬가지로 살상무기라는 자각이 남았다. 전에도 가능성 또는 확률로 존재는 했지만 그런 일은 일어나지 않았다. 머큐리와 제미니 시대를 통틀어 한 번도 없었다. 그런데 아폴로는 한 번도 날지 않고 세 명이나 살해했다. 앞으로 어떻게 되는 거지? 비행기 사고가 무더기로 나듯 재난도 재난으로 이어지는 걸까? 아니면 프로그램이 재앙을 수습하고 서둘러 봉합할까? 나사는 어떻게 일을 추진할까? 얼마나 많은 우주인들이 잿더미가 되겠다고 사인한 적은 없다며 중도에 포기할까? 아내들이 나서서 그만두게 하지는 않을까? 물론 남편과 아내 그 누구도 그렇게 하지 않았다. 자랑할 만한 기록이라 생각은 했지만, 그러기까지 얼마나 많은 대화가 있었을지는 아무도 알 수 없었다. 나도 팻과 그런 식으로는 대화하지 않았다. 그저 지나가듯 은근슬쩍 언급은 했을 것이다. 아폴로를 향한 아내의 반감과 적대감이 얼마나 클지 차마 두려워 물을 수 없었다. 아폴로는 우리 둘 모두를 포로로 잡고 있었다.

암울했던 1967년 초반 몇 달이 가면서 012의 화재가 단순히 단발성의 사고가 아니라 사령선 계통의 포괄적 오류 때문이라는 사실이 조금씩 분명해졌다. 최초의 오류는 환경 즉 16psi의 순수산소였다. 두 번째는 다량의 가연재가 인화성이 강한 환경에 노출되어 있었다. 세 번째이자 가장 은밀한 오류는, 마지막 순간 여타의 변경사항을 통제할 확실한 시스템이 부재했다는 데 있었다. 설계변경이 너무 많이 허용되고 너무 많이 실행되었다. 조사위원회도 까맣게 타버린 012의 시체를 몇 달 간 조사했으나 운명의 스파크가 어떻게 발생했는지 정확히 알아내지 못했다. 대신 훨씬 심각한 문제를 밝혀냈다. 즉 화재 위험요인이 수십 가지였으며, 산더미 같은 관련서류들도 우주선의 실상을 정확히 보여주지 못한다는 사실이다. 어떤 작업은 서류에 아예 기록조차 없었다. 반면에 기록만 있고 마무리되지 않은 것들도 있었다. 항공산업 분야에 우스갯소리가 하나 있다. 서류 무게가 비행기 무게에 버금가야 이륙에 문제가 없다는 얘기다. 우주산업이라면 서류는 너무도 중요한 자원이다. 서류가 없으면 혼돈이 발생한다. 어떤 일을 논의하고 실행을 안했는지, 어떤 일을 의논 없이 실행했는지 알 수 없기 때문이다. 만일 유인우주선, 그것도 시리즈 최초의 우주선을 만들기 위해 하루 3교대로 박차를 가해야 하는 상황이라면 더욱 더 그렇다. 만일 직전 근무조가 서류작업을 완벽하게 해놓지 않는다면 밤 근무조는 엉뚱한 전선더미를 찾아서 다른 전선더미에 이어버릴 수 있다.

　내가 보기에 나사와 노스아메리칸은 각자 특유의 전문성을 앞세워 문제를 파고 들어갔다. 처음에는 서로 불만도 비난도 있었으나[*] 곧바로 정신을 차리고, 비난이 아니라 협력을 통해 프로그램을 다시 (이번에는 안전하게) 진행해야 한다는 사실을 깨달았다. 가장 어려운 작업은 가연성 물질을 불연성 소재로 대체하는 일이었다. 특히 옷, 수건, 식량봉지 등 개인용품이 그러했다. 실제로 산소가 충분한 상태에서 고온의 불꽃에 노출될 경우 어떤 물질이든 불에 타고 만다. 순수산소 상태에서는 스테인리스도 불에 탄다. 제미니와 초기 아폴로의 가압복 외겹은 노멕스Nomex 소재였다. 고온의 나일론이라 섭씨 400도 가까이

---

[*] 지지자들은 이 논쟁의 어느 쪽이든 편을 들 수 있었다. 나사: 노스아메리칸이 너무나 허술했다. 심지어 화재 당시 012 내부에 뭐가 있었는지도 모른다. 노스아메리칸: 우리는 나사의 재촉에 따랐을 뿐이다. 작업공정의 모든 단계에서 나사가 감독하고 승인도 하지 않았던가.

되어야 연소하고 진행속도도 매우 느렸다. 그래도 화재 이후 베타클로스(유리섬유)로 대체되었다. 다만 유리 소재는 피부에 상처를 낼 수 있고 빠르게 마모하면서 작은 유리입자로 변하는 게 단점이다. 입자들이 멋대로 선실을 떠돌다가 기도에 들어가 폐에 손상을 줄 수도 있다. 결국 테플론 같은 물질로 코팅을 했는데, 간단해 보이는 문제도 이렇듯 점점 복잡해지고 만다. 어떤 물질이든 일단 고려사항이 되면 진이 빠지도록 긴 실험을 거쳐야 했다. 게다가 우주복 외피만 문제가 아니라 사령선 내부의 노출부위는 모두 해당되었다. 해결책이 단순해도 실행 과정에서 너무나 많은 시간이 걸린다는 뜻이다.

소재들뿐 아니라 메커니즘도 뜯어고쳐야 했다. 예를 들어, 측면 해치는 설계를 다시 해서라도 탈출문제를 해결해야 했다. 실제로 해치는 두 개가 있다. 내부 해치는 토크렌치가 있어야 열 수 있고 외부는 육중한 내부 해치를 걷어낸 다음에야 가능하다. 결국 두 해치를 하나로 묶고 잠금 시스템도 아주 단순화했다. 다만 과정 전체가 시간이 걸리는 탓에 1967년의 3인승 유인탐사 계획은 즉시 날아가고 말았다. 전문가들 얘기로는 1년이면 된다지만 실제로는 2년이 다 되어서야 끝이 났다.

그 동안에도 아폴로 프로그램 작업을 계속 진행했다. 우주비행사실도 예외는 아니었다. 우리는 주로 휴스턴에서 시간을 보내고 다우니 방문을 줄였다. 여전히 달 탐사 이전에 따져야 할 세부사항이 100만 개는 남아있었다. 화재가 참극이기는 했어도 그 덕분에 다른 분야는 숨 돌릴 틈을 얻었다. 반대로 노스아메리칸은 재설계로 낑낑 맸다. 새턴 V 문제, 달착륙선 문제, 지상레이더 추적과 컴퓨터 문제들… 어디를 봐도 사람들이 일정과 씨름하고 있었다. 내 생각에는 화재로 인해 달 착륙이 연기된 것은 아닌 듯했다. 어느 영역이든 문제를 해결하려면 어차피 1969년 중반까지는 기다려야 했다. 작은 예로 선상컴퓨터를 보자. 사령선과 착륙선이 모두 컴퓨터를 이용하지만, 이 소형장비의 최대 어휘는 기껏 38,000단어에 불과했다. 복잡한 랑데부를 비롯해 여타 문제를 해결하기에는 역부족이었다. 38,000단어를 신중하게 선정해서 유용하게 배열하는 수밖에 없었다. 언어는 효율적이고 직접적이고 단순해야 하지만 현실은 그와 거리가 멀었다. 컴퓨터와 소프트웨어만 문제는 아니었다. 하드웨어 대부분이 의심스러웠다.

보먼-콜린스-앤더스 팀도 자체 문제들로 복잡했다. 보먼은 화재조사위원회 소속이라 1967년 초반 대부분을 케이프에서 012 내부를 조사하며 지내거나, 아니면 다우니에 가서 위원회 추천의 설계변경이 제대로 이행되는지 확인해야 했다. 블록 I 사령선이 완전히 보류된 것도 그 중 하나였다. 그 말인즉 내가 블록 II 시스템을 배워야 한다는 뜻이었다. 실제로 나는 블록 II 우주선, 즉 일련번호 104를 물려받아 돌보게 되었다. 빌 앤더스도 달착륙선 문제에 몰두했고 나도 우리 비행계획에 점점 더 얽혀들어 갔다. 비행계획은 다양한 이름과 번호로 불렸으나 일반적으로 503이 정확하다.*

우리 비행이 달라진 점이 있다면 새턴 V 로켓이 유인으로 발사되

---

* 다양한 명명체계 전체를 설명하기에는 다소 무리가 있겠으나 핵심은 다음과 같다. 그리섬-화이트-채피 비행을 아폴로 1호라고 부르지만 동시에 204호이기도 했다. 이유는 두 번째 새턴 시리즈인 새턴 IB의 네 번째 부스터를 이용해 발사될 예정이었기 때문이다. 화재 이후 번호가 바뀌었다. 그래서 시라의 우주선은 아폴로 7호로 불렀다. 그 전에 여섯 차례의 무인 시험비행이 있었기 때문이다. 하지만 7호는 그리섬의 부스터를 이용했기 때문에 여전히 204호다. 보먼-콜린스-앤더스 우주선이 503호인 이유는 새턴 V의 세 번째 비행이기 때문이다. 그 전에 501호와 502호의 무인 시험비행이 있었다. 시라와 보먼 사이에 맥디비트 우주선이 있지만 그것까지 다 적을 엄두는 나지 않는다.

기 전 무인실험이 두 차례뿐이었다는 사실이다. 머큐리 프로그램의 아틀라스 부스터는 존 글렌이 타기 전 무인실험을 50차례나 거쳤다. 그리섬과 영의 제미니 3호 이전, 타이탄 II 역시 그 정도의 무인 비행을 마쳤다. 503의 특이점은 또 있었다. 달 탐사 임무를 하듯 새턴 V의 제3단 로켓을 점화한다는 점이다. 하지만 우리는 로켓을 조기 셧다운한 후 지구 궤도에 머물다가 고도 6,500킬로미터까지 오르게 된다. 이작은 차이가 계획상의 모든 문제들을 만들어냈다. 이 기울어진 궤도에서 벗어나려면, 예정한 간격을 정확히 지켜야 하기 때문이다. 따라서 문제가 생겨 조기에 귀환할 경우 중국에 착륙할 가능성도 얼마든지 있었다. 우리는 이 고공 제약에 맞추어 착륙선을 훈련하고 정교한 랑데부 절차를 이행해야 했다.

랑데부는 절대 작은 건이 아니었다. 우주비행사실에 뜨거운 감자가 있다면, 얼마나 많은 사전 랑데부를 해야 달착륙 시도 전에 아폴로 장비의 검증이 끝나는가 하는 점이었다. 랑데부는 불가해한 기술인지라 설명하기도 어렵지만 대체적인 것만 봐도 중요한 변수가 너무 많았다. 예를 들어 달착륙선은 일반적으로 아래쪽에서 CSM(사령기계선)에 접근한다. 위에서 접근할 시는 일반적인 타이밍이 가능하지 않을 때다. 달착륙선의 유도시스템에는 주시스템과 부시스템(보조 유도장치) 두 가지가 있었다. 후자를 이용한 랑데부를 적어도 한 번은 성공시켜서 그 가치를 증명할 필요가 있었다. 그 다음으로, 달착륙선 랑데부는 하강단은 달 표면에 남겨놓은 것처럼 가장한 채 상반부(상승단)만 가지고 시행하거나, 상승용 단과 하강용 단을 결합한 채 연습해야 했다. 또한 두 조합 사이에는 의미 있는 변형이 얼마든지 있었다. 마지막으로 달착륙선 따라잡기는 소차분고도에서 저속으로 접근해서

하거나 대차분고도에서 고속으로 할 수도 있었다. 여기까지가 4가지 주요 변형이다.

1. 달착륙선의 상방향 또는 하방향 접근
2. 주 유도시스템 또는 보조 유도시스템
3. 상승단 단독 또는 하강단와 결합한 채
4. 소차분고도 또는 대차분고도

사람들은 우주비행사의 훈련 문제를 프로싸움꾼이 로드워크를 하거나 은둔자가 명상하는 정도로 생각하는 듯하다. 차분고도를 언급하는 사람은 아무도 없지만 진짜 핵심은 거기에 있었다. 랑데부의 베테랑들인 톰 스태퍼드, 버즈 올드윈, 피트 콘래드, 닐 암스트롱, 데이브 스코트가 조깅이나 명상을 할 수도 있고 아닐 수도 있다. 분명한 사실은 대부분 복잡한 랑데부를 걱정하고 계획하면서 보냈다는 것이다. 이 사람들이 늘 옳지는 않겠지만 늘 영향력은 있었다. 아폴로 10호나 14호가 아니라 11호가 달에 처음 착륙하게 된 까닭도 그들의 고민 덕분이다. 언급했듯이 그들이 늘 옳지는 않았다. 지금도 1967년 4월 26일의 중대한 회의를 기억하고 있다. 무엇보다 우주비행사실은 달착륙선이 위에서 접근하는 랑데부와, 보조 유도장치 통제 하의 랑데부 정도는 반드시 시연해봐야 한다는 입장을 고수했다. 둘 중 어느 것도 시행되진 않았다. 하지만 랑데부 계획 회의는 물론이고 향후의 EVA와 다른 측면을 다루는 회의들은 승무원에게도 유용했지만 나사의 계획을 구체화하는 데도 도움이 되었다. 게임의 목표는 최대한 신속하게 달 표면에 도달하는 데 있었다. 준비 비행을 최소화하되 잠재적 문제들은 최대한 연구할 필요가 있었다. 503을 비롯해 초기 우주선들이 우주와 지상 승무원들에게 버거울 정도로 복잡한 이유도 거기에 있었다. 503 계획 때문에 나는 1967년이 끝날 때까지 발바닥에 땀 날 정도로 뛰어다녀야 했다.

다행히 내 일정엔 브레이크도 적지 않았다. 덕분에 이따금 휴스턴 회의와 다우니의 104호 우주선 심야 불침번에서 탈출할 수 있었다. 4월에는 우리 그룹이 키웨스트로 건너가 1주일간 해군 스쿠버다이빙 학교에 다녔다. 아름다운 심해에 유혹되었기 때문이 아니라 기본적인 수중동작을 배우기 위해서였다. 수중훈련이야말로 제로중력 비행기의 단기포물선을 대체할 가장 인기 있는 과목이 되었다. 휴스턴의 대형물탱크(그리고 나사 헌츠빌의 초대형 탱크)는 이즈음 제로중력 시뮬레이터로 바뀌었다. 지질학 훈련도 여전히 유지되었다. 스쿠버다이빙만큼 재미있지는 않아도 필요악으로 보였다. 돌이켜보면 보다 시급하고 직접적인 일도 여럿 있었지만, 지질학 훈련이 확보해줄 달 탐사의 가능성을 어느 누구도 포기하고 싶어 하지 않았다.

그밖에도 기분 좋은 일탈이 1967년 5월 말경에 있었다. 나사는 데이브 스코트와 나를 파리 에어쇼에 보내주었다. 러시아 우주비행사 둘이 나타나기로 했단다. 파리 에어쇼는 가본 적이 없기에 여행을 원하는 내게 충분한 핑계가 되어주었다. 더욱이 부부 동반까지 허용된 드문 경우가 아니던가. 에어쇼 한두 번을 견뎌야 하겠지만 팻도 두 번째 파리 관광인지라 좋아하는 눈치였다. 그리고 정말 러시아인들이 모습을 드러냈다. 난 경쟁자들을 처음 보자마자 매료되었다. 파벨 벨랴예프 대령과 콘스탄틴 페옥티스토프 씨. 적대국에서 왔지만 마르크스는 상상도 못한 의미의 동무comrade 아닌가. 어떻게 대해야 하지? 일단 최대한 친절하고 솔직하기로 마음을 정했다. 우리보다 그쪽에서 얻어갈 게 많겠지만 무엇이 문제일까? 러시아 전문가라면 아폴로 관련 정보쯤이야 공개문헌으로도 얼마든지 뽑아갈 수 있다. 다른 한편, 러시아 프로그램은 완전히 베일 속이었다. 우리 측에서 어떤 상황인지 안다손 쳐도 CIA 파일이 휴스턴의 노동부대에까지 흘러들어올 리도 없었다.

러시아 비행사들과의 첫 만남은 그쪽 공관에서였다. 탁 트인 공간인지라, 두 사람이 데이브와 나를 데리고 안내를 시작하자마자 엄청난 혼란이 일었다. 사진사, 사인 사냥꾼, 보안요원, 넋 나간 관광객들이 한꺼번에 몰려든 것이다. 우리는 사람들이 밀고 당기는 대로 이리저리 쓸려 다녔다. 그 와중에 아내들까지 혼란에 끼어들어 상황이 더욱 나빠졌다. 결국 러시아 비행사가 우리를 건물 밖에 대기 중인 러시아 제트여객기 TU-134 안으로 초대했다. 비행기에 러시안 보안요원들이 있어 기자 한둘을 빼고는 불청객들이 기내에 오르지 못하게 막아주었다. 통역사를 끼고 테이블에 앉자마자 우리는 보드카를 마시며 다정하게 얘기를 나누었다. 러시아인들은 그리섬-화이트-채피의 미망인 안부도 물었고 우리도 코마로프의 미망인에 대해 비슷한 관심을 보였다. 코마로프는 최근 소유즈 1호의 낙하산이 엉키는 바람에 목숨을 잃었다. 우리는 더 이상 우주참사가 없기를 바라며 건배하고, 양국의 우호증진을 위해 술을 마셨다. 머릿속에 떠오르는 대로 몇 가지 바람을 빙자해 건배하고 또 건배를 했다. 벨랴예프와 페옥티스토프는 정말로 좋은 친구였다. 배신자 페오(우리는 페옥티스토프에게 별명까지 지어주었다)가 보드카에 소다수를 섞기는 했지만, 나머지 셋은 건배를 할 때마다 완전히 잔을 비웠다. 페오, 스코트, 나는 사복차림이었고 벨라예프는 눈부신 정복에 신기한 모양의 장식들을 잔뜩 달았다. 페오는 보스호트 3인승 우주선 승무원인 동시에 최고의 우주선 설계자 그룹에 속해 있었지만 당시에는 전혀 드러나지 않았다. 대화가 언저리를 맴 돈 탓도 있지만, 안경잡이에 은발, 굳은 표정 등 전혀 우주비행사로 보이지 않았기 때문이다. 조금 전 사인 사냥꾼들도 페오를 옆으로 밀어내고 훈장을 잔뜩 매단 꽃미남 벨랴예프한테 몰려들지 않았던가.

벨랴예프는 의외로 비슷한 면이 있어 맘에 들었다. 그 친구라면 함께 비행도 할 수 있겠다. 농담도 잘했지만 조용한 분위기 속에 자기 능력을 감추고 있었다. 질문은 정확하고 대답은 곧바로 이해하고 흡수하는 듯 보였다. 기술적인 질문라면 양쪽 모두 통역에서 막히고 말았다. 미대사관의 싹싹한 아가씨가 통역을 맡았는데 아무래도 기술인력은 아니었기 때문이다. 이런저런 상황을 한참 설명해야 러시아인들이 의미를 알아들었고 그 반대도 마찬가지였다. 러시아인들도 헬리콥터를 타고 훈련을 했다. 벨랴예프 자신은 멀지 않은 미래에 달 궤도 비행을 하게 될 것 같다고 했다.* 러시아인들이 유인 달착륙에 관심이 없다면, 따라서 우리와 달나라 경쟁을 하자는 게 아니라면, 도대체 왜 1967년에 우주인들을 불러 헬리콥터 훈련까지 시켰다는 말인가?

며칠 후 러시아 우주비행사들도 미국 전시장을 답방했다. 이번에는 러시아 보드카 대신 미국 커피를 마시며 대화를 이어갔다. 술은 없었지만 대화는 지극히 우호적이고 심지어 떠들썩하기까지 했다. 공

---

* 안타깝게도 벨랴예프는 이후 우주에 나가지 못하고 1970년 위궤양수술을 하다가 합병증으로 사망했다.

통의 관심사와 불만도 한 보따리였다. 예를 들어 의료진을 향한 불만, 매력적인 '푸치걸'들을 향한 무한찬사 등이 그렇다. 푸치걸은 당시 주변을 이리저리 다니며 커피를 서빙하는 소녀들이었다. 이탈리아 패션 디자이너 에밀리오 푸치의 화려한 미니스커트 차림을 해서 그렇게 별명을 붙인 것이다. 헤어진 후 이제 막 싹튼 우정이 어떤 의미가 있을까 생각해보았다. 우주비행사들의 공통관심사가 상호이질적인 국가적 관심에 조금이나마 영향을 주리라고 믿는다면 그야말로 철없는 바보일 것이다. 하지만 이렇게 빠르고 쉽게 소통이 이루어질 수 있다면 다른 분야로 뻗어나가지 못하리라는 법이 왜 없단 말인가? 궁극적으로 양국을 더 가깝게 만들 수도 있을 것이다. 어쨌거나 세상 어딘가에서 우리와 비슷한 문제로 고생하는 이들이 있다는 사실을 알게 된 것만으로도 좋았다. 차이가 있다면 그들은 MIG-21기를, 우리는 T-38을 몬다는 정도다. 파리를 떠날 때는 마치 조약문을 가지고 가는 외교관이 된 기분이었다.

팻과 나는 파리에서 프랑스 동부로 우회해 샹블리를 방문했다. 10년 전 우리는 메스 인근의 이 마을에서 결혼했다. 아니, 사실은 두 번이나 결혼했다. 한 번은 예식장에서, 한 번은 교회에서. 그럼에도 불구하고 이 무미건조한 시청 건물, 황량한 농가들, 김이 모락거리는 비료 더미와 재회하고 싶은 생각은 별로 없었다. 다만 주변의 압박이 끊임이 없었다. 나사가 강요하고 파리대사관이 강요하고 프랑스 친구들도 가만 두지 않았다. 결국 우리는 굴복하고 이곳에 와야 했다. 우리는 그곳에 도착해서야 이유를 알았다. 세 번째 결혼식이라는 덫에 걸린 것이다. 엄청난 인파가(마을사람들 전부에 외부인 수백 명까지) 우리를 환영하고 팡파르를 울렸다. 학생들은 아예 수업까지 빼먹고 우리를 함성과 휘파람으로 호위하며 시청까지 에스코트했다. 시장도 기다리고 있었다. 일요일 정장 차림에 진홍색 현장懸章을 드리우고 리본과 훈장까지 치렁치렁 매달았다. 그가 우리를 안으로 데려가 자리에 앉히더니 곧바로 제3차 결혼식을 거행했다.

맙소사, 제1차 결혼식은 정확히 기억한다. 바들바들 떨던 날. 약속 시간에 시청에 도착했지만 시장은 간데없고 아마 부시장인 듯한 대리인이 나와 행사를 준비하고 있었다. 80대 노인은 제 앞가림도 어려워 보였다. 초조해서인지 아니면 마비가 왔는지, 노인은 말 그대로 처음부터 바들바들 떨었다. 손에 든 책이 떨리고 목소리도 함께 떨려나왔다. 이내 팻도 몸을 떨고 그 다음이 나였다. 녹색 베레모에 장화 차림의 증인 둘이 구석에서 이 빠진 잇몸을 드러내며 히죽거렸다. 그때쯤 우리 셋은 프랑스 군법을 향해 인사라도 하듯 그 자리에 서서 함께 앞뒤로 흔들렸다. 잠시 후 동의를 표할 때가 되자, 커다란 목소리가 멈추고 농부들이 조용히 "동의합니까?"Dites oui?라고 물었다. 우리는 갈라진 목소리로 "동의합니다"Oui라고 대답했다. 그렇다, 제1차 결혼식을 기억한다. 제2차 결혼식은 인근 공군 예배당에서 치렀는데, 상대적으로 부드럽고 마음도 편했다. 알자스로렌보다는 오하이오의 칠리코시 같은 기분도 들었다.

이제 돌아와 제3차를 준비 중이다. 그것도 제1차를 치르던 바로 그 장소였다. 다들 웃는 표정이었으나 내 기분은 냉랭하고 찝찝하기만 했다. 이번에도 "동의합니까?"라고 물어보는 걸까? 다행히 10년차 배우자 팻은 언제나처럼 침착했고, 덕분에 끝날 때쯤엔 나도 가볍게 예식을 즐기기 시작했다. 예식이 끝난 후 샴페인도 즐겼을 것이다. 장담하건대 샴페인은 등장 자체가 의외일 때 제일 맛이 있다. 오전 10시

노르웨이 사우나에서처럼 기대하지 않거나 뜬금없을 경우다. 세 번째 결혼식을 얼떨결에 치렀으니 분명 샴페인을 맘껏 터뜨릴 자격이 있었다. 팻과 나는 쌀 세례를 받으며 탈출했다. 그때는 정말로 결혼한 기분이었다. 아이들도 좋아할 것이다. 아이들이 있는 휴스턴으로 돌아가고 싶다.

프랑스에서 한 주의 반가운 휴가를 즐기는 동안에도 아폴로는 전력질주하고 있었다. 1967년이 저물어가면서 하드웨어도 익숙해지고 503 비행계획도 자리를 잡기 시작했다. 나도 익숙함을 넘어 확신이 생기고, 지난해만 해도 낯설기 짝이 없었던 아폴로라는 신발이 편안하게 느껴지기 시작했다. 제미니는 경쟁상대라기보다 과거의 유물이 되어 기억 저편으로 멀어져갔다. 화재의 여파로 아득하기만 했던 달도 다시 한 번 밝은 빛을 발하며 더 커지고 매력적으로 보이고 있었다. 그래도 갈 길은 멀기만 했다. 1968년 여름이나 되어야 시라 팀을 우주로 내보낼 수 있으리라. 그 팀이 이용할 로켓은 미숙아 새턴 IB였다. 그렇다면 새턴 V는? 이 괴물이 45톤의 사령기계선과 달착륙선을 달 궤도 안으로 실어갈 수 있을까? 새턴 V가 일그러지면 과정을 모조리 새로 시작하고 달은 손이 닿지 않을 곳으로 사라질 것이다. 적어도 미국으로서는 불가능해진다.* 우주프로그램의 미래를 걱정한다지만

---

* 러시아도 자체 로켓을 건조 중이라는 소문을 들었다. 새턴 V의 계획이 350만 킬로그램의 추진력이었으니 그때까지 세계 최고의 기록이었다. 그런데 서방 전문가들은 소비에트의 괴물이 500~650만 킬로그램 수준이 될 것으로 전망했다. 실제로 그런 괴물이 존재했는지는 모르지만 몇 년간의 신문보도를 보면 일련의 시련과 문제가 이어진 것으로 보인다. 1969년 여름의 보도를 보면, 괴물이 발사대에서 대폭발 사고를 일으켜 우주 프로그램 고위관료들과 장교들이 목숨을 잃었다고 한다.

새턴 V를 목 빼고 기다리는 데는 내 개인적인 이유가 더 컸다. 새턴 V 는 내 애마가 타는 세 번째 로켓이 될 것이다. 11월 9일 케이프케네디 발사대* 39A에서 5~6킬로미터 거리의 둑길에 서서 501이 떠나는 장 면을 보며 온몸에 전율이 인 것도 그래서였다.

괴물이 저기 잔뜩 똬리를 틀고 있다. 총 기장 111미터, 11월의 희미 한 햇살을 받으며 웅장하게 증기를 뿜어낸다. 1단 로켓은 액체산소와 케로신(항공용 등유)을 연소하기 때문에 불꽃도 선명하게 드러난다. 타 이탄의 투명한 배출가스와는 또 다르다. 다섯 개의 1단 엔진이 점화할 때면 그 또한 장관이다. 엔진 하나가 초당 3톤의 추진제를 토해내는데 왜 아니겠는가. 저 망할 괴물이 폭발하면 훨씬 더 장엄하겠지? 그렇 게 되면 5킬로미터 바깥도 별로 안전하지 않을 것이다. 대형스피커가 울려대며 압력과 밸브와 듣기 좋은 이야기를 늘어놓지만 듣는 사람도 없다. 나로서는 이런 세부사항에 관심을 가져야 하지만 솔직히 그렇지 못하다. 그저 성공하느냐 실패하느냐에만 신경이 곤두선다. 이 괴물 이 어느 쪽으로든 내 가까운 미래를 결정하기 때문이다. 501의 변화 무쌍한 상황에 503이 민감한 영향을 받을 수밖에 없으므로, 나는 저 석호에 드리운 흰색 연필의 그림자에 전적으로 지배되는 기분이었다.

폰 브라운과 그의 헌츠빌 팀은 정말 영리했다. 기계를 만들어낸 정 도가 아니라 기계한테 스스로를 보여주라고 가르치기까지 했다. 즉 구석구석의 기온과 압력을 저 깐깐한 엔지니어들에게 보고하도록 만

---

* 사실 새턴 V 발사 장소는 케이프케네디가 아니다. 케이프케네디는 발사 단지 중 공군 관할구역 에 속하지만 발사는 나사 관할구역에서 이루어지기 때문이다. 이름 하여 밀라(MILA) 또는 메 리트 섬 발사지구(Merritt Island Launch Area)라 하는데, 내가 섰던 둑길이 밀라와 케이프케네디 를 나누어준다. 하지만 대중적으로 잘 알려진 이름이라는 이유로 우리는 전 지역을 '케이프'라 부른다. 아내는 생각이 다르다. 아내에게 '케이프'는 곧 '케이프코드'를 뜻하는 말이다.

든 것이다. 엔지니어 몇 명은 페네뮌데* 시절부터 로켓을 날렸던 이들인데, 특히 엔진이 점화한 이후 501이 본격적으로 자신의 안녕을 보고할 것이다. 지휘관은 제대로 작동하고 있다고 확신할 때까지 스위치를 작동하지 못하게 하리라. 그건 안심이다. 스피커의 소음 템포가 마지막 카운트(이 섬뜩한 용어라니!)에서 더해지자 관중들이 숨을 죽이고 시선을 북쪽으로 돌린다. 로켓 바로 아래에 천천히 화염이 일며 한두 번 트림을 하더니, 이내 양쪽에서 화염이 폭포처럼 쏟아지며 하늘을 향해 한 바퀴 돈다. 이는 화염전향기의 기능으로 정상이다. 철근과 콘크리트 소재의 거대한 국자 두 개는 배출가스를 분산하기 위해 만들었다. 그렇지 않으면 뭐든지 태워버리기 때문이다. 화염 패턴은 두 개의 커다란 손 같다. 로켓 한 쪽에 하나씩, 손 두 개가 로켓을 가볍게 살포시 받들고 있다. 최초 불꽃은 평범한 적색-오렌지색이나 지금의 열원熱源은 희고 바깥쪽은 탁한 갈색으로 바뀌었다. 저렇게 앉아서 그냥 연료만 죽일 텐가? 아니면 곧 떠날까? 막 실망하려는데 마침내 움직임이 보인다. 드디어 발사탑 옆에서 장엄하고 웅장하게 떠오르기 시작한 것이다. "발사, 드디어 발사됩니다." 스피커가 깍깍댄다. 내가 보기엔 발사가 아니라 뭉기적대고 있는 것처럼 보였다. TV 앵커는 "역사적 발사"라는 단어가 맘에 드는 모양이지만 어디에도 극적인 모습은 보이지 않는다. 솔직히 움직이는 것 자체가 불가능하다는 사실을 증명이라도 할 것만 같다. 아, 제논의 역설이 딱 그랬다. 501호가 있기 2,000년 전 그리스철학자는 이렇게 얘기했다. 운동motion은 절

---

* Peenemünde: 제2차 세계대전 당시 독일의 미사일과 로켓 연구소, 공장이 있었던 발트해 연안 마을.—옮긴이

대 일어나지 않는다. 어떤 위치에 도달하려면 우선 그 거리의 절반을 지나야 하지만, 절반에 도달하려면 먼저 4분의 1 거리를 지나야 하고, 또 그 전에 8분의 1을 통과해야 하고, 또 그 이전에… 발사대에서 한 발짝 띄운다는 게 얼마나 힘든 일인가.

아직까지 발사는 좋아 보이나 타이탄 II 발사의 친밀감과는 어딘가 차이가 있다. 새턴 V가 대형인 탓에 안전요원들이 우리를 멀리 떼어 놓았고 그 바람에 과거의 장관을 기대하기도 어려웠다. 하늘을 오르는 소리도 들리지 않는다. 당연하지 않은가! 거리가 멀기에 소리가 와 닿지 못하는 것이다. 그럼에도 불구하고 로켓이 오를 때는 천지가 떨린다. 놀랍고도 충격적이다. 단단히 각오를 했건만 소용이 없다. 맙소사, 소리가 아니라 존재 자체가 위대해! 로켓이 손을 뻗어 우리를 발끝에서 머리끝까지 사로잡고 흔든다. 굉음을 토하며 오르는 순간, 350만 킬로그램의 추진력이 어떤 의미인지 깨닫게 된다. 6킬로미터나 떨어진 케이프케네디의 모래밭도 발밑에서 요동친다. 행여 가까이 나는 새가 있었다면 소리의 힘만으로도 목숨을 잃었을 것이다. 저 안에 타면 도대체 기분이 어떨까?

휴스턴으로 돌아오는 길에서 그 문제를 곰곰이 생각해보았다. 501의 데이터도 계속 쏟아져 들어왔다. 완벽에 가까운 비행, 새턴 V의 첫 비행일 뿐 아니라 CSM의 실험이기도 했다. CSM은 초속 11,000미터의 최고 속도로 15,600킬로미터의 원지점에 도달했다. 달에서 지구로 회귀할 때 우주선의 대기권 진입속도에 버금가는 기록이다. CSM의 열차폐 표면온도는 섭씨 2,870도를 기록했지만 예측했던 바다. 이 기록적인 속도와 온도에도 불구하고 조종석 내부는 완전히 안락했다. 1967년 11월 9일은 프로그램은 물론이고 503을 위해서도 역사적인 날이었다.

새턴 V가 제도적 걱정거리라면 내 개인적 고민은 선상 컴퓨터와 부속 하드웨어였다. 망원경, 육분의, 3축 짐벌 관성플랫폼과 더불어 아폴로 사령선의 유도 통제 시스템 역시 복잡한 미로 같았다. 도무지 제대로 이해할 수가 없었다. 보스턴 인근 MIT를 2주간 여러 번 찾아가 전문가들의 '간단한' 설명을 들었으나 늘 고개를 젓고 말았다. 나는 저들 말을 이해 못하고 저들도 내 말을 알아듣지 못했다.

아폴로 유도항법 시스템 이면의 기본 개념은 아주 간단했다. 시작은 언제나 별이다. 관성우주의 항성 위치는 많이 알려진 데다 불변이다. 우주선 플랫폼은, 3축 자이로스코프가 우주선의 움직임과 별개로 작동하므로 역으로 항성에 맞추도록 조정이 가능하다. 항성이 고정 준거틀로 작용하기 때문이다. 항성 자체의 연구는 흥미롭다. 비록 암기과목으로 흐르는 경향이 있어도 우리 훈련 중에서 가장 흥미로운 분야에 속했다. 항성에는 뭔가 매혹적인 면이 있었다. 오늘날에도 남서부 사막의 깨끗한 밤하늘을 비행하노라면, 나는 고개를 들고 향수에 몸을 부르르 떨고 만다. 옛 친구들, 저 별들이 나를 다시 달로 데려다주고, 다시 달을 지나 별만 가득한 검은 벨벳의 공간으로 인도한다. 별은 멀고도 멀기에 지구에 있든 달 궤도에 있든 모습에 변함이 없다. 항성은 우리 인간의 여정이 얼마나 하찮은가를 깨닫게 해준다. 가장 가까운 별, 센타우루스자리의 알파(α) 별만 해도 4광년 거리다. 하루든 평생이든 놀러가기에는 조금 무리겠지만 여전히 손을 흔들며 우리와 우리 꿈들을 비웃는다. 옛 친구들의 이름은 친숙하고 신비하며 대부분 아랍어가 기원이다. 우리는 노스캐롤라이나 채플힐의 모어헤드 천문관에서 이름을 익혔다. 그것도 엄청 고생하며 외워야 했다. 별자

리 이름이야 잘못 외운들 잠깐 무안하면 그만이지만, 우리한테는 자
칫 대재앙으로 이어질 수 있었다. 우리는 훈련 중 암기요령에 매달렸
다. 예를 들어 북두칠성의 손잡이 부분을 외울 때는, "아르크투루스
에게 아뢰되 스피커에 대고 스피카" 같은 식이었다. 우스운 짓이었지
만 무한의 상징을 배운다는 기대감에 비하면 무시할 수 있었다. 우리
는 천문관을 떠나지 않고도 하늘의 달인이 되었다. 자부심도 한 몫 했
다. 당연히 주벤 엘 게누비(천칭자리 알파별)잖아. 주벤 에샴 알리(베타
별)의 반대편. 멍청아, 아니면 뭐겠냐? 낯선 이름들은 우아하고 웅장
하게 혓바닥을 굴러다녔다. 마치 노스캐롤라이나의 산 이름을 부르는
기분이 아닌가! 알타이르, 데네브, 베가… 정말 아름다운 이름들이다.
나는 별 하나를 집으로 가져와 새로 입양한 강아지에게 선물했다. '두
베'(큰곰자리 알파별)라고 이름 지은 것이다. 수의사가 당황하며 묻는
다. "두… 뭐라고요?"

　　MIT의 유도 마법사들은 복점술을 시전하고 37개의 별로 이루어진
천구좌표계가 우주비행사들의 컴퓨터에 내릴 것이라고 예언하였다.
우주비행사는 망원경이나 육분의로 내다보고 별 하나를 선정한다. 그
리고 그 위에 십자표시(+)를 해두고 완벽하게 정렬한 후 버튼을 누른
다. 그리고 컴퓨터에 어떤 별인지 번호를 입력한다. 두 번째 별에도
이 과정을 되풀이하면, 우주선이 어떤 방향을 향해 있는지 컴퓨터와
플랫폼이 결정해준다. 그런 식으로 위아래도 구분이 가능하다. 아니,
그건 조금 다른 얘기다. 지구 중심에서 멀어지면 '위'라는 개념도 불
확실해지기 때문이다. 지구에서 위란 우리를 붙드는 중력벡터의 반대
방향을 뜻한다. 하지만 이제 창밖으로 지구도 보이지 않고 지구 중력
을 벗어났다고 생각해보자. MIT 양반, 뭐 할 말 있소? 별 친구들한테

돌아가 보자. 우리는 지구 대신 별들을 이용해 새롭게 상하좌우를 규정한다. 우리 모두 동일 규칙에 따라 경기를 하는 한 문제는 없다. 그래서 지상 관제사들이 동일한 항성 준거틀을 이용해 정보를(하마터면 '위' 정보라고 말할 뻔했다) 제공해야 한다. 비로소 지상의 관습에서 자유로워진다. 이제 별들을 기준으로 로켓엔진의 방향을 결정하며, 그런 식으로 달에 가거나 돌아올 수 있다.

1964년만 해도 이런 것들을 전혀 알지 못했다. 몇 년 후 국무부에 들어갔을 때 하원의원 웨인 헤이스가 나를 "롤러스케이트를 탄 돼지"라고 놀렸는데, 당시의 내가 딱 그랬다. 1967년경에는 조금씩 이해를 하고 1968년엔 아예 MIT 언어로 메모까지 할 정도였다. "… 다음 과정은 달 궤도와 지구 궤도 점화에 필요하다. MSFN은 외부 AV 운영을 계산하고 LM 상태벡터 위치를 이용해 상태벡터를 업데이트한다. 승무원은 MSFN을 컴퓨터상 LM 위치에서 CSM 위치로 전송하는데 이를 'unzap' 과정이라 부른다. 승무원은 MSFN 벡터를 활용해 점화를 이행한다. 점화 후 벡터를 CSM에서 LM으로 전송하는 과정은 'zap'이라 한다. 승무원은 선상항해를 지속하면서 CSM 상태벡터를 업데이트하나 LM 상태벡터는 바꾸지 않는다. 이렇게 하면 W-행렬이 원활……."

1968년이 다가오면서 보먼-콜린스-앤더스에게도 달은 훨씬 가까워보였다. 휴스턴 주변 사람들도 최초의 3인조 유인비행의 목표들을 재검토하고, (우리) 세 번째 비행을 위한 지원방안도 조용히 쌓아가는 중이었다. 이 비행을 6,500킬로미터 원지점에서 37만 킬로미터로 바꾸기 위해서, 다시 말해 달 주변을 돌기 위해서였다. 계획의 수정안에는 실제로 달 주변 궤도 진입이 제안되어 있었다. 착륙이 아니라 100

킬로미터 이내로 접근한다는 뜻이다. 하지만 최초의 유인비행을 띄우기도 전에 그런 꿈을 꾸는 것 자체가 어불성설이었다.

비슷한 시기에 근심이 하나 생겼다. 종내는 그 걱정으로 아폴로마저 안중에서 사라질 정도였다. 몸에 문제가 생긴 것이다. 집요하고도 악질적인 문제, 당시만 해도 정말로 심각했다. 핸드볼 경기를 할 때였다. 두 다리가 움직이는 느낌이 이상했으나 난 경고를 무시했다. 갑자기 다리에 힘이 빠진다는 복서들 얘기는 들은 적이 있다. 서른일곱의 나이이니 어쩌면 때가 되었다는 생각도 들었다. 중년, 스피드와 민첩성이 떨어지는 시기. 그런데 머지않아 다른 문제들이 나타나기 시작했다. 계단을 내려가다가 왼쪽 다리가 꺾이며 하마터면 굴러 떨어질 뻔한 것이다. 느낌도 이상했다. 어느 부위는 쑤시고 어느 부위는 아무 감각이 없는 것이다. 온수욕이나 냉수욕을 하면 신경반응이 늘 비정상적이었다. 냉수는 통증을 유발했고 온수욕을 할 때는 왼쪽 장딴지에 아무 감각도 느껴지지 않았다. 장딴지 주변이 벗겨질 정도로 뜨거운 데도 그랬다. 설상가상으로 증세가 점점 번지더니 왼쪽 허벅지를 지나 옆구리까지 치고 올라왔다.

마침내 마지못해 나사 항공군의관에게 보고했다. 군의관은 파일럿의 친구여야 하지만, 다들 알다시피 우주비행사 신분으로 진료실에 들어갈 경우 걸어 나오는 방법은 두 가지 뿐이다. 우주비행사 신분이거나 아니면 지상근무로 빠지거나. 요는 좋을 게 하나도 없다는 얘기다. 그런데 왜 모험을 하겠는가? 좋은 게 좋은 거라지만… 그 말도 위로가 되지는 못했다.

군의관도 이유를 모르겠다고 실토했다. 조언대로 휴스턴에 가서 전문신경의를 만나보니 1시간 안에 진단이 떨어졌다. 엑스레이로 확인도 했다. 5번과 6번 경추 사이에 뼈가 자라 척수를 찌르고 있었다. 통증을 줄이는 방법은 수술뿐이며, 수술은 빠를수록 좋단다. 그때가 1968년 7월 12일. 나는 돌아오는 주 초로 수술 예약을 하고 나사로 복귀했다. 그리고 곧바로 지옥문이 열렸다. 아니, 그렇게 간단한 문제가 아니야. 먼저 의견을 구했어야지. 자네한테 필요한 사람은 미국 최고의 명의야. 공군 장교이니 네 몸도 공군 소유라 이거야, 운운. 그래서 난 황급히 병원으로 달려가 사과하고 엑스레이를 회수한 뒤 진찰을 다시 받기 위해 부랴부랴 샌안토니오로 향했다. 엑스레이도 다시 찍었으나 결과는 대동소이했다. 하버드 의대 교수가 다시 살펴도 마찬가지였다. 차이가 있다면 하버드와 공군은 휴스턴과 수술 방법이 달랐다. 앞에서 치고 들어간다. 다시 말해 목을 절개해 돌출부와 인접한 뼈를 제거한 뒤, 엉덩이에서 뼈를 약간 잘라내 두 개의 경추를 봉합하는 방법이다. 휴스턴은 후방을 공격한다고 했다. 골유합 같은 소리 하네. 그냥 뼈를 조금 제거해 척수 압력을 완화하면 그만 아냐? 2 대 1의 승부 외에도 목 절개 방식은 큰 이점도 있었다. 골유합은 공군에서 요구했기에 우주에 나가는 데에 유리했다. 더욱이 휴스턴 방식은 척추를 허약하게 만들어 탈출석의 충격을 버텨내지 못한다는 주장도 있었다. 결국 경추전방 유합수술로 결정했다. 장소와 일시는 7월 21일 일요일 샌안토니오의 공군 윌포드홀 병원. 수전 보먼이 우리 집에 와서 케이트와 앤, 마이클을 돌봐주기로 했다. 팻과 나는 320킬로미터를 달려 샌안토니오에 도착해 함께 저녁을 먹었다. 그리고 난 병원에 입원했다.

그러는 동안 생각할 시간이 많았다. 많아도 너무 많았다. 단조로운 하이웨이를 달리는 기분이랄까? 한참을 달리다 보면 캘리포니아의 다우니에 닿을 수도 있었다. 아이언맨들이 기막힌 아폴로 사령선을 조립하는 곳. 도중에 멈추고 보니 이렇게 목에 칼이 들어오고 미래는 요지경속이 되고 말았다. 사소한 일로 꼬이고 만 것이다. 골극^{骨棘}? 어떻게 나한테 이런 일이? 디스크가 악화하고 가늘어지면서 자랐겠지만, 애초에 디스크가 변성된 이유가 어디에 있었을까? 10여 년 전 F-86에서 탈출했을 때의 갑작스러운 충격 때문에? 아니면 제미니 낙하훈련 당시 너무 빠르게 떨어진 걸까? 그도 저도 아니라면 그냥 병에 걸려서? 앞으로 어떻게 되는 거지? 팀 멤버는 짐 러벨로 대체했다. 어느 시점엔가 나를 위한 자리가 남아있기는 한 걸까? 그것도 그렇게 중요한 문제 같지는 않았다. 늙은 몸뚱이를 다시 추슬러 움직여야 했기에 아폴로도 그렇게 시급해 보이지 않았다. 이 섬뜩한 벌레부터 잡자. 지금 중요한 것은 그뿐이다. 바라건대 건강을 되찾으면 아폴로 비행으로 돌아갈 수 있기를.

팻과 나는 샌안토니오 중심가의 멕시코 식당에서 느긋하게 식사를 즐겼다. 운하 둑길을 멋지게 재건해 열대의 차분한 매력을 느낄 수 있는 곳이다. 그러고 보니 일종의 기념일이기도 했다. 제미니 10호가 착수^{着水}한 지 2년이 지났다. 지난 2년간 '진짜' 우주인으로서의 삶은 기대와 적잖이 달랐다. 억울할 이유는 없지만 이게 무슨 꼴인가 말이다. 5년 동안 뼈 빠지게 일했건만? 나는 식사비를 계산하고 행운을 빌며 꽤 많은 팁까지 남긴 다음, 무거운 마음으로 수술을 받기 위해 들어갔다.

10
아폴로 예비승무원

지구는 인류의 요람이지만 요람에 영원히 머물 수는 없다.
콘스탄틴 치올콥스키

윌포드홀 병원 신경외과 병동인 T-2 병동은 섬뜩한 곳이었다. 한쪽은 집중치료실 두어 곳이 차지했다. 진짜 중환자들이 사는 곳이라 나도 열흘 동안 입원해 있는 동안 한 번도 들어가 보지 못했다. 그 외의 병동은 한갓졌다. 신경외과는 인간 모든 부위의 해부가 가능한 듯했으나 T-2 의사들은 주로 등과 뇌에 관심이 있는 듯했다. 그곳에는 노인, 젊은이, 사고피해자, 병이 심해 수술이 불가능한 환자, 도움을 받지 못한 채 떠나야 하는 사람들, 그리고 영원히 떠나지 못하는 사람들이 있었다. 보아하니 가장 흔한 참사는 제트기에서 탈출하면서 생긴 사고였다. 핸들을 당기기 전 척추 위치를 제대로 확인하지 않은 탓이다. 두 번째 유형은 자동차나 오토바이 사고에서 머리를 부딪친 환자들이었다. 나중에 알았지만 난 두 배로 운이 좋았다. 첫째, 불구자가 될 염려가 거의 없고, 둘째, 신경외과장이 부랴부랴 나서서 진료를

373

시작했다. 팻은 내가 군병원에 있는 것 자체가 마음에 들지 않았다. 지난 몇 년간 맞닥뜨린 군의관들이 아주 미숙했거나 심지어 전공 이외 분야까지 담당하는 경우도 있었기 때문이다. 그래도 월포드 병원이 전혀 다른 수준이라는 건 우리 둘 다 잘 알고 있었다. 미국 전역은 물론 해외에서까지 난치병 분야에서 최우선으로 거론하는 병원이 아닌가. 팻의 기우는 폴 마이어스 대령을 보자마자 사라지고 말았다. 한눈에도 권위와 능력이 충분한 사람이었다. 바쁜 일정에도 불구하고 충분히 솔직하고 담담하게 설명을 하고 질문에도 끈기 있게 대답해주었다. 수술은 복잡하겠지만 ("아시다시피, 편도선 수술이 아닙니다.") 그가 떠난 후 팻과 나는 둘 다 병원을 제대로 찾아왔다고 확신했다.

첫 단계는 척수 X선이었다. 나는 휠체어에 실려 방사선실로 끌려가 기울이는 침대에 누웠다. 담당의사가 배를 가죽끈으로 묶었다. 그리고 척추 하단에 조영제 한 방울을 주사했는데 조영제는 두 가지 중요한 특성이 있다. X선 형광투시경으로 식별이 가능하고, 척수액보다 밀도가 높다. 따라서 머리를 높이는 한 위치를 유지하지만, 테이블을 내릴 경우 척추 내부, 즉 척수와 주변 골격 사이로 조영제가 천천히 내려가는 과정을 형광투시경으로 확인할 수 있다. 이 방법의 핵심은 조영제가 거침없이 이동하는지, 아니면 도중에 막히는지 보자는 데 있다. 조영제 방울은 6번 경추를 지나면서 진행이 거의 멈추었다. 척수를 누르는 정도가 얼마나 심한지를 보여준 것이다. 척수 X선과 엑스레이는 일치하였다. 이렇게 하여 수술이 필요하다는 점과 수술 부위가 확정되었다.

다음날 아침에는 관장을 하고 오래 샤워를 하고 미래를 걱정했다. 분명한 사실이라고는 내 몸 안팎이 완전히 깨끗하다는 것뿐이다. 그 너머로는 베일이 드리워 내가 어떤 곤경에 처했는지 감도 오지 않았다. 그저 이 순간이 후다닥 지나고 달력이 뜯겨나갔으면 하는 바람뿐이었다. 그래서 내가 여전히 우주인으로서 잠깐 쉬었다가 달나라로 날아갈는지, 아니면 불치의 불구가 되어 재향군인병원에서 왕년의 무용담으로 상이군인들을 따분하게 할지 알고 싶었다. 간호사가 주사를 들고 왔다. 주사액이 제공하는 모호하고 나른한 기분이 좋다. 자기야, 모조리 잘라내. 난 상관없으니까. 그렇게 수술실로 끌려갔을 때 막연하나마 아주 밝은 불빛이 기억난다. 어떤 얼간이가 100부터 1까지 거꾸로 세어보라 했지만 몇 개 세지도 못했다….

다음으로 기억나는 것은, 아내한테 이런저런 얘기를 많이 한 것 같은데 아내는 표정변화 없이 내내 무덤덤하기만 했던 일이다. 내 말을 아예 듣지 못한 걸까? 아내가 아련히 멀어지더니 한참 후 닥터 마이어스와 함께 돌아왔다. 그리고 우리 셋은 진짜 얘기를 했다. 박사는 디스크를 언급했다. 그놈이 척추에서 풀려나 척추터널에 내려앉는 통에 척수 X선과 내 인생을 엉망으로 만든 것이었다. 이제 다 끝났고, 디스크는 병 안에 가두었으니 푹 쉬면 된단다.

그 다음 팻을 봤을 땐 완전히 깨어난 후였다. 소리를 들을 수도 있고 감각도 돌아왔다. 기분도 좋았다. 목과 턱에 플라스틱 고리를 끼워 꼼짝할 수가 없었다. 경고한 대로 오른쪽 무명골에 둔탁한 통증도 있었다. 뼈를 떼어낸 곳이었다. 숨을 삼키기도 엄청나게 힘들었지만 그게 다였다. 마비도 없고 통증도 심하지 않았다. 수술은 잘 된 모양이다. 이제 풀려나 집에 돌아가면 그만이겠지? 다리는 달라진 것 같지 않지만 좀 더 기다려보자. 나는 잠을 자고 일어나 고픈 배를 채우고 세상으로 돌아왔다. 일어나 앉아 면도를 하고 절룩거리며 복도를 오르내리기도 했다. 간호사들이 나를 보며 키득거렸다. 욱신거리는 엉덩이를 끄는 우리 골유합파 머리에 차곡차곡 잘 키운 부끄러움을 씌워주는 여인네들이라니, 멋진 치료법 아닌가! 나는 엑스레이를 찍고, 역기를 들고 다시 근력을 키우며 재활훈련을 했고, 머지않아 병원 밖이 미치도록 그리워졌다.

그렇게 한 주일을 보낸 후 마침내 해방의 날이 왔다. 나는 상용기를 타고 휴스턴으로 돌아와 1개월간 회복휴가를 얻었다. 열흘이 지나자 힘이 펄펄 솟았다. 팻과 나는 두베를 개집에, 아이들을 자동차에 넣고, 멕시코 국경의 지상낙원 파드리 섬을 향해 차를 몰았다. 그곳까지 이틀이 걸렸는데, 이번에는 팻이 운전을 도맡았다. 3개월 간 하루 24시간 목 칼라를 착용해야 했기에 어쩔 수가 없었다. 좌우를 살필 수가 없기 때문이다. 하긴 또 언제 이렇게 가마 탄 왕처럼 느긋하게 뒷좌석에 앉아서 아내에게 이리 가라 저리 가라 해보겠는가. 신기하게 아내도 유달리 조용하고 공손했다. 여행은 기가 막혔다. 일주일간 햇살을 만끽한 후 우리는 다시 이틀간 드라이브를 즐기며 휴스턴으로 향했다.

돌아오는 길에 코퍼스 크리스티 인근 락포트의 샌드달러 모텔에서 하룻밤을 묵었다. 다음날(1968년 8월 19일) 아침에 일어나 보니 지역신문에 기쁘고도 놀라운 소식이 실렸다. 아폴로 8호가(내 옛 우주선의 이름이 그렇게 바뀌었다) 달 주변을 돌게 된다! 지난했던 계획이 드디어 누군가에게 먹힌 것이다. 물론 월리 시라 팀이 아폴로 7호를 비행하고 비행테스트 데이터 모두를 분석한 다음에야 최종 결정을 내릴 것이다. 하지만 계획에 따르면 7호는 10월, 8호는 아마도 올해 말경에 떠나게 된다. 내가 팀에 합류할 가능성은 전혀 없었다. 수술의 필요성이 확실해진 순간, 승무원에서 탈락했기 때문이다. 뜨거운 감자가 된 신세로 나는 생각했다. 슬레이턴과 보먼으로서는, 내가 제때 돌아간다 해도 중요한 훈련을 너무 많이 놓쳤다고 판단할 것이다. 따라서 내 예비승무원인 짐 러벨이 달 궤도를 돌게 되리라. 내가 무엇을 하게 될지는 지독한 안갯속에 잠겨 있었다.

사실 내 미래는 향후 두어 번의 엑스레이에 달렸다. 골유합술로 경추 5번과 6번이 얼마나 잘 용접되었는지 그 경과를 봐야 했기 때문이다. 엉덩이에서 뼈를 잘라 쐐기로 활용했지만 그것만으로는 역부족이었다. 뼛조각이 매개 역할을 해 새 뼈가 자란다 해도 그 뼈 역시 엑스레이로 밀도를 측정해야 한다. 수술 후 30일, 뼈는 잘 자라고 있었다. 마음이 놓였다. 엑스레이 테스트에서 F를 맞으면 그 다음이 어떻게 될지 잘 알고 있었다. 월포드홀에 돌아가 다시 미네르바 깁스를 해야하는 것이다. 이 기이한 발명품은 아무래도 미네르바 여신이 투구를 이마까지 덮어 썼다는 신화에서 이름을 땄을 것 같다. 깁스가 이마 바로 위에서 시작하니 말이다. 차이가 있다면 미네르바의 투구처럼 목 덜미에서 끝나는 대신 아예 가슴까지 내려와 머리와 상체를 꼼짝하지 못하게 만들었다. 골유합의 성장에 최대한 지장이 없도록 하기 위해서다. 월포드홀의 미네르바 친구들은 그 괴물장치를 끔찍이도 싫어했다. 그러니 해방된다고 했을 때 내가 얼마나 기뻤겠는가.

휴스턴에 돌아가 제일 먼저 한 일은 이미 제출된 달 주위 비행에 대해 알아보는 것이었다. 핵심인 달착륙선(LM) 개발이 사령기계선(CSM)에 비해 다섯 달 가량 늦어지고 있었다. 랑데부 레이더의 핵심 문제들도 미해결 상태였고 사소한 골칫거리도 적지 않았다. 이런 식이라면 보먼의 LM(3)도 1969년까지 준비를 마치지 못할 것이다. 맥디비트의 LM(2)이 보면보다 먼저 나가기로 했으나 상태는 훨씬 좋지 않았다. 시동을 걸기에도 무게가 너무 많이 나갔다. 그 사이에 윌리는 10월 중 마침내 최초의 CSM을 타고 나갔다. 그가 성공하면 최초의 유인 아폴로 우주비행도 탄력을 받아 계속 이어질 것이다. 두 번째 비행도 LM을 문제 삼아 5, 6개월 기다릴 이유가 없다. 그 전에 제2차 CSM을 날리는 게 합당할 터이다. 문제는 도약하는 개구리였다. 개구리 작전이 생략된 이유가 바로 이전 로켓의 재탕이기 때문이 아니었던가. 다시 CSM을 보내 윌리의 업적을(윌리가 계획된 일을 모두 해냈다고 가정할 경우) 반복한다면 정말로 무의미하고 헛된 일이 될 것이다. 두 번째 CSM이 혼자 무슨 일을 하겠는가? 더 오래 체류하고 더 높이 오르기도 하겠지만 이런 식의 합리화가 먹히려면 달까지 갈 수밖에 없다. 달 주위만 돌든 달 궤도를 돌든 말이다. 러시아 프로그램의 영향도 무시 못했다. 상황은 잘 몰라도 분명 이런 유형의 의사결정에 흥미로운 분위기를 제공했다. 나사 관료들은 새턴 V보다 두 배나 강력하다는 러시아 부스터에 대해 대놓고 설왕설래를 했다. 달 주위 비행에 대한 소련의 관심도 기록이 충분했다. 무인이기는 해도 9월에 존드 5호가 달 궤도에 진입한 후 성공적으로* 지구에 귀환한 바도 있었다.

　러시아보다 한 걸음 먼저라는 슬로건 외에도, 달 착륙 이전에 연구를 마쳐야 할 이유는 충분했다. 핵심은 항법시스템 전반을 철저하게 점검하는 데 있었다. 혹독한 현실에서 지상 및 비행 상의 절차와 장비

---

* 비평가들의 얘기에 따르면 존드 5호는 쓸모 있는 사진을 찍을 정도로 달에 가깝게(2,000킬로미터) 접근한 것은 아니었다. 지구 대기권 진입마저 각도가 지나치게 가파랐던 탓에 하마터면 중력가속도와 고온으로 승무원들이 죽을 뻔했다. 그럼에도 불구하고 존드 5호는 대단한 성능을 증명했으며, 나사는 그 때문에 애가 탔다. 러시아인들이 금세 따라잡을 수 있을까?

도 시험해야 하지만, 비행 궤적을 더 단순화할 필요가 있었다. 착륙시 감당할 수 있는 오류의 허용치를 가능한 한 높여야 하기 때문이다. 난제는 문제가 생겼을 때 달이 지구에서 너무 멀리 떨어져 있다는 데 있었다. 유인비행이 사전에 한 번밖에 없었기에 CSM과 여타 부속장치의 안전성을 극도로 신뢰할 수 있어야 한다. 특히 달 궤도에 진입할 경우 CSM 뒷면에는 엔진이 하나밖에 남지 않는다. 당연히 완벽하게 작동해야 한다. 그렇지 않으면 승무원들은 지구에 돌아오지 못할 것이다.

달 주위 비행을 고민하는 데에는 기술적인 의미 외에 개인적 의미들도 있었다. 적어도 해당 승무원들한테는 그랬다. 시라-아이즐리-커닝햄 후 두 번째 라인은 맥디비트-스코트-슈바이카르트였다. 그리고 맥디비트는 달 주위 비행 제안을 받았으나 거부했다. 돌이켜 보면 순교자이거나 멍청이처럼 보이지만, 당시에는 LM에 몰두하겠다는 그의 결심에도 수긍할 만한 이유들이 있었다. 우선 윌리의 비행이 한 달여밖에 남지 않았는데 아직 부족한 면이 적지 않았다. 두 번째 비행이 단순히 지구 궤도 모방에 그치지 않으려면, 연료전지, 짐벌모터, 컴퓨터, 낙하산 등의 성능이 완벽에 가까워야 한다. 사실 CSM만큼은 어느 정도 만족스러운 수준이었다. 화재 이후 18개월이 지나기도 했지만… 그렇다고 최초의 유인비행에 문제가 없을까? 믿기가 쉽지만은 않았다. 짐 맥디비트는 최근 몇 개월을 LM과 붙어살았다. 그래서 소속 승무원들이 두 번째에서 세 번째로 밀린다 해도, 여전히 거기에 집중해 비행시험까지 마무리하고 싶었던 것이다. 최종분석은 최초의 달 착륙 승무원을 선발하는 관리에게 중요할 수밖에 없었다. 달 항해 경험이냐, 달착륙선이냐? 쉬운 문제는 아니었다.

문제는 또 있었다. 지엽적이긴 해도 당사자들한테는 그 역시 중요했다. 예를 들어 데이브 스코트는 맥디비트의 결정을 존중했으나 그렇다고 자기 아기나 다름없는 CSM 103을 보먼의 104로 바꾸고 싶어 하지는 않았다. 실제로 동일모델이기는 해도, 데이브는 다우니에서 케이프까지 103을 품고 다니며 무수히 실험을 거쳤다. 당연히 내놓고 싶을 리가 없었다. 나 또한 104에 크게 공을 들였기에 데이브를 설득해보았으나 소용은 없었다. 비슷한 게 같다는 뜻은 될 수 없다. 우리 팀 승무원들도 마냥 행복하지는 않았다. 빌 앤더스는 LM을 빼앗기고 크게 낙담했다. 그야말로 LM 없는 LM 파일럿 신세가 아닌가. 달 궤도 비행도 합당한 보상이 되지 못했다. 이번 결정이 우리 여생에 어떤 식으로든 영향을 미친다는 사실을 모르는 사람은 없었으나* 만족한 결정을 내리기엔 여전히 모르는 게 많았다. 그저 미래의 복불복에 근거한 추측들뿐이 아닌가. 이런 상황에서 인간들은 현재의 일에 매달리게 된다. 데이브 스코트 같은 천재가 CSM의 일련번호에 집착하는 것도 그래서다. 보먼은 고민이 많지 않은 인물이었다. 하지만 일단 달에 꽂히자, 사냥개가 메추리 떼를 쫓듯 무자비하게 파고들었다.

마이클 콜린스는 이 과정을 호기심 많은 구경꾼 입장으로 지켜보았다. 최우선 관심은 골격의 힘을 회복한 후 비행 임무에 복귀하는 데

---

* 이 와중에 크게 꼬여버린 이가 있다면 피트 콘래드였다. 콘래드는 맥디비트의 예비였기에 만일 맥디비트가 아폴로 8호를 타고 날아갔다면, 당연히 아폴로 11호의 사령관으로 날 암스트롱 대신 외계 위성을 걷는 최초의 인류가 되었을 것이다. 하지만 보먼-맥디비트 조는 짐을 9호에 넣고 콘래드를 12호로 밀쳐놓았다. 달을 걷게 될 세 번째 인간은 누구였을까? …음, 내 생각에 분명 콘래드였다. 그러면 열세 번째는? …음, 그렇게 많이 있었을 것 같지는 않다. 린드버그 이후 대서양을 솔로비행한 사람이 얼마나 많았지? …음, 엄청 많았지만 이름조차 기억 못한다.

있었지만 그때까지 놀고 있을 수만은 없었다. 누구라 해도 보직을 맡아야 했기 때문이다. 나사 국장 짐 웨브가 은퇴를 앞두면서 자상한 성품의 톰 페인이 그 자리를 떠맡았다. 톰은 나한테 워싱턴의 일자리를 제안했다. 아폴로 응용프로그램 보직이었다. '임시직'이라고 얘기는 했으나 전화 목소리가 어딘가 껄끄러웠다. 마치 은퇴한 우주비행사에게 일거리를 제안하는 것 같지 않은가. 그에게도 하소연했지만, 아폴로 승무원으로 돌아간다면 그 자리는 휴스턴이어야 했다. 워싱턴은 미래 승무원을 꿈꾸는 사다리에서 내려가야 한다는 뜻이기 때문이다. 톰은(난 그를 페인 박사라고 불렀지만) 곧바로 수긍했다. 짐이었다면(짐은 미스터 웨브라고 불렀다) 싫다고 말하기가 훨씬 어려웠을 것이다.

휴스턴에 머물기로 하고 국장 승인까지 얻은 이상, 옛 우주선에 집중하기로 마음을 먹었다. 우주선은 아폴로 8호라는 이름으로 불렸다. 출발은 나의 예비인력인 짐 러벨에게 상세 브리핑을 하는 일이었다. 보다 중요한 문제도 있었다. 나는 비행계획 전문가였다. 달 궤도 비행을 한다면, 수많은 임무조항도 새롭게 규정하고 상세히 계획하고 조직해야 한다. 승무원들한테도 대변인이 절실히 필요했다. 그래야 시뮬레이터에 있거나 우주선을 실험하는 동안, 끝도 없는 회의에 나가 자신들의 이해를 대변해주지 않겠는가. 예를 들어 달 궤도 내에서의 일정은 분 단위로 짜인다. 승무원의 허드렛일이 수많은 변수에 의존하기 때문이다. 어느 주어진 시간에 우주선은 직사광선이나 지구반사광을 받을 수도 있고, 칠흑 같은 어둠 속에 갇힐 수도 있다. 지구와의 무선통신도 가능하거나 불가능할 것이다. 지구와 통신하기 위해 안테나를 돌렸더니, 방향이 예상 착륙지가 아니라 새까만 우주공간이 될 가능성도 있다. 우주선을 돌려 육분의로 별들을 가리키고 관성플랫폼을 정렬하고 보니, 몇 분 후 지구와 통신을 하지도 달을 촬영하지도 못한다는 사실을 알게 될 수도 있다. 방향을 바꿀 때마다 시간과 연료가 소비되는데 달 궤도에서는 둘 다 소중한 일용품이다. 임무가 맞물리면 안배를 잘해 최대의 효율성을 기해야 한다. 지루하고 자잘한 일이지만, 덕분에 나는 유용해졌고 그놈의 목받이 대신 아폴로에 집중할 수 있었다.

엑스레이도 차츰 나아져 10월 말쯤 목받이를 떼어내고 탈출석 없는 수송기를 운전할 정도가 되었다. 11월 말에는 T-38로 복귀하고 비행사 신분도 완전히 회복했다. 5~6번 경추 사이의 말랑말랑한 디스크는 단단한 뼛조각으로 대체되었다. 척수 손상이야 대체로 완치가 불가능했으나 근육간 협조운동은 조금씩 나아지는 듯했다. 다리 한쪽의 냉온 감각은 여전히 미흡했지만, 그래서 뭐? 견디면 살 정도면 되지 않나? 중요한 사실은 마이어스 박사 덕분에 우주비행 자격을 회복했다는 것이다. 박사 말마따나 편도선 절제수술이라도 한 기분이었다. 완전히 회복되었다니 기분이 최고였다. 수술 당시에는 정말 암울했건만… 락포트 모텔에서 달 궤도 비행 기사를 읽었을 때는 정말로 나와 완전히 무관한 세상 얘기였다. 좋은 소식이니 기뻐하기는 했다. 하지만 이내 이기심으로 뚱해진 녹색 요정이 등장하며 생각도 불온해졌다. 비행이 한두 달이나 남았는데 왜 러벨이 내 자리에 있지? 내가 이렇게 건강한데? 사실이다. 러벨은 이제야 미친 듯이 시뮬레이터 시간에 몰두했지만 난 이미 오래 전에 끝낸 일이다. 비행에 대해서도 여전히 더 잘 알았다. 러벨이 미운 건 아니다. 그의 잘못도 아닌데다, 내 자리도 좋아서 빼앗은 게 아니라 맡은 바 임무였기 때문이다. 원흉은 보먼과 슬레이턴이다. 어쨌든 다 지난 일이라 지금 와서 되돌릴 방법은 없었다. 러벨을 다시 나로 바꾸라고 싸움판을 벌이지 않는 한 불가능한 일이다. 경추전방 유합술에서 회복까지 125일밖에 걸리지 않는다는 것을 두 악당은 알았어야 했다!

10월 11~22일에 걸친 윌리의 비행은 사실 시작보다는 종지부에 가까웠다. 프로그램 상 빠진 부분을 마무리하고 실행이 미흡했던 목표 일정을 채웠으며, 아폴로 화재 이후 침체기에 종지부를 찍는 의미였기 때문이다. 비행 직전인 9월 말, 나는 시험비행조종사 협회의 연례 심포지엄에 나가 지난해의 성취들을 요약 설명하고 다음해 계획을 예고하였다. 연설을 준비하면서 나사의 상세일정표를 파헤쳐보았는데, 계획에 따르면 1969년 7월 CSM 107과 LM 5를 활용해 달착륙에 도전하게 되어 있었다. 테스트파일럿들에게는 자세한 얘기 없이 이론적으로 볼 때 달 착륙이 1969년 다음 심포지엄 이전에 가능하다고만 언급했다. 하지만 내가 도박사였다면 1969년 7월 CSM 107이 궤도를 도는 동안 누구도 LM 5에서 걸어 나오지 못한다는 데 전 재산을 걸었을 것이다.*

사흘간의 제미니 랑데부와 EVA 비행에 비하면 비행 자체는 심심풀이 땅콩에 불과했다. 윌리 시라, 돈 아이즐리, 월트 커닝햄은 지구를 돌면서 163차례나 잡담을 하고 소란을 부렸다. 셋 다 코감기에 걸려 조바심이 더해진 데다 허풍까지 장난이 아니었다. 그래도 셋은 11일을 머물며 할 일을 했고 계획한 실험을 모두 완수했다. 대형 로켓 엔진(보면이 달에서 지구로 돌아오는데 필요한 엔진)도 시험해 여덟 번이

---

* 하지만 계획은 예고대로 정확히 1969년 7월 20일에 실행되었다.

나 점화에 성공했다. 사소한 전기 문제가 있기는 했으나 최초 비행으로서는 대성공으로, 아폴로 8호의 달 탐사 길을 열어주었다. 그렇다고 나사가 당장 발표한 것은 아니다. 한 달을 더 안달하고 길길이 뛰면서 반발 여론이 없다는 사실을 확인한 것이다. 발사가능 시간대가 다가오면서 달은 우리뿐 아니라 러시아에도 손짓을 했다. 누가 먼저 인간을 달 궤도에 올릴지 추측이 난무할 수밖에 없었다. 1968년 가을까지 두 개의 보고서를 보면 결과는 어느 정도 비슷했다. 1967년 불과 3개월 사이에 그리섬-화이트-채피가 최초의 아폴로에서 사망하고 코마로프는 최초의 소유스로 목숨을 잃었다. 두 나라가 비극에서 탈출한 것은 1968년 후반이었으며 그것도 불과 2주 차이였다. 시라-아이즐리-커닝햄은 아폴로 7호, 베레고보이는 소유스 III이었다. 양 측은 또한 무인 우주선으로 달을 왕복했다. 앞으로 과연 어떻게 될 것인가?

러시아는 어떤지 몰라도 12월이 가까워지면서 휴스턴 주변상황은 계획, 실습, 점검, 재점검 과정이 최고조에 달했다. 승무원들을 만날 여유도 줄었고 소통은 메모로만 가능해졌다. 승무원들은 대부분 케이프 시뮬레이터에 있고 나는 휴스턴 회의에 자주 참석했던 탓이다. 나도 캡콤의 일원이므로 이따금 무전으로 얘기는 했다. 함께 휴스턴 관제센터, 케이프 시뮬레이터 운영팀, 지구추적 기지를 오가며 달 탐사에 수반한 가상의 문제들도 시뮬레이션했다. 시뮬레이션과 회의 사이에는 승무원들한테 메모를 보내 다음과 같이 난해한 문제들을 상의했다.

1. 새턴 V가 제멋대로 놀아서 우주선을 맞지 않는 궤도에 올려놓기 시작한다면? 셧다운하기 전에 얼마나 오래 표류할지 따져볼 것.
2. 달 궤도에 진입하기 전에 기계선 엔진을 시험해봐야. 이 골칫덩

이가 제대로 돌아가는지 확인해야 하지 않는가? 해야 한다면 어느 방향으로? 잘못하면 지금까지의 완벽한 궤적이 깨질 수도 있다는 것을 감안할 것.

3. 달 궤도에서 스무 시간을 어떻게 보내고 싶은가? 달 과학 연구 아니면 우주선 비행유지의 기술적 문제를 연구할 것인가? 아니면 적절한 휴식을 취할 것인가? 구체적으로 대답 요망.

4. 위쪽을 어디로 할 것인가? 인공지평선의 위아래를 어떤 식으로 결정하면 좋을지 생각하라. 지구 지평선을 기준으로 할 것인가 달의 위아래를 기준으로 할 것인가? 아니면 비행과정 전체를 유지해줄 다른 벡터가 필요하다고 보는가?

5. 관제센터는 보면이 원하는 대로(자동귀환 궤도에서 초속 1미터 이내) 정확하게 궤적을 유지할 수 없을 것이다. 간단히 말해서 창공에서의 완벽한 통로라는 것이 아직 정의되지 않았기 때문. 관제센터는 충분히 정확하다고 주장하지만 초속 1미터는 지나치다는 것을 고려하라.

6. 서반구의 실험가들이 갑자기 달의 지형적 특성이 담긴 사진을 확보해야 한다고 강력하게 요구하는 중. 모두 나한테 보내면 바보들은 걸러내고 나머지는 적당한 사람에게 넘기겠다.

7. 12월 발사 예정일에 대해. 태양을 기준으로 지구와 달의 위치를 고려하면, 가시성이 좋지 않아 선내 항법에 적당치 않아 보임. 다시 말해 (a) 지상 컴퓨터의 정확성, (b) 지상과의 무선통신 능력에 전적으로 의지할 텐데, 그래도 발사를 받아들이는가?

8. 지구 귀환에 관한 사항. 착수 지역에 폭풍이 발생할 경우 (1) 귀환이 최우선이니 태풍을 뚫고 착륙한다. 또는 (2) 지금껏 시도하지 않은 절차를 도입해서 다른 대안을 찾는다. 어느 쪽을 원하는가?

9. 상황이 허락한다면 조기귀환을 유도할 수 있지만, 그 경우 대기 진입속도가 더 빨라야 함. 이 문제도 함께 토론해보기로.

아폴로 8호가 끌어안은 숙제 중에서 가장 중요하고 난해한 상대가 궤적 분석이다. 우리는 컴퓨터들을 동원해 비상시 활용이 가능한 수치들을 만들어냈다. 산소가 샐 경우를 예로 들어보자. 달에 가는 길에 문제가 커진다고 그냥 집으로 돌아올 수는 없다. 귀환을 하려 해도 지구, 달, 심지어 태양까지 중력 모두를 신중하게 분석해야 한다. 우주선에 연료가 충분하지 않으면 달의 인력을 이겨내지 못한다. 그 경우 일단 달의 중력에 순응했다가 우주선을 선회해 달 뒷면으로 돌아가는 편이 좋다. 그 다음에 엔진을 점화해 귀환한다는 얘기다. 다른 상황이 발생할 수도 있다. 연료를 탕진하면서 조기 귀환을 할지, 아니면 시간이 늦어져도 경제적 선택을 할지는 생명지원 시스템이나 추진제가 충분한가의 여부에 달려 있다. 이들 문제는 컴퓨터로 심층 점검했으며 수집한 해결책만도 장서를 가득 채웠다. 필요할 경우 적당한 책을 장서에서 꺼내 수개월간의 노력을 몇 분 내에 적용하도록 안배했다. 보먼이 비행 전 기자회견에서 이 부분을 언급했다. "…달에 가는 길에는 규칙적으로 취소 가능 지점이 있습니다. 그러다가 그냥 달을 우회하는 편이 더 빠르게 될 지점에 이르게 되죠…."

나중에 알았지만, 보먼에게는 이런 정보가 필요치 않았다. 하지만 2년 후 그의 항해사 짐 러벨은 상황이 달랐다. 사실 아폴로 13호의 탱크가 폭발하고 러벨, 스위거트, 헤이스가 산소 대부분을 잃었을 때 그들은 휴스턴 컴퓨터와 궤도의 신들에게 목숨을 의지해야 했다. 보먼은 그날 기자회견에서 또 다른 핵심을 건드린 바 있다. 아폴로 8호가 촉매로 기능해 달의 미스터리를 전부 제거했다는 얘기였다. 8호는 지구에서 멀리 벗어나는 데 따른 의심을 해소하고, 달을 단순히 이론적으로만 방문 가능한 머나 먼 외계가 아니라, 실제로 활동이 가능한 무대로 만들어주었다. "…우리는 아폴로를 설계하고 달에 가겠다고 선언도 했습니다. 그러다 … 마침내 세세한 문제들까지 정리하고 정말 간다고 하자, 사람들이 갑자기 불안해하네요. 하지만 저는 하드웨어만큼은 자신 있습니다." 도대체 무슨 배짱과 이성과 행운이 따르기에 하드웨어를 100퍼센트 신뢰하는지 모르겠다. 오히려 난 나사의 안전 팀장 제리 레더러의 연설에 더 마음이 갔다. 발사 3일 전 그의 말을 빌면, 콜럼버스보다 미지의 세상을 여행할 때면 "당연히 엄청난 위험을 각오해야 한다. 물론 예상조차 못한 위험들도 있다. 아폴로 8호는 560만 개의 부속과 150만 개의 시스템, 서브시스템, 어셈블리로 이루어졌다. 모든 장치가 99.9퍼센트 신뢰도로 작동한다 해도, 여전히 5,600개의 결함 가능성이 남아있다…."

캡콤으로서 내 역할은 승무원들을 상대할 때는 관제센터의 대변인, 그리고 관제센터 내에서는 승무원들의 대변인이었다. 고장 위기 상황이 5,600개라면 할 얘기는 무궁무진할 수밖에 없다. 존슨 대통령도 고장의 가능성을 염두에 두었는지 승무원들에게 메시지를 보냈다. "세계 최고의 장비들도 우주비행사들의 용기에 보답할 거라 확신합니다. 그러므로 임무는 분명 성공할 겁니다." 역시 가정문이다. 그래도 상황이 그렇게 나쁘지는 않았다. 윌리의 비행은 장비설계의 신뢰도를 상당히 증명해주었다. 비록 끔찍했지만 이번에도 화재가 기여했다. 화재 후의 재설계에서 CSM에만 5,000가지의 기술 변화를 적용했다. 내가 보기에 새턴 V은 완전히 미지의 발명품이었다. 501이 완벽에 가까운 비행을 했다 해도, 502는 501의 문제점을 더 많이 물려받고 지구 궤도에도 간신히 진입했다. 제1단 엔진은 진동이 심했고 제2단의 엔진 중 둘은 셧다운되었으며, 유도시스템은 과잉계산을 한 탓에 150킬로미터나 더 높은 원지점에서 궤도에 진입했다. 그런데 우리는 1968년 12월 21일 503을 이용해 CSM 103호를 달나라에 쏘아 올릴 참이었다.

캡콤은 3인조였으며 24시간 8시간씩 3교대를 했다. 관제실을 지키는 엔지니어들과 더불어 비행 감독의 지휘를 받아야 했기에 팀을 나누기도 했다. 제리 카는 검정색, 켄 매팅리는 밤색, 나는 녹색. 녹색팀은 발사단계를 책임졌다. 몇 주일 동안 승무원은 물론 관제센터 녹색팀과 훈련을 하며, 어떤 사소한 고장에도 최대한 신속하게 대처할 태세를 갖추었다. 우주비행에 반사 신경이 반드시 필요한 것은 아니다. 질문과 토론의 여유는 언제나 가능했다. 단 발사 단계만은 예외다. 캡콤이 "중단!"이라고 명령하면 승무원은 중단하는 게 좋다. 그것도 신속하게.

21일 새벽 7시 503이 굉음을 터뜨릴 때는 정말로 초조했다. 나는 관제센터 내 전용콘솔에 웅크리고 앉아 스크린을 가로지르는 전자신호를 지켜보고, 전문가들의 생명신호 보고에 귀를 기울였다. 압력 정상, 온도 정상, 방위 정상······모두 문제없다······발사······발사대 이탈······30,000킬로미터. 주목! 모드 1 찰리······2분 30초······스테이징 시작······제1단 걱정 하나 감소······이스케이프타워 투하. 모드 2······현재 유도기능 정상······5분······2단은 작동하지 않아도 제3단으로 궤도 진입 가능······스테이징, 2단 종료······S-IVB(제3단 엔진) 양호······현재 150킬로미터, 가속 진행 중······분리 대기중······제2단 엔진연소 정지!……상태 양호. 아폴로 8호 통로 확보. 휴! 이제 마음을 놓는다. 우주선도 궤도에 안착하여 관성으로 거의 3시간가량 항해할 것이다.

다음 빅 이벤트는 새턴 V의 제3단 엔진을 재점화하여 달을 향해 출발하는 것이다. TLI translunar injection, 달천이라는 이름의 이 점화는 동부표준시로 정확히 10시 40분에 이루어진다. 요컨대 그 이전에 장황한 장비 목록을 하나도 빠짐없이 점검해야 한다는 뜻이다. 장비는 하나하나 탐사의 핵심에 속하기에 뭐든 고장 날 경우 곧바로 우리가 알아야 했다. TLI 이후에는 궤적들이 아주 복잡해지기 때문이다. 다행히 점검은 손쉽게 진행되고 데이브 스코트의 응석받이 103호 우주선도 아무 문제없이 돌아다녔다. 마침내 절정의 순간이 도래했다. TLI를 위해 S-IVB를 점화 카운트다운하는데 관제센터에 정적이 깔렸다. TLI 때문에라도 이번 비행은 과거 6차례의 머큐리, 10차례의 제미니, 그리고 한 차례의 아폴로 비행과도 차원이 다를 것이다. 아니, 어느 우주선의 어느 탐사와도 달라야 했다. 인류는 역사상 처음으로 중력권 탈출속도보다 빠르게 날게 된다. 지구 중력장의 속박을 끊고 우주공간을 활공하는 것이다. TLI를 마무리하면 태양계에는 세 사람이 있게 된다. 나머지 수십억의 인류와 따로 헤아려야 할 사람들. 이들은 다른 공간에서 다른 규칙에 따라 움직이며, 존재하는 곳 또한 별개의 행성으로 간주된다. 셋은 지구를 조사하고 지구는 또 이들을 조사하며, 서로가 처음으로 서로를 보게 될 것이다. 관제센터 사람들도 그 사실을 알고 있었으나, 그 사실을 선포하는 벽에는 어느 불멸의 문장도 나타나지 않았다. 그저 가느다란 녹색선 한 가닥뿐. 바로 아폴로 8호가 상승하고 가속하고 사라지는 모습이다. 우리는 이 행성에 남아, 마침내 우리 인간에게 머물 것인가 떠날 것인가의 선택을 해야 했다. 그리고 결국 떠났다는 사실에 감개무량해 하고 있었다.

밖으로, 밖으로. 그런데… 아폴로 8호의 기적이 잠시 멈추고 프랭크 보먼이 구토를 했다. 직접 말은 하지 않았으나, 잠재적으로 의학 문제가 발생했다는 보고가 온 것이다. 그는 의료진과 내밀한 대화를 요청했다. 우리가 '척 베리'라고 부른 찰스 베리 박사는 아주 신이 났다. 누군가 우주 공간에서 조언을 청할 날을 10년 가까이 기다리지 않았던가. 맙소사, 인류 최초로 요람을 떠난 인간이 드디어 주치의가 있다는 사실을 기억해 낸 거야! 타이밍도 완벽했다. 우주비행 관제센터에는 똑 같은 층이 두 개가 있었다. 시설도 동일했다. 두 건의 비행을 동시에 처리하거나, 적어도 두 번째 비행을 준비하기 위한 배려였다. 우리는 3층을 점유한 터라 2층의 관제실은 비어 있었다. 우리는 보먼의 얘기를 비공개로 듣기 위해 '엘리트 그룹' 대여섯 명을 모아 아래층으로 내려갔다. 보먼은 별로 말을 하지 않았다. 그저 몸 상태가 좋지 않고 배가 아프다는 정도. 바이러스, 멀미, 심각한 질환? 누가 알겠는가? 휴식과 수분 섭취를 처방하고 두고 볼 일이다. 그 사이 아폴로 8호는 무서운 속도로 지구에서 멀어지고 있었다. 하지만 1분에 수백 킬로미터씩 의료진의 도움을 벗어나는 판에 증세가 아무리 나빠진들 누가 무슨 도움을 줄 수 있겠는가? 나는 당혹감 속에 터덜터덜 위층으로 돌아왔다.

멀미는 말이 안 된다. 오래 전 러시아 자료를 보면, 무중력이 유체 유동sloshing fluid을 초래해 내이 장애를 일으키거나 위장에 불안 신호를 보내 구토 증세를 유발하는 경우가 종종 있기는 했다. 하지만 미국인은 이 보고서를 무시하고 우리 자신의 무증상 비행 경험을 믿었다. 노련한 테스트파일럿의 내이는 그런 식의 충돌과 충격에 익숙하다. 그런데 보면이 구토를 했다. 러시아식 질병이었을까? 앤더스와 러벨도 딱히 아프지는 않았지만 그다지 팔팔해 보이지 않았다. 좁은 병실을 나눠 쓰다 보니 메스꺼움도 느꼈을 것이고, 비행 과정에 그림자가 드리워졌으니 침울해졌을 것이다. 하지만 시간이 지나면서 보면은 한결 좋아졌고 관제센터도 비로소 안도의 한숨을 내쉬었다. 인류의 절반이 아폴로 8호의 발사 소식을 듣거나 읽었다(존 글렌 이후 케이프에는 그 어느 때보다 기자가 많이 모였다). 영문 모를 질병 때문에 아폴로 8호를 조기귀환 조치했다면? 그 누가 그런 얘기를 세계의 절반에 고하고 싶겠는가? 보면은 수면제 부작용 같다고 했다. 어쨌든 우리 프로그램에 등장한 최초의 멀미 사건이었다. 머큐리와 제미니 우주선은 너무 좁아서 비행사들이 벨트를 풀고 진공을 떠돌 여유도 없었다. 하지만 아폴로 8호 이후 사령선(후에는 스카이랩)이 넓어졌다. 따라서 며칠간 멀미를 하는 사람도, 그렇지 않은 사람도 나타날 것이다. 똑같은 악천후라도 선원들이 영향을 받기도 하고 아니기도 하지 않던가. 러시아 우주선은 우리보다 넓기에 몸동작이 많고 따라서 이런 부작용을 일찍 드러냈겠지만 우리는 오로지 제로G 비행기에서만 경험했다. 다행인지 불행인지 제미니 우주유영 중에도 그런 증세는 없었다. 물론 내이가 제대로 작동한 것은 아니다. 제미니 우주유영자가 외부에서 구토를 했다면 아마도 끔찍한 모습으로 목숨을 잃었으리라. 헬멧 속 토사물이 눈을 가리고 산소공급기를 틀어막아 질식했을 테니 왜 아니겠는가. 이 증세는 달을 걸을 때도 일어날 수 있는데, 다만 달의 중력이 어느 정도 안정화 요인으로 작용할 수 있다.

둘째 날 보면 팀이 늦게 텔레비전에 등장했을 때는 아주 건강해

보였다. 관제센터에서도 보다 기술적인 문제에 집중했다. 주요 문제는 (1) 우선 항로가 정확한지의 여부다. 370,000킬로미터 거리인지라 130킬로미터만 벗어나도 달을 놓칠 수 있다. (2) 아폴로 8호를 달 궤도에 올려놓기도 하고 또 내리기도 해야 하는 대형 보조추진 시스템 엔진(SPS)도 확인해야 한다. 그리고 (3) 인류 최초로 지구에서 멀리 떠난 터라 그밖에도 불안요소는 많았다. 게다가 5,600개의 잠재적 고장 위험이 있지 않은가! 하지만 항해는 순탄했다. 애초 중간수정을 계획했으나 그마저 필요 없을 정도였다. 그래도 달에 가까이 갈수록 상황 계산이 다소 변했다. 지구의 인력이 영향을 잃는 한편 반대로 달의 인력이 강해졌다. 우리 컴퓨터도 사실을 파악하고는 독단적으로 하늘의 한 점을 선택했다. 수학 방정식이 지구 중심에서 달 중심 시스템으로 바뀐 것이다. 지구의 '세력권'을 벗어나 달의 '영역'에 진입한 것이다. 그 교차점에서 수학적 오차가 발생하고 컴퓨터는 우주선 위치를 재평가해 몇 킬로미터 정도 수정했다. 때마침 녹색팀이 비번이었는데 팀의 상근 전문가 필 섀퍼는 그날 밤 기자회견에서 이 사실을 언급하며 큰 실수를 저질렀다. 기술을 모르는 기자와 매체를 모르는 기술자 사이의 간극은 너무도 명확했다. 필은 애써 부인하려 했으나, 그럴수록 기자들은 달 영역으로 진입하면서 우주선이 가볍게 흔들리거나 덜컹거렸다고 확신했다. 덩치 큰 프로 풋볼선수 출신인 필조차 얼굴이 벌게지며 땀을 뻘뻘 흘릴 정도였다. 그런 그가 방정식을 재검토하고 끈기 있게 논리를 설명해봐야 어림도 없었다. 장벽을 지날 때 승무원들이 충격을 받지 않았을까요? 우주선이 한 지점에서 다른 지점으로 순간 이동하는데 어떻게 느끼지 못할 수 있죠? 불쌍한 필이 한숨까지 내쉬며 고군분투하는 동안 다른 사람들은 키득거리며 웃음을 참았다.

이후 우리는 종종 달의 영향권에 대해 논쟁을 했다. 외부인들이 함께 있을 때가 특히 그랬다.

사흘째 320,000킬로미터 밖에서 다시 영상을 보내왔다. 승무원들이 창밖으로 보이는 야구공 크기의 지구 사진을 우리에게 보여주었다. 1948년 영국의 저명한 천문학자 프레드 호일이 이런 말을 했다. 역사상 최초로 지구 전체를 사진 촬영할 수 있다면 가장 강력한 신개념들이 봇물처럼 터져 나올 것이다. 아폴로 8호 이전에도 무인위성에서 지구 전체의 클로즈업 사진을 보내온 적이 있다. 하지만 32만 킬로미터 거리에서 본, 우주선 창문에 박힌 계란 크기의 지구를 접하니 정말 기분이 묘했다. 텔레비전의 낯익은 플라스틱 테두리 안에서 봤는데도 섬뜩했다. 저게 우리라고? 프레드 호일의 고향에서 멀지 않은 런던에 '평평한 지구 국제협회'International Flat Earth Society가 있다. 그 사람들이라면 여전히 기본 입장을 바꿀 의사가 없다고 논평할 것이다. 사진에서야 분명 둥글지만 그렇다고 구체라는 증거는 없지 않은가! 뭐가 그리 자신 있는지는 모르겠지만 난 그때도 그 후에도 마음이 편치 않았다. 특히 러벨이 이를 "광대한 우주공간의 환상적 오아시스"라고 묘사했을 때가 그랬다.

아폴로 8호의 다음 장애물 이름은 이름도 괴이한 LOI₁lunar orbit insertion 1이었다. 승무원들도 그렇게 생각할 것이다. LOI₁ 곧 '달 궤도 진입 1번'은 SPS의 점화를 뜻했다. 아폴로 8호의 속도를 줄여 달의 중력장에 걸리게 할 목적이다. 그 뒤를 LOI₂가 잇는데 이 소규모 점화는 달 궤도 운항을 60해리까지 줄여주었다. 달 궤도를 10회 공전한 후 (20시간 소요) TEI transearth injection, 지구방향 분사를 시행하는데, 이는 대형 엔진을 점화하여 아폴로 8호를 지구 대기와 충돌노선에 올려놓을 것이다. 우리는 SPS 엔진을 신뢰했다. SPS는 이중배관으로 되어 있었다. 연소실과 배기노즐이 각각 하나이며 땅딸막한 원추형으로 기계선 말미에 돌출해 있다.

나흘째는 크리스마스 이브였다. 아폴로 8호는 달 왼쪽으로 돌아들며 사라졌다. LOI_1와 관련해 우리의 최신 정보와 조언을 듣기는 했지만 실행 자체는 지구와 무선연락이 끊긴 상태에서 해야 했다. 속도를 시속 3,200킬로미터로 줄이려면 4분의 점화시간이 필요하고, 다시 10초간의 LOI_2가 궤도 순환을 이끌었다. LOI_1이 어긋나면 아폴로 8호는 태양계로 빠져나가거나 달과 충돌할 수 있었다. 다행히 계산은 정확했고 승무원들의 상황도 TEI 때까지 안전해졌다.

승무원들은 달 주위를 돌며 사진을 수백 장 촬영하고 과학적 관찰도 했지만, 대체로 넋 나간 관광객처럼 굴었다. 색은 없었다. 오직 검정색, 흰색, 어중간한 회색뿐이었다. 달은 분화구가 점점이 박혀있고 황량하고 음산해 보였다. 구운 석고나 더러운 백사장 같다는 생각도 들었는데 앤더스는 "아주 어둡고 밋밋한 곳"이라 표현했다. 승무원들은 또한 크리스마스를 축하하며 성경을 읽었다. 서로 돌아가며 창세기 1장을 낭독하는 모습이 내 눈에도 인상적이었다. 당시 원시적 배경을 지구의 기원에 비유하고, 이를 17세기 킹 제임스 성경의 산문으로 읊조렸으니 기막힌 선택이기도 했다. 보먼, 러벨, 앤더스는 그것만으로도 안녕할 자격이 있었다. 우리 모두를 겸손과 경외의 마음으로 달까지 이끌지 않았는가! 꽤나 우아한 순간이었다.

다만 그들이 이끌어야 할 상대는 우리가 아니라 TEI였다. 아무리 성스러운 단어를 읊조려도 아폴로 8호는 현재 궤도에서 꿈쩍도 하지 않을 것이다. 구원의 방법은 하나뿐이고 아직은 SPS 시스템 안에 화학에너지 형태로 묶여 있었다. 적절한 시간에 적절한 방향으로 풀어 준다면 보먼과 성경은 날개를 달고 지구로 돌아올 것이다. 보먼의 주방에서는 팻이 잔뜩 긴장한 채 앉아 있었다. 수전 보먼과 발레리 앤더스는 저 멀고 먼 곳에서 TEI 얘기가 나오기만을 앙망했다. 아폴로 8호가 마침내 베이스를 돌아 달 오른쪽 위로 모습을 드러냈다. 점화를 멋지게 완성했음을 증명한 순간 여자들이 와아 탄성을 터뜨렸다. 지금까지의 아슬아슬하고 어색한 미소도 잠시 안도의 기쁨으로 바뀌었다. TEI는 훌륭한 크리스마스 선물이었으나 다음 시련이 남아있었다. 마침내 우주선이 속도를 올려 면도날처럼 얇은 대기권을 향해 움직였다. 너무 완만하면 방향을 잃고 영원히 사라지며 너무 가파르면 불에 타고 만다. 하지만 걱정은 내일 해도 충분하다. 지금은 TEI 샴페인을 터뜨리고 이 순간의 즐거움을 만끽하라. 그리하여 비행계획 편람에 적힌 대로 두려움은 한 잔에 하나씩 삼켜버리자.

제미니는 작고 상대적으로 간단했다. 비행기처럼 운전도 가능했다. 그와 달리 아폴로는 너무 크고 무거웠으며 구조도 복잡해 조종이 쉽지 않았다. 존 영의 말처럼 흡사 선외모터를 장착한 항공모함을 운전하는 기분이었다. 기지와 재치가 십분 요구되며, 점검목록에 쓰인 대로 절대 정도를 벗어나지 않아야 했다. 아폴로 8호가 태평양에 착수할 때 승무원들은 하나의 패턴을 수립했는데, 이 패턴은 달 탐사 시리즈 내내 이어지게 된다. 집으로의 여행은 승무원들이 긴장을 풀고 상황을 고려하는 첫 기회였다. 아폴로 10, 11, 12, 13, 14, 15, 16, 17호 승무원들이 다 마찬가지이지만, 대기권에 성공적으로 진입하려면 한 번의 기회, 단 한 번의 기회밖에 없다는 사실을 고통스럽게 인정해야 한다. 점검목록이 곧 성공의 길이기에 그것을 제4의 승무원으로 여기고 그 견해에 귀를 기울여야 한다. 아폴로 8호가 진입경로 중앙에 들어가려면 한 차례 중간 수정이 필요했다. 그 다음으로 진입에 성공하고 실수를 막는 것은 모두 승무원들의 몫이었다. 점검목록은 다우니, 휴스턴, 케이프 시뮬레이터에서 수년 간 시행착오를 겪은 끝에 만들었으며, 스위치 별로 언제 어떻게 할지를 설명해놓았다. 그 동안 관제센터의 캡콤은 자세한 날씨상황, 마지막 순간의 속도, 시간, 위치 확인 같은 추가정보를 올려보냈다. 우주선은 시속 4만 킬로미터의 초고속으로 재진입했다. 열차폐면 앞으로 대기가 부딪치면서 충격파도 만들어지고 동체 온도가 섭씨 3,200도까지 치솟았다. 승무원은 지시대로 우주선을 회전하고, 유도 시스템이 일러준 방향으로 양력을 향해야 목표지점에 착수할 수 있다. 이 과정은 모두 점검목록에 철저히 따를 것을 전제로 한다. 우주선과 시스템을 이 순간에 대비시켜 두었으므로, 비행 마지막 날에 승무원들은 이 길고 긴 목록을 꼼꼼히 끈기 있게 점검하며 보내면 된다.

아폴로 8호는 태평양에 부드럽게 안착했다. 7일째 되는 날 동트기 직전, 요크타운 호에서 5킬로미터 떨어진 곳이었다. 관제센터는 흥분과 대혼란으로 뒤덮였다. 사람들은 성조기를 흔들고 서로의 등을 두드렸으며 모두 전통 시가를 입에 물었다. 걱정했던 사고는 일어나지 않았다. 두려움은 기우였다. 계획은 탄탄했으며 시뮬레이션은 적확하고 판단은 정교했다. 아폴로 8호를 파멸로 이끌 가능성은 수천 가지나 되었으나, 우리는 인간 역사상 가장 먼 거리에서의 한 주를 성공적으로 이끌고 인도했다. 나 개인적으로도 감상과 추억이 가득해져서 바보처럼 감정에 복받치고 말았다. 다우니의 화이트룸에서 우주선이 성장하는 과정을 지켜보고, 휴스턴 회의실에 나가 시적인 항해 광경을 꿈꾸었다. 꿈이 실현되도록 혼신을 쏟으며 2년을 온전히 투자했다. 아폴로 8호는 내 우주선이었다. 그럼에도 내 우주선이 아니었다. 난 그저 이 시끄러운 공간에 모인 100명 중 하나였을 뿐이다. 나도 깃발을 흔들고 시가를 피우며 목 흉터를 어루만져 볼 수 있었지만 그저 부질 없다는 생각만 들었다. 관제센터에서 우는 모습을 보이고 싶지도 않았다. 그래서 몇몇 요원의 등을 두드리고는 곧바로 방을 나섰다.

아폴로 8호는 12월 27일 착수했다. 그리고 1월 9일 아폴로 11호 승무원 명단이 발표되었다. 아폴로 8호 예비승무원은 닐 암스트롱, 버즈 올드린, 그리고 프레드 헤이스였다(프레드는 러벨 대신이었는데 그 이전에 러벨도 내 대신 들어간 경우다). 데케 시스템에 따르면 8호의 예비승무원은 9호와 10호를 건너뛰고 11호를 타게 되어 있었다. 하지만 콜린스 역시 한 때 아폴로 8호의 승무원이었기에 11호에서 헤이스를 밀어내는 것도 가능했다. 나는 데케가 그렇게 하기를 바랐다. 어쨌든 나는 14인방이고 프레드는 19인방 소속이 아닌가. 난 그 친구보다 2년을 더 기다렸다. 게다가 나한테는 제미니 비행 경력이 있지만 프레드는 아니었다. 하지만 그렇게 정당화할 수만도 없었다. 프레드도 분명유능한 친구인 데다 닐과 마찬가지로 나사에서 잔뼈가 굵었기 때문이다. 마침내 아폴로 11호의 선임승무원으로 암스트롱, 올드린과 함께 내 이름이 올라갔다는 소식에 안도의 한숨을 내쉰 것도 그래서다. 예비승무원은 러벨, 앤더스, 헤이스였다.* 그 정보를 어떻게 손에 넣었는

---

* 이 명단은 합리적이다. 보먼은 더 이상 욕심이 없었으니 빠질 만했고, 러벨은 선내 사령관급으로 진급했다. 그리고 헤이스는 예비승무원 후보 중 가장 능력 있는 친구였다.

지는 기억에 없다. 닐이나 데케한테 들었을까? 그것까지 확인할 용기는 없었다. 일생에서 가장 중요한 소식임에도 그 출처조차 기억하지 못하다니. 아무튼 아폴로 우주비행사 배정 소식은 그간에 품었던 불신의 막을 완전히 제거해주었다. 아직 워싱턴의 나사 본부가 승인하는 일이 남아있었지만, 우리가 아는 한 워싱턴은 늘 휴스턴의 추천에 도장을 찍어주었다. 그 첫 번째 징후가 집으로 걸려오는 전화들이었다. 팻에게 그 소식을 알리고 기분이 어떤지 묻는 전화들이었다는데, '노코멘트' 말고 달리 무슨 말을 하겠는가? 소문은 워싱턴에서 흘러나왔다. 아폴로 8호 승무원들이 비행 후 기자회견을 열고 있을 때였다. 그리고 머지않아 우리는 공문을 받았다. 나는 비로소 안도의 한숨을 내쉬었다.

암스트롱과 올드린. 둘은 알파벳 순서로도 제일 앞줄이었고, 이 작은 우주비행사 그룹에서도 가장 평판이 좋았다. 둘 다 나름대로 똑똑하고 유능하고 경험도 많았다. 닐은 우주비행사 중에서 제일 노련한 테스트파일럿이었으며, 버즈는 특히 랑데부 분야에서 조예가 깊었다. 그렇다고 닐이 실무에만 능하거나 버즈가 아는 것만 많다는 얘기는 아니다. X-15 우주항공기를 조종한 테스트파일럿이 열 명도 넘기에 비록 두각을 나타내지는 못했으나 닐은 비행기 설계와 작동법 분야에서 단연 최고였다. 버즈는 은둔학자답지 않게 체조선수 겸 장대높이뛰기 주자로 유명하고 한국전에서는 미그기 킬러로 통했다. 둘이 있으니 강력한 재능 군단과 함께하는 기분이었다. 실제로 아폴로 11호가 달에 안전하게 착륙하는 문제를 다룰 때는 감탄할 정도였다. 나로서야 둘과 함께 한다는 사실만으로 행운의 사나이가 분명했다.

비행 자체는 수월하지 않았다. 계획상으로야 아폴로 11호가 최초의 달 착륙 비행이라고 하지만 거기까지 가려면 엄청난 운이 따라야 했다. 달착륙선은 심지어 사람을 태워본 적도 없지 않은가. 만일 아폴로 9호가 말썽을 피울 경우 착륙은 아폴로 12호로 넘어갈 수도 있다. 아폴로 10호는 11호를 위한 총연습 개념이기에 문제가 생길 경우 착륙은 또 연기된다. 다른 한편으로는 8호가 달 궤도 비행을 강행했듯이 누군가 나서서 10호에게 총연습을 때려치우고 직접 착륙하라고 명령할 수도 있었다. 따라서 1969년 1월 초만 해도 향후 암스트롱-콜린스-올드린이 최초의 달 착륙 승무원이 된다는 보장은 어디에도 없었다. 당시의 가능성을 따져봤다면, 아폴로 10호가 달 착륙을 시도할 기회가 10퍼센트, 11호는 50퍼센트, 그리고 12호와 그 이후의 우주선에 40퍼센트를 주었을 것 같다. 상황이 그렇다 해도 이를 악물고 훈련에 몰두했다. 발사 예정이 한여름이니 시간이 많지도 않았다. 사소하지만 아직 해결해야 할 일도 하나 남아있었다. 승무원에서 밀려난 데 대해 프레드 헤이스에게 유감의 뜻을 전하고 싶었다. 누구든 자리에서 밀려나면 나도 마음이 편하지만은 않다.

11

6개월 동안의 카운트다운

미국은 이번 주에 국가적 자존심을 시연할 것이다. 8년간의 노력, 240억 달러의 투자로 여전히 꿈을 이룰 수 있음을 전 세계에 보여줄 것이다. 미국 젊은이 셋이 신화에 버금가는 모험 길에 나서고 전 세계 문명세계가 이를 지켜볼 것이다. ─그대들에게 행운을.

러디 에이브럼슨, 『로스앤젤레스 타임스』 1969년 7월 13일

아폴로 11호 비행의 특성이 내 뇌리에 들어온 것은 우리 3인의 이름이 발표되는 순간부터다. 이것에 관해 우리 의견이나 판단을 구해야 한다는 요구도 MSC 주변에 가득했다. 조 커윈은 나를 붙잡고 BIG(생물학적 격리복) 디자인을 검토하게 했다. 우주비행사실에서 그가 맡은 분야 중 하나였다. BIG는 MQF(이동격리실)에 들어가기 전에 사람에게 씌우는 장비이며, MQF는 다시 LRL(달 시료 실험실)로 이어졌다. 이 무의미한 약어들 이면에는 적잖은 걱정이 깔려있었다. 외계 박테리아 등 여타의 위험한 생명체로 인해 지구가 오염될 수 있다는 불안감. BIG는 감염 우려가 있는 우리 셋의 신체와 30억 인류 사이의 장벽으로 기능했다. 설계상 가압복과 흡사했지만 기능은 더 간단하고 가벼웠으며 통풍과 통신을 위한 장비는 없었다. 기본개념은 이랬다. 사령선이 태평양에 착수한 후 사이드해치를 열면 구조원들이 BIG 세 벌

을 우리한테 던져준다. 우리는 격리복을 입고 밖으로 나온 뒤 사령선 해치를 닫는다. 그러면 구명 고무보트와 헬리콥터를 거쳐 항공모함에 승선하게 된다. 그곳에서는 여전히 격리복을 입은 채로 갑판 아래쪽을 통해 MQF로 들어간다. MQF는 이동주택을 개조한 형태로, 미생물을 봉쇄하기 위해 필터 등 여타의 장비들을 설치했다. 의사와 엔지니어를 동반하고 MQF에 들어가면 BIG를 벗는다. 모함이 호놀룰루 항에 도착하면 MQF는 크레인으로 평상형 트럭에 실려 히컴 공군기지까지 가까운 거리를 이동한다. 그곳에서 다시 C-141 대형수송기에 실은 후 휴스턴까지 비행하며, 엘링턴 공군기지에서 트럭으로 갈아타고 LRL까지 이동한다. 이곳의 정교한 실험실 장비로 월석과 우주비행사에게 외계생명체가 따라붙었는지 검사한다. 이 실험의 기본척도는 흰쥐 무리의 건강이다. 흰쥐들은 다양한 방식으로 우리와 우리 장비, 귀중품들과 접촉하는데, 행여 흰쥐들이 죽어갈 경우 우린 곤경에 빠지고 만다! 흰쥐들이 건강하면 우리는 달 착륙 이후 3주간의 격리에서 풀려나게 될 것이다.

하지만 1969년 1월인지라 BIG-MQF-LRL 문제는 한참 나중의 일이었다. 흰쥐들보다 시급한 걱정거리가 얼마든지 있었기에 BIG에 착수한다는 것부터가 현실과 동떨어져 보였다. 격리복에는 환기구가 없어 순식간에 뜨거워졌다. 디자인 또한 전체적으로 실수가 많았다. 게다가 과학자들의 주장도 더해졌다. 사령선 착륙 후 환기시스템에 생물학적 여과장치를 설치해야 한다는 것이었다. 여과장치가 없으면 구조원들과 BIG를 기다리는 동안 우리가 호흡하는 스노클 장치를 통해 병원균이 빠져나올 수도 있었다. 하지만 내 생각엔 여과기만으로 해결이 불가능했다. 해치를 열 때나 BIG에 묻어서 들어올 가능성도 없지 않았다. 구명보트에 있는 동안 살균제로 소독을 한다 해도 지구를 보호하기에는 말 그대로 원시적일 수밖에 없다. 문제는 나도 그렇고 나사 관료들도 적절한 대안을 찾지 못했다는 데 있었다. 아폴로 장비를 모조리 뜯어고치거나, 아니면 우리를 실은 채 사령선을 들어 올릴 수밖에 없다. 물론 두 방법 모두 마음에 들지 않았다. 어쨌든 병원균의 위협이 얼마나 현실적이기에? 아무도 아는 사람이 없었지만, 구체적인 데이터가 없다고 해서 문제를 외면할 수도 없었다. 위험이 없다고 주장하기도 어렵고, 파멸이나 공포를 장담하지도 못한다. 아주 미미한 가능성(유해물질을 묻혀올 가능성)에 아주 큰 수치(지구에 유해한 유기체가 풀려나와서 일으킬 사건)를 곱한다면, 걱정을 일으키기에 충분할 정도의 한정 상품은 나올 것이다. 하지만 그 가능성을 측정하는 것은 내 책임이 아니다. 보통사람이 병원균을 지나치게 걱정하면 심기증心氣症 환자라고 하는데, 나는 내 걱정거리만으로도 골치가 아플 지경이었다.

예를 들어 랑데부가 그랬다. 랑데부를 하려면 연료가 얼마나 필요할까? 존 영과 내 경우를 보더라도 생각보다 훨씬 많이 든다. 달착륙선이 정시에 이륙해 정확히 제 궤도에 진입하면 문제는 없다. 하지만 지연되거나 궤도에 이르지 못할 경우, 문제가 꼬이면서 여러 복잡한 상황이 뒤따를 수 있다. 달착륙선이 뒤처지면 사령선과 멀어지게 된다. 그러면 사령선을 따라잡기 위해 달착륙선이 달의 산정山頂을 스쳐지날 정도로 고도를 낮추어야 한다. 사령선은 고도를 높이고 속도를 낮추는 식으로 도움을 줄 수는 있다. 다만 이 논리가 어긋나면 그때부터는 다시 역동작을 취해야 한다. 달착륙선이 사냥꾼이 아니라 사냥감이 되어야 하는 것이다. 착륙선이 올라가 속도를 늦추고 사령선은 최대한 고도를 낮추고 빠른 속도로 궤도를 돌며 착륙선을 따라잡아야 한다. 사령선은 물론 착륙선의 입장에서도 이런 식의 변칙은 일련의 기술과 절차를 요구한다. 당연히 '정상'의 경우와는 거리가 한참 멀다. 이런 모든 경우에(이런 잠재적 상황이 18가지나 된다고 결정한 바 있다) 어떤 절차를 밟을 것인지 정의를 내리고 구체적으로 점검목록에 기록해야 하며, 컴퓨터 조작과 조종석의 스위치 변화도 빠짐없이 정해두어야 한다. 이들 점검목록은 어떻게든 검증해야 하는데 시뮬레이터는 이를 위한 도구가 된다. 시뮬레이터를 대형 컴퓨터에 연결한 상태로, 가상의 착륙선과 사령선이 가상의 달 궤도를 돌 때의 행로를 추적한다. 그렇게 하면 우리의 다양한 구조계획이 얼마나 현실적이며 시간과 연료를 어느 수준까지 소비하는지가 밝혀질 것이다.

착륙선이 사람을 태우고 날아본 적이 없기에 컴퓨터의 비행특성 정보도 개략적인 이론적 수치에 불과했으며, 우선은 그루먼이 제시한 여타 시뮬레이션과 가설들을 바탕으로 삼을 수밖에 없었다. 게다가 내 사령선(107)은 착륙선을 찾는 데 도움이 되도록 VHF(초단파) 탐지장비를 갖추었으나, 역시 우주를 날아본 적은 없다. 그렇다보니 시뮬레이터들이 제공하는 해답들도 미심쩍었다. 컴퓨터의 제1법칙은 GIGO garbage in, garbage out 즉 쓰레기를 입력하면 쓰레기가 출력된다는 것이다. 미래의 여행 먹거리로 쓰레기를 원하지는 않았다. 아폴로 9호의 맥디비트 팀과 10호의 스태퍼드 팀이 필요한 정보를 확실하게 제공해주기를 바랐지만, 착륙 자체와 관련된 정보는 여전히 불가능했다.

착륙지는 정해졌다. '고요의 바다' 남서쪽 모퉁이. 지질학적으로 주목되는 지역이기도 했지만, 그보다는 평지였기 때문이다. 분화구와 바위가 많지 않아야 닐이 착륙선을 안전하게 착륙할 수 있다. 그곳에 또 하나 장점이 있다면, 하늘 위 사령선의 적도 궤도면을 고려할 때 그곳 중심위치가 편리하고 지구와의 통신에도 유리하다. 후일 '고요의 기지'라고 명명한 이 지점을 표시하면 다음과 같다.

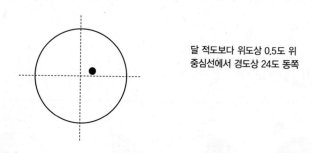

달 적도보다 위도상 0.5도 위
중심선에서 경도상 24도 동쪽

다음 고려사항은 태양의 위치다. 닐과 버즈가 동쪽에서 접근하기 때문에, 분화구 깊이를 재는 동안 태양빛에 눈이 부시면 곤란하다. 이런저런 문제 때문에 착륙시간에는 태양을 등져야 한다.

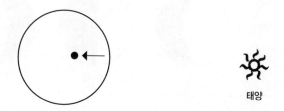

태양

그러면 뒤쪽 태양의 각도는? 너무 높지도 너무 낮지도 않아야 한다. 예를 들어 너무 높을 경우 분화구와 바위의 그림자가 보이지 않는다. 거리감각과 장애물회피에 문제가 생길 수 있다는 뜻이다. 또 각도가 지나치게 높으면 착륙선 표면의 온도가 너무 올라가고, 너무 낮으면 그림자가 길어져 사물을 자세히 보기가 어렵고 승무원들에게 시각적 문제를 야기할 수 있다. 태양의 각도는 10도 정도가 완벽하며 시뮬레이터에서도 제대로 작동하는 듯했다.

아마도 고전적인 달의 위상변화를 보면 상황을 더 잘 이해할 수 있을 것이다.

달 삭망주기
29일 12시간 44분

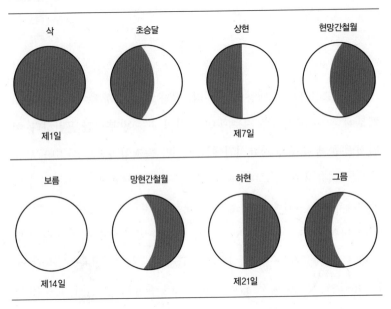

달이 이 주기를 한 차례 완주하는 데(즉 360도 공전하는 데) 대략 30일이 걸리기 때문에, 달의 특정 지점에서의 태양 각도는 하루 12도씩 변한다(360÷30). 따라서 태양이 달 지평선과 10도 각도를 이루고 특정 지점에서 우주선 뒤에 위치하려면, 착륙에 좋은 날은 하루밖에 없다. 그날 달과 고요의 기지는 이런 식으로 보일 것이다.

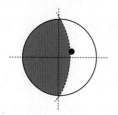

태양

우리가 착륙을 희망하는 7월 중 고요의 기지는 20일경에 태양 각
도가 10도 정도가 된다. 따라서 그곳까지 가는 데 3일, 거기에다 달 궤
도에서의 준비기간을 더하면, 발사일은 7월 16일이어야 한다. 브라보!

7월 16일까지 여섯 달밖에 남지 않았다. 어느 때보다 바쁠 수밖에
없었다. 시뮬레이터에서 하루 8시간씩 거대한 아폴로 사령기계선과
그 특성을 익히고 싶었으나, 그마저 쉽게 허락되지는 않았다. 승무원
의 참석이나 승인을 요하는 일은 얼마든지 있었다. 버지니아, 랭글리
의 나사 센터는 착륙선과 사령선 도킹문제를 집중적으로 연구했다.
두 우주선과 똑같은 복제품까지 만들어 대형걸이에 와이어로 매달
아놓기까지 했다. 나는 T-38을 몰고 랭글리로 날아가 장치를 점검하
고 비행 훈련을 하며, 두 개의 우주선이 처음 만날 때 어떤 도킹문제
가 발생할지 나름대로 결론까지 도출했다. 휴스턴의 원심회전기도 내
관심을 끌려고 아우성을 쳤다. 달에서 돌아올 때 10G 이상의 중력가
속도('안구함몰')를 겪을 수도 있었기 때문이다. 지구 궤도 비행에서의
중력보다 훨씬 부담스러운 수치다. 델라웨어의 도버에서 가압복도 새
로 설계했다. 그러려면 T-38을 타고 하루 종일 날아가야 했는데, 가
는 길에 연료를 위해 한 번 착륙하고 돌아오는 길에 다시 한 번 반복

했다. 목록은 끝이 없었다. 이러다가는 쉬지도 못하고 전국을 떠돌아야 할 판이다. 일기를 쓰지는 않았지만, 4월 14일의 사건은 기록할 가치가 있어 보인다.

그날은 휴스턴 원심회전기에서 시작했다. 원심기는 늘 불편했지만, 달 탐사 후 복귀를 시뮬레이션할 때는 최악이었다. 10G에서는 가슴이 함몰하고 시야가 좁아진다. 마침내 고문실에서 빠져나온다 해도 고개를 좌우로 돌리지 못했다. 자칫 중심을 잃으면 시궁창에라도 처박힐 판이었다. 그래도 서둘러 떠나야 한다. 사령선 시뮬레이터가 기다리고 있지 않은가! 그곳에서도 원심회전기처럼 지구 대기권에 진입하는 훈련을 하고 또 했다. 그나마 다행이라면 중력가속도가 10G가 아니라 익숙한 1G 수준이었다. 위험요인은 신체보다 정신적인 면이 강했다. 내가 불려간 이유는 원인미상의 장비 오류 등 난제들 때문이었다. 문제를 해결한 적도 있지만 사실 실패가 더 많았다. 낙하산을 펴지도 못한 채 닐과 버즈까지 싣고(내내 달 표면에만 놔둘 수는 없지 않는가) 바다 속으로 곤두박질친 것도 여러 차례였다. 시뮬레이터에서 빠져나온 뒤 곧바로 덥고 거북한 가압복에 들어갔다. 이번에는 훈련이 아니라 홍보 때문이었다. 1.5미터짜리 푸르른 달 앞에서 승무원들이 사진을 찍는 일이다. 이제 공항으로 갈 때가 되었다. T-38을 타고 케이프로 가야 했으나 우선 집에 전화부터 걸었다. 아내한테는 앞으로 하루 이틀 집에 들어가지 못한다고 알렸다. 집도 아수라장이긴 마찬가지였다. 개가 이웃집 아이를 문 탓에 광견병 검사를 받아야 했단다. 다행히 상처는 깊지 않은가 보다. 나는 도움이 되지 못했다. 그저 비행계획서를 작성하면서 쯧쯧 몇 차례 혀를 찼을 뿐이다. 그 다음엔 7시가 되자마자 밤하늘로 날아올랐다. 저녁식사도 못했다. 식당이 문을 닫기 전에 케이프에 도착한다는 보장도 없었다. 오, 맙소사, 오늘이 비상사태도 아니잖아? 어떻게든 버텨야 하건만 너무 피곤한 탓인지 아드레날린조차 치솟지 않았다. 그저 별 소동 없이 비행기를 몰고 밤하늘을 날 수 있기만을 빈다. 지금 내 능력은 딱 거기까지다.

며칠 후 늦은 밤, 나는 도버에서 귀가 중이었다. 옛 고향 워싱턴을 비행기로 통과하는데… 세상에, 익숙한 환경을 보니 왜 이리 좋은지! 워싱턴과 볼티모어가 밤안개 아래로 쌍둥이보석처럼 반짝였다. 알렉산드리아 옆 포트맥 강의 어두운 물줄기도 알아보았다. 제2차 세계대전 이후 부모님이 오랜 세월을 살았던 곳이라 내 마음도 자연스레 십대 시절의 추억으로 흘러들어갔다. 나는 1.3킬로미터 상공에서 강을 굽어보았다. 백악관을 지나 위로는 매사추세츠 애버뉴에서 워싱턴 대성당까지… 순간 기막힌 일이 일어났다. 대성당이 사라진 것이다! 내가 방향을 잘못 안 걸까? 그렇다! 난 남쪽이 아니라 북쪽에서 도시를 내려다보았다. 그러니 지금 보는 지역도 워싱턴이 아니라 낯선 볼티모어 시였다. 조금 전 알렉산드리아 동네로 오해한 곳도 틀림없이 볼티모어 북쪽 40번 도로의 선술집 타운이었다. 그러고 보니 그것도 오랜 세월이다. 그래서 사관후보생도 저지르지 않을 실수를 범한 것이다. 몇 달 후면 달에 다녀와야 할 인간이 워싱턴과 볼티모어도 구분 못하다니!

나 혼자 분주할 때가 있는가 하면, 닐, 버즈와 팀으로 훈련할 때도 있었다. 둘은 훌륭한 일꾼이었다. 달착륙선과 달 표면 훈련으로 나만큼 분주하고 들볶이면서도 평정심을 잃지 않고 맡은 바 임무를 완수해냈다. 닐이 다소 산만할 때가 있기는 했다. 새벽 6시 이륙 예정인 첫날에는 황급히 그의 아내 재닛에게 전화를 걸어 두 사람을 깨우기도 했다. 하지만 그런 경우는 극히 드물고 닐은 대부분 잘 손질된 기계처럼 제몫을 해냈다. 태도는 여전히 유유자적이었으나 행동은 또 그 반대여서, 오랫동안 묵묵히 일을 해내고 복잡하고 변덕스러운 상황에도 잘 대처해나갔다. 버즈는 언제나처럼 진중했다. 조용하고 말수가 적었지만 자신의 잡다한 기술 프로젝트만큼은 하나도 빼놓지 않고 완수해냈다. 그리고 그런 날이면 잔뜩 흥분해서 밤늦게까지 수다를 떨었다. 버즈는 또한 말처럼 튼튼한 터라 두어 시간이면 기운을 되찾고 곧바로 시뮬레이터에 뛰어들었다. 둘 다 튼튼하고 박식하며 엔지니어로서도 나보다 훨씬 우수했다.

2월이 막을 내릴 때쯤 기다리고 기다리던 달착륙선 비행이 다가왔다. 아폴로 프로그램 감독인 샘 필립스의 말마따나 아폴로 9호는 용감무쌍한 선배인 8호보다 볼거리는 적어도 훨씬 복잡했다. 대중이 이해하기 어려운 비행이라는 뜻이다. 이미 달에 다녀왔는데 왜 지구 궤도에서 얼쩡대지? 하지만 짐 맥디비트가 '티슈우주선'*이라고 이름 붙인 달착륙선 비행은 우리 프로그램의 핵심에 속했다. 첫 비행부터 완전히 달까지 날아갈 이유는 어디에도 없었다. 짐 맥디비트, 데이브 스코트, 러스티 슈바이카르트는 아주 오랫동안 비행 문제에 맞서 쉬지도 않고 달려왔다. 데드라인이 임박하면서는 거의 미친 듯이 일했다. 그 와중에 체력이 고갈되고 호흡기 감염을 일으켜 발사가 3월 3일까지 사흘이나 밀렸다. 지구 궤도 비행이 하루 이틀 늦어진다고 문제는

---

* 다소 과장이 있기는 하다. 무게를 줄이기 위해 LM의 알루미늄 외판을 얇게 한 탓에 그 안에서 스크루드라이버라도 떨어뜨리면 내압벽에 구멍이 날 수도 있었다. 실제로 한두 번 구멍이 났다.

없으나 아폴로 11호 승무원들한테는 좋은 공부였다. 태양의 10도 각을 지키려면 한 달을 더 기다리거나 달의 서쪽 끄트머리 근처로 착륙지를 옮겨야 한다. 결국 아프지 않는 게 최선이다.

아폴로 9호는 비행하는 내내 모든 것이 꿈처럼 잘 진행되었다. 우리는 모두 놀라고 안도했다. 하나하나 달 착륙의 주요문제들이 제거된 것이다. 우선 위치변경과 도킹. CSM이 새턴 V의 제일 상단에 장착되고 LM이 그 아래 보호덮개 안에 자리를 잡았다. LM에 들어가려면 먼저 CSM을 새턴에서 분리하고 180도 회전시킨 다음 CSM을 조종해 LM과 도킹해야 한다. 두 우주선의 선수들을 결합시키고 나면 LM을 새턴에서 떼어내는데, 그러면 새턴은 더 이상 필요가 없다. 달 탐사 여행에서 위치변경과 도킹은 TLI 이후 즉 지구 궤도를 떠나 달을 향한 이후에만 가능하기에, 행여 계획이 제대로 작동하지 않아도 원인을 확인할 시간은 없다. 따라서 아폴로 9호의 주요 업무는 위치변경과 도킹의 실행가능성을 증명하는 데 있었다.* 그 다음 중요한 문제가 랑데부였다. 짐과 러스티는 달착륙선 '스파이더'를 철저히 검사하고 하강엔진을 실험한 다음, 데이브가 조종하는 사령선 '검드롭'(꼬마젤리)으로부터 스파이더의 도킹을 풀고 일련의 복잡한 조작을 거쳐 데이브로부터 150킬로미터 이상 떨어져나갔다. 그 후 갔던 길을 되돌아서, 이번에는 착륙선이 달 표면에서 올라오는 데 필요한 기술을 최대

---

* 나사에 처음 왔을 때의 얘기다. 회전기동을 하면서 LM과 새턴으로부터 CSM을 분리한다는 계획에 대해 사람들이 무척 불안해했다. 망원경 지지대나 여타 장치 모두 CSM이 새턴에 붙어있는 것을 전제로 한 것이었기 때문이다. 오늘날에는 이런 일이 우스갯소리로 들리지만 최초의 제미니 도킹 이전인 당시만 해도 어딘가 묶어두지 않고 떠다니게 한다는 생각에는 심리적 거부감이 있었다. 또 하나의 예가 우주유영자를 줄로 연결해 놓는 부분이다. 오늘날까지 이어지는 문제이기는 하지만, 우주인 입장에서는 공급선 없이 움직이는 편이 여러모로 쉽고 안전하다.

한 모사해야 했다. CSM의 데이브는 육분의로 그들을 추적하고, LM이 고장 날 경우에 대비해 구조에 필요한 동작을 계산했다. 시간을 맞춰 정확하게만 수행한다면 CSM은 LM의 기동을 그대로 따라할 수 있고, 랑데부 전략도 동일하게 진행할 수 있다. LM은 랑데부 레이더를 포함해 여섯 시간의 왕복 활동을 완벽하게 수행했다. 열흘간의 비행 과정에는 러스티의 우주유영(달 탐사 우주복과 백팩 테스트), CSM*과 각종 시스템의 신뢰도 측정 같은 임무도 들어있었지만, 핵심은 아무래도 랑데부와 도킹이었다.

검드롭이 대서양 과달카날 호** 근처에 떨어졌을 때 나사 설계자들은 유혹적인 질문을 받았다. CSM과 LM이 비행 점검을 통과하고 달까지 다녀왔으니 다음 순서인 아폴로 10호가 달 착륙을 시도하지 못할 이유가 어디 있느냐? 아폴로 10호는 5월로 예정되어 있었다. 톰 스태퍼드와 진 서넌이 LM을 분리하여 목표지점으로부터 15킬로미터 떨어진 곳까지 내려갔다가 존 영의 CSM으로 돌아간다는 구상이었다. 그런데 정식 착륙선을 타고 지구에서 40만 킬로미터 떨어진 곳까지 탐험할 예정이면서, 실제 착륙도 하지 않고 이 국가적 목표의 15킬로미터 근처에 있다가 온다는 건 바보짓이었다. 나 역시 그 논리를 충분히 이해했고 내심 찬성도 했다. 하지만 다른 주장도 설득력이 있었다. 예를 들어, 달은 랑데부를 시도하기에는 완전히 환경이 다르므로 지구 궤도 경험만으로는 충분하지 못하다. 조명 조건도 다르고 궤

---

* 이번 CSM은 과거 다우니에서 나와 오랜 시간을 함께 했던 기종 104호였다. 데이브 스코트는 103이 아니라 104라는 사실을 거북스러워했다. 보먼이 103호를 달에 몰고 갔기 때문인데, 아폴로 9호에서 104호가 혁혁한 공을 세운 후에는 모두 잊혀졌다.
** 제미니 10호 당시 존 영과 나를 회수한 바로 그 배다. 헬기수송용의 소형 항공모함인 과달카날은 공기정화기까지 설치되어 있는 커다란 회복실이기도 하다.

도 속도도 크게 차이가 난다. 지상추적 능력도 완전히 다른 차원이었다. 이런 상황에서라면 랑데부를 최대한 단순화할 필요가 있다. 달리 얘기하면, LM을 CSM과 동일궤도면으로 유지하면서 두 우주선의 속도를 완전히 일치시켜야 한다는 것이다. 이 상황에서는 CSM으로의 복귀도 단순해야 한다. 그래야 CSM이 언제라도 구조선으로서 역할을 수행할 수 있다. 그런데 LM이 착륙하면 문제는 다른 차원이 되고 만다. LM이 제로속도의 표면에 있고, 정확히 정시에 이륙해 머리 위 CSM이 점령한 궤도면에 정확히 도달해야 하기 때문이다.

랑데부 상황은 훨씬 더 복잡했다. 달의 중력이 일정하지 않은 탓이다. 국지적으로 중력이 높은 이른바 '매스콘'Mascon, mass concentration이라는 지역이 있는데, 이런 곳을 지나면 궤도 우주선이 살짝 가라앉는 경향이 있다. 달의 바다 곧 '마리아'에 있는 바위들이 다른 지역보다 무겁기 때문이다. 1969년 봄만 해도 매스콘을 제대로 이해하지 못해 수학적 설명을 컴퓨터에 제공할 수가 없었다. 그 때문에 언제 어떻게 매스콘이 LM이나 CSM 궤도에 섭동*을 일으킬지 예측할 수 없었다. 아무튼 하나는 분명했다. LM과 CSM이 동일궤도에 있다면 두 우주선에 미치는 영향은 거의 일치하지만, 한 쪽이 지상에 있는 동안 다른 쪽이 궤도를 돈다면 누적오차는 훨씬 클 수밖에 없다. 최고의 랑데부 전문가 톰 스태퍼드는 이 논쟁에 정통했다. 그는 우주비행사실에서 논쟁이 발생할 경우 항상 보수적인 면모를 보여주었다. 달 착륙 시행 이전에도 다양한 랑데부 상황을 비행으로 시연해야 한다고 주장한 터라 이제 와서 안면을 접고 아폴로 10호의 달 착륙에 욕심을 드러낼 수

---

* 궤도 공학자들의 언어는 독특하다. 궤도에 교란이 일어나는 것을 굳이 '섭동'(攝動, perturbation)이라 표현한다.

는 없었다. 자신이나 진 서넌이 달 위를 최초로 걷는다고 해도 마찬가지다.

마지막 결정적 논쟁이라면 스태퍼드의 LM(4)이 중량초과라는 점이다. LM이 달 궤도에 머무는 한 몇 킬로그램 초과는 큰 문제가 아니지만, 지표에서 이륙할 때는 치명적일 수 있다. 하중을 줄일 방법도 별로 없으니 결국 훗날의 LM을 기다려야 할 텐데, 그랬다가는 관리와 일정 문제가 판도라 상자처럼 열리고 말 것이다. 요는 원래 계획을 고수할 수밖에 없다는 뜻이다. 스태퍼드의 비행은 진짜와 다름없이 총공세를 펴야 하지만 그렇다고 해서 진품 자체는 아니었다. 스태퍼드 팀은 개의치 않는 듯했으나… 내가 결정했다면 아폴로 10호를 두어 달 연기했을 것이다. 승무원들에게 우리 LM(5)으로 좀 더 훈련하게 한 다음 달 착륙을 맡기는 것이다. 15킬로미터까지 접근해 놓고 그냥 바이바이한다고? 맙소사, 너무 심하잖아!

아폴로 9호의 비행은 공학의 위대한 승리일 뿐 아니라, 아폴로 승무원들의 작고 폐쇄적인 세계에서 또 다른 차원의 이정표가 되어주었다. 덕분에 닐과 버즈, 나는 한 계단 더 오를 수 있었다. 서열도 크게 달라져 출장용 비행기를 확보하거나 시뮬레이션 시간을 조정하는 데에도 특권을 누릴 수 있었다. 그런 시스템 덕분에 다음 비행 차례인 아폴로 10호는 발밑에 세상을 거느리고 온갖 부서로부터 전폭적인 지원과 지지를 만끽했다. 따라서 넘버 쓰리와 넘버 투의 지위는 엄청나게 달랐다. CSM 시뮬레이터는 케이프에 2기, 휴스턴이 1기가 있었다. 다만 휴스턴은 승무원 훈련보다 연구개발에 전념했다. 맥디비트 팀이 일을 마친 이상 이제 우리가 시뮬레이터 하나를 독점했는데, 다만 스태퍼드의 시뮬레이터가 고장 나면 그쪽 승무원들한테 우선권이 넘어갔다. 시뮬레이터에 대해서는 전에도 얘기했다. 다시 강조하자면 시뮬레이터는 승무원 훈련에 필수적이다. 승무원은 시뮬레이션을 이용해 아폴로 비행의 난점들을 숙지한다. 그래야 적절한 타이밍에 수백 개의 임무를 완벽하게 수행할 수 있기 때문이다. 비행 중에는 우리 손목을 때려줄 강사도 없고, 단 한 번이라도 실수하면 그것으로 끝장이다.

자동차를 한 번도 타보지 못한 사람이 있다고 가정해보자. 실제 운전을 해본 적도 없이 로스앤젤레스 횡단 여행을 준비한다고 하자. 다우니에서 출발해 롱비치 고속도로를 타고 샌디에이고 고속도로로 바꿔 탄 뒤 공항까지 가는 경로다. 가는 도중에 과속 펑크도 내보고 타이어를 교체한 다음 계속 가보라고 하자. 이제 그에게 도로법규, 기계원리, 그리고 변속기, 브레이크, 연료 사이의 물리적 상관관계와 바퀴의 느낌 따위를 설명한다. 붉은 신호, 노란색 점멸 신호, 다가오는 헤드라이트 불빛에 어떻게 반응하는지도 일러준다. 이렇게 하면 범퍼에 생채기 하나 없이 완주에 성공할 수 있을까? 너무 심하다고 할지 모르지만 우리의 아폴로 비행이 딱 그랬다. 자동차 좌석이든 조종석이든 대형컴퓨터를 걸어놓고 가속페달을 밟는 대로 속도계 수치를 올라가게 하거나, 별-지평선 측정치에 따라 상태벡터를 변하게 하는 것이다. 컴퓨터는 계기, 페달, 핸들, 스위치를 최대한 실제에 가깝게 작동시킨다. 거리가 늘어날수록 연료탱크는 가벼워지고 히터를 가동하면 산소압력이 증가되는 식으로. 창밖 현실세계를 그대로 복제하기는 어렵지만, 핵심 내용이라면 못할 것도 없다. 영화 속의 자동차로는 인근 오솔길을 쌩 하고 달리게 만들 수도 있고, 우주선 창밖의 별 마당도 똑같이 복사할 수 있다. 내비게이션도 쉽다. 샌디에이고 고속도로까지 신호등을 모두 똑같이 만들 수 있다. 달의 지평선은 정확성이 떨어지지만 달과 선정한 별 사이의 각을 측정하는 정도라면 충분히 가능하다. 오동작도 삽입할 수 있다. 앞 타이어가 터지면서 차가 한쪽으로 심하게 꺾이고 운전대가 요동치게 만들 수도 있다. 안정과 제어 시스템에 누전이 발생해 추진기가 계속 점화되면 우주선은 빙글빙글 돌다가 쓰러질 것이다. 자동차든 아폴로든 풍경과 위험요소를 얼마든지 복제할 수 있다. 그리고 충분히 이해할 때까지 정상적이거나 비정상적인 과정을 연습할 수도 있다.

자동차 운전을 그렇게 하지 않는 이유는 더 쉽고 값싸고 믿을 만한 방법이 있기 때문이다. (아내에게 운전을 맡겨도 된다.) 하지만 우주비행에서는 시뮬레이터가 절대적이다. 존 영은 CSM 시뮬레이터를 처음 보고 "대형 아수라장"the Great Train Wreck이라고 별명을 지었다. 물리적으로 큰 데다 기하학적으로 복잡하다는 이유였다. CSM은 크고 화려했다. 조종석 입구까지 이어진 카펫 계단은 크기가 바닥에서 5미터에 달했다. 조종석 자체는 보통 크기였다. 아폴로 사령선을 그대로 복제했기 때문이다. 조종실 사면에는 커다란 상자들이 들쭉날쭉 아무렇게나 붙어있었는데 온갖 시각효과들을 담는 상자들로, 창밖으로 보이는 광경을 모사해 보여준다. 컴퓨터 자체는 혼란들로부터 초연했다. 컴퓨터의 위치는 에어컨 시설까지 갖춘 유리궁전이며, 승무원 여럿이 밤낮으로 시중까지 들었다. 컴퓨터는 여왕벌이라 수벌들이 핥고 일벌들이 먹여주었다. 일벌들은 최근의 비행정보, 궤도, 랑데부 절차, 달의 중력모델 등 온갖 자료를 천공카드에 담아 컴퓨터에 바쳤다. 이 과정에 수백만 달러가 들고 수백 명의 인력이 투입되어 매주 7일을 3교대로 일해야 했다. 당연한 얘기지만 운영이 늘 완벽할 수는 없었다. 특히 아폴로 프로그램 초기에는 시뮬레이터로 모사하는 것보다 우주선을 쏘는 편이 더 쉬워 보이기도 했다. 컴퓨터가 즐기는 계략도 있었는데, 랑데부에서처럼 작동순서를 어느 순간까지 진행하다 갑자기 중단하는 것이었다. 기술자들이 여왕 주변으로 몰려드는 동안 승무원은 조종석 안에서 좌불안석이 될 수밖에 없었다. 순서를 복구하려면, 오동작 순간부터가 아니라 문제를 처음부터 완전히 다시 풀어야 했다. 랑데부의 경우 그것만으로도 몇 시간이 걸린다. 랑데부가 성공적으로 이루어질지 여부도 알지 못한 채 몇 시간씩 누워 고생했건만 그 노력조차 헛수고가 되고 만 것이다. LM 승무원이 LM 시뮬레이터에 들어갈 때는 상황이 더 심각했다. 관제센터 사람들도 세 파트로 나뉘어 각기 자기들 컴퓨터에 매달려서 문제를 푸는 동시에 같은 문제를 시뮬레이션까지 했다. 상황은 쉽지 않았다. 문제가 생길 때마다 일부 부품이 당연하다는 듯 그냥 '터져버렸기' 때문이다. 우주비행사실에서 가장 흔하게 나누는 인사가 있다. "시뮬레이터에서 왜 나온 건가?" 대답은 늘 똑같다. "연결 장치가 또 터졌다네."

내게 불발이 된 아폴로 8호 훈련을 하는 동안 나는 시뮬레이터 훈련 150시간을 달성했으며, 그 덕분에 기본적이나마 복잡한 유도/항법 시스템을 이해할 수 있었다. 그 후 휴스턴과 케이프에서 아폴로 11호 훈련을 시작하면서 몇 달간 시뮬레이터 시간을 구걸했으나, 그나마 일이 돌아간 것은 3월 맥디비트가 비행을 한 이후가 되어서였다. 7월이 데드라인이라고 생각하면 빠른 편이 아니었다. 관제센터와 연계하여 반드시 완수해야 할 시뮬레이션이 엄청나게 많았다. 그래야 우주비행을 할 정도로 충분히 훈련을 받았다고 공식으로 선언할 수 있을 것이다. 하지만 한동안은 7월에 맞추기가 아무래도 불가능할 것처럼 보였다.

적어도 시뮬레이터 비행은 프로그램된 활동이다. 난 그곳에 누워 기계와 조용히 대화하거나 주변 콘솔의 강사들과 이야기를 나눌 수도 있었다. 하지만 시뮬레이터 밖 현실세계는 그렇게 질서 잡혀 있지 않았다. 몇몇 일정관리자들이 우리 일정을 조정해주고는 있었지만 여전히 사람들마다 우리가 관심 가져주기를 요구했다. 대부분은 엔지니어들이었다. 각자 맡은 특정 분야를 우리가 제대로 이해했는지 확인하거나, 새로 찾아낸 문제나 해결책을 알려주려는 정도였지만, 성실해서 더욱 외면할 수 없는 사람들이었다. 우리 능력 외의 일까지 장황하게 늘어놓곤 했지만, 그렇다 해도 이따금 유용한 정보를 얻을 수도 있었다. 그 다음은 몇 년간 함께 일한 사람들이다. 그저 대화를 원하거나 무운을 빌어주었으며 이따금 자신들의 자잘한 장신구를 달에 가져가 달라고 요구하는 정도였다. 나사 직원이나 협력업체의 부탁이고 물건이 작으면 난 너그럽게 받아들였다. 우리에게도 PPK 곧 개인 소장품 상자가 지급된 터라 그 안에 사람들의 기념품을 채울 수 있었다. 아폴로 11호에는 기도서, 시집, 메달, 동전, 깃발, 봉투, 브로치, 핀, 휘장, 커프스단추, 반지에다 심지어 옷핀도 하나 가져갔다. 물론 내 것도 있었고 다른 사람들 것도 있었다. 기준이라면 물건이 작아야 한다는 것뿐이지만, 그중에서도 속이 빈 콩을 내민 어느 신사의 독창성이 최고였다. 크기가 6~7밀리미터 콩 안에 코끼리가 50마리 들어 있던 것이다. 상아 부스러기들을 조각한 작품으로, 우주여행을 마친 후 동업자들에게 주고 싶다고 했다. 믿지 못하겠다면 코끼리 담은 가방을 보여줄 수도 있다. 그밖에도 편지를 쓰고 장신구를 동봉한 사람도 있고, 조언을 하거나 행운을 빌어준 사람들도 있었다. 점점 더 바빠지면서는 편지에 대한 관심도 줄었다. 내가 오만해진 탓에 진심어린 메시지를 무시했다고 토라진 친구들도 여럿이다. 메시지는 대부분 매우 진솔했으나 사이코도 없지는 않았다. 이스라엘의 어느 정신 나간 친구는 거대 개미가 달을 점령했다는 자료를 한 뭉치나 동봉했다. 그 친구 말에 따르면, LM이 개미언덕이나 그 근처에 내리면 재앙이 일어난다는 것이었다. 개미언덕 위치까지 상세지도로 그려 제공하겠다며 가격을 제시했다.

또한 기술과 무관한 허드렛일도 적지 않았다. 예를 들면 우주선 이름을 지어야 했고 비행 표장도 디자인해야 했다. 아폴로 11호는 보통 비행과 다를 것이기에 특별한 디자인을 하고 싶었으나 우리는 전문 디자이너가 아니었다. 이런 부분은 나사도 전혀 도와주려 하지 않았다. (내가 보기엔 현명한 판단이다.) 제미니 10호는 시리즈 중에서도 제일 표장이 멋있었다. 예술적 소양이 있는 바바라 영이 존 영의 생각을 발전시켜 기막힌 문양을 만들어냈는데 이름과 기계를 빼고 공기역학적 X를 표현했다. 아폴로 11호에서도 이런 식으로 우리 이름 셋을 빼고 싶었다. 그보다는 달 착륙을 위해 일한 사람들 모두를 기리고 싶었다. 우선 이해가 걸린 사람들이 수천이나 되는데 그 작은 천 조각에 누군가의 이름을 새길 수는 없지 않겠는가. 게다가 명시적이 아니라 상징적인 디자인을 보고 싶었다. 아폴로 7호에서 월리의 상징은 지구, 그리고 불을 뿜으며 궤도를 도는 CSM이었다. 9호의 맥디비트는 새턴 V, CSM, LM을 구현했다. 아폴로 10호는 훨씬 정신이 없었고 아폴로 8호는 우리와 생각이 비슷했다. 숫자 8로 고리를 만들어 지구와 달을 에워싸는 모습을 사령선 모양의 천 조각에 새긴 것이다. 다만 다른 문양과 마찬가지로 세 사람의 이름도 새겼다. 우리가 원하는 디자인은 더 단순하면서도 미국이 평화사절로서 달에 착륙하는 사실이 드러나야 했다. 닐의 예비승무원 짐 러벨이 대화중에 미국 독수리를 언급했다. 빙고! 독수리의 착륙… 기막힌 상징이 아닌가! 나는 집에 돌아와 서재의 『내셔널 지오그래픽』 책들 가운데 조류 관련서를 뒤졌고 마침내 원하는 바를 찾았다. 흰머리독수리 한 마리. 착륙기어를 내밀고 두 날개를 가볍게 접은 뒤 착륙을 위해 하강한다. 나는 화장지에 본을 뜬 다음, 흐릿한 구멍이 송송 뚫린 달 표면 위에 스케치해 넣었다.

이렇게 해서 아폴로 11호의 표장이 태어났다. 물론 최종 승인까지는 할 일이 많았다. 나는 배경에 작은 지구를 더하고 엉뚱한 방향에서 햇살을 비추었다. 덕분에 오늘날까지 우리 공식 표장은 지구가 실제로는 ◐식의 달 지평선 위에 걸쳐있음에도 ◑에 걸쳐있는 듯 보여주게 되었다. 또한 이 원형의 디자인 위에 아폴로를 그리고 바닥에는 ELEVEN을 넣었다. 닐은 ELEVEN을 탐탁지 않아 했다. 외국인들이 이해하지 못한다는 이유에서였다. 그래서 XI과 11을 시도한 끝에 원 둘레에 둥글게 APOLLO11을 넣었다. 어느 날 시뮬레이터에서 나온 뒤 그간의 노력을 짐 러벨에게 설명했다. 둘은 독수리만으로는 의미를 제대로 전하지 못한다는 데 동의했다. 미국인들이 곧 달에 착륙한다? 그래서 어쩌라고? 컴퓨터 전문가이자 시뮬레이터 강사 톰 윌슨이 그 얘기를 엿듣고 끼어들었다. 올리브가지로 평화 탐사를 상징하면 안 될까? 빙고! 그런데 독수리가 올리브가지를 어떻게 운반하지? 당연히 부리겠지! 그래서 올리브가지를 그려 넣고 닐, 버즈와 색을 상의한 다음 인쇄하기로 했다. 하늘은 검은색으로 했다. 파란 하늘이 아니라 진짜 새까만 색이었다. 독수리는 독수리 색깔, 달은 달 색깔로 했고, 지구도 그렇게 했다. 남은 것은 테두리와 글자 색깔이었는데 파란색과 금색을 골랐다. 우리는 MSC의 디자이너에게 부탁해 최종시안을 만들고 사진을 찍어 워싱턴에 보냈다. 이제 승인만 받으면 끝이다. 그런데 대부분 군말 없이 도장을 찍어주던 이들이 이번에는 까탈을 부렸다. 미승인으로 돌아온 것이다. 이유는? 독수리의 착륙기어, 즉 힘차게 뻗어 나온 발톱 때문이었다. 너무 적대적이고 호전적이라는 것이었다. 밥 길루스에 따르면 독수리가 달을 향해 달려드는 모습이 너무 위협적이란다. 그러면 어떻게 하지? 기어를 올린 채 착륙한다고? 아니 그럴 수는 없다. 동체착륙 꿈을 꿀 때마다 식은땀을 흘리면서 깨어나지 않았던가! 발톱을 부드럽게 만들고 환영의 악수라도 청하는 것처럼 보여야 하나? 그때 누군가 기막힌 아이디어를 내놓았다. 올리브가지를 부리에서 발톱으로 옮겨라. 위협은 눈 녹듯 사라져버렸다. 새로운 도안의 독수리는 두 발로 가지를 움켜잡은 탓에 다소 불편해 보이기는 했다. 아무튼 도안을 다시 제출했고 최종 승인을 따냈다.

몇 년이 지났건만 아폴로 독수리는 여전히 시도 때도 없이 튀어나온다. 심지어 1달러짜리 아이젠하워 동전 뒷면에서도 볼 수 있다. 존 코널리가 잠깐 재무장관으로 재임할 때 발행한 동전으로, 1971년 8월에는 친절하게 이렇게 짧은 노트를 보내왔다. "…뒷면 도안은 아폴로 11호 표장을 새롭게 표현했습니다." 설마 그것도 모를까? 동전의 독수리 도안자는 신문에서 "행복한 독수리" 운운했으나 나한테는 여전히 불편하게만 보였다. 달에 착륙하기 전에 저놈의 올리브가지를 버리면 좋으련만. 독수리는 수많은 은메달로도 재탄생했다. 우주비행에 기념품으로 가져가기 위해 우리 셋이 주문한 것이다.* 금메달 세 개는 따로 제작해 아내들에게 선물하였다.

---

* 무려 2,731.74달러가 들었다.

독수리를 달 착륙 테마로 선정하면서 자연스럽게 착륙선도 '이글'이라 명명하였다. 닐과 버즈도 좋다고 하고 라디오에서 들을 때도 괜찮았다.* 사령선의 별명은 그보다 애매했다. 솔직히 말하면 아무 생각도 떠오르지 않았다. 어느 날 워싱턴의 나사 공보담당 부국장 줄리언 쉬어와 장거리 통화를 했을 때였다. 그가 CSM 이름을 정했는지 물었다. 아직 못했다고 대답하자 "여기 어떤 사람이 '컬럼비아'가 어떤지 물어보던데?"라는 답변이 돌아왔다. 난 별 생각 없이 끌끌거리다가 얘기는 다른 주제로 넘어갔다. 컬럼비아라고? 좀 거창하지 않나? 선임들의 이름인 '검드롭' '찰리브라운'을 떠올리니 더욱 그랬다(검드롭은 마음에 들었지만 찰리브라운은 정말 끔찍했다). 문득 조금 건방지면 어때? 라는 생각도 들었다. 게다가 컬럼비아는 나름 의미도 있었다. 쥘 베른의 신비스러운 달 탐사선과도 밀접한 관계가 있지 않나? 탐사선은 1865년 플로리다 탬파 인근의 거대한 포신에서 발사되어 달에 접근한 뒤 태평양에서 발견되었다. 그리고 그 포신 이름이 바로 '컬럼비아드'였다. 보다 깊은 의미라면 아무래도 '컬럼비아'가 이 나라의 기원과 밀접한 관계가 있다는 사실을 들 수 있다. 독수리는 미국 상징이 되었지만 컬럼비아는 나라 이름이 되지 못했다. 독수리에 비하면 다소 국수적으로 들리긴 했지만 나쁘지는 않아 보였다. "컬럼비아, 대양의 보석" 운운하는 가사까지 자꾸만 머릿속을 맴돌았다. 우주선이 운 좋게

---

* 파일럿들은 자신의 콜사인이 무전으로 어떻게 들릴지 늘 걱정한다. 무전기는 인간 목소리의 초고주파도 초저주파도 전하지 못한다. 그리고 그 작은 차이 때문에 이따금 익숙한 소리마저 알아듣지 못한다. 어느 전투기 편대의 콜사인이 '플리트건'(Flit Gun)이었다. 그런데 편대장이 쩨지는 목소리라 지상 관제사들이 늘 잘못 알아들었다. "로저, 식스건." 관제사들이 이렇게 대답하면 편대장은 다시 꽥꽥거린다. "아니, 플리트건." "로저, 식스건." 이쯤 되면 편대장은 거품을 물게 된다. "아니라니까! 망할! 플리트! 플리트란 말이야!" 그의 편대에 속해 이런 얘기를 듣는 것도 큰 기쁨이었다.

바다 위를 떠다니게 되면 우리를 구해줄 배가 아닌가. 닐과 버즈도 반대하지 않았고 딱히 더 좋은 이름도 떠오르지 않아서 우리는 사령선을 '컬럼비아'로 정했다. 나쁜 선택은 아니리라. 고마워요, 줄리언.

달에 남겨두기로 한 명판은 LM 다리에 묶어두었지만 그것도 문제라면 문제였다. "여기 지구 행성의 인류가/ 달에 첫발을 디뎠노라/ AD 1969년 7월/ 우리는 전 인류를 대신하여 평화를 원하노라." 내용은 위와 같았으며 닉슨 대통령과 우리 셋이 사인했다. 원도 두 개 그려 넣었다. 하나는 서반구, 다른 하나는 동반구. LM 다리에 고정해놓은 걸 보니 닐과 버즈도 도안에 참여했을까? 아니 그렇지는 않을 것이다. 나도 분명 참여하지 않았다. 그 복사판을 본 것도 내 기억으로는 우주비행 이후였다. 국제적 느낌의 헌사 "전 인류를 대신하여" 외에 4센티미터 지름의 작은 실리콘 원반도 준비 중이었다. 그 안에는 아이젠하워, 케네디, 존슨, 닉슨을 비롯해 국가 수장 73인의 메시지를 담았다. 그 원반 또한 영광의 성조기와 함께 달에 남게 될 것이다.

1969년 봄이 주마등처럼 지나갔다. 눈앞에 아직 1년 치 일이 남은 것 같았건만 5월이 되자 어느 순간 다음 비행 승무원이 되어 있었다. 톰 스태퍼드, 존 영, 진 서넌이 5월 18일 정오경, 케이프의 발사대 39B*를 떠났다. 그리고 3일 후에 달 궤도에 도착해 가까이에서 달을 지켜본 네 번째, 다섯 번째, 여섯 번째 인류가 되었다. 스태퍼드와 서넌은 훨씬 더 자세히 볼 참이었다. 착륙선 '스누피'를 타고 15킬로미터 상공까지 내려갔다가 존 영의 '찰리 브라운'으로 돌아오는 게 임무

---

* 메리트 섬의 발사단지 39는 원래 A, B, C 세 곳의 발사대로 구성될 예정이었다. C는 세우지 못했으며 B는 아폴로 10호만 사용하였다. 다른 새턴 V는 모두 39A를 이용했는데, 내가 보기에 B, C는 애초부터 필요가 없었다. 물론 새턴 V를 개발할 때만 해도 이 괴물이 그 아래 콘크리트를 태워 어떤 피해를 입힐지, 우주비행이 얼마나 인기가 있을지 아무도 예상하지 못했다.

이자 탐사의 주목적이었다. LM이 달에 착륙했을 경우를 점검하고, 아폴로 11호의 착륙지로 내려가 촬영하고, 궁극적으로 랑데부를 시연해 위험 부담을 줄이는 임무였다. 그 과정에 지상의 추적네트워크는 달의 특이한 중력장 모델을 다듬고, 점점이 박힌 매스콘을 비롯해 여타의 광행차光行差들을 연구할 것이다. 다행히 일정은 순조롭고 랑데부는 식은 죽 먹기였다. 닐과 버즈, 나는 안도의 한숨을 쉬었다. 톰과 진이 안전하게 CSM으로 돌아오기도 했지만 그보다는 (이기적인 마음에서) 아폴로 11호가 무미건조한 리허설을 반복하지 않고 착륙할 길을 열어주었기 때문이다. 톰과 진은 레이더에 따라 15킬로미터 근월점近月點*까지 내려갔다. 제어시스템이 잠깐 말썽을 부리는 바람에 LM이 갑자기 회전한 것 말고는 전혀 어려움이 없었다. 진 서넌이 "이런 빌어먹을!" 하고 소리를 쳤는데, 온 세계가 그 소리를 들었다. 그 정도면 보이스카우트 회원자격을 박탈하고 속기사를 잔뜩 고용해 비난편지에 일일이 답장을 해야 하리라. 이상하게도 달은 8호에서와 또 다르게 보였다. 8호 때는 주로 흑백이었고 그 사이에 회색조들이 다양하게 나타났는데, 10호에서는 갈색이 폭넓게 드러났다. 정오경에는 연한 황갈색, 일출과 일몰 전후로는 진갈색이었다. 비행 중 촬영한 사진도 논쟁을 가라앉히지 못했다. 현상과정과 감광유제를 조금만 바꾸어도 달 표면은 회색, 갈색, 심지어 녹색으로 변했기 때문이다. 사소한 문제였으나 난 정말 호기심이 동했다. 5개월 사이에 어떻게 색이 변할 수 있지? 6인의 전문 관찰자들이 어떻게 저렇게 3 대 3으로 똑같이 갈릴 수 있을까? 도대체 누가 옳지?

---

* 달 궤도의 최하부. 반면 '근지점'은 지구 궤도의 최하부를 뜻한다.

달로 가는 길

그쯤이야 곧 알게 되리라. 지금은 그 문제를 파고들 여유가 없었다. 우리 역시 우리 문제들로 골머리를 썩어야 했다. 콜사인이나 메달, 의전 따위가 아니라, 아직 해결하지 못한 기술문제들이 산적했다. 내 생각에 제일 걱정스러운 것은 아무래도 랑데부 상황이었다. LM이 착륙하지 못하거나, 착륙을 해도 시간이 이르거나 늦을 경우, 또는 이륙 시 각도가 기울거나 기울지 않을 경우 등 가능한 상황이 18가지나 되었기 때문이다. 나는 메모, 절차, 컴퓨터 입력문구, 도표들로 금세 책을 가득 채웠다. 닐과 버즈가 떠나 있는 동안 필요하다고 생각하면 뭐든지 닥치는 대로 기록한 결과, 이른바 '솔로북'이라고 이름 붙인 책이 무려 117페이지에 달하게 되었다. 18가지 변수는 계속 시뮬레이터로 연습했으나 개연성이 덜한 변수는 아예 손도 대지 못했다. 결국 지원 엔지니어 팀에게 변수를 읽고 또 읽게 만든 뒤 그들의 판단에 의존할 수밖에 없었다. 랑데부 말고도 걱정이 끝도 없이 이어졌다. 제미니 10호 때처럼 검은 공책을 만들어 그 안에 섹션을 나누고 아직 해결하지 못한 문제들을 적어나갔다. 해답을 얻으면 해당 항목을 지워나갔는데, 비행 때까지 그렇게 제거한 항목이 100개나 되었다. 기이하게도 제미니 10호 때 기록했던 138개 항목보다 적은 숫자였으나 사실 아폴로는 훨씬 더 복잡한 기계였다. 그래서 나도 이번이 더 바쁘게 느껴졌다. 아마도 아폴로 11호를 다룰 때는 정말 필요한 항목만을 적거나, 아니면 그저 압박감을 더 느꼈기 때문일 것이다. 전 세계의 시선이 뒤통수를 뚫을 듯했으니 왜 안 그렇겠는가.

내 문제는 크게 두 덩어리로 나눌 수 있었다. 아폴로 11호가 처음 시도하지만 아직 해답을 구하지 못한 문제들, 그리고 과거에 경험한 적이 있으나 게으름, 태만, 무능력 탓에 제대로 이해하지 못한 문제들이다. 두 번째 범주에는 CSM과 LM을 결합하는 메커니즘, 즉 탐침 probe과 원뿔 홈drogue도 들어있었다. 첫 번째 도킹을 실시할 때 CSM은 무게가 30톤, LM은 15톤에 달한다. CSM은 늙은 연인들처럼 조심스레 탐침을 LM의 원뿔 홈에 삽입하고, 탐침 테두리의 작은 갈퀴(또는 포획걸쇠) 세 개를 LM의 원뿔 홈에 걸어 자리를 잡는다. 두 우주선을 결합하면 중량이 무려 45톤에 달한다. 그런데 기껏 10센티미터밖에 안 되는 작은 클립으로 아슬아슬하게 묶는다는 뜻이다. 사령선파일럿(지금부터는 CMP로 약칭)은 탐침 삽입과 두 우주선이 크게 흔들리지 않음을 확인하는 즉시 스위치를 켠다. 탐침 안쪽의 작은 실린더에서 압력질소를 내보내 탐침을 CM 안으로 끌어들이기 위해서다. 그런 식으로 LM을 잡아당기면 CM의 터널이 LM의 터널과 접하면서 멈춘다. 그 순간 열두 개의 기계걸쇠가 작동해, 터널 벽 둘레에 열두 곳의 접속 부위를 형성하는 식으로, LM과 CM을 단단하게 결합해준다. 이제 CMP가 잠시 파일럿 임무를 포기하고 자리를 벗어나 기능장의 외투를 걸쳐야 한다. 원뿔 홈과 마찬가지로 터널 안쪽의 탐침을 제거하여 사람들이 두 우주선을 오갈 수 있도록 해야 하기 때문이다. 그러나 그러기 전에 점검해야 할 목록이 산더미다. 그 가운데는 "예비하중 선택 레버는 시계방향으로(오렌지색 줄무늬에서 먼 쪽으로), 예비하중 핸들토크는 시계 반대방향으로 회전하여 확대걸쇠(붉은 신호, 보이지 않음)를 맞물리게 한다" 같이 난해한 메모들이 가득하다. 레버가 꿈쩍도 하지 않으면 연장통을 꺼내 풀어주어야 한다. 나로서는 우리 집 스크린도어 걸쇠도 수리 못하는 터라 그놈의 탐침이 미워죽을 지경이었다. 모르긴 몰라도 놈도 나를 미워한다. 결국 달 궤도에서 일부러 터널에 박히는 식으로 나를 엿먹이려 들 것이다. 그렇게 되면 닐과 버즈는 LM

의 정면 해치에서 CM의 측면 해치까지 위험천만한 우주유영을 해야 한다. 시뮬레이터 터널에서 진짜 탐침과 원뿔 홈을 가지고 장시간 훈련하면서 투덜댄 적이 있다. "포획걸쇠는 핸들잠금장치를 풀어준다." 맙소사, 이게 무슨 말이지? 이놈의 우주프로그램에서는 왜 외국인들만 점검목록을 작성한단 말인가! 어쩌면 내가 아니라 정비공이 필요할지도 모르겠다. 그렇다면 난 자격이 없다.

"이번 비행 중 어떤 단계가 가장 위험할 것 같습니까?" 기자들은 늘 이렇게 물었다. 내 대답은 늘 똑같았다. "준비과정에서 소홀했던 단계죠." 대답이 애매하긴 해도 사실이다. 아폴로 11호 비행에서 특별히 주의해야 할 단계는 열한 개였다. 어떻게든 훈련시간을 할애해 친해지려 애쓴 것도 그런 점 때문이었다. 허드렛일을 가볍게 수행하고 장비설계와 활용법을 제대로 이해해야만 어떤 오류가 발생하든 적절히 대처할 수 있다. 우리 셋은 대부분 책임을 공유했지만 몇 가지는 그래도 내 책임이었다. 물론 LM 조작에 관한 한 나는 모니터링만 가능했다. 주의해야 할 단계들은 다음과 같았다.

1. **발사**Launch 어느 모로 보나 위험한 순간이다. 대형 엔진들, 폭발성 연료, 고온과 고속, 끔찍한 돌풍, 그리고 발사에서 지구 궤도까지의 11분을 성공으로 이끌기 위해 고안한, 복잡한 유도 요건들.
2. **달천이**TLI 새턴의 제3단 엔진이 재점화하면, 상대적으로 안정된 지구 궤도를 떠나 궤도변경을 시도한다. 사고가 없다면 3일 후 달에 접근하게 된다. 엔진이 조기에 멈출 경우에는 복잡한 이탈과정을 거쳐 지구로 귀환해야 한다.
3. **전위**轉位**와 도킹**T&D CSM을 분리하는 과정. 180도 회전해 LM과 도

킹한 뒤 죽은 새턴에서 떼어낸다. 상호 연결된 터널에서 탐침과 원뿔 홈을 정리하는 것까지 이 단계에 포함된다.

4. **달 궤도 진입**LOI 두 차례의 점화로 속도를 줄인 후 달 중력장에 걸쳐야 한다. 물론 달과의 충돌도 피해야 한다. 1차 점화(2차 점화보다 중요) 중 엔진이 조기 셧다운될 경우 기이한 궤적을 만들 수 있다. 그럴 경우 재빨리 LM의 엔진을 가동해 지구로 복귀해야 한다.

5. **하강궤도 진입/동력하강시동**DOI/PDI 두 차례의 LM 점화를 말하며 이로써 닐과 버즈는 사령선이 위치한 100킬로미터 궤도를 떠난 뒤 달 표면을 가로질러 목적지에 착륙할 것이다. 행여 잘못된 장소에 내리거나, 아예 착륙하지 못할 경우(이쪽이 가능성이 더 크다) 다시 무익한 랑데부 과정을 수행할 수밖에 없다.

6. **착륙**Landing 우리가 잘 몰라서 그렇지, 착륙도 위험 가능성이 아주 높다. 연료가 부족하기에 타이밍이 절대적이다. 게다가 특정 지역의 표면 상황이 좋지 않을 수도 있다. 여기에 가시성과 거리감 인식 문제가 겹치면 착륙이 아니라 충돌이 일어날 수도 있다. 라이트 형제 시대 이후로 늘 있던 문제다.

7. **선외활동**EVA 달 표면에서의 활동은 물리적으로 부담이 크다. 산소나 냉각시스템에 과부하를 야기할 수도 있다. 구멍이 있거나 지하에 용암동굴이 있어 지표가 붕괴할지도 모른다. 더 기본적인 사실로 EVA는 얇은 천을 붙여 만든 막피膜皮에 의존한다. 약간의 찢김에도 즉사할 수 있다.

8. **이륙**Lift-off 엔진 하나만으로 이루어지기에 제대로 작동해야 한다. 이를테면 추진력을 충분히 제공하고 추진 방향도 정확해야 한다. 그렇지 못할 경우, 다행히 궤도에 들어서면 구할 수는 있으나, 닐과 버

즈가 고요의 바다 바위틈에서 영원히 장식품 노릇을 할 수도 있다.

9. **랑데부**Rendezvous 잘 하면 식은 죽 먹기, 못하면… 파멸. 가정이 너무 많다. 이 문제에 대해 18가지의 변수를 적어 말 그대로 목에 건 채 CM에 앉아 골머리를 싸맬 것이다. 부디 도킹과 터널 정리가 무사히 끝나기를.

10. **지구방향 분사**TEI 엔진 하나를 분사하여 지구로 돌아가거나, 아니면 영원히 달 궤도에 좌초할 수 있다. 예비 엔진도 더 이상 없다. 이미 LM을 폐물로 버렸기 때문이다.

11. **대기권 진입**Entry 착수에 성공하려면 정확한 각도로 지구 대기권에 진입해야 한다. 낙하산 시스템과 그 밖의 절차도 실수 없이 진행되어야 한다. 닐과 버즈 없이 나 혼자 달에서 귀환할 수도 있는 상황에 대비해 내가 조종을 하며 진입 조종법도 충분히 훈련했다.

주요 문제가 이렇다고 해서 다른 문제들이 사소하다는 뜻은 아니다. 실제로 사소하다고 외면했다가 발목이 잡힐 수도 있다. 아니, 내가보기엔 분명 그렇게 된다. 저 복잡한 장치들을 이끌고 하늘에 올라가 8일을 지내야 한다. 뭐든 고장 나지 않는다면 그쪽이 더 이상하다. 어디에서 문제가 발생할까? 과연 내가 다룰 수 있는 문제일까? 시뮬레이터에서 훈련을 하면서도 내내 이런 걱정을 했다. 유도시스템과 항법시스템은 여전히 골칫거리였다. 달을 오가는 동안은 내가 항해사아닌가. 내 컴퓨터에는 다소 낯선 프로그램을 설치했다. MIT의 이른바 콜로서스 IIA. '거인'이라니, 이름 하나는 기막히게 지었다. 난 그앞에서 잔뜩 주눅이 들었다. 이 거인의 서비스를 받을 수 있기에 키보드를 칠 때도 경건함을 더했다. 예를 들어 나와 의견이 일치하지 않으면 컴퓨터는 대답을 내놓지 않았다. 그러면 난 열이 받고 만다. 어디 '입력 오류' 한 번 깜빡거려보시지, 이 멍청한 컴퓨터 놈아. 내가 씩씩거리며 투덜대면, 이어폰에서 톰 월슨*이나 다른 강사가 등장해 이 버릇없는 기계의 비위를 내가 어떻게 거슬렀는지 조목조목 설명해주었다. 한편, LM의 컴퓨터 프로그램 이름은 루미너리였다. 이놈도 달 표면에 가는 내내 그 이름에 어울리게 버즈의 면전에서 연신 불빛을 터뜨렸다. 어쨌든 콜로서스 IIA는 고집불통 친구인지라 사령선 생활이 외롭지는 않을 것이다. 저 망할 놈한테 탐침과 원뿔 홈을 정리하라고 가르치면 좋으련만.

5월이 6월로 바뀔 즈음 케이프에서 보내는 시간이 점점 많아진 반면, 휴스턴과 다른 장소들과는 소원해졌다. 주말은 여전히 휴스턴에서 보냈으나 월요일 아침 일찍(기록에 보면 이륙이 무려 새벽 4시 55분이었다) 케이프로 내려가 하루 종일 일을 했다. 그래서인지 6월 초 2주간 팻과 아이들이 케이프에 왔을 때는 정말 좋았다. 우리는 해변 모텔에 거처를 정했다. 팻도 이 기회에 휴스턴의 혼란에서 어느 정도 벗어날 수 있었다. 아폴로 11호의 비행 전 활동 때문에 휴스턴의 신문, 친구, 호기심 많은 사람들이 야단법석을 피웠던 것이다. 케이프라고 딱히 조용하다고 할 수는 없었으나 이곳에서는 어느 정도 익명이 보장되는 데다 또 해변이 있지 않는가. 평화로운 해변이 있는 것만으로도 콜린스 가족의 긴장은 어느 정도 가라앉는 듯 보였다. 준비에 박차를 가하면서 나도 긴장을 풀 곳이 필요했다. 하지만 망할, 불과 몇 주 남지 않

---

* 윌슨을 '할'이라고 부르기 시작한 것도 이즈음이다. 영화 〈2001 스페이스 오디세이〉에 나오는 전지전능한 컴퓨터 이름이건만 톰은 그다지 자랑스러워하는 것 같지 않았다.

왔다. 이 정도면 뭐든 견딜 수 있어야 하며 또 실제가 그랬다! 내 정신은 딱 아폴로 11호까지만 작동했다. 그 이후로도 우주비행이 더 있겠으나 난 참여하지 않을 참이었다. 케네디 대통령이 60년대가 저물기 전에 달에 착륙했다 귀환하자고 했지만, 과학의 이름으로 그 과정을 반복하고 달을 탐사하라는 말은 어디에도 없었다. 그 말에 반대하고 싶지는 않다. 아니, 오히려 깊이 동의한다. 다만 이미 아폴로 11호에 혼신을 바친 터라 후일에 그 일에 다시 도전할 의지는 없었다. 게다가 아내의 걱정도 걱정인지라 가능한 한 빨리 끝내야 했다.

어느 날 데케와 함께 T-38을 타고 휴스턴에서 케이프로 향할 때였다. 그는 향후 비행에 다시 나를 "끼워주고 싶다"고 얘기했으나 난 결국 공손하게 거절했다. 행여 아폴로 11호가 실패해 이륙 후 바다에 곤두박질친다면 돌아와 바짓가랑이를 붙들고 애원할지 모르지만, 계획대로 비행할 수 있다면 아폴로 11호가 내 마지막 우주비행이 될 것입니다. 나는 그렇게 말했다. 그 후 뭘 하겠다는 생각은 전혀 없었다. 비행을 다시 하면 어떤 자리에 앉게 될지도 몰랐다. 십중팔구 아폴로 14호의 예비 사령관이 되었거나 마지막 아폴로 우주선 17호를 타고 달을 걸었으리라. 하지만 1969년 6월만 해도 17호까지 있으리라고는 상상도 못했고, 또 지금도 그 결정을 후회한 적은 없다. 진 서넌은 3년 반이 지난 이후에도 우주비행에 남다른 열정을 보여주었건만.

6월 중순 팻과 아이들이 휴스턴으로 돌아간 후 정말로 세상을 멀리 하고 주변에 무적의 고치를 짓기 시작했다. 콜로서스 IIA를 마스터하고, 열여덟 건의 랑데부 변수를 모두 익히고, 터널의 탐침이 양처럼 순하게 끌려 나오도록 만들어야 한다. 한 달 정도 예정일을 늦추고 훈련시간을 더 갖자는 주장도 있었으나 난 받아들이지 않았다. 문제는 나도 닐도 버즈도 아니었다. 두 사람도 이미 LM 시뮬레이터에서 엄청나게 많은 시간을 투자했다. 휴스턴의 관제센터가 계획한 대로 일련의 정교한 연습과정을 마무리하기 위해 시뮬레이터를 혹사하고 또 혹사했다. 늘 그렇듯 조만간 어느 부분인가 컴퓨터가 나가고 훈련과정 전체가 연기될 것이다. 운이 좋다면 7월 16일까지 훈련을 못 마칠 것도 없지만, 아무래도 시간이 촉박했다. 닐과 버즈도 연기와 강행 중 무엇이 나은지 엇갈리는 입장이었다. 준비가 미흡하긴 했지만, 그렇다고 7월 발사를 고수하자고 목소리 높일 자신까지는 없는 것 같았다. 나로서는 슬레이턴에게 답한 대로 7월 중순까지 만반의 태세를 갖출 자신이 있었다. 한 달을 늦춘다면 대참사까지는 아니겠지만 후유증이 만만치 않을 터였다. 게다가 8월 발사마저 어렵게 된다면 진짜 큰 문제가 발생한다. 우주선 부품이 부식성 연료에 오래 노출되면 공장에 들어가 정비를 받아야 한다. 시간 지연이든 신뢰성 저하든, 해체와 재조립 과정이 어떤 결과를 낳을지는 아무도 알 수 없다. 따라서 6월 17일, 소위 9시간의 비행준비검토 공식회의 끝에 샘 필립스 장군은 7월 16일을 발사일로 결정한다고 선언하였다. 난 너무도 기뻤다. 이악타 알레아 에스트 *Iacta alea est*, 주사위는 던져졌다! 카이사르라도 된 기분이었다. 우리는 그날 밤 처음으로 메리트 섬 승무원 막사로 옮겼다. 양어깨에서 무거운 짐도 덜어낸 데다 진과 베르무트 병도 하나씩 있었다. 이제 한 달 남았다. 간섭은 최소로, 능력은 최대로 발휘할 때다.

승무원 막사라는 이름의 수도사 세계로 이주한 것도 그래서다. 보통 때라면 승무원들은 마지막순간까지 코코아비치의 밝은 빛과 자유를 즐겼다. 제미니 10호 시절, 존과 나도 마지막 주까지 해변에서 머무르지 않았던가. 이번은 차원이 달랐다. 세상과 절연하고 목전에 닥친 복잡한 위험을 감내하고 풀어낼 필요가 있었다. 그러기 위해서는 승무원 막사가 제격이었다. 승무원 막사는 거대한 조립 및 실험 건물 내에 있으며 우리 사무실과도 가까웠다. 전용열쇠가 있었다. 작은 거실과 창문 없는 복도에 들어가면 양 옆으로 역시 창문 없는 작은 침실들이 다닥다닥 붙어있었다. 복도를 90도로 꺾어서 돌면 운동실과 사우나실이 나오고 그 끝에 식당 겸 부엌 겸 브리핑 실이 나타났다. 세계지도와 폐쇄회로 통신시스템을 갖추고 발사대를 방문할 때 필요한 안전모들도 준비해 걸이에 걸어놓았다. 이곳은 우리가 초대한 손님만 출입이 가능했다. 그밖에는 유능한 메이드들과 요리사 류 하첼 같은 상주 인력들이다. 메이드는 속옷에 우리 이름을 적고 폴로셔츠에 풀을 먹이는 등 청결 유지에 혼신을 다했다. 류는 오랫동안 예인선 요리사로 근무한 터라 요트족의 사교계 얘기로 우리를 즐겁게 해주었다. 맥주를 마시고 얼큰해지면, 유명인사들이 배에서 떨어진 일화 등 신기한 얘기를 쏟아냈으나 대개는 부엌에 머물며 요리만 했다. 그의 요리솜씨는 한 마디로 획일적이라 평할 수 있겠다. 고기와 감자를 기본으로 하고 그 위에 샐러드, 빵을 얹어주었다. 물론 500칼로리 디저트도 있었다. 다이어트 중이라고 아무리 애원해도 소용없었다. 어떻게 된 인간이 상처도 받지 않았고 관심 없는 정보는 그냥 무시했다. 예인선은 거칠기 그지없는 바다에서도 힘차게 헤쳐 나가야 한다. 달에 가는 데도 어쩌면 주방의 저 영웅적인 양이 필요한가보다. 고기 좀 더 드시죠? 감자와 빵도! 디저트도! 먹어야 힘을 내서 달에 가지 않겠어요?

우리는 대개 6시와 7시 사이에 기상했다. 제미니 10호 때는 우주유영에 체력부담이 따랐기에 아침마다 3킬로미터 이상을 달렸다. 이번에는 기분 내키는 대로다. 달릴 때도 있고 그렇지 않을 때도 있고. 대체로 신문을 훑어보고 후다닥 아침을 먹은 다음 한 블록 거리의 시뮬레이터 건물로 향하거나 문 밖 사무실의 회의에 참석했다. 류가 점심을 담아 보냈기에 시뮬레이터 주변을 떠나지 않은 채 우물우물 씹거나 전화를 받았다. 정오에 시뮬레이터를 빠져나오면, 노란색 정부메시지 메모가 한 무더기 우리를 기다렸다. "오, 그래요? 발사대 초대를 받지 못했다고요? 이런, 이해가 안 가네요. 우주프로그램에 그렇게 헌신하신 분인데?" 도대체 책임자가 누구야? 이런 전화까지 받게 만들고! 닐과 버즈의 임무가 나와는 달랐기에 가끔 보지 못할 때도 있었는데, 그래봐야 저녁이 되면 또 승무원 막사에 모여 귀한 술 한 잔을 나누곤 했다. 식사를 마치고 나면 책을 읽었다. 각자가 읽고 싶은 책을 고를 수도 있고 팀으로서 함께 봐야 할 때도 있었다. 닐과 버즈는 당연히 나보다 작업관계가 훨씬 밀접했지만, 나와 별로 상관없는 일까지 미주알고주알 늘어놓곤 했다. 버즈가 특히 그랬다.

언젠가 얄궂은 밤이 특히 기억이 난다. 그날은 하필 시뮬레이션도 엉망진창이었다. 닐과 버즈가 LM를 타고 하강할 때 가벼운 사고가 일어나 휴스턴이 중지 명령을 내렸다. 그런데 닐은 이상하게 조언에 의문을 제기하거나 지시를 따르는 데 눈에 띄게 굼떴다. 컴퓨터 기록에 보면 LM은 분명 달 표면 고도 이하로 하강했다가 다시 오르기 시작했다. 요컨대 LM이 달과 충돌해 파괴되고 닐 자신과 버즈가 사망했다는 뜻이다. 그날 밤 버즈는 씩씩거리면서 불만을 토로했다. 반복된 실수로 우주비행시 안전이 확보되지 못할까봐 걱정하는지, 아니면 휴스턴 관제센터의 전문가들한테 창피해서인지는 잘 모르겠다. 어쨌거나 버즈는 목소리가 쩌렁쩌렁했다. 스카치 병이 바닥을 드러내면서는 불만의 소리도 점점 더 커지고 구체적으로 변했다. 그때 닐이 산발에 파자마 차림으로 나타나서는 열불을 내며 난리에 가담했다. 나는 조심스레 양해를 구하고 침대 위로 달아났다. 기술 문제든 성격 문제든 동료 간 불화에 끼어 들 생각은 없었다. 그나마 다행이었다. CM에는 오로지 나와 콜로서스 IIA만 있었다. 놈이 헛소리를 나불대면 스위치를 꺼버리고 말리라. 닐과 버즈는 밤늦게까지 논쟁을 이어갔지만 정작 다음날 아침식사 때 보니 둘 다 평소와 똑같아 보였다. 국무부 표현이 늘 그렇듯 '진솔하고 유익한' 토론이었던 모양이다. 우리 훈련 중 그런 식의 폭발은 유일했다.

버즈가 직접 불만을 얘기하지는 않았지만, 내가 보기에 그의 기본적인 불만은 역시 닐이 달에 첫발을 내디딜 장본인이라는 점에 있는 듯했다. 원래 초기 점검목록에는 부조종사에게 먼저 나가라고 되어 있었다. 하지만 닐은 지침을 무시하고 사령관으로서의 특권을 행사해 자신이 먼저 나가고자 했다. 결국 4월에 그렇게 결정이 났고, 버즈는 그 뒤로 눈에 띄게 우울해지고 말수도 줄어들었다. 쭈뼛쭈뼛 다가와 부당한 상황을 토로할라치면 난 재빨리 말문을 막아버렸다. 이봐, 자네들 아니더라도 내 문제만으로 머리가 지끈거릴 지경이야.

그날이 가까워지면서 나의 의식도 확장되는 듯했다. 인간이 능력의 일부밖에 활용하지 못한다는 얘기를 들었다. 물론 나도 예외가 될 수 없으며 1969년 7월 초에도 다르지 않았다. 그나마 보통 때 능력의 20퍼센트 정도에서 허우적댔다면 적어도 25퍼센트까지는 짜낸 듯하다. 집중력과 흡수력은 확실히 늘었다. 제미니 시절, 같은 과정을 거친 것도 큰 도움이 되었다. 도움이 된 이유는 여러 가지다. 우선 환경이 새롭고 낯설면 신경에너지부터 과도하게 지불해야 한다. 승무원 막사

환경은 어색하기는커녕 옛 구두처럼 편안했다. 내 침실은 심지어 제미니 이전과 똑같았다. 우윳빛 피부의 갈색머리 미인이 자주색 원피스 수영복 차림으로 이탈리아 언덕마을의 다 허물어져 가는 건물 돌계단 위에 앉아 있는 사진도 그대로였다. 예전부터 내 핀업 수호천사였기에 그녀를 보면 사람들이 이 방에서 나가 하늘에 올랐다가 무사히 지구로 귀환했다는 사실을 떠올리게 했다. 과거의 비행경험도 가치가 컸다. 기본훈련 중에는 한 번 배우면 다시 반복할 필요가 없는 것들도 있다. 예를 들어 높은 중력에서의 호흡법 같은 것이다. 더 중요한 것을 짚는다면, 제미니 비행 경험 덕분에 비행 계획상의 활동을 하나하나 시각적으로 그리면서, 어느 시점에 작업부담이 크고 그것을 어떻게 처리해야 할지 결정할 수 있었다.

다른 한 편, 제미니 10호와 아폴로 11호 비행에는 심각한 차이가 있었다. 제미니가 범세계적 관심을 받기는 했어도 그래 봐야 지역적이고 지엽적인 수준이었다. 게다가 전반적으로 우호적이고 무비판적인 대접을 받은 터라 가벼운 스포츠 경기를 치르는 기분이었다. 물론 사람이 죽을 수도 있었으나 그렇다 해도 개인적 차원일 뿐, 그 위에 국제적 압박이 더해지지는 않았다. 아폴로 11호는 차원이 달랐다. 우리 셋은 국가사절이었다. 따라서 일을 망치면 국가적 망신이 될 수도 있었다. 적대 국가들을 포함해 세계가 주시하기에 실패는 있을 수 없다. 당연히 부담도 있었다. 프로그램이 실패할 가능성을 아는 것도, 방정식의 미지수를 염두에 두는 것도 우리 셋뿐이었다. 나머지 세계는 이미 기정사실로 여기는 듯했다. 컬럼비아 호가 '대양의 보석'이 되기 전까지 우리는 수백 번 위태로운 결정을 내리고 수천 번 스위치 작동과 맞닥뜨려야 한다. 탐침 고장, 엔진노즐 파열, 누전, 승무원의 부주의, 그 밖의 수십억 가지 오류 가능성… 그런데 어떻게 성공이 가능하단 말인가? 이런 일들을 논해본 적이 없어서 닐과 버즈는 어떤지 잘 몰랐다. 하지만 나는 정말로 압박감에 시달렸다. 엄청난 책임감과 불안감, "절대 망치지 말라"는 지상명령에 가위눌렸다. 비행 즈음엔 양쪽 눈썹에 틱 장애까지 생겼지만 다행히 하늘에 오르는 순간 사라졌다.

나사 국장 톰 페인이 승무원 막사에 찾아와 우리와 조용히 식사도 했다. 나사 최고 책임자였기에 우리처럼 압박이 컸을 텐데, 그런 모습은 전혀 드러내지 않았다. 덕분에 잡담도 편안하고 온화했다. 주 메시지는(내가 보기엔 좋은 쪽이었다) 과도한 모험을 하지 말라는 요구였다. 문제가 발생하면 곧바로 귀환할 것. 다음 비행에 재도전할 수 있도록 확실하게 챙겨주겠다 등등. 덕분에 위험 하나는 줄었다. 최초의 달 착륙자가 되려는 욕심 때문에 판단력이 흐려지면 위험을 초래할 가능성도 있었다. 그의 말 덕분에 욕심을 부릴 필요 자체가 없어진 것이다.

7월 16일이 다가올수록 기분전환은 딴나라 얘기였다. 준비는 다 된 걸까? 비행계획 연습이라면 충분하고도 남은 듯했으나, 덜 중요한 영역들은 참혹할 정도로 미흡했다. 예를 들어 TV가 그렇다. 미국인들은 아폴로를 대체로 텔레비전과 이어서 생각한다. TV 프로그램이야말로 그들과 우리를 잇는 중요한 연결고리였기에 모두들 TV를 보고 무슨 일이 일어나는지 이해했다. TV 카메라가 아폴로의 눈인 셈이다. 다만 방송은 결국 나중의 일이라 사후약방문이라는 폐해만 끼칠 수 있었다. 비행을 안전하게 마무리하는 데는 오히려 방해가 되었기에 우리는 아예 카메라를 건드리고 싶지도 않았다. 비행계획에 명시되었기에 마지못해 두어 번 카메라를 켜는데 그때마다 죽을 맛이었다. 카메라 연습도 무대연습도 한 적이 없지 않는가. 돌이켜보면 TV 관련 조언은 이런 식이었던 것 같다. "이봐, 알겠지만 쇼도 잘해야 해. 수십억 인구가 지켜볼 테니까 엉망으로 만들지 말고, 오케이?"

7월 11일 금요일 우리는 최종 건강검진을 받고, 7월 14일 월요일에 마지막 기자회견을 열었다. 건강검진은 간단하고 우호적이었다. 기자회견 역시 질문과 대답 모두 단조로웠다. 그 사이 주말에는 오랜만에 여흥을 즐겼다. 패트릭 공군기지로 차를 몰고 가서 T-38를 타고는 한 시간 동안 공중 체조를 했다. 한 번은 토요일이고 한 번은 일요일이었다. 한 번은 데케 슬레이턴을 뒷자리에 태우고, 한 번은 나 혼자. 물론 비행의 목적은 여흥이나 게임이 아니라 내이 조절을 위해서였다. 아폴로 8호에서는 보먼이, 아폴로 9호에서는 슈바이카르트에게 멀미 증세가 있었기에 무중력이라는 새로운 도전을 위해 세반고리관의 림프액을 어떻게 준비해야 할지 살짝 걱정이 되었던 탓이다. T-38의 목적은 무중력 포물선에 도전하기보다 공중제비, 옆질 등 격렬하고도 다양한 아크로배틱 동작을 수행하는 데 있었다. 무중력 상태 하의 아폴로 선실을 돌아다닐 때처럼 자맥질 동작을 어떻게든 흉내내보기 위해서였다. 제대로만 한다면 T-38로 멀미를 나게 하는 건 식은 죽 먹기였다. 급격한 자세변화를 일으키는 데는 보조날개 옆질이 최고였지만, 이미 오랜 세월 동안 써먹은 터라 이제는 내이, 뇌, 위가 그런 동작에 익숙해지고 말았다. "거참, 다른 동작도 해볼 것!" 옆질 전에 머리를 양쪽으로 90도 돌리고 그대로 있지 않는 한 멀미는 나지 않았다. 내이가 감지하는 것도 따분한 옆질이 아니라 초고속 공중제비를 돌 때였다. 기대 밖 동작인 탓에 곧바로 구역질이 났다. 그런 후 두어 번 옆질을 하자 배꼽 근처가 슬슬 불편해졌다. 하지만 나는 언제나 구토 직전에 멈추었다. 그리고 공중곡예 사이사이에 보다 편안한 동작과 부드러운 수평, 수직 비행으로 강도를 조절했다.

신체 적응, 생리학적 통제, 정신 무장. 다 끝났다. 준비를 마쳤다. 나는 15일 화요일에는 하루 종일 쉬며 승무원 막사 주변을 산책했다. 휴스턴의 아내와도 통화하고 아내의 마지막 메모를 읽고 또 읽었다. 그녀의 메모에 다음의 시가 들어있었다. 늘 마음속에 간직해 온 시였으리라.

별을 찾아 떠나는 남편에게

그대 두 눈에 첫 번째 반가운 눈빛
처음 우리 사랑을 증명했을 때와 같이
그렇게 입술을 움직이지도 않고
그대 마음이 내 마음에 말을 걸었죠.

그대의 마음―그래요, 나도 알아요.
우주의 매력이 유혹하고 있음을.
진심인 듯 미소까지 지으며
그대가 애원하네요―"이제 가야겠어."

나를 사랑한다면서 여전히
내가 듣지 못하는 속삭임에 빠지나요?
어느 변덕스러운 하늘에 그대를 빼앗기고
사랑할 시간도 없는데 내가 어찌 견디나요?

말해줘요. 내가 어떻게 하길 바라나요?
머물까요, 기다릴까요, 아니면 떠날까요?
내 영혼은 어디에서 위로를 받나요?
그대, 내 사랑이여, 당신 덕분에 깨달았죠.

두려워하지 않아요. 굴하지도 않아요.
예, 물론이죠! 그 어떤 위험도
내게 닥치지 않고, 당신이 끌어안는
위험도 나를 괴롭히지 못하니까요.

지혜이든 지략이든, 어떤 수를 쓰든
그대의 밝은 꿈을 가릴 수 있었어요.
미소 한 번으로 그대를 흔들었다면
내게도 커다란 보상이 있었겠지요.

그래도 이번에는 듣지 못할 거예요.
거침없이 쏟아지는 이 눈물 소리를
어두운 밤 두려움이 찌르는 소리를
이번에는 얘기하지 않을 테니까요

내 침묵을 가져가줘요, 천금의 침묵을.
그리하여 그대가 느낄 기쁨으로 채워주세요.
내 용기도 가져가줘요, 거짓된 용기나마.
내 사랑, 그대가 그 용기를 실현해줘요.

물론 나도 그러고 싶다.

12
달로 가는 길

> 휴스턴, 아폴로 11호다… 지금 창문 안에 세계를 가두었다.
> 마이클 콜린스, 발사 후 경과 28시간 7분

제미니 10호는 오후 늦게 발사되었기에 당일 일정이 느긋했다. 이번에는 그런 운이 없었다. 오늘 7월 16일, 발사가능 시간은 휴스턴 시간(우리는 이 시간에 시계를 맞추게 된다)으로 오전 8시 32분부터 시작된다. 그래서 새벽 4시 직후 데케가 허겁지겁 우리를 침대에서 몰아낸다. 서둘러 면도와 샤워를 하고 연습실에 가니 디 오하라가 기다리고 있다. 마지막으로 체중이나 체온 등 몇 가지 건강검진을 해야 한다. 디가 있어서 다행이다. 머큐리 시절부터 이 일을 맡은 인물인지라 이 평범하지 않은 아침을 편안하고 여유롭게 맞을 수 있게 해 준다. 디는 최고의 간호사이자 좋은 친구이며 유쾌한 사람이다. 디가 여느 때처럼 신속하게 할 일을 마치자 류의 식사가 그 자리를 대신한다. 스테이크와 에그, 토스트, 쥬스와 커피. 화가 폴 칼레가 불려와 아침식사 중 우리를 스케치했다. 나사의 미술 프로그램 일환이란다. 디의 경우처럼 폴의 개입도 개의치 않는다. 그 역시 전문가이기에 그의 존재와 스케치 북은 거의 의식도 하지 못한다. 그동안 우리는 토스트를 우물거리며 데케, 빌 앤더스와 가볍게 잡담을 나눈다. 발사일의 아침식사는 늘 가볍다. 오늘도 예외는 아니다. 데케가 아침식사를 23분으로 못 박았다는 정도는 알고 있다. 1초의 오버타임도 주지 않는 그이지만 우리는 짐짓 느긋한 척 한다. 누군가 대화를 엿듣는다면 발사를 하루 더 연장했다고 오해하리라.

류에게 잘 먹었다고 인사하고 잠깐 내 방으로 돌아온다. 꼼꼼히 칫솔질을 하고 짐은 잘 챙겼는지 다시 확인한다. 누군가 이 짐을 휴스턴으로 보내줄 것이다. 일부는 달 시료 연구소의 비행 후 검역이 끝날 때까지 격리소에서 나를 기다리도록 표시해두었다. (오, 대단한 낙관주의 아닌가?) 나는 벽에 걸린 여성에게도 작별을 고한다. 다시 만날 수 있을까? 그리고 닐, 버즈와 다시 만나 함께 위층 우주복실로 올라간다. 제미니 때는 발사대 인근 트레일러에서 우주복을 착용했으나 이번 아폴로는 꽤 좋아졌다. 승무원 막사 옆에 정교한 우주복 유지, 보관, 착용 시설을 세운 것이다. 나는 제미니 10호 당시 무릎 고통을 떠올리며, 서둘러 우주복을 착용한다. 어항 모양의 헬멧을 뒤집어쓰자 100퍼센트 산소가 내 몸에서 기포 유발 질소를 정화하기 시작한다. 화재 참사의 여파로 이제 발사대의 CM 내에서는 100퍼센트 산소를 사용하지 않는다. 지금은 60퍼센트 산소와 40퍼센트 질소 혼합으로 대치되었다. (부스터가 상승하면 이 혼합기체는 환기구로 빠져나가고 순수 산소로 대체된다. 그리하여 궤도상에서 우주선 내의 대기는 5psi, 043기압 수준으로 안정된다. 순수산소에 가까워진 것이다.) 하지만 우주복 내의 공기는 언제나 100퍼센트 산소이므로 더 빨리 익숙해질 필요가 있다. 조

슈미트가 우주복 착용을 관장하는데 아주 능숙했다. 알 셰퍼드가 비행할 때부터 해온 일이 아니던가. 조는 우리가 오고, 가고, 변하는 과정을 모두 지켜보았지만, 여전히 조 그대로다. 그가 아무렇지도 않게 우주복 주머니에 뭔가 집어놓더니 달에 가져가 달라고 부탁한다. 부탁이야 들어주겠지만 사실 노골적으로 요청할 사람은 아니다. 우리 셋은 준비를 마친 후 휴대용 산소탱크에 우주복을 연결하고 마치 무거운 가방을 지듯 운반한다. 수송 밴까지는 한참을 걸어가야 한다. 밴은 우리를 태우고 발사대로 향하는데, 통로 어디나 사람들로 북적거린다. 옛 친구도 있고 동료도 있지만 대부분은 낯선 이들이다. 아폴로가 대형 프로젝트라 이날까지 수많은 사람들이 우리처럼 수년을 투자했겠지만 우리가 아는 사람은 극소수에 불과하다. 이 건물만 해도 우리 목숨을 좌지우지할 사람들이 수백은 된다. 그래도 지금껏 눈 한 번이라도 마주친 사람은 얼마 되지 않는다. 지금 그 사람들이 통로에 모여 조용히 작별인사를 하고 있다. 헬멧 속은 방음 상태라 지금은 노란색 고무 덧신이 삑삑거리는 소리, 우주복으로 산소가 유입되면서 내는 쉭쉭 소리뿐이다. 건물을 나서자 진짜 관중들이다. 홍보팀의 소위 "최후의 사진 기회"인 셈이다. 문밖 마당에는 TV 방송팀과 끔찍한 조명들, 스틸사진이나 영화를 찍는 전문가들로 발 디딜 틈이 없다. 보안팀이 길을 열어주어 밴으로 향한다. 사진사들에게 어정쩡하게 손을 흔들어주기도 한다. 뻣뻣한 다리를 이끌며 걷는데 케이프 보안팀장 찰리 버클리가 나와 맞아준다.

우리가 올라타자 밴의 문이 닫힌다. 밴은 약속한 대로 정확히 시속 13킬로미터의 속도로 이동한다. 케이프는 6시 30분, 내 휴스턴 손목시계는 아직 5시 30분인데, 차에 탄 관광객들로 주변이 가득하다. 사람들은 거의 멈춰있고 우리는 그 옆을 빠른 속도로 지나친다. 몇 분 후면 주 도로에 접어들리라. 환송객들이 멀어지자 내 기분도 살짝 달라진다. 오늘 처음으로 새턴 V와 그 화물, 그리고 오늘 일찍 일어난 이유에 대해 생각할 여유가 생긴다. 솔직히 지금까지는 정말 오늘 발사를 하게 될지 확신이 없었다. 미신을 믿지는 않지만 딸 앤이 내 생일날 태어났는데 그날이 하필 할로윈인 덕분에 요즘엔 날짜에도 은근히 신경이 쓰인다. 지난 한두 달간은 날짜가 조금 밀려 정말 7월 18일에나 발사될 것이라고 믿으려 했다. 7월 18일은 제미니 10호의 발사일이었다. 이제 다 터무니없는 상상이 되었다. 이제 정말로 실감난다. 저 길고 긴 복도를 다시는 걸어 내려오지 않을 것이다. 그래, 바로 오늘이야.

맑은 날이다. 그 정도는 우리도 볼 수 있다. 무더운 데다 바람도 거의 없어서 폭염의 하루가 될 거라는 얘기도 들었다. 어젯밤 새턴 V는 무척 우아해 보였다. 우뚝 선 채 탐조등 세례를 받았는데 그래서인지 검은 하늘을 배경으로 섬세한 오팔 보석과 순은 목걸이처럼 반짝였다. 오늘은 다시 기계의 모습이다. 튼튼하고 냉담하고 무엇보다 거대하다. 제미니-타이탄보다 세 배는 크고, 축구장을 세워둔 것보다 크며, 세계 최대의 삼나무만큼이나 거대하다. 흡사 괴물을 보는 듯하다. 지금은 소위 발사탑이라는 이름의 거대한 철제 비계에 주차해 있다. 두 파트너는 완전히 대조적인 모습이다. 로켓은 날렵하고 귀태가 흐르며 자신감으로 충만한 데 반해, 발사탑은 낡고 옹이지고 추레하고 심지어 갈 곳도 없다. 우리는 발사탑 아래 차를 세우고 차에서 내린다.

첫 번째 승강기가 벌써 문을 열고 기다린다. 어딘가 이상했는데, 금세 뭐가 달라졌는지 깨닫는다. 아무도 없다! 발사대에 오면 지금껏 늘 사람들이 북적거렸다. 기술자들이 고함을 지르고 크레인으로는 장비를 날랐다. 대형 건설현장답게 활력으로 넘쳤던 것이다. 그런데 지금은 마치 끔찍한 전염병이 돌아 가압복을 입지 못한 사람은 모조리 죽은 것처럼 보인다. 다만 시체는 보이지 않고 곁에 있는 조 슈미트도 아직 건강한 모습이다. 아니면 공습경보가 울려 도시 전체가 소개된 것일까? 우리 넷이 승강기에 오르지만 난 승강기 문이 철커덩 닫히는 것 이상을 느낀다. 발사를 지켜보기 위해 이곳을 찾은 사람이 백만 명도 넘을 테지만, 나는 그들 가운데 누구보다 더 달과 가까이 있는 기분이 든다. 승강기 상승. 이 최초의 수직 상승이 아폴로 11호의 시작인 셈이다. 이제 다시 지상에 내려오지는 않을 터이기 때문이다. 한 번 더 보기는 하겠지. 정신분열증과도 같은 갈증. 컬럼비아 호에 오르기 직전, 10미터 상공의 좁은 통로 왼쪽으로 저 아래 해변이 활짝 열린다. 인간 종족이 정복하지 못한 해변. 오른쪽에 지금까지 건조된 가장 거대한 기계덩어리가 서있다. 오른쪽 눈을 가리면 플로리다의 폰스더리언이 보이고, 그 너머로 우리 모두의 어머니 바다가 나온다. 나는 태초의 인간이다. 왼쪽 눈을 가리면 문명과 기술과 미국과 전선과 금속이 마구 얽힌 아수라장이 나타난다. 나는 행군 명령을 받은 군대의 청년병사다. 닐이 우주선에 들어간다. 내가 그 다음이다.

아폴로의 좌석은 3개다. 그동안 내 자리가 어디인지 질문을 많이 받았으나 우주프로그램이 대개 그렇듯 대답하기가 쉽지 않다. 난 세 곳 모두를 조종한다. 어느 자리든 필요할 때가 있기 때문이다. 발사 때라면 CMP 조종사가 보통 중앙좌석을 차지한다. 하지만 내가 합류했을 때는 버즈가 이미 중앙좌석에서 훈련을 받은 후였다. 그로서는 다른 좌석을 다시 배운다는 게 말이 되지 않았다. 그래서 나는 발사시 우측 좌석에서 해야 하는 임무를 따로 배웠다. 버즈는 중앙에 앉고, 닐은 (지휘관이 늘 그렇듯이) 중지 핸들이 위치해 있는 왼쪽에서 조종한다. 닐이 앉은 다음, 나는 노란 덧신을 차버리고 중앙해치 안쪽 바를 잡고는 두 다리를 흔들며 오른쪽으로 넘어간다. 두어 번 끙끙거리며 뒤척인 끝에 마침내 등을 좌석에 붙인다. 머리는 지지대에 기대고 두 다리를 몸 위쪽으로 향한다. 두 발은 티타늄 죔쇠로 고정한다. 그다지 편안한 자세는 아니다. 우주복은 사타구니가 꽉 낀다. 그래 봐야 앞으로 두 시간 반, 난 뭐든 견딜 수 있다. 이제 남은 것은 발사뿐이다. 조 슈미트가 산소호스, 통신플러그, 안전벨트 등 마지막 점검을 하더니 우주선을 떠난다. 떠나기 전 짧게 악수를 한다. 프레드 헤이스는 아직 남아있다. 우리가 자리를 잡으면 그도 예비승무원 자격으로 CM에 들어와 몇몇 사전점검을 하고 스위치 위치를 확인한다. 그리고 아래쪽 장비실로 내려가는데, 우리 손이 닿지 않는 곳이라 그가 마지막 준비를 도와야 한다. 마침내 프레드도 어기적어기적 빠져나가고 해치를 닫아준다. 바라건대 이제 8일 동안 더 이상 사람을 만나지 않기를!

전에 한 번 우주비행을 한 것이 여전히 감사하게 느껴진다. 덕분에 로켓꼭대기에서 기다리는 시간도 전혀 새롭지 않다. 이번에는 살짝 긴장되지만 상황이 낯설어서가 아니라 임무가 막중한 탓이다. 두 가지 효과 즉 육체적 불안에 막중한 책임감까지 합쳐진다면, 감당하기 어려운 부담으로 자칫 큰 실수를 범할 수도 있다. 늘 그렇듯이 계획대로 비행을 마칠 거라는 보장은 없다. 하지만 이 껍질에서 탈출은 할 수 있을 것이고, 최소한 나만이라도 그럴 수 있을 거라 생각한다. 다만 저 친구들까지 달 착륙과 귀환에 성공할 것이라고는 믿기가 쉽지 않다. 잘못될 가능성이 너무도 많기 때문이다. 적어도 지금까지는 괜찮았지만 우리 아래의 저 괴물은 지금 전문가들을 모조리 비웃고 있을 것이다. 우리가 다루는 스위치만도 부지기수다. 회로 연속성, 누수, 기계선 엔진 전환 등등. 벌써부터 새턴 제3단 엔진의 액화수소 주입 장비에 작은 누수가 발생한다. 지상에서 그 문제를 우회할 방법을 알아낸다. 시간이 갈수록 내가 할 일도 줄어든다. 프레드 헤이스가 점검목록 417단계를 짚으며 스위치와 제어장치 하나하나를 확인한 덕에 나는 그저 사소한 항목 대여섯 가지만 챙기면 된다. 세 개의 연료전지에 질소와 산소 공급 장치를 열어두었는지, 녹음기가 제대로 작동하는지, 전기시스템에 고장은 없는지, 배터리를 제대로 연결해 연료전지를 보충할 때 문제가 없는지, 발사 이전에 불필요한 통신회로를 모두 껐는지 등등… 정말 사소한 일들이다. 스위치를 작동하는 사이사이, 망상에 젖을 틈은 없지만 생각할 시간은 얼마든지 있다. 여기 내가 왔도다. 나이 38세, 신장 180센티, 체중 75킬로그램, 연봉 17,000달러, 텍사스 교외 거주, 발그레한 얼굴에 검은 점이 있는 백인 남성이 다소 불안한 마음으로 달을 향해 날아가려고 한다. 그렇다, 난 달에 간다.

제미니 10호의 발사는 대단한 이벤트였다. 그때는 궤도 진입만으로도 의미가 컸으나, 이번 발사는 달 둘레를 두른 길고도 위태로운 사슬에 연결점 하나를 거는 일이다. 우리 여행은 이미 시작한 셈이다. 동쪽을 향해 발사된 뒤 지구의 자전속도를 이용할 것이기 때문이다. 지구와 함께 이미 시속 1,500킬로미터로 동쪽을 향해 움직이고 있다고 할 수 있다. 우주선 측면의 접근통로가 떨어져 나가자 가볍게 덜컹거린다. 발사대 팀이 텐트를 접고 물러나고 있다는 뜻이다. 이제부터는 느낌으로 움직여야 한다. 밖을 볼 수는 없다. 양쪽의 창 두 개도 덮개를 드리운 터라 다시 하늘을 보려면 이륙 후 3분이 지나야 한다. 3분이면 1,000킬로미터 상공이다. 그 시점에 비상탈출타워Launch Escape Tower가 떨어져 나간다. 타워는 추진기가 폭발할 경우 우리를 쏘아버리는 수단으로, 그것과 함께 시야를 막는 보호덮개도 떨어져나갈 것이다. 이미 다 알고 있는 사실들이어서 제미니 10호 이전에 느꼈던 로켓에 실린 흥분은 이제 없다. 닐과 버즈도 차분해 보인다. 우리는 함께 점검절차를 밟아나간다.

CM 내에서도 할 일은 많다. CM은 설계 자체가 매우 좁고 조밀하며 무게도 5.7톤이나 된다. 이 거대한 괴물 합체 중에서 끝까지 여행을 완주할 유일한 부분이기도 하다. 길이 3.35미터, 원뿔형, 바닥 직경은 4미터 가량. 우리는 별개의 카우치 세 곳에 누워있다. 카우치는 관절형 구조에 얹는 식으로 여타의 시스템과 별개로 움직이게 만들었다. 딱딱한 표면에 비상착륙할 경우 충격을 줄이기 위해서다. 우리는 펑퍼짐한 우주복 차림으로 서로의 팔꿈치를 건드린다. 조심하지 않으면 이런 저런 제어장치를 건드릴 때 서로 팔이 엉킬 수도 있다. 우리 얼굴 위쪽 주계기반은 각종 계기와 스위치들이 가득하다. 수많은 엔진들을 점화할 때마다 작동할 것들이다. (새턴, 기계선, 사령선의 각종 자잘한 모터를 감안하면 엔진은 모두 72개다. 나야말로 단발엔진 파일럿 출신이건만.) 닐의 왼쪽이자 내 오른쪽인 벽면에도 계기반들이 있으며 역시 스위치와 제어장치로 가득하다. 버즈의 발밑으로 장비실이 따로 있어서 항해장비, 육분의, 망원경 등 장비를 보관하고, 터널 진입통로도 그곳에 나 있다. 나중에는 통로가 달착륙선과 이어지겠지만 아직은 공허한 하늘을 향하고 있다. 카우치 아래 좁은 공간은 침낭을 놓고 들어가 잠을 자는 곳인데, 음식, 의복, TV 카메라 등 보조장비들이 담

괴물 로켓 앞에 선 앤더스, 보먼, 콜린스

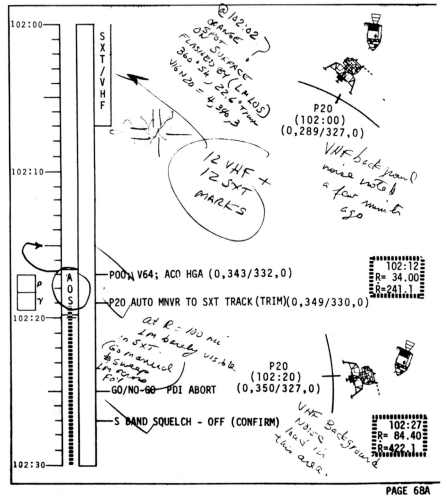

내 랑데부 노트의 한 페이지

비좁은 달착륙선. 그 아래 용도를 다한 새턴이 보인다.

둥지에서 나와 다리를 펼친 이글

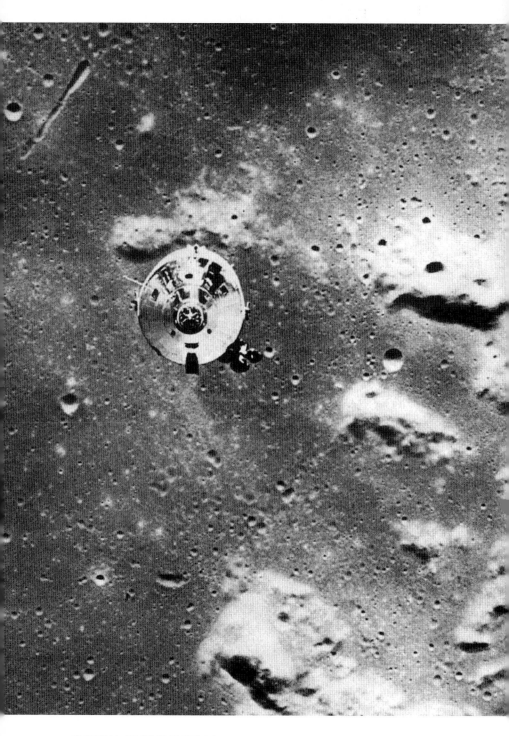

이글에서 본 나의 행복한 집 컬럼비아.

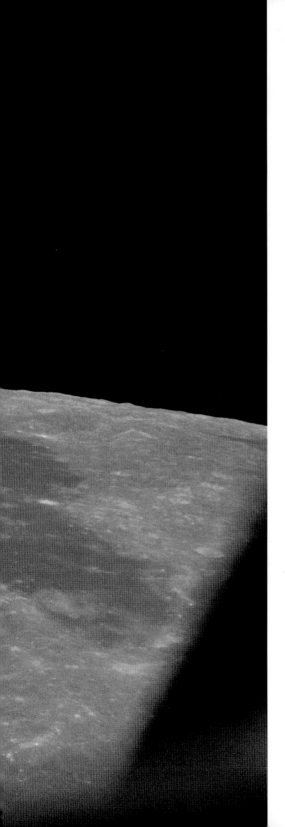

내 생애 최고의 광경,
닐과 버즈의 귀환.

귀환 후 닉슨 대통령의 환대

스코르피오의 동쪽, 갑자기 그 오랜 기다림의 달이 잘 익은 포도처럼 하늘에 등장한다.

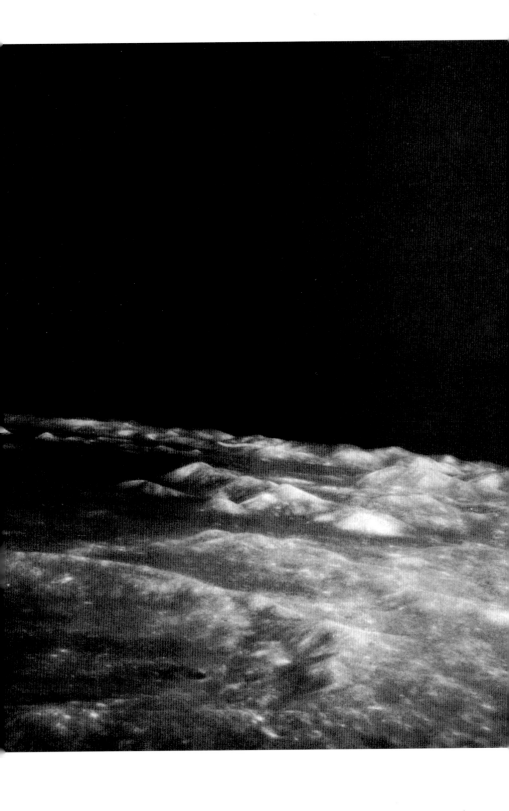

클로즈업 사진들. 언덕과 계곡을 빠르게 날아간다. 햇살 밝은 비탈은 반가우나

위험한 분화구들로 암울한 기분

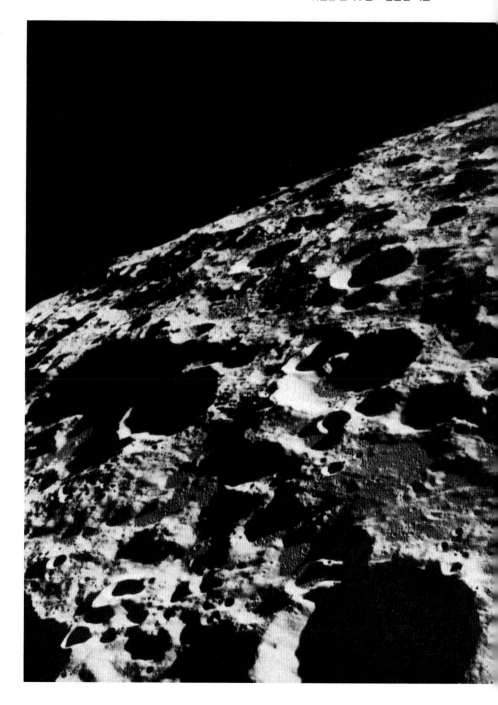

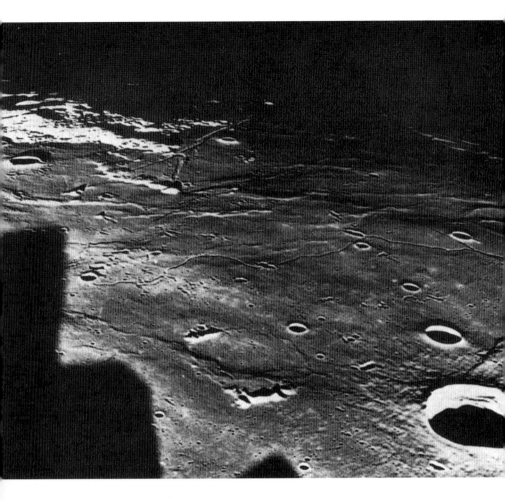

고요의 바다는 이제 친근해 보이기까지 한다.
중앙의 그림자 가장자리가 착륙 장소이나 여전히 미스터리들로 가득하다.

분화구들이 왜 직선으로 났을까?

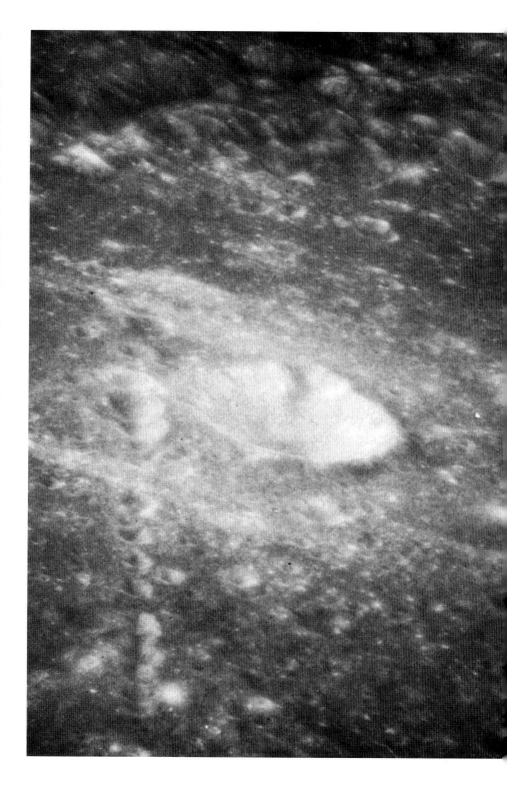

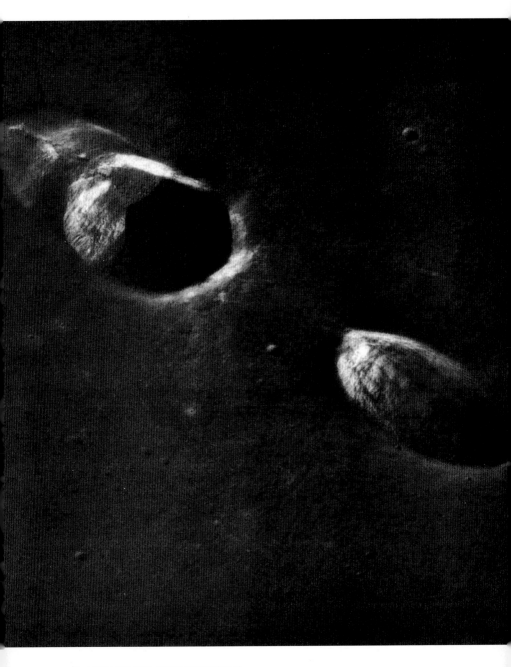

이 이상한 분화구들은 어떻게 만들어졌을까?

보이는가?

가장 아름다운 달은
우리가 귀환하면서 점점 작아질 때의 달이다.

긴 라커들도 거기 있다. 하단 장비실 오른쪽은 소변을 보는 곳이며(작은 비닐봉지에 볼일을 보고 제거) 왼쪽에서는 음식을 저장하고 준비한다. 작은 수도꼭지에서 냉온수도 나온다. 제어장치는 대개 편의에 맞추어 배열했으나 그렇지 못한 것도 있다. 예를 들어 글리콜냉각제 우회밸브 같은 것들은 칸막이 외부의 파이프 통로에 의존하고 닐의 카우치 아래 벽 깊이 박혀있다. 밸브를 돌리려 해도 특별한 연장이 필요하다. 거의 모든 공간을 활용하지만 하단 장비실의 커다란 구멍 두 개는 예외다. 그 구멍은 LM이 수집해올 월석들을 상자들에 담아 보관하기 위해 남겨두었다.

우주선 벽은 작은 사각 벨크로들로 장식된 탓에 흡사 마마에 걸린 얼굴이다. 벨크로는 암수 두 가지이며 서로 맞대고 누르면 아주 실하게 결합된다. 암벨크로는 펠트천처럼 직포가 성기고 표면이 보풀로 덮여 있으며, 여기저기 덜렁거리는 물건을 고정한다. 우주선 벽은 어디나 수백 개의 사각 수벨크로로 장식되어 있다. 수벨크로는 올이 거칠며 작고 뻣뻣한 갈고리 구조 수천 개가 돌출해있다. 암벨크로의 털과 맞물리면 간단하면서도 실용적인 고정솔루션이 되어준다. 무중력상태에서 장비가 둥둥 떠다니지 않도록 해준다. 광도계를 사용하고 싶으면 잠시 광도계를 '누른' 다음, 암벨크로를 거기 붙이고 창문 옆 수벨크로와 맞물려준다. 그러면 내가 팔꿈치로 치지 않는 한 달아날 일이 없다. 계기반은 벨크로 외에도 작은 직사각형 플라스틱들이 있다. 그 위에 다양한 메시지가 깔끔하게 적혀 있다. 예를 들어 "가열>10"의 뜻을 보자. 난방기 출구온도가 섭씨 10도를 넘으면 우주선 환경조절시스템이 개입해 물을 조금 가열해 온도를 낮춘다. "개봉 전 90초 녹화, S-주파대"는 일종의 보조기억장치로 녹음기를 작동할 때 당황하지 않게 도와줄 것이다. 이 메모들은 내가 개인적으로 붙여놓은 것들이다. 꼬리표도 수백 개 더 있는데 이들의 명칭과 위치는 어느 사령선이나 마찬가지다. 그밖에도 회로차단기 구역, 48개의 경고등, 두 개의 인공지평선, 컴퓨터 통신용 키보드 두 개가 있으며, 동일 유형의 스위치만 300개가 넘기도 한다. 실내는 여린 회색으로 칠했다. 무수한 테스트 덕에 낡고 헤지기는 했어도 여전히 새것이나 다름없다.

이 순간 가장 중요한 제어장치는 닐의 자리, 왼쪽 무릎 바깥쪽에 있다. 중단 핸들. 그것을 돌리려면 힘이 필요하다. 닐이 시계 반대방향으로 30도 정도 돌리면 머리 위 로켓 세 기가 점화하며, 사령선을 그 아래 모든 장치(기계선 포함)로부터 분리시켜 줄 것이다. 당연히 극한 상황에서만 사용해야 하는데, 끔찍한 모습이 눈에 들어온다. 닐의 우주복 왼쪽다리에 붙은 크고 넓은 주머니가 핸들에 걸릴 것만 같다. 얼른 그 사실을 알리자 닐이 주머니를 잡고 허벅지 안쪽으로 한껏 잡아당긴다. 하지만 아무래도 그다지 안전해 보이지는 않는다. 맙소사, 내 눈에는 신문 헤드라인까지 보인다. "달로켓, 바다에 떨어지다. 공식 대변인, 승무원 실수를 인정. 보도에 따르면 발사대를 떠나기 전 암스트롱의 마지막 전언은 '망할!'이었다."

중요한 순간은 늘 전통적 다운카운트로 알린다. 발사 감독관들과 마취사들은 사람들을 겁주기 좋아한다는 점에서 서로 비슷하다. 이미 한 인간의 영혼을 빼앗을 만큼 충분히 트라우마를 주는 이벤트이건만, 거기에 극적 긴장감까지 더하고 싶어 한다. 그냥 허스키보이스의 미인을 고용해, "잘 자요, 내 사랑" 아니면, "자, 이제 잘 시간이에요, 자기" 이렇게 시키면 안 되나? 어쨌거나 이제 괴물이 깨어나면서 내 아드레날린 펌프도 작동하기 시작한다.* 이륙 9초전, 제1단 엔진 5구가 서서히 점화를 한다. 추진력이 체계적으로 오르더니 100퍼센트 출력에 이른다. 로켓 고정장치들이 발사 순간인 T-제로에 풀린다. 드디어 출발! 전 세계가 우리 귀에 대고 "이륙!"이라고 외쳐서가 아니라, 앉은 자리가 그렇다고 말하는 덕에 확실히 알 수 있다. 네 몸이 아니라 장비를 믿어라. 현대 파일럿이 늘 듣는 말이지만 이 짐승이 주는 느낌은 확실하다. 흔들고 비틀고 요동치는 괴물! 소음도 크지만 소음보다는 동작이다. 온몸을 좌우로 흔들며 요동치고 발작하지 않는가! 운전사가 화가 잔뜩 난 채 커다란 차를 타고 좁은 통로를 지그재그로 달리는 것처럼 미친 듯이 돌아간다. 오오, 부디 어디로 가는지 알기를 바랄 뿐. 처음 10초 동안은 위태로울 정도로 연결타워에 가깝다. 드디어 10초가 지나고 로켓이 다소 안정을 취한다. 나도 호흡이 조금 편해진다. 소음과 진동도 상당히 잦아든다. 내 자리의 불빛과 다이얼은 모두 괜찮아 보인다. 힐끗 왼쪽을 보니 나머지 3분의 2도 양호한 듯하다. 아무도 말을 하지 않는다. 지구를 떠난다고 신이 난 사람은 없는 것 같다. 그저 향후 상황에 촉각을 세울 뿐이다. 우주비행은 어느 단계나 다 이런 식이다. 파일럿들은 대기실 잡담이나 쓰디쓴 경험으로부터 알게 된 바가 있다. 그가 달려온 활주로의 길이가 아무리 길어도 그가 할 수 있는 일들을 가늠하는 데는 전혀 쓸모가 없다는 것을. 중요한 것은 미래의 운명이다. 아무리 좋아도 지나간 일은 모두 잊고, 정신은 반드시 한 발 앞에 두어야 한다. 특히 지금이 그렇다. 이제 막 속도를

---

* 사실 우리 셋은 과거의 우주비행에서 얻은 바가 많았다. 아폴로 발사 당시 우리가 기록한 최고 심박수는 암스트롱 110, 콜린스 99, 올드린 88이었다. 제미니 비행 때 기록한 값보다는 훨씬 낮은 수치다.

올리기 시작하지 않았는가. 속도 감각은 없다. 다만 오랜 시간 연구하고 시뮬레이션도 한 터라, 보호막 밖의 현실세계에서 어떤 일이 일어나는지는 잘 알고 있다. 처음에는 속도가 느리다. 지구 표면을 기준으로 하면 0 속도, 지구의 자전속도를 감안한다면 시속 1,500킬로미터 정도이리라. 괴물이 배기가스를 뿜어내면서, 뉴턴 제2법칙에 따라 우리는 반대방향으로 반응한다. 2분 30초 동안 200만 킬로그램의 추진제가 소진되며, 지구기준 속도 또한 초속 3킬로미터까지 치솟는다. 우리가 속도를 측정하는 방식이 그렇다. 시속이 아니라 초속이다. 그래야 훨씬 더 비현실적이기 때문이다.

중력가속도는 4G를 지나면서 더 올라가지는 않는다. 타이탄과 달리 새턴은 신사다. 우리를 카우치 깊이 박아버릴 생각은 없는 듯하다. 4.5G는 가벼운 애무에 불과하다. 제1단 연료탱크를 모두 소진했기에 우리는 폐기 준비를 한다. 이를 '스테이징'이라고 부르는데, 여기에는 늘 약간의 충격을 수반된다. 엔진 한 세트를 셧다운하고 다른 엔진 다섯 기를 준비하는 과정을 뜻한다. 제2단을 이용한 여행을 시작하면서 우리는 안전벨트에 묶인 채 앞으로 쏠렸다가 가볍게 내려앉는다. 호사가들은 이 단계를 무른 알루미늄의 단계라며 경고한다. 하지만 내가 보기엔 충분히 단단하다. 유리처럼 부드럽고, 어느 로켓 비행보다 조용하고 잔잔하다. 지금도 이미 대기권의 기파력이 미치는 위치보다 위에 와있지만 이번 단계에는 160킬로미터까지 오른다. 그리고 그곳에서 제3단으로 넘어가면 계획대로 초속 8킬로미터의 궤도속도에 이르게 된다. 이륙 후 3분 17초, 계획대로 이제 더 이상 필요가 없게 된 비상탈출 로켓을 점화한다. 로켓이 떨어져 나가며 보호 커버까지 가져가는 덕에 이제 창밖이 보인다. 조종실도 밝아진다. 다만 밖은 어두운 하늘뿐이다. 이 단계에서는 지구 기상보다 훨씬 위에 있게 된다. 케이프에서 320킬로미터, 그런데도 계속 오르고 있다.

몇 분이 지나고 휴스턴에서 'GO'(모든 게 양호)를 선언한다. 우리도 아무 문제 없어 보인다고 확인해준다. 9분에 제2단 엔진을 셧다운하고 잠시 무중력 상태에서 제3단 엔진의 여흥을 기대한다. 이 순간이면 매번 촉각을 곤두세워야 하기에 시간감각마저 뒤틀린다. 그 탓에 제3단 점화는 기다려도 기다려도 소식이 없다. 마침내, 점화! 단발 엔진이 우리를 가볍게 카우치에 짓누르는 것을 느끼며 우리는 다시 길을 떠난다. 제3단은 2단과 달리 약간 성질이 있다. 동체가 가볍게 진동하고 윙윙거린다. 그렇다고 겁먹을 정도는 아니지만 11분 42초 예정대로 셧다운할 때는 안심이 되기는 한다. "셧다운." 닐이 조용히 지시한다. 우리는 궤도에 들어가 벨트에 갇힌 채 부드럽게 부유한다. 창밖의 세계는 숨 막힐 정도다. 제미니 10호 이후 짧다면 짧은 3년, 이 기막힌 장관을 잊고 살았다. 구름과 바다가 고요하고도 장엄하기 이를 데 없다. 우리는 '뒤집힌' 상태로 있는 터라 머리는 지구를 향하고 두 발은 검은 하늘 쪽이다. 지금부터 두 시간 반을 이런 자세로 지구 궤도에 머물며 다음 대도약을 준비해야 한다. 달천이 점화로 달을 향해 달려가야 한다. 물구나무 자세를 하는 이유는 CM의 중앙에서 육분의로 별을 겨누어야 하기 때문이다. 나로서는 제일 중요한 임무에 속한다. 안전한 지구 궤도를 떠나기 전, 몇 개의 별을 관측해 유도/항법 장치가 제대로 작동하는지 확인해야 한다.

제미니 10호처럼 궤도에서의 처음 몇 분은 바쁘다. 로켓에 수동적으로 실린 짐짝에서 능동적인 궤도비행체로 우주선을 바꾸려면 절차가 엄청나게 복잡하기 때문이다. 버뮤다와 카나리아 제도 사이를 지나는 동안 나는 신속하게 점검목록 두어 쪽의 잡다한 작업을 수행한다. 회로차단기들을 열었다 닫고, 스위치를 올리고, 닐과 버즈에게 지시사항을 읽어준다. 그 다음 내 카우치 하부를 접은 다음 다들 헬멧과 장갑을 벗어 하단 장비실 안으로 밀어 넣는다. 이곳에도 스위치패널이 있고 장비용 라커들이 있다. 나는 짐을 풀어 분배한다. 물론 항해장비, 육분의, 망원경 등 주요장비들도 점검해야 한다. 나는 천천히, 조심스레 움직인다. 불필요한 머리동작은 금물이다. 이 단계의 비행이라면 들은 바도 있다. 내이의 유액이 소용돌이쳐서 멀미 증세를 야기할 첫 번째 고비… 절대 당하고 싶지 않다. 사실 그럴 만하다. 나만 유일하게 위치변경과 도킹 훈련을 받았으니까. 요컨대 내가 없으면 LM을 회수해 새턴 앞머리에 묶을 수 없다는 뜻이다. 나는 조심스레 움직이면서 배에 귀를 기울인다. 지금까지는 괜찮아. 나는 닐의 카우치 아래로 움직여 가서 그에게 헬멧 보관가방과, 글리콜 밸브용 연장을 건넨다. 그리고는 주 산소압력 조절장치를 점검하고 버즈가 쓸 카메라 두 대를 꺼낸다.

버즈는 아침잠을 설쳤는지 도와주기보다 방해하는 데 더 관심이 있어 보인다. 그가 글리콜냉각제의 압력수치를 읽어달란다. "오케이, 그런데 방출압력을 확 줄이거나 해도 괜찮을까? 자네 생각은 어때, 마이크?" 나는 그를 안심시키고 카메라를 내민다. "안 받아, 버즈?" "오케이, 잠깐만." 난 기다릴 생각이 없다. "좋아, 그냥 놓아둘게. 허공에 떠다닐 테니까 알아서 챙겨." 나도 할 일이 태산이다. TLI까지 잡다한 일도, 큰일도 많다. 어디 보자… 카나리아 제도는 뒤쪽에 있으니 잠시 후 마다가스카르 섬의 타나나리브 기지를 지나게 되리라. 그 다음이 오스트레일리아의 카나번이고, 마지막으로 미국을 보고 태평양 한가운데로 되돌아와 그곳에서 TLI 점화를 해야 한다. 그 사이에도 나는 계속 장비를 움직인다. "오케이, 버즈. 16밀리 준비했나?" 위치변경과 도킹 과정을 촬영할 무비카메라 얘기다. "오케이, 브래킷은?" "닐한테 있어." "어디 보자, 지금 18밀리 렌즈를 끼워두었나?" "그래." "그럼… 올리면 되는 거지?" "오케이." "렌즈에 흰 얼룩 좀 어떻게 해봐." 맙소사, 지금 내가 카메라 브래킷이나 렌즈를 신경 쓸 때가 아니잖아? 별 관측을 하고 관성플랫폼을 재조정해야 한다니까!

나는 버즈를 잠깐 무시하고 장비실 중앙의 항해사콘솔에 자리 잡은 후 아이피스 두 개를 꺼내 설치한다. 하나는 육분의용, 하나는 망원경용. 그리고 양쪽에 휴대용 손잡이를 부착한다. 손잡이는 내가 필요하다. 닐과 버즈에게도 그렇게 알린다. "여긴 자세를 유지하기가 엄청 난감해. 계속 몸이 떠오르잖아." 대수로운 문제는 아니나 짜증은 난다. 나는 렌즈 보호덮개를 제거하고 망원경에 눈을 댄다. 결과는 실망스럽다. 가장 밝은 별들만 망원경으로 들어오는 탓에, 그보다 흐린 별들이 옆에서 함께 별자리 고유의 패턴을 만들지 않는 한 그 별들이 무엇인지 알기가 어렵다. 센타우루스 자리의 멘켄트와 궁수자리의 눈키는 아폴로 항해별 중에서도 특히 특징이 모호하기에 찾아봐야 별로 도움이 되지 못한다. 더 큰 별도 있다. 예를 들어 안타레스는 전갈의 머리 바로 뒤쪽이라 찾기도 쉽지만 색도 붉어서 눈에 잘 띈다. 그와 달리 멘켄트는 센타우루스 전체가 명확하게 보이지 않는 한 찾기가 어렵고, 그 점에서는 눈키도 다르지 않다. 다만 제미니와 달리 아폴로는 최신형 컴퓨터를 광학기계에 연결했기에 도움을 요청할 수 있다. 컴퓨터는 육분의를 흔들어 멘켄트가 있다고 판단한 곳을 가리킨다. 아하! 저기로군. 이제 잘 보이네. 이제부터는 간단하다. 십자선을 정확히 그 위에 맞추고 정렬 버튼을 누르면 그만이다. 눈키에서도 같은 과정을 반복한다. 그러자 컴퓨터가 등을 두드리고는 내 수치가 기존의 각도 자료와 0.01도 차이가 난다고 알려준다. 이 정보는 디스플레이에 '00001'로 뜬다. MIT 언어로 00000을 완벽하게 읽으면 "공 다섯"이라고 하는데, 그러니까 공 넷 하나를 따낸 것이다. 케이프 시뮬레이터 강사 글렌 파커와 커피 한 잔을 걸고 내기를 했다. 이번 최초 측정에 대해 글렌은 내가 공 넷 두 개를 넘지 못할 것이라고 했고, 난 공 다섯을 따내겠다고 선언했다. 점수는 무승부. 나는 이 자료를 지상에 전송한 후 이렇게 덧붙인다. "케이프의 글렌 파커한테 운이 좋았다고 전해 달라. 커피 사지 않아도 되니까." 휴스턴은 무슨 뜻인지도 모르면서 꼭 전하겠다고 대답한다.

오스트레일리아 상공. 이륙 후 정확히 1시간이 지났다. 별들을 확인하는 일을 끝내고 나니 호흡이 좀 더 쉬워진다. 작업상황은 순조롭고 일정에도 전혀 문제가 없다. 카메라 브래킷 같은 사소한 문제에 대해 얘기할 여유도 있다. 사실 바하칼리포르니아 해변에 접근할 때쯤 지상에 영상 몇 개를 보낼 생각이기도 하다. 그래서 TV 카메라, 케이블, 소형모니터를 챙긴다. 모니터에서 우리가 보내는 전송 화면을 여기서도 함께 볼 수 있다. 하와이 남부를 지날 때는 여전히 어둡다. 곧 오늘의 두 번째 새벽이 다가올 것이다. 나로서는 3년 만에 궤도에서 보는 첫 새벽이다. 언제나처럼 태양은 불쑥 솟아오르고 언제나처럼 내 투박한 감탄사가 맞이한다. "와, 저 지평선 좀 봐! 죽이잖아? 저게 말이 돼?" 닐도 동의한다. "기가 막히는군. 사진 좀 찍어두게." "아차, 당연히 그래야지. 근데 핫셀블라드가 어디 있지? 혹시 핫셀블라드 떠다니는 거 본 사람 없어? 여기 어디 있을 텐데? 망할 카메라 같으니…

펜도 한 자루 떠다니는군. 볼펜 잃어버린 사람?" 한참을 헤맨 끝에 복
도에서 카메라를 찾긴 했지만 찬란한 일몰을 찍기에는 이미 늦었다.
그래도 카메라를 찾았으니 기쁘기는 하다. TLI 점화로 로켓 엔진에
불이 붙는 순간 70밀리 핫셀블라드가 돌진할 수도 있으니 말이다. 우
주가 '무중력'이라고 해서 질량조차 사라지는 것은 아니다. 분자 수는
변함이 없으므로 어딘가 부딪친다면 지구에서와 마찬가지로 망가질
수 있다.

멕시코를 가로질러 캘리포니아 골드스턴의 대형안테나를 경유, 휴
스턴에 TV 신호를 전하려 했으나 각도가 너무 작아 1분 정도만 가능
하다. 그나마 장비는 모두 제대로 작동하는 듯하다. 모니터 하나가 별
개의 케이블에서 대롱거리고 있어서 TV 카메라 위에 테이프로 고정
하기로 한다.

TV를 안전하게 보관한 뒤 휴스턴과 함께 우리 관심은 임박한 TLI
점화에 집중된다. 현재의 궤도고도와 궤도각은 매우 정교하게 결정
되었으나, 실제 궤도와 비행 전 판단 사이에 조금 차이가 발생한 탓
에 새턴에 수정지시가 전해진다. 점화시점은 물론(2:44:16) 점화시간
(5:47)까지 정확히 알아야 한다. 그 다음에 긴 수치 목록을 기록한다.
TLI 이후 행여 참사가 발생해 지상과 통신이 불가능할 경우 어떻게
귀환할지를 알려주는 소중한 수치다. 한때 CM에 전신타자기를 설치
할 계획이 없지는 않았다. 수치를 기록하는 데는 이상적인 수단이었
으나 아무래도 사치로 보였다. 지금으로서는 휴스턴 관제센터의 브루
스 매캔들리스가 숫자를 하나하나 읽으면 내가 그대로 따라 적고, 다
시 브루스에게 확인하는 방법밖에는 없다. 그 일을 처리할 때쯤 미국
을 벗어나 남대서양으로 빠져나갈 것이다.

TLI까지 한 시간도 남지 않았다. 이제 오른쪽 카우치에 앉아 안전 벨트를 하고 헬멧과 장갑도 다시 착용해야 한다. 만약의 경우 새턴이 터져 사령실이 망가지면 선실 압력이 소실되기 때문이다. 사실 말이 되지 않는다. CM이 그 정도로 망가지면 SM의 엔진도(지금의 궤도에서 빠져나갈 때 필요하다) 회복 불능 상태가 될 테고, 우리는 당연히 말할 것도 없다. 아무튼 규정에 헬멧과 장갑을 착용하라고 적혀 있으니 그대로 따르면 그만이다. 오스트레일리아 서부를 지날 때쯤 휴스턴이 달을 향해 떠나라고 공식 허가를 내준다. "아폴로 11호, 여기는 휴스턴. TLI를 실행하라." 내가 대답한다. "여기는 아폴로 11호, 고맙다." 그런데… 원래 이렇게 밋밋해도 되나? 오스트레일리아를 지날 때면 무선가능 지역을 벗어나기 때문에 대개는 태평양 위에서 긴 정적의 시간을 갖는다. 그러나 이번에는 사정이 다르다. 특히 저 아래 제트수송기들이 장비를 장착하고 어둠 속을 선회하며 휴스턴용 통신회선의 역할을 하기에, TLI 점화를 상세하게 휴스턴 컴퓨터로 전달할 수 있다. 그러면 컴퓨터는 즉시 항로를 계획하고 궤적을 추적하며 수정이 필요할 때마다 알려줄 것이다. 나사는 뭐든 놓치는 법이 없다. 그리고 정말 그러하기를.

새턴은 제몫을 다하고 있다. 엔진에 수소와 산소를 펌프질하고 컴퓨터가 설정한 방향도 굳건히 고수한다. 내부장치가 너무 복잡해서 그 안에서 무슨 일을 하든 우리는 속수무책이다. 그저 조명을 통해 새턴이 카운트다운하는 과정을 지켜볼 뿐이다. 마침내 조명이 들어오자 닐이 "휴~" 하고 한숨을 내쉰다. 감정을 잘 드러내지는 않지만 지금은 안도하는 동시에 긴장하고 있는 게 역력하다. 우리는 지금 달을 향해 가는 길이다. 장애가 남아있기는 해도 점화만 끊어지지 않으면 문제없다. 자칫 조기에 셧다운할 경우엔 골치 아프다. 궤도가 미궁에 빠지면 휴스턴에서 복잡한 계산에 들어가고 우리도 황급히 기계선 엔진을 점화해 지구로 귀환할 궁리를 해야 한다. "압력은 좋아 보여." 닐이 새턴의 연료(수소)와 산화제(산소) 공급을 가리키며 말한다. 닐이 왼쪽 카우치에 앉은지라 해당 계기가 그 앞에 있다. 버즈는 중앙에서 컴퓨터를 관장하고 나는 오른쪽에서 엔진연료를 얼마나 소비했는지 추적한다. CM에는 창이 다섯 개 있다. 번호는 왼쪽에서 오른쪽으로 정해진다. 닐의 왼쪽 팔꿈치에 1번, 정면에 2번이 있다. 3은 버즈의 해치 위 둥근 구멍이다. 4는 2와 같은 작은 쐐기 모양으로 내 앞에 있으며, 1과 동일한 커다란 사각형의 5는 오른쪽 팔꿈치에 있다. "5번창으로 섬광이 보임. 글쎄… 천둥인지 엔진에 이상이 생겼는지는 잘 모르겠군…. 계속 번쩍이는데?" 내가 보고한다. 버즈는 새턴의 조종을 언급한다. "피치가 2도 벗어남." 대답은 닐에게서 나온다. "그래, 아직 걱정할 단계는 아냐." 휴스턴이 대화에 끼워든다. "아폴로 11호, 여기는 휴스턴. 1분 경과, 궤도와 유도는 이상 없음… 추진력 양호."

놀랍게도 난 엔진 작동의 증거를 목격한다. 내 위치에서 35미터 뒤쪽인 새턴 꼬리에 엔진을 장착한 덕이다. 돌이켜 보면 나 말고 지금껏 저 화려한 섬광과 집요한 불꽃을 본 적이 없다. (제미니 승무원들은 예외다. 당시에는 아제나 엔진이 머리에 붙어 있었다.) 문득 닐도 쇼를 보고 싶을 것 같다는 생각이 들어 내가 웃으며 이렇게 말한다. "1번 창밖을 보지 마. 5번 창하고 비슷하면 별로 안 보고 싶을 거야." "왜?" 버즈가 묻는다. "아무것도 안 보이는데?" 닐의 반응은 예상 밖이다. 보이지 않는다고? "저 불꽃들이 안 보여?" "오 작은 불꽃 같은 게 있긴 해." 닐은 절대 놀라는 법이 없다. 난 다시 버즈를 공략한다. "자네도 보이지? 잠간 5번 바깥을 지켜 봐. 보여?" "그래, 그래. 맙소사, 온통… 불꽃이 막 막 날아다니고 그러네." 난 내가 목격한 바를 설명하고 싶다. "그래, 한 마디로…." 그때 갑자기 우주선이 덜컹거린다. "어이쿠야!" 충격은 금세 사라졌다. 새턴이 갑자기 기어를 바꾼 모양이다. 잠시 논의한 끝에 엔진에 유입되는 연료와 산화제 비율이 바뀌면서 생긴 현상이라고 결론을 내린다. 기막힌 기계가 아닌가! 액화 수소는 −250도, 산소는 −180도로 저장해놓고 불과 몇 초 후에 2,200도 이상으로 태우니 말이다! 휴스턴은 이번 일도 정기보고에 포함시킨다. "만사 순조로움"이라고. 덕분에 우리는 마음 놓고 비행을 즐긴다. 추진력 덕에 중력가속도는 지구와 비슷한 1G이다 그래서 느긋하게 카우치에 앉아있는데, 느낌까지 그렇지는 않았다. 그 정도로 부드럽지도 않다. "조금 흔들리는 것 같지?" 버즈도 투덜댄다. 어쨌든 필요한 과정이다. 컴퓨터는 완벽에 가까운 수치들을 토해내는 중이다. 점화 말기에 조금 더 요동이 심해지자 버즈가 내 머리 위 브래킷에 장착한 무비카메라가 떨어져나갈까 걱정한다. "카메라가 자네 머리 위에 떨어지면 어떡해." 걱정할 것 없다. "확인했는데 아주 잘 붙어있어. 이 헬멧을 뚫지도 못할 테고."

이제 어둠에서 빠져나와 새벽으로 들어가는 중이다. 동쪽으로 향하는 터라 태양빛이 곧바로 창문, 특히 2번과 4번을 관통한다. 닐이 선견지명을 발휘해 자기 창 위에 카드보드를 붙여두었다. 다이얼들을 읽어 새턴의 움직임을 추적해야 하기 때문이다. 그가 우쭐한다. "이럴 줄 알고 보드를 가져왔지." 솔직히 부럽다. "그래, 잘했어. 기막힌 아이디어야. 이렇게 보이지 않아서야 원." 사실 상관은 없다. 잠시 후에는 셧다운해야 하기 때문이다. 5분 47초. 스톱워치를 이미 점화순간에 맞춰놓았는데, 불과 몇 초 남지도 않았다. …셧다운! "셧다운 완료." 닐이 우리한테 보고하고 지상에도 축하를 보낸다. "헤이 휴스턴, 여기는 아폴로 11. 새턴 덕분에 비행 잘했다, 오버." 닐은 마지막 점화뿐 아니라 새턴 로켓의 3개 단 모두를 치하하고 있다. 제3단이 우리를 잡아먹을 틈을 엿볼 때만 해도 앞의 두 단이 얼마나 멋졌는지 언급도 안 했으면서. 운항이 순조로운 한 적에게도 관대할 필요가 있다. 안전을 위해서라도.

고도 160킬로미터에서 점화를 시작해 290에서 정지했으나 계속 올라간다. 아홉 시간 후 예정대로 코스수정을 할 때쯤엔 92,000킬로미터 밖에 있을 것이다. 셧다운 순간, 버즈가 시속 11만 킬로미터를 기록했는데 그 정도면 지구 중력장을 탈출하고도 남을 속도다. 물론 바깥쪽으로 벗어날수록 수치는 점점 줄고 달의 중력이 지구 중력을 초월하게 된다. 그 시점에서 다시 속도를 높일 것이다. 달을 향해 간다는 사실이 믿기지 않는다. 이륙 후 3시간도 채 되지 않아 2,000킬로미터 고도에 이른다. 케이프 발사장에 모였던 군중들은 지금쯤 꼬리를 물고 모텔과 술집으로 돌아가고 있으리라.

사령선 안에서는 의자 빼앗기 놀이를 할 시간이다. 위치변경과 도킹을 위해 자리를 바꾸는 것이다. 내가 왼쪽 카우치로 가고 닐이 중앙, 버즈가 오른쪽으로 간다. 제어장치에 손을 대기는 처음인지라 기대감도 크다. 초고속 전투기나 소형 제미니와는 조종 자체가 차원이 다르다. 지금처럼 기계선에 연료가 가득하면, 사령선과 기계선을 합친 총 중량이 30톤에 육박한다. 첫 번째 임무는 이 두 모듈 CM과 SM을 새턴에서 분리한 후 안전하게 거리를 두었다가 다시 돌아와 새턴 상단을 마주보는 것이다. 천천히 하면 그만큼 연료를 절약하겠지만 너무 느린 것도 문제다. 필요 이상으로 멀어지면 저 괴물이 시야를 벗어날 수 있기 때문이다. 시뮬레이터에서는 타협점을 찾아 시속 800미터의 상대속도로 분리한 후 15초 후 초속 2도 비율로 180도 기수를 돌렸다. 느리지만 섬세한 작업이다. 나는 1분 정도 후 새턴을 마주보기까지 25미터 정도를 활공비행해야 한다. 전체적으로 수동조종이지만, 방향 전환 중 회전비율이 정확해야 하기에 컴퓨터의 도움을 받을 수도 있다. 드디어 때가 왔다. 나는 버튼을 눌러 새턴에서 떨어져 나온다. 왼손으로 작은 조종간을 앞으로 민다. 기계선 주변의 추진기들이 점화하자 우주선이 움직이기 시작한다. 미미하게나마 추진력을 느낄 수 있다. 계기반 수치에 따르면 속도는 적절하다. 내가 손을 놓자 추진기 점화도 멈춘다. 그렇게 몇 초가량 활공하다가 오른 손목을 위로 올려 피치를 올리는 절차에 착수한다. 나는 동작을 안전하게 마무리한 뒤 오른손을 떼어내 컴퓨터 키보드의 글자 몇 개를 누른다. PRO Proceed, 즉 지시받은 대로 진행하라는 뜻이다. 무슨 이유인지 자판 입력이 잘 되지 않는다. 어떻게든 방향전환을 해야 하므로 두어 번 PRO를 입력한다. 그 과정에서 동작이 멈추고 가동하기를 반복하며 불필요한 점화가 발생하게 된다. 당혹스럽고도 짜증나는 상황.

기수를 돌릴 때쯤 새턴에서 30미터는 떨어져 나왔다. 돌아가려면 당연히 연료가 더 필요하다. 게다가 새턴을 기준으로 내 속도를 추적하는 계기도 수치가 엉망으로 나온다. 실제로 얼마나 빠르게 움직이는지는 모르겠으나 눈짐작으로 보면 새턴에서 너무 천천히 멀어지고 있다. 난 직감을 믿기로 하고는 왼손으로 연료를 조금 더 주입한다. 오른손으로는 우주선의 안정을 유지한다. 가까이 접근해보니 달착륙선LM은 새턴 꼭대기 컨테이너에 자리를 잡았는데 모양이 마치 구멍에 웅크린 거미로봇 같다. 거미가 한 눈으로 나를 노려보는데, 그 눈이 바로 원뿔 홈이다. 그 안에 탐침을 삽입해야 한다. 창밖으로 탐침을 볼 수는 없지만(탐침은 우측 아래라 시야에서 벗어나 있다) 문제는 되지 않는다. 광학조준기로 보자 앞쪽 하늘에 가늠자가 나타난다. LM에 장착한 삼차원 십자가에 가늠자를 일치시키면 탐침과 원뿔 홈도 정확하게 정렬이 된다. 그보다는 위치를 유지한 채 속도를 조절하여 탐침을 원뿔 홈에 넣을 수 있는가가 더 문제다. 비행기 공중급유와 흡사하지만 이 위에는 기류나 난류가 없기에 과정이 훨씬 부드럽다. 가까이 다가가자 시야도 활짝 열린다. 태양은 등 뒤에 있고 LM의 외관이 창을 가득 채운다. 기이한 외관의 금색 포일, 회색의 평평한 표면들, 튜브 모양의 다리, 무지갯빛 창유리들. 무엇보다 저 돌출된 십자가가 나를 유혹한다. 나는 조금씩 접근하며 잔뜩 긴장한다. 지금은 두 손으로 조작해야 한다. 왼손은 상하, 좌우, 전후 방향을 결정하고 오른손은 두 눈이 지시하는 대로 굳건히 정방향을 겨냥하거나 피치, 롤, 요의 각도를 조절한다. 버즈와 닐은 구경꾼에 불과하다. 오로지 나 혼자 가늠자와 십자가를 다룬다. 느릿느릿 움직이는 이 거대한 우주폐기물 더미에 접근하여 부딪치는 것 자체가 둘에게는 기이한 느낌이리라. 왜 지금 이곳에서 이렇게? 가까이 갈수록 우리 로켓의 배출가스가 LM에 영향을 주어 그 얇은 외피를 마치 캔자스 밀밭에 바람이 불 듯 리드미컬하게 떨게 한다. 현재상태 양호. 거리는 불과 10센티미터 안팎에 교정 기회도 한 차례뿐이다. 현재방향 유지. 롤 각도 약간 이탈. 상관없음. 여유 없음. 그대로 접선. 아! 느낌이 좋다. 부드러운 입맞춤. 컴퓨터 프리 모드로 전환. 탐침 유도를 위해 최종 점화. 쾅! 걸쇠들이 터널 안에 자리를 잡고 도킹은 마무리된다. "이것보다 더 부드럽게 할 수 있었는데!" 내가 말하며 칭찬을 유도한다. 닐이 미끼를 문다. "뭐, 내가 보기엔 아주 좋았어." 사실, 연료를 조금 낭비해서 그렇지 쓸 만했다. 연로 계기반이 별로 정확하지는 않으나 우리가 사용한 추진제는 36킬로그램 정도다. 계획상의 25킬로그램보다 많은 양이다. 큰 문제는 아니나 그래도… 제미니 10호의 경험으로 연료를 얼마나 쉽게 탕진할 수 있는지 잘 안다. 달 주변에서의 랑데부 상황이 꼬일 경우를 대비해 마지막 한 방울까지 아낄 필요가 있다.

나는 자리에서 벗어나 하단 장비실로 미끄러져 내려간다. 터널을 정리해야 한다. 우선 터널해치를 제거하고 탐침과 원뿔 홈을 확인한 다음, LM과 CM이 단단하게 연결되었는지 점검하고, CM에서 LM으로 전기를 공급해줄 전원플러그를 연결한다. 다행히 해치는 쉽게 열린다. 터널 안에 머리를 디밀자 시큼한 탄내가 코를 찌른다. 딱 전선 피복이 타는 냄새이지만 아무리 살펴도 전선은 깨끗하고, 과열에 따른 탈색 증상도 없다. 도대체 어디에서 나는 냄새일까? 결국 이전 상황 탓으로 돌리고 더 이상 문제없다고 결론을 내린다. 발사 당시 진한 대기 탓에 무언가 과열되었을 수도 있고, 아니면 비상탈출타워의 로켓 연기가 터널에 들어온 탓일 수도 있다. 나는 애써 냄새를 외면하고 목록 점검을 진행하기로 한다. 도킹 걸쇠는 손으로 일일이 점검하고 가볍게 당겨 제대로 자리 잡았는지 확인한다. 열두 개 모두 확인하지만… 그런데 하나를 건너뛰거나 중복 확인했을 수도 있지 않나? 다시 확인해보니 모두 단단하다. 탐침과 원뿔 홈 시스템도 장애를 성공적으로 뛰어넘었다. 이제 주계기반 스위치를 작동하면 LM은 새턴에서 자연스럽게 떨어져 나온다. 우리는 전리품을 사령선 머리에 단단히 매달고 뒤로 물러나면 된다. 새턴은 빈 깡통 신세다. 지금부터는 지상관제에 따라 단 한 번 궤도를 바꾸고, 그러면 달을 지나 태양궤도에 들어가게 된다.

새턴과는 안전하게 거리를 유지해야 한다. 기계선 대형엔진도 최초로 점화하게 된다. 이 친구는 달에 도착할 때도 필요하다. 속도를 줄여 달의 중력을 지나치지 않고 중력장에 걸리게 하기 위해서다. 일단 달의 중력에 걸리면 그 상태로 머물다가, 바로 그 엔진의 도움으로 귀환에 필요한 속도를 얻어야 한다. 어느 장비나 중요하지만 이 엔진에 우리 목숨이 달려있다. 분명하고도 극적인 사실이다. 애써 눈으로 확인하는 이유도 그래서다. 이번 점화는 불과 3초에 불과하나 그 정도면 보고 이해하기에 충분하다. 연소실, 추진제 공급체계, 노즐 회전 능력 등등. 엔진 추진력이 9,000킬로그램이지만 결합된 선체가 45톤에 달하기에 점화를 해도 충격이 미미할 수밖에 없다. 기껏해야 1/5G? 그럼에도 불구하고 좋은 느낌이다. 이 짧은 순간에도 만사는 순조로워 보인다. 지상에서도 원격측정 정보에 아무 결함이 없다고 확인해준다. 마침내 달을 향해 떠난다. 정확히 32만 킬로미터가 남았다. 오, 맙소사, 배가 고프다. 당연하다. 케이프 시간으로 오후 2시가 지났으니까.

하지만 점심 전에 몇 가지 사소한 일을 처리해야 한다. 첫 번째 일은 그나마 기분이 좋다. 가압복에서 벗어나기 때문이다. 우리는 서로도와 우주복 지퍼를 열고 빠져나온다. 그 모습이 흡사 소형 물탱크 안에서 버둥대는 세 마리 대형 백고래 같다. 우주복과 싸우면서 카우치를 때리고 계기반에 부딪지만, 어쨌든 하나씩 옷을 벗고 깔끔하게 접어 가운데 카우치 아래 보관상자에 우겨넣는다. 몸이 작아지자 장소가 훨씬 넓어진다. 편안하기가 이루 말할 수 없다. 대신 흰색 투피스로 된 나일론 점프수트로 갈아입는다.

그 다음엔 관성플랫폼을 재정렬해야 한다. 이번에도 컴퓨터의 도움을 받아 육분의를 조준하는데 일이 빠르고 순조롭다. 공 다섯! 이봐 구경꾼들, 내 솜씨 어때? 하지만 건방진 놈한테는 몽둥이가 약인가 보다. 마젤란에게 주어진 다음 임무, 별 다섯 개와 지구 지평선 사이의 각도를 재는 일은 출발부터 삐거덕거린다. 알타이르 같은 별 몇 개는 잘 보이지만 바로 아래 지평선의 한 점, 이른바 항성직하점^{substellar point}이라고 하는 곳을 찾아내기가 난망하다. 페가수스자리 에니프 같은 경우도 충분히 밝지 않아 잘 보이지 않는다. 마침내 모두 확인은 했으나 결과는 그다지 정확하지 않다. 연습용이기는 해도 실망스럽기는 마찬가지다. 지상과 무선연락이 끊기지 않는 한 그 수치에 목맬 이유는 없으나 그렇다 해도 나 자신이 형편없는 항해사라는 사실만 증명한 꼴이다. 제미니 시절 이후로 전혀 나아지지 않았다니! 식사시간이건만 생각보다 배가 고프지 않다. 멀미가 나는 것은 아니지만, 이놈의 제로중력 곡예 활동에 위장 시스템과 뇌 사이의 관계가 뒤집어진 모양이다. 왼쪽 무릎도 아프다. 제미니 10호 때도 그랬지만 다행히 그때만큼 심하지는 않다. 이번에는 탈질소화에 성공한 모양이다. 과거 경험대로 두어 시간 정도면 통증도 사라지리라 기대해본다. 지금까지의 비행은 제미니 10호의 동일 단계보다 훨씬 양호하다. 물론 역사적 관점에서든 안전의 관점에서든 두 비행의 의미가 너무 다르기는 하다.

지구 그림자에서 빠져나오자 햇빛이 끊임없이 쏟아진다. 아니, 어떤 점에서는 어둠도 늘 상존한다. 문제는 우리가 어느 쪽을 향하느냐다. 태양을 향하면 저 이글거리는 원반밖에 보이지 않고 그 반대쪽은 공허한 어둠뿐이다. 별들이 있어도 볼 수는 없다. 햇빛이 우주선을 삼켜버린 탓이다. 홍채도 수축한 데다 별빛이 너무 흐려 반사된 햇빛을 뛰어넘지 못한다. 그렇다. 동공이 활짝 열려야 별빛이 망막에 가시적

이미지를 형성하고 그래야 별을 볼 텐데, 그건 햇빛을 차단해야만 가능하다. 간단히 말해 다섯 개 창문 모두를 금속판으로 덮고 망원경을 정확한 위치에 맞춰야 한다는 뜻이다. 태양에서 멀리 떨어져야 하고 LM이나 CM 동체에 햇빛이 반사해 망원경의 사각으로 들어오지 못하는 위치여야 한다. 이런 조건이면 눈은 서서히 어둠에 적응하고, 밝은 별들부터 어둠 속에서 떠오르게 된다. 햇빛을 피해 바라본 어두운 하늘의 어느 위치에 운 좋게 눈에 익은 별자리가 있다면 몇 분 후 익숙한 별자리들을 알아볼 수 있고, 항해사는 계속 일을 해나갈 수 있다.

지구와 달 사이, 이 기이한 영역을 뭐라고 부르지? 가장 일반적인 용어는 달 궤도 공간 Cislunar space 이지만 그 이름으로는 큰 의미가 없다. 그 공간은 낮인가, 밤인가? 일반적으로 밤이라 하면, 우리 행성이 태양을 가리고 있을 때를 말한다. 그렇다면 여기는 항상 낮 시간대여야 한다. 하지만 창문 몇 곳에서 보는 모습은 완전히 밤이다. 내 몸은 이런 변수를 깡그리 무시하고 고집스럽게 24시간 주기에 매달린다. 38년 동안이나 익숙해진 리듬이 아니던가. 달 궤도 리듬을 타고 있으면서도, 늦저녁 휴스턴의 내 가족이 졸릴 때면 나 역시 꾸벅꾸벅 졸고, 태양이 휴스턴 지평선 위에 떠오르면 정신이 든다. 이럴 때는 두 눈보다 손목시계가 믿을 만하다.

다음 임무도 태양과 관계가 있으나 이번에는 열 문제다. SM이 취한 자세를 계속 고수하면 문제가 생긴다. 태양을 향한 쪽은 너무 뜨겁고 어둠속은 너무 차갑기 때문이다. 뜨거울 경우 추진제 탱크 압력이 위험할 정도로 커지고 추우면 방열기조차 얼어버린다. 두 상황을 다 피하려면, 동체를 태양쪽으로 넓게 노출되도록 위치시켰다가 바비큐 꼬챙이에 끼운 치킨처럼 천천히 회전시켜야 한다. 말이 쉽지 순전하게 롤 동작만 하려면 컴퓨터의 도움으로 일련의 정교한 점화 단계를 밟아야 한다. 자칫 피치와 요 동작을 초래할 경우 접시돌리기의 힘 빠진 접시 꼴이 되고, 그러면 우리는 동작을 멈추고 처음부터 다시 시작해야 한다. 초속 3/10도(다시 말해 한 바퀴 도는 데 20분)로 아주 천천히 회전하는 이 동작이 시작되면, 창밖으로 지구와 달이 번갈이 행진하는 모습을 느긋하게 볼 수 있게 된다. 달이 눈에 띌 정도로 커지지는 않는다. 다만 지구는 확연히 작아지면서 취침시간쯤엔 작은 창 하나도 채우지 못한다. 크기가 부족하자 그 아쉬움을 밝기가 보상해준다. 지구 주변의 검은색이 점점 선명해면서 지구가 반사하는 태양광도 상대적으로 더 강렬해지는 듯하다. 우리 인간은 달을 보며 무척 밝다고 생각하지만, 과학적으로 볼 때 달은 '까막공'이라 할 수 있다. 달의 알베도(달, 행성 등이 반사하는 태양광선율)는 0.07, 표면에 닿는 태양광 반사율이 7퍼센트에 불과하다는 뜻이다. 한 편 지구는 달보다 알베도가 4배나 높다. 기본적으로 구름과 물 덕분인데 지금 보는 것도 바로 그 모습이다. 흰 구름, 파란 바다, 녹색의 아련한 밀림들, 북아프리카의 푸른빛 얼룩이 천천히 돌아가며 시야를 채운다. 창밖이 차가워져서 창문 위로 얇게 수증기가 맺히자, 지구는 초점을 잃고 빛도 흐트러지는 듯하다.

　우리로서는 어떤 움직임도 감지하지 못한다. 태양열을 분산하기 위한 회전이나 감지할까? 지구는 시계 분침처럼 늦게 돌기에 맨눈으로는 알 수 없다. 하지만 멀어지는 효과는 확실하다. 우주선이 무중력 우주에 떠있는 동안 지구가 조금씩 물러가며 위에, 아래에, 옆에 모습을 드러낸다. 어느 쪽인지 잘 확인되지도 않는다. 지구 궤도라는 달리기 트랙에 있는 것과는 완전히 느낌이 다르다. 현재 의식하는 것도 속도가 아니라 거리다. 고향에서부터의 거리. 사실 충격적일 정도로 슬픈 광경이다. 점점 줄어드는 지구라니. 평생 처음으로 '바깥에 나와 있는 기분'이 어떤 것인지 알 것 같다.

나는 스스로 다짐하고 닐과 버즈에게도 그렇게 전했다. 사흘간 에너지를 축적해야 달 궤도에 들어간 후 최고의 컨디션으로 복잡하고 어려운 일들을 처리할 수 있다고. 장관에 흥분하거나 모험에 긴장하지 않아야 한다. 진짜 비행은 아직 시작도 하지 않았다. 달 착륙 준비를 할 때가 진정한 시작이 될 것이다. 말은 쉬우나 실현은 어려운 일들이다. 다행히 셋 다 우주 경험이 있어 큰 도움이 된다. CM 내에서도 말은 안하지만 묵직한 자각을 느낄 수 있다. 셋 다 초보라면 환희와 두려움에 전염이 되었을 터이다. 취침시간이다. 이륙 후 14시간, 휴스턴 기준으로 오후 10:30. 우리는 새 집을 정리하고 스위치를 조정하고, 창은 덮개를 해서 햇빛을 막은 후 마침내 어둠속에 다리를 뻗는다. 닐과 버즈는 좌우 카우치 아래 가벼운 침낭을 깔고 그 안에 들어간다. 나는 그 위 왼쪽 의자에 일어나 앉아 안전벨트로 몸을 고정하고 귀에는 소형 헤드셋을 착용한다. 지상에서 호출이 있을지도 모를 일이다. 무릎도 훨씬 좋아지고 임무에 대해서도 낙관적이다. 지금까지도 기대 이상이었다. 내일은 두 건강한 우주선을 이끌고 달을 향해 떠날 것이다. 데이지 꽃으로 만든 목걸이에는 늘 끊어질 위험이 있는 고리들이 여럿이다. 그나마 제일 크고 가장 약한 고리들(발사, TLI, 위치변경과 도킹)은 무사히 통과했다. 그러니 길을 떠나기 전에 잠을 자두자.

그 다음에 들은 소리는 휴스턴의 급박한 호출이다. 머지않아 신전에 바칠 제물들을 호출한 것이다. "아폴로 11호, 아폴로 11호, 여기는

휴스턴, 오버." "굿모닝 휴스턴, 여기는 아폴로 11호." "로저, 아폴로 11
호 굿모닝. 기록준비가 되면 말하라. 비행계획 업데이트가 두어 건, 간
단한 업데이트 한 건, 그리고 아침뉴스가 있다, 오버." 맙소사, 커피도
없고 화장실도 못 갔는데 그냥 펜하고 종이부터 꺼내서 받아 적으라
니! 뉴스는 사소한 내용이다. 러시아 우주탐사선 루나 15호가 우리보
다 이틀 전에 달로 향했다. 우리는 별로 개의치 않지만 지상 요원들은
생각이 다른 모양이다. 워싱턴과 모스크바 사이의 장거리통신이 대부
분 끊긴 터라, 두 궤적이 달 궤도 어딘가에서 인사할 일은 없으리라.
그럴 가능성은 내 고등학교 축구팀이 마이애미 돌핀스를 이길 확률과
비슷하지만 아무려나 상관은 없다. 어차피 이론상의 가능성인데다 외
교관들끼리 처리할 일이다. 오히려 나머지 뉴스가 더 흥미롭다. 애그
뉴 부통령은 우리가 금세기 말까지 화성에 사람을 보내야 한다고 생
각한다. 애그뉴 만세! 멕시코 이민국 관료들은 미국 히피들이 먼저 목
욕하고 머리를 깎기 전에는 절대 길을 내주지 않겠다고 우긴단다. 멕
시코 만세! 닉슨 대통령은 7월 21일 월요일을 연방 경축일로 전한다
고 선언했다. 바라건대 20일 일요일에 달에 상륙해야 가능한 얘기겠
다. 대통령 각하 만세! 하지만 각하, 조금 섣부르다는 생각은 안 드십
니까?『피가로』신문은 아예 시적으로 나온다. "인류 역사상 가장 위
대한 모험이 시작됐다." 적어도 '시작'이라고만 말했으니 상식은 있는
셈이다. 상원이 확인한 바로는, 소형잠수함이 네스 호의 괴물에게 피
해를 주거나 공격할 가능성은 전무하단다. 착하기도 해라. 그런데 아
침식사도 하기 전에 꼭 이래야겠소? 휴스턴이여, 잠깐만이라도 입 좀
닫으시지요!

나는 부지런을 떨며 커피 세 잔을 마련한다. 인스턴트커피가 설탕,

크림과 함께 작은 비닐봉지에 들어있다. 하부 장비실 왼쪽 아래 적재함에 있으므로 나는 더듬더듬 봉지 셋을 찾아낸다. 그리고 하나씩 온수꼭지에 끼우고 물을 채운 다음 커피, 설탕, 크림이 다 녹을 때까지 주무른다. 체크밸브 덕에 뜨거운 물이 옆으로 새지는 않는다. 나는 둘을 건네고 체크밸브 반대쪽 튜브로 내 몫을 빨아먹는다. 맛은 형편없지만 적어도 따뜻하고 익숙하다. 막연하나마 지구의 아침을 떠올릴 수도 있다.

오늘은 조용한 날이 되리라. 사소한 집 정리와 중간궤적 수정 정도가 할 일이다. 집 정리는 대부분 내 소관이다. 닐과 버즈는 다른 임무가 있었기에 CM 관리 따위의 잡일에는 관심이 없다. 꽤나 할 일이 많다. 연료전지 청소, 배터리 충전, 폐수 처리, 이산화탄소 탱크 교환, 식량 보관과 준비, 식수 공급 염소처리 등등. 사소한 일들이지만 다 더하면 노동량이 만만치 않다. 우리는 지금 20만 킬로미터 가까이 나와 있고 지구는 우스꽝스러울 정도로 작다. 손목의 스톱워치만 하지 않는가. 달까지는 절반 정도 온 듯하다. 속도는 TLI 이후 계속 감소해 지금은 초속 1.3킬로미터 수준에서 오락가락한다. 어제 이 시간에 비해 7분의 1에 불과하다.

지난 12월이 기억난다. 아폴로 8호 비행 당시 다섯 살배기 아들이 특별한 질문을 던졌다. 질문은 딱 하나, 누가 운전해? 내 친구 보먼 아저씨야? 어느 날 밤 관제센터가 조용해졌을 때 아들의 걱정을 우주선에 전했더니 빌 앤더스가 이렇게 대답했다. 아니, 보먼이 아니라 아이작 뉴턴이 조종 중이야. 지구와 달 사이의 비행을 이보다 더 정확하고 간결하게 표현할 수는 없다. 태양이 우리를 끌어당기고 지구가 끌어당기고 달이 끌어당긴다. 뉴턴의 예언 그대로다. 우리 경로는 TLI 이

후 이 삼총사의 자장에 반응해 굽어지기 시작한다. 지금까지는 지구의 영향이 지배적이었으나 내일 오후에는 달이 인수인계를 하고 속도도 다시 빨라질 것이다. 그 동안 코스를 조금 수정해야 한다. TLI를 마친 후 천천히 표류한 탓이다. 기계선 엔진을 3초 가량 점화하면 조종간을 잡는 존재는 아이작 뉴턴 경이 아니라 마이크 콜린스가 된다. 3초의 위대함이여! 이 여행의 정교함에 경이를 표하노라! 사람들은 이번 여행을 콜럼버스와 비교한다. 육지가 보이지 않아 선원들이 조바심을 내기 시작했다. 그렇게 돌아가자는 압력도 커질 때쯤 콜럼버스는 일기를 조작해 배가 그렇게 멀리 오지 않았다고 선원들을 속였다. 그러니 육지가 보일 리 없지 않은가? 나도 비행계획이나 조작해볼까? 사흘을 날아도 달이 보이지 않는다면? 휴스턴 컴퓨터에는 뭐라고 사기를 치지?

비로소 식욕이 돌아와 점심시간이 간절해진다. 치킨수프 크림과 연어샐러드는 어느 기준으로 봐도 맛이 있다. 땅콩 큐브도 먹을 만하다. 게다가 일주일 아닌가? 아무려면 어떠랴. 십대 시절 사나흘 간 저 멀리 웨스트버지니아 농장에서 헤맨 적이 있다. 먹거리라고는 옥수수 알갱이뿐이라 하루 세 번 우물물에 헹궈서 꾸역꾸역 삼켰다. 옥수수는 아직도 좋아하지만 아, 이 연어샐러드는 정말! 이 정도면 별 네 개는 기본이다!

점심을 먹은 뒤 기운을 회복하고 중간코스 수정으로 궤적을 조정한다. 우리는 한참 동안 사령선이라는 이름의 이 괴상한 공간을 어슬렁거린다. 원뿔형의 꼭대기로 갈수록 터널이 좁아지는 이 공간은 지구에서 늘 열차폐 기지에 놓여 있었으나, 이제 이곳에서는 위아래가 없다. 무중력의 선실은 완전히 성격이 다르다. 다우니와 케이프에서 그렇게 오랜 시간을 보냈던 사령선과 같을 수 없다. 지금은 훨씬 더 넓고 부품들도 서로 다른 각도로 맞물려있는 것 같다. 중앙 카우치를 넘어 하부 장비실로 내려가는 데 두 다리가 우연히 터널 안으로(지구라면 '위쪽으로') 말려들어간다. 나는 항해사 계기반에 부딪치지 않기 위해 머리를 사이드해치와 둥근 창이 있는 다른 쪽으로 돌린다. 이것도 익숙해져야 할 부분이다. 지구에서 터널은 그저 머리 위 쓸모없는 공간이었지만 이제는 흥미로운 모퉁이로 변신해서, 앉거나 웅크리거나 동료들을 방해하지 않고 편하게 머물 수 있는 곳이 되었다. 모퉁이와 터널은 어디든 매력이 넘친다. 왜냐하면 다른 곳은 제자리에 머물기 위해 틈바구니에 끼거나 안전벨트 같은 것으로 속박을 해야 하기 때문이다. 그렇지 않으면 장비, 동료들과 충돌하기 일쑤다.

닐과 버즈는 달착륙선 활동을 검토하느라 바쁘다. 그 사이 나는 제자리달리기로 에너지를 조금 태워버린다. 하부 장비실에서 딱 좋은 공간도 찾아낸다. 두 팔을 머리 위 칸막이에 고정해 몸의 안정을 확보한 뒤 두 발로 다른 표면('바닥')을 쿵쿵 구르면 그만이다. 가슴에 생의학 센서들을 부착했기에 두 다리를 구를 경우 심장에 얼마나 부담이 가해지는지 확인도 가능하다. "휴스턴, 그 아래 의사가 지켜보고 있는가? 제자리달리기를 하려는데… 어, 그러니까… 심장박동이 빨라지는지 알아볼까 한다." 닐이 합류해 둘은 바보들처럼 나란히 조깅을 한다. 버즈는 TV 카메라를 꺼내 우리를 촬영한다. 휴스턴의 대답. "마이크, 지금 심박수 96이다." "오케이, 고맙다. 덥거나 땀도 안 나는데 그 정도면 괜찮군." 바보짓은 이제 그만. 앞으로 엿새 동안 샤워도 못할 텐데 기분이 좋아진다고 땀으로 목욕할 일이 어디 있는가. 무중력 상태인지라 허리춤이 뻣뻣하고 살짝 통증도 있었는데 조금 더 편해진다.

우리는 TV 카메라를 돌려 창밖 20만 킬로미터 멀리 지구를 촬영한다. 닐이 지구의 모든 것을 하나하나 묘사한다. 극지의 빙원에서 적도 인근의 구름 띠까지. 난 카메라를 단단히 잡고 창틀 안에 세상을 가둔다. TV를 시청하는 수백만의 인류에게 지금의 지구는 어떻게 보일까? 드디어 수백만 인류를 어질어질하게 만들 기회가 온 것이다! 나는 카메라를 천천히 180도 돌리며 코멘트를 한다. "오케이, 인간들이여, 모자를 꼭 붙드시길. 여러분을 뒤집어드리겠습니다." "로저." 관제 센터의 찰리 듀크의 대답에 내가 껄껄 웃는다. "매일 하는 일도 아니잖우?"

TV 장비를 정리하고 난 즈음 다시 취침시간이다. 우리 셋은 간장을 풀고 길게 눈 붙일 준비를 한다. 이번에는 내가 왼쪽 카우치 아래 들어갈 차례다. 떠다니는 해먹 안에 대충 들어가 눕자 놀랍게도 편안하다. 어젯밤은 물론 제미니 시절의 사흘 밤보다 훨씬 편하다. 완전한 어둠 속에 떠다니는 것도 묘한 느낌이다. 거미줄처럼 가벼운 감촉에 내 몸 어디든 특별한 압력이 없는 상태. 본능적으로는 엎드린 게 아니라 누워있다고 생각하지만 사실 어느 쪽도 아니다. 누운 것도 선 것도 추락하는 것도 아니다. 확실하게 말할 수 있다면 온몸을 뻗고 있다는 정도이리라. 머리부터 발끝까지 일직선인 것만은 확실하다. 누워 있다고 여긴 까닭은 주계기반이 뒤가 아니라 앞에 있기 때문이다. 다우니 화이트룸의 우주선에서 이런 자세를 취한다면 중력은 등 뒤 칸막이 방향으로 작동할 것이다. 따라서 누운 것이 분명하다. 그러고 보니 어느 멍청한 심리학자 생각이 난다. 아주 초기 사령선 내부를 칠할 때 어느 선 아래로는 갈색, 위로는 파란색을 쓰라고 지시한 인물이다. 지구/하늘과 비슷한 느낌을 받으면 심리적으로 안정될 거라는 이유였지만, 우리는 그 양반에게 이렇게 물었다. 우주선을 뒤집거나 우리 몸을 돌린다면 바로 그 이유 때문에 혼란에 빠지지 않을까요? 그래서 컬럼비아의 내부를 연회색으로 칠했으나 그렇다고 전반적인 어둠에 변화는 없었다.

그 다음 기억은 버즈가 무선통신을 하고 있고, 덕분에 '아침'임을 깨달은 것이다. 적어도 여덟 시간이 지나갔다는 뜻이다. 휴스턴은 현재 궤적이 완벽에 가까워서 오늘 중간코스 수정이 필요 없다고 판단했다. 우주에서 세 번째 '아침'을 시작하면서 기분도 상큼하다. 오케이, 지구와 달 사이가 영원한 낮이라면 24시간 증분^{增分}은 또 뭐라고 불러야 하지? 내가 잠든 시간이 '밤'이 아니라면 지난 아홉 시간을 어떻게 불러야 할까? 코스수정이 생략되면서 빈둥거릴 시간도 많아진다. 큰일 하나가 걱정되기는 하다. 터널에서 탐침과 원뿔 홈을 정리해야 닐과 버즈가 착륙선에 들어가 점검을 할 수 있다. 과정은 모두 지상에 중계되며 약 한 시간 반 정도 걸린다. 휴스턴의 코멘트들을 고려해 볼 때 지상은 TV를 너무 좋아한다. 빽빽한 스위치 패널을 지나 사방으로 떠다니는 것을 보면 문외한들은 정말 기분이 묘할 것이다. 그리고 마침내 닐과 버즈가 왜 이상하게 보이는지 깨닫는다. 눈 때문이야! 무중력 상태에서 눈 밑 지방조직을 끌어내리지 못하는 탓에 사시에 동양인처럼 보인 것이다. 버즈는 눈이 퉁퉁 불어터진 성격 나쁜 동양인 같고, 닐은 아주 교활하고 비열한 성격 같다.

TV쇼가 끝난 후 소형녹음기에 담아온 음악을 즐기며 여유를 즐긴다. 그리고 식사를 하고 허드렛일을 하느라 법석을 떤다. 오늘은 7월 18일 제미니 10호 비행 3주년이며, 아주 조용한 날이다.

4일째. 오늘 느낌은 완전히 다르다. 9시간이 아니라 7시간밖에 자지 못했지만 그마저 비몽사몽이었다. 에너지를 아끼려고 그렇게 애썼는데도 결국 (적어도 나는) 심리적 압박에 시달리고 만다. 마침내 허니문이 끝난 것이다. 우리 무르디 무른 육신을 위기에 몰아넣고 있다는 정도는 다들 의식하고 있으리라. 최초의 충격은 나선식 강하 동작을 멈추고 회전해 달이 시야에 들어왔을 때다. 하루 가까이 달을 보지 못했다. 그랬으니 그 변화가 오죽하겠는가? 맙소사, 저 극적이고 장엄하고 충격적인 위용이라니! 지금껏 보았던 2차원의 작고 노란 달은 어디에도 없고 평생 가장 경이로운 구체가 그 자리를 차지하고 있다. 무엇보다 창을 완전히 채울 정도로 거대하다. 게다가 3차원이다. 달의 복부가 우리를 향해 불룩 튀어나와 손을 내밀면 닿을 것만 같다. 가장자리로 갈수록 당연히 거리는 멀어진다. 지금은 태양 앞에 있기에 상상 가능한 최고의 조명 환경에 놓여있는 셈이다. 태양이 달 주변에 후광을 드리우며 뒷면을 밝힌다. 달 주변으로 쏟아지는 햇빛이 달 자체를 신비스럽고 섬세하게 만든다. 어스레하고 울퉁불퉁한 표면의 크기와 질감도 매우 두드러져 보인다.

극적 효과에 더해 별들도 다시 보인다. 우주선이 달그림자 안으로 들어온 것이다. 사흘 만에 처음으로 어둠 속에 들어오자 저 수줍은 별들이 특별히 호출이라도 당한 듯 등장한다. 360도 둥근 달의 테두리가 숨은 햇살에 밝게 빛을 발한다. 중앙지역도 뚜렷하게 둘로 나뉜다. 하나는 칠흑에 가깝고 다른 곳은 지구의 반사광을 받아 희끄무레한 색을 입었다. 이른바 지구조^{地球照, earthshine}는 태양빛이 지구에 갔다가 반사되어 달에 비친 반사광을 말한다. 달의 지구조는 지구에서의 달빛보다 훨씬 밝다. 붉은 듯 노르스름한 태양 코로나, 창백한 지구조,

별이 점점이 박힌 칠흑 같은 하늘이 모두 더해져 달 위로 푸르스름한 광휘를 드리운다. 이 차고 거대한 구체가 불길한 모습으로 매달려 있는 것이다. 소리도 움직임도 없는 불굴의 존재는 곧 왕국에 침투할 불청객들에게 그 어떤 초청장도 내놓지 않는다. 닐이 한 마디 내뱉는다. "목숨 걸고 올 만한 장관이로군." 다소 두렵기도 하나 그 말은 아무도 하지 않는다.

하지만 달의 신비에 푹 빠지기 전에 휴스턴이 속세의 시끄러운 소음으로 일깨워준다. 제2 냉각장치를 가동해 보조냉각시스템의 흐름을 확인하라. 나로서는 오랫동안 반대한 실험이나("기본 시스템이 잘 돌아가는데 보조를 실험할 이유가 뭐죠?") 몇 차례 회의를 거치면서 두 손을 들었다. 시스템을 궤도에 올린 후 조금 더 툴툴댄 것 같기는 하다. 휴스턴이 오늘의 소식을 전해준다. 주로 야구 같은 사소한 얘기들이다. 『프라우다』에서 닐을 "우주선의 차르"라고 했단다. 그래서 남은 비행 내내 그 타이틀에 대해 열심히 지지하려는데, 우리 아들 마이클에 대해서도 썰렁한 얘기를 전해 준다. "아버지가 역사적 인물이 되셨잖아? 너 기분이 어떠니?" 누군가 이렇게 묻자 아들이 한참을 생각하다가 이렇게 되물었단다. "그런데… 역사가 뭐예요?"

휴스턴은 더 큰 일들에 매달린다. 더욱이 달 왼쪽을 돌아 들어가기 전에 정보를 전송하느라 우리까지 정신없게 만든다. 달 궤도에 진입하는 방법과 문제가 생길 경우 어떻게 돌아오는지에 대한 것이라 흘려들을 수는 없다. 어느 쪽이든 지상의 도움은 받지 못하기 때문이다. 송수신이 직선 연결되는 가시선^{可視線} 무전기로는 볼 수 있는 상대하고만 통신이 가능한데, 달 뒷면에는 아무도 없다. 지난 14시간 동안 달의 영향권에 있었기에 속도도 초속 1킬로미터에서 점점 빨라져 현재는 2.3킬로미터 수준이다. 달의 중력에 걸리려면 정확하게 889미터까지 줄여야 하며, 이를 위해 6분 2초 동안 기계선 엔진을 점화해야 한다. 이를 LOI_1 즉 '제1차 달 궤도 진입'이라고 한다. 우리는 이번 점화로 달 주변의 타원궤도에 진입한다. 4시간 이후 LOI_2를 시도하면 100킬로미터 궤도에 도달하게 된다.

달 왼쪽으로 선회하면서 새삼 통로가 정확한 데 감탄한다. 겨우 300해리(555킬로미터) 차이로 달과 충돌하지 않는다. 지구와의 거리로 따지면 40만 킬로미터 정도인데, 잊지 말아야 할 사실은 달이 움직이는 목표이며 또한 우리가 달의 앞쪽 언저리 앞에서 질주하고 있다는 점이다. 며칠 전 발사 때 달은 지금과 전혀 다른 곳에 있었다. 40도 각도의 호를 그리며 현재보다 32만 킬로미터 뒤에 있었던 것이다. 그런데도 휴스턴 지하실의 대형컴퓨터들은 투덜대지도 않고 이토록 정밀한 예측을 해냈다. 달을 돌아나갈 때는 점화까지 불과 8분여가 남는다. 초긴장의 순간. 단계 하나하나 여러 차례 확인하고 재확인한다. 제미니 10호의 궤도이탈 점화와도 매우 유사한데, 당시 존 영과 나는 방향을 30차례나 확인했다. 컴퓨터가 숫자 하나만 놓쳐도 달 대신 태양 궤도를 향해 날아갈 수도 있었다. 그렇게 되면 다음 세대나 되어야 우리 우주선을 찾아낼 텐데, 물론 그 꼴이 되고 싶지는 않았다.

마침내 때가 된다. 대형엔진이 행동을 개시하며 우리를 카우치 깊이 밀어붙인다. 중력가속도는 1G도 채 안되지만 기분은 쾌적하다. 6분 동안 우리는 그렇게 앉아 세 마리 매처럼 계기반을 잔뜩 노려보며 다이얼과 계기들을 살피고, 상황이 제대로 돌아가고 있는지 확인한다. 엔진이 셧다운하고는 컴퓨터에 상황을 조회도 해본다. 내가 수치를 읽어준다. "마이너스 1, 마이너스 1, 플러스 1. 맙소사, 옛날에는

MIT를 욕해놓고 그대로 따라하고 있네!" 어쨌든 시스템 전반의 정확성은 경이로울 정도다. 초속 1킬로미터 수준에서 우리 몸체 축 좌표계의 속도 에러는 세 방향 어느 곳이든 초속 3센티미터에 불과하다. 그야말로 초정밀 점화가 아닌가! 닐 또한 그 사실을 인정한다. "기막힌 점화였어." 나도 인정한다. "어휴, 그랬나벼! …100킬로미터인지 아닌지는 모르겠지만 어쨌든 저 돌덩어리와 충돌하지는 않았네." 버즈가 컴퓨터를 눌러 우리 궤도를 계산한다. "이것 좀 봐. 수평 272.9킬로미터에 고도 98.0킬로미터이야." 감동적이다. "기막혀, 기막혀, 기막혀, 기막혀!" "적어놓아야 하지 않아?" 버즈가 묻는다. 왜 아니겠는가. "그냥 270에 100으로 대충 적어." 버즈는 정확한 인물이다. "겨우 20킬로미터 남짓 지나쳤어." 난 흥분한다. "이보슈, 달님. 뒷면은 안녕하쇼?" 마침내 도착한 것이다.

LOI$_2$를 통과하고 월면 위 고도 100킬로미터의 원에 가까운 궤도에 안착한 뒤 우리는 달의 정면, 뒷면, 그리고 그 사이를 조사할 기회를 얻는다. 지난 몇 달간 사진으로는 충분히 검토한 바 있지만. 특히 착륙지 현장조사가 간절하다. 닐이 상황을 요약해 휴스턴에 보고한다. "사진하고 아주 흡사하다. 축구시합을 축구장에서 보느냐 TV로 보느냐의 차이 정도다. 현장감을 어떻게 대체하겠는가?" 닐과 버즈는 또한 내일 착륙할 접근 경로를 따라 익숙한 특징들을 불러낸다. 마릴린 산(짐 러벨의 아내 이름), 부트 언덕, 듀크 섬(찰리 듀크의 이름), 다이아몬드 백과 사이드와인더(둘 다 독사 이름인데, 고요의 바다에 새겨진 구불구불한 실개천이 정말로 방울뱀처럼 보인다) 등등을 지나면 착륙지가 나온다. 고요의 바다는 막 새벽이 온 터라 햇살이 겨우 1도 각도로 표면을 가로지른다. 이런 조명 상황에서 분화구는 길고도 긴 그림자를 드리우고,

달은 전체적으로 섬뜩해 보인다. 월면 어디에도 착륙선은 고사하고 유모차 하나 세울 만한 곳도 없어 보인다. 나도 "볏짚 벽처럼 거칠군" 하고 한 마디 논평하지만, 우리 셋 확신하는 바는 내일 착륙시간이 되면 태양 각이 10도까지 오를 것이고, 그러면 훨씬 매끄러워 보이리라는 것이다.

달 뒷면은 앞쪽보다 훨씬 거칠어 보인다. 앞면과 달리 어디에도 평평한 바다는 보이지 않고 어디나 고산지대다. 50억 년에 걸쳐 운석 폭격에 시달린 탓에 가파른 언덕과 분화구(정확하게는 '운석구')들이 제멋대로 얽혀 있다. 달을 둘러싼 대기는 물론 구름이나 스모그 등 표면을 가릴 요소도 없어 어디나 시야가 깨끗하다. 지구 파일럿들은 시계가 완벽한 날을 CAVU^{clear and visibility unlimited}라 부른다. 유일한 변수라면 조명이다. 우주선은 태양광에서 지구조, 즉 태양반사광 지대로 들어왔다가 곧바로 칠흑 같은 어둠에 갇힌다. 달과 지구 사이 공간에 떠 있다기보다(지난 3일간을 그 공간에서 보낸 바 있다) 지구 궤도를 도는 기분이지만 뚜렷한 차이도 있다. 우선 지구 궤도의 5분의 1 속도로 운항 중이다. 달의 질량이 지구보다 훨씬 작기에 중력도 약하다. 따라서 이 인력을 우리 자신의 원심력으로 상쇄하려면 궤도속도를 늦추어야 한다. 그래도 달이 훨씬 작은 탓에(직경 3,476킬로미터 대 지구 12,757) 도는 속도는 비슷하다. 궤도를 한 번 도는 데는 90분이 아니라 2시간이 걸린다. 그러나 위치가 궤도 하부이므로(지구는 대기 때문에 100킬로미터에서 궤도를 돌지 못한다) 속도감각은 못지않다. 지구를 도는 것만큼 신이 나지는 않으나 그에 준한다고 말할 수 있다. 더욱이 저 아래 달 표면의 특징 탓에 기분이 낯설면서도 야릇하다. 궤도에서 본 지구는 환희였다. 생생하고 아름답고 매혹적이다. '저 아래' 속해 있다는 자부심도 들고 시각적으로도 무척이나 다양했다. 태양에 그을려 말라빠진 숯 구덩이와는 질적으로 다르다. 볼거리 하나 없이 이 황량하고 황폐한 풍경이라니. 이 단조로운 지형에 지질학자 아니면 누가 오겠는가. 이 분화구 저 분화구를 보라. 충돌이 빚어냈을까? 화산 폭발? 아니면 둘 다?

세 명의 아마추어 지질학자로서 달의 신비를 추적하는 데는 그리 오래 걸리지 않는다. 뒷면에서 새로운 분화구를 발견하는 것도 즐거운 일이다. "환상적인 풍경이로군!" 닐의 탄성에 나도 한 마디 보탠다. "죽이잖아. 뒤쪽에 저 거대한 분화구 좀 봐. 둘러싼 산들도! 맙소사, 괴물이 따로 없네." 닐이 다른 분화구를 가리키는데 훨씬 크다. 내 감탄도 더 커진다. "세상에, 엄청나군! 창으로 다 담지 못할 정도라니! 저렇게 큰 분화구는 난생 처음이야. 세상에, 닐, 저 가운데 산 정상 좀 봐. 엄청나잖아? 혼자 지질탐사하려면 저 놈만 해도 평생은 걸리겠어." 닐은 그 생각이 별로 맘에 들지 않는 듯하다. "자네나 해." 그가 투덜대기에 나도 덧붙인다. "그런 일로 인생 날리고 싶다는 건 아니고… 아무튼 저것 좀 봐. 멋있어!" 버즈도 목소리를 높인다. "저기 저 산도 무지 높다!" "이런 버즈, '무지 높다'가 뭐야? 과학자답게 표현 좀 하지?" 버즈는 내 말을 무시하고 계속 떠든다. "푹 주저앉은 산도 많네." "산이 주저앉아? 그래, 그런 산이 가끔 보이기는 하네." 버즈는 결국 나와 상대하기로 한다. "대부분이 그래. 산이 클수록 더 많이 주저앉은 듯한데… 안 보여? 요컨대 늙었다는 얘기겠지." 이런 식의 대화가 무의미하게 흘러가는데 몇 분 후 들쭉날쭉한 달 언저리에서 태양이 빼꼼 얼굴을 내민다. 난 급하게 하던 얘기를 마무리짓고 지구가 다시 나타나기를 기다리며 카메라와 짐벌각에 대해 이야기하기 시작한다.

여전히… 무중력의 가능성은 미지수다. 그것을 모두 밝히는 건 어느 천재의 몫으로 남겨두겠지만, 가령 브래지어를 우주까지 차고 갈 필요는 없을 것이다. 미래의 우주선을 상상해보라. 1,000명의 미인을 태우고 센타우루스자리 알파별로 떠난다. 미인들이 무중력을 유영할 때마다 1,000쌍의 아름다운 가슴이 출렁이고 흔들린다. 나는 우주선 사령관이고 마침 토요일 아침검열 시간이므로 느긋하게….

순간 지구가 불쑥 나타나는 바람에 나는 화들짝 놀라며 부끄러운 상상을 감추고 현실로 돌아온다. 실로 극적인 순간이다. 우리는 모두 카메라로 기록하느라 바쁘다. 지구는 특유의 푸르른 덮개를 울퉁불퉁한 테두리 너머 빼꼼 고개를 내밀더니 불쑥 수평선 너머로 튀어나와 화려한 색과 움직임을 한껏 자랑한다. 자랑할 이유도 많다. 지구는 본질적으로 아름답다. 이 아래 곰보별과는 크게 대조된다. 더욱이 우리의 고향이자 친구 아닌가. 일출도 지구에서 보던 것과는 완전히 다르다. 지구의 찬란한 일출은 우리 관심을 불러일으킨다. 쉽게 사라지기에 더욱 소중한 풍경. 지구가 등장하자 휴스턴이 떠들기 시작한다. 우리는 언제나처럼 업무에 복귀한다.

아폴로 8호와 10호의 미스터리 중에 달의 지표 색이 있다. 8호는 단순히 흑-회-백색을 얘기하지만 10호에게는 흑-갈-황갈-백색이었다. 우리는 그 문제를 중재해야 한다. 사실 어느 쪽이든 어느 정도는 사실이다. 우리가 보기엔 태양의 각도 때문이다. 새벽이나 저녁 무렵엔 아폴로 8호의 얘기처럼 짙은 회색에 일부는 흰색이고 다른 색은 없다. 그저 단조로운 석고상에 가깝다. 한편 정오경이면 지표는 상큼한 장밋빛을 띠다가 밤이 되면서 점점 갈색으로 변해간다. 늦은 오전이나 이른 오후라면 아폴로 10호의 손을 들어주련다. 이 사항을 지상에 전달하고 항해 문제로 넘어간다.

달 지표에 대해 가능한 한 많이 알아야 한다. 지구와의 거리가 얼마인가의 문제도 포함한다. 이 수치를 정확히 하려면 육분의를 달의 어느 지점에 고정하고 우주선이 지나가며 그 각을 측정해야 한다. 나는 '거품의 바다'Mare Spumans의 어느 분화구를 골라 캄프KAMP라 이름 짓는다. 아이들과 아내 이름을 딴 것이다Kate, Ann, Michael, Patricia. 캄프는 내일 닐과 버즈에게 도움이 될 것이다. 고요의 바다Mare Tranquillitatis 이전에 거품의 바다를 건너야 하므로, 착륙지로 내려가는 동안 거품의 바다 위 고도를 정확히 알면 도움이 될 것이다. 나는 캄프 다섯 곳에 표시를 하고 컴퓨터에 그 점을 입력한다. 컴퓨터는 정보를 활용해 달의 통계 목록을 수정한다. 수학연산이 달의 경이로움을 파괴하는 데에는 별로 시간이 걸리지 않는다. 경박하게 주저앉는 고산들도 심드렁하기만 하다. 나도 그 사실을 인정한다. "이렇게 쉽게 적응하다니. 창밖으로 지나가는 데도 이젠 전혀 신기하지가 않아!"

하루가 끝나간다. 지구 기준으로 나흘째, 이제 쉬고 싶을 따름이다. 큰 실수라도 하는 날이면 지금까지 해온 일이 모두 공염불이 되고 만다. 다들 잘 알고 있다. 다만 닐과 버즈는 나보다 자신 있어 보인다. 나는 그저 이렇게 중얼거린다. "음, 오늘도 괜찮았어. 내일과 모레도 오늘 같다면 안전하게 귀환할 수 있어." 손목시계를 보니 휴스턴은 조금 전 자정이 지났다. 7월 20일, 곧 달착륙의 날이라는 뜻이다. 우리가 투우사라면 결전의 순간이라 부르겠으나 난 그저 안도의 순간이기만을 빈다.

13

고요의 바다 위에서

휴스턴, 여기는 고요의 바다 기지다. 이글이 착륙했다.
닐 암스트롱, 휴스턴 시각 오후 03:18, 1969년 7월 20일

"아폴로 11, 아폴로 11, 블랙 팀이 아침인사 전한다." 블랙 팀이 나하고 얘기하겠다고? 난 20초가량 더듬거려 간신히 마이크 버튼을 누르고 더듬거린다. "굿모닝 휴스턴… 댁들은 잠도 없나?" "제군 여러분…, 여러분은 진짜 편안하게 자는 것 같더군." 심장박동을 모니터하기에 우리가 깊이 잠 드는지 알 수 있다. 정말 곯아떨어지면 수치가 40까지 내려간다. "할 말 없음." 난 곧바로 인정하고 기계에 대해 묻는다. "오늘 CSM 시스템은 어떤가?" "사령선은 좋아 보인다. 블랙 팀이 눈을 부릅뜨고 지켜보고 있다." "고맙다. 솔직히 난 못 그랬다." 짐작엔 기껏해야 다섯 시간 잤나? 잠이 들 때도 고생하더니 깨는 것도 힘이 든다. 닐, 버즈, 나는 모두 터덜거리며 아침을 해결하고, LM으로 옮길 장비들을 하나하나 확인한다.

휴스턴이 계속 떠드는 통에 혼란만 더해진다. 오늘의 뉴스를 읽어

주는 것이다. "오늘 아침 아폴로 관련 헤드라인 중에, 거기 예쁜 여자가 커다란 토끼를 키우고 있으니 조심하라는 내용이 있다. 옛날 전설에 '창어'[嫦娥 또는 姮娥]라는 이름의 아름다운 여인이 4천 년 동안 달에 살았다고 한다. 남편한테서 불사의 약을 훔친 죄로 달에 추방당했는데, 그 여자 식구가 거대한 중국토끼야. 조심들 하라고. 계수나무 그늘에 두 다리로 서있는데, 다행히 쉽게 만날 수는 없나봐." 맙소사, 아직 꿈을 꾸는 건가? 난 비몽사몽간에 커피 튜브랑 씨름을 하고, 달 분화구 지대로 떠나는 친구들을 지켜보고 있는데, 뭐라고? 계수나무 아래 중국 토끼를 조심하라고? 오늘 아침엔 사건이 너무 많다. 아무래도 비행계획에 집중하는 편이 좋겠다. "재미있군. 현재 연료전지 청소를 진행 중이다. 카메라와 브래킷을 설치하고 자동조종 장치를 점검하면…." 내가 툴툴거리며 보고한다.

닐과 버즈가 우주복을 갈아입을 시간이다. 먼저 보관상자에서 달착륙용 내의를 꺼낸다. 이 의복은 수냉식이며, 수백 겹의 얇고 유연한 플라스틱튜브를 망사원단 속에 꿰매 넣었다. 달 표면에서 메고 다닐 백팩이 튜브를 통해 물을 공급하여 둘의 몸을 시원하게 유지해준다. 예전에는 냉각산소를 뿌리는 방식이었으나 수냉식이 더 효율적이다. 나는 백팩을 메지 않기에 수냉식 내의가 필요 없다. 그래도 가압복은 필요하기에 셋 모두 우주복과의 씨름은 불가피하다. 우리는 서로를 도와 손이 닿지 않는 곳의 지퍼를 올려주고 옆 사람의 장비 상태를 점검한다. 닐의 지퍼가 망가지거나 헬멧이 목 둘레에 접합되지 않으면? 그렇게 되면 달 표면에 도전할 수 없다. 그건 확실하다. 절대 허용할 수 없다. 달착륙선 문이 열리고 우주공간에 노출되는 순간 생명을 잃을 것이기 때문이다. 닐을 CM에 남겨둔 채 버즈 혼자 내려가지도 못한다. 달착륙선 자체가 두 사람이 동시 조작하도록 만들어졌다. LM 조종훈련을 받지 않았기에 내가 대신할 수도 없다. 내 우주복을 닐에게 준다 해도 몸에 안 맞는 것을 넘어 구조상 백팩을 착용하지도 못한다. 역시 악몽일 수밖에 없다. 다행히 제대로 맞아떨어지는 듯하다. 나는 닐과 버즈를 달착륙선에 밀어 넣는다. 장비도 한 아름 챙겨준다.

이제 터널 작업을 해야 한다. 해치를 닫고 탐침과 원뿔 홈을 설치한 뒤 LM의 전기연결선을 끊는다. TV 카메라도 설치해서 창밖으로 LM의 출발을 보여주어야 하지만, 도킹해제 준비가 너무 바빠 거기까지 신경 쓸 여력이 없다. 휴스턴에도 그렇게 알린다. "도킹 해제는 촬영하지 못할 것 같다. 창문마다 녹음기와 카메라가 가득하지만 너무 바쁘다." 대개 이런 문제는 휴스턴과 상의 후 그쪽 조언을 따르지만 이번만은 문의가 아니라 통고다. 그들도 분위기를 눈치 챘는지 즉각 대답한다. "이해한다, 오버."

나는 지속적으로 무선으로 이글 호와 교차 확인을 하며 정교한 작업을 수행해나간다. 내 제어 시스템을 활용해 두 우주선의 안정을 유지하면 둘은 유도장비 일부를 조정한다. 나도 버즈와 함께 현재 상황을 확인한다. "출발 후 5분 15초 지났는데 비행자세 유지는 양호하다." "로저, 마이크. 조금 더 유지 바람." "얼마든지. 하루 종일이라도 버틸 수 있음. 느긋하게 작업하기를. 차르께서는 뭐 하시나? 너무 조용한데?" 닐이 끼어든다. "잠시 놀면서 두드리는 중." 컴퓨터 자판을 두드린다는 뜻이리라. "할 말은 이것뿐이야. 혁명을 기대하라!" 그리고 대답이 없다. 난 공식적으로 작별을 고한다. "달 위에서 잘 뛰어들 노시게나. 헛소리가 들리는 날엔 내려가서 때려주겠어." "오케이, 마이크." 버즈가 기분 좋게 대답한다. 나는 스위치를 올려 두 사람을 풀어준다.

나는 2번 창에 코를 대고, 4번 창 무비 카메라를 돌리며 두 사람이 떠나는 광경을 지켜본다. 마침내 시야에서 사라질 때, 나는 닐에게 그 사실을 전한다. 닐은 천천히 제자리를 맴돌며 기이한 기계의 동체와 네 개의 다리를 보여준다. "독수리가 날개를 펼쳤도다!" 버즈가 외친다.

사실 이글은 내가 봐왔던 어떤 독수리와도 닮지 않았다. 하늘을 침공한 기계 중에서도 가장 기이한 모습이리라. 우아하지도 조화롭지도 않은 몸통 위로 다리 네 개를 어정쩡하게 벌린 채 떠다니다니! 전체적으로도 각도가 어긋난 것처럼 보인다. 내 생각엔 항공기술자들을 풀어놓고 항상 진공상태에서 떠다니는 비행기를 설계하라면 이런 모양이 나올 것 같다. 유선형으로 만들 필요가 없기 때문이다. 나는 착륙기어 네 개가 나와 고정된 것을 확인한 후 그 사실을 알려준다. 살짝 거짓말도 보탠다. "뒤집혀서도 멋지게 나는 비행체군, 거기 이글." "누가 뒤집혔다고?" 닐이 받아친다. "오케이, 이글. 1분 남았네… 조심들 하시길." 닐이 대답한다. "또 보자고." 부디 그러기를. 1분이 지나자 예정대로 추진기들을 점화하고 우리는 이별한다. 그 동안에도 거리와 속도는 계속 확인한다. 이번 점화는 이글에 숨 쉴 여유를 주기 위한 조치인지라 아주 잠시뿐이다. 지금부터는 두 사람에게 달려있다. 달표면에 도착하려면 별개의 점화가 두 차례 필요하다. 처음의 DOI, 즉 하강궤도 진입은 달 뒷면에서 시작하며, 착륙지점 동쪽 16도 지점에서 15킬로미터까지 근월점을 낮추게 된다. 고요의 바다 동쪽 끄트머리 상공에 도달하면, 이글의 하강엔진이 두 번째이자 마지막으로 점화한다(PDI, 동력하강시동). 그러면 이글은 컴퓨터의 통제를 받아 천천히 포물선을 그리며 12분간 하강하고, 어느 지점에 이르면 닐이 넘겨받아 수동으로 착륙을 시도하게 된다.

DOI 이후 착륙선은 아래로 내려가며 속도가 붙는다. PDI 순간에는 두 우주선 모듈의 거리가 195킬로미터가 된다. PDI 이후엔 상황이 급변한다. 이글이 속도를 늦추고 컬럼비아는 반대로 속도를 높이기 시작해 빠른 속도로 날아간다. 따라서 터치다운 순간이면 320킬로미터 정도 착륙선을 앞서게 된다. 어쨌든 최대한 달착륙선을 시야에 두어야 한다. 그쪽에서 임무를 철회할 경우 정확히 어디에 있는지 알아야 하기 때문이다. 거기에 맞춰 열두 경우의 랑데부 작전 중 어떤 것을 적용할지 결정할 것이다.

DOI 이후 달 오른쪽으로 빠져나오면서 나는 이글보다 먼저 휴스턴과 통신을 재개한다. 지금은 상당히 높이 올라와 있지만 앞으로는 내가 컬럼비아호임을 상기해야 하기에 24시간 동안은 '아폴로 11'이라고 부르지 않기로 한다. "휴스턴, 여기는 컬럼비아. 아주 잘 들린다." "로저, 어떻게 됐나 마이크?" DOI에 대해 알고 싶다는 뜻이다. 당연하다. "그 정도야 땅 짚고 헤엄치기다. 기가 막혔다." 그때쯤 정신도 말짱해져 아침의 쫓기는 기분에서도 완전히 빠져나왔다. 만사가 순조롭다. CSM은 깨끗하고 LM 또한 컨디션 최고이니 왜 아니겠는가. "잘했다, 이제 이글과 얘기하겠다." 지상의 대답이다. "오케이, 이글 나와라."

항해 장비는 나도 무한 신뢰를 보낼 만큼 성능이 우수하다. 지난번 두 차례에 걸친 플랫폼 정렬에서 공 다섯과 공 넷을 한 차례씩 달성했다. 기분 좋은 점수다. 지금껏 육분의를 이용해 달의 경계표와 LM을 추적했다. 역시 놀라울 정도로 순조로워 거의 누워서 떡먹기였다. 특히 LM에 만든 표시들은 내일의 랑데부에도 자신감을 주고 있다. 오늘은 LM에 표시할 필요가 없으나, 얼마든지 가능하다는 사실만으로도(옛 콜로서스 IIA도 그 점을 확인해준다) 내일이 기대되기까지 한다. 이글이 PDI 순간에 접근하면서 나는 끈질기게 육분의를 붙든 채 작은 점 하나를 노려본다. LM은 거의 보이지 않는다. 움직이지 않으면 수천 개의 작은 분화구와 구분도 어렵다. 160킬로미터 표시를 지날 때는 시야에서도 사라지고 만다. 나는 실험이 끝난 데 안도하며 두 눈을 문지른다. 지금까지 오른쪽 눈으로만 보고, 왼쪽 눈은 작고 검은 플라스틱 안대로 가려 고무줄로 고정했다. 왼눈을 감으면 눈썹 근육이 피로해져 제미니 때부터 안대를 사용했다.

지금은 그저 조용히 가만있는 게 최선이다. PDI 순간이 도래하고 최종 하강을 준비 중이라 휴스턴과 이글은 할 얘기가 많다. 점화 초기에 닐과 버즈는 머리를 위에 두고 두 발은 앞을 향하기에 검은 하늘만 보인다. 자세가 어설픈 까닭은 지구와의 통신을 최적화해 궤적이 정확한지 확인받기 위해서다. 그 이후 자세를 뒤집은 뒤 창밖으로 경계표들을 확인하기 시작할 것이다. 최대한 평탄한 착륙지점을 찾아내 착륙하는 일은 닐의 몫이다. 점화를 시작한 지 5분, 내가 머리 위에 있을 때 이글이 처음으로 불안감을 드러낸다. "프로그램 경고, 1202." 닐이 소리친다. 1202? 도대체 그게 뭐지? 경고번호를 모조리 컴퓨터에 담아 두지는 않는다. LM은 더 그렇다. 이곳에서는 하강이 불가능할 정도로 상황이 나쁜지조차 파악이 불가능하다. 나는 우주복 주머니에서 점검목록을 꺼내 뒤지기 시작한다. 하지만 1202를 발견도 하기 전에 휴스턴이 나선다. "로저, 그 수준은 GO다." 다시 말해 아무 문제없다는 얘기다. 점검목록의 1202는 '실행 과다', 컴퓨터가 한꺼번에 너무 많은 요구를 받은 탓에 일부를 늦춰야 한다는 뜻이다. MIT가 양쪽 컴퓨터 프로그램 모두를 설계했으니 LM이라고 다르지 않을 것이다. 잠시 후 월면 위 1킬로미터쯤에서 컴퓨터가 1201을 터뜨린다. 역시 과부하 상황을 말하는 것인데, 지상에서는 재빨리 문제없다고 대답한다. 누군가 적절히 조치를 취한 것이다.

그러고 보니 이글은 지상의 통제 아래서 안개 속으로 들어가는 것처럼 들린다. 버즈가 고도와 속도를 닐에게 부르고 닐은 창밖에 시선을 붙박아둔다.

"180미터, 초속 5.8미터로 하강."

"120, 2.7."

"91… 저 아래 LM 그림자 보이지?"

"60, 1.4."

"30, 1 하강, 2.7 앞으로. 남은 연료는 5퍼센트."

"12, 0.7. 먼지가 날림." 좋은 징조다. 12미터에서 먼지를 일으키다니.

"30초." 휴스턴에서 알려준다. 남은 연료량이 그 정도라는 뜻이다. 이제 착륙해야겠어, 닐.

"착륙 조명!"

버즈가 노래한다. 이윽고 엔진 셧다운 관련 용어들이 쏟아진다. 마침내 착륙한 것이다!

"착륙으로 이해한다, 이글."

휴스턴은 믿지 못하겠는지 질문 반 대답 반이다. 그러자 닐이 공식 발표한다.

"휴스턴, 여기는 고요의 바다, 이글이 착륙했다."

휴! 휴스턴과 무선 접촉을 재개하자 착륙소식을 알려준다.

"오케이, 나도 들었다. 놀라운 일이다!" 닐은 왜 연료가 바닥났는지 설명한다.

"자동위치추적 장치가 우리를 축구장 크기…분화구에……거대한 바윗돌이 잔뜩 깔린… 그래서…수동으로 바위지대를 지나……상대적으로 좋은 지역을….”

맙소사, 나로서야 이글이 거대 왕개미 소굴에 착륙해도 상관없다. 무사하기만 하다면야.

사령선에도 새로운 임무가 생긴다. 달 표면의 LM을 찾아라. 육분의로 착륙선을 확인하고 가늠자를 맞춰 일치하는 순간을 표시하기만 하면 컴퓨터에서 뭐든 알아낼 것이다. 착륙해야 할 곳이 아니라 실제로 착륙한 곳이 필요하다. 중요한 일이다. ‘할’(톰 월슨)에게는 꼭 필요한 정보다. 내일, 혹은 더 빨리 있을지도 모를 랑데부 작전을 위한 최초의 준거점이 되기 때문이다. 지상에서도 측정은 할 수 있으나 LM이 어디에 착륙했는지 판단할 방법은 없다. 닐과 버즈가 주변지역을 설명하면 휴스턴이 보유한 조잡한 지도와 비교할 수 있을 뿐이다. 하지만 나는 착륙지점을 한참 지나왔기에 LM 포착을 시도할 때까지는 아직 시간이 필요하다. 달을 한 번 도는 데 두 시간이 걸린다.

그 사이 나의 컬럼비아는 위풍도 당당하게 그르렁 소리를 내며 돌아다닌다. 기수 조명을 밝게 켜둔 터라 조종실도 정말 활기차 보인다. 실로 기운을 닮고 싶을 정도다. 근심은 오히려 외부에 있다. 달 표면의 두 친구는 안녕하겠지? 무사히 귀환할 수 있을까? 사령선은 만사 오케이다. 나는 이 튼튼한 친구를 데리고 돌며 지켜보고 기다린다. 중앙 카우치를 거두어 왼쪽 카우치 아래 저장하니 공간도 완전히 달라 보인다. 주계기반과 하부 장비실 사이에 중앙통로가 생긴 덕분에 머리 위 해치에서 아래쪽 육분의까지 왕복도 빨라진다. 카우치를 치운 이유는 닐과 버즈가 좌측 해치로 들어올 가능성 때문이다. 터널의 탐침과 원뿔 홈 정리가 불가능해질 경우의 이야기다. 상황이 그렇게 되면 우주진공 상태에 해치를 개방하고 닐과 버즈는 LM에서 나와 외부 이동을 해야 한다. 월석 상자들까지 달고서다. 모두 펑퍼짐한 가압 우주복 차림이라 격실로 들어오려면 공간도 통로도 충분히 확보할 필요가 있다. 그런데 공간을 마련하고 보니, 어느 리조트의 미니호텔 주인이라도 된 기분이다. 당장이라도 추운 바깥에서 스키 손님들이 몰려올 것만 같다. 어쨌거나 손님 맞을 준비는 완벽하다. 지금도 공간은 훌륭하지만 난로가 있으면 손님들이 훨씬 기분 좋을 텐데. 살짝 아쉽다. 비행 전 기자회견에서 눈치 챘지만 사람들은 나를 고독한 사나이로 부를 것이다. ("아담 이후로 이런 식의 고독을 겪은 사람은 없을 겁니다.") TV 패널들도 고독을 강조하며 온갖 개똥철학을 덧붙이겠으나 난 정말로 사양하고 싶다. 고독하거나 버림받은 기분이기는커녕 저 달 표면에서 친구들과 함께 일하고 있는 것만 같다. 아폴로 11호에서 내 자리가 최고라고 주장하면 거짓말쟁이이거나 멍청이 취급을 받겠지만, 그렇게는 말할 수 있을 것 같다. 내 위치에 지극히 만족한다. 이번 모험은 세 사람에 맞게 구성되었고 세 번째 자리 역시 다른 둘 만큼이나 중요하다.

외롭지 않다는 말은 아니다. 고독은 불가피하다. 달 뒤로 넘어가는 순간 지구와 무선통신까지 끊기면서 외로움은 더 깊어진다. 나는 혼자다. 진정 혼자다. 이 공간에서는 세상에 알려진 그 어떤 생명체와도 단절되어 있다. 내가 유일한 생명체다. 만일 인류의 숫자를 세어보라고 한다면, 30억 외에 달 반대편에 둘, 그리고 이쪽에 오직 신만이 아는 한 사람을 더해야 하리라. 혼자라는 느낌은 강하지만, 두려움이나 외로움보다는 자각, 기대감, 만족, 확신, 환희에 더 가깝다. 그 느낌도 마음에 든다. 창밖으로 별들이 보인다. 그것만으로 충분하다. 달이 있어야 하는 공간은 오롯이 어둠뿐이다. 별의 부재가 달의 존재를 규정한다. 지구에서의 경험과 비교하자면, 어느 칠흑 같은 밤, 태평양 한가운데에서 혼자 작은 범선을 타고 있는 것과 같으리라. 범선을 타면 머리 위로 밝은 별이 보이고 아래 바다는 새까맣다. 그보다 빛은 덜하지만 지금 보는 별은 그때와 똑같은 별이다. 아래쪽에는 아무것도 없다. 어느 경우든 시간과 공간은 중요한 요소들이다. 거리로 따지자면 난 훨씬 멀리 있으나, 시간으로 보면 달 궤도는 태평양 한가운데보다 문명과 훨씬 가깝다. 40만 킬로미터나 떨어져 있어도 인간의 목소리와 단절되는 시간은 두 시간 당 48분에 불과하다. 반면에 범선을 타고 행성의 수면을 표류하는 동안에는 어떤 특권도 부담도 없다. 그렇게 보면 시간과 공간 두 요소 중 시간이 훨씬 더 사적인 것이다. 지구의 어떤 곳에 혼자 떨어지는 바람에 다른 사람과 몇 달씩 대화가 끊기는 것보다 휴스턴과 더 가까이 있다고 느끼지만, 사실은 더 멀리 나왔으니 말이다.

갑자기 창밖에 햇살이 가득 찬다. 컬럼비아가 달을 돌아 새벽에 접어든다. 울퉁불퉁한 잿빛 달도 모습을 드러내는데 태양 각이 커지면서 표면도 밝고 또 부드러워진다. 시계를 보니 지구도 곧 시야에 들어오리라. 부랴부랴 파라볼라 안테나의 각을 조종해둔다. 마침내 지구가 보인다. 지구가 지평선 너머 솟아오르자 계기반에서도 통신이 가능해졌다고 알려준다. 안테나가 신호를 잡았다는 뜻이다. 지구에는 세 개의 대형안테나가 설치되어 있다. 오스트레일리아 동부 허니서클 크리크, 스페인 마드리드 인근, 모하비 사막의 골드스톤 레이크. 골드스톤 레이크는 라스베이거스에서도 멀지 않은 곳이다. 지구가 자전하면서 통신 관할지역을 이곳저곳 바꾸는데, 그 근거는 어느 안테나가 달을 제일 직접 겨냥하느냐에 달려있다. 세 개의 안테나가 거의 균일한 간격으로 설치되어 있어서, 적어도 하나는 좋은 위치에 있게 마련이다. 어느 안테나로 통신을 하는지는 나도 모른다. 비행계획표를 살펴보거나 저 아래 총천연색 콩알을 살펴보면 눈치 챌 수 있겠지만 아무려면 어떻겠는가. 속 편하게 안테나 모두를 휴스턴이라고 부르면 그만이다. "휴스턴, 여기는 컬럼비아. 상황이 어떤가?" "로저, 우리 계산으로는 6.5킬로미터 사정거리 내에 착륙했다…. 곧 지도에서 확인할 것이다, 오버." 잠시 후 지상에서 일련의 번호를 쏘아올리고 난 그 번호들을 컴퓨터에 입력한다. 콜로서스 IIA라면 이 수치를 이용해 내 육분의를 어디로 향할지 알려줄 것이다. 지금은 상공을 빠르게 지나기에 분화구 말고는 아무것도 보이지 않는다. 거대한 분화구, 작은 분화구, 둥근 분화구, 삐쭉빼쭉한 분화구… 어디에도 LM은 보이지 않는다. 육분의는 강력한 광학장비다. 뭐든 스물여덟 배로 확대하지만 시야도 역시 그만큼 줄어든다. 가시각이 1.8도밖에 되지 않으니 총구로 내려다보는 셈이다. LM은 가까이 있을 것이다. 육분의를 미친 듯이 흔들어 봐도 시간이 너무 부족하다. 달 표면을 기껏해야 3제곱킬로미터밖에 살피지 못한다. 시간상으로 LM이 있을 위치도 아니다.

현재 고요의 기지 110킬로미터 상공에서 시속 6,000킬로미터로 날고 있다. 닐과 버즈가 볼 수 있다면, 내가 그들 동쪽의 지평선 위에서 나와 머리 위를 지나 서쪽 지평선 너머로 사라진다는 사실을 알게 될 것이다. 총 13분 거리이지만 그 시간을 다 활용할 수 있는 것은 아니다. 육분의를 예각으로 겨냥해 보아야 하기 때문이다. 45도가 관찰 가능한 최소각도라고 할 때, 육분의를 쓸 수 있는 시간은 LM의 안쪽 45도에서 반대쪽 45도까지 지나는 사이, 즉 2분 12초밖에 되지 않는다.

정말로 분주한 2분이 아닐 수 없다. 13분 동안은 LM과 직접 통화가 가능하다. 내가 달 앞쪽에 있더라도 LM의 시야에서 벗어나면 지구를 경유해야 대화가 가능하나, 그것도 휴스턴의 스위치가 통신을 이어주도록 세팅이 되어있을 경우다. 빛의 속도가 초속 300킬로미터이니, 무선신호가 지구에 도달하는 데는 1분 15초, 다시 달로 넘겨주는 데 동일한 시간이 걸린다. 이 차이 때문에 흥미로운 부작용도 몇 가지 있다. 예를 들어, LM이 착륙하고 몇 초 후 휴스턴이 닐과 통신할 때다. "여기 관제실은 물론 전 세계 사람들이 보고 기뻐하고 있다, 오버." 그 말에 닐이 대답한다. "에, 이곳에도 둘이 더 있다." 대화를 듣고 내가 "사령선에 있는 인간도 빼먹으면 안 되지" 하고 바로 대답했지만 이미 2분 30초가 지난 후다. 그러나 휴스턴은 이미 닐의 대답을 듣고 답변까지 했다. "로저, 다들 정말 잘했다." 끼어드는 순간 이 메시지를 들으니 나도 여간 당혹스러운 게 아니었다. 그냥 모두 기뻐하고 있다고 알려왔을 뿐인데, 사령선도 일을 잘하고 있으니 제발 칭찬해달라고 사정한 꼴 아닌가.

LM을 보지는 못해도 들을 수는 있다. 닐과 버즈는 과거 그 누구도 보지 못한 광경, 즉 다른 행성에 착륙해서 눈으로 보는 풍경을 묘사하고 있다. "어제 태양 각이 낮을 때보다 훨씬 좋다는 얘기 같네. 그때는 볏짚 담처럼 거칠어보였잖아." "그때는 정말로 거칠었어, 마이크. 목표 지점 너머는 거칠고 분화구도 많고 바위들도 대부분… 3~4미터가 넘었고." 닐의 대답이다. "의심스러우면 착륙을 길게 늘이기." 내가 대답한다. 활주로를 아껴 쓰지 말라는 파일럿의 경구 같은 얘기다. "내 말이." 닐이 짧게 대답한다.

상황이 순조로운지 닐과 버즈는 4시간 낮잠까지 포기하고 즉시 달 표면에 내려가기를 원한다. 예상은 했다. 이미 몇 개월 동안 논쟁의 주제였던 것이다. 터놓고 말해서 여기까지 죽어라 달려왔는데 이 단계에서 갑자기 잠들면 더 우습지 않겠는가? 다른 한 편 지금 EVA를 실행하다가 몇 시간 후 개처럼 헐떡이며 LM으로 복귀할 경우도 가정할 수 있다. 비상사태가 발생해서 즉시 이륙할 경우, 너무 지친 탓에 랑데부 과정까지 자칫 큰 실수를 범할 수도 있다. 랑데부가 그리 만만한 비행은 아니지 않는가. 어쨌든 휴스턴이 동의하고 나도 인정한다. 결과는 두고 볼 일이다.

휴스턴은 내게서도 눈을 떼지 않는다. "컬럼비아, 여기는 휴스턴. 확인 결과 짐벌락 발생위험이 있다. 뒤로 물러나기를 권한다, 오버." 짐벌락gimbal lock은 사령선 파일럿이 흔히 만나는 골칫거리에 속한다. 방향을 잘못 정하는 바람에 관성플랫폼의 자이로스코프 3개가 자유로이 움직이지 못하게 되는 것이다. 자이로스코프의 손상을 막기 위해 시스템이 '동결'을 실시하여 플랫폼이 무용지물이 될 수도 있다. 그러면 사령선 파일럿은 정교한 절차를 거쳐 플랫폼을 복구하고, 플랫폼의 지시대로 '상/하'와 '좌/우' 정보를 회복해야 한다. 우주비행사들에게 짐벌락은 사소한 불편에 속한다. 특히 우리 같이 제미니를 운전한 사람들은 네 개의 짐벌을 제공하는 식으로 문제를 피할 수 있었다(아폴로는 셋이다). 솔직히 말해서 우리는 지나치게 수행 가능한 조종에만 매달린다. 나사의 아폴로 오른손이 제미니 왼손을 외면한 탓이다. 결국 나도 짜증을 내고 만다. "네 번째 짐벌을 크리스마스 선물로 보내주면 어때?" 물론 내가 무슨 투정을 하는지 알 리가 없다. "알아듣지 못했다. 다시 말하라, 오버." 그래, 지금이 신포도 놀이 할 시간은 아니므로 그만두기로 한다. "아무것도 아니다." 휴스턴은 오수 배출 얘기, 배터리 충전 등을 주절거린다. 내가 '언덕 너머' 48분간의 나 홀로 우주여행에 들어가기 전에 상기시키려는 뜻이겠다. 휴스턴은 취침 전 EVA 시행계획에 대해서도 알려준다. "좋은 소식이다. 둘한테 는 미리 점심식사라도 하라고 전하라." 이거야 완전 우주보모가 된 셈 이군.

휴스턴의 마지막 통신은 결이 다르다. 약간 당혹스럽기까지 하다. "컬럼비아, 여기는 휴스턴. 사령선 EVAP OUT 온도가 떨어지고 있 다. 수동온도조절기를 올리도록 하라. ECS MAL 17에서 절차를 확인 할 수 있다, 오버." 번역하면 이런 얘기다. 냉각수 온도조절장치에 문 제가 생겼다. 장비 일체의 유지에 필요하므로 적정 온도를 유지하라. 시스템 온도가 너무 내려가면 기계선 외판에 장착한 방열기까지 동결 될 수 있다. 그러면 문제가 심각해진다. 그러니 환경통제시스템 오작 동절차 17번을 찾아보라. 헤드셋이 꺼지자마자 지시받은 일을 시작한 다. 케이프에서도 이 경우의 시뮬레이션을 해본 적이 있다. 당시는 가 상이었으나 지금은 실제다. 달 뒤편에 정말로 혼자 남는다. 커피를 마 시면서 이 작업을 분석해줄 사람도 없다. 다만 MAL 17을 들쳐볼 생 각까지는 없다. 교본은 늘 골치 아픈 수술 절차처럼 보인다. 나는 스 위치 위치를 확인하고 문제의 온도조절 스위치를 자동에서 수동으로 바꾼 뒤 다시 자동으로 돌린다. 이 기계를 믿는 구석이 있는데다 문 제가 심각한 것 같지도 않다. 자, 기계에게 자가 치유의 기회를 주자. 나는 몇 분 동안 연료전지가 만든 여분의 물을 배출하는 등 허드렛일 을 처리하면서 계속 온도계측기를 확인한다. 그럼 그렇지! 모두 정상 으로 돌아가고 있다. 그리하여 지구가 보일 때쯤 난 이렇게 보고한다. "… 문제가 뭔지는 몰라도 그냥 해결된 모양이다. J52 센서를 바꾸지도 않았다. 글리콜증발 배출온도는 현재 10도를 상회하며 조종석도 아주 안정적이다. 이 문제는 나중에 다시 얘기하는 게 좋겠다."

그 사이, 달에 내려간 부활절 달걀을 다시 사냥하기 위해 육분의에 눈을 대고 아래쪽을 노려본다. 이번에도 운이 없다. 그저 비슷비슷한 분화구뿐이다. 햇빛이 금속 외판에 닿아 번쩍이는 빛은 어디에도 없다. "혹시 지형도 같은 것은 없나? 있으면 도움이 될 것 같은데." 휴스턴에서 분화구들에 관한 모호한 묘사를 몇 개 보내왔지만 도움이 안된다. 심지어 LM과 통신도 되지 않는다. 이상하네. 비행 전 합의에 따르면, LM의 전송메시지는 예외 없이 나를 통해 전달되어야 한다. "휴스턴, 여기는 컬럼비아. S주파대를 이글에서 컬럼비아 한 방향으로 연결할 수 있나? 그래야 어떤 상황인지 들을 것 같다." "로저, 현재로서는 별 다른 상황이 없다, 컬럼비아. 연결 문제는 알아보겠다." 빌어먹을, 어떤 상황인지 나도 알아야겠단 말이다! "오케이, 친구들 말소리가 하나도 들리지 않는다. 휴스턴의 S주파대를 받으면 들릴까 싶어서 그랬다." 아주 불안하거나 그렇지는 않다. LM을 감압하기까지 두 시간 정도가 남았기 때문인데, 그래도 달 표면을 디딜 때면 그쪽 상황을 알아야 한다. 예를 들어 닐이 무슨 말을 할까? 최초의 주문을 알려주지는 않았지만 분명 준비한 게 있으리라. 말수가 적다고 말솜씨까지 없는 친구는 아니다. 닐은 임기응변에 강하다. 행여 할 말이 있다면 지금이 기회가 아닌가! 그 친구가 무슨 얘기를 할지 정말 궁금하단 말이다!

휴스턴은 냉각 문제가 저절로 해결된 모양이라고 확인해준다. 나는 컬럼비아를 향한 신뢰와 향후 이글의 상황에 기대감을 품고 시야에서 사라진다. 이번에도 뒤뜰은 평화롭기만 하다. 절대 정적이 기이하게 마음에 든다. 다시 정면으로 나서면서 이번에는 닐과 버즈를 찾아낸다. 장비 점검에 몰두해 있는 중이다. 지표에 내려서기까지는 한 시간도 더 남았다. 이런 망할. 선체 밖으로 나갈 때면 난 뒷면에 있다는 얘기 아닌가! 육분의로 친구들을 찾아본 다음, 평화의 뒷면으로 빠져나갔다가 돌아와 무선통신을 시도한다. "수신상태 양호. 어떻게 됐나?" "로저, EVA는 잘 진행 중이다. 지금쯤 깃발을 꽂고 있을 것이다." 성조기! "멋지군." "TV에 나오지 않는 사람은 당신뿐인 것 같군." "상관없다. 그런 건 신경 쓰지 않는다. 화면은 잘 나오나?" "오, 아름답다 마이크. 정말 아름다워." "와우, 좋은 소식이다! 중간 조명도 좋은가?" "기가 막힌다. 이제 깃발을 올렸으니 당신도 달 표면에서 성조기를 볼 수 있을 것이다." "죽이는군, 정말 기막혀." 부디 이렇게만 계속 이어지기를. 놀라게 하지 말고, 제발. 닐과 버즈의 목소리도 괜찮다. 힘도 들지 않는지 헉헉 소리는 들리지 않는다.

놀랄 일이 아예 없는 것은 아니다. 꽤나 인상적이기도 하다. 휴스턴이 상당히 당혹스러운 목소리를 하고는, 미국 대통령이 닐과 버즈와 통화하고 싶어 한다고 통보한다. "영광입니다." 닐의 대답에서 특유의 품위가 묻어나온다. "말씀하시죠, 대통령 각하. 여기는 휴스턴, 아웃." 캡콤 브루스 매캔들리스의 목소리가 매일 대통령을 가르친 사람 같다. 현재 심정을 드러내는 실마리라고는 '아웃'이라는 단어를 사용한 것뿐이다. 배우기는 했어도 실제로는 사용하지 않는 통신 규약이 '아웃'이다. 너무도 공식적이고 단정적이라 사용 자체를 아주 특별하게 만든다. 어쩌면 대통령을 위해 만든 규약일지도 모르겠다.

대통령의 목소리가 부드럽게 공간을 채운다. 억양은 조금 낯설다. 기본적으로 마음을 움직이는 훈련을 받은 연설가라 그런지 우리처럼 수치와 정보만 전하는 종류들하고는 차원이 다르다. "닐과 버즈, 여기는 백악관 집무실입니다. 역사상 가장 역사적인 전화가 아닐까 싶군요… 여러분 덕분에 하늘도 인간 세계의 일부가 되었습니다. 지금 있는 곳이 고요의 바다라니, 문득 지구에 평화와 고요를 회복해야겠다는 의지가 샘솟는군요…." 어머나, 이 일이 누군가에게 평화와 고요를 가져다주리라고는 상상도 하지 못했다. 이 여행은 우리 셋, 특히 친구 둘이 목숨을 걸고 있다. 솔직히 다른 건 모르겠다. 그런데 평화와 고요라고? 내가 저 말을 진짜 들었는지 나중에 따져볼 시간이 있으면 좋겠다. 지금은 이 우주선의 주인으로서 할 일이 적지 않다.

닐은 한참 뜸을 들이다가 받은 대로 돌려준다. "감사합니다, 각하. 이곳에 온 것 또한 대단한 영광이자 혜택입니다. 미국뿐 아니라 전 세계 평화를 사랑하는 인류를 대신해, 미래를 향한 이해와 호기심과 비전을 보여드리고자 합니다. 그 길에 함께 할 수 있어 영광입니다." 대통령이 대답한다. "고맙습니다. 우리 모두 화요일 항모 호넷에서 여러분을 만나기를 고대합니다." 버즈가 마지막으로 대화에 끼어든다. "저도 고대합니다, 각하." 이내 휴스턴이 백악관을 끊고 일상으로 돌아간다. 숫자들이 다시 길게 나열된다. 나중에 내가 이용해야 할 수치들. 맙소사, 이 부조화의 병치라니. 롤과 피치와 요, 그리고 기도와 평화와 고요. 임무를 달성하고 무사히 지구에 돌아가면 어떻게 될까? 상자를 월석으로 가득 채우고, 머리에는 행성을 향한 새로운 관념으로 채운 채? 잠시 고민하는 동안 나는 백악관과 지구의 시야에서 벗어나 영광과 고독의 불침번을 재개한다.

다음에 돌아올 때는 어느 때보다 근심이 많다. 호넷이라고? 저 친구들은 컬럼비아도 영원히 못 볼 수 있다. "어떻게 되어 가나?" "로저,

고요의 기지 승무원들은 현재 이글 안으로 복귀… 임무는 기막히게 마무리했다, 오버." "할렐루야!" 그렇다면 큰 고비는 넘겼다. 용암 동굴과 충돌하거나 탈진 걱정을 할 필요도 없어졌다. 앞문이 닫히지 않으면 어쩌나, 할머니들이 우주복 접착제를 잘못 썼으면 어쩌나, 마음 조아리지 않아도 된다. 휴! 이제 잠시 눈을 붙인 뒤 이글의 머리를 원래 자리에 돌려놓으면 된다. 그리고 슝! 하고 떠나면 된다. 현재 휴스턴 시간으로 새벽 2시, 힘든 날이었다(어제보다는 어려웠으나 내일에 비하면 약과다). 나도 조명을 낮추고 잠시 눈을 붙이기로 한다. 잠을 잔다고? 나 혼자? 아니면? 그나마 환경은 친숙하다. 한때는 이 난감하고 난해한 스위치의 밀림을 잔뜩 겁먹은 채 바라보았지만, 지금은 옛 친구처럼 정겹기만 하다. 나는 바삐 돌아다니며 금속판으로 창문을 막고 조도를 낮춘다. 그러고 보니 오래 전에도 이런 기분을 느꼈다. 성당 복사로 일하던 시절 지루한 미사가 끝나면 촛불을 하나씩 끄고 다니지 않았던가. 중앙 카우치를 제거하니, 컬럼비아의 바닥 모양이 내가 일했던 내셔널 대성당과 다르지 않다는 생각도 든다. 바닥은 십자형이고 머리 위 터널에는 종루가 있을 것 같고 제단에는 항법장비들이 놓여 있다. 주계기반은 성전 양쪽의 익랑翼廊에 해당하며 회중석會衆席은 중앙 카우치가 있던 자리다. 컬럼비아가 작은 성당까지는 아니더라도 행복한 가정 정도는 되리라. 나는 신과 휴스턴에 운명을 맡기고 꾸벅꾸벅 졸기 시작한다.

"컬럼비아, 컬럼비아, 여기는 휴스턴. 아침인사 전한다." "하이, 론." 이번 비행 중 론 에반스는 내내 야간근무였다. 그 바람에 별로 얘기도 해보지 못했는데 이번에 새벽근무로 바뀐 것이다. 그가 내가 깨었는지 확인한다. "반갑네, 마이크. 오늘 아침은 어떤가?" "오늘 아침? …
아직은 잘 모르겠다. 그곳은 어떤가?" 난 아직 비몽사몽이다. "이곳은
정말 좋다, 컬럼비아. 이제부터 그쪽을 조금 바쁘게 만들 참이다…."
론이 양해부터 구하지만 그 정도도 모를 줄 알고? 우주의 하루는 언
제나 정신없이 시작한다. 소변도 보기 전에 스위치 설정부터 시작하
니 왜 아니겠는가. 오늘은 랑데부의 날, 할 일이 산더미라는 뜻이다.
대략 컴퓨터 자판을 850번 두드려야 하니 통째로 말아먹을 기회도
850번이 된다. 물론 이글과 함께 잘만 한다면 크게 문제될 건 없다. 난
그저 베이스캠프 운영자로서 역할에 충실하고 친구들이 나를 찾아내
게 하면 그만이다. 그런데 만일… 만일… 만일 수천 가지 오류 중 하
나라도 이글을 괴롭힌다면? 그러면 이글이 나를 찾게 하는 대신 내가
이글을 찾으러 나서야 한다. 즉 내 역할이 바뀌고, 850개 중 어느 단계
를 지나든 모두 중지하고 까치발로 서서 하루 종일 대기해야 한다. 닐
과 버즈는 3시간 후 이륙할 것이다. 론은 아직 친구들을 깨우지 않는
다. 그저 내가 미리 시작하기를 바란 것이다. 마지막으로 달의 경계표
를 추적하고 이륙 이전에 정보를 업데이트해두는 일 등이다. 둘이 깨
어날 때쯤 나는 막 머리 위를 지나고 또 아침도 반 정도 먹는다. 휴스
턴에서도 기지개를 시작할 것이다. 관제센터 콘솔은 어디나 사람들이
웅크리고 잠들어 있을 것이다. 닐의 예비파일럿 짐 러벨이 전에 없이
사무적인 목소리로 등장한다. "이글과 컬럼비아, 예비승무원 팀이 어
제의 성취에 축하를 보낸다. 랑데부에도 우리 기도가 함께 할 것이다,
오버." "고맙다, 짐." "고맙다, 짐." 닐과 버즈도 곧바로 대답한다. 내가
덧붙인다. "염려해주는 사람이 많아 고맙다."

　이륙 순간이 다가오자 심정이 초조한 신부 같다. 혼자든 함께든 비

행을 17년이나 했다. 12월에 그린란드 만년설도 스쳐 지나고 8월에 멕시코 국경도 넘었다. 제미니 10호를 타고 지구를 44바퀴 돌기도 했다. 그런데 지금 LM을 보면서처럼 이렇게 땀을 흘린 적은 결코 없다. 지난 6개월간 저들을 달에 남겨두고 혼자 지구로 돌아가게 될까봐 얼마나 노심초사했던가. 몇 분 후면 그 끝을 본다. 행여 달 표면에서 이륙도 못하고 추락한다 해도 내가 자살을 할 일은 없다. 혼자라도 무조건 돌아간다. 뒤도 돌아보지 않고. 하지만 평생 낙인이 찍히겠지? 당연하다. 현재 내가 누리는 것보다 더 나은 옵션은 찾아오지 않을 것이다. 안 돼! 버즈가 카운트다운을 시작한다. "9 - 8 - 7 - 6 - … 취소 시점 통과… 엔진 암 이륙… 계속 진행… 멋지군… 초속 10미터…" 드디어 이륙. 단발엔진도 제몫을 다하는 듯 보인다. 저 지구 물건은 지난 6년간 해낼 수 있다며 스스로 능력을 뽐냈지만 그래도 두렵기는 마찬가지다. 살짝만 어긋나도 저들은 죽은 목숨이다. 엔진이 친구들을 궤도에 올려놓을 때까지 난 7분간 숨을 죽인다. 그들이 오르는 궤도의 원월점遠月點은 75킬로미터, 근월점은 15킬로미터 수준. 지금까지는 양호하다. 이글의 저궤도가 만족스러운 회수율catchup rate을 확보하면, 3시간이 채 못 되어 재회할 수 있다. 도중에 문제만 생기지 않는다면.

그동안 나도 단독비행에 필요한, 고리타분하고 흑마술 같은 조작으로 정신이 없다. 단독비행 매뉴얼은 악어클립으로 헬멧 고정끈에 붙여두었다. 이번에는 성경 읽듯 한 줄 한 줄 성실하게 따르고 항목 하나하나 빠짐없이 확인한다. 아무리 사소해 보여도 그냥 넘기지 않는다. VHF 무전기의 전자추적 장치를 이글에 고정하자, 뒤쪽으로 400킬로미터 떨어져 있다고 보고하고 이내 추적을 중단한다. 여기저기 어루만지자 LM을 잠깐 다시 포착하지만 다시 놓치고 만다. 추적을 중단할 때마다 콜로서스 IIA에 VHF 추적정보를 무시하라고 알리거나('Verb 88, 입력'), 다시 잘 지켜봐야 한다('Verb 87, 입력'). 컴퓨터 자판을 두드리는 동안에도 두 눈은 육분의에 고정한다. 콜로서스 IIA가 LM의 위치를 추적해 그곳을 가리킨다. 어둠 속에서 작은 빛이 깜빡인다. 다행이다. 나는 육분의를 정확히 겨냥하고 표시 버튼을 여러 차례 누른다. VHF 추적과 육분의 각도 데이터가 들어오면서 비로소 안도한다. 콜로서스 IIA는 LM이 어디에 있는지 정확히 알고 있다. LM의 추진기들이 애를 먹인다 해도, LM 조종을 미러 이미지로 실행해 상황을 주도할 수 있다. VHF 추적 데이터가 간헐적으로 끊기기는 해도 심각한 문제는 아니다. 지금은 둘 다 달 뒤쪽에 있기에 우선은 LM이 조종간을 잡아 원 궤도에 진입한 뒤 사령선 아래 25킬로미터 정도까지 접근해야 한다. 그게 불가능할 경우에 대비해 나도 점화준비를 한다. 내가 초조하게 카운트다운을 한다. "점화 45초 전." "오케이… 현재 점화 중, 점화 완료." 버즈의 보고에 따라 그 수치들을 컴퓨터에 입력한다. 컴퓨터는 계산을 마치고 둘의 궤도를 알려준다. 사령선의 원월점은 117, 근월점은 105킬로미터. LM은 각각 91.5, 81.5다. 이론상으로는 내가 111, 111이고, LM이 83, 83이어야 하나 그래도 허용 범주 이내다. 지금까지는 양호하다는 뜻이다.

헤드셋에서 기이한 소음이 들린다. 우우, 기분 나쁜 소리. 사전경고가 아니었다면 크게 놀랐을 법하다. 그 소리를 처음 겪은 이들은 아폴로 10호 승무원들이다. 달 주변에서 랑데부 연습 도중이었다. 달 뒤쪽에는 그들만 있었기에 소음을 듣고 혼비백산했다. 사령선의 존 영도 착륙선의 톰 스태퍼드도 소음을 낸 적이 없다고 부인했다. 후일 보고 과정에서 그 현상을 보고하자 무전기술자들이(UFO 광팬이 아니라) 말

끔하게 설명을 해주었다. LM과 사령선 간 VHF 무선 간섭. 어제 우주선을 분리한 후 VHF 무전기를 켰을 때도 그 소리를 들었다. 닐의 표현에 따르면 "숲속에서 휘몰아치는 바람소리"에 가까웠다. LM이 지표에 닿는 순간 소음이 그치더니, 조금 전 다시 시작한 것이다. 이상한 곳에서의 이상한 소음.

버즈와 나는 이제 새로운 문제를 다룬다. 우리 각각의 궤도면 차이를 측정하는 일이다. 그리고 양측의 궤도통로 기울기가 완전히 동일한 각도이고 완벽할 정도로 가깝다는 데 의견일치를 본다. 말하자면 더 이상 맞출 필요가 없기에 수정을 위한 점화를 생략한다는 뜻이다. LM이 사령선을 따라잡으며, 아주 미미하게 평면 내 수정으로 고도변수를 조정한다. 그러고는 LM이 이륙하고 처음으로 착륙지 상공을 지난다. 다행이야! "이글, 컬럼비아가 착륙지 상공을 지난다. 여러분이 보이지 않는 데도 이렇게 기쁠 수가 없다." 달 위에 있을 때도 보지 못했으나 두 사람이 달에 묶여있지 않다는 사실은, 내게 아폴로 프로그램 전체보다 더 소중하다.

LM은 현재 아래로 25킬로미터, 뒤쪽으로 80킬로미터 위치에 있다. 초속 37미터의 느긋한 속도로 추적해오고 있는 중이다. 두 사람이 레이더로 나를 살피고 나는 육분의로 그들을 지켜본다. 정확한 시간에 내가 LM의 바로 위, 지평선 기준으로 27도에 오자, LM이 움직이더니 나를 향해 이동한다. "점화 중." 닐이 보고하고 내가 응원한다. "잘 하고 있어!" 이제 우리는 충돌 경로에 접어들었거나, 적어도 그렇게 보인다. 우리 궤적은 잠시 후 궤도비행 130도 지점을(다시 말해서 다음 궤도의 1/3 지점의 바로 위) 지나도록 계획되어 있다. 바로 전에 '언덕을 넘어왔으니' 이제 지구가 시야에 쓱 나타나면 LM 바로 옆에 사령선을 세워야 한다. 햇빛 안으로 진입할 때쯤 육분의 속의 LM은 깜빡이는 불빛에서 큼직한 벌레로 변해있다. 분화구지대 위를 미끄러지듯 가로지르는 금색과 흑색의 벌레. "착륙기어가 보이지 않는군." 당연하다. 오로지 이글의 상체, 이른바 상승단만 돌아오기 때문이다. 하강단은 마지막이자 최고의 기능인 발사대로서의 기능을 완수하고 영원히 고요의 기지에 머문다. "잘 됐네. 어느 쪽으로 도킹하는지도 잊은 건가, 마이크?" 닐이 키득거리더니 이렇게 덧붙인다. "보아하니, 위에서 배면비행 하는 것 같은데?" 배면비행은 전투기 파일럿 용어다. 버즈도 나를 보고 있다. "오케이, 사령선 모습이 보여, 마이크." 너무나 가까운 동시에 너무 먼 거리. 남은 단계는 항속거리 대 항속거리 비율을 정확하게 지켜 LM이 멈춰서면 된다. 단독비행 교본에 따르면 830미터 밖에서 초속 6미터로 접근하고 417미터에서는 초속 3미터로 거리를 좁혀야 한다. 이렇게 하는 동안 LM은 예정 접근로를 정확하게 유지하며, 좌우, 상하 어느 방향으로도 빠져나가지 않아야 한다. 극도로 조심하지 않으면 위퍼딜이 일어나고 연료는 금세 바닥나고 만다. 존 영과 내가 경험했던 부분이어서 마음을 놓을 수 없다. 이렇게 가까우면 육분의는 무용지물이다. 난 하부 장비실을 버리고 왼쪽 카우치로 이동한 뒤, 컬럼비아를 돌려 LM과 마주보게 한다.

이런, 기가 막힌데! 이제는 도킹가늠자를 통해 LM을 내다볼 수 있다. LM은 최종 접근로 중앙을 따라오는데 바위처럼 안정적이다. 내가 수치 몇 개를 일러준다. "현재 1.1킬로미터 남았다. 초속 10미터에서 잡는다." 버즈가 대답한다. "오케이, 오케이, 현재 상태 양호. 마이크, 브레이크 들어간다." 맙소사, 정말로 임무를 완수하려나 봐! 6개월 전 이 기적의 비행 팀에 소속된 이후 처음으로 기적이 일어난다는 생각을 한다. 고향에서 멀리 떠나 있기는 해도 이제부터는 쉬운 일들뿐이다. LM이 점점 커지더니 마침내 창문을 가득 채운다. 제어장치들은 아직 손대지 않는다. 우리는 현재 편대 비행 중이다. 멋지게 해내고 있어! 어느 쪽이든 어긋난 동작이 하나도 없다. 짐작으로는 고작 15미터 거리, 랑데부도 거의 끝난 셈이다! "지구가 나오고 있다…. 환상적이군!" 내가 닐과 버즈에게 외치고 카메라를 잡는다. 출연배우(지구, 달, 이글) 모두를 한 프레임에 넣을 참이다. 불행히도 컬럼비아는 창틀만 나올 것이다. 몇 초 후 휴스턴이 대화에 끼어든다. 매우 조심스러운 호출이다. "이글과 컬럼비아, 휴스턴 대기 중이다." 당연히 어떤 상황인지 알고 싶을 것이다. 다만 마지막 임무를 수행 중이기에 방해할 생각이 없는 것이다. 똑똑한 인간들! 하지만 걱정할 필요는 없다. 닐도 그렇게 보고한다. "로저, 현재 궤도조정 중이다."

닐은 이글을 한 바퀴 돌려 검은 점(도킹에 사용하는 원뿔 홈)이 나를 향하게 한다. 이 시점부터 조종 책임은 훈련한 대로 이글에서 컬럼비아로 넘어온다. 훈련에서 그랬듯이 도킹 조종은 사령선이 맡는 편이 더 용이하다. LM에서도 조종은 가능하다. 하지만 머리 위 창을 보려면 불편하게 목을 길게 내밀어야 한다. 나는 그저 앞만 바라보면 된다. 나는 가늠자로 확인하며 컬럼비아의 탐침과 이글의 원뿔 홈을 일치시킨다. 5일 전 새턴에서 LM을 빼낼 때 했던 과정과 비슷하나 몇 가지 차이는 있다. 현재 LM 상승단은 거의 빈 상태라 2.7톤에 불과하다. 어차피 걱정할 부분은 아니지만, 상하단이 모두 있고 연료가 가득할 때는 무려 15톤이었다. 난 조금씩 가까이 접근한다. 접촉 순간에도 정렬 상황은 아주 양호하다. 가벼운 흔들림조차 거의 느끼지 못한다.

세 개의 걸쇠가 걸리자마자 나는 얼른 스위치를 올려 질소 병 하나를 점화한다. 수축 절차를 가동해 우주선 두 개를 죄어야 한다. 그리고 순간 난 화들짝 놀라고 만다. 작고 온순한 LM이 아니라 달아나려 발악하는 야생마를 잡은 것 같았기 때문이다. 구체적으로 말하면, LM이 오른쪽으로 벗어난 채 약 15도 정도 어긋나 있다. 오른손을 움직여 컬럼비아를 돌리려 하지만 자동수축 사이클이라 당장은 막을 방법이 없다. 이 과정은 6~8초 정도 걸린다. 지금으로서는 장비에 손상이 가지 않기만을 바란다. 수축이 실패하면 LM을 풀어주고 다시 시도할 수 있다. 상황이 급박하게 돌아가며 나도 오른손 제어기와 씨름을 한다. 두 우주선이 다시 중앙선을 향해 돌아오고 있다. 그리고 마침내… 쾅! 도킹 걸쇠가 단단히 걸린다. 기적적으로 문제가 해결된 것이다. 휴! 내가 닐과 버즈에게 설명한다. "우스운 일이 일어났다. 충격이 없어서 아주 안정적이라고 믿고 'RETRACT'(수축) 버튼을 눌렀는데, 망할, 갑자기 지옥이 열린 거야." 아차, 무전기로는 절대 욕을 하면 안 된다. 다른 곳에서 툭하면 욕하는 이유도 그래서다. 어쨌든 더 이상 그 일 때문에 마음 쓸 필요는 없다. 얼른 터널로 내려가 해치, 탐침, 원뿔 홈을 치워야 닐과 버즈가 터널을 통과한다. 다행히 이번에는 이런 허드렛일도 순조롭기만 하다. 탐침과 원뿔 홈은 LM과 함께 폐기하게 된다. 더 이상 필요도 없는데 괜히 사령선만 복잡하게 만들기 때문이다. 먼저 통과한 이는 버즈, 얼굴이 함박웃음이다. 난 그의 머리를 잡고, 손가락을 양쪽 관자에 댄다. 부모가 개구쟁이 아이에게 하듯 이마에 키스를 하려 했으나 순간 마음을 바꾸고 그와 닐의 손을 번갈아 잡는다.

우리는 신이 나서 잠시 낄낄거리며 우리의 성공을 자축한 다음, 다시 작업으로 돌아간다. 닐과 버즈가 LM의 마지막 고별여행을 준비하는 동안 나는 그들을 도와 장비들을 컬럼비아으로 옮겨 싣는다. LM에서 회수한 것들에서 먼지나 때를 확실히 제거하기 위해 꼼꼼히 진공청소 절차도 실시한다. LM에 달에서 온 벌레가 붙어있을지 모른다는 미생물학자들의 주장을 다소 터무니없다고 느끼면서도 최선을 다해 시키는 대로 한다. 컬럼비아에서 LM 안으로 산소를 펌프질해서 밖으로 내보내고 나면 설마 벌레들이 컬럼비아 안으로 헤엄쳐 들어오는 일은 없으리라. 마지막으로 여행의 목적이기도 한 천공 줄을 끌어들이면서 버즈가 말한다. "이제 수백만 달러짜리 상자들을 실을 차례야. 무게가 장난 아닐걸? 이것 좀 봐." 나도 월석용 상자 두 개를 이미 케이프에서 보았다. 60센티미터쯤 되는 작은 금속제 상자로, 월석들이 지구 대기에 노출되어 화학적 변화를 일으키지 못하도록 달의 진공상태 그대로 보관하는 밀폐 기능도 갖추고 있다.

월석 상자들을 흰색 유리섬유 용기에 넣고 지퍼를 채운 후, 나는 비로소 닐과 버즈에게 묻기 시작한다. 달 뒤쪽으로 넘어간 후 놓친 얘기들이 적지 않다. "달에서의 이륙은 어땠어? 어떤 느낌이야?" "가벼운 폭발이 있고 움직이기 시작했어. 바닥이 올라가는 느낌도 있고…. 아마도 1/2G나 2/3G 정도였겠지?" "착륙은 아무 문제 없었어. 먼지가 착륙선을 삼키기는커녕 지표 바닥에서 흩날리는 정도였거든. 그렇지?" "그래." "먼지는 연한 황갈색이거나 연회색일 텐데… 그러니까 현무암 먼지?" 이의 없음. "음, 월석들이 다 똑같이 생겼던가?" 아니, 다 달라. "살짝 반짝이는 성분"도 있으니까. 어쨌든 시간이 충분해 흥미로운 종류들만 골라 샘플을 취했단다. "좋아, 아주 좋아…. 정말 대단하네. 그것만으로도 지질학자들이 몇 년은 흥분할 거야." 지질학적 호기심은 금세 잦아든다. 할 일도 많다. 무엇보다 LM을 버리고 귀환부터 해야 하지 않는가.

이제 이글을 버려야 할 때다. 내가 스위치를 올리자 쾅 소리가 작게 들리더니 마침내 LM이 떠난다. 위풍당당한 모습으로 물러서고 있다. 고맙게도 탐침과 원뿔 홈도 함께 떠난다. 저들과 씨름하지 않게 되어 얼마나 기쁜지, 말로 표현할 수가 없다! 사실, 저 빌어먹을 LM 전체가 골칫덩어리였기에 이렇게 끝나 기쁘기 그지없다. 나와 달리 닐과 버즈는 슬픈 표정이다. 이글은 두 사람을 잘 섬겼다. 정식 장례까지는 아니더라도 예를 갖추어 매장해야 마땅하리라. 그런데 그냥 궤도에 내버린 채 서서히 죽어가는 과정을 지켜보기만 해야 한다니. 시체는 며칠, 몇 주, 몇 달간 궤도를 떠돌다가 궤도가 낮아지면서 언젠가는 달 표면에 추락해 박살날 것이다. 나는 이글에 걸리지 않기 위해 뒤로 물러나온 다음 소형추진기들을 점화해 속도를 초속 50센티미터씩 올린다. 이글은 잊자. 다음 준비도 해야 하지 않는가.

TEI$^{Transearth\ injection}$, 지구방향 분사다. 나사 전문용어는 분명한 개념조차 모호하게 만드는 기묘한 특성이 있다. 귀환을 위한 분사이자 살려달라는 분사이며, 달 궤도에 영원히 위성으로 머물고 싶지 않다는 분사이건만 그걸 TEI라고 부르란다. 지구로 귀환하려면 달 뒤쪽 상공에서 대형 SPS(기계선의 주 로켓시스템)를 2분 30초 분사해, 현재 속도에 초속 1,000킬로미터를 더해야 한다. 그래야 달 중력의 구속에서 벗어나 이틀하고도 한나절 후 지구 대기를 뚫을 궤적을 얻는다. 잔뜩 들뜬 터라 보다 일찍 1회전 분사를 할 참이었으나 휴스턴이 난색을 표하는 바람에 원래 일정을 지키기로 한다. 당연하다. 다만 이렇게 되면 준비할 때까지 시간이 많이 남는다. 지상에서도 막간을 이용해 수다를 늘어놓는다. 휴스턴이 묻는다. "친구가 다시 생겼는데 기분이 어떤가?" "기막히다, 정말!" "그럴 것 같다. 열 바퀴쯤 돌고 나면 혼잣말도 했을 것 같은데?" "아니, 아니, 그 반대로 행복했다. 솔직히 2억 미국인을 데려오면 좋겠다 싶다…. 세금이 어떻게 쓰였는지 보여주는 거다." 이 정도 광고는 괜찮겠지?

휴스턴이 (TEI 후까지 기다리면 좋으련만) 뉴스와 축하메시지를 잔뜩 쏟아낸다. "해럴드 윌슨 총리… 벨기에 왕… 알렉세이 코시긴 수상… 로버트 고다드……" 드디어 쓸 만한 이름이 나온다. 로버트 고다드도 이 순간이 오리라 생각했을까? 그래서 뉴멕시코 사막에서 오랜 세월을 버티며 액체연료 로켓을 쏘고 또 쏘았을까? 그것도 20대의 나이에? 그래서 다들 미치광이라고 치부하지 않았던가? 우리는 또 아내 셋의 감상평도 듣는다. "놀라운 기적"은 팻답지 않지만 그렇게 말했다니 믿을 수밖에. 축구와 야구 소식은 물론 토르 헤위에르달*과 그의 갈대배 소식까지 듣는다. 닉슨 대통령은 귀환을 지켜보기 위해 호넷 함으로 향했다고 한다. 그러더니 휴스턴이 영어를 버리고 기술 용어와 숫자로 다시 뛰어든다. 물론 필요한 정보다. "TEI, SPS/G&N: 36691, 마이너스 061. 플러스 067 135 23 4149. 명사 81, 플러스 32020, 플러스 06713, 마이너스 02773 181 054 013. 명사 44, 시각^{時角} N/A(해당없음), 플러스 00230 32833 228, 델타 가속 32625 24 1510 355… 목표 항성은 데네브와 베가, 242 172 012… 지평선은 11도 측표, Tig(점화시간) 마이너스 2분…." 나는 숫자 하나하나를 반복해서 읽는다. 일부는 중요하고 나머지는 엄청 중요한 수치들이다. 기록하는 동안 정신도, 입

---

* Thor Heyerdahl(1914~2002). 노르웨이의 인류학자이자 탐험가. 잉카시대의 뗏목 같은 배를 제작해 남미 페루에서 남태평양 폴리네시아까지 건너간 바 있다.—옮긴이

도, 손도 실수가 있으면 안 된다.

　달의 서쪽을 돌아 삭막한 지대로 접어들면서(바라건대 마지막이기를) 엔진 점화에 앞서 마지막 점검을 이어간다. 하나밖에 남지 않은 엔진. 신중하고 또 신중하게 구체적 사항 하나하나 꼼꼼하게 따져야 한다. 무엇보다 목표방향이 제일 걱정이다. 절차를 꼼꼼히 챙기고 수치도 확인에 확인을 거쳐 컴퓨터에 입력했지만, 우리는 여전히 직접 보기를 원한다. 하지만 점화 몇 분 후에야 햇빛 속으로 진입하므로 쉬운 일은 아니다. "지평선이 보이지? 그쪽으로 갈 거야." 내가 초조하게 웃으며 말한다. "제미니의 그늘." 닐의 반응이다. 제미니가 궤도를 빠져나오며 역추진 점화를 할 때 내가 잔뜩 긴장한 모습을 꼬집은 것이다. "반드시 기수 쪽으로 가야 해." 내가 주장하지만 역시 웃음에 날아가 버린다. 망할, 뭐가 그렇게도 우스운 건지! 버즈는 뭔가 있다고 생각하는지, 팬터마임을 하듯 움직이며 로켓의 원리를 되뇐다. "…보자……모터는 이쪽을 향하고 연료는 그쪽으로 분사하니, 추진은 당연히 저쪽이지." "아름다운 지평선이야." 닐이 중얼거린다. 지금은 중앙 카우치에 앉아 컴퓨터를 들여다보고 있다. 버즈는 오른쪽에서 연료전지와 전기장비 일체를 살핀다. 나는 왼쪽 카우치에 있다. '조종사'는 바로 나다. 자동조종이 실패하면 내가 수동으로 조종하고 엔진을 셧다운하거나 이런 저런 문제들을 처리해야 한다. 버즈가 점검목록을 읽으면 그가 불러주는 대로 스위치를 조작한다. "휴스턴은 자정쯤이야." 닐이 말한다. 이 와중에 어울리지 않는 논평이다. "그래." 내가 대답한다. 휴스턴이 몇 시인지 알게 뭐람? 그가 그저 조종실에만 집중하면 좋겠다. "오케이, 2분 후 개시." 버즈가 노래한다. 난 내 창문의 지평선이 완벽한 위치라고 확인해준다. "좋아." 버즈가 마지막 몇 초를 카운트한다. "5……4……3……2……" 그리고 컬럼비아 불이 들어온다. 내가 외친다. "점화! 아주 좋아… 완벽하다! 압력 양호… 조종이 바쁘긴 하지만 역시 안정적이야."

10초 후 버즈가 보다 자세한 사항을 원한다. "지금 어때, 마이크?" 그를 탓할 수는 없다. 그쪽에서야 무슨 일이 있는지 알기 어려우니. "롤이 매우 요동적이나 아직은 불감대 안쪽이야…. 롤 추진 문제가 생길 수도 있는데 그러면 자동으로 넘어가니까 걱정할 필요는 없어. 1분 후 상승, 기내 압력은 100을 유지하고… 짐벌은 좋아 보이네, 모든 상태 양호. 회전비율 감쇠… 아직도 약간은 바쁘게 도네…. 질소압력은 어때? 좋아?" "좋아… 2분… 롤 불감대 한계를 때리면 반동이 심할 거야. 오케이, 기내 압력이 약간 떨어지다가 다시 회복하는 중. 기내 압력이 조금 동요한다… 대비!… 엔진 셧다운 대기." 내가 보기에 셧다운은 일정과 다르다. 비행 전, 엔진과 궤적 전문가들과 한참을 논의 끝에 합의한 바가 있다. 2초 정도 추가시간을 허용하고, 다른 계기에서 초속 12미터 분사가 과하다고 확인될 경우 수동으로 셧다운한다. 계기 수치들이 너무 빨리 변하는 탓에 결정하기 어렵지만 2초가 지난 후 스위치 두 개를 내린다. 우리는 다시 무중력 상태가 된다. 컴퓨터에서 점화가 완벽하다고 알려준다. 내가 스위치를 건드리자마자 저절로 셧다운이 되거나, 아니면 그냥 운이 좋아 적절한 순간을 잡은 모양이다. 어느 쪽이나 상관없다. 중요한 건 드디어 집으로 돌아간다는 것이다! "기막힌 점화야! SPS, 사랑한다. 넌 보물이야. 와우!"

이제 지휘는 버즈가 맡는다. 그는 점검목록을 되짚으며 점화 스위치를 모두 닫는다. 그리고 셋은 카메라를 꺼내 달 표면을 부지런히 찍는다. 마치 베네치아를 떠나면서 필름이 세 통이나 남았다는 사실을 기억한 여행객의 기분이다. 이제 휴스턴과 합류할 시간이다. 닐이 묻는다. "휴스턴에 전하고 싶은 인사말 없나? 기막힌 걸로." 난 아니다. 내가 하고 싶은 건 오로지 TEI 점화 얘기뿐이다. "…이렇게 멋진 점화는 평생 처음이야, 안 그래? 오늘 두 사람, 기막힌 점화를 두 번이나 본 거야." 하나는 고요의 기지에서 탈출할 때 달착륙선 이륙엔진 점화 얘기다. "오, 두 번." 닐이 중얼거린다. 그나마 버즈가 조금 호응을 보인다. "그래, 그랬지…. 이봐, 지구가 가까워지면 사진 좀 찍어줘." 지구와 더불어 찰리 듀크의 캐롤라이나 억양이 치고 들어온다. 크게 들뜬 목소리. "헬로, 아폴로 11, 여기는 휴스턴. 어떻게 됐나?" "LRL 문을 열 시간이다, 찰리." "로저. 우리도 귀환과정을 지켜보고 있다. 지구는 안녕하다." 나도 희망하는 바이다. 휴스턴의 검역소 건물에 베르무트와 진이 넘쳐흐르면 좋으련만. 마지막으로 보았을 때는 온통 흰쥐뿐이었다. 쥐들도 우리를 기다리고 있겠지? 아니 우리가 아니라 월석이다. 놈들이 월석과 접촉해 병에 걸리면 우리도 LRL에서 21일이 아니라 훨씬 오래 머물게 될 것이며, 진이 아니라 약을 먹게 될 것이다.

어쨌든 앞으로 이틀 반을 버텨야 한다. 이곳에 오는 데는 사흘이 걸렸으나 귀환궤적이 더 빠르다. 아무튼 길고 긴 이틀이 될 것이 분명하다. 지금 당장은 여행객 기분이다. 달 표면에서 가파르게 멀어지면서 우리는 창에 바짝 붙는다. 서쪽에서 달에 접근할 때는 반 음영이었다. 그림자 탓에 테두리에서 빛이 났지만 월면의 구분이 어려워 전체적으로 섬뜩한 분위기였다. 여전히 인상적이기는 해도 방식은 완전히 다르다. 동쪽에서 떠나는 터라 달이 햇빛에 찬란하게 빛을 발하는 것이다. 이제 달 전체를 볼 수 있다. 극에서 극까지 동쪽에서 서쪽까지. 바다와 고지의 차이도 극명하게 드러난다. 둘 다 분화구가 있지만 뒤

틀린 고지에 비해 바다는 상대적으로 안정감이 있다. 바다는 더 어둡고 주변 황금빛 언덕보다 회색빛이 더 강하다. 지금은 오히려 활기차 보인다. 이틀 전만 해도 무섭기까지 했건만. 어쩌면 떠나고 있기에 더 좋아 보일 수도 있다. 다시는 돌아오지 않으리라.

다음 관심은 복귀 궤적이 얼마나 정확한가 여부다. 달에 아직 인접해 있을 때는 우리 귀환능력이 형편없는 수준이라 지구에서 위치를 추적해줘야 한다. "추적상황이 어떤가? 판단하기엔 아직 이른가?" "확인해보겠다, 마이크… 아주 좋아 보인다." 좋아, 잘 됐어. 휴스턴은 다음 호출에서 데케 슬레이턴이 찰리 듀크한테서 마이크를 빼앗았다고 알려준다. "훌륭한 성과에 축하한다. 당신들, 그 위에서 정말 대단한 쇼를 펼쳤더군. 하지만 지금은 파워를 줄이고 휴식을 취할 때다. 힘든 하루였으니까… 돌아오는 대로 만나보기를 기대하겠다. 도중에 다른 벌레들하고 어울리지 말고 호넷만 찾게나." 휴식을 취하라고? 다들 피곤하기야 하지만 누가 휴식 걱정을 한단 말인가? 지난 밤 닐은 달착륙선에서 세 시간밖에 자지 못했다고 보고한다. 버즈는 네 시간. 사령선이 좀 더 편안한 덕에 나는 다섯 시간 정도 푹 잔 듯하다. 아직은 처리해야 할 일이 몇 가지 있다. 달 사진이야 그만 찍어도 되지만 그렇다고 마냥 손을 놓고 있을 수는 없다. 플랫폼을 다시 정렬하고 햇볕도 균일하게 받으려면 우주선의 측면 회전을 지속해야 한다. 수산화리튬 탱크를 교체하고 산소탱크 히터들은 좀 더 가동하고 공급수는 소독해야 한다. 일을 마무리할 때쯤에야 내가 얼마나 피곤한지 깨닫는다. 그래도 휴스턴에 보고는 해야 한다. 저장고에 염소 앰풀이 어느 정도 남았지만 현재 수준으로 사용하기에는 턱없이 부족하다. 하지만 캐비닛 하나에 여분 앰풀이 가득하다는 사실을 상기시켜준다. 아무래도 열일곱 시간 동안 너무 열심히 일한 모양이다. 멍청한 놈, 우주선 보급품에 뭐가 있는지 잊다니! 하루를 마무리 할 때쯤 달은 8,000킬로미터 정도 멀어져 있다. "굿나이트 찰리. 고맙다." 닐이 인사하자 버즈도 그대로 따라한다. "굿나이트 찰리. 고맙다." "아디오스." 내 인사를 찰리가 따라한다. "아디오스, 여러분들의 멋진 쇼 정말 고마웠다." 다들 서로를 칭찬하는 마당이니 나도 한 마디 더한다. "지구에서도 잘 해주었다. 감사해 마지않는다." 그리고 소등.

꿀잠이 따로 없다. 우리는 알아서 깨어난다. 한쪽 눈을 떠보니 버즈가 어정거리며 돌아다니고 있고 닐은 아직 잠에 취한 표정이다. 우리는 지상과 가벼운 대화로 아침을 연다. 다들 8시간 이상 숙면했다. 컬럼비아는 상태도 소리도 좋다. 우리가 보고하자 휴스턴은 언제 달 중력권을 벗어날지 알려준다. 달과는 6만 3,000킬로미터 거리이고 지구와는 32만 2,000킬로미터 떨어져 있지만, 그때부터 지구 인력이 더 우세해진다. 수학 방정식으로도 그 사실을 확인한다. "지금! 달 중력권을 벗어나고 있다, 오버." "로저, 필 샤퍼가 지금 그곳에 있나?" 필은 아폴로 8호 당시 기자회견을 하면서 이 시점에서 우주선이 말 그대로 펄쩍 뛴다고 말했다가 나중에 철회하느라 식은땀을 흘린 인물이다. 아니, 필이 아니라 다른 사람이 근무 중이란다. "필은 아니지만, 아주 유능한 팀이 대기 중이다." "로저, 그 양반이 기자회견을 열어 다시 설명하면 좋겠다… 필에게 전하라. 그 순간, 통과하면서 살짝 흔들렸다고…." 휴스턴의 대답은 다소 냉소적이다. "고맙군. 덕분에 데이브 리드가 두 팔로 머리를 감싸고 있다, 오버."

다시 뉴스시간. 휴스턴은 우주비행의 국제적 의미 운운하는 길고

긴 헛소리에 자잘한 뉴스를 더해 읽어준다. 가장 흥미로운 뉴스는 우리가 대기권에 진입할 때 닉슨 대통령도 호넷 브리지에서 지켜본단다. 그 얘기에 뱃속이 묵직하니 불편해진다. 이제 단 하나의 고비만 남았다. 그런데 그걸 미 대통령이 지켜본다고? 까딱 실수라도 하는 날엔? 닐은 무덤덤한 표정으로 다우존스 종합주가를 묻는다. 지상에서는 가벼운 궤도 수정에 대해서 설명한다. 비행계획에 따르면 조정 즉 중간수정은 달에 갈 때는 네 차례, 지구 귀환 시에는 세 차례다. 그러나 실제로 달에 갈 때는 단 한 차례의 궤도 수정만 필요했다. 그러니 집에 돌아갈 때도 한 차례가 좋겠다. 이번 수정은 가볍다. 소형추진기들을 11초 정도 점화하면 그만이다. 그렇게 초속 1.25킬로미터에서 불과 1.5미터 정도만 조정하면 된다. 그 일은 정확하게 끝이 나고 난 안도한다. 우리는 진입회랑 정중앙에 머물기를 원한다. 이는 지평선 아래로부터 6.5도 각도로 대기권에 진입하는 것을 뜻한다. 너무 얕으면 미끄러져 나가고 너무 가파르면 타버린다. 어느 쪽이든 끔찍하긴 마찬가지다. 어느 쪽으로든 0.1도 오차도 원치 않는다. 정확히 6.5도!

　지상은 이제 버즈를 괴롭힌다. 가슴에 부착한 생의학센서의 접촉이 불안하단다. 버즈는 충실하게 절차를 따라 떼었다가 붙이기 시작한다. 나라면 개의치 않겠다. 센서는 불필요한 민폐에 장애물이다. 우리 심장박동을 계속 잴 필요가 어디 있단 말인가? 휴스턴 사람들은 우리처럼 바쁠 일이 없다. 다음 통신도 그 사실을 증명해준다. "6만 4,000달러가 걸린 문제라, 아직도 착륙지인 고요의 기지 위치를 찾아내려 하는 중이다. 우리 판단에는 LAM-2 차트 상 줄리엣 0.5와 7.8로 보이는데 닐과 버즈가 추가 지표를 제시해줄 수 있을까? 정확히 확인할 필요가 있다." 내가 LM을 찾지 못한 것도 당연하다. 그 놈의 벌레가 어디 내려앉았는지 아무도 모르지 않는가!

그들이 '웨스트크레이터'와 '고양이발톱' 논쟁을 벌이는 동안 나는 하부 장비실에 들어가 프랑스 셰프 흉내를 낸다. 오늘 점심은 치킨크림수프. 좋아하는 메뉴라 난 콧노래까지 부르며 건조봉투에 온수를 150그램 정도 채운다. 그러고는 조심스레 주물러 덩어리를 모두 없애고 끄트머리를 잘라 개봉한 후 작은 튜브를 열어 진미를 빨아들인다. 휴스턴과도 이 맛난 행복을 공유한다. "셰프에게 찬사를 보낸다. 음식 맛이 기가 막히다. 이 치킨크림에는 충분히 별 세 개를 줄 만하다." "오케이, 치킨크림, 별 세 개." 목소리가 살짝 당혹스럽다. 레스토랑 음식과 서비스에 점수를 매기듯 하니 난감한 모양이다. 서비스가 엉망이었다면 차라리 나았으리라. 당장 원하는 게 있다면 약간의 술이다. 코냑 한 잔만 있어도 좋으련만. 순간 조금 전 데케의 말이 떠오른다. 미래 비행 선원들을 위해 럼 배당 철학을 채택하는 이론적 가능성을 논할 때였다. 데케는 불가능한 아이디어는 아니라고 대답했다. 그의 말은… 뭐라고 했더라? …기억나지 않는다. 그런데 염소앰플 여분도 찾지 못한 주제에 혹시 코냑도 잊고 있는 건 아닐까? 줄 베른은 승무원들에게 최고급 샹베르탱 와인을 제공했다. 데케라고 아니란 법이 어디 있는가. 작은 코냑 병 하나를 엄청난 보급품 어딘가에 숨겨 두었을지 모른다. 그래서 손이 덜 간 상자들을 들춰보지만, 기껏 식량, 여분의 속옷, 휴지, 플래시, 영화잡지, 연장, 구급키트들뿐이다. (하긴 의사들이 코냑을 그냥 둘 리가 없다.) 실패! 그래도 기분을 망치고 싶지는 않아 창으로 자리를 옮겨 창밖의 장관을 감상한다. "여기에 앉아 지구는 점점 커지고, 달은 점점 작아지는 모습을 보는 것도 좋군." "로저." 휴스턴이 대답한다. 이 양반들은 말끝마다 '로저'다.

코냑은 없을지 몰라도 특별한 물건이 아예 없는 것은 또 아니다. 예를 들어 커다란 깃발 2개. 하원과 상원에서 휘날려야 하는 성조기들이다. 항공스포츠 자격증도 있다. 이름이 조금 이상하지만 비행 기록에 도전할 때 꼭 필요한 노란 카드로 국제항공연맹이 인정해준다. 달 궤도에서 혼자 지낸 28시간도 대단한 기록이지만, 이 카드를 들고 오지 않았다면 기록은 비공식으로 끝나고 만다. 내가 어떤 종류의 항공스포츠에 도전했는지도 모르겠지만… 사령선 경주? 카드에는 그저 "이 자격증은 국제항공연맹이 정하는 모든 스포츠행사에 참여할 때마다 제출해야 한다"라고 적혀 있다. 스탬프 세트도 있고 10센트 우표 발행을 축하하는 발행일 봉투도 있다. 우표 그림에는 LM 사다리 발치에 우주인이 한 명이 서서, 이제 막 달 표면을 조사하려는 참이다. 봉투 옆에 인주와 소인도 함께 들어있는데 소인에는 "달 착륙, 1969년 7월 20일, USA"라고 되어 있다. 7월 22일이면 또 어떠랴. 이번은 우리가 달에 착륙해야 하는 최초의 기회다. 우리는 처음으로 소인을 써본다. 잉크를 묻혀 감을 잡을 때까지 비행계획서에 세 번을 찍어보고, 마침내 조심스레 단 하나의 봉투에 소인을 찍는다. 우리가 알기로는 우정장관이 전국에 보낼 것이다. 스탬프를 떠낸 형판型板도 역시 컬럼비아에 승선해 있다.

우주선에 정교한 녹음기가 있지만 휴대용 녹음기도 하나 여분으로 가져왔다. 대형녹음기를 쓰고 싶지 않을 때 사용하는 장비다. 소형은 녹음 말고도 재생도 가능하며 누군가 우리를 위해 음악과 음향효과 등을 녹음해 두기도 했다. 비행 전 닐과 버즈한테도 말했지만 음악이 어떤 장르인지는 전혀 상관없다. 아무튼 결과는 온순한 대중음악들이다. 게다가 어떤 곡이든 '달'이 소재였는데, 내가 제일 좋아하는 곡은

〈모두가 달로 떠났다〉Everyone's Gone to the Moon다. 처음 들어보는 곡이다. 가수가 계속 "모두가 달로 떠났다"를 반복하는데 듣기가 아주 편안하다. 닐은 이상한 전자사운드 음악을 좋아하는데, 그가 〈달로 만든 노래〉라고 한 곡은 20년 전 음악이라지만 역시 들어보지 못했다. 테이프가 다 돌아갈 때쯤 종, 휘파람, 비명소리에 정체모를 음향까지 섞여 무척이나 듣기가 거슬린다. 우리는 장난기가 돌아 무선송신기 버튼을 누르고 찍찍거리는 녹음기를 마이크 옆에 갖다 댄다. 곧바로 반응이 온다. "아폴로 11호, 여기는 휴스턴. 그곳에 당신들 말고 또 누가 있나?" 나는 모르는 척한다. "휴스턴, 여기는 아폴로 11, 무슨 말인가? 다시 말하라." "이상한 소음이 내려오는데 다른 사람들이 옆에 있는 것 같다. 무슨 영문인가?" 관제센터에 조금 전 근무교대가 있었다는 정도는 알고 있다. 그린 팀이 물러나고 화이트 팀이 고생중이다. "그런데, 화이트 팀은 비번 시간에 다들 어디 가나?"

잡담은 이쯤에서 끝내고 TV 카메라를 꺼내야 한다. 휴스턴 황금시간대라 방송 출연이 예정된 것이다. 리허설도 없었지만 TV 카메라의 의미가 뭐든 흥미가 없기는 매한가지다. 월석들은 이미 진공케이스에 들어간 터라 과학자들에게 공개하지 못한다. 닐이 한 가지 꾀를 낸다…. 월석이 아니라 월석을 담은 상자들을 보여주자. 버즈는 식량준비 시연을 이어가다가 빵 조각에 햄을 얹는 것으로 마무리한다. 작은 캔을 허공에서 돌리며 자이로스코프의 원리를 보여주기도 한다. 이제 프로그램은 창밖의 지구를 보여주는 것으로 마무리한다. 지난번에도 시도했지만 당시에는 흑백 TV로 보았기에 찰리 듀크도 지구와 달을 구분하지 못했다. 이번에는 극적인 차이가 있다. 달은 단조로운 원반에 불과하나, 지구는 밝은 청백의 반원이다. 더욱이 시간이 갈수록 점점 커지고 밝게 빛나고 기대감으로 충만해진다.

하루가 조용히 저물고 있다. 우리는 카메라를 집어놓고 휴스턴에 날씨는 어떤지, 국내 상황은 어떤지 질문한다. 휴스턴의 날씨는 늘 그렇듯 좋지 않지만, 태평양 한가운데 회수지역은 상황이 좋아 보인다. (다행이다. 중요한 곳은 거기다.) 부인들은 모두 파티에 갔단다. 그것도 좋다. 이틀이나마 우리보다는 시끄럽게 지내기를 빈다. 팻도 너무 긴장하지 않으면 좋겠다. 우리는 모두 편안하며 이 상황을 유지하려고 노력 중이다. 규칙적으로 운동도 한다. 이 나른한 무중력 환경에서 심장이 너무 나태해져도 곤란하다. 그래도 우주비행은 이래야 한다. 느긋하고 편안하고 차분한 일. 컬럼비아가 스위스시계처럼 똑딱거리고 있다.

이튿날은 우주에서 8일째다. 9일째 아침 일찍 착수하기로 했기에 겨우 하루 정도 남은 셈이다. 내 디지털시계는 168:03—03을 가리켰다. 케이프케네디 이륙 후 168시간 3분이 지났다는 얘기다. 재진입 예정은 195시간이다. 오늘 아침 한가로이 휴스턴 날씨가 어떻다느니, 빈대가 앞마당을 갉아먹는다느니 하며 잡담을 하고 뉴스를 전해 듣는다. 심지어 어느 가족이 새로 태어난 딸 이름을 모듈이라 지었다는 소식도 있다. 아폴로 12호에 대해 농담도 한다. 알 빈이 달로 비행하는 동안 굶어죽지 않으려면 12호에 스파게티를 가득 채워야 할 거요. 컬럼비아 내부가 살짝 서늘해졌다는 생각도 한다. 난 클리프 찰스워스를 놀린다. 찰스워스는 비행감독관으로 아폴로 8호 때 그의 밑에서 일한 바 있다. 지금은 화이트 팀장이며 브루스 매캔들리스가 캡콤 역할을 하고 있다. "화이트 팀은 어떻던가, 브루스? 우리가 달 뒤쪽에 있을 때 커피라도 한 잔 마실 시간을 주던가?" 브루스는 은근슬쩍 넘어간다. "오, 여긴 문제없다. 그 양반도 알고 보면 그렇게 까칠하지 않아." "마음이 약해지는 모양이군… 내가 있을 땐 내내 콘솔에 앉아있게 했다. 훈련이라면서." 찰스워스는 직접 마이크를 잡지 않는다. 규약위반이니까. 그렇다고 입에 재갈을 물고 있을 양반도 아니다. "에, 여기서 들은 얘기가 있는데. 당신이 돌아올 때마다 재훈련이 필요했기 때문이라더군." 매캔들리스의 목소리에 장난기가 가득하다. "윽, 졌다." 내가 패배를 인정한다.

대화는 기술적인 문제들로 바뀌지만 그러기엔 다소 우스꽝스럽기는 하다. "7월 23일자 진입작전 점검목록에 '리마 변경'^{Change Lima}이 있나? 오버." 분명 브루스의 농담이리라! 오늘이 7월 23일이고 우리는 16일에 이륙했다. 그런데 이륙한 이후에 어떻게 지상에서 점검목록을 바꿀 수 있겠는가? 닐이 귀를 쫑긋 세운다. "글쎄, 그걸 가지러 휴스턴에 다녀온 기억은 없는데…? 이륙 후에 어떻게 변경을 할 수 있나?" 나도 끼어든다. "6월 얘기하는 건가?" "그렇지 않다." 그래서 브루스가 해당 절차를 읽어준다. 그의 표현을 빌면, "하강하는 동안 다기관^{多岐管} 산소압력을 줄이고 휴대용 폐수탱크를 통해 산소혈액을 흘려보낸다. 오버." "오케이." 내가 신음을 흘린다. 맙소사, 지금껏 이 사령선을 100번이나 시험 비행했는데, 101번째에 어떤 엔지니어가 뜬금없이 대안을 들고 나타나 그간의 절차를 완전히 뒤집어 놓는다고? 어쨌든 모조리 적어놓고 나자 휴스턴이 흥미로운 소식으로 위로해준다. "현재 지구에서 154,450킬로미터다. 오버." "바로 우리 뒷마당이로군." 닐의 반응에 버즈가 자세한 사항을 묻는다. "지금 조금씩 하강하려고 한다. 현재 속도는?" "현재 초속 1,800미터다." 브루스가 답하고는 잠시 뜸을

들이다가 덧붙인다. "그런데 현재 실제로 하강 중이다."

보라, 다시 TV 시간이 돌아오도다. 그나마 이번엔 미리 예정되어 있는 터라 무슨 말을 할지 한 시간쯤 고민했다. 닐과 버즈도 마찬가지다. 게다가 마지막 TV쇼다. 애초에 우주선에서 이런 망할 짓 따위는 하고 싶지 않았으나 이번만큼은 이 진공관을 우리가 이용해먹고 말리라! 이 기회에 할 말을 하고야 말겠다! 연습은 하지 않았지만, 5분간 대화를 통해 우리 각자 서로 다른 뼈다귀를 쥐었으니 메시지 중복은 걱정하지 않아도 된다. 닐이 테이프를 끊는다. 일류 MC가 따로 없다. "안녕하십니까. 여기는 아폴로 11호 사령선입니다. 100년 전 줄 베른이 달나라 여행 책을 썼죠. 그의 우주선 컬럼비아가 플로리다에서 이륙해 달나라 여행을 마친 후 태평양에 착수했습니다. 이 얘기를 하는 이유는 현대의 컬럼비아가 내일 지구 행성과 랑데부를 하고 태평양으로 내려가기 전, 여러분과 승무원들의 회고를 나누기에 적절하다고 믿기 때문입니다. 우선, 마이클 콜린스 나오세요."

망할, 출발이 좋지 않다. "로저. 여러분이 보시기에 이번 달 여행이 간단하고 쉬웠을지 모르겠습니다. 분명히 말씀드리지만 전혀 사실이 아닙니다. 우리를 궤도에 올려다준 새턴 V 로켓만 보아도 엄청나게 복잡한 기계입니다. 다행히 오류 하나 없이 완벽하게 임무를 수행했죠. 제 머리 위에 컴퓨터 보이시죠? 어휘 실력이 겨우 3만 8천 단어뿐이지만 단어 하나하나를 엄선한 덕에 승무원들한테 정말 정말 유용했어요." 나는 하단 격실에 몸을 끼워 중심을 잡는다. 작은 카드에 (프롬프터처럼) 몇 가지 메모를 적어놓고, 카메라 렌즈 바로 오른쪽 카우치 지주에 끼워 이따금 훔쳐본다. TV 아나운서처럼 부드럽게 이어가야 할 텐데. "지금 내 손이 가리키는 것과 같은 스위치가 이 사령선에만 300개가 있습니다만 디자인, 설계가 모두 동일합니다. 그뿐 아니라 회로차단기, 레버, 측량기 등 관련 조절장치들도 엄청나게 많아요. SPS 엔진은 기계선 후미의 대형 로켓엔진을 말합니다. 역시 완벽하게 임무를 다했죠. 그렇지 않았다면 우리는 미아가 되어 달 궤도를 떠돌고 있을 겁니다. 내일은 낙하산이 완벽하게 작동해야 합니다. 아니면 바다에 곤두박질치겠죠. 우리는 늘 이 장비들 모두가 제대로 작동하리라고 믿습니다. 물론 남은 비행에서도 잘해낼 겁니다. 우주비행이 가능했던 이유는 수많은 사람들의 피와 땀, 눈물이 있었기 때문입니다." 맙소사, 신경을 곤두세운 탓에 목까지 갈라진다. 지난 3년을 화이트룸에 누워 탕진하는 바람에 머리까지 포도처럼 말랑해진 모양이다. 바라건대, 큰 사고만 치지 않고 마무리하기를. "우선, 공장 노동자들이 기계를 하나하나 조립했습니다. 두 번째는 조립은 물론 조립 후 재시험할 때까지 여러 테스트 팀이 헌신을 다해 일했죠. 그리고 마지막으로 MSC의 인력들이 있습니다. 운영, 비행계획, 비행조정은 물론 승무원들의 훈련까지 노력을 아끼지 않았어요. 이번 임무는 흡사 잠수함 잠망경 같습니다. 모두 우리 셋을 보지만, 표면 아래에는 수천, 수만의 인력이 땀을 흘리고 있으니까요. 그분들 모두에게 이렇게 말하고 싶습니다. 고맙습니다, 진심으로." 망할, 시뮬레이터 인력을 빼먹었네. 케이프도 빼먹었지만 이미 엎질러진 물이다. 부디 어느 범주에든 들어가 있다고 여겨주기를.

다음은 버즈 차례다. "안녕하세요. 전 이번 아폴로 11호의 임무에서 보다 상징적인 측면을 조금 얘기하고자 합니다. 지난 2~3년간 우주선 상에서 발생한 상황들을 논의하면서, 이번 비행이 그저 우리 세 사람만의 일이 아니라는 결론에 이르렀습니다. 아니, 정부와 기업, 우리 조국의 노력 그 이상이었습니다. 미지의 세계를 탐험하려는, 인류 전체의 꺼지지 않는 호기심이 우리를 이곳까지 이끌었으니까요. 며칠 전 닐이 달 표면에 첫발을 내디디면서 한 말이 있습니다. '개인에게는 작은 걸음이지만 인류에게는 위대한 도약이다.' 실로 우리 마음을 제대로 보여준 표현이 아닐 수 없습니다. 우리는 달 탐사의 도전을 받아들였습니다. 피할 수 없는 운명이니까요. 우리가 상대적으로 임무를 수월하게 수행했다면 단순히 시기가 적절했기 때문일 겁니다. 지금 심정이라면, 향후 우주탐사에서 우리가 더 많은 역할을 떠안을 수 있습니다. 돌이켜보면 이 우주선을 위해 공들여 선택한 호출부호, 컬럼비아와 이글에 우리 모두 크게 만족합니다. 이번 비행의 표장 또한 마음에 듭니다. 행성 지구에서 달까지 미국 독수리가 평화의 보편적 상징을 전하는 장면을 묘사했죠. 그리고 표장 하나를 달에 두고 오는 것은 우리 승무원 모두의 공통된 의견이었습니다. 개인적으로 지난 며칠간 일들을 돌이켜보면서 〈시편〉의 한 구절이 떠올랐습니다. '주께서 손수 지으신 하늘, 달과 별들을 바라보자니, 인간이 무엇이기에 주께서 그다지도 마음에 두시옵니까?'"

닐이 마무리를 한다. "이번 비행의 공로는 무엇보다 이번 노력을 뒷받침한 역사와, 과학의 거장들에게 있습니다. 그리고 미국 국민들이죠. 국민들께서 바람을 적극적으로 보여주신 덕입니다. 그 다음이 의지를 현실로 만들어준 행정부 4부처와 의회이며, 그리고 마지막으로 담당기관과 산업 팀들이 있습니다. 우리 우주선과 새턴, 컬럼비아와 이글, EMU, 그리고 달 표면에서 소형우주선 역할을 해준 우주복과 백팩을 제작한 분들이시죠. 우주선을 만든 분들, 우주선을 구상하고 설계하고 실험한 분들, 열정과 능력을 이번 임무에 아낌없이 투자

하신 미국인 모두에게 특별히 감사하고 싶습니다. 오늘밤 우리 얘기를 듣고 시청하시는 분들께도 진심으로 감사드립니다. 신의 가호가 있기를. 아폴로 11호가 굿나이트 인사를 보냅니다."

하루를 마감하기에도 좋은 행사다. 다만 휴스턴의 경고에 따르면 내 생의학센서 하나가 태업 중이고, 회수 지역 날씨는 뇌우로 난리법석이다. 하늘이 맑고 바다가 잠잠한 지역을 찾아 동쪽으로 350킬로미터 이동한단다. 센서야 아무렴 어떤가. "음… 센서 숨이 끊어지면 보고하겠다, 오버." 하지만 날씨는 문제가 다르다. 이런 유형의 귀환이라면 훈련한 바가 없기 때문이다. 컴퓨터가 제대로 작동한다면야 그까짓 350킬로미터쯤이야 무슨 대수이랴. 하지만 수동으로 조종해야 할 상황이라면 얘기는 달라진다. 이동범위를 넓히려면 대기에 침투했다가 크게 포물선을 그리며 치솟아야 한다. 350킬로미터를 치솟다가 아예 대기권을 이탈할 가능성도 실제로 크다. 어쩌면 엉뚱한 곳에 착수해 호넷의 닉슨 대통령이 당혹해하거나 실망할 수도 있다. 그야 내일 결판이 나겠지만 지금으로서는 화이트 팀에게 작별인사를 고하고 잠을 청할 수밖에. "아주 고맙다, 브루스. 함께 일해서 영광이었다." "즐거운 귀환되길 빈다." 브루스의 대답이다. 머리 복잡한 350킬로미터는 애써 외면한다. 잠을 청하면서도 머릿속은 조금 전 연설과 진입 시뮬레이션으로 복잡하기만 하다. 연설은 괜찮았을 것이다. 두 친구보다야 피상적이었지만 그래도 진심이 아닌가. 아무튼 엔지니어 겸 테스트파일럿 세 명치고는 나쁘지 않았다. 친애하는 철학자-성직자-시인 군단이었다면 무슨 말을 했을까? 심리학자-언어학자-속물군단이라면? 아니면 실제로 속물 하나가 용케 승무원에 낀 것은 아닐까?

우리 셋 사이에 대화가 부족한 것도 불안하다. 아니, 대화라고 할 수나 있을까? 기껏 사소한 기술문제뿐인데? TV 방송에서 닐은 과학사를 강조하고, 버즈가 비행의 상징에 초점을 맞추리라는 정도는 예상할 수 있었다. 내가 이 친구들 안다면, 직접 대화를 통해서가 아니라, 경험이나 여타의 비과학적인 전이과정 덕분일 것이다. 특히 닐은 절대 진심을 말하지도 않지만 그마저 지극히 피상적이다. 자발적으로 양보하는 법도 없다. 그를 좋아하지만, 그가 어떤 사람이고 어떻게 더 친해질 수 있는지는 도통 모르겠다. 닐은 알려줄 의향도 없어 보인다. 답답한 마음에 별자리도 따져본다. 점성술이 사기라는 정도는 알고 있지만 어쨌든 닐은 당당하지만 어느 정도 거리를 두는 정글 아니 우주선의 대장인 '전형적인' 사자자리다. 다른 한편 버즈는 보다 사교적이다. 이유는 잘 모르겠지만, 어느 정도 거리를 두는 것도 오히려 내쪽인 듯싶다. 내 약점을 찾아내 불편하게 만들까 불안했던 것이다. 과연 모든 아폴로 승무원들은 다정하지만 또 서로에 대해서는 낯선 사람으로 지내기를 원하는 것일까? 우주비행사들은 애초에 동료가 아니라 경쟁자로 만나게 된다. 이제 우리 셋은 더 이상 위대한 비행에 선택받지 못할까 두려워 할 필요가 없다. 그런 바에야 담을 조금이라도 허물 수 있어야 한다. 내가 보기에 다음 달착륙 멤버들(피트 콘래드, 딕 고든, 알 빈)은 훨씬 서로를 편안하게 대하고 있다. 적어도 분위기는 유쾌한 동지애다. 암스트롱과 콜린스, 올드린보다는 훨씬 더 가까운 관계다. 동지애가 돈독하다고 우주비행이 안전하고 유쾌해지지는 않겠지만, 좀 더 '정상적'으로 보이기는 한다. 동료 승무원이면서도 생각이나 감정은 최대한 배제하고 필요한 정보만 전달한다면, 그게 어딘가 더 이상하지 않은가? 그래, 그마저도 개의치 말자. 지금까지 잘해오지 않았던가. 아직은 이 기조를 유지할 필요가 있다. 정말로 임무를 끝내고 나면 향후 몇 달간은 서로에게 힘이 되어야 할 텐데, 어떻게든 효율적인 방법을 찾아낼 것이다. 최초의 달 착륙 승무원 멤버로서, 사람들한테 포위를 당해도, 누군가에게 봉변을 당해도 우리 셋이 어떻게든 이겨내리라. 지난 6개월간 동료 우주비행사를 포함해 주변인들의 태도가 눈에 띄게 달라졌다. 적대감까지는 아니더라도 질투심이 없지는 않으리라. 우리 문제나 좌절감에는 아무도 귀를 기울이지 않았다. "지금 농담해? 너희만큼 복 많은 사람이 어디 있다고?" 대개는 이런 반응이었는데, 아마 그 말이 맞을지도 모르겠다. 옳든 그르든 그런 감정까지 비난하고 싶지는 않지만, 덕분에 우리 셋의 관계는 특별해질 수밖에 없었다. 닐과 버즈가 앞으로 어떻게 살지는 모르겠지만, 어떻게든 우리는 서로를 위해주어야 한다. 그런데 그럴 기반을 다져놓았는지는 솔직히 자신이 없다.

아홉 번째 날 아침이 시작될 때쯤 우리도 여러 가지 다른 방식으로 진입할 채비를 끝낼 터다. 폭 65킬로미터의 진입회랑을 향해 하강하면서 중력까지 점점 강해지는 기분이다. 그런 김에 아예 우리를 맞이할 감속까지 대비해 두기로 한다. 이제 도착하면 그동안 고맙기는 했지만 뒤도 돌아보지 않고 이 지저분한 사령선을 떠날 것이다. 우리 셋도 꼼꼼한 사람들에 속하리라. 셋 중에서 내가 제일 엉성한 것 같지만 그래도 말쑥한 편에 속한다. 닐은 확실히 정돈된 사람이다. 버즈는 깔끔을 넘어서 멋쟁이이기까지 하다. 정장으로 잘 꾸미고 나면 눈이 부실 정도다. 예전에도 진주빛 정장을 잘 다려 입고 거기에 훈장까지 주렁주렁 매달곤 했는데, 그 모습을 본 것도 여러 번이다. 어쨌든 도착때까지 깔끔한 사내와 더 깔끔한 두 남자는 악취까지 심해진 비좁은 공간에서 함께 지지고 볶아야 한다.

하부 장비실 우측은 착륙일의 소변 봉투들, 다 쓴 수건들을 저장하고 있어 애초에 피해야 할 장소가 되고 만다. 식수에 수소기포가 가미되어 있는데(연료전지 기술의 결실인데, H_2와 O가 불완전 결합해 H_2O를 만든다) 바로 이 기포들이 하단 공간에 짙은 가스를 만들어내고 궁극적으로 불쾌하고 습한 악취를 유발한다. 비 맞은 개와 메탄가스가 섞이면 이런 냄새가 날까? 컬럼비아도 늙어 악취 나는 노인이 된 것 같다. 차라리 푹 익어 나무에서 떨어지려는 망고였으면 싶지만, 어쨌거나 지상으로 돌아갈 시간이다. 사람들 앞에서 똥 누는 굴욕을 끝내야 할 시간이다. 빠를수록 좋다. 무중력에서 면도하는 것 같은, 1~2년 전만 해도 재미있던 일들이 이제는 짜증이 난다. 머리를 감을 세면대도 없고 세면할 물조차 부족하다. 얼굴의 비누는 휴지로 닦아내고 한두 시간 벅벅 긁는 식으로 남은 찌끼를 벗겨내야 한다. 이를 닦는 일도 버겁기만 하다. 치약을 뱉을 곳이 없어 삼켜야 한다. 하나하나가 사소한 불편이기는 해도 시간이 지날수록 짜증과 조바심을 겹겹이 쌓이게 한다.

우주비행은 문제가 서로 얽히고설킨 탓에 섣불리 덤벼들 수 없다. 아무리 사소한 임무라도 한 번 꼬이면, 설계자가 상상도 못할 결과를 나을 수 있다. 예를 들어, 소변을 배출한 후에 플랫폼 조정은 금물이다. 이유는? 작은 오줌방울이 햇빛을 받으면 별처럼 빛나기 때문이다. 육분의로 보면 진짜 별과 헷갈리므로 방울이 흩어질 때까지 10분 이상은 기다려야 한다. 닐과 버즈에게도 비슷한 불만이 있겠지만 입을 열지는 않는다. 나도 마찬가지다. 사실 기술 문제만으로도 며칠 동안 할 얘기가 차고 넘치기는 한다. 그런 얘기가 아니면 사사로운 대화는 머릿속에 없는 것 같다. 비행 전 훈련 때도 그랬으니 그런 관계는 비행 후에도 이어질 것이다.

컬럼비아 말고는 다 순조로워 보인다. 반원의 지구는 시간이 갈수록 커지고 아름답게 빛난다. 휴스턴은 착수지 기상이 온화하다고 알려준다. 600미터 상공에 산발적인 구름, 풍속은 초속 9미터, 파고는 1~2미터 수준. 우리 셋은 파도에 대비해 멀미약을 복용한다. 사령선에 용골이 없는 터라 물 위에 뜨면 미친 듯이 흔들릴 것이다. 피할 수만 있다면 멀미는 정말 사양이다. 호넷이 대기 중인 지역이 아니라 훨씬 더 멀리 날아가야 하는데, 그 절차를 제대로 훈련받지 못했다. 휴스턴도 그 사실을 깨닫고 예비절차를 읽어주며 내 기억을 일깨우고 나도 복창한다. "오케이, 별로 어렵지 않아 보인다. 중력상수 예비절차를 이해하고, 벡터를 MAX G로 올린 다음 다시 내린다. 그 다음 경사각을 조절해 G의 변화량을 0으로 만들고 원형에 가까워질 때까지 G 변화량을 0으로 유지한다. 그리고 45도 회전하고 제동낙하산이 퍼질 때까지 대기한다. 오버." "오케이, 아주 잘했다, 마이크." 아주 잘했다고? 돌겠네. 그런 식으로 비행한다 해도 맹세코 보트가 보이는 곳에는 착수하지 못할 것이다. 다른 한편, 컴퓨터는 지난 8일간 완벽하게 일을 처리했다. 콜로서스 IIA는 분명 항공모함 갑판에 우리를 떨구어 주리라. 마찬가지로 컬럼비아도 믿는다. 아예 가압복을 카우치 아래 넣어두고 셔츠 차림으로 대기권에 들어갈 수도 있다. 버즈가 기다란 점검목록을 하나씩 확인해 나가지만 난 느긋하게 한 마디 한다. "이번 진입 시간대는 내 시간대하고 비슷하네. 느긋하고 느리고." 아직 여유가 있다. 우리는 점검목록을 세 번씩 확인한다. 여행이 막바지에 이를수록 자칫 어긋나는 날에는 목숨을 잃을 여지도 크다.

짐 러벨은 관제센터를 드나들며 우리 기분을 풀어주려 애를 쓴다.

무전기를 잡은 것도 그래서다. "마이크, 여기는 짐. 예비승무원들이 대기 중이다. 잊지 않았겠지만 이번 임무에서 가장 어려운 부분은 회수후에 있다." 머릿속에 떠오른 말은 하나뿐이다. "쥐들이나 죽이지 말라." 사실 내가 정말 하고 싶은 말은 따로 있다. "세상을 좀 멈춰 달라. 올라타고 싶다." 물론 그렇게 말할 수는 없다. 휴스턴의 대답이 빤하기 때문이다. "다시 말해보라, 아폴로 11." 그보다 난감한 일도 없으리라. 정말 하고 싶은 말이 하나 더 있기는 하다. "가스를 소비할 수 있어기쁘다." 비행 내내 기동연료를 축적했으나 이제는 그럴 필요가 없다. 난 마음 편하게 우주선을 운전한다. 연료가 더 들어가겠지만 상관없다. 두 번의 우주비행에서 처음으로 연료가 남아돈다. 18킬로그램이나 남아있으니 말이다. 휴스턴은 마지막 말로 내 좋은 기분을 망가뜨린다. "좋은 여행 기원한다. BEF 진입은 잊지 말기를." 이런, 똑똑이들! BEF는 엉덩이 먼저, 다시 말해 열차폐체 먼저 대기권에 진입시키라는 뜻이다. 불에 타지 않으려면 그 방법밖에 없다. 제미니에서도 그랬지만, 뭉툭한 열차폐체를 앞세우고 우리는 뒤쪽을 향한다. 열차폐체는 적당한 침식과 용발溶發 작용으로 대기의 엄청난 마찰열을 흡수한다. 속도가 여전히 제미니 궤도 때보다 꽤 낮기는 하지만, 조금씩 속도가 붙기 시작한다. 진입회랑 접촉 각도는 −6.48도(궤적이 완벽할 경우보다 불과 .02도 얕다), 속도는 초속 11,000미터로 예정되어 있다(제미니는 초속 7,600미터였다). 컴퓨터는 서경 169도, 북위 13도로 세팅이 되어 있는데, 하와이제도 남서쪽 약 130킬로미터 떨어진 공해상이다.

그때까지는 큰일이 하나 남아있다. 충직한 창고였던 서비스모듈 곧 기계선을 버리는 일이다. "최고였어." 떠나는 기계선을 보며 내가 중얼거린다. 실제로도 최상의 조력자였다. 이륙 당시 우리 무게는

3,000톤에 가까웠다. 지금 컬럼비아의 무게는 5톤이 조금 안 된다. 이미 바다에 떨어진 새턴의 1단, 2단 로켓이 제일 무게가 나갔다. 제3단 로켓도 텅 빈 채 현재 태양 궤도를 돌고 있다. LM 하강단은 고요의 기지에 남고 상승단은 달 궤도에 남겨졌으며, 기계선은 열차폐체가 없기에 대기권에 진입하다가 완전 연소될 것이다. 그리고 마침내 우리 사령선만 남았다. 자세는 이미 BEF로 바꾸었다. 이제 할 일은 마냥 기다리며, 빼먹은 절차가 없는지 고민하는 것뿐이다. 기계선이 떠나면서 컬럼비아가 전투기처럼 날며 격렬하게 반응하는 바람에 오른손으로 방향을 고정해야 했다. 좌측 요 추진기가 제대로 작동하지 않는 것 같지만 그래도 해낼 수는 있다. 우리 셋은 아무 말도 하지 않은 체 카우치에 누워 있다. 마지막 한 시간 동안 기계 소음에 귀를 기울여야 한다. 전기 변환장치, 수압펌프 등 장비들 때문에 그간 시끌벅적했으나 지금은 훨씬 조용하다. 조립공장보다는 예배당에 가까울 정도다.

처음에는 거의 감이 없지만 .05중력가속도에 조명이 들어오면서 감속을 알게 된다. 창밖으로도 장관이 펼쳐지기 시작한다. 우리는 원형질 덮개의 중심에 들어간다. 상층대기를 비스듬하게 낙하하면서 이온화 입자와 용발 물질이 길게 혜성꼬리를 만들어낸다. 우주의 암흑도 끝이 나고 희미한 색 터널이 그 자리를 대신한다. 연한 라벤더, 가벼운 청록, 은은한 보라색들이 중앙의 오렌지색을 아우르고 다시 그 주변을 검은 공간이 에두르고 있다. 제미니 재진입 때도 이랬지만 지금은 열차폐체 조각이 지나가는 것도, 다른 빛 조각도 보이지 않고, 오로지 은은하게 퍼진 색들뿐이다. 무전기도 조용하다. 앞으로도 4분 정도는 그럴 수밖에 없다. 이온층이 무선신호를 막기 때문이다. 나는 한 눈은 항법장치에, 다른 눈은 창밖을 향한다. 버즈는 꼬리를 촬영하고 닐은 컴퓨터가 꾸준히 뱉어내는 숫자들을 계속 불러준다. 이제 목표 바로 위쪽이다. 속도가 위성속도 아래로 떨어지면서 비로소 다시 안도의 한숨을 내쉰다. 다시 말해서 대기 밖으로 되돌아갈 에너지가 없다는 뜻이다. 지구 중력에 걸린 이상 지구 표면 어디든 내려앉을 수밖에 없다. 드디어 G포스가 치고 들어온다. 거대한 손으로 가슴을 누르는 기분이라 다소 불편하다. 그래도 중력 없이 8일을 지낸 후라 6.5G가 그리 나쁘지는 않다. 그나마 오래 지속하지도 않는다. 창밖의 광경은 기가 막히다. 조도가 순식간에 강해지더니 놀랄 만큼 깨끗한 빛으로 조종석을 가득 채운다. 혜성꼬리도 길어져 끄트머리는 아예 보이지 않는다. 그보다는 거대한 전구 중앙에 들어온 것만 같다. 100만 와트의 전력이 태평양 해분海盆 전역을 빛으로 가득 채우고 있다. 저 아래 새벽 어스름에서 보면 볼공처럼 보일 우리도 장관이겠지만, 이 무지갯빛은 우리만 볼 수 있다.

시간이 되자 제동낙하산이 알아서 펼쳐진다. 버즈가 그 사실을 알려준다. 나는 기계조작을 하느라 바빠 5미터의 천 두 기가 펼쳐지는 장관을 놓쳤지만. 낙하산이 창밖에서 연신 도리깨질을 하는 것은 보인다. 컬럼비아는 안정을 유지한다. 이제 주낙하산 세 기를 펼 수 있다. 살짝 당기는 기분, 드디어 산개! 맙소사, 기막힌 장관이 아닌가. 거대한 오렌지와 흰색의 원형, 직경이 무려 25미터에 달하는 낙하산 셋이 묶여 하나의 듬직한 삼각형을 이룬 것이다. 두 기만으로도 착수에 견딜 수 있지만 셋이니 훨씬 마음이 놓인다!

닐과 맥주 한 잔 내기를 했다. 나는 컬럼비아가 착수할 때 똑바로 선다는 데 걸었다. 뒤집어져서 소위 '스테이블 II' 자세를 취하지는 않을 것이다. 버즈와 나는 같은 편일 수밖에 없다. 초속 9미터의 바람이 낙하산을 당겨 우리를 뒤집지 않게 하려면 버즈와 내가 신속하게 움직여야 하기 때문이다. 착수 순간 버즈는 오른 팔꿈치 아래 회로차단기를 누르고 나는 스위치를 올려 낙하산을 버려야 한다. 당연한 얘기지만 물 위에 떨어지기 전에 건드릴 생각은 없다. 하강하는 동안 버즈와도 얘기를 마친 터라, 접촉순간이 다가오자 버즈는 자동으로 버튼 위에 손가락을 가져간다. 철썩! 마치 수 톤의 벽돌과 부딪친 기분, 버즈의 손이 회로차단 패널에서 빗나간다. 재빨리 자세를 회복하고 다시 차단기를 찾아내지만 이미 길 떠난 마차다. 나는 스위치를 올리면서도 뒤집어지고 있음을 느낀다. 실패! 결국 뒤집힌 채 다시 10분 정도 갇혀 있어야 한다. 기수의 소형에어백들에 바람을 주입하면 무게중심이 바뀌고 다시 똑바로 서게 되지만 그때까지는 뒤죽박죽 공간을 감내해야 한다. 중력이 낯설고 부담스럽건만 거꾸로 잡아당기기기까지 하다니! 우리는 안전띠에 매달려있고 카우치는 뒤쪽과 위쪽에 떠 있다. 주계기반도 머리 위가 아니라 아래쪽이다. 그나마 가압복 상태는 아니다. 그랬다면 덩치 때문에라도 움직이기가 거의 불가능했겠지만, 그보다는 에어컨 시스템이 작동하지 않는 상황이라 초강력 단열재 때문에라도 모두 일사병에 걸리고 말 것이다. 거북한 자세로 몇 분이 흐른 후, 우리는 자세를 바로 하고 구조대와 합류할 준비를 한다. 구조대들은 이미 구명보트에 묶은 환상環狀 부양장치로 컬럼비아를 에워싸는 중이다. 우리는 멀미약을 하나씩 더 먹는다. 멀미가 나서가 아니라 나중에 BIG 안에서 구토증세가 날까 불안해서다 그랬다가는 토사물에 질식하거나 미생물 차단벽을 깰 수 있다. 우리는 자세를 바로 하고 측면해치를 연다. 클랜시 해틀버그 중위가(담당 오염제거 조교로 훈련을 받은 인물이다) BIG 세 벌을 안으로 넣어준다. 다시 해치를 닫고 생물학적 격리복을 입기 시작한다.

나는 격실에서 옷을 입는다. 중력을 거슬러 똑바로 선 것은 그때가 처음이다. 다리와 허벅지가 살짝 분 것 같고 조금 어지럽기도 하지만, 초속 9미터의 바람에 흔들리는 공간 속에서도 기분은 무척 좋다. 신기하게도 제미니 10호 직후보다 지금이 더 좋다. 지난 이틀간 푹 쉰 덕인지, 가압복을 벗었기 때문인지, 아니면 사령선 공간이 제미니보다 넓어서인지는 모르겠다. 그 모두에 더해 다른 이유들도 있으리라. 이유야 어떻든 8일간의 아폴로 무중력 생활이 제미니의 빡빡한 일정보다 조건은 좋은 듯하다. 지금은 무전기가 시끄럽게 떠들어댄다. 나는 닐과 버즈가 BIG에 들어가는 모습을 지켜본 후 보고한다. "여기는 아폴로 11호. 모두에게 전하라, 이제 맘들 놓으시라. 아주 안전하게 도착했다. 호넷처럼 안락하지는 않지만 아주 편안하다…" 구조대와 헬리콥터 조종사들이 저렇게 난리법석을 부리다가 충돌이라도 하면 어떻게 하나? 무려 80만 킬로미터를 달려왔는데 물 위에서 사고를 당할 수는 없지 않은가.

나도 BIG에 들어가 지퍼를 채운다. 그러고는 다시 해치를 열고 부낭에 바람을 넣은 뒤 인접한 고무보트 위로 뛰어내린다. 클랜시와 내가 해치와 난투 끝에 간신히 잠근다. 우리는 서로 살균제를 뿌리고 천에 요오드액과 하이포아염소산나트륨을 묻혀 소독도 한다. 달에 해충이 있다 해도 그런 식의 소독을 견뎌낼 리 없다고 믿고 싶지만, 그 전에 놈들이 바다 속으로 탈출했는지 모를 일이다. 부드러운 파도가 보트 가장자리를 출렁거리는 통에 소독약을 바르는 동안에도 계속 파도에 젖는다. 바닷물은 시원하다. 두 손으로 그 물을 담아 얼굴에 쏟고 싶지만 안타깝게도 불가능하다. 바이저가 뿌옇지만, 그 너머로도 물은 너무도 아름답다. 코발트빛에 투명하게 반짝이는 물결. 돌아올 수 있어 다행이다. 여행을 마무리하기에 바다보다 좋은 곳이 또 어디 있으랴. 색은 아름답다. 물마루의 청색과 백색이 저 멀리 지구를 가르는 물과 구름의 청색과 흰색과도 어울린다.

헬리콥터가 머리 위로 오더니 재빨리 우리를 한 사람씩 들어올린다. 철망 바구니 안에 들어가면 헬리콥터가 케이블을 끌어올리는 식이나, 조종사가 낚시도 잘 하는 것 같지는 않다. 자리를 잡든 말든 무조건 잡아채기부터 하지 않는가. 헬기에 오른 후 다리를 움직여 본다. 좁은 공간에서 걸어도 보고 몇 차례 무릎 굽히기도 시도한다. BIG 안이라 대화가 불가능하지만 바이저로 보니 버즈는 나처럼 운동을 한다. 닐은 이상하다는 듯 지켜보기만 한다. BIG 안은 끔찍하게 덥다. 이곳엔 환기장치도 없다. 그나마 다행이라면 항공모함까지 멀지는 않다. 호넷 비행갑판에 내릴 때쯤 말 그대로 푹 익은 기분이다. 끝이 보이지 않았다면 병균이고 뭐고 다 집어치우고 면판을 떼어낸 뒤 시원한 바람을 마셨을 것이다. 우리는 헬리콥터와 함께 거대한 승강기에 실려 갑판 아래로 내려간다. 이윽고 헬기 문이 열린다. 비척비척 밖으로 나오는데 난데없이 브라스밴드의 연주가 들린다. 이 망할 BIG 안에서는 통구이 신세가 따로 없다. 바이저에 김이 서려 앞도 보이지 않는다. 그나마 격납고 갑판에 줄을 그어놓아 그냥 따라간다. 막연하나마 우현에 선원들이 모여 있는 것 같아 손도 흔들어준다. 선은 어느 문으로 이어지고 우리는 안으로 들어간다. 바로 MQF에 들어온 것이다.

이동식 격리실은 단순히 돈 좀 쓴 트레일러에 불과하다. 바퀴는 떼고 필터와 물탱크를 달아, 내부의 수용자와 외부 30억 인구(1969년 기준) 사이에 생물학적 장벽을 세운 것이다. 모두 다섯 명이 들어있는데 다른 둘은 빌 카펜티어, 존 히라사키다. 빌은 항공군의관, 존은 기계공학자인데, 앞으로 사흘간 우리 스위트 홈을 돌본다. 둘 모두 조용하고, 융통성 있고, 야단스럽지 않아 좋다. 존은 정리, 요리, 허드렛일들로 엄청 바쁘지만, 주 임무는 컬럼비아와 화물 관리가 될 것이다. 컬럼비아 역시 바다에서 끄집어내 플라스틱 터널로 MQF와 연결해두었다. 존은 컬럼비아의 추진기를 비롯해 여타 시스템을 소독하고, 월석 상자들과 필름을 회수해 살균한 다음 에어락을 통해 외부세계에 전달해야 한다. 빌은 매일 우리를 검진하는 것 말고도 훌륭한 바텐더이지만, 우리가 술을 마실 수는 없다. 더 중요한 것이라면 진짜 웃기는 친구라는 점이다. 유머감각이 기상천외하다. ("항공군의관이 무슨 힘이 있어요? 진짜 의사선생님이 올 때까지 기다리는 동안 손이나 잡아드리는 거죠 뭐.") 빌은 캐나다 출신, 존은 일본계 미국인이다. 어울릴 것 같지 않지만 우리를 지구로 돌려보내기에는 더 없이 유쾌한 조합이다.

지금으로는 제일 하고 싶은 일이 샤워다. 우리는 돌아가며 샤워를 하고(오래 하지는 못한다. 트레일러에 물이 많아야 얼마나 되겠는가) 난 면도도 한다. 우리 셋은 비로소 말쑥한 신사로 돌아온다. 솔질도 하고 빗질도 하고 옷도 청색 비행복으로 갈아입는다. 나사와 아폴로 11호 문양이 붙은 비행복, 단추에는 '호넷+3'이라고 적혀 있는데 이 특별한 행사를 위한 항공모함 승무원들의 각오를 담았단다. 몸을 씻고 옷을 갈아입으니 살 것 같다. 뭔가 할 일이 있겠다 기대도 하지만 오랫동안 아무 말이 없다. 얼마 후 소환을 받고 트레일러 구석 커튼 뒤로 돌아가니 격납고 갑판에 일종의 의전 준비를 해두었다. 드디어 시작이로군. 그리고 이번이 끝은 아니리라. 아니나 다를까 밴드가 팡파르를 연주하고 닉슨 대통령이 입장한다. 창밖 가까이 마이크 옆에 설 때는 무척이나 말쑥하고 느긋해 보인다. 기분이 좋은지 우리에게 몇 마디 농담까지 건넨다. 아인슈타인의 상대성 이론을 듣자하니 귀관들처럼 며칠 우주를 돌아다니면 우리 속인들보다 나이를 덜 먹는다던데, 정말 젊어진 기분이요? 아, 그리고 귀관들의 부인… 아, 귀관들도 디너에 초대하겠소. 그러고는 우리가 멀미를 하는 건 아닌지 묻고 닐이 그렇지 않다고 대답한다. 우리 셋은 낮은 창가에 어설프게 웅크리고 앉아 마이크를 손에 들고 말한다. 마침내 대통령이 연설을 시작한다. "… 천지창조 이후 세계역사상 가장 위대한 한 주였습니다…." 나머지 연설은 기억에 없다. 해군 군목이 기도를 이끌 때는 내 생각도 삼천포로 빠지고 만다. 가장 위대한 한 주…? 맙소사… 위대한 주…? 행사에 집중해야 하는데… 이제는 그마저 끝이 난다. 우리는 블라인드를 내리고 작고 기이한 생태계로 복귀한다. 소행성 컬럼비아에서 조금 더 큰 세상으로 이동했지만 지구와 떨어져 있기는 마찬가지다. 창밖으로 대통령을 볼 수는 있지만 아직 돌아오지는 못한 것이다.

MQF에서는 시간도 잘 가고 신상도 편하다. 유리를 사이에 두고 행사도 몇 차례 더 치르고, 함장, 선원들과 터무니없는 찬사도 교환한다. 태평양은 아직 이른 오후이지만, 휴스턴 시계로는 저녁때가 지난 터라 우리는 공식적으로 바 오픈을 선언한다. 얼음 약간, 진 왕창, 베르무트 살짝. 캬, 돌아오니 좋구나! 다시는 나사의 하늘을 날 일은 없으리라. 제미니 10호, 아폴로 11호. 두 번의 비행에서 스무 번은 죽을 기회가 있었다. 그런데 이렇게 기적적으로 살아남아 마티니를 홀짝이며 즐기고 있다. 어느 파일럿 친구는 비행이 끝날 때마다 이런 말을 한다. "음, 이번에도 죽음을 속였어." 두어 번 들었을 때는 지독한 비꼼과 경솔함, 냉소와 진솔함에 충격을 받았으나, 젠장할, 이젠 내가 할 판이다! 두 번이면 충분하다. 남은 인생은 낚시를 하고 개와 아이들을 키우고 진을 마시고 아내와 얘기하며 지내련다. 한 잔 더? 오, 고마워요 빌. 당연히 해야죠, 큰 잔으로. 존이 스테이크를 올렸던가? 오, 잘했어요!

우리는 힘차게 진주만을 향해 질주한다. 그곳에 도착하면 플랫베드 트럭과 제트 화물기에 차례로 실려 휴스턴으로 날아간 다음 달시료 연구소(LRL)에 던져지리라. 격리 기간은 20일로, '감염' 가능일인 달 착륙일부터 계산한다. 어디 보자. 컬럼비아에서 사흘보다 조금 더 지내고 MQF에서 거의 3일을 갇혔으니, LRL에는 2주 정도 묵을 것이다. 어차피 비행 후 보고서를 쓰는 것도 2주는 걸린다. 쥐들만 건강하다면, 이번 비행 후 일정도 이전 다른 우주비행 후 일정과 크게 다르진 않을 것이다.

MQF에 있는 동안 리포트 작성을 준비할 수 있지만 하지 않는다. 나는 존을 도와 컬럼비아에서 그에게 필요한 물건들을 회수하고, 우리에게 필요한 책(비행계획, 점검목록 등)도 모두 끄집어낸다. 브리핑이나 보고서를 작성할 때 참고 할 것들이다. 두 번째 오후, 공통 탁자에 LM 책을 잔뜩 싸놓고 보니, 책에서 나온 암회색 얼룩이 테이블을 더럽힌다. 무심코 손바닥으로 바닥을 훔치는데 빌 카펜티어가 놀란 눈으로 바라본다. 달 먼지를 배수구로 보내다니! 닐과는 진러미 카드게임을 한다. 진러미는 기다리는 시간을 죽이는 데는 딱이다. 뭘 기다리는 걸까? 진주만? LRL? 아니면 여생? 모르겠다. 이런 문제는 나중에 생각하기로 하자. 하루의 노동을 마쳐야 파티오에 느긋하게 앉을 여유가 생길 텐데 내가 어떤 종류의 노동을 하게 될지 전혀 알지 못한다. 나사가 사람들을 화성에 보낸다면 그 일을 도울 수도 있다. 그때까지는 뭐든 당면한 문제에 집중하자. 예를 들어, 컬럼비아를 그냥 보낼 수는 없으리라. 어떤 식으로든 그 속에서의 우리 존재를 규명해야 한다. 기계에 감상을 보태는 건 내 스타일이 아니다. 그래피티도 기차역사 얼간이들의 퇴폐상에 불과하다고 생각한다. 하지만 그럼에도 불구하고 어떻게든 컬럼비아에 기록을 남기고 싶다. 결국 두 번째 저녁, 난 저 망할 기계에 돌아가 하부 장비실, 육분의 바로 위 벽에 이렇게 기록한다. "우주선 1017… 통칭 아폴로 11호 또는 통칭 컬럼비아, 역사상 가장 위대한 우주선. 신의 축복이 있기를. 마이클 콜린스, CMP."

진주만은 거칠다. 거대한 알루미늄 관을 들어 올리는데 햇빛이 밝다. 구경꾼들은 어디에나 있다. 우리는 플랫베드 트럭을 타고 부둣가를 떠나 히컴 공군기지로 향한다. 이따금 서는 곳마다 시장의 공식 환영인사와 시민들로 인한 비공식적 지체가 이어진다. 호놀룰루 시민 모두가 나온 모양이다. 우리도 열정적으로 손을 흔들고 추파를 던진다. 사인수집가들을 차단해준 유리창에 진심으로 감사한다. 마침내 팔이 지치고 얼굴의 미소가 굳어질 때쯤 우리는 C-141 제트수송기의 어두운 기내로 들어가 엘링턴 공군기지로 떠난다. 화물기 여행은 늘 그렇듯 따분하기 이를 데 없다. 화물칸 상자 속에 있으니 더 죽을 맛이다. 그나마 논스톱이라 내 계산으로는 여섯 시간을 넘지 않을 듯하다. 잠들기 좋은 시간.

엘링턴은 한밤중이건만 휴스턴 인구 절반은 나온 듯하다. 비행기에서 끌려 나오는 동안 사람들이 끈기 있게 기다려준다. 적어도 가는 동안 절반은 그런 식이다. 트럭은 어딘가 고장이라도 난 듯 덜컹거린다. 80만 킬로미터를 완벽하게 비행하고 돌아왔건만 트럭에 실린 상자는 어떻게 할 수가 없다. 마침내 여정이 끝나고 우리는 견인되어 사열대 옆에 자리를 잡는다. 시장 루이스 웰치와 나사의 대표 장교가 나와 우리를 환영한다. 우리 아내들도 TV 조명에 눈을 깜빡거리며 앞으로 밀려나온다. 팻과 나는 붉은색 전화기로 잠깐 대화를 한다. "무사히 돌아와 기뻐! 좋아 보여. 난 도무지 버튼 누르는 전화는 사용이 어렵다니까. 내 말 잘 들려?" 팻이 노래하듯 말을 쏟아낸다. 내가 끄덕거리자, 아내는 내가 듣고자 하는 소식들을 전해주고 그렇게 대화 시간도 끝이 난다. 순간 덜컹, 우리는 다시 문 밖으로 끌려 나가 고속도로를 타고 LRL로 향한다. 이번에도 하와이에서와 마찬가지로 가는 길이 난리법석이다. 다만 한밤중이라 잘 보이지는 않는다. 그나마 고국에 돌아왔다는 사실을 확인하기에는 충분하다. 피자집, 주유소, 옛 친구들의 얼굴이 주마등처럼 창밖을 스쳐간다. 이윽고 MSC 정문을 통과하고 LRL 좌측 창고 문에 자리를 잡는다. 우리와 LRL 사이에 방균벽을 설치하자마자 문이 열리고 우리는 다음 수용소를 여유 있게 살펴본다. 휴스턴에 돌아왔지만 아직 세상에 돌아오지는 못했다.

일행은 점점 늘어만 간다. 셋에서 다섯, 지금은 무려 열다섯이다. 전문요리사들과 가사도우미들이 들어오고, 심지어 홍보담당자도 하나 우리와 함께 갇힌다. 비행 전만 해도 기자가 격리실 유리를 깨고 침입할까 걱정도 있었지만, 이제부터는 홍보담당자가 독점으로 공식 발표를 담당하게 된다. 홍보담당자가 있으니 기자들은 엉뚱한 시도를 포기할 테고, 우리 일상도 보다 호의적으로 신문지상에 오를 것이다. 다만 우리는 그가 그다지 반갑지 않다. 비행 전 데케한테 불만을 토로하고 동의를 얻은 바 있건만, 아무래도 싸움에서 진 모양이다. 홍보담당자를 좋아하지 않아서가 아니다. 분명 좋은 친구이자 신사이지만,

우리가 어떤 짓을 하든 보도가 되지 않는다는 확신이 있어야 하지 않겠는가. 그런 사소한 불만을 차치하면 이곳은 거대한 성이다. 우리 셋은 바닥 직경 4미터의 원뿔에도 갇혀보고, 가로세로 10 곱하기 3미터의 직육면체에 다섯이 살아도 봤지만, 이곳 LRL은 적어도 방이 스무 개는 되는 모양이다. 우리 각자 침실이 있고, 라운지라는 이름의 널따란 공간도 서재도 식당도 있다.

아폴로 11호의 기술적 측면이라면 얘기하고 또 한다. 유리 안에 갇힌 채 미래의 승무원은 물론, 관료, 시스템 엔지니어, 과학자, 의사, 시뮬레이터 담당자, 사진 분석가들에게 브리핑을 하는 것이다. 말로 하지 않으면 파일럿 보고서를 작성한다. 테스트파일럿이 다 그렇듯, 비행을 어떤 식으로 했으며 이러저러한 사항은 바꿀 필요가 있다는 식으로 의견을 개진한다. 이번 항해가 복잡했다는 점을 고려하면 놀랍게도 불만사항이 거의 없다. 기본적으로 아폴로 7, 8, 9, 10호가 기초 작업을 제대로 해준 덕이리라. 제일 큰 불만은 랑데부 절차다. 혼자 하기엔 지나치게 복잡했다. 육분의에 매달린 채 컴퓨터 버튼을 850차례나 두드리는 일이 아닌가. 시스템이 제대로 돌아간다면야 상관없겠지만, 행여 문제가 발생할 경우라면 느긋하게 동향을 분석할 시간조차 없다. 해결은 엄두도 내지 못한다는 뜻이다. 게다가 두 개의 우주선이 한 점에서 만나겠다고 달 궤도를 일주하는 중이 아닌가!

시간이 흐르고 브리핑도 끝이 난다. LRL 창밖의 달도 이지러지고 지구는 원래의 편평도를 어느 정도 회복한다. 이곳은 중간시설치고는 훌륭하다. 우리가 어떤 일을 했는지 점검하고 구체적인 사항들을 차분하게 털어놓기에도 좋은 기회다. 예를 들어 닐과 버즈는 '점멸광' 얘기로 과학자들의 호기심을 끌어낸다. 어두운 사령선에서 보았다는 광선 얘기인데, 난 비행 중 아무 것도 보지 못했다. 상상력을 발휘한다면야 나도 그런 얘기를 긍정하거나 부정할 수 있다. 칠흑의 어둠을 만들어 낼 수도 있고, 이따금 망막을 가로지르는 작은 광선이 어둠을 침탈하는 장면도 묘사할 수 있다. 다만 정직하게 기여할 자신이 없기에 대화에서는 한 발짝 물러나온다. 지구 뉴스라면 테드 케네디와 채퍼퀴딕 사고 얘기가 흥미롭다.[*] 나사에서도 우리한테 보내기가 부적합하다며 삭제한 뉴스다. 또한 젊고 매력적인 여성이 새로 합류해 잔뜩 들뜨기도 했다. 월석 샘플과 접촉하는 바람에 '오염된' 실험전문가로서, 우리 그룹에 들어와 내 침실 가까운 곳에 방을 잡았다.

전보, 신문, 편지들도 전 세계에서 밀물처럼 들어온다. 다들 아폴로 11호를 다른 관점에서 보려고 한다. 저녁이면 그런 글들, 특히 신문 논평을 정독한다. 글은 인상적이나 실망스럽게도 핵심에서 동떨어져 있다. 제미니 10호는 착수하는 순간 끝이 났지만 이번 비행은 내가 살아 있는 동안에는 절대 그럴 수 없으리라. 하지만 언젠가는 끝나기를…. 신문 대부분이 찬사를 남발했다. 가령 『몬트리얼스타』의 기사가 그러하다. "인간 정신을 위해 그 자체로 은혜가 된 위대한 모험…" 당혹스러울 정도의 거부반응도 있다. 스톡홀름의 『익스프레센』 같은 기사가 그렇다. "달로켓 발사는… 인상적이었다. 다만 끔찍한 상상이 드는 것도 어쩔 수 없겠다. 미국은 엄청난 기술문제들을 자유자재로 다루지만, 반면 복잡한 사회, 정치, 인간본성 문제라면 지극히 우려스럽기만 하다." 『필라델피아 인콰이어러』의 지적은 인상적이다. "이 엄청

---

[*] 1969년 7월 21일, J. F. 케네디의 동생 에드워드 케네디가 형의 비서와 함께 차를 타고 가다 채퍼퀴딕 다리에서 추락했다. 당시 비서만 남겨두고 탈출해 평생 구설수에 시달렸다. 비서는 빠져나오지 못해 숨을 거두었다.—옮긴이

난 위업이 영감만으로 기능할까… 아니면 우주가 아니라 당면문제에 초점을 맞추어야 한다고 주장하는 사람들의 은밀한 비난 앞에 그 영감조차 포기해야 하는 걸까? 포기하면 인류의 딜레마를 한꺼번에 해결할 수는 있는 걸까?"『워싱턴포스트』는 하버드대학의 생화학자 조지 월드의 말을 인용한다. 월드는 자기 학생들에 대해 이렇게 말하고 있다. "이번 사건에서 학생들이 구세대의 실력행사를 볼까 더 걱정입니다. 엄청난 부와 권력에 군사적, 정치적 의도가 더해진 빅쇼죠. 학생들이 더 기가 꺾이고 더 환멸에 빠지고 더 절망할까 그게 더 두렵습니다." 아폴로의 착륙을 그저 미국의 사건으로 폄하하는 나라들도 적지 않다. 인간이 달에 상륙하면서 종교의 금기를 깨뜨렸다고 주장하기도 한다. 그런 뉴스들이 논쟁을 유발해 모가디슈, 소말리아 같은 곳에서는 패싸움까지 벌인다. 학생들이 절망에 빠진다고? 우리가 달을 모독하고? 우리 때문에 누군가 '환멸'에 빠지고 '절망'까지 한다고? 그런 생각이 가능하다는 자체가 충격이다. 신성한 장소를 침범하는 바람에 신학적 격변을 초래했다는 얘기는 또 뭐란 말인가? 적어도 후자는 이해하겠다. 하지만 전자의 논리에는 아연할 따름이다. 부디 그런 태도가 만연하지 않기를 빈다. 어떻게 그럴 수 있다는 말인가.

초청장, 응원메시지도 사방에서 쏟아져 들어온다. "요기 닦고 조기 닦고, 욕조 안의 세 남자, 우리와 함께 하실까요?" 이렇게 시작하는 편지도 있고, 로데오 쇼에 초대하는 편지도 있다. "그런 괴물을 타신 분들 아닙니까? 죽이는 카우보이가 되실 겁니다." 어떤 짧은 전보에는 "벨기에 국왕 보두앵"이라는 사인이 보인다. 넬슨 록펠러가 우리를 뉴욕의 색종이 퍼레이드에 초청한다. 듀크 엘링턴은 레인보룸에서 신곡 〈문 메이든〉을 연주하는데 우리가 참석해주기를 바란단다. 애틀랜

틱 시의 유원지 스틸파이어는 한 주간 행사에 각각 10만 달러씩을 제
공하겠다고 한다. 잡종난초를 내 이름으로 부르겠다는 친구도 있지만
난 경주마에 마이클 콜린스 이름을 쓰겠다는 권리증서에 사인한다.
경주마가 상상을 초월하는 속력으로 우승하기를! 가장 특별한 전보
내용은 다음과 같다. "35년 전인 1934년 7월 21일, 아버지한테서 처음
으로 버크 로저스와 그의 첫 달나라 여행에 대해 들었습니다. 아버지
필 놀랜드는 그 날 '버크 로저스'라는 토막만화를 그렸죠. 달 위를 걷
는 것도 펜실베이니아 발라신위드 메이플 애버뉴의 우리들한테는 흔
한 일이었습니다. 하지만 여러분의 우주비행을 지켜보면서 우리 모두
흥분하고 전율했습니다. 마침내 버크 로저스가 부활한 거죠. 여러분
의 무운을 빕니다. 필립 놀랜드의 아이들."

가장 인상적인 글은 최초로 대서양을 횡단비행한 찰스 린드버그의
편지다. 편지는 호놀룰루에서 마닐라까지 가는 팬암 841기에서 썼으
며 소인은 7월 28일 마닐라로 되어 있다.

친애하는 콜린스 대령님께

우선 놀랍고도 특별한 임무를 완벽하게 수행하신 점 축하합니다. 대령
을 위시한 담당자들께서 초대장을 보내주신 덕에 영광스럽게도 우주
비행사들께 할당된 공간에서 아폴로 11호를 지켜볼 수 있었습니다. 그
점에 대해서도 심심한 감사 올립니다. (VIP석이더군요. 담당자들은 늘
그렇게 착각을 합니다. 나 같은 촌부에게 VIP라니, 이 무슨 가당치 않은 작
위란 말입니까!)

비록 TV이지만 궤도비행 중 귀 임무의 결정적 순간을 엿볼 수 있었습
니다. 아마도 나 자신이 비행기로 세계를 일주한 덕분일 듯합니다. 여

러분이 달 궤도비행을 시작한 후, TV의 관심은 실제 달 착륙과 탐사에 초점을 맞추더군요. 나도 탐사 과정을 눈 떼지 않고 지켜보았습니다. 당연한 얘기지만 정말 인상 깊었습니다. 하지만 내가 보기엔 대령께서 보다 심오한 경험을 하지 않았나 싶습니다. 달 궤도를 비행하며 혼자 보낸 시간들… 당연히 관조할 시간도 더 많았겠지요.

얼마나 환상적인 경험이었을까요…. 우주의 신처럼, 홀로 다른 천체를 내려다보는 기분이라니! 혼자라는 개념도 차원이 다르겠죠. 온전히 홀로 있다가 동포에게 돌아오는 것은 경험해보지 못한 사람은 절대 알지 못합니다. 대령께서는 과거 어느 인간에게도 허락되지 않은 경험을 하셨습니다. 그로써 대령의 사고와 감각은 그 누구보다 명료해질 겁니다. 향후 이 문제를 어떻게 정리하셨는지 직접 듣고 싶군요. 개인적으로는 달 표면을 걸었던 우주비행사 동료들보다 궤도에 있던 대령과 더 가까운 기분이었답니다.

곧 마닐라에 착륙할 모양이군요. 편지를 마무리해야 하려나 봅니다.

존경을 담아 행복을 기원하며,

찰스 A. 린드버그

추신. 혼자 있는 순간들도 휴스턴 관제센터가 개입했을 테니 이따금 깨지기는 했겠죠. 그래도 그 사이 조용한 시간들이 있었으리라 믿습니다. 그 시간이 충분했기를 빌겠습니다. 몇 년 전 내가 비행할 때만 해도 무선통신하고 싸울 일은 없었답니다.

이런 편지도 오고, 쥐들도 건강한 덕에 세월은 유수같이 흘러간다. 어느새 8월 10일 일요일, 우리는 자유를 되찾는다. 좋든 나쁘든 고치가 열린다. 인류와의 재결합에 아무 문제가 없다는 공식판결을 받은 것이다. 적어도 물리적으로는 그렇다. 나는 전보 다발과 린드버그의 편지를 졸업선물로 여기며 휴스턴의 밤거리로 나선다. 플래시가 터지는 바람에 눈을 뜨기조차 어려우나, 거의 한 달 만에 처음으로 땅 냄새를 맡는다. 따뜻하고 습하고 상쾌하고 든든한 내 땅. 지금껏 한 번도 땅 냄새에 혹한 적이 없으니 아무래도 감수성이 변한 탓이리라. 이제부터의 지구는 내게 과거와 완전히 다른 곳이리라.

14
갈 수만 있다면 인류는 다시 떠날 것이다

우리는 탐험을 멈추지 않으리라. 그리하여 탐험이 끝날 때면 언제나
우리가 출발했던 곳에 이르고, 처음으로 그곳이 어디인지 깨닫게 되리라.

T. S. 엘리엇, 『4개의 사중주』 중 「리틀 기딩」, 1943

닐과 버즈가 우리 위성의 얼굴을 어루만진 지도 4년 반이 지났다. 그
때를 돌이켜볼 때마다 내 심정은 자부심과 의구심, 긍지 등의 감정으
로 복잡해진다. 난 낙관주의자이므로(그렇지 않다면 어떻게 우주로 날아
갔겠는가?) 세계와 마이크 콜린스의 현재와 미래에 대해서도 낙관적
이다. 하지만 LRL에서 풀려난 그날 밤, 내가 상상했던 것과 달리 세상
은 결국 동화의 나라가 되지 못했다. 우리는 여전히 과거와 똑같은 상
황에서 세상과 경쟁하고 있다. 그나마 조금 달라진 것들은 있겠다. 내
경우라면 마음에 드는 직업을 찾았다. 닐도 마찬가지다. 나는 이 책을
쓰는 현재* 워싱턴 스미소니언 산하 국립항공우주박물관 관장으로

---

* 이 책의 초판은 1974년에 나왔고, 콜린스는 1971~78년까지 국립항공우주박물관장으로 재
  직.—옮긴이

549

일한다. 닐은 신시내티 대학의 공학과 교수로 재직 중이다. 반면 버즈는 좀 더 어려운 시간을 겪었다. 심각한 우울증으로 병원 신세를 졌는데, 지금은 공군 경력의 끄트머리라도 건지려는 노력마저 포기한 채 로스앤젤리스 교외에서 은퇴 생활을 하는 중이다. 셋 다 나중에 깨달았지만 우주비행사는 어려운 직업이다.

휴스턴 우주비행사로서 6년간의 놀라운 세월을 보낸 후, 몇 가지 이유로 떠날 유혹을 느꼈다. 기본적으로는 데케 슬레이턴의 사다리 바닥으로 돌아가 미래 달착륙선의 사령관으로 다시 임명될 때까지 과정을 되풀이할 자신이 없었다. 그러려면 적어도 2년은 걸릴 텐데(사실이 그랬고, 행여 아폴로 17호에 배정되었다면 3년은 기다려야 했다), 그 오랜 세월을 또다시 가족을 등진 채 시뮬레이터와 모텔 방에서 날리고 싶지 않았다. 데케한테 사람이 부족하거나, 6개월 내에 다시 우주에 보내준다는 약속만 있었어도 얘기가 달라졌을지 모르겠다. 물론 데케는 그럴 수도 없었고 그러고 싶지도 않았을 것이다. 데케에게는 달까지 서른 번을 오갈 만큼 우주비행사가 많았다. 두 번째로, 휴스턴을 떠나 워싱턴에 가고 싶었다. 팻도 휴스턴을 좋아하지 않아 오래 전부터 워싱턴으로 돌아갈 생각을 했다. 내게 고향이 있다면 워싱턴이 제일 비슷할 것이다. 어머니, 누나, 형뿐 아니라 고등학교 동창들도 여럿 그곳에 살고 있다. 더군다나 워싱턴은 생생하고 역동적인 도시가 아닌가. 아이들도 오지가 아니라 그곳 좋은 학교에 보내고 싶다. 세 번째 더 타당한 이유라면, 국무장관이 워싱턴의 일자리를 제안했는데 미국 대통령이 직접 수락을 재촉하기도 했다.

처음 눈치 챈 것은 9월 중순 우리 셋이 양원 합동회의에서 연설을 하기 위해 워싱턴에 갔을 때였다. 나사 국장 톰 페인이 다음날 찾아오라고 하더니, 국무장관 윌리엄 P. 로저스의 말을 전해주었다. 국무부 공보차관보 직책에 관심이 있느냐는 얘기였다. 외교 분야에서 청년 문제가 점점 증가하는 데 따른 조치라고 했다. 난 재빨리 머리를 굴렸다. 당시 현역 공군대령 신분으로 전역까지는 3년도 채 남지 않았다. 만일 이 자리를 받는다면 그 모두를 포기하고 조기에 은퇴해야 한다. 청년 문제라고? 대학 관련이라면 베트남 얘기다. 그 다음은 안 봐도 뻔하다. 짧은 군인머리에 버튼다운 칼라를 입고, 저 장발족들을 향해 메콩강 마을을 쓸어버려야 한다고 가르치라는 뜻이리라. 내가 우물쭈물하자 페인은 이 자리에서 당장 결정할 필요는 없으며, 로저스 장관에게는 차후에라도 고려해볼 생각이 있는지만 전하면 된다며 물러섰다. 오케이, 고민을 해본다고 잡아먹을 것도 아니잖습니까? 난 그렇게 대답했다. 다음 주에 로저스와 약속이 정해졌다. 그런데 마지막 순간 그가 자리를 비우고 대신 엘리엇 리처드슨 차관이 나타났다. 면담은 산만하고 뒤죽박죽이었다. 장관이 우주비행사를 채용하려 한다고요? 리처드슨은 그런 사실도 모르는 터라 당혹감에 말을 잇지 못했다(나중에 알았지만 엘리엇 리처드슨으로서는 아주, 아주 특별한 경험이었단다). 나도 무슨 말을 해야 할지 난감했다. 우리는 결국 추이를 지켜보기로 했다. 공직의 추세가 발전적 계획을 어렵게 하는 쪽으로 가고 있고, 바람직하지도 않게 되었다는 등 몇 가지 헛소리도 했다. 아무튼 흥미로운 인물이었다. 그의 사무실도, 나를 안내했던 사람들도 인상적이었다. 거만하다는 생각은 전혀 들지 않았다. 공직? 내 미래의 직업으로? 다행히 그 자리에서 결정할 일은 아니었다. 4일 후면 닐 부부, 버즈 부부, 팻과 함께 세계여행을 떠날 계획이다. 예정은 9월 말부터 11월 첫 주까지였다.

여행은 쏜살같이 흘러갔다. 38일 동안 25개국 28개 도시를 돌았다. 피곤도 하고 호텔과 공항도 지긋지긋해졌다. "여러분의 아름다운 도시에 오게 되어 영광입니다." 어떤 도시든 제일 만만한 인사가 그랬다. 힘도 들고 반복된 행사도 고달팠지만, 내게는 귀하고도 귀한 기회들이었다. 불과 한 달이 조금 넘는 동안 영국 여왕, 티토 대통령, 교황, 일본 왕, 이란 국왕, 프랑코 총통, 보두앵 벨기에 국왕, 올라프 노르웨이 왕, 빌헬미나 네덜란드 여왕, 태국의 왕과 왕비를 예방하고, 그밖에도 대통령, 국무총리, 대사 등 수십 명을 만났다. 여행 탓에 버즈가 심리적 혼란에 빠졌는지 이따금 표정이 굳고 침묵이 길어지기도 했으나 (그 바람에 부인 존도 크게 스트레스를 받았다), 그밖에는 건강하고 기분 좋게 여행을 마쳤다. 외교관으로서의 새로운 역할에도 만족했다. 여러 국가를 다니며 미국 외교관들을 보고 판단할 기회도 얻었다. 개자식들이 몇 명 끼어있기는 해도 다들 유능하고 헌신적이었으며, 복잡하고 유용한 업무 또한 정확하고도 품위 있게 처리해나갔다. 함께 하기에도 나쁜 그룹은 아니겠다 싶었다.

여행은 백악관 잔디에서 끝이 났다. 닉슨 대통령을 비롯해 장관들이 여러 명 나와 우리를 맞아주었다. 그 중 로저스 장관도 있었는데 잠깐 사무실에 들르라고 했다. 그날 오후 사무실에 갔을 때 양원 합동 회의에서 내 연설이 좋았다며 내가 직접 썼는지 물었다. 글자 하나하나까지 직접 썼다고 대답하자 안도하는 눈치였다. 그러더니 함께 일해보지 않겠는지 물었다. 우리 여행의 마지막 밤을 백악관에서 보낸다고 들었다며, 대통령께 이 제안을 어떻게 생각하는지 물어보라는 제안도 했다. 물론 거절할 수는 없었다. 게다가, 지금까지의 과정도 마음에 들었지만 그 일이 내게 어떤 의미가 될지 충분히 이해도 했다.

그날 밤 칵테일파티에서 우리는 대통령에게 여행 얘기를 하고 대형앨범도 선물했다. 대통령은 이어서 우리 미래 계획에 대한 질문으로 대화를 이끌었고, 우리 중 대사가 되고 싶은 사람이 있는지도 물었다. 닐과 버즈는 생각이 없다고 대답했지만, 난 그 기회를 빌어 로저스의 제안을 설명했다. 그가 대통령께 의견을 구하라고 요청했다는 얘기도 덧붙였다. 대통령은 조금도 주저하지 않고 그 자리에서 전지전능한 전화기를 들었다. "국무장관 불러줘요." 나는 그 자리에 얼어붙었다. 대통령은 얘기를 이어가더니 로저스에게 아주 좋은 생각이라며, 은퇴 문제는 얼마든지 해결할 수 있다고 장담했다(결국 해결은 되지 못했다). 대통령 반대편에서 아내가 씩 웃고 있었다. 그 후 나는 워싱턴으로 건너가 미 국무부 공보담당 차관보가 되었다.

디너 후 대통령은 양해를 구하고 물러났다. 대신 영부인이 백악관과 백악관 바로 옆 대통령 제2 집무실이 있는 행정부 청사를 안내해주었다. 영부인은 늘 2차원적 인물로 보였다. 마치 마분지에서 오려내 일요잡지 부록에 그대로 갖다 붙인 것 같았던 것이다. 직접 보니 그 반대로 굉장히 매력적이었다. 쾌활하고 따뜻했으며 우리를 편하게 해주려 노력했다. 청사 안내는 그녀에게도 힘든 일이었겠지만, 그럼에도 불구하고 끝까지 열성적으로 따뜻하게 임무를 완수했다. 여행에서 돌아온 후 팻과 나는 그런 문제들에 매우 고무되었다. 세련미 넘치고 친절한 이란의 파라 왕비에게도 마음의 국제금메달을 수여했지만, 팻 닉슨이야말로 정말로 훈장감이었다. 그녀는 백악관 체류를 세계여행의 하이라이트로 만들어주었다. 언론에서 제대로 보여주지 못한(그렇다고 부당하게 취급했다는 뜻은 아니다) 그녀의 따뜻한 마음은 직접 경험해야 알 수 있다.

국무부 경험만으로 책 하나를 더 써야겠지만 지금으로서는 이렇게만 말해두련다. 반전운동의 본거지 버클리를 비롯해 이곳저곳을 돌아다니며 히피들과 대화를 하고 워싱턴에서 오랜 시간 지내며 대형 마호가니 책상을 조종했다. 결국 그 일이 나하고 맞지 않다는 사실을 확인했으나(그냥 홍보맨 체질이 아니었다) 국무부 사람들, 특히 로저스 장관과는 잘 지냈다. 외교관들은 정부 내에서도 제일 욕을 많이 먹는다. '외교적 아첨꾼들'이라는 욕까지 듣지만 사실 대부분 지적이고 근면한 전문가들이다. 하지만 두 시간 오찬행사 동안 너무 많은 일을 해야 했다. 그런 일이 있고 난 후엔 충격 먹은 황소처럼 넋을 잃고 당장 직업을 바꿔야겠다고 맹세한 적이 여러 번이었다. 그러다가 통풍에 걸리든 영국 억양에 전염되든 큰일이 날 것만 같았던 것이다. 보상이 없지는 않았다. 예를 들어, 비행을 떠나도 내가 쓸모 있다는 사실을 재확인했다. 오판일 수도 있겠으나 공보국 수장 자리를 떠날 때는 설립 당시보다 분명 훨씬 효율적인 조직이 되어 있었다. 워싱턴 공직에 대해 많이 배우기도 했다. 연방 관료사회가 어떻게 움직이고 흔들리는가. 이 기이하고 반히스테리적 환경에서 어떻게 살아남는지에 대해서도 배울 수 있었다. 아직 현직을 수행하는 것도 다 그때의 경험 덕분이라 하겠다.

더 가벼운 순간들도 있었다. 가령 내 임무의 하나가 사인이다(물론 기계로 한다). 내용과 상관없이 대답을 요하는 시민 편지가 엄청나게 많았다. 그 와중에 흥미로운 펜팔친구들도 생겼는데, 제일 마음에 든 사람이 뉴욕의 한 여성이었다. 그녀는 한 장 한 장 커다랗게 "헛소리"라고 도장을 찍어 편지를 반송했다. 누가 알겠는가? 후일 역사가들이 이 시절을 헛소리의 시대라고 명명할지.

화려한 연옥에서 1년여를 보낸 후 마침내 떠날 때가 되었다. 그나마 아직 방패에 실려서가 아니라 방패를 들고 떠날 수 있었다. 나는 스미소니언 재단으로 자리를 옮겼다. 그곳 국립항공우주박물관 관장 자리가 공석이었다. 한 가지 아쉬운 게 있다면, 정말 고위급 외교무대에 데뷔해 신문에 그 얘기를 공식 성명으로 할 수 있었는데 그 기회를 놓쳤다. 당시 어느 모임이든 "화기애애한 분위기에서 진솔하고 생산적인 의견 교환" 따위의 진부한 표현이 판을 쳤다. 난 단 한 번이라도 이런 식으로 말하고 싶었다. "이렇게 무익하고 무용한 회의는 처음입니다. 각하라는 새끼는 여지없이 뻣뻣하고 싸가지 없고 말도 지겹게 듣지 않더군요. 필경 엄청 술에 꼴아있었을 겁니다."

스미소니언의 물은 훨씬 잔잔하면서도 흥미롭고 도전적이었다. '박물관'이라는 단어 특유의 퀴퀴하고 케케묵은 느낌은 솔직히 맘에 들지 않는다. 버린 물건과 용도 폐기된 사람들의 하치장이라는 생각도 들었으나 꼭 그렇다는 법은 없다. 적어도 국립항공우주박물관은 아니다. 우리는 200주년 기념을 위해 워싱턴 국립몰 기념공원에 새 박물관을 준비하고 있었다. 이 프로젝트는 문화예술이나 기획담당 관리들을 비롯해 국회의 몇몇 위원회도 후원하기로 되어 있었다. 신축 건물을 승인받고 재정도 확보하여 1976년 개관 일정을 세웠다. 전시실 25개와 천문관, 강당, 식당, 주차장 등 총 2만 평방미터(약 6천 평) 규모다. 박물관은 기구에서 우주시대까지 인류의 삼차원적 진보 단계를 세세히 다루며, 그 사이에 인류가 어떤 역할을 했는지, 미래는 어떤 가능성이 있는지도 들여다본다. 나는 세상에서 가장 매력적인 박물관을 만들려고 고군분투했다.

우주비행사 동료들이 어떻게 지내는지도 궁금하다. 닐와 버즈도 그렇지만, 존 영은 어떻게 지낼까? 존은 여전히 휴스턴에서 우주비행 관련 일에 매달려 있었다. 우주왕복선 작업 중인데 1970년대가 지나기 전 궤도에 올릴 계획이라고 들었다. 나는 6년간 두 번의 우주비행만으로도 지쳤다. 존은 10년간 우주비행을 네 차례나 했건만 여전히 굳건하기만 하다. 사실 우리 4인조에서는 그가 소외자이기는 했다. 그래도 이것을 다른 두 사람과 의논한 적은 없었고 할 생각도 없었다. 기술적인 문제라면 몰라도 마음속까지 털어놓는 관계는 못되지 않는가. 우리는 모두 혼자다. 함께 비행을 할 때도 그렇듯 그 누구도 서로 가깝지 않았으나 존은 그 중에서도 제일 폐쇄적이었다(냉랭하기로는 닐도 못지않지만). 도대체 그에게 우주비행은 어떤 의미일까? 또 결말은 어떻게 될까? 잘은 모르겠으나, 기술문제가 아무리 어렵다 해도 비행이 불가능해질 때까지 그는 지금 그 자리에 속해 있을 것이다. 짐작으로는 그 후에도 엔지니어와 관계있는 직업을 선택할 듯싶다. 나로 말하자면 솔직히 비행은 부럽다. 우주선도 부럽고 T-38도 부럽다. 그렇다고 해도 그때 휴스턴을 떠난 것은 백 번 잘한 일이다. 우주비행사보다 매혹적인 직업이 어디 있겠는가마는, 그 속에 정체되어 있을 생각은 없었다. 그래서 아폴로 11호 이후 열정도 집중력도 떨어질 수밖에 없었다. 더 이상 세계 제1의 직업군에 속하지 않아 다행이라는 게 묘하지만, 솔직한 심정이 그랬다.

버즈는 또 어떤가. 달 탐사를 손톱만큼도 후회하지 않으며 삶에도 긍정적인 영향이었다고 말하고 있지만, 비행 이후로 심각한 정신병에 시달렸다. 내가 보기에 어느 정도는 그의 부친 탓도 있었다. 툭하면 버즈를 붙잡고는, 달을 정복했으면 세계가 발아래 있으니 날개를 펴고 날아가라고 윽박지른 것이다. 불행하게도 그건 사실이 아니다.

더 불행한 사실이라면, 버즈에게는 자기 홍보 재주가 전혀 없다는 것이다. 성격도 무덤덤해서 희망 보직을 구구절절 늘어놓는 공군 대령에게 장군들도 별로 귀를 기울일 것 같지 않다. 입 다물고 자리로 돌아가게, 대령. 솔직히 말하면 나도 그랬을 것이다. 한편, 그의 문제에는 크게 공감한다. 정신과 의사의 말마따나 나이 40은 그 자체로 갈림길이다. 버즈에게도 당연히 어려움이 있다. 열정적이고 목표지향적인 성격이다. 언제나 이기기만 했지 패배를 모르던 사람 아닌가. 어찌보면 슈퍼헤비급 챔피언 조 프레이저 같기도 했다. 조 역시 챔피언이 된 직후 병원에 입원했다. 시합 중에 다쳐서? 아니, 그렇지 않다. 주치의 말에 따르면, "조의 문제는 긴장과 압박감 때문으로 보여요. 책임감과 야망이 너무 커요. 결국 지고 만 겁니다." 조의 증상은 혈압으로 나타났다. 버즈는 무기력한 우울증으로 나타났다. 웨스트포인트, 공군, MIT, 나사. 버즈는 적어도 네 번의 엄한 훈련과정을 거쳤고 부친은 그동안 내내 채찍질을 해댔다. 그런데 어느 순간 모두 사라진 것이다. 물고기 버즈는 상어 아폴로한테서 억지로 뜯겨 나왔지만, 여전히 절박하게 또 다른 약탈자를 찾고 있다. 생존을 위해 압박과 위험이 필요하기 때문이다. 버즈, 그런 야수는 이제 없다네. 아무쪼록 상어 대신 온순한 고래라도 찾아 마음을 붙이길 바라겠네.

버즈가 산후우울증 비슷한 사례라면, 왜 닐은 그렇지 않을까? 음, 닐은 애초에 완전히 사람이 다르다. 닐은 늘 1등이다. 2등은 없다. 평생 당연하다는 듯 일등만 해온 것이다. 홍보에도 관심이 없어서 나사든 어디든 홍보맨과는 결이 다른 삶을 추구한다. 심지어 자신을 알리는 데도 무심하다. 닐은 균형 감각이 훌륭하다. 역사가처럼 직관이 있으며 가르치는 데도 관심이 많다. 언젠가 이런 말을 한 적이 있다. "바깥에 얼굴을 들이밀기만 해도 수백만 달러를 벌 수 있다더군. 난 싫어. 그저 대학교수가 되어 연구에 몰두할 수 있으면 좋겠어." 진심일 것이다. 내가 보기에는, 삶의 목표를 그렇게 정한 것도 현명하다. 워싱턴 친구들 중에 닐을 비판하는 이들이 있다. 닐이 밖에 나가 "프로그램을 팔아야 하는데" 책임을 방기했다는 얘기였다. 그 친구들은 닐을 오해하고 있다. 그의 문제와 그놈의 '프로그램'이 뭔지도 제대로 이해하지 못하는 이들이다. 다른 별에 첫 발을 내디딘 인물로서 닐은 앞으로도 특별한 인물일 수밖에 없다. 당연히 품위 있고 합리적인 영역에서 입지를 구축해야 한다. 신시내티에서는 잘해냈다. 상징의 성에서 드래곤들이 가득한 해자에 둘러싸인 채 살고 있지 않은가. 행여 필요할 때면 적교弔橋를 내리고 돌진할 수 있다. 더 중요한 사실은, 자신이 원할 경우 언제든지 명예롭고 품위 있게 물러날 수 있다는 사실이다. 그리고 전문분야인 역학과 비행시험 과정을 가르치면 그만이다. 닐은 자신이 뭘 하는지 잘 안다. 더구나 잘해내고 있지 않은가.

이제 마이클 콜린스만 남았다. 다행히 난 평생 좋은 학생이 못되었다. 부모님이 실망했는지는 모르겠지만 나를 채근한 적은 거의 없다. 결국 이런저런 일을 하면서 압박은 주로 나 자신의 몫이었다. 천성이 게으른 데다 부모님의 인내 덕에 다행히 버즈 증후군을 겪지 않을 수 있었다. 그렇다고 해도 미래의 가능성에서 기인한 가벼운 우울증 정도는 나도 피하지 못했다. 과거에는 이곳 지구에도 신나는 일이 많았으나 달 착륙을 경험한 이후로 크게 줄었기 때문이다. 아폴로 11호 이전과 달리, 만사에 신이 나지 않았다. 지구의 권태에 포로가 된 기분인데 반갑지도 않지만 막을 방법도 없다. 지금은 사소한 문제들에 더 무심해졌다. 아이 둘이 사소한 말다툼으로 씩씩거리면 문득 그렇게 말하고 싶기도 하다. "이런, 너희들이 아무리 떠들어봐야 지구는 계속 돌아갈 거야. 그러니 맘 잡고 잘 해결해보렴. 대단한 문제도 아니잖아?" 물론 아이들 나름대로는 큰 문제일 테니 그렇게 말하지는 않는다. 어쨌거나 만사가 심드렁하기만 하다. 중요도의 기준이 높아진 탓에 어지간해서는 초조하지도 않고 피가 끓지도 않는다. 주변에 맘에 드는 직업도 거의 없다. 부분적으로는 지상의 영예를 지나치게 많이 받은 탓이고, 부분적으로는 저 먼 곳에 나가 지구를 내려다볼 수 있었기 때문이리라. 우리 셋은 왕과 왕비들의 환영을 받고, 콜리어 트로피, 하몬 트로피, 허버드 메달, 대통령 훈장 등 수상도 많이 했다. 의회 합동회의를 비롯해 수많은 관중 앞에서 연설도 했다. 그래 봐야 오늘도 지구는 돌아간다. 지구가 도는 것도 알 수 있다. 그런데 그 고요한 움직임에 사소한 파문 하나를 던져본들 무슨 의미가 있겠는가.

그렇다고 도인처럼 초연해졌다는 얘기는 아니다. 전혀 아니다. 난 여전히 짜증을 내고 터무니없이 화도 낸다. 예를 들어 어떤 놈이 면전에서 시거를 펴대며 빽빽 떠든다고 하자. "하늘에 올라간 기분이 어땠소?" 그러면 정말로 배때기에 주먹을 박고 싶다. 늘 똑같은 질문에 넌덜머리가 난다. 우주비행의 저주가 이런 걸까? 같은 질문에 수백만 번을 대답해야 한다니! 그런 질문을 하면 사형에 처하는 법이라도 만들어야지 도무지 살 수가 없다. 비슷한 경우가 사인회다. 이런 경우가 특히 그렇다. "사촌 에스메랄다, 베이비 제인, 그리고 소방서 친구 모두에게. 그리고 날짜를 적고 이름은 읽기 좋게 아래 적어주세요." 맙소사, 이봐요, 은행에 가도 그렇게는 안 해요. 자필사인을 수집하는 아이들은 그나마 이해할 수 있다. 그래서 소리친 적은 없지만 뻔뻔스러운 어른들은 다른 문제다. 아폴로 11호 직후 통찰력 있는 홍보맨이 한 얘기가 있다. 사인수집가들을 위해 지옥에 특별한 공간을 마련해 두었다고. 당시에는 무슨 뜻인지 몰랐으나 지금은 알겠다.

다른 한 편, 유명세가 순수하게 재난만 가져온 건 아니라는 사실을 인정해야겠다. 물론 아이들을 동물원에 데리고 갈 때면 부디 사람들 이목을 끌지 않기만을 바란다. 하지만 제트여객기에 들어갈 때면 고개를 숙인 채 승무원한테만 살짝 얼굴을 보여준다. 그러면 승무원은 나를 일등석으로 데려가 먹을 것도 주고 불편한 점도 살펴준다. 무엇보다 저 지긋지긋한 사인수집가들로부터도 보호해준다. 이런 식의 사소한 편법이라면 나도 마다하지 않는다. 속도위반에 걸리면 경관에게 이렇게 애원도 한다. "이런, 달에서 돌아온 이후 아직 속도 줄이는 법을 배우지 못한 모양입니다." 하지만 나는 양쪽 다 즐기는 사기꾼인 셈이다. 이는 신인배우가 몸매가 아니라 연기력을 봐달라고 호소하는 것과 별로 다르지 않다. 다만 내 경우엔 뭘 보느냐가 아니라 누가 보느냐의 문제다.

『뉴욕타임스』의 하워드 머슨은 귀환 우주비행사를 이렇게 묘사했다. "신의 불을 훔치고, 까다로운 질문을 하도록 저주받은 끔찍한 괴물들과 한 바탕 씨름을 한 다음, 부족의 품으로 돌아온 방랑의 영웅." 적절한 표현이다. 물론 내가 누군가의 불을 훔친 것 같지는 않다(불을 들고 하늘을 날았다면 모를까). 내가 싸웠다는 괴물도 대개는 말쑥한 정장 차림이다. 다만 '까다로운 질문' 부분에서는 정곡을 찌른 셈이다. 가장 까다로운 질문은 그럴 가치가 있느냐는 것이었다. 개인적으로야 당연히 가치가 있었다. 그런데 250억 달러의 세금을 써버린 현실을 객관적인 납세자 입장으로 본다면? 솔직히 모르겠다. 우주프로그램의 재정적 목표도 거의 생각해본 적이 없다. 플래시 고든이 몽고 동굴 탐험을 하면서 GNP 몇 퍼센트를 뜯어 가는지 관심도 없었다. 게다가 내 생각엔, 유인우주선 프로그램이 인류에게 어떤 가치가 있는지 판단하는 것도 시기상조다. 어떤 의미가 될지 어떻게 안단 말인가? 영국의 우주비행사 프레드 호일의 말을 빌면, 1948년 지구 전체를 찍은 최초의 사진 덕에 새로운 아이디어들이 봇물처럼 터졌다. 우주프로그램의 지지자들이 주장하듯, 현재 생태학을 향한 관심도 그 덕분일 것이다. 반대파는 허튼 수작이라고 비난한다. 그런 사진을 찍으려고 사람이 우주까지 날아갈 필요가 있느냐는 것이다. 지지자들 주장을 들어보면, 과학자들이 월석으로 태양계의 기원을 알아낼 것이며 그 자체가 지식의 근원에 속한다. 반대파들에게는 달 자체가 생명 없는 불모의 바위덩어리다. 하등 관심을 보일 대상이 못된다. 지상의 부패상은 나 몰라라 하고 탐사를 지원하는 태도 자체가 죄악이라는 주장도 있다. 지지자들이 볼 때, 국가경제와 예산 결정과정에서 이 프로젝트에서 저 프로젝트로 자금이 전이되는데, 그 과정을 이것이냐 저것이냐 같은 이분법으로 재단할 수는 없다. 또한 우주프로그램이 아니라 해도 우리 도시의 퇴락은 여전할 것이다. 반대자들 말을 빌면 우리는 우리 행성의 아픔에 우선권을 두어야 하지만, 지지자들은 궤도상에서 지구를 지켜보는 것도 다 그 문제를 해결하기 위해서라고 주장한다. 비방자들의 눈에는 그런 산업 탓에 나라가 이 난장판에 빠진 것이지만, 우주 팬들이 보기에는 첨단 기술이 우리를 자유롭게 해준다.

논쟁이 오가는 동안 아무래도 두 가지 사항 정도는 짚고 넘어가야겠다. 첫째, 아폴로 11호가 많은 미국인들에게 시작이 아니라 끝으로 이해되고 있었는데, 그야말로 끔찍한 오해다. 이 때문에 나사 공보실이 종종 욕을 먹었으나 그렇다고 막을 수는 없었을 것이다. TV에서 기막힌 장관을 보면 미국인들은 습관적으로 슈퍼볼에 비교한다. 그 다음엔 혼란스러워 하고 급기야는 화를 낸다. 왜 슈퍼볼을 보여주고 또 보여주지? 아폴로 13호 산소탱크가 터졌을 때 방송매체는 정규방송을 중지하고 그 소식을 전했지만 결과는 불만전화 폭주였다. 아폴로 16호가 발사할 때쯤 『워싱턴포스트』의 니콜라스 폰 호프만은 "달 위의 두 얼뜨기"라고 헤드라인을 뽑았다. 마법은 끝이 났다. 정교한 첨단장비와 월면月面 작업차를 투입해 더욱 광범위한 탐사를 한다고 아무리 설득해야 소용이 없다. 행여 국민들을 자극해 추진력을 이어가려면 유인 화성탐사를 해야겠지만, 그거야말로 아무리 열성적인 지지자들에게조차 비실용적으로 보인다. 관심은 결국 달에서 지구로 돌아왔다. 스카이랩이 카메라를 잔뜩 장착하고 궤도를 돌면서 우리 행성의 파괴 상황을 최대한 구체적으로 촬영한 것이다. 피해를 복구하기 위한 첫 단계라지만, 결국 우리 현실이 여기까지인 것이다.

두 번째로 따져볼 게 있다면, 미국의 변덕스러운 경향이다. 유행이라면 무턱대고 따르고 조금 시기가 지나면 또 무조건 등지지 않는가. 이런 식의 사고는 이거냐, 저거냐를 선택하도록 강요한다. 암 치료냐 우주비행이냐. 환경을 깨끗이 할 것인가, 아니면 우주로 날아갈 것인가? 이 일들을 모두 균형 있게 추진하려는 의사는 잘 보이지 않는다. 미국인들은 자신이 낸 세금 중 얼마가 우주에 쓰였는지에 대해서도 오해하고 있다. 얼마 전 스미소니언 건물에서 처음 들어오는 성인 100명을 대상으로 비공식 설문을 한 적이 있다. 열두 항목에 다음 질문도 들어있었다. 어느 기관이 세금을 많이 사용합니까? 나사 아니면 보건·교육·복지부(HEW)? 나사라고 말하는 사람은 소수일 거라고 생각했지만 50명이 HEW, 40명이 나사였다. 열 명은 아예 모르겠다고 한다. 수치로 비교하면 HEW 예산은 750억 달러였고(사회보장연금을 고려한다면 930억 달러에 달한다) 나사는 30억 달러에 불과했다. 요컨대 아주 조용한 750억 달러와 아주 시끄러운 30억 달러인 셈이다. 우주 프로그램을 철회하고 그 돈을 곧바로 HEW로 돌린다 해도 그쪽의 프로젝트는 거의 변화가 없을 것이다. 얼마 전 옛 거래처인 노스아메리칸 항공의 광고를 보았다. 과거 사령선을 만든 곳이지만 지금은 로크웰 인터내셔널이라는 이름으로 바뀌었다. 광고에는 심지어 우주왕복선 제조사라는 사실도 언급하지 않았다. 상용제트기, 트럭만 얘기하고 곧바로 여성작업복으로 넘어갔다. 비빌 언덕이 어디인지 잘 안다는 뜻이다.

내가 아폴로 11호와 관계있는 탓에 지나치게 예민한 건지도 모르겠다. 우주프로그램은 분명 최초의 달 착륙 이전에는 그렇게 들끓더니 그 이후로 완전히 식고 말았다. 역사의 진자는 진실을 가운데 두고 앞뒤로 오락가락한다. 역사가들이 아폴로를 제대로 조망하려면 시간이 필요하다는 얘기다. 언제가 될지는 모르겠지만, 우리가 원하든 않든 기술은 점점 더 빠르게 발달하고 우리 삶을 압축할 것이다. 에피코럼 펠튼을 보라. 그가 1910년 캘리포니아 사막 집 창문으로 핼리혜성을 관측했을 때 라이트 형제는 겨우 걸음마 단계였다. 광활한 뮤록* 건호수는 현재 에드워즈 공군기지이자 우주비행사들의 요람이 되었고, 그곳 비행기들은 점점 더 빠르고 높이 올라갔다. 낙천주의자 펠턴 여사께서 그 현상을 기가 막히게 요약한 바 있다. "핼리혜성은 미래

---

* Muroc은 코럼(Corum)을 거꾸로 써서 지은 이름이다.—옮긴이

뮤록의 징조였어요. 말과 마차에서 달까지 변신한 셈이죠!" 한 사람이 생애에 도달하기에도 너무 먼 거리다. 그리하여 미래를 향해 박차를 가하기보다 그 자리에 주저앉아 과거 타령이나 하고 있다. 하지만 동해안에 첫 식민지를 건설할 때부터 우리 국가의 힘은 늘 젊은 개척자들이 만들어냈다. 나사는 1958년 우주법으로 태어났으나 이 나라의 우주탐험은 실제 콜럼버스의 상륙과 함께 시작한 것이다. 몇몇 용자가 동해안의 이 협소하고 안락한 오지에 만족하지 않고 대담하게 환경과 싸우며 서쪽으로 서쪽으로 밀고 나간 덕이다. 수평의 탐험이 한계에 도달하자 수직으로 방향을 전환하고, 그 이후 우리는 더 높고 더 빨라졌다.

우리는 이 행성을 떠날 능력이 있다. 그리고 그 선택은 신중하게 고려되어야 한다고 믿는다. 인간은 능력이 있을 때 늘 떠났다. 호기심이 본성이기 때문이다. 내 신념으로는 우리가 미래 탐사에 등을 돌리는 순간 모두 패배자가 될 수밖에 없다. 탐험은 사람의 관심을 넓히고 사고방식도 바꾼다. 그 위대한 변화를 포기할 것인가? 우리 우주 탐사에는 현미경과 망원경이 모두 필요하다. 한쪽을 포기해야 다른 쪽이 강화된다는 주장에는 동의할 수 없다. 물리적으로 우주한계까지 자신을 밀어붙이는 데 실패한다면 정신적으로도 느슨해질 것이며, 그로써 우리는 더 초라해지리라. 우주는 우리에게 남은 유일한 물리적 전선이다. 탐험을 멈추지 않을 때, 이 행성에 남아 있는 인류에게 불확실하나마 실제적인 이익이 창출될 것이다. 물론 이들 미래 이익이 인간의 존재와 모순되거나 해가 되지 않는다는 증거를 구체적으로 제시하라면, 당연히 불가능한 노릇이다. 우리가 아는 예라고는 페니실린처럼 연구가 낳은 뜻밖의 부산물, 아니면 새로운 환경에서 찾아낸 새로운 발견뿐이다. 개인적으로는 1783년의 일화를 제일 좋아한다. 파리에서 최초의 수소기구를 띄울 때 벤저민 프랭클린도 그 자리에 있었다. 그때 어느 회의론자가 이렇게 물었다. 이 발명품을 어디에다 쓴답니까? 프랭클린의 대답은 이랬다. "신생아는 어디에다가 쓸까요?" 난 지금 이런 얘기들을 실천하는 것은 고사하고, 우주프로그램에 개입하고 있지도 않다. 이따금 죄의식을 느끼는 것도 사실이다. 특히 어느 지적인 여인에게서 이런 질문을 받을 때가 그렇다. "오, 덕분에 최고가에 팔리신 것 아닌가요?" 지속적인 탐사가 중요하다고 말하고는 있지만, 그 당사자가 마이클 콜린스이든 다른 사람이든 상관은 없다. 마이클은 제몫을 다했고 이제는 멀리서 지켜볼 따름이다.

지금까지 우주비행의 부정적 여파만을 강조했지만, 현재 내가 느끼는 만족감에 비하면 실제로 아무것도 아니다. 그 특별한 장관을 보았으니 내 눈도 호사가 아닐 수 없다. 그때를 기억하고 의미를 되새기는 것만으로도, 똑같은 질문에 100만 번을 대답하고 봉투에 얼마든지 사인할 수 있다. 더 중요한 것은 남은 삶이 용두사미로 끝나지 않도록 하는 일인데, 아직까지는 잘해내고 있다고 믿는다. 다시는 우주비행의 불을 전하는 것처럼 극적인 일을 할 생각은 없으나, 그래도 흥미로운 프로젝트가 떨어져나가지 않기를 빈다. 과거를 반추하는 대신 미래를 설계하는 데 에너지를 쏟아 붓고 싶기 때문이다.

생활 패턴도 생각만큼 크게 변하지는 않았다. 달나라 여행 같은 특별한 일을 하고나면 그 다음엔 기인처럼 행동할 것을 기대하는 사람들이 있다. 예를 들어, 한 주는 케냐 사파리에서 보내고 다음 주는 카탈리나 섬에 가서 전복을 캐는 식이다. 하지만 삶이 그런 식으로 돌아가지는 않는다. 달 여행도 일반 여행과 다르지 않다. 달 여행에서도 돈, 상상력, 취향의 한계를 깨닫는 이가 있고, 그 한계에 매몰되는 이도 있다. 나는 투우장보다 학교 위원회에서, 나이트클럽보다 슈퍼마켓에서 시간을 더 많이 보낸다. 늘 돈이 달라붙지만 그래봐야 오염된 광고 모델료인지라 영혼을 조금씩 내놓아야 한다. 그 비율도 애매하고 맘에 들지 않기는 마찬가지다. 예를 들어 맥주 광고에 5만 달러를 제안받은 적이 있다. 맥주를 좋아하지만 어딘가 찝찝했다. TV 직원들이 작업실과 집으로 쳐들어오고, 내 가족을 촬영해 싸구려 광고문구 아래 끼워 넣으려 한 것이다. 이런 식의 프라이버시 침해는 『라이프』 계약 당시에도 끔찍했지만, 그때는 그나마 특정한 맥주 상표가 아니라 우주프로그램의 일환이었다. 하지만 필요하다면, 대가가 무료이든 저축채권이든 상관없이 TV 광고에 출연할 의무는 느끼고 있다. 물론 친구들이 흉본다고 생각하면 가슴이 서늘하기는 하다. (다행히 광고를 한 번도 보지 않았다.) 그래서 난 여전히 빈털터리다. 그래도 난 잘한 일이라고 스스로를 위로한다. 덕분에 미래에 집중하고 생각도 늘 허기진 채로 유지할 수 있다.

또한 이런저런 일들을 미완성으로 남겨둘 계획이다. 인생의 미스터리는 어느 정도 미래의 가능성에 달려있다. 미스터리는 쉽게 손에 잡히지 않고 증발하는 터라 금세 권태를 느끼게 된다. 예를 들어 낚시는 내가 하고 싶은 일 목록에 들어있다. 하지만 시간이 있다 해도 쉽사리 달려가지는 못한다. 신비로운 놀이로서의 낚시를 망가뜨리는 데 일조하고 싶지 않기 때문이다. 얼마 전 유럽과 아시아를 잇는 다리가 새로 생겼다. 마찬가지로 그 다리 위를 걷고 싶으나 아무래도 포기할 것이다. 다리 위를 걷는 것보다 걸을 다리가 있다는 사실이 더 낫기 때문이다. 다른 한 편, 달에 대해서라면 생각이 다름을 인정해야 한다. 극소수 행운아가 되어 지구에서 그렇게 멀리 날아갔다는 사실에 지극히 감사한다. 물론 과거 어느 여행보다 만족스러웠던 것도 사실이다.

그리고 보면 두 차례 우주비행으로 지구를 보는 내 시각도 크게 변했다. 아폴로 11호는 달을 보는 시각까지 바꿔놓았으나, 달과 지구의 의미와 가치가 같을 수는 없다. 지금은 두 개의 달이 있다. 하나는 뒷마당에서 보는 달, 다른 하나는 저 위에서 본 달. 이성적으로 볼 때 두 달은 하나이지만, 마음으로는 분명 전혀 다른 개체다. 작은 달은 내 평생 익숙한 달이며 언제나 똑같다. 다만 나와는 거리가 사흘이나 떨어져 있다. 새로운 달, 더 큰 달은 내 기억 속에서 기본적으로 지구와 확연히 대비가 된다. 첫 번째 행성을 정말로 이해한 것은 두 번째 행성을 보고 난 이후다. 달은 너무도 상처가 많고 황량하고 단조로웠다. 그리고 그 혹독한 지표를 떠올릴 때마다 아름다운 행성 지구와 이 지구가 제공하는 무한한 다양성을 생각한다. 안개 자욱한 폭포, 소나무 숲, 장미정원, 푸르고 붉고 흰 온갖 색채들, 황갈색 달에서는 찾아볼 수 없는 것들이다. 열 살쯤 되었을 때 치과치료를 여러 번 받았는데, 어찌나 힘들던지 트라우마까지 남을 지경이다. 그래서 불안감을 조금이라도 덜 요량으로 난 실제로 몸과 마음을 분리했다. 천장 가까이 마음을 떠나보낸 다음 그 아래 치과의와 축 늘어진 희생자(나이는 나와 같으나 나는 아니다)를 내려다본다고 상상하는 식인데, 아주 잠깐이었고 또 드릴로 이를 뚫을 때는 아무 소용이 없었다. 아무튼 고통을 겪는 상대는 환자이지 나는 아니었다. 그런 식으로 지금도 나는 내 마음을 우주로 보내 꼬마 지구를 내려다 볼 수 있다. 지구가 어둠에 둘러싸인 채 저 무자비한 햇빛 속에서 천천히 도는 모습도 볼 수 있다. 지구에서 일이 잘 풀리지 않거나 이런 저런 이유로 치통이 재발하면, 나는 이렇게 정신여행으로 어느 정도 위로와 해결책을 얻는다. 우주비행을 하기 전 비행기 조종만 할 때는 뭉게구름 안에 비밀공간을 만들어 숨기도 했다. 하지만 달은 훨씬 더 먼 곳이라 훨씬 더 효과가 크다.

　세상의 정치지도자들이 20만 킬로미터 밖에서 이 행성을 볼 수 있다면, 그들의 관점도 근본적으로 바뀔 것이다. 국경은 보이지 않고 시끄럽던 논쟁도 순식간에 잦아들 것이다. 이 작은 공은 돌고 돌면서 경계를 지우고 하나의 모습이 될 것이다. 차별을 중지하라고, 평등하게 대하라고 외쳐댈 것이다. 지구는 보이는 모습 그대로여야 한다. 청색과 흰색이지, 자본주의와 공산주의는 아니다. 청색과 흰색일 뿐, 부유층과 빈곤층이 아니다. 청색과 흰색은 서로 부러워하거나 부러움을 받는 대상이 아니다. 그렇다고 내가 이상주의자는 아니다. 20만 킬로미터 밖에서 얼핏 지구를 보았다고 해서 국무장관이 황급히 의회로 달려가 비무장계획을 선언하지는 않을 것이다. 하지만 그 순간이 계기가 되어 어떤 식으로든 구체적 행동으로 나타나리라 믿는다. 우주에서 보이지 않는다는 이유로 국경이 실체가 아니라 할 수도 없다. 국경은 실재하며 난 심지어 좋아하기까지 한다. 과거 우주를 비행하기 전에도 그랬지만, 지금도 역시 미국에 산다는 사실이 자랑스럽다. 이 나라가 세계국가로 통합하기를 원하지도 않는다. 다만 어느 나라든 자신들의 문제를 해결할 때 자국의 이해뿐 아니라 전 세계에 혜택이 돌아가도록 해야 한다는 뜻이다. 단기간의 이득이 아니라 장기적 가치를 추구하도록 만들어야 한다. 사람들이 함께 공동의 해결책을 모색할 수 있다면 20만 킬로미터에서의 광경은 무한한 가치가 될 수 있다. 우리가 공유하는 이 행성 자체가 피부색, 종교, 경제체제의 차이

보다 훨씬 더 기본적이고 더 중요하다는 사실을 깨닫게 할 수도 있다. 다만 아쉽게도 20만 킬로미터의 광경은 세계지도자들이 새로운 세계관을 얻고 시인들이 그들에게 세계관을 심어줄 수 있도록 하기보다는, 극소수 테스트파일럿에게만 주어진 특권이다. 물론 지구 전체 사진을 건네 누구에게나 그 사진을 보게 할 수는 있다. 이 20만 킬로미터 가설에 일말의 진실이 있다면 그 결과도 마찬가지여야 하지만, 불행하게도 그런 방법으로는 되지 않는다. 20×25센티미터 사진이나 TV화면으로 보는 달이 실제와 같을 수는 없다. 오히려 더 나쁠 수도 있다. 가짜그림은 실체를 부인하기 때문이다. ("오, 나도 우주비행사만큼은 봤잖아.") 20만 킬로미터 밖으로 나가고, 네 개의 창으로 무한히 열린 암흑을 보고, 마침내 다섯 번째 창에서 청색과 백색의 골프공을 찾아내고, 다행히 그곳으로 돌아올 수 있음에 감동하기까지, 단순히 크기와 색을 재는 데 그치지 않고 이 모든 과정이 필요하다. 사진을 확대하면 지구의 다양한 차원을 끊임없이 상기할 수 있지만, 동시에 그 사진들은 우리를 현혹하기도 한다. 왜냐하면 사진은 하나의 지구에서 여러 개의 재현 이미지들로 초점을 바꾸기 때문이다. 지구는 하나다. 작고 연약한 지구. 그곳에 사는 것이 얼마나 행운인지 깨닫고자 한다면 20만 킬로미터 밖에 나가 지구를 보아야 한다.

달에서 본 지구를 단 한 마디로 묘사하라고? 그렇게 묻는다면 크기와 색은 무시하고 보다 근본적인 특성을 쓰겠다. 지구는 약하다. 지구는 정말 금세 부서질 것만 같다. 이유는 몰라도 정말 그렇다. 지구 표면을 걸으면 매우 단단하다. 사방으로 무한하게 뻗어나갈 것만 같다. 하지만 우주에서 보면 모난 곳 하나 없이 당구알처럼 반질반질하다. 그렇게 아슬아슬하게 자리를 잡고 태양 주변을 도는데 그렇게 약해

보일 수가 없다. 지구가 약하다는 생각이 들면, 지구가 실재하는지 가상인지 묻게 되고 실제로 그 표면을 두드려보게 된다. 그러고 보니 정말로 약하기 그지없다. 저 바닷물은 우리 머리 위에 부울 만큼 깨끗한가? 지구 표면에 기름막이라도 덮인 건 아닐까? 하늘은 파랗고 구름은 하얗던가? 아니면 하늘과 구름 모두 황갈색 오물로 덮였을까? 강둑은 즐거운 곳일까 난잡한 곳일까? 청색과 흰색 행성과 흑색과 갈색 행성의 차이는 참으로 미미하기만 하다.

우리는 성질 급한 개미처럼 분주하다. 지하에서 고체, 액체, 가스를 엄청나게 캐서 재빨리 고체, 액체, 가스 쓰레기로 바꾼 다음 우리 집단광기의 증거처럼 지상에 쌓아놓는다. 활용 불가의 에너지 엔트로피가 엄청난 비율로 증가하고 있지만, 화석연료를 태우는 것은 비가역적인 과정이라 속도를 줄이는 것만 가능할 뿐이다. 이 와중에도 태양은 머리 위에서 이글거리는데 이 에너지를 제대로 활용하기는 여전히 역부족이다. 태양 에너지는 수소를 헬륨으로 전환하면서 생성된다. 따라서 이곳 지구에 열핵반응기를 설치하면 배가할 수 있다. 이런 문제와 해결책들을 깨닫는 사람들이 점점 증가하고 있지만 우주프로그램이 없었다면 의식조차 하지 못했을 것이다. 먼 곳에서 우리 행성을 내려다보면 누구나 탄식을 터뜨리고 말리라. 이 원초의 청색과 흰색이야말로 환각이며, 그 아래 보다 추악한 현실을 감추고 있음을 알기 때문이다. 20만 킬로미터 상공에서 바라본 지구의 아름다움이 곧 우리 모두의 목표여야 한다. 지구를 보는 모습 그대로 유지하기 위해 싸워야 한다.

멀리서 지구를 보면서 태양계를 바라보는 시각도 달라졌다. 지구가 태양의 위성이지 그 반대가 아니라는 코페르니쿠스 이론이 공인된 이후, 인류는 이를 절대적인 사실로 받아들였다. 하지만 내가 보기에 정서적으로는 여전히 코페르니쿠스 이전, 즉 프톨레마이오스의 이론에 매달리고 있다. 요컨대 지구가 우주의 중심이라는 얘기다. 태양은 새벽에 올라오고 저녁에 내려간다. 라디오 광고는 석양을 이렇게 묘사한다. "태양이 하늘에서 떠날 때…." 헛소리다. 태양은 뜨지도 지지도 않는다. 움직이지도 않는다. 그냥 그곳에 존재할 뿐이다. 주변을 도는 것은 우리다. 새벽이란 우리가 해가 보이는 곳으로 들어간다는 뜻이고, 석양은 다시 180도 돌아 그림자 지역에 들어간다는 뜻이다. 태양은 결코 '하늘을 떠나지 않는다.' 그곳 하늘에서 함께 공존할 뿐이건만, 우리와 태양 사이를 지구라는 덩어리가 막은 탓에 보지 못할 뿐이다. 다들 아는 사실이다. 하지만 난 지금도 그 사실을 '본다.' 고속도로를 달릴 때도 저 이글거리는 태양이 지기를 바라는 것이 아니라, 지구가 공전을 재촉해 더 빨리 그림자 지역에 들어가기를 고대한다. 이런 이미지를 머릿속에 억지로 불러들일 필요도 없다. 그냥 그곳에 존재하기 때문이다. 다소 과장은 있을지 몰라도 내가 생각하는 방식은 조금 다르다. 예를 들어, "날씨가 기가 막히다"라고 하면 난 이렇게 생각한다. 여기가 아니더라도 어딘가는 늘 날씨가 좋다. 그저 우연히 날씨가 좋은 곳에 서있을 뿐이다. "시계가 빠르다"의 해석은 이렇다. 아니, 그렇지 않아. 네가 좀 더 동쪽에 서있을 뿐이야.

나도 완전히 치유된 것은 아니다. 여전히 세상 '위'가 아니라 세상 '안에서'라고 말하며, 북극은 위에, 남극은 아래 있다고 생각한다. 어리석은 태도다. 백 명의 사람에게 지구 사진을 보여주며 북극이 어디인지 찾아보라고 하면, 백이면 백 머리 쪽에 북극을, 발쪽에 남극을 놓을 것이다. 그가 서있을 경우 실제로 그가 남극이라고 하는 발쪽은 지구 중심을 가리킬 뿐인데 말이다. 내 거실에 작은 사진액자가 있는데 어두운 배경 가운데 가느다란 초승달 같은 게 떠있다. 색이 다르다 해도 사람들은 하나같이 "오, 달이다!"라고 말한다. 하지만 실제로는 지구다. 지구는 초승달처럼 보이면 안 되는 걸까?

마지막으로 우주비행은 나 자신의 인식까지 바꿨다. 겉으로는 여전히 같은 사람이고, 버릇도 별로 달라지지 않았다. 오, 돈을 조금 더 쓰고 직장보다 가족한테 헌신하기는 한다. 그래도 기본적으로는 옛날 그대로다. 그 점은 아내도 인정한다. 달에서 신을 만나지도 못했고 삶도 크게 변하지 않았다. 하지만 아무리 그대로라 해도, 다른 사람들과는 다르다는 생각을 한다. 이렇게 말하면 어떨까? 내가 있던 곳, 내가 한 일들을 여러분은 절대 이해 못한다. 150만 킬로미터 상공에서 줄 하나에 매달려봤다. 지구가 달에 가리는 것도 보며 즐거워했다. 어느 행성의 대기도 거치지 않은 태양의 진짜 빛을 보았다. 어느 생명체도 건드리지 못한 궁극의 어둠과 정적을 겪었다. 우주방사선도 나를 통과해 지나갔다. 우주방사선은 신의 영역에서 우주의 경계까지 끝없이 여행을 하면서, 어쩌면 원래의 자리로 돌아와 내 후손들을 노릴 수도 있다. 아인슈타인의 특수상대성이론이 사실이라면 난 여행 덕분에 지구 표면에 남아있을 때보다 몇 분의 1초 정도 젊어졌으리라. 내 몸의 분자도 변했을 테니, 7년 생물학주기로 모두 대체될 때까지 그 상태로 있을 것이다. 여생을 회상으로 낭비할 생각은 없으나 평생 함께 가져갈 비밀, 소중한 비밀 하나는 있다. 사실 내게 무슨 대단한 재능이라도 있어 이 일들을 한 것도 아니다. 그보다는 늘 운이 좋았다. 운이 나빴다면 암에 걸리거나 비행기 사출좌석이 작동하지 않을 수도 있었을 텐데, 지금까지는 정말 정말 좋았다. 심지어 외과수술 같은 불운조차 행운으로 이어졌다. 운이 좋다 보니 천성적인 낙천주의까지 더 강해졌다. 유망한 젊은이들이 꿈을 접는 모습을 너무 많이 보았다. 당연히 나한테도 그런 일이 일어날 가능성이 있었다. 죽음은 다소 이르게 찾아온다 해도 억울할 것이 별로 없다. 이미 많은 일을 했기 때문이다. 이제 막 생의 전환점을 돈 40대이지만(지금 마흔세 살이다) 특혜를 받아 다른 사람보다 이미 많은 것을 보고 겪었다. 미처 두뇌가 받아들이거나 가치를 가늠하지 못할 정도로 많은 경험을 했다. 비록 이해는 못한다 해도, 스톤헨지의 거석들처럼 그 경험에 질서를 부여하려 애를 쓰기는 했다. 불행하게도 돌기둥 몇 개 배열하는 것만으로 내 감정을 전할 수는 없다.

미래에 또 어떤 마법이 펼쳐질지 모르겠다. 죽기 전에 인류가 화성에 가면 좋겠다. 그보다 귀한 마법이 어디 있으랴. 그런 기적이 일어날 리야 없지만 이곳 지구에서도 마법은 얼마든지 가능하다. 구즈만 메달도 그렇다. 1969년 프랑스 과학아카데미에서 암스트롱, 올드린, 콜린스에게 수여했는데 1889년 이후로는 아직 받은 사람이 없었다. 메달은 "화성을 제외한 천체와의 소통수단을 최초로 찾아낸" 사람들에게 수여하는데, 수상 이유에서 화성을 제외한 사람은 바로 설립자 안나 에밀 구즈만 부인이었다. 이유는 "화성이 충분히 알려진 것으로 보이기 때문"이었다. 그러니 마법이라고 할 수밖에.

이 책을 마법으로 끝내고 싶지는 않다. 톰 페인은 아폴로를 "고지식한 인간들의 승리"라고 묘사했는데 적절한 표현이다. 그래서 난 구식인 마이클 콜린스가 구식인들에게 행한 연설로 마무리하고 싶다. 날짜는 1969년 9월 16일, 장소는 내 고향 워싱턴의 양원 합동회의였다. 나로서는 그 날짜와 연설이 아폴로 11호와의 작별을 뜻했다. 내 삶의 특별한 장이 마감되는 순간이기도 했다.

의장님, 대통령 각하, 의원님들, 그리고 각계의 저명한 인사들께

항공우주국과 공군에서 일하면서 고마운 일이 많았지만 그중 하나가 제게 항상 자유를 허락했다는 사실입니다. 심지어 이 고귀한 장소에서 연설을 하는데도 이래라 저래라 한 마디 훈수도 없습니다. 그래서 저도 순수한 자유 시민으로 이 연설에 임하겠습니다. 당연히 내용 하나하나가 순전히 제 자유로운 생각의 결과입니다.

여러 해 전 우주프로그램이 있었습니다. 아버지께서 늘 이렇게 말씀하셨죠. "누구든 인도제국의 부를 가지고 오려면 인도제국의 부를 가져야 한다." 우리는 그렇게 했습니다. 이 나라의 부를 달에 가져갔습니다. 정치지도자들의 비전, 과학자들의 지성, 엔지니어들의 헌신, 노동자들의 애정과 기술은 물론 국민의 열정적 지지도 함께 가져갔습니다.

대신 월석을 가져왔는데 제가 보기엔 공정한 거래입니다. 로제타스톤이 고대 이집트의 언어를 풀어주었듯, 이 돌들이 달의 기원은 물론 지구와 태양계까지 미스터리의 답이 되어주기를 기원합니다.

아폴로 11호 비행은 지구와 달 사이에서 계속 햇볕에 노출되기에, 바비큐 꼬챙이 치킨처럼 우주선을 천천히 회전하여 온도를 조절해야 합니다. 그렇게 돌면 지구와 달이 번갈아 창문에 모습을 드러내죠. 우리는 이제 선택해야 합니다. 달을 볼 수도 화성을 볼 수도 있고, 우주의 미래와 신인도제국을 꿈꿀 수도 있습니다. 우리의 고향, 지구를 돌아볼 수도 있겠죠. 인류가 천년왕국을 지은 후 문제가 한두 가지 쌓인 게 아닐 테니까요.

우리는 양쪽을 다 봤습니다. 달과 지구 모두. 우리나라도 그렇게 해야

합니다. 인도제국의 부도 외면할 수 없고, 그렇다고 우리 도시, 시민의 현실적 당면과제를 미뤄둘 수도 없습니다.

가난, 차별, 불안의 널뛰기판으로는 인공위성을 쏘아 올리지 못합니다. 그렇다고 지구의 문제가 모두 해결될 때까지 기다릴 수도 없겠죠. 그런 식의 논리가 200년 전 애팔래치아 산맥 너머 서쪽으로의 확장을 방해했습니다. 당시 동해안 정착지는 오늘날 그렇듯이 대단히 시급한 문제들에 시달리고 있었습니다.

갈 수만 있다면, 인류는 늘 떠났습니다. 간단한 문제입니다. 그래서 고향과 멀어진다 해도 인류는 계속해서 전선을 밖으로 밀어낼 것입니다. 멀지 않은 미래, 지구인이 화성이든 어디든 다른 행성에 발을 디딜 때가 있을 겁니다. 그러면 닐이 처음 달 표면에 발을 디디면서 했듯, 이렇게 말하는 소리를 듣고 싶습니다. "나는 미국에서 왔다."

부록

머큐리 프로젝트

우주선 이름	시기	승무원	비고
프리덤 7	1961/05/05	알 셰퍼드	궤도에 오르지 않음. 우주 최초 미국인
리버티벨 7	1961/07/21	거스 그리섬	셰퍼드와 동일유형
프렌드십 7	1962/02/20	존 글렌	궤도 최초의 미국인
오로라 7	1962/05/24	스코트 카펜터	글렌의 비행 반복
시그마 7	1963/10/03	월리 시라	공전 6회(글렌의 두 배)
페이스 7	1963/05/15	고든 쿠퍼	장기 비행(34시간)

제미니 프로젝트

우주선 이름	시기	승무원	비고
제미니 3	1965/03/23	거스 그리섬 (2) 존 영	최초의 비행 시험, 공전 2회로 국한
제미니 4	1965/06/03~07	짐 맥디비트 에드 화이트	미국 최초의 우주유영
제미니 5	1965/08/21~29	고든 쿠퍼 (2) 피트 콘래드	장기 비행(8일)
제미니 6	1965/12/15~16	월리 시라 (2) 톰 스태퍼드	최초의 랑데부, 타겟은 7호
제미니 7	1965/12/04~18	프랭크 보먼 짐 러벨	장기비행(14일)
제미니 8	1966/03/16	닐 암스트롱 데이브 스코트	최초의 도킹, 추진기 고장으로 중단
제미니 9	1966/06/03~06	톰 스태퍼드 (2) 진 서넌	3가지 방법의 랑데부, 서넌의 우주유영
제미니 10	1966/07/18~21	존 영 (2) 마이클 콜린스	아제나 엔진 최초사용, 두 번째 아제나와 랑데부, 우주유영
제미니 11	1966/09/12~15	피트 콘래드 (2) 딕 고든	랑데부와 도킹, 우주유영, 고도 기록(1370km)
제미니 12	1966/11/11~15	짐 러벨 (2) 버즈 올드린	랑데부와 도킹, 우주유영

※숫자(2)는 해당자의 비행횟수를 뜻함.

아폴로 프로젝트

우주선 이름	시기	승무원	비고
아폴로 1	1967/01/27	거스 그리섬(3) 에드 화이트(2) 로저 채피	34번 발사대, 케이프케네디, 우주선 화재로 세 명 모두 사망
아폴로 7	1968/10/11~22	월리 시라(3) 돈 아이즐리 월트 커닝햄	최초의 시험비행, 다만 제미니는 공전 3회였으나 11일간 장기비행 시험
아폴로 8	1968/12/21~27	프랭크 보먼(2) 짐 러벨(3) 빌 앤더스	제2차 유인비행, 크리스마스 이브에 CSM을 달까지 가져감
아폴로 9 (CM 건드롭) (LM 스파이더)	1969/03/03~13	짐 맥디비트(2) 데이브 스코트(2) 러스티 슈바이카르트	다시 지구 궤도로 귀환, LM/CSM 결합 상태로는 최초의 비행
아폴로 10 (CM 찰리 브라운) (LM 스누피)	1969/5/18~26	톰 스태퍼드(3) 존 영(3) 진 서넌(2)	달 착륙을 위한 우주복 시험, LM을 착륙지에서 1500미터 거리까지 운반
아폴로 11 (CM-컬럼비아) (LM-이글)	1969/07/16~24	닐 암스트롱(2) 마이크 콜린스(2) 버즈 올드린(2)	1969년 7월 20일, 최초의 달 착륙 (고요의 기지)
아폴로 12 (CM-양키클리퍼) (LM-인트레피드)	1969/11/14~24	피트 콘래드(3) 딕 고든(2) 알 빈	폭풍우의 대양 내, 서베이어 Ⅲ 인근 정밀착륙
아폴로 13 (CM-오디세이) (LM-아쿠아리우스)	1970/04/11~17	짐 러벨(4) 잭 스위거트 프레드 헤이스	CSM 산소탱크 폭발, LM의 산소와 전기를 이용 (겨우) 지구 귀환
아폴로 14 (CM-키티 호크) (LM-안타레스)	1971/01/31~02/09	알 셰퍼드(2) 스투 루사 에드 미첼	제3차 달 착륙, 프라마우라 지역. 알은 골프공을 치고 에드는 ESP 시도
아폴로 15 (CM-인데버) (LM-팔콘)	1971/07/26~08/07	데이브 스코트(3) 알 워든 짐 어윈	달 산맥 지역(해들리-아펜니노)에 최초 착륙. 로버 최초 사용
아폴로 16 (CM-캐스퍼) (LM-오리온)	1972/04/26~27	존 영(4) 켄 매팅리 찰리 듀크	데카르트 지역에 착륙. 광범위한 화산대로 추정
아폴로 17 (CM-아메리카) (LM-챌린저)	1979/12/07~19	진 서넌(3) 론 에반스 잭 슈미트	토러스-리트로우 지역에 착륙. 잭 슈미 트는 최초의 과학자(지질학자) 승무원

스카이랩 프로젝트

우주선 이름	시기	승무원	비고
스카이랩 2	1973/05/25~26	피트 콘래드(4) 조 커윈 폴 웰츠	지구 궤도 실험실에서 28일, 즉석 태양열차폐를 설치하고 문제 있는 태양전지판을 제거
스카이랩 3	1973/07/29~09/25	알 빈(2) 오원 게리엇 잭 루즈마	59일. 지구와 태양 연구 지속
스카이랩 4	1973/11/16~ 1974/02/08	제리 카 에드 깁슨 빌 포크	장기 체류(84)로 인류가 화성에 갈 수 있음을 증명

감수의 글

이소연 우주인/공학박사

아폴로 11호가 달에 착륙한 것은 1969년 7월 20일, 올해로 정확히 50 주년이다. 하지만 내게는 그저 흑백사진과 함께 책으로나 접한 역사 적 사건이라 그리 가깝게 느껴지지는 않았다. 지금은 한국 최초 우주 인으로서 우주에 대해서는 무엇이든 잘 아는 사람으로 오해되고 있지 만, 사실 나는 우주인 선발에 지원하기 전까지는 우주에 대해서 1도 모르는 사람이었다. 생각해보면, 훈련을 받기 전까지 우주에 대한 내 상식은 공대생 평균수준에도 못 미치는 정도였는데, 우주인에 지원한 것도 공대 대학원생으로서 날마다 수행해야 하는 실험을 지긋지긋한 실험실이 아니라 우주에서 한다면 참 멋지겠다는 단순한 호기심 때문 이었다. '아폴로'가 우주선 이름이라는 정도는 알고 있었고 할리우드 재난영화 〈아폴로 13〉을 공학도로서 재미나게 본 정도가 다였다. 물 론 '마이클 콜린스'라는 이름을 알 리도 없었다.

그러던 내가 2007년 러시아에서 우주인 훈련을 받으며 우주비행 관련 역사를 자연스럽게 배우고 다른 여러 나라 우주인들과 동료가 되면서, 우주는 영화 속 배경이 아닌 실제 내가 일할 공간이 되었다. 멀게만 느껴지던 영화 속 우주비행이 바로 내 옆 동료가 실제로 했던 일이었다. 비행 전후로 친해진 우주인들 대부분은 나보다 나이가 열 살 이상 더 많은 선배들이었는데, 특히 미국 우주인들은 하나같이 어린 시절 텔레비전으로 본 '아폴로 11호'의 달 착륙을 생생하게 기억했고, 그때가 우주인이 되고 싶다는 꿈을 꾼 결정적 계기라고 했다. 지구 궤도를 벗어나 달까지 갔던 우주인은 단 24명, 그 중에서도 달 표면을 직접 밟아본 우주인은 12명에 불과하다. 그러다보니 나를 포함한 대부분의 우주인들에게도 아폴로 우주인은 동경과 부러움의 대상일 수밖에 없다.

　훈련받는 동안 나사 관계자로서 러시아 우주인훈련센터에 방문한 아폴로 우주인이 있었다. 미국 우주인들의 숙소에서 가진 저녁식사 자리에 초대받았는데, 나사 우주인들조차 내게 "저 사람 아폴로 우주인이잖아"라고 수군거리며 멀리서 동경의 눈빛으로 그분을 바라보던 게 기억난다. 내가 언제 다시 아폴로 우주인을 만나겠느냐는 생각에 용기를 내어 그분 옆자리에 앉았다. 그런 내게 그분이 먼저 물어볼 게 있으면 편하게 얘기하라고 할 만큼 내 얼굴엔 떨리고 긴장하는 기색이 역력했나 보다. 그때 당황했던 내가 기껏 내뱉은 질문이 "달 착륙은 사기"라는 주장에 대해 어떻게 생각하느냐는 것이었다. 이 책에도 나오는 그 힘든 과정을 거쳐서 목숨을 건 비행을 한 분에게 그런 질문을 하다니, 지금도 이불 킥을 하고 싶다. 하지만 영웅은 역시 달랐다. 그는 여유 있는 미소를 지으며 '자본주의적'으로 간단히 대답하겠다고 하면서, 기술이 지금처럼 발전되지 않았던 그 시절에 전 세계 사람을 속이기 위해 컴퓨터 그래픽으로 방송조작을 하느니보다 그냥 달에 다녀오는 게 싸게 먹혔을 것이라는 센스 있는 답변을 했다.

러시아에서 훈련받는 동안 과거 50년 전 유인 우주비행 초창기의 우주인들이 훈련받던 장소를 견학한 적이 있었다. 우주에 대해 많이 알지 못했던 그 시절엔 지금의 우주인들보다 훨씬 힘들고 복잡한 테스트와 훈련들이 많았는데, 우주비행 경험이 축적되면서 꼭 필요하지 않은 훈련들은 없어지게 되었고, 덕분에 우리들의 훈련이 최적화되었다고 했다. 이 책은 그런 선배 우주인들의 경험을 좀 더 자세히 알려주었고, 읽는 내내 감사함과 부러움이 교차했다. 우리는 과거 50여 년의 역사로 이뤄진 유인 우주비행의 결과들을 아주 효과적으로 이용하는 대신, 개발과정 동안 마주치는 수많은 놀라움과 시행착오에서 느끼는 스릴과 경험은 그만큼 줄었다고 할 수 있겠다. 목숨을 걸 때도 있었고 큰 위험도 감수했겠지만 우주선 개발의 처음부터 비행까지의 전 과정을 함께했다는 것은, 공학도이자 우주인인 나로서도 뭐라 설명할 수 없는 부러운 일이었다.

이 책에서 무엇보다 놀라웠던 부분은, 전 세계가 숨죽여 지켜보던 아폴로 달탐사에도 '그럴 가치가 있었는가'라는 논쟁과 비난이 있었다는 사실이다. 퀴즈 쇼의 단골 질문으로 인류 최초로 달 착륙한 사람을 묻고 전 세계인이 '닐 암스트롱'의 이름을 상식처럼 알던 당시에도 그런 논쟁이 있었다니, 우주탐사에 국가 예산을 쓰는 것이 가치 있는가의 질문은 당분간 어떤 우주인에게도 피할 수 없는 숙명인지 모르겠다. 하지만 마이클 콜린스가 인용한 "그럼 신생아는 어디에 쓰실 건가요?"라는 말은 대선배의 내공이 느껴지는 답변이었다. 우주탐사는 그 자체로도 가치 있고 아직 그 공과를 평가하기 이르다는 이 말은, 미래란 우리의 노력으로 바꿀 수 있다는 의미로서도 매우 희망적이다.

지구를 잠시라도 떠나 유체이탈의 느낌으로 내가 속한 지구를 바라보는 경험을 하고나면, 평생 내가 살던 지구가 또 다른 느낌으로 다가오게 된다. 하나의 지구가 발밑의 익숙한 지구와 저 위에서 내려다보는 파랗고 뭔가 가냘픈 느낌의 지구로 나뉜다. 달 궤도를 다녀온 우주인에게도 하나의 달이 평생 익숙한 밤하늘의 달과 달 궤도에서 내려다본 달로 나뉜다니 그 경험에 공감이 되었다. 감수자로 원문을 꼼꼼히 읽을 기회를 얻은 덕분에, 저자가 달 궤도 비행에서 얻은 경험과 느낌을 최대한 전달하려는 마음이 글에서 느껴졌다. 아마도 내가 우주비행 경험을 어떻게든 다른 사람들에게 설명하려고 용을 써야 하는 상황이 많은 입장이라 그런 느낌이 더 깊이 다가온 것인지도 모르겠다.

"운이 좋았다"

책을 끝까지 읽은 사람이라면 겸손의 말인지 알면서도 또 한편 가장 공감되는 말일 것이다. 비록 콜린스가 그 운을 주사위 던지기에 비유했지만, 그렇다고 그가 이룬 업적이 정말 복권 당첨처럼 하늘에서 떨어진 운이라고 할 수는 없다. 하지만 미국에서 태어나 1960년대에 우주비행에 적합한 청년으로 산 우연이 없었다면 아폴로 11호로 달에 가는 것은 불가능했을 터이니, 그 부분은 엄청난 행운일 수 있겠다. 나 역시 우주비행 전까지는 그리 운 좋은 사람이라는 생각을 하지 못했다. 우주비행 중 문득 지구를 내려다보며 "나는 왜 저 넓은 지구에서 하필 대한민국에 태어나게 되었을까?" "우리 민족이 모두 힘들었던 1910년대도, 전쟁으로 폐허가 된 1950년대도 아닌, 왜 1978년에 태어났을까?"라는 의문이 들었다. 그 질문에 대한 답으로, 내가 지금 이 순간 이곳에 있는 것 자체가 이제까지의 모든 노력을 넘어서는 큰 행운임을 깨달았던 것 같다. 이 책을 읽는 누구라도, 수천 년 전처럼 더 이상 돌을 깎아 만든 도구를 쓰지 않고 필요한 것은 무엇이든 인터넷으로 주문할 수 있는 이 시대에 살게 된 것이 정말 큰 행운이 아닐까? 불편한 정도를 넘어 생존 자체가 문제인 때와 장소가 인류에게 그렇게도 많았고 지금도 여전한데, 우리는 지금 앉아서 책을 읽고 있다니 진짜 운이 좋다.

책을 감수하며 느낀 것을 쓰자면 다시 작은 책 한 권을 써야 하지 않을까 싶다. 경험한 모든 것을 나누고 싶은 저자이다 보니 수많은 기술용어와 우주과학에 관한 지식이 나오지만, 그보다 중요한 것은 '인간이라는 존재'에 대한 성찰이었다. 저자 자신이 "의식이 깨어나는 경험을 했다"고 말하고 있거니와, 책 곳곳에서 "경이로운 기계들에 둘러싸인 상태에서도 인간이 맡은 역할"을 보여주는 부분에서는 훈련과 우주비행 내내 강조되던 인간의 역할이 떠올라 다시 한 번 그때의 감동에 젖었다. 감수자로서 몇 가지 오류를 찾아내고 수정해야 했지만, 복잡한 전문용어들과 낯선 우주의 상황들을 꼼꼼하고 정성스럽게 옮긴 번역자의 엄청난 노고와 깊은 고민도 느꼈다. 그 수고에 새삼 치하를 드린다.

마지막으로 우리 인류가 지구 중력을 벗어나 저 달까지 닿을 수 있다는 것을 증명함으로써 내가 그 인류 중 하나가 될 수 있게 해준 50년 전 선배들에게 감사하고, 그들과 지구상에서 같은 종으로 분류되는 것이 내게는 정말 큰 영광이다.